775

JAMES COOK
gelangte auf
seiner zweiten
Reise weiter
nach Süden als
je ein Mensch
vor ihm – auf
71°10′ südlicher
Breite

Georg Forster

Klaus Harpprecht

Georg Forster *oder* Die Liebe zur Welt

Eine Biographie

Rowohlt

Schutzumschlag- und Einbandgestaltung von Wolfgang Kenkel unter Verwendung von Ausschnitten aus den folgenden Werken: Porträt Georg Forster als Begleiter des Weltumseglers Cook während dessen zweiter Expedition 1772. Kolorierter Holzschnitt nach einem zeitgenössischen Bildnis / Berlin, Archiv für Kunst und Geschichte
Jacques-Louis David: Der Schwur im Ballsaal am 20. Juni 1789. Paris, Musée Carnavalet / Photographie Giraudon
Pierre-Etienne Lesueur: Der Baum der Freiheit wird gepflanzt. Paris, Musée Carnavalet / Photographie R. B. Fleming

1. Auflage Oktober 1987

Satz aus der Bembo auf Linotron 202
Gesamtherstellung Clausen & Bosse, Leck
Printed in Germany
ISBN 3 498 02872 3

Für W. B., den zuverlässigen Freund

I

Jeder elende Hund kann sterben

Im Gewinkel der kleinen Straßen hinter der Avenue de l'Opera dringt das Bild der Vergangenheit ohne Schwere durch den Vorhang gegenwärtigen Lebens mit seinen grellen Farben, seinem Lärm und seinen hastenden Energien. Draußen am Rand des Quartiers stockt der Verkehr, von Ampeln, Lieferwagen, einer Polizeikontrolle aufgehalten. Fernes Hupen. Eilige Zurufe. Für einen Augenblick treten die Schatten aus den Häusern und machen auf sich aufmerksam. Später warten sie droben, kaum wahrnehmbar, hinter den Fenstern: Zeugen ferner Erinnerung.

In der Nacht sind sie so leicht nicht aufzuspüren. Sie ziehen sich, nicht ohne ein Lächeln, vor der Konkurrenz der bleichen Knaben zurück, die frierend und gelangweilt auf den Trottoirs der Rue St. Anne oder Rue Thérèse auf Kundschaft warten: klägliche Gestalten mit spitzen Nasen und kurzgeschorenen Haaren in allzu engen Jeans, an den Ecken da und dort – exotische Akzente – brasilianische Transvestiten, die den Herren am Steuer der vorbeischleichenden Renaults die spitzen Brüste vorzeigen.

Die Sünde, die sogenannte, zog nicht erst kürzlich in das Viertel ein. Sie hat nur das Geschlecht gewechselt. Drüben unter den Arkaden des Palais Royal standen – Revolutionen hin oder her – die Schönen der Nacht seit der Mitte des 18. Jahrhunderts Spalier. Noch zu Beginn des unseren wußten die Männer von Welt, daß sie nur wenige Schritt hinter dem Restaurant ‹La belle Epoque› nach rechts einzubiegen brauchten, um in der kleinen verschwiegenen Rue des Moulins eines der elegantesten

‹Maisons de Rendezvous› zu finden, denen die Stadt Paris das Wohl seiner Söhne und seiner Gäste anvertraute: das ehemalige Haus des Präsidenten Debussy, das später Toulouse-Lautrec mit Szenen von ironischer Zweideutigkeit ausgemalt hat. Das Etablissement ist verschwunden; so auch das ‹Haus der holländischen Patrioten›, in dem im August 1792 der junge Bonaparte abgestiegen war, denn dort wohnten die korsischen Deputierten, wenn sie an den Verhandlungen des Konvents in der Hauptstadt teilnahmen. Die Chronik der Rue des Moulins vermerkt nicht, daß in jenem Haus ein knappes Jahr später eine Schar bescheidener und manchmal verängstigter Männer Zuflucht gefunden hatte: deutsche Republikaner, die nach Paris gekommen waren, um dem Herzen der Freiheit so nahe wie möglich zu sein. Sie lernten rasch, daß es nicht genügt, für die Revolution zu reden und zu leben. Man mußte bereit sein, für sie zu darben und womöglich zu sterben.

Nein, der Sieg des Volkes war im Jahr 1793 kein glänzendes Fest mehr, das mit Pathos und leuchtenden Augen, mit Tanz und Jubel auf allen Straßen gefeiert wurde. Wein gab es immer, auch Brot, aber Fleisch war teuer und knapp. Wer Geld in den Taschen hatte, fand in den Restaurants des Palais Royal jeden Leckerbissen, den ein verwöhnter Gaumen begehren mochte. Die deutschen Patrioten aber waren arm. Sie waren furchtsam. Sie hatten nicht viele Freunde. Sie liefen wie verlorene Kinder durch die große Stadt.

Ein halbes Jahrhundert später erzählte ein eleganter junger Schriftsteller in seinen Berichten über *‹Religion und Philosophie in Deutschland›*: Als «hier in Paris, dem großen Menschenozean, die Revolution» losgeflutet sei, «als es hier brandete und stürmte, da rauschten und brausten jenseits des Rheins die deutschen Herzen... Aber sie waren so isoliert... Einige von ihnen flüchteten nach Paris und sind hier in Armut und Elend verschollen. Ich habe jüngst einen blinden Landsmann gesehen, der noch seit jener Zeit in Paris ist; ich sah ihn im Palais Royal, wo er sich ein bißchen an der Sonne gewärmt hatte. Es war schmerzlich anzusehen, wie er blaß und mager war und sich seinen Weg an den Häusern weiterfühlte... Auch die Dachstube habe ich jüngst gesehen, wo der Bürger Georg Forster gestorben ist.»

Nirgendwo in seinen Briefen hat Heinrich Heine notiert, wie er Forsters Spuren gefunden hat. Vielmehr eilte er voran, den Franzosen, die seine Prosa voller Unglauben und ein wenig entsetzt bestaunten, die kommende Revolution der Deutschen anzupreisen, die mit Luthers Choral, «dieser Marseillaise der Reformation», begonnen hatte und deren Ideen von Kant, von Lessing, von Fichte, von Hegel weitergetragen wurden: «Und wenn ihr es einst krachen hört, wie es noch niemals in der Weltgeschichte gekracht hat, so wißt ihr, der deutsche Donner hat endlich sein Ziel erreicht... Es wird ein Stück aufgeführt werden in Deutschland, wogegen die Französische Revolution nur wie eine harmlose Idylle erscheinen möchte.»

Sein prophetischer Eifer behielt recht – und auf eine schreckliche Weise unrecht. Es krachte wie niemals zuvor in der Weltgeschichte, doch es war der Donner der deutschen Gegenrevolution, der das Erdreich erschütterte und Europa in den Abgrund riß. Der Sturm sollte auch Heinrich Heines Andenken aus dem Gedächtnis seiner Landsleute tilgen, die seine Ironie stets als einen Stachel im Fleisch empfunden hatten und darum seine Liebe nicht annehmen wollten. Sie vergaßen, daß er für seinen Grabstein die einfachen Worte gewünscht hatte: «Hier ruht ein deutscher Dichter.»

Vielleicht dachte er, als er diese Worte niederschrieb, auch an den Bürger Georg Forster in der Rue des Moulins, der einst auf sich selber mit dem stolzen und ergreifenden Ruf «Siehe da, ein deutscher Schriftsteller!» gewiesen hatte. Als deutscher Schriftsteller verstand sich Forster, seit er nach dem Buch über die *‹Weltreise›* die englische Jugend abzuschütteln hatte. Er schrieb – bis zu seinem Tod in der Dachkammer – eine Prosa von leuchtender Kraft, voller Natur, Leben und Witz, dem Niveau der meisten Zeitgenossen weit voraus. Ein deutscher Schriftsteller – und ein Erkunder der Welt, der zwischen seinem achtzehnten und einundzwanzigsten Lebensjahr mit Captain Cook die Ozeane durchsegelt, Inseln in der Südsee entdeckt, die Sitten und Gebräuche der ‹Wilden›, die Reize ihrer schönen Mädchen studiert hatte. Er war ein Idol der jungen Deutschen, als er den Boden des Vaterlandes betrat. («Voyageur éternel», wie ihn Marita Gilli nannte.) Geograph,

Naturforscher, Aufklärer, Gottsucher, Schwärmer, Literat... Mit vierundzwanzig Professor. Goethe, Herder, Wieland, Lichtenberg, die beiden jungen Humboldts suchten seine Freundschaft und lasen jede Zeile, die er schrieb, mit Sympathie und Aufmerksamkeit. Eineinhalb Jahrzehnte danach: ein Mann der politischen Tat, der führende Kopf der republikanischen Revolutionäre in Mainz, die sich unter französischer Protektion ans Werk machten, den ersten deutschen Staat der Freien und Gleichen, die erste deutsche Demokratie zu begründen.

Ein Mann von genialen Talenten, die niemals völlig zu reifen schienen: ein Beweger, der von den realen Konsequenzen jeder Bewegung angewidert war, ein Utopist, von religiösem Feuer und religiöser Sehnsucht erfüllt, obwohl er nicht mehr an Gott glauben konnte, ein Liebender voller Passion, dem die Liebe in der Umarmung erlosch. Unfertig, in manchen Zügen zeit seiner Tage ein Jüngling, gescheitert, als er sich – neununddreißig Jahre alt – zum Sterben legte, gescheitert und dennoch seiner Epoche und seiner Nation voraus.

Ein Weltbürger, ein Europäer, ein Franzose, ein Deutscher – vom Volk seiner Herkunft und Sprache vergessen und dennoch einer seiner großen Söhne... Groß? Trotz seiner Schwäche in so vielen Wendungen des Daseins? Trotz seines Versagens, auch des Charakters? Trotz seines Scheiterns in der Karriere, in der Ehe, schließlich in der Revolution? Er lebte in der Schwäche, im Versagen, im Scheitern so gut wie in den Hoffnungen und Träumen das Geschick der heraufziehenden Epochen voraus und deutete es in einer Sprache von seltener Prägnanz. Kein deutscher Autor vor ihm (und lang nach ihm) kannte und liebte die Welt wie Forster.

Ein deutscher Schriftsteller: der blieb er bis zum letzten Atemzug in seiner Dachkammer, die nur einen Steinwurf weit vom einstigen Haus seines so sehr französisch geprägten Landsmannes entfernt war: des Barons von Holbach aus Edelsheim in der Pfalz, den man den «Maître d'Hôtel de la Philosophie» genannt hat. Er wohnte drüben in der Nummer acht. Ein gutes Jahrzehnt war seit den glanzvollen Tagen vergangen, da sich die illustren Geister des siècle de lumière – Diderot und der Baron

Grimm, Helvétius und später Benjamin Franklin – an seiner festlichen Tafel versammelt hatten. Sie aßen gut, sie tranken viel, sie sprachen über das Glück der Menschheit, das Licht der Vernunft, die Existenz eines höchsten Wesens und einen fröhlichen Atheismus, die Menschenrechte, den Freiheitskampf der Amerikaner. Sie schwatzten über Voltaires hübsche Nichte, über die Grillen des grämlichen Rousseau, der sich jener Gesellschaft fernhielt, seit ihn Holbach einen «kleinen Pedanten» genannt hatte, über die Frechheiten des Stückeschreibers Beaumarchais und die Köstlichkeit gebratener Täubchen. Erinnerten sie den Baron Grimm aus Regensburg an der Donau nicht lachend, er habe dem Windhund Beaumarchais keinen «Schatten einer natürlichen Begabung» zugestanden, habe ihm bescheinigt, er könne nicht schreiben und verstehe nichts vom Theater – und dann der brillante Erfolg von ‹*Figaros Hochzeit*›! Die gewagten Worte strömten so reichlich wie der Wein, bemerkte ein Kenner der Szene: «Und seine Hände gruben sich in die Eingeweide des Priesters / Mangels einer Schnur, um die Könige zu erwürgen...» Die Herren redeten und lachten die Revolution herbei.

Drang ein Abglanz der erregten und fröhlichen Stimmen noch herauf in die dürftige Kammer Georg Forsters, den Anfang Dezember 1793 ein böses Fieber niedergeworfen hatte, das ihn schwächte und mutlos machte? Holbach hatte sich im Januar 1789, vier Monate vor der Versammlung der Generalstände, aufs Sterbebett gelegt. Mit dem üblichen Pathos sagte man später, es sei ihm nicht vergönnt gewesen, die Erfüllung seines Traumes zu erleben. Georg Forster, hätte man ihn danach gefragt, wäre den Phrasen lieber ausgewichen. Das Licht der Aufklärung schien sich in den gewaltigen Gewittern des Jahres 1793 mitunter zu verdunkeln. Die Revolution mußte voranschreiten, daran ließ er keinen Zweifel. «Die Revolution ist ein Orkan», schrieb er, «wer kann ihn hemmen? Ein Mensch, durch sie in Tätigkeit gesetzt, kann Dinge tun, die man in der Nachwelt nicht vor Entsetzlichkeit begreift.»

Düstere Sätze, die er drei Tage nach Weihnachten zu seiner Frau in die Schweiz hinüberschickte. Im Land, hieß es, seien neue Aufstände losgebrochen. Dachte er, da sich die Bilder des Schrecklichen in seinem fiebernden Kopf drängten, an seinen

Nachbarn St. Just, den Engel des Todes und der stählernen Tugend, der nur ein paar Schritte weiter in dieser Straße gewohnt hatte... Dachte er an den armen Kameraden Adam Lux, der fast so schön wie St. Just war, doch weich und mild, den sie im Herbst hinausgekarrt hatten zur Guillotine? Lux wollte sterben. Sein hübsches Köpfchen war von der Idee verwirrt, er müsse sein Leben zum Opfer bringen, um die Reinheit der Revolution zu retten. Er hatte um das Privileg gebeten, sich vor dem National-Convent erschießen zu dürfen, doch das Präsidium lehnte den bizarren Vorschlag ab. Dann begeisterte er sich am Mut der Charlotte Corday und verkündete ihren Ruhm in einer Schrift, die er trotz der Warnungen der Freunde drucken ließ. Forster leugnete nicht, daß er sich damals ängstigte. Nun fürchtete er sich nicht länger. Seine politische Laufbahn hatte er im Sommer des Jahres 1793 für beendet erklärt. Der Versuch, die Geschichte der Revolution in Mainz nachzuzeichnen, war ihm entglitten, noch ehe er von sich selber, seinen Leistungen und seinen Fehlern auch nur ein Wort notiert hatte. Er bereute nichts. Aber «wem kann ich mich verständlich machen? ... Mein Geist stumpf, meine Einbildungskraft todt, meine Lebenskraft träge und zwecklos... Ein großes Unglück dabei ist, daß mein Enthusiasmus sa belle mort gestorben ist.»

War es ein so schöner Tod, den seine Begeisterung in dem bedrückten Jahr nach der Abreise aus Mainz erlitt? Besser immerhin als das elende Siechtum, das seinen ausgezehrten Leib nun niederzwang. Die Ärzte – drei waren es insgesamt –, die sich über ihn gebeugt hatten, wußten keinen Rat. Sie nickten und gaben sich mit der Erklärung zufrieden, mit der er sich selber zwei Jahrzehnte lang getröstet hatte, wann immer das tückische Fieber und die zerrenden Schmerzen ihn heimsuchten: daß «skorbutische Schärfen» sein Blut und seine Säfte vergifteten, seit in den antarktischen Eiswüsten auf dem Schiff des Captain Cook seine Zähne zu faulen begonnen hatten, weil das Sauerkraut nicht genug frische Stoffe bot, seinen jungen und nicht allzu kräftigen Körper zu nähren. Die Gesichter der Mediziner verklärten sich allemal ein wenig, wenn er von der Weltreise, vom Schiff ‹Resolution›, vom großen Captain Cook sprach, als gehe mit der Erzählung ein Schimmer der heldischen Erfahrung auf sie selber über. So war es immer: alle Augen leuchteten auf, wenn die Fremden begriffen, daß sie mit Forster, dem Weltumsegler, sprachen. Hatte ihn nicht auch Therese seines Ruhmes wegen geheiratet? Blühte ihre Liebe, als sie längst «den schönen Tod gestorben» war (auch sie), nicht für einen Augenblick auf, wenn sie daran erinnert wurde, daß man unter deutschen Gelehrten und Poeten, ja selbst in den Kreisen der Fürsten von Forster, dem Weltumsegler, niemals mit Gleichgültigkeit redete, sondern mit Stolz oder Neid, mit Liebe oder Ressentiment, mit Bewunderung oder Eifersucht? Sie hatte sich so weit von ihm entfernt, seine Therese. Doch auch hier in Paris blieb sie jedem seiner Gedanken und jedem seiner Atemzüge die nächste. Die Rue des Moulins mündete in die Rue Thérèse. An der Ecke plätscherte die ‹Fontaine d'amour›, der Liebesbrunnen, von dem niemand sagen konnte, warum er so genannt wurde.

Mit kleinen Dosen Opium verschafften ihm die Ärzte Stunden der Linderung, wenn die Schmerzen in der Brust und im Rücken allzu grausam wurden. Georg Kerner (der ältere Bruder des Dichters Justinus) schien der menschlichste unter ihnen zu sein. Er kam gewiß nicht nur, um ihm die Tropfen zu reichen, sondern um die Einsamkeit zu verscheuchen, die der bitterste der Schmerzen war.

Mit einem kleinen Lächeln mochte er an Huber denken, der nun schon fast Thereses Mann war, wenn auch noch ohne Trauschein, Ersatz-Vater seiner Kinder... Ein bläßlicher und betulicher Bürokrat, der sich danach sehnte, ein Dramatiker von so klarer Kraft wie sein Jugendfreund Schiller zu werden. Dahin brächte er es zeit seiner Tage nicht. Er war nicht ohne Talent. Forster hatte seine Prosa korrigiert, gestrafft, ihr Leben eingehaucht. Er genoß die Dankbarkeit des Jüngeren, den er manchmal wie einen Sohn betrachtete oder auch einen jüngeren Bruder. Er hatte Huber in sein Haus genommen: er war ein liebenswürdiger Gesellschafter, ein angenehmer Gehilfe, reizend zu den Kindern, Therese mit anbetender Bewunderung ergeben. Die Anwesenheit des Dritten hatte die Spannung zwischen ihm und ihr ein wenig ausgeglichen. Ah, die sanften Energien der angeblich Schwachen! Ihre sachte Kunst, den

Krisen auszuweichen! Die milde Geduld, mit der Huber seine Stunde abzuwarten verstand!

Therese machte er glücklich. Das verstand Forster wohl. Sie hielt sich an der Mediokrität des stillen Sachsen nicht auf. Im Gegenteil, ihr lebhafter Geist leuchtete neben Huber heller. Sie vermißte an ihm weder Größe noch Männlichkeit. Vielmehr schien sie aus seiner Bescheidung Kraft zu gewinnen und sich an seiner beharrlichen Zärtlichkeit zu erfüllen. In Neuchâtel wohnte übrigens auch Huber in einer Rue des Moulins, nachts von Therese und den Kindern züchtig entfernt. Solange die Scheidung nicht vollzogen war, unterwarfen sich die beiden klaglos den strengen Weisungen des puritanischen Geistes, der im Fürstentum helvetisch-calvinistisch und zugleich ein wenig preußisch geprägt war. Die Polizei hielt ein Auge auf die Emigranten.

Erzählte Forster dem jungen Kerner von diesen seltsamen Wirren? Er verschwieg sein Unglück nicht, sprach oft vom Zusammenbruch seiner Ehe, seinem Verlangen nach den Kindern, seiner vergeblichen Liebe zu Therese. Er redete von den Katastrophen seiner Existenz auch zu Couve, dem Redakteur des ‹*Moniteur*›, der ihm vielleicht den Nekrolog schreiben würde, wenn er nun stürbe. Nein, ihn würden sie nicht mehr in die Conciërgerie, in die Kerker des Luxembourg oder des Temple schleppen. Er würde sein Leben nicht unter der Teufelsmaschine auf dem Place de la Grève oder draußen auf dem Champ de Mars beenden, wo man seit einigen Monaten die Köpfe in den Korb rollen ließ, weil die Bürger des düstren Schauspiels überdrüssig waren. Es stärkte weder den republikanischen Eifer noch den Haß gegen die Feinde der Freiheit. Selbst die groben Weiber, die jeden der Todeskandidaten mit ihrem entsetzlichen Lachen verhöhnt hatten, langweilten sich an den blutigen Sensationen. Der Tod unter dem Fallmesser schreckte nicht mehr ab, er weckte lediglich Mitleid. Manche deuteten voller Spott auf den blutgedüngten Platz und fragten (wie Heine später vermerkte), ob wohl Korn wachsen würde, wenn man es dort säe.

Nach Neuchâtel schrieb Forster voller Ingrimm vom «Comité revolutionaire der anderen Welt», von dem er nun eine «gute Stelle» erhoffe. Von der Revolution auf dieser Erde erwartete er für sich selber nichts mehr. Er ließ sie fortstürmen, in welche Richtung auch immer: «Der Gesichtspunkt der Gerechtigkeit ist hier für Sterbliche zu hoch. Ist der Sturm vorbei, so mögen sich die Überlebenden erholen und der Stille freuen, die darauf folgt. Meine Lieben, ich kann jetzt nicht weiter vor Erschöpfung. Seid nicht besorgt... Noch acht Tage so dahingeleiert, danach hoff' ich allmählich, wieder ein bißchen Kraft zu bekommen.»

Mit Genugtuung vermerkte er: «Wir haben überall ganz löwenmäßig gesiegt.» In der Tat sahen die Kommandeure der Reichsarmee sich gezwungen, die Belagerung von Landau abzubrechen und sich über den Rhein zurückzuziehen. Mainz aber blieb in der Hand der Preußen. Weiß der Himmel, was mit seinen Manuskripten geschehen sein mochte. Blessmann, sein Hausgenosse in den Tagen der Republik, hatte die Papiere beiseite geschafft, wie ihm aufgetragen war. Aber sie blieben dennoch verschollen. Therese bemühte sich, sie aufspüren zu lassen, seine einzig wichtige Hinterlassenschaft, wenn es ans Sterben ginge.

Ah, Therese... sie übertraf seinen Eifer fast immer, wenn sie nicht gezügelt wurde. Ihre Leidenschaft schien oft kein Maß zu kennen. Sie flammte in wilder Begeisterung für die Republik. Zürnte über jeden, der sich aus dem Staube machte, als die Franzosen kamen. Empörte sich, als Freunde vor den revolutionären Truppen nach Frankfurt flohen. Verachtete jeden, der sich danach vor den heranrückenden Preußen auf dem Lande zu verbergen suchte. Aber einige Wochen später reiste sie selber nach Straßburg. Es war nun an Caroline Böhmer, sich zu erzürnen. Therese hatte der Freundin aus Göttinger Mädchentagen aufgetragen, für Forster zu sorgen. Sie tat es auch, solange ihr der neunzehnjährige Fant im französischen Leutnantsrock Zeit ließ, der hübsche Crancé, der ihr den Kopf verdrehen konnte – vermutlich, weil er sich nicht um sie kümmerte. Forster mußte regieren, war für tausend Geschäfte verantwortlich. Forster sollte der Arm der Revolution sein, Exekutor der Geschichte... Er, ein kränkelnder Gelehrter, von der skorbutischen Gicht zerfressen, der Schreiber, den man für seine kluge Empfindsamkeit lobte, der liebende Vater, der so oft ungeduldig wurde, der zärtliche Gatte, der manchmal erschreckt vor der Fremdheit des Weibes stand, das ihn dann so bitter im Stich ließ. Er ahnte nicht, daß Therese mit Huber verabredet war, als sie nach Straßburg reiste.

Nun waren sie alle fort. Saßen hinter einer unübersteigbaren Mauer. Er hatte die Grenze einmal, gegen die gesetzliche Vorschrift, passiert. Ein zweites Mal würde er es nicht wagen können. Die Tage in Travers. Grauer November. Um bei Therese und den Kindern zu sein, nahm Forster die Anwesenheit des einstigen Hausfreundes in Kauf. Er hätte seine Gegenwart auch klaglos für Jahr und Tag ertragen, wäre Therese geneigt gewesen, sich auf eine Ménage à trois einzulassen, die er den beiden vorgeschlagen hatte, gleichviel ob in Frankreich oder in der Schweiz. Sie sagten nicht nein, doch die Gesichter zeigten die Unlust deutlich. Ein Traum, vielleicht nicht einmal ein schöner. Zerstoben, wie alle seine Träume. Die Republik der Franken würde ihn zunächst nicht ziehen lassen. Selbst wenn er Geld hätte, blieben ihm die Grenzen versperrt. Er hatte kein Geld, sondern Schulden. Seine letzten Reserven – keine Assignaten, blankes Silber und Gold – hatte er Therese für die Kinder gegeben, obwohl die Ausfuhr von barer Münze bei Todesstrafe verboten war. Die beiden drängten auf eine rasche Scheidung, darum hatten sie in ein Rendezvous eingewilligt.

Huber wollte in seiner Zeitschrift, den *‹Friedenspräliminarien›*, Forsters Aufsätze drucken. Vielleicht war der getreue Voß in Berlin bereit, ihm einen weiteren Vorschuß zu gewähren, obwohl der Name Forster mit der Reichsacht belegt war, was immer die beweisen mochte. Die Preußen pfiffen in Wahrheit auf das Reich, das nur noch zu existieren schien, weil es zu umständlich war, eine Sterbeurkunde auszufüllen und den Leichnam fortzuschaffen. Der Vater im preußischen Halle, der den Anfängen der Revolution so begeistert applaudiert hatte (wie beinahe jedermann, der in Deutschland etwas galt), führte sich stockaristokratisch auf. Über Therese hörte er, der Alte habe öffentlich erklärt, es solle ihn freuen, den Sohn am Galgen zu sehen. Das war also der Dank, daß er sich für den Vater die Finger wundgeschrieben, die Beine ausgelaufen, daß er seine Kindheit vertan, seine Gesundheit ruiniert, daß er für ihn gehungert und sich tausendfach gedemütigt hatte. Ein Monster von Mann.

Überkam Georg ein hilfloses Lachen in seiner Kammer? Sprach er zu sich selber? Manchmal schien es ihm nicht mehr zu gelingen, Traum und Wirklichkeit klar genug zu unterscheiden. Der Vater... Man könnte denken, dachte er, die Gerechtigkeit Gottes sei am Werk, wenn der Alte nun für den Sohn ein wenig leiden müsse. Sein Lebtag lang war es umgekehrt. Der Vater hatte ihn ausgebeutet wie einen Sklaven. Hatte jeden roten Heller von ihm erpreßt, bis er sich seiner Tyrannei behutsam zu entziehen vermochte. Nun machte er vor dem frömmelnden Friedrich Wilhelm seinen Kratzfuß... Professor Johann Reinhold Forster, gehorsamer Diener Seiner Majestät... Warum nicht? Ihn verstörte keine Treulosigkeit mehr. Die Vokabel hatte sich, wie so viele, verbraucht. «Gott bewahre uns vor dem Mißbrauch der Worte», hatte er im August aus Nordfrankreich an Therese geschrieben. Die Phrasen der Revolution, der Begeisterung, des Hasses, der Verdächtigungen waren abgegriffen wie das Papiergeld, das sich in seinen Taschen zerknüllte. Komplott, Verrat... Hätte er den Mut gefunden, dem armen Lux einen letzten Gruß zuzuwinken, als dieser schöne und verwirrte Mensch in seinem Opferwahn geradezu auf das Schafott sprang, wie man ihm berichtete? Gottlob hielt er sich damals nicht in der Stadt auf. Doch war er, der empfindsame und stolze Forster, nicht bereit, den alten Marschall Luckner den Henkern des Revolutionstribunals auszuliefern? Brachte er nicht aus der Schweiz die Abschrift eines Dokumentes mit, das bewies, daß der greise Militär mit La Fayette einen Fluchtplan für den König vorbereitet hatte?

Luckners Kopf war ohnedies verwirkt. Niemand hatte Forster an der Grenze bei Pontarlier aufgehalten, keiner lästige Fragen gestellt, mit drohender Miene nach den Gründen seines Aufenthalts im preußischen Neuchâtel geforscht.

Wann war das? Vor Wochen erst? Vor Monaten? Vor Jahren? Seine Zeitbegriffe verwirrten sich. Er entsann sich der Dämmerung, die damals nicht von den Tagen wich. Es war im Brumaire... am 5. November nach vorrevolutionärer Rechnung. Warum hatte Therese, so kurz vor dem Abschied, noch von

Caroline gesprochen? Sagte sie nicht, man habe ihr zugetragen, daß die Freundin, die Michaelis hieß, als er sie kennenlernte, in jenen Tagen ein Kind erwartete? Sie wollte es – seit dem Sommer aus der Festung Königstein befreit – in der Verschwiegenheit eines abgeschiedenen Dorfes zur Welt bringen. Versuchte Therese anzudeuten, es sei womöglich das seine? Wies Georg auf den wirklichen Vater: den neunzehnjährigen französischen Leutnant, diesen lachenden Knaben? Oder war er zu diskret? Sagte er, daß er nicht zögern würde, die Patenschaft zu übernehmen? Hoffte Therese, er würde sich am Ende doch dazu entschließen, ihre Freund-Feindin Caroline als seine Geliebte zu betrachten? Das würde ihr und Huber die Gelegenheit verschaffen, das schlechte Gewissen abzuschütteln. Sie hatten es so eilig mit der Scheidung. Während seines Aufenthaltes bei den Truppen im Norden hatten sie versucht, den Prozeß in Paris voranzutreiben. Es drängte die beiden, unter ein gemeinsames Dach zu kommen. Vermutlich wollte Therese so schnell, wie es ging, den belasteten Namen Forster loswerden. Doch davon sagte sie nichts.

Und er? Die Caroline taugte für ihn nur als Freundin, und er täuschte sich nicht: er taugte für sie auch nicht als Mann. Er hatte sie selten begehrt. Gegen die sensuelle Präsenz, die man an ihr so oft rühmte oder tadelte, war er stumpf. Er hätte gern erfahren, ob Caroline mit dem Leutnant Crancé einen kleinen Franzosen oder eine kleine Französin gezeugt hatte. Vielleicht würde Therese in ihrem nächsten Brief davon schreiben. Meta Forkel, seine Übersetzerin, weckte keine Ängste. Ihre gelassene, manchmal ein wenig zerstreute Zärtlichkeit tat ihm wohl: Berührungen, die geträumt oder erlebt sein mochten, es blieb sich gleich... In Wirklichkeit begehrte er immer nur Therese.

Seit Tagen keine Nachricht aus Neuchâtel. Wußte sie nicht, wie sehr er auf Nachricht wartete? Lasen die beiden seine Zeilen so sorgsam wie er die ihren? Oder wollte sich Huber nur mit seinen Berichten vom Fortgang der Revolution für die Zeitschrift schmücken?

Wie sehr Forster nach jedem Wort des Trostes lechzte, mehr als nach dem Opium, das die Brustkrämpfe löste, die ihn quälten, seit er von Pontarlier nach Paris aufgebrochen war. In der ersten Nacht fuhr er durch. Das tat ihm nicht gut. In seinem alten Quartier, dem ‹Hôtel des patriotes hollandais›, strich er Salbe auf ein Stück Flanell: es brachte Linderung. Die Stelle in der Bibliotheque Nationale, auf die er gehofft hatte, war natürlich zum Teufel. Die Stadt voller Gerüchte, voller Geflüster, voll schrecklicher Berichte über neue Exekutionen. Man räumte nun unter den «Ultra-Revolutionären» auf, von denen der gewaltige Danton sarkastisch gesprochen hatte. Mit den Ultras mußte der seltsame Preuße Anacharsis Cloots aus Cleve über die Klinge springen, wie so viele Ausländer.

Nun hatte es auch Philippe égalité erwischt, den alten Opportunisten. Sein Söhnchen hatte sich davongemacht. Der herzogliche Vater mußte büßen. «Orleans ist herzhafter gestorben, als man erwartete, vielleicht mochte ein Mensch, der so über allen Genuß blasiert war, auch wohl einmal zur Abwechslung das Sterben versuchen wollen. Weil er sich égalité genannt hatte, oder vielleicht auch zufällig, wurden ein Schuster und drei andre Handwerker mit ihm zugleich verurteilt und zum Schafott geführt. Er sollte eigentlich der letzte von ihnen sein; aber beim Absteigen vom Karren komplimentierten die anderen mit ihm und nötigten ihn voranzugehen, indem sie sagten: ‹â tout Seigneur, tout honneur›.»

Es war naßkalt in Paris. Nebel hing über der Stadt, die Straßen waren voller Kot. Mit einiger Mühe hatte er einen dienstbaren Geist gefunden, der ihm am frühen Morgen Feuer im Kamin machte. Da seine Mission als «Agent des Exekutiv-Rates» beendet war, mußte er sein Dasein mit den achtzehn Livres bestreiten, die dem Mainzer Deputierten als Tagegeld zur Verfügung standen. Es gab ohnedies nicht viel zu kaufen. Alle bessere Ware wurde unerschwinglich teuer. Der Luxus emigrierte aus Paris. Keine Aussicht auf Friedensschluß. «Ihr seht, daß der Vulkan noch nicht schweigt; noch bebt die Erde unter unsern Füßen, noch ist der Boden glühend. Aber daß die Republik bestehe, das ist keinem Zweifel unterworfen.» In antiker Drapierung und mit klassischer Gestik feierte man die Feste der Vernunft. Aber die Verfolgung der Priester – Danton und Robespierre wußten es nur zu gut – diente in Wahrheit den Konterrevolutionären und trieb den Rebellen in der Vendée täglich neue Truppen zu.

Der Dezember kam wie ein Feind: «Ich liege nun seit drei Tagen an einer Brustentzündung im Bett. Die Schmerzen waren heftig, die ersten paar Nächte habe ich nicht geschlafen. Durch sorgfältiges régime und die nötigen zerteilenden Arzneien bin ich nun so weit, daß die Krämpfe fort sind und nur noch dumpfer Schmerz vorhanden ist. Ich kann auch ein Weilchen aufsein und sitze wirklich am Feuer und schreibe auf meinen Knien. Binnen drei Tagen kann ich gewiß ausgehen. Es war meine Schuld, ich war ohne Überrock, des Abends, in einem häßlichen Pariser Nebel umhergetrieben. Tu's nicht wieder. An Pflege und Besuch hat mir es nicht gefehlt. Maliszweski hat mir einen kleinen Polen gegeben, der bei mir Nachtwache hält und mit herzlicher Dienstbeflissenheit aufwartet...»

Die Mühsal der Tage. Am 14. Dezember an Therese: «Eine ganze Stunde habe ich mich angezogen inklusive des Rasierens, und nun liege ich wie eine Fliege im Armstuhl. Laß Dir aber alles dieses nicht so zu Herzen gehen... Mein Kopf ist wieder heiter, ich lese die Zeitungen aus allen Kräften; und dabei – Gott sei bei uns! – den ‹Fürsten› des Macchiavell...»

Am 19. Dezember: «Die Schmerzgestängs- und Krummzapfenmusik in meiner Brust hat aufgehört, es ist nur noch etwas dumpfer Schmerz vorhanden. Ich darf essen und trinken, was ich will, ich will aber wenig. Die Tage her hab' ich denn freilich in meiner unfruchtbaren Einsamkeit allerlei betrübte Glossen gemacht, arbeiten konnt' ich nicht, meine Gedanken ließen sich bei der gänzlichen Erschlaffung der ganzen Maschine nicht sammeln...»

Trotzdem schrieb er weiter an den *‹Parisischen Umrissen›*, schrieb, solange er die Feder halten konnte. «Die traurigen, einsamen, langen Abende, wo man vom Tag her erschöpft ist, weder schreiben noch lesen kann und doch aufbleiben muß, um nicht noch traurigere lange Nächte schlaflos im Bett zuzubringen! Wenn es nicht die so dunkle und nun so oft getäuschte Hoffnung wäre...»

In manchen Stunden sank sein Mut so tief, daß er glaubte, ihn niemals wiederzufinden. Er begann, sich fortzuwünschen. Wer sollte ihn aufhalten? Er «wäre wohl berechtigt, den Abschied zu fordern. Für mich selbst, sehe ich wohl, kann weiter nichts noch sein als Arbeit und Mühe – um was? Um elende Selbsterhaltung von einem Tag zum andern, in einem genuß- und freudeleeren Dasein. Hundertmal hab' ich nun schon erfahren, daß es größer ist zu leben, als zu sterben. Jeder elende Hund kann sterben. Aber wenn hernach der Teufel oder wer ist der schadenfrohe, zähnefletschende Geist in uns, der so einzusprechen pflegt? wenn der mit seinem höllischen Spötteln fragt: was ist dir nun die – Größe? Bist du nicht ein eitler Narr, dich für besser als alle andere zu halten, damit du dich über wirkliches Übel, über unverbesserliche Ungerechtigkeiten der Natur täuschen kannst? ... o mein Gott! da versink' ich in meinem Staub, nehme meine Bürde auf mich und gehe weiter und denke nichts mehr, als: du mußt, bis du nicht mehr kannst, dann hat's von selbst ein Ende.»

Er hielt ein. Er war erschöpft. Dann setzte er noch einmal an: «So geht's am Tage in meinem Kopf um, die Nächte sind elend. Schlaf ohne Erquickung, gespannt, ängstlich beklommen, lauter Träume und kalte Schweiße. Indessen Geduld, Geduld! das ist das große Heilmittel.

Den 20. Dezember: Ich mußte versuchen, gestern auszugehen, zu fahren versteht sich; aber der Versuch ist mir übel bekommen. Ich ging zu Onfroi, und da in ihrem Quartier kein Wagen zu bekommen war, mußte ich abends zu Fuß durch die halbe Stadt nach Hause. Meine Brust war so wund und ermüdet, als hätte sie auf einem Reibeisen gelegen, und noch ist alles inwendig ein Schmerz. Wenn das so fortgeht, kann ich mich nur gefaßt machen, bis im Mai als ein armer Gefangener auf meiner Stube zu sitzen. Gerade das fehlte noch, einen ehrlichen Kerl langsam zur Welt hinauszumartern. – Verzeiht, meine Freunde, daß ich mein Herz so ohne Rückhalt ausschütte. Ich habe an mich gehalten aus besten Kräften, aber jeder hat sein Maß.»

Nein, er ließ sich nicht fallen: «Ich raffe mich wieder zusammen, wenn mich ein so schwerer Schlag niedergeworfen hat, und suche es noch gegen Sturm und Wogen auszuhalten. Wer weiß am Ende, was noch werden kann? Jetzt sieht es so trüb und freudeleer in uns, um uns und im ganzen aus. Laß die Zeiten sich ändern, und unser Los ändert sich vielleicht mit. Ein Jahr mehr bringt Frieden auf eine oder die andere Art. Gleichviel: Wir bleiben uns.»

«Paris, den 22. Dezember 1793: ... Der Mensch ist ein gar armes Tier, wenn er krank ist... Ich habe mich in diesen Tagen darauf ertappt, daß ich für mich allein geweint habe wie ein Kind, so tief war ich abgespannt... Zu Fuß kann ich nicht hundert Schritte gehen, ohne sehr zu keuchen und eine erstaunliche Mattigkeit zu empfinden. Zu Wagen geht es leidlicher, doch reizt die Luft immer. Ich will morgen isländisches Moos zu gebrauchen anfangen und Honig von Narbonne. Wir werden ja sehen, wie weit man damit kommt. Die Nachtschweiße erschöpfen mich sehr.»

Dennoch, er las die Zeitungen. Kein Brief ohne einen Kommentar zur Lage. «Solange Robespierre und Danton einig sind, können sie den andern noch wohl die Spitze bieten.» Solange... Aber Danton hatte sich schon einmal wie ein verwundetes Tier aus dem Revier der politischen Treibjagden zurückgezogen, um sich dem Schmerz über die verstorbene Frau und dem Vergnügen an ihrer sechzehnjährigen Nachfolgerin zu überlassen.

«Paris, den 27. Dezember 1793: ... Das war ein harter Rückfall! Heut ist der erste Tag, wo ich wirklich, nur weil es der Arzt verlangte, mir selbst Gewalt antue, um ein paar Stunden aufzusein und allerhand zu treiben. Ich bin gänzlich entkräftet und skelettiert. Meine skorbutische Gicht war mir im Arm, im Gedärme, im Magen. Drei Tage brach ich alles aus, was ich trank. Es ist keine Gefahr gewesen, aber unsäglicher Schmerz, Schlaflosigkeit, Schwächung des ganzen Körpers... So wirft uns das Schicksal hin und her! Meine Ärzte, alle drei! denn an denen hat es nicht gefehlt, und die berühmtesten, warnten mich am meisten vor Gemütskrankheit und hatten recht: denn die immer fehlschlagende Hoffnung und die Unvermögenheit, unser gemeinschaftliches Wohl nach Wunsch zu fördern, haben gewiß zu meiner Krankheit sehr wesentlich beigetragen. Indessen hofft! Laßt Euch nicht bange werden! so wird am Ende noch wohl Licht zu haschen sein. Nur Geduld! über den betrüblichen Winter hinaus. Seid froh, genießt Euer, pflegt die Kinder... Sobald ich kann, schreib' ich mehr. Ihr begreift, daß dieses ein effort ist, den nur unser Band möglich macht. An Hülfe, Freunden, Besuch, Anerbietungen hat mir's nicht gefehlt. Merlin hat mich auch an meinem Bett besucht. (Merlin, der Kommissar aus Thionville, den der Convent nach Mainz geschickt hatte.) Ich hoffe, in 14 Tagen ein Mensch zu sein, jetzt bin ich ein Schemen. Küßt meine Kinder.»

Und zwei Tage später, am 29. Dezember, schrieb er: «Heute kann ich die Feder nicht halten... Seit zehn Tagen kein Auge zu...» Dann schwieg er bis zum 4. Januar: «Nur ein paar Zeilen aus meinem Schmerzensbett... Ich tue kein Auge zu, hatte bis diese Nacht immer Schmerzen, mehr oder weniger heftig. Jetzt brichts sich's, wie es scheint den vierten Tag nach Anlegung zweier Blasenpflaster... Gefahr ist keine. Kräfte sind noch da, obschon so gemindert, daß es langsam mit der Herstellung gehen wird... Aber noch einmal: keine Gefahr.»

«Paris, den 4. Januar 1794: Nicht wahr, Kinder, ein paar Worte sind besser als nichts? Ich habe nun keine Kräfte mehr zum Schreiben. Lebt wohl! Hütet Euch vor Krankheiten! Küßt meine Herzblättchen!»

Das waren die letzten Sätze, die er zu Papier brachte. So endeten die Briefe, von denen später gesagt wurde, sie seien die traurigsten, die je in deutscher Sprache geschrieben wurden. Die Agonie schleppte sich noch sechs Tage fort. In Paris erzählte man, der Todkranke habe von Reisen phantasiert, zu denen er bald aufzubrechen gedenke: er wolle, wie in den Briefen nach Neuchâtel so oft angekündigt, nun endlich Arabisch und Persisch lernen, um auf dem Landwege nach Indien zu gelangen; dort könne er leicht vier oder auch sechs Jahre ausharren, Sanskrit studieren, sich in die Geheimnisse der orientalischen Heilkunst einweisen lassen...

Das europäische Publikum schien begierig zu sein, soviel wie möglich über die Wunder Indiens zu erfahren: die Geheimnisse seiner überreichen Natur, die Schätze seiner Kunst, die Taten seiner Baumeister, die Kleinode der Literatur. Wäre er nur des Sanskrit und der neueren indischen Dialekte kundig – die Sprachen flogen ihm noch immer zu –, dann brauchte er nicht mehr den Umweg über das Englische zu nehmen, um die köstlichsten Funde zu machen. Er würde für den Orient nichts Geringeres leisten, als es Herder für die Völker des europäischen Ostens zuwege gebracht hatte.

Auf der Decke seines Bettes lag, so sagte man, eine indische Karte, die seine Hände mit der Unruhe der Sterbenden abgesucht haben mögen. Vielleicht gerieten ihm die Verse aus dem indischen Drama ‹*Sakontala*› ins Gedächtnis, das er bereits übersetzt hatte:

«O mein Herz!
Kaum hast Du angefangen,
Seligkeit zu kosten,
so entfloh der schöne Augenblick.»

Das waren vielleicht die schönsten, gewiß die traurigsten Zeilen aus der ‹*Sakontala*›. Er hatte das Stück an Goethe geschickt, der schon seine ‹*Ansichten*› mit so aufrichtigem Beifall aufgenommen hatte. Von dem indischen Drama war er entzückt: «Das liebe Geschöpf muß Herzen erbeuten», schrieb er an seinen Freund Jacobi, «weil es so prätentionslos ist.» Aber nicht kunstlos! Goethe bedankte sich mit einer Stanze, die Georg niemals vergaß, weil ihre Poesie der liebenswürdigste Gruß war, der ihn aus Weimar erreichte:

«Willst du die Blüthen des frühen, die Früchte des späteren Jahres, / Willst du was reizt und entzückt, willst du was sättigt und nährt, / Willst du den Himmel, die Erde mit einem Namen begreifen – Nenn' ich Sakontala dich, und so ist alles gesagt.»

Welches Geschöpf hatte Goethe im Auge, das er mit dem Namen der indischen Prinzessin verklärte? Therese, der kein Geflüster in Weimar verborgen blieb, würde es wissen. Ihr junger Verehrer, Wilhelm von Humboldt, hatte ihr die schönen Spekulationen vermutlich längst zugetragen. Es kam nicht darauf an. Er blieb Goethe für den anmutigen Vers dankbar – trotz der Vorsicht, die sie beide wahrten, als sie zuletzt in seinem Mainzer Haus und bei seinem Freund Soemmerring zwei heitere Abende lang beisammengesessen hatten. Der Minister war mit seinem Herzog auf dem Weg zum Reichsheer, das sich zum Vormarsch nach Frankreich anschickte: «Goethe bei der Armee!», hatte er sich damals entsetzt, «welche Profanation!»

Einige Jahrzehnte später rühmte der junge deutsche Dichter

und Emigrant, der Forsters Sterbekammer in der Rue des Moulins aufgesucht hatte, die ‹*Sakontala*› als das Muster einer Übersetzung aus dem Geist der Dichtung. Scharfsinnig bemerkte er, Goethe habe das Drama für den Anfang seines ‹*Faust*› benutzt. Wahrhaftig existiert eine Verwandtschaft zwischen dem ‹*Prolog im Himmel*› und dem Prolog der ‹*Sakontala*›, in dem der Brahmane seinen Segen spricht: «Wasser war des Schöpfers erstes Werk; / Feuer empfängt die Gaben...» Eine kosmische Ouvertüre hier wie dort.

Von Indien irrten Forsters Gedanken weiter nach Osten. Sie streiften durch Birma mit seinen goldenen Buddhas, durch Siam und die Vielfalt seiner Tempelbezirke. Sie wanderten durch China, gelangten übers Meer zu den Philippinen, wohin ihn einst ein spanischer Auftrag zu locken versuchte, der sich wieder zerschlug – wie so vieles in seinem Leben, wie fast alles. Seine Tagträume fanden zurück zu der schönsten, der freundlichsten aller Inseln, von der alle empfindsamen und weltsüchtigen Jünglinge Deutschlands träumten, seit sein Buch über die Weltreise erschienen war, die Schwermut des Werther aus ihrer Phantasie verdrängend: «Ein Morgen war's, schöner hat ihn schwerlich je ein Dichter beschrieben... Der Ostwind, unser bisheriger Begleiter hatte sich gelegt; ein vom Lande wehendes Lüftchen führte uns die erfrischendsten und herrlichsten Wohlgerüche entgegen und kräuselte die Fläche der See. Waldgekrönte Berge erhoben ihre stolzen Gipfel in mancherley majestätischen Gestalten und glühten bereits im ersten Morgenstrahl der Sonne. Unterhalb derselben erblickte das Auge Reihen von niedrigern, sanft abhängenden Hügeln, die den Bergen gleich, mit Waldung bedeckt, und mit verschiednem anmuthigen Grün und herbstlichen Braun schattirt waren. Vor diesen her lag die Ebene, von tragbaren Brodfrucht-Bäumen und unzählbaren Palmen beschattet, deren königliche Wipfel weit über jene empor ragten. Noch erschien alles im tiefsten Schlaf; kaum tagte der Morgen und stille Schatten schwebten noch auf der Landschaft dahin.»

Führte den Sterbenden der Weg noch weiter zurück? In die Hügellandschaft Nord-Englands, die er als Knabe in den seltenen Stunden der Freiheit erkundet hatte? Oder in die südrussischen Steppen, an die Ufer des Wolga-Stromes, die er als Kind an der Seite des Vaters bestaunte? Kam ihm die Landschaft der Kindheit in den Sinn, sah er die sumpfigen Wiesen an der Mottlau, einen halben Tagesritt von Danzig entfernt?

Ob er sein Leben vor- oder zurückdachte: es war, als gingen die Utopien, einer natürlichen Bewegung folgend, fast schwerelos ineinander auf: die frommen deutschen Siedler, die an der Wolga ihre Stadt Gottes bauen wollten; die englischen Dissidenten, die in Warrington so eigensinnig darauf bestanden, jenseits der Hof- und Staatskirchen ihren Weg zur Seligkeit zu finden; die Inseln im Südmeer, deren Menschen in der Schöpfung Gottes ohne Sünde zu leben schienen; der deutsche Traum von der Republik der Gelehrten und Poeten; die alchimistische Beschwörung des Gottesreichs bei den Kasseler Rosenkreuzern; die Glorie der Aufklärung, die er in Mainz mit dem Blick über den Rhein von neuem entdeckte; der revolutionäre Aufbruch zu einer Gesellschaft der Freien und Gleichen. Selbst der private und so verzweifelte Wunsch nach einer Erweiterung der Ehe zu einer Gemeinschaft von Freunden gehörte dazu.

Oder war die Folge von Wahn und Traum nicht zugleich eine chronische Flucht aus den Niederungen der verbrauchten und verschlissenen Wirklichkeit, aus Trauer, Enttäuschung, Ärger und Dreck? Aufschwung ins Paradies oder Höllenfahrt? Oder beides zugleich? Wohin trug ihn die Hoffnung? Wohin verschleppte ihn die Verzweiflung? Wohin wandte sich zuletzt sein Verlangen nach Trost? Fand er noch irgendwo Halt? Kehrten religiöse Erinnerungen aus frühen Tagen zurück?

Wovon sprach Forster in den Januartagen des Jahres 1794, in denen sein Leben langsam erlosch? War der Kampf schwer? Kamen die Ärzte oft genug, um die Schmerzen mit Opium zu lindern? Wer kam noch? Einer der Polen, die ihn liebten, seit er sich der Wilnaer Tage entsonnen hatte? Sogar einige Sätze aus ihrer Sprache waren ihm wieder in den Sinn gekommen...

Keiner zeichnete seine letzten Worte auf. War er in der Stunde des Todes allein? Legte sich eine brüderliche Hand auf die seine? Ein polnischer Freund, Maliczewski hieß er, fand sich sieben Jahre später bei Therese und Huber ein. Georg Forster sei in seinen Armen gestorben, erzählte er. Aber Briefe Forsters, die er den beiden versprochen hatte, lieferte er niemals ab.

Der gute Haupt, ein Flüchtling aus Mainz, drückte ihm die Augen zu. Es gab keine Totenfeier. Man weiß nicht, wer dem Sarg folgte, wenn denn irgendeine Seele außer den Totengräbern. Man weiß nicht, wo sie ihn verscharrten.

Lang war auch der Tag des Sterbens umstritten. Nach dem Kalender der Republik nannte man den 20., den 21., auch den 22. Nivose. Die amtlichen Vermerke verzeichnen das erste Datum: den 10. Januar. Der Tod schien am frühen Abend zwischen fünf und sechs gekommen zu sein, als die Dunkelheit in die kleine Straße zu fallen begann.

Keine Plakette in der Rue des Moulins erinnert an Georg Forster, den deutschen Bürger der Französischen Republik. Kein gebildeter Reiseführer französischer oder deutscher Sprache zeigt den Sterbeort des Mannes an, der von sich schrieb, er sei Weltbürger, Europäer, Deutscher und Franzose gewesen.

In dem bürgerlichen Gedicht *‹Hermann und Dorothea›* zeichnete Goethe, der kein Freund der Revolution war, von Forster ein schönes Bild: «Alles sah er voraus, als rasch die Liebe der Freiheit, / Als ihn die Lust, im neuen veränderten Wesen zu wirken, / Trieb nach Paris zu gehen, dahin, wo er Kerker und Tod fand... / Grundgesetze lösen sich auf der festesten Staaten, / Und es löst der Besitz sich los vom alten Besitzer. – Nur ein Fremdling, sagt man mit Recht, ist der Mensch hier auf Erden; / Mehr ein Fremdling als jemals ist nun ein jeder geworden.»

Sympathie für Forster schien Goethe zu helfen, die Impulse und Ideale der fremden Revolution zu verstehen, trotz ihrer Schrecken. Am anti-französischen Furor nahm er nicht teil. Übrigens notierte er im Dezember 1793 in einem Brief an Soemmerring: «In Thüringen leben wir... ruhig und jeder treibt sein Wesen.» Aus den Worten sprach eine Gelassenheit, der man besser nicht völlig vertraute. Dann fügte er eine Frage hinzu: «Hört man etwas von Forster?» Das war einen Monat und fünf Tage vor dem Tod des einsamen Mannes in der Rue des Moulins.

II
Kindheit im Niemandsland

Es gibt kein Grab. Auch das Geburtshaus Georg Forsters existiert nicht mehr. Das Nest, in dem er am 5. Dezember 1754 zur Welt kam, ist mühsam genug zu finden. Auf keiner der Karten, die Touristen verfügbar sind, steht das Dörfchen Nassenhuben verzeichnet, dem die polnische Administration den Namen Mokry Dwor gab. In Danzig scheint sich fast niemand daran zu erinnern, daß nur knapp fünfzehn Kilometer im Südosten der Stadt der Weg eines Revolutionärs begann, den die polnische Nationalgeschichte mit einigem Recht und wenigstens zum Teil für sich in Anspruch nehmen könnte, denn Nassenhuben zählte damals zu Preußisch-Polen und stand unter der Herrschaft des polnischen Königs.

Nassenhuben – Mokry Dwor ist eine armselige Siedlung, die kaum den Namen eines Dorfes verdient: ein Flecken, ein Weiler, ein paar Straßen mit verstreuten Gehöften, die aus den nassen Wiesen hinterm Damm der Mottlau hervorschauen. Die Erde der Rüben- und Kartoffeläcker in der Ebene, die sich nach Pruszcz, das einst Praust hieß, hinüberstreckt, glänzt fett und schwarz, doch eine alte Bauersfrau – wohl die einzige Deutsche, die in der Gegend geblieben ist – sagte im Haus des katholischen Pfarrers von Wislina, man dürfe sich von jenem Bild der Fruchtbarkeit nicht täuschen lassen: die gute Krume sei nur einen halben Meter tief, darunter stoße man auf Sand – «Sand von der See, lieber Herr, eine vergrabene Düne. Vergessen Sie nicht, daß dieses Land unter dem Meeresspiegel liegt.»

Eine Landschaft von melancholischer Schlichtheit. Im Westen die Wälder des pommerschen Landrückens, hinterm Damm die Danziger Höhen, nach Norden und Osten die Niederungen des Danziger Werders, die Arme der toten Weichsel und ein Stück weiter der Hauptstrom. Die Wiesen von Nassenhuben sind moorig. Aber sie scheinen das schwarz-weiß gefleckte Vieh wohl zu nähren. Früher, erzählte die Frau, sei die Mottlau oft über die Ufer getreten und habe die ganze Niederung überschwemmt. Anfang des Jahrhunderts habe man den Lauf des Flüßchens korrigiert. Der Veränderung der Landschaft seien manche Häuser zum Opfer gefallen, vielleicht auch der alte Pfarrhof. Dann fiel es ihr ein: gleich hinter dem Damm, nicht weit von der Brücke, habe in ihrer Kindheit noch ein windschiefes Häuschen gestanden, das man die ‹Predigerkate› nannte. Irgendwann nach dem Krieg sei es abgerissen und vom Wasserbauamt durch ein Steinhaus ersetzt worden, das man ohne Schwierigkeiten erkennen würde.

Ein schlichter grauer Bau in einem Garten voller Obstbäume, die ihre nun kahlen Zweige in den verhangenen Himmel streckten. Dahinter die bizarre Silhouette der alten Weiden. Nicht weit davon der Kindergarten, aus dem eine Schar blonder Jungen und langhaariger Mädchen mit blaugefrorenen Knien ins Freie drängte. Das einstige Schulhaus? Keine Tafel. Im Oktober 1847 hatte der preußische Staatsminister Schön zu Georg Forsters Ehren an der Schule eine Plakette mit goldenen Lettern anbringen lassen. Welche Anteilnahme der Minister an Forster gezeigt habe, schrieb später der Schuldirektor Strehlke, das beweise Schöns energischer Brief an Herrn Professor Schulz, den Direktor der Danziger Kunstschule: «Sagen Sie gefälligst Herrn Regierungsrath Höpfner, ob die Ziegel und das Holz und der Kalk und die Steine, welche bei Georg Forster's Geburt in Nassenhuben das Pfarrhaus bildeten, noch da sind oder nicht, ist gleichgültig. Die Sonne geht noch heute über Nassenhuben auf, wie sie bei Forsters Geburt aufgegangen ist. Bitten Sie Herrn Reg.-Rath Höpfner, die Poesie, welche Gott ihm aufgegeben, aus allen Ecken und Winkeln zusammenzuholen, und die Schmach zu entfernen, welche in der Vernachlässigung der Geburtsstätte von Georg Forster liegt. Ist kein Pfarrhaus mehr da, so ist doch die Stelle da, wo es stand, und kann man keine eiserne Tafel anbringen, so mag man einen Stein setzen. Genug! Der Geist fordert sein Recht. gez. Schön»

Man darf annehmen, daß jener Preuße eher konservativen Anschauungen zuneigte, dennoch zögerte er nicht, Respekt für Forster zu fordern. Das Pfarrhaus existierte nach den Feststellungen Schöns schon damals nicht mehr. Es wurde mit dem Wasserschloß im 19. Jahrhundert abgerissen, vielleicht auch umgebaut. Die Familie des Danziger Ratsherrn von Schwartzwald hatte einige Menschenalter zuvor einen Gutshof in die Wiesen gesetzt, der später in den Besitz der Conradtschen Stiftung überging. Zu Johann George Adam Forsters Paten gehörte die hochwohlgeborene gnädige Frau Anna de la Haye, geborene von Schwartzwald: die Patronatsherrin des reformierten Predigers Johann Reinhold Forster. Im Register der Paten stand noch ein anderer hugenottischer Name: jener der Frau Adelgunde L'ainé geb. Fabricius, Ehefrau des Predigers Daniel L'ainé Frantz. Der Große Kurfürst hatte einst die französischen Protestanten ins Land gerufen. Danach kamen holländische Siedler, unter ihnen viele Mennoniten. Von ihnen stammte die Mehrzahl der Bauern in Nassenhuben, das vor anderthalb Jahrhunderten nicht mehr als neun Anwesen aufwies.

Warum das Pfarrhaus, warum das Schloß 1844 abgebrochen wurden, vermerkte auch der Danziger Direktor Strehlke nicht, der 1861 eine exakte Studie über Forsters Geburtsort in den Preußischen Provinzblättern publizierte. Seine Beobachtungen schienen zu ergeben, was der Staatsminister Schön nicht wissen konnte: daß sich das Haus des Predigers gar nicht in Nassenhuben, sondern auf der Gemarkung des Nachbarfleckens Wislina befand, das damals den schönen Namen ‹Hochzeit› trug. Auch dort weiß man von Forster nichts. Auf dem kleinen Friedhof nur noch ein Stein, der eine deutsche Inschrift zu erkennen gibt. Daneben ein windschiefer Holzturm in barocken Formen: das einzige Zeugnis der alten Kirche. Nach Auskunft der Bäuerin befand sich die einzige protestantische Kirche der Nachbarschaft drüben in Pruszcz – Praust. Dort steht sie auch noch: ein wuchtiger Backsteinbau, die kleine Burg eines strengen Gottes. Ein stattliches altes Gehöft in Richtung Lendowa – Landau mit seinem tief gezogenen Schieferdach und einem Holzportal, das zwei hellgestrichene Säulen rahmen, vermittelt einen Begriff vom Haus des Predigers in Nassenhuben oder Hochzeit: dem Reich der Kindheit Georg Forsters. George hatte ihn der Vater getauft, in englischer Schreibweise.

Es war bald drangvoll eng beim Herrn Pastor, denn nach Johann George trafen sechs Brüder und Schwestern ein, in der Regel im Abstand von einem Jahr und einigen Monaten: zwei weitere Knaben und vier Mädchen, das letzte 1765 nach dem Aufbruch des Herrn Pfarrers und seines Ältesten zu ihren russischen Abenteuern.

Ein merkwürdiges Stück Europa war dieser entlegene Winkel, nicht weit von der Mündung der Weichsel. Französische Einflüsse. Holländische Tüchtigkeit. Im Hintergrund eine kaschubische Urbevölkerung, die zum guten Teil germanisiert gewesen sein mag, denn der Danziger Direktor Strehlke – kein Nationalist – stellte in seinem Aufsatz fest, in der Mitte des vorigen Jahrhunderts habe sich in Nassenhuben und Hochzeit keine Seele einer slawischen Sprache bedient. Das weltliche Regiment diente der polnischen Krone, als Johann Reinhold Forster die Patronatspfarrei übernahm. Er selber pochte auf seine britische Herkunft. Der Urgroßvater hatte, als Mitglied einer protestantischen Rebellenbewegung, Zuflucht bei den Preußen gesucht, denen jeder Bürger, gleichviel welcher Konfession, willkommen war, wenn er nur den Willen zu fleißiger Arbeit, eine Handwerkskunst oder regen Handelsgeist mitbrachte. Ob die Forsters in Schottland oder im nordenglischen Yorkshire zu Haus waren, ist nicht mehr auszumachen. Der Vater des alten Forster war Bürgermeister im westpreußischen Dirschau. Den Sohn, der einiges Talent versprach, schickte er aufs Joachimsthaler Gymnasium in Berlin, in dem unter Friedrich Wilhelm I. eine Elite gedrillt wurde. Später studierte er in Halle an der Saale, der besten Universität, die es damals in Preußen gab. Der Geist des Pietisten August Hermann Francke wirkte noch in jenen Tagen. Seine praktische und hochgemute Frömmigkeit beunruhigte die verkarstete Orthodoxie der lutherischen Theologen.

In Johann Reinhold Forsters Studenten-Tagen aber beherrschte Christian Wolff das Feld, der Aufklärer und Mathematiker, der nicht zögerte, pietistische Mystik mit den logischen Argumenten seiner rationalistischen Lehre aufzustören. Mit ihm hielt eine Art von Weltgeist Einzug in die dumpfen Hörsäle. So las Wolff über die «praktische Philosophie der Chinesen», woher auch immer er seine Kenntnis über den Fernen Osten beziehen mochte. Durch ihn spürte Reinhold Forster vielleicht zum erstenmal die Faszination fremder Kontinente. Sein Vater, der Bürgermeister, wünschte, daß der junge Mensch Rechtswissenschaften studiere, um bei den Gerichten Karriere zu machen. Reinhold wiederum wollte Naturkunde, Geographie, Geschichte und Sprachen hören. Er lernte die seltsamsten Idiome beinahe im Schlaf und beherrschte schließlich – nach eigenen Angaben, die sein Licht niemals unter den Scheffel stellten – siebzehn alte und neue Sprachen. Der Kompromiß, mit dem sich Vater und Sohn beschieden, war das Studium der Theologie. In den Augen des Bürgermeisters versprach die Gottesgelehrtheit eine sichere Anstellung. Dem Sohn erlaubte sie ein schweifendes Studium.

Den Beruf des Pastors hat er freilich niemals geliebt. Man erzählte, daß er die Pflichten des Predigers und Gemeindehirten widerwillig versah. Justina Elisabeth geborene Nicolai, die er zu seiner Pfarrfrau machte, war übrigens eine Cousine, Tochter des Bürgermeisters von Marienwerder: ihre Mutter eine geborene Forster.

Der älteste Sohn hat sie von Herzen geliebt. Auch seine Schwestern ließen die Mutter bis zum Tod nicht im Stich. Sie muß eine bescheidene und demütige Frau gewesen sein, dem Mann und den Kindern bis zur Selbstverleugnung ergeben. Bedeutende geistige Gaben hat niemand an ihr gerühmt. Indessen schien sie in dunklen Tagen und bedrängten Verhältnissen die Kunst des Überlebens zu meistern. Ohne allzu große Skrupel ließ der Mann sie allein, als er der Einladung der Kaiserin Katharina folgte. Sieben Jahre später, als er die Weltreise mit Captain Cook antrat, schien es ihn wenig anzufechten, daß sich die Frau mit der Schar ihrer Kinder ohne Verwandtschaft und fast ohne Freunde in der großen fremden Stadt London behaupten mußte, obwohl sie das Englische nur mühsam beherrschte.

Ihre Sache war es nicht, den ungebärdigen und aufsässigen Mann zu mäßigen und zu lenken. Oder verführt der Mangel an Zeugnissen aus ihrem Leben zu fahrlässigen Schlüssen? Wurde sie nur unterschätzt? Könnte sie nicht hundert Torheiten ihres rappelköpfigen Mannes verhindert haben, von denen nicht weiter die Rede ist, da seine Biographie der Nachwelt nur die offensichtlichen Fehler und Kapriolen vor Augen hält?

Die preußisch-ostdeutschen Pastoren lebten in einer Art von gesellschaftlichem Niemandsland zwischen Adel und Bauern. In den protestantischen Gebieten unter polnischer Hoheit mag es nicht anders gewesen sein. Prediger und Pfarrer waren oft genug die einzigen Vertreter des bürgerlichen Standes in ihren Gemeinden. Zu den Geselligkeiten im Schloß wurden sie in der Regel geladen, doch man wies ihnen einen der unteren Plätze an der Tafel zu. Selten ließ man Zweifel aufkommen, daß der dümmste und roheste Krautjunker, des Lesens und Schreibens kaum kundig, nach der Rangfolge dieser Welt mehr zählte als der Pastor, der das Alte Testament auf hebräisch, das Neue auf griechisch und die Kirchenväter auf lateinisch zu lesen verstand, ja, nicht selten eine Debatte in den Sprachen der Klassiker zu führen vermochte. Interessierte sich die Madame de la Haye auf dem Wasserschloß von Nassenhuben – die sich wohl lieber in Danzig aufhielt – für die gelehrte Korrespondenz, die der Prediger Forster mit den Professoren in aller Welt geführt hat? Waren ihr die illustren Namen nicht gleichgültig?

Doch traf das nicht auch auf die Frau Pfarrer zu? Hatte die nicht alle Hände voll zu tun, sich um die schreienden Kleinkinder und das gackernde Kleinvieh, die Töpfe auf dem Herd, das Gesinde und die Äcker zu kümmern, die zur Patronatspfarrei gehörten? Lebte sie nicht selber wie eine Bäuerin? Stöhnte sie nicht zu Recht über den seltsamen Mann, der seine geringen Einkünfte für teure Porti und dicke Pandekten ausgab? Bücher kosteten in jenen Zeiten ein Vermögen, zumal die naturwissenschaftlichen Werke, die mit Holzschnitten und Kupferstichen versehen waren. Was nutzte es ihr, daß er prahlte, eines Tages werde sein Genie erkannt: unweigerlich erreiche ihn der Ruf eines Monarchen, der ihn geradezu flehentlich ersuchen werde, ihm den wissenschaftlichen Beistand bei der Führung der schweren Regierungsgeschäfte nicht zu versagen oder einen Lehrstuhl an einer der hohen Schulen zu übernehmen, gleichviel ob in Preußen oder Österreich, in Rußland oder Großbritannien.

Seine Kinder unterrichtete er, wie damals üblich, in der eigenen Studierstube. Die Gaben des kleinen George, den er auf englisch auch so rief, waren leicht zu erkennen: lesen und schreiben lernte er fast wie im Spiel. Ohne Mühe prägte er sich lateinische Vokabeln und Syntax ein. Der Vater ging beim Studium mit dem Sohn nicht allzu gründlich zu Werk. Das rächte sich später, als der junge Professor Forster gezwungen war, Vorlesungen auf lateinisch zu halten. Wenn er Memoranden, Reden und Dissertationen in der Sprache Ciceros aufzusetzen hatte, suchte er gern den Beistand sattelfester Freunde. Mit dem Griechischen stand es nicht besser.

Der Pfarrer Forster mag selten an die Zukunft seines Sprößlings gedacht haben: er selber zählte, als er dem Knaben die ersten Belehrungen zukommen ließ, nicht viel mehr als dreißig Jahre, und er war durchaus der Meinung, daß sein wahres Leben noch nicht begonnen habe.

Des jungen Forsters Andeutungen über die Tyrannei des Vaters geben zu der Vermutung Anlaß, daß der Pastor eine lockere Hand hatte. An Jähzorn war der Pastor so rasch von keinem zu übertreffen. Therese, Georgs Frau, entwarf später ein Bild dieser Kindheit, in dem sich gewiß die Erzählungen ihres Mannes mit einiger Wahrhaftigkeit spiegelten. Georg, schrieb sie, «kroch als kleines Kind in des Vaters Studierzimmer umher und heftete seine Aufmerksamkeit auf die großen goldenen Titelbuchstaben der Foliobände, welche das untere Fach des Büchergestells einnahmen. Diese Titel wurden sein ABC-Buch, aus dem er ohne niedliche Kindergeschichten und läppische Sprüchelchen, wie sie in unsern Tagen überfließen, sehr früh lesen lernte. Joh. Reinhold freute sich seiner Aufmerksamkeit und gab ihm in sehr zarter Kindheit einigen Unterricht im Lateinischen, Französischen und der Rechenkunst. Diese Beweise väterlicher Zuneigung hielten ihn nicht ab, sich auch im Verhältnis zu seinen Kindern, besonders zu seinem Sohn Georg, seiner Leidenschaft zu überlassen. Sie zeigte sich oft durch sehr harte körperliche Züchtigungen, die mehr seinen Zorn, als das Maß des Vergehens bewiesen. Doch muß in dem Betragen und den Gesinnungen des Mannes eine Kraft gelegen haben, sich die Zuneigung und Achtung seiner Kinder zu erwerben und Tugenden in ihnen zu entwickeln...»

Die barbarischen und ungezähmten Elemente im Charakter des Vaters glichen sich durch seine Fähigkeit zur Begeisterung ein wenig aus. Wie seine Augen blitzten und strahlten, wenn er von den Wundern der Natur und der Künste sprach. Welcher Glanz trat auf die Stirn, wenn er die Schönheit der Wissenschaften pries. Wie sich zum anderen der Ausdruck seines Gesichtes verdunkeln konnte, wenn er die Geheimnisse umschrieb, die das Zauberreich der Chemie vor den Augen der Menschen verbarg. Wie strahlend er die Ästhetik fremder Sprachen verkündete. Mit welcher Behutsamkeit er Argument um Argument aneinanderreihte, um dem Kind, das ihn nur halb verstand, doch mit großen Augen bestaunte, die Architektur vernünftiger Philosophie zu erklären. Fast zärtlich fädelte er die Schlüsse ineinander, um dem Sohn eine mathematische Beweiskette vorzulegen, die diesen wohl eher langweilte. Dies muß ihm zuerkannt werden: er hat dem jungen Georg gezeigt, was Enthusiasmus ist, und er hat die Liebe zur Erforschung der Natur in ihm geweckt.

Therese deutete den Charakter des schwierigen Vaters, den sie selber nur flüchtig kennengelernt hat, mit sensibler Gerechtigkeit: «In leidenschaftslosen Momenten, in solchen, wo angenehmere Empfindungen ihn zerstreuten, war Joh. Reinhold auch in seinem Familienkreise ein freundlicher, das Gute anerkennender und durch Güte gewinnender Mann; bei der Anerkennung seines wissenschaftlichen Verdienstes, welches ihm das Publikum nie versagte, mußte... in ihren Augen manchmal sein Unrecht versöhnen.» Gedankenvoll und in tröstlicher Gesinnung fügte sie hinzu: «Es ist ein schöner Zug im Menschenherzen, daß es willig dem, der es verwundete, seine Unbilligkeit um seiner Leiden willen vergiebt.»

Nirgendwo erzählte Forster selbst von seiner Kindheit. Die frühen Eindrücke, die er in der bescheidenen Landschaft zwischen der Weichsel und den Höhenzügen im Westen gewann, wurden von den stärkeren Bildern der russischen Reise, der Großstadterfahrung in London und schließlich der Expedition in den Pazifik verdrängt. Aber das war nicht alles: zeit seines Lebens wehrte er sich gegen den übermächtigen Schatten des Vaters, gab nach, beugte sich, bäumte sich von neuem auf, um ihm das Recht auf eine souveräne Existenz abzutrotzen. In der Rebellion und in den Niederlagen verloren sich die freundlichen Erinnerungen. Furcht vertrieb das Gefühl der Geborgenheit, der mühsam gezähmte Haß die Erfahrung der Spontanität, die vielleicht des Vaters schönste und gefährlichste Gabe war. Der Pfarrer war kein Stubenhocker, trotz aller Gelehrsamkeit. An hellen Tagen mochte er den kleinen Georg wohl an die Hand nehmen, um mit ihm das Wassergetier an den Ufern der Mottlau, in Tümpeln und Altwassern zu erkunden. Man darf annehmen, daß er in dem Kind die Fähigkeit zu geduldiger Beobachtung schärfte. Er lehrte es, das ist gewiß, die tausend Namen der Pflanzen und Kräuter, von Baum und Gebüsch, Insekten, Vögeln und Fischen – die lateinischen Bezeichnungen womöglich gleich dazu.

Dann und wann, dies darf man vermuten, nahm er den Jungen nach Danzig mit, in die große Stadt mit den mächtigen Türmen des spätgotischen Gotteshauses St. Katharinen, der Oberpfarrkirche St. Marien mit der gwaltigen Halle aus Backstein, der graziösen Architektur von St. Nikolaien und den kunstvoll geschmückten Fassaden weltlicher Bauten: des Rathauses im Stil der nordischen Renaissance, des Artushofes, des Zeughauses, der Georgshalle und des Krantors. Ganze Tage, ja Wochen hätten nicht genügt, die Stadt zu erkunden. Die Schiffe im Hafen, die den Ozeanen standgehalten und die Küsten fremder Kontinente berührt hatten. Regte sich ein Hauch von Fernweh in Georgs Herzen, wenn er die geblähten Segel sah? Der Vater schien das Woher und Wohin jedes Schoners und jeder Fregatte zu kennen. Er hörte mit Lust ins Gewirr der Sprachen, die er allesamt zu verstehen schien – er gab es wenigstens vor, das eine oder andere Wort aus dem Zusammenhang lösend, gelegentlich ganze Sätze deutend. Das war die Welt – nur einen kleinen Ritt vom öden Nassenhuben entfernt. Das war auch die Fremde: Kavaliere mit zierlichen Degen und hochmütigen Nasen, gepuderte Damen, deren Haut so weiß wie jede der Perlen war, die ihm der Vater beim Edelsteinhändler gezeigt hatte, schöne und blasierte Kinder, in die feinsten Tuche und Stoffe gekleidet.

Wurde der Knabe sich beim Anblick der Schönen zum erstenmal seiner Häßlichkeit bewußt? Die Natur hatte ihm klare Züge geschenkt, aber sein Gesicht war von Blattern entstellt, die schrundig rote Narben hinterließen. Hernach wurden sie rötlich-grau, als sei die Haut von Feuer versengt worden. Mit Blattern-Narben liefen viele herum. Zu Haus in Nassenhuben unter den Kindern der Bauern bedrückte ihn die Entstellung nicht im geringsten. In der Stadt aber sah er Gesichter, die dank ihrer unversehrten Schönheit edel und frei zu sein schienen.

Der Vater ging in den Häusern der Vornehmen so selbstverständlich ein und aus, als gehöre er zu ihrer Gesellschaft. Oder doch nicht? Nahm der kleine Georg mit der Aufmerksamkeit der Kinder wahr, daß die Rede des Papas oft allzu überschwenglich war, wenn er den großen Herren seinen Diener machte? Purzelte das «gehorsamst», «untertänigst», «submissest» nicht allzu oft aus seinem Mund? Das war der Stil der Zeit. Dennoch, es gab Nuancen. Redete der Vater nicht auch allzu heftig von der intimen Vertrautheit mit den besten Köpfen Europas, die ihm seine Korrespondenz verschaffe? Zerrte er nicht zu hastig am kleinsten Zipfel des Entgegenkommens und jeder Hoffnung, die angedeutet wurde, sei es auch nur aus Höflichkeit? War er zum anderen nicht ein wenig zu barsch gegenüber seinen Amtsbrüdern in den schwarzen Röcken? Pochte er nicht zu oft darauf, daß ihm der Predigerdienst in den elenden Gemeinden Nassenhuben und Hochzeit nur eine lästige Pflicht, daß er für den Umgang mit dem stumpfen Bauernvolk zu gut und kraft seines Genies zu Höherem berufen sei?

Eine elende Bezahlung, seiner weiß Gott nicht würdig: Die Patronatsherrschaft speiste ihn mit einem Gehalt von zweihundert Talern pro Jahr schäbig genug ab. Sein kleines Vermögen hatte die Bibliothek verschlungen. Die kleinen Höfe des Dorfes lieferten längst nicht genug Naturalien, um die vielköpfige Familie ihres Predigers zu nähren. Manchmal hatten die Kirchenbehörden in Danzig ein Einsehen und gewährten eine Unterstützung. Mit anhaltender Dankbarkeit hat ihnen der Pastor Forster die guten Werke nicht vergolten.

Ganz er selber war er vielleicht nur unter den Mitgliedern der ‹Naturforschenden Gesellschaft›, ein Gleicher unter Gleichen – und doch ein wenig mehr, denn die Breite seines Wissens und der Schwung seiner Beredsamkeit verschafften ihm ein Gefühl der Überlegenheit, das er mit Behagen genoß.

Aber hatte er nicht auch in den Heimsuchungen des Siebenjährigen Krieges seine Umsicht bewiesen, mehr noch, war es ihm nicht dank seiner Sprachtalente und seines diplomatischen Geschicks gelungen, die russischen Offiziere zu beschwichtigen, die während der Belagerung Danzigs mit ihren Truppen auch in den Gemeinden des Predigers Forster einquartiert waren? Angeblich bewahrte der entschlossene Hirte Schloß und Gut vor einer Plünderung. Gewiß wurde er gelobt. Dennoch schienen seine Beziehungen zu der Herrschaft von Jahr zu Jahr gespannter zu werden. Man nahm es dem Prediger übel, daß er sich mit seinem «derben Freimuth» so oft auf die Seite der abhängigen Bauern stellte.

Die Russen zogen bald wieder ab. Die Gegner Friedrich des Großen kamen überein, Handel und Hafen von Danzig seien wichtiger als die Gefahr, daß die Stadt vorübergehend in die Hände der Preußen gerate. Seit der Mitte des 17. Jahrhunderts hemmten freilich die nordischen, die polnischen und schließlich die friderizianischen Kriege allen Aufschwung. Hafen, Handel und Schiffsbau litten. Auch die Konkurrenz von Petersburg und Stettin wurde spürbar. Die Zahl der Einwohner nahm ab. Sie sank von den 77000 Seelen, die man im Jahr 1650 feststellte, bis zur Mitte des 18. Jahrhunderts auf knapp die Hälfte. (Auch Berlin wuchs erst gegen Ende der Regierungszeit des Alten Fritz über die Hunderttausend hinaus.) Johann Reinhold Forster, den Kopf voll hochfliegender Projekte, sah für sich in der Hansestadt keine Hoffnung. Seine Pläne und Phantasien streiften über die Heimat hinaus von Hauptstadt zu Hauptstadt, von Hochschule zu Hochschule.

Im Jahre 1762 schloß, nach dem plötzlichen Tod der Kaiserin Elisabeth, ihr Nachfolger Peter III. seinen Sonderfrieden mit König Friedrich, den er abgöttisch verehrte. Der wunderliche

Zar hielt sich nicht lange auf dem Thron. Seine Verrücktheiten bewiesen allzu deutlich, daß er zur Regierung nicht fähig war. Nach einem halben Jahr war er entmachtet und starb nur wenige Wochen später in einem Handgemenge, an dessen Hergang sich niemand erinnern wollte. Man sagte, seine Frau habe ihn ermorden lassen.

In Danzig nahm man die nachbarlichen Beziehungen wieder auf. Der Oberst Hans Wilhelm von Rehbinder, der die Regierung des Zaren beim Rat der Stadt vertrat, gehörte zu den Herren von Rang und Ansehen, die Pfarrer Forster als nützliche Gesprächspartner betrachtete. Die Entwicklungen in Rußland hatte er früh ins Auge gefaßt. Er wechselte Briefe mit Friedrich Gabriel Resewitz, einem Studienfreund aus Halle, der dem Bruder der neuen Kaiserin Katharina als «Reiseprediger» diente. Anfang 1757, der kleine Georg war kaum auf der Welt, erkundigte er sich bei Resewitz beharrlich nach den Chancen für eine Professur in Rußland. Indessen schien ihn der Oberst vergessen zu haben, als man bei ihm anfragte, ob er einen reformierten Prediger für die Gemeinde in Archangelsk vorschlagen könne. Herr von Rehbinder äußerte sein Bedauern. Die Enttäuschung des Pfarrers dürfte sich in Grenzen gehalten haben. Es ist nicht anzunehmen, daß er in dem unwirtlichen Klima und der Gefangenschaft eines halbjährigen Winters sein irdisches Glück gefunden haben würde. Das hielt ihn kaum davon ab, Rehbinder mit Vorwürfen zu begegnen.

Nicht lange danach wurde die Hartnäckigkeit seines Interesses belohnt. In St. Petersburg, am Hof der energischen Zarin, verfolgte man große Projekte für die Erschließung des Imperiums. Die kluge und aufgeklärte Herrscherin, die aus dem Geschlecht der Fürsten von Anhalt-Zerbst stammte, wollte vor allem den Süden des Landes mit Hilfe tüchtiger deutscher Bauern in eine Kornkammer verwandeln. Damit hatte es seine Schwierigkeiten. Ihre Werbung um Siedler stieß auf taube Ohren, obwohl sie ihren deutschen Landsleuten, die an eine Auswanderung denken mochten, in ihren Aufrufen alles mögliche versprach – nein, keine goldenen Berge, doch immerhin das verbriefte Recht auf Selbstverwaltung, freie Religionsausübung, eigene Schulen, unabhängige Gerichtsbarkeit, Befreiung vom

Militärdienst und Steuerfreiheit für dreißig Jahre. Der Herr von Rehbinder in Danzig ließ die Werbetrommel rühren. Doch der Zulauf war spärlich. Nachrichten über elende Verhältnisse, die Katharinas feierlichen Versprechungen nicht im geringsten entsprachen, liefen durch die Gazetten und wurden in den Wirtshäusern beredet. Deutsche Landesfürsten, die nach den bitteren Verlusten im Siebenjährigen Krieg nur ungern sahen, daß ihnen die Untertanen entliefen, warnten vor den russischen Lockungen.

In St. Petersburg zerbrachen die Herren ihre Köpfe, wie sie dem Lieblingsprojekt der Zarin auf die Beine helfen könnten. Wäre es nicht angebracht, die Siedlungsbedingungen von einem unabhängigen Wissenschaftler untersuchen zu lassen? Um so besser, wenn sein Bericht dazu beitrüge, mögliche Mißstände in den schon begründeten Siedlungen zu bessern. Sie baten wohl diesen und jenen ihrer Agenten um Vorschläge, auch den Herrn von Rehbinder in Danzig. Dem Oberst fiel Reinhold Forster ein. Der Pfarrer von Nassenhuben war in allen Fächern der Natur- und Menschenkunde so beschlagen wie jeder Professor. Außerdem verlieh sein Amt dem Unternehmen auch noch eine Art von geistlicher Autorität. Die Bezahlung sollte großzügig sein. Ein Vorschuß auf die Reisekosten ließe sich zur Bezahlung einiger Schulden verwenden.

Der Pfarrer Reinhold Forster war Feuer und Flamme. Eine kleine Bedingung: er würde gern seinen ältesten Sohn Johann Georg, einen gelehrigen Buben von zehn Jahren, mit auf die Reise nehmen. Der Junge sei ihm lang schon ein unentbehrlicher Helfer bei seiner gelehrten Arbeit.

Der Herr von Rehbinder sah keine Schwierigkeit. Die Patronatsherrschaft erklärte sich damit einverstanden, daß sich ihr Pfarrer für ein Jahr ohne Bezahlung von den Pflichten beurlaube. Die Familie könne im Haus des Predigers bleiben. Die Kirchenbürokraten in Danzig hatten keine Einwände. Am 5. März 1765 brachen Vater und Sohn nach St. Petersburg auf.

III
In Rußland: durch Traum und Alptraum

Manchmal stürzten die Bilder im Gemüt des zehnjährigen Kindes ineinander, als habe ihn der Vater in einen Traum gerissen, aus dem er niemals erwachen würde. Andere Tage schienen sich niemals aus dem Sog der Monotonie und Langeweile zu lösen. Auch der Pastor Forster, dem das Reden selten verging, verstummte für lange Stunden. Die beiden sahen Königsberg, Memel und Riga. Das graue Meer, kleine Stürme. Seekrankheit. Im April langten sie in Petersburg an: eine junge Stadt, nicht viel älter als sechzig Jahre, voll von buntem Volk und vor Vitalität berstend. Sie hatte nichts von der gewachsenen Würde Danzigs, dessen Kirchen, Amts- und Bürgerhäuser aus gotischen Jahrhunderten in dieses Zeitalter des späten Barock herüberragten. Petersburg verwirrte die Fremden mit den merkwürdigsten Kontrasten. Seine Paläste waren von italienischen Architekten gebaut, die ein nordisches Venedig vor Augen hatten. Der Adel und die reichen Handelsbürger konkurrierten miteinander, den Fassaden und Schlößchen so viel südlichen Glanz zu verleihen, wie es sich nach gutem Geschmack verantworten ließ. Nicht weit davon die Hütten der Arbeiter am Rand der Straßen. Die Heiterkeit der belebten Plätze schien der melancholischen Gelassenheit der Landschaft mit ihren Birken und sumpfigen Wiesen zu widersprechen. Man sah Elegants, die ganz nach pariserischem Geschmack gekleidet waren, und neben ihnen ungeschlachte Bojaren in glänzenden Pelzen, Damen, die auf dem Korso von Rom graziöse Figur gemacht hätten, und Großmütter, die ein halbes Dutzend Röcke übereinander trugen, in dicke Schals gehüllt, von keinen Launen der Mode berührt. Skandinavische Blondköpfe, solide deutsche Bürgergesichter, Südländer, Mongolen, Turkmenen: alle Völkerschaften Europas und Asiens schienen sich hier zu Füßen der Kaiserin zu versammeln.

Katharina war entschlossen, das Werk Peter des Großen fortzuführen und das Reich dem Fortschritt zu öffnen, damit es endlich den Anschluß an Europa gewönne, dessen politisches und militärisches Geschick von den Herrschenden Rußlands längst mitbestimmt wurde. Sie war eine belesene und aufgeklärte Dame. Baron Melchior Grimm schrieb seine Fürstenbriefe aus Paris vor allem für sie. Sie war mit den Gedanken der Aufklärer im Kreis der Enzyklopädisten völlig vertraut. Die ‹*Naturgeschichte*› des Grafen Buffon (die Georg Forster später zum Teil übersetzte) betrachtete sie als eine leichte und angenehme Lektüre. Sie selber griff gern zur Feder, begann mit der Niederschrift einer Geschichte Rußlands, verfaßte Schauspiele, schrieb zahllose Briefe, die nicht ohne Geist und Anmut waren. Mit einer großartigen Geste hatte sie Diderots Bibliothek gerettet und dem großen Schriftsteller eine lebenslange Pension ausgesetzt.

Vielleicht war es ihr Ehrgeiz, dem Philosophen von Sanssouci, der die zänkischen Weiber auf dem Thron verachtete, auch im Feld der intellektuellen Exerzitien und der Künste als eine ebenbürtige Konkurrentin gegenüberzutreten. Friedrich ließ die Sümpfe an der Oder trockenlegen und von holländischen Bauern besiedeln – nun gut: sie würde die Steppen an der Wolga mit Hilfe deutscher Kolonisten in ein Paradies des freien Bauerntums verwandeln. An die Leibeigenschaft in den Kernbezirken Rußlands rührte sie freilich nicht. Ihren närrischen Gatten und Vorgänger Peter hatte sie mit Unterstützung des Adels zum Teufel gejagt. Sie dachte nicht daran, sich die großmächtigen Herren zu Feinden zu machen.

In der Weite ihres Reiches verloren sich freilich manche schönen Projekte. Es war nicht einfach, die Übersicht zu behalten. An der Wolga, sagten die Berichte, pferchten sich die Siedler in elenden Hütten zusammen. Es fehle an Ackergerät und Saatgut. Sie litten Hunger und Krankheiten. Der Woiwode von Saratov, dem die Aufsicht über die Kolonisten anvertraut war, kümmere sich um seine Schutzbefohlenen wenig.

So befahl die Zarin ihrem Favoriten, dem Grafen Grigorij Orlov, Präsident der ‹Vormundschaftskanzlei für die Ausländer›, er möge für Ordnung sorgen. Dazu brauchte er das Urteil eines angesehenen Mannes, wie er sich mit dem Pastor Johann Reinhold Forster präsentierte. Der achtunddreißigjährige Prediger aus Preußisch-Polen, von dem Oberst von Rehbinder in Danzig herzlich empfohlen, schien nach dem Vermerk des Ausländeramtes bereit zu sein, «lügnerischen, von mißgünstigen Personen stammenden Verlautbarungen entgegenzutreten, durch die man versucht, die allerhöchsten Bestrebungen Ihrer Kaiserlichen Hoheit zunichte zu machen. In Ansehung dieses Nutzens wurden jenem Pastor von dem genannten Rehbinder 450 Rubel als Reisekosten ausgehändigt.»

Den Ukas hatte der Minister selber aufgesetzt. Graf Orlov schien daran gelegen zu sein, mit Reinhold Forster nicht nur den kritischen Gutachter, sondern auch einen wortmächtigen Propagandisten zu gewinnen. So schrieb er weiter, der Pastor habe nach seiner Ankunft in Petersburg berichtet, in Deutschland verbreite man schlimme Gerüchte über das «große Unglück», dem die Kolonisten in Rußland ausgesetzt seien. Darum sei es schwierig geworden, Menschen zu finden, «die mit der Zeit durch ihren Fleiß dem Staate von Nutzen sein könnten». Forster bäte um die Erlaubnis, «nach Saratov zu den dortigen Kolonisten zu reisen, um sich eingehend über deren Lebensweise und über alles, was die deutschen Ansiedlungen betreffen könnte, zu informieren, damit er nach seiner Rückkehr als Augenzeuge um so besser den Ausländern versprechen könne, daß die dort ausgestreuten Gerüchte jeglicher Grundlage entbehren und die dort angesiedelten Kolonisten in den glücklichsten Verhältnissen leben.» In diesem Zusammenhang bitte er um Aushändigung des notwendigen Reisegeldes. Graf Orlov fügt daran die Bitte, die Kaiserin möge befehlen, daß der Reisevorschuß von 450 Rubel von der Staatskasse getragen werde. Man möge dem Pastor Forster ferner die notwendigen Mittel für die Reise nach Saratov übergeben.

Bediente sich der Graf solch schönfärbender Formeln, weil sie dem Brauch des Landes und seiner Bürokratie entsprachen? Setzte er voraus, daß die Kaiserin über die wahren Verhältnisse an der Wolga Bescheid wußte? Oder versuchte er, seine Herrscherin hinters Licht zu führen? Gab er am Ende mit vorgetäuschter Unschuld nur die Meinungen wieder, die ihm Reinhold Forster mit sprudelndem Eifer vorgetragen hatte? Vielleicht läßt sich jede dieser Fragen mit einem Ja beantworten. Die Auskünfte widersprachen einander nicht. Keinesfalls ist es undenkbar, daß der Pastor Forster dem Grafen Orlov mit überschwenglichem Opportunismus genau das erzählte, was der Minister hören wollte. So störrisch der Vater Forster den Mächtigen der Welt oft gegenübertrat, so servil küßte er ihnen zum anderen die Hand und womöglich die dreckigen Schuhe. Am Ende seiner russischen Erfahrungen mag er festgestellt haben, daß der Graf Orlov nur ein begrenztes Interesse an einer Feststellung der wahren Zustände an der Wolga hatte.

Der Pastor neigte allerdings nicht gerade zu christlicher Bescheidung. Den Auftrag des Ausländeramtes legte er so umfassend wie möglich aus. Er nahm auch ohne Zögern Verbindung mit der Petersburger Akademie der Wissenschaften auf und schlug ihr vor, seine Reise für Beobachtungen meteorologischer Art zu nutzen. Man übergab ihm prompt zwei Thermometer und ein Barometer. Außerdem rüstete ihn die Akademie mit Standardwerken über die ‹*Flora Sibirica*› von Johann Georg Gmelin, über seltene Pflanzen von Johann Amann und über Flurbeschreibungen von Christian Buxbaum aus.

Die Verhandlungen mit den Ämtern und der Akademie bereiteten nicht die geringsten Schwierigkeiten. Wenige Tage nachdem Zarin Katharina den Auftrag unterschrieben hatte, reisten Vater und Sohn in Begleitung eines Offiziers nach Moskau weiter. Sie brauchten für die Strecke von gut siebenhundert Kilometern lediglich fünfeinhalb Tage. Die Straßen waren nicht im besten Zustand. Sie fuhren Tag und Nacht. Der Vater Forster hatte es eilig. Er wollte die kostbaren Tage des Sommers nutzen. Das Kind, in eine Ecke des Wagens verkrochen, mag die Landschaft mit den endlosen Wäldern, die Dörfer mit ihren bunten Häuschen, die weißen Herrensitze oft nur im Halbschlaf in sich aufgenommen haben. Moskau mit seinen goldenen Kuppeln bestaunte es wie einen Vorhof der morgenländischen Märchenreiche. Auf den Gassen der alten Hauptstadt sah man selten Gewänder europäischer Art. Überfiel ihn niemals die Angst vor der Fremde? Ein würgendes Heimweh? Begriff der Bub, wie weit ihn die Reise von der Mutter und den Geschwistern fortgeschleppt hatte?

Der Vater hatte wohl nicht allzu viel Geduld mit dem übermüdeten Knaben. Aufgeregt sog er die bunten Impressionen in sich ein, gab ohne Aufenthalt wieder, was er sah, was er hörte, was er lernte. Kaum je erlosch der Glanz der Neugier in seinen Augen. Am Abend kritzelte er seine Notizen zusammen, forderte den Sohn auf, seinem Gedächtnis zu Hilfe zu kommen, hielt ihn an, Zeichnungen von Pflanzen und Tieren zu fertigen.

Von Moskau weiter nach Südwesten. Manche der Impressionen, die Vater und Sohn in sich aufnahmen, fanden Einlaß in die Denkschrift, die Reinhold Forster nach seiner Rückkehr in Leningrad aufsetzte. Sie ist in den Tiefen der russischen Archive verschollen. Vielleicht wurde sie aus politischen Gründen beiseite geschafft. Indes läßt sich der Reiseweg nach Aufzeichnungen des Vaters rekonstruieren. Über Saransk, Pensa und Petrowsk erreichten sie – nach gut tausend Kilometern auf elenden Wegen – die Wolga-Stadt Saratov: eine alte Festung, die Rußland und die Ukraine vor den Überfällen der unruhigen Kosaken und Tataren schützen sollte. Hier hatten sich vor allem deutsche Handwerker niedergelassen.

Gouverneur Strojew empfing die Reisenden mit kühlem Respekt, den Weisungen der Geleitbriefe des mächtigen Grafen Orlov und der Ukas Ihrer Majestät der Zarin Katharina nur ungern gehorchend. Ihr Treiben beobachtete er mit kaum verborgenem Mißtrauen. Er habe seine deutschen Besucher wie lästige Gäste behandelt, sagte Georg Forster später. Sein Vater ließ es zwar – wie immer, wenn er einer Obrigkeit begegnete – an Bekundungen seiner Devotion nicht fehlen. Doch seine Fragen und Erkundigungen in der Stadt machten deutlich genug, daß er seinen Auftrag ernst nahm: er wollte wissen, wie es den Kolonisten bisher ergangen war. Die Auskünfte waren niederschmetternd, und der Augenschein bestätigte die schlimmsten Erwartungen: es stand schlecht um die Bauernburschen und die

Frauen, die ihre Heimat verlassen hatten, weil sie im Vertrauen auf das Wort der Kaiserin hoffen zu können glaubten, sie würden die Fron im Dienst der adligen Herren oder die Knechtsarbeit auf den Höfen der älteren Brüder gegen ein freies Bauernleben auf eigener und fruchtbarer Erde tauschen. In Wahrheit mangelte es an allem: Holz für die Häuser, Werkzeug für den Bau, Gerät für Vorbereitung und Bestellung der Felder, die noch nie ein Pflug berührt hatte. Es fehlte an Saatgut und Zuchtvieh. Es fehlte vor allem an Vorräten, um die dürren Jahre bis zu den ersten Ernten zu überbrücken. Die Kolonisten litten Hunger. Die Säuglinge starben, kaum waren sie geboren. Entbehrung und Seuchen dezimierten die Reihen der Erwachsenen. Was immer ihnen der Gouverneur und seine Kumpane, die Händler, zur Verfügung stellten, wurde ihnen als Kredit angerechnet. Die Schulden würden sie für Jahrzehnte in Abhängigkeit halten.

Die beiden Forsters suchten sechs Kolonien flußabwärts am westlichen Wolga-Ufer auf, die in den Jahren 1764/65 gegründet worden waren. Sie gelangten bis Dmitrevsk, das heute Kamysin heißt, etwa zweihundert Kilometer weit im Süden. Auch hier bestätigten sich die düsteren Schilderungen, mit denen die Auswanderungswilligen in Deutschland davor gewarnt wurden, dem Ruf der Zarin zu folgen. Reinhold Forster notierte alle bitteren Erfahrungen ohne Beschönigung. In Petersburg hatte er sich in seinem optimistischen Überschwang gern der Vermutung überlassen, die abschreckenden Bekanntmachungen der deutschen Fürsten und ihrer Schreiber seien von bösem Willen und offensichtlichen Interessen diktiert worden. Nun wußte er es besser: die schlimmen Schilderungen trafen leider zu. Der Pastor war entschlossen, seine deprimierenden Beobachtungen in Petersburg nicht zu verheimlichen, ganz davon überzeugt, daß Graf Orlov und die Kaiserin keinen Augenblick zögern würden, den Gouverneur in Saratov zur Ordnung zu rufen und den armen Bauern zu helfen.

Reinhold Forster war gleichermaßen entschlossen, sich die Reise nicht völlig verderben zu lassen: sie war das erste große Abenteuer seines Lebens, und überdies versprach das Unternehmen Ruhm und Geld. So faßte er neue Siedlungsgebiete ins

Auge, untersuchte die Beschaffenheit der Böden, holte Informationen über die klimatischen Bedingungen ein, spähte geeignetes Gelände für den Bau der Dörfer aus. Der kleine Georg war nach des Vaters Bekunden ein unermüdlicher Gehilfe bei jeder Unternehmung. Den Knaben erfüllte eine geduldige Neugier. Außerdem schien ihm nichts wichtiger zu sein, als dem Vater zu gefallen, den seine Gier nach Welt und Wirklichkeit immer weiter trieb. «An einem sehr heißen Tage», erzählte Reinhold Forster, «an welchem ich mich niedergelegt hatte, weil mir nicht wohl war, benutzte mein Sohn die Zeit, da ich schlief, für sich die Gegend nach neuen Pflanzen zu durchstreifen. Er hatte eine Menge gesammelt, und mit Hülfe des Linneischen Systems entdeckte er ohne meine Hülfe die Namen und Charaktere einiger seltener Pflanzen... Wie sehr mich dieser Durst nach Kenntnissen der Natur und deren Seltenheiten in dem Knaben damals erfreut habe, kann jeder leicht denken, der je selbst in dem Falle gewesen ist, Vater eines große Talente zeigenden Kindes zu sein, welches er selbst unterrichtet und gebildet hat.»

Die kleine Expedition, die von einem Soldaten und von vier Kosaken begleitet wurde, stieß bis nach Caricyn vor: die heutige Stadt Wolgograd, die bis 1961 Stalingrad hieß. Dort setzte der Trupp über den Fluß und durchstreifte die Kalmückensteppe bis zum Eltonsee, an die zweihundert Kilometer östlich des Stromes, an die Tiefebene im Norden des Kaspischen Meeres grenzend. Auf dem Wege sammelten Vater Forster und Sohn alles, was ihnen interessant zu sein schien: Pflanzen und Steine, Bodenproben, Insekten, tatarische Münzen, Götterbilder, Schriften und Gebrauchsgegenstände, die sie den Menschen der Steppenvölker für ein paar Kopeken abschwatzten. In einem wissenschaftlichen Resümee der Reise, das Reinhold Forster im Juni 1767 der Königlichen Gesellschaft für die Wissenschaften in London vorlegte, nannte er 207 Pflanzenarten, 23 Säugetiere, 64 Vogel-, 14 Reptilien- und 16 Fischarten, die er im Wolgabereich angetroffen hatte. Als erster Naturforscher registrierte er die schwarze Lerche, die noch heute die lateinische Bezeichnung trägt, die Forster ihr gab.

Das erregendste Ereignis der Reise: Im Kalmücken-Gebiet beobachteten sie einen Steppenbrand, der sich mit rasender Geschwindigkeit ausbreitete. Der Wind stand günstig, sonst wäre ihnen nichts als panische Flucht geblieben. Der kleine Georg beobachtete das schreckliche Schauspiel voller Angst und Grauen. Er hat die russischen Erfahrungen in seinen Briefen und Schriften selten erwähnt. Doch die dramatischen Bilder der brennenden Steppe verlor er niemals aus dem Gedächtnis.

Den Vater aber interessierte vor allem die Salzgewinnung im Eltonsee, mit der in den kurzen Sommermonaten tausend bis zwölfhundert Arbeiter beschäftigt waren. Von ihren Booten aus brachen sie die Salzlager auf dem Grund des flachen Gewässers auf. Viele tausend Ochsen schleppten das gereinigte Salz in die Speicher an der Wolga. Der Weitertransport geschah mit Karren und auf Schiffen. Die Wege zu den Städten und Siedlungen des Reiches waren weit.

Aus den Erzählungen der Transporteure gewannen die beiden Forsters lebhafte Begriffe von der riesenhaften Ausdehnung des zaristischen Imperiums. Sie verstanden Rußland nicht länger nur als eine europäische Großmacht, sondern als ein Weltreich: ihre erste Erfahrung unbegrenzten Raumes. In welcher Sprache unterhielten sie sich mit ihren Begleitern? Mit den Beamten in den Gouvernements? Mit den Anführern der Kosaken? Dem Pastor Forster war der schriftliche Zugang zu fremden Idiomen leichter als der mündliche. Nach vier oder fünf Monaten im Land gelang ihm vermutlich eine halbwegs geläufige Konversation. Auch Georg eignete sich russische Worte und Sätze an. Die Tataren indes waren nicht allzuoft in der Lage, sich in der Sprache der Landesherren auszudrücken. Also bediente man sich der Dolmetscher. Die Interpretation durch Dritte, die nicht immer zuverlässig sein mochte, verstärkte den Charakter des Unwirklichen dieser Reise, den Georg – so oft übermüdet und überwach zugleich – in der Unermeßlichkeit der Landschaft empfand. Als sie auf dem Weg nach Nordwesten die ersten Birken sahen und in die schütteren Wälder eintauchten, die nur langsam an Dichte gewannen, war dies eine Art von Heimkehr. Einige Wochen lang hatten sie im Grenzgebiet zu Asien gelebt. Nun nahm sie Europa wieder an. Sie atmeten auf. Bei der Rückkehr nach Petersburg – sie waren fast ein halbes Jahr unterwegs – hatten sie mehr als viertausend Kilometer hinter sich gebracht.

Reinhold Forster machte sich unverzüglich an die Ausarbeitung der Forschungsergebnisse, die der Wissenschaftlichen Akademie auf ihren Sitzungen im Dezember 1765 und Januar 1766 vorgetragen wurden. Seine Hoffnung, in das Gremium aufgenommen zu werden, erfüllte sich nicht, obwohl seine Studien gutgeheißen wurden. Mit gleicher Energie formulierte er sein Memorandum über die Zustände in den Wolga-Kolonien und seine Vorschläge für eine Verbesserung der Verhältnisse. Er rügte vor allem die Willkür der Beamten, die mit den Siedlern umsprangen, wie es ihre Launen befahlen. Die kleinsten Vergehen wurden aufs brutalste bestraft. Von einer freien Existenz konnte keine Rede sein. Der Woiwode behandelte die Einwanderer nicht anders als seine Leibeigenen. Zugleich mit der Forster-Expedition fand sich eine Delegation der Kolonisten in St. Petersburg ein, um ihre Beschwerden vorzutragen.

Nach der Darstellung des alten Forster bewirkten seine Denkschrift und die Klage der Siedler einen Erlaß der Kaiserin, der dem Ausländer-Amt befahl, ein gesetzliches Statut für die Kolonien zu entwerfen. Der reformierte Prediger Dilthey, bei dem die beiden Forsters Unterkunft gefunden hatten, arbeitete die Artikel über das Kirchen- und Schulwesen aus. Das Kriminalwesen war ausgeklammert, da es in die Hoheit des Staates gehörte. Für alle anderen Bereiche lieferte Reinhold Forster die Formulierungen.

Nach sieben Monaten wurde die Arbeit dem Grafen Orlov übergeben. Der Verfasser erwartete, daß er unverzüglich aufgefordert werde, in die Ausländerkanzlei des Grafen einzutreten, um die Realisierung seiner Vorschläge voranzutreiben und zu überwachen. Ungeduldig drängte Reinhold Forster auf eine Äußerung des Ministers. Er hörte nichts. Orlov ließ sich nicht sprechen. Wenn Forster den hohen Herrn für eine Minute sah, bat der Minister, ihm Zeit zu lassen. Für gewöhnlich ließ er den Pastor im Vorzimmer abfertigen. Auch die Vorstellungen des Predigers Dilthey richteten nichts aus.

Nur langsam lernten die Fremden, was hier gespielt wurde.

Nach Reinhold Forsters Darstellung hatte der Woiwode von Saratov einige Männer seines Vertrauens im Ministerium des Grafen Orlov plaziert: Freunde, auch einen Vetter oder Neffen. Sie übermittelten ihm unverzüglich den Inhalt der Denkschriften des Deutschen. Der Gouverneur versorgte seine Agenten in der Behörde mit Argumenten, die es ihnen erlaubten, den Fortgang der Dinge mit berechtigten und unberechtigten Einwänden aufzuhalten. Sie wiesen – vielleicht nicht immer grundlos – auf Übertreibungen des Pastors hin, bezeugten, er sei falschen Nachrichten aufgesessen, äußerten ungreifbare Verdächtigungen. Kurzum, mit den üblichen Listen der russischen Bürokratie hintertrieben sie das große Reformprojekt, an das Reinhold Forster so viel Eifer und Enthusiasmus gewandt hatte.

Therese Forster notierte in ihrer biographischen Skizze mit einer guten Portion Realismus: «Der russische Hof war damals ein Tummelplatz aller, aus allen Enden der civilisirten Welt herbeiströmenden ... Abentheurer, die mit ihren zahllosen Projekten den praktischen Sinn jener Halbbarbaren ... verwirren mußten ... Es ist kein Wunder, wenn mancher eingereichte Plan gar nicht gelesen ward, auch nicht, wenn man den Projectmacher oft vergaß, indeß manche Idee seines Projects benutzt ward.» Sie fügte daran die Bemerkung, bei Reinholds Unbedachtsamkeit sei ohnehin zu fürchten gewesen, daß er weder die nötige Vorsicht bei seiner Bewerbung, noch die nötige Geduld fürs Abwarten des Erfolgs aufgebracht habe.

Der Pfarrer von Nassenhuben hatte am Berliner Gymnasium, an der Hochschule von Halle, bei den Ratsherren von Danzig, im Wasserschloß der Patronatsherrschaft und in seinen Korrespondenzen mit der gelehrten Welt vieles gelernt, doch eines gewiß nicht: sich in den Irrgärten hauptstädtischer Intrigen und höfischer Kabalen zurechtzufinden. Das offizielle Schweigen machte ihn nervös. Überdies wurde das Geld knapp. Der Vorschuß, den er beim Aufbruch aus Petersburg erhalten hatte, war fast verbraucht. Er forderte gerechten Lohn für seine Arbeit: zweitausend Rubel schienen ihm angemessen zu sein. Kein ärmliches Honorar. Der höchste Beamte des russischen Reiches verdiente in jenen Jahren nicht mehr als siebentausend Rubel, und aus dieser Summe mußte sein gesamter amtlicher Aufwand einschließlich des Unterhaltes für ein Schloß in der Hauptstadt bestritten werden. Der Graf Orlov mag über die Forderung des kleinen Pfarrers aus Nassenhuben konsterniert gewesen sein. Zu einem blanken Nein konnte er sich nicht entschließen, wenigstens nicht, solange eine Äußerung der Kaiserin ausblieb. So schob er die Antwort vor sich her.

Was kümmerten Forster die Sorgen eines Ministers? Von zu Haus erreichten ihn keine guten Nachrichten. Ein Jahr Urlaub hatten ihm Patronatsherrschaft und Kirchenbehörde gewährt. Im März 1766 hätte er sich zurückmelden müssen. Nun war es früher Sommer. Er hörte, man sei im Begriff, ihm die Pfarrstelle abzuerkennen. Über seiner Frau und den sechs zurückgelassenen Kindern schwebe die Drohung, aus der Prediger-Kate geworfen zu werden. Die Geldsumme, die er den Seinen zurückgelassen hatte (sie war spärlich genug), sei längst erschöpft. Die Bauern lieferten Naturalien nur noch unwillig oder gar nicht mehr. Die Frau Pastor sei darum gezwungen, die kostbarsten Stücke seiner Bibliothek an Buchhändler und Liebhaber in Danzig zu verkaufen.

Die letzte war die schlimmste unter den Hiobsbotschaften. Um Frau und Kinder – die er aufrichtig liebte – hatte sich Reinhold Forster, vom Abenteuer der Reise und von der Wichtigkeit seiner Aufgaben überwältigt, nicht allzu viele Sorgen gemacht. Sein Gottvertrauen entsprach seinem Egoismus: die Lieben würden auf die eine oder andere Weise durchkommen... «und der Herr ernähret sie doch.» Aber seine Bücher! Die Pfarrfrau hatte nicht die geringste Ahnung, was entbehrlich war, was ihn wieviel gekostet hatte, was sie wofür verlangen konnte. Natürlich würden sie die Halsabschneider in Danzig ohne Skrupel betrügen.

Georg war wohlversorgt. Zum erstenmal in seinem Leben besuchte er eine ordentliche Schule – ein Institut der evangelischen St. Peterskirche, das der Pfarrer Anton Friedrich Büsching gegründet hatte (später leitete er das Berliner Gymnasium ‹Zum grauen Kloster›). Mit einiger Systematik lernte er das Russische, daneben Latein und Französisch. Man brachte ihm ein besseres Deutsch bei, als es der Vater vermocht hatte, der es mit der Grammatik nicht immer allzu genau nahm. Ferner wurde Unterricht in Geschichte, Geographie und Staatslehre geboten. Dieser erste Abschnitt der dürftigen Schulbildung Georg Forsters währte ganze acht Monate.

Der Vater nämlich ließ den Grafen Orlov wissen, er wolle abreisen und bäte um seinen Lohn. Ihm wurde keine Antwort zuteil. Wie es die Vorschrift gebot, setzte er dreimal seinen Namen in die Zeitung, um seine Abreise zu annoncieren. Ohne diese Prozedur erhielten weder russische Bürger noch Ausländer die Erlaubnis, sich vom Reich der Zarin zu verabschieden: eine Maßnahme der Vorsicht, denn zu viele Schuldenmacher hatten sich aus dem Staub gemacht, zu viele Schwindler ihren Opfern den Rücken gekehrt, zu viele Diebe ihre Beute ins Ausland verschleppt. Reinhold Forster, der in Petersburg zum erstenmal nicht über seine Verhältnisse gelebt hatte, erhielt vom Senat der Stadt anstandslos sein Visum. Dem Grafen Orlov schickte er ein Ultimatum: zweitausend Rubel, außerdem eine Entschädigung für das Pastorenamt in Nassenhuben. Angeblich bot man ihm tausend Rubel. Auch deutete man an, am Ende werde sich ein gut bezahltes und ehrenvolles Amt für ihn finden. Reinhold Forster wollte auf diesem Ohr nicht mehr hören. Er bat noch einmal um eine Audienz bei Orlov und wurde – nach Therese Forsters Darstellung – für sechs Uhr früh bestellt, was auch für russische Verhältnisse eine eher ungewöhnliche Zeit war. Als er sich pünktlich meldete, war der Graf zur Jagd gegangen. Auf die Frage des Sekretärs, ob er tausend Rubel akzeptiere, antwortete der störrische Pastor: «Wenn man ihm eine Kopeke mehr als die tausend zuerkenne, wolle er sich zufriedengeben.»

Vermutlich verstanden die Russen die bittere Ironie dieses Vorschlags nicht. Oder betrachteten sie die eine Kopeke als blanken Hohn? Es war ihnen unerfindlich, wie ein Mann so hartköpfig auf seinen Vorstellungen beharren könne, die sie ohnedies als übertrieben empfanden. Reinhold reiste ohne Entlohnung ab. Er holte seinen Sohn aus der Schule, packte seine Kleider und seine Bücher zusammen und schiffte sich in Kronstadt auf einem Frachter ein. Das Ziel war London.

Er hielt sich nicht damit auf, nach Danzig zu eilen und seine Familie aus der Not zu lösen. Johann Reinhold Forster, der

Urenkel britischer Nonkonformisten, hatte es sich in den Kopf gesetzt, im Vaterland der Vorfahren sein Glück zu machen. Er hatte es eilig damit. Niemand weiß, woher er das Geld für die Passage nahm. Niemand schrieb auf, wie es seinem Buben zumute war, der an der Reling stand und in die kalte Ostsee hinausstarrte, als das Schiff die Danziger Bucht passierte.

IV

Eine englische Jugend

Zweimal zwangen die Stürme das kleine Schiff, Schutz unter der Küste zu suchen. Für einige Tage blieben sie in Helsingør. Die beiden Forsters nutzten die Gelegenheit, Kopenhagen zu besichtigen. Vater Forster hielt den kleinen Georg täglich an, mit den Matrosen zu plaudern, damit er so rasch wie möglich Englisch lerne. Das rauhe Volk machte sich einen Spaß daraus, dem Sohn des Pastors ein Vokabular zu vermitteln, das für die Sakristei, die Katechismusstunden oder eine Konversation mit den Töchtern der Amtsbrüder des Herrn Papa wenig geeignet zu sein schien. Vielleicht waren die Flüche hilfreich, als der Kahn im Hafen von London festmachte: die Träger rissen, wie üblich, den Fremden das Gepäck aus der Hand. Sie stanken nach Schnaps oder Bier und verlangten unverschämte Trinkgelder. Windige Agenten versuchten, die hilflosen Opfer der Konfusion in überteuerte Absteigen zu zerren. Nach seinen eigenen Angaben hatte Reinhold Forster bei der Ankunft in London nur dreieinhalb Guinees in der Tasche.

Wo schliefen die beiden in den ersten Nächten? Hatte ihnen der Kapitän ein gutes Haus empfohlen, in dem sie sicher sein konnten, daß ihr dürftiges Gepäck nicht geplündert würde? St. Petersburg war turbulent genug und voll von fremdem Volk. Doch die junge Metropole des russischen Reiches, die damals nicht viel mehr als 150000 Seelen zählte, nahm sich wie eine biedere Kleinstadt gegenüber London aus, das alle Rassen des Erdkreises in seinen Mauern zu beherbergen schien. Von den Matrosen hatte Georg gelernt, daß in der britischen Hauptstadt gut 750000 Menschen lebten, von denen ein gutes Viertel Halsabschneider, Diebe und Huren seien. Der Vater brachte aus St. Petersburg einige Empfehlungsschreiben von Mitgliedern der Akademie an ihre gelehrten Korrespondenten in England und an die Pastoren der reformierten Gemeinden mit. Wissenschaftler bildeten im Jahrhundert der Aufklärung eine internationale Zunft, die mit Selbstbewußtsein vor die Mächtigen zu treten wagte.

Die Geistlichen der protestantischen Kirchen verstanden sich, obschon ihnen das Wort ein katholischer Greuel sein mochte, als eine Art von Orden. Sie hielten zusammen und halfen einander, zumal in der Fremde. Reinhold Forster schien gewiß zu sein, daß er als ein Mitglied beider Lebenskreise, der Wissenschaft und der Kirche, so rasch nicht untergehen werde. Sein Selbstbewußtsein war durch die herben Lehren, die ihm in Rußland widerfahren waren, gedämpft, doch nicht gebrochen. Er besaß ein naives Vertrauen in die eigene Kraft, das allen Krisen widerstand. In manchen Stunden überschwemmte ihn eine Verzweiflung, die er vor niemandem verbarg: aber dann stürmte, leuchtete auch nur ein Funke Hoffnung vor ihm auf, rasch wieder der lärmende Optimismus voran, der ihn bis ans Ende seiner Tage niemals völlig verließ. In Petersburg war er an der Arroganz feudaler Laffen vom Schlage des Grafen Orlov und der finsteren Unbildung der Bürokraten gescheitert. England aber umarmte dieser heimkehrende Sohn als ein Land des Rechtes, der Zivilisation und der bürgerlichen Ordnung. Hier wurde alles Wissen der Welt gesammelt, um dem Empire ein solides Fundament der Erfahrung und Einsicht zu schaffen. In London brauchte man Köpfe – Männer seines Schlages und junge Talente wie seinen Sohn George. Hier, wenn irgendwo, würden sie den Platz im Licht finden, der ihnen zukam.

Niemals war das britische Weltreich mächtiger als in jenen Tagen. Am Ende des Siebenjährigen Krieges hatte Frankreich – die gefährlichste Konkurrenz im Kampf um die Verteilung des Erdkreises – seine riesigen Kolonien in Nordamerika verloren. Der Preis des Friedens war Großbritanniens Distanzierung vom Kontinent, der den Ambitionen und Launen der Preußen, der

Österreicher, der Franzosen und – bis zu einem gewissen Grade – der Russen ausgeliefert wurde. Die Begriffe existierten noch nicht, doch aus einer Position der ‹splendid isolation› würde England das Gleichgewicht der Großmächte überwachen. Die Regenten in London vertrauten in der Tat darauf, daß die europäischen Großmächte – jede die Hand an der Gurgel der anderen – einander in Schach halten würden. Im übrigen wahrte die Krone durch die Personalunion mit dem Kurfürstentum Hannover eine kontinentale Präsenz.

Die Briten waren über die deutschen Bindungen ihres Herrscherhauses nicht entzückt. Die merkwürdigen Spleens des Königs Georg III. beobachteten sie mit Besorgnis. Anfälle von Depressionen und unberechenbare Capricen wurden als unenglisch, lotterhaft und gefährlich angesehen. Der Aufruhr unzufriedener Handwerker, der 1765 die Gassen von London mit bedrohlichem Lärm erfüllt hatte, signalisierte zersetzende Einflüsse, die man im Keime zu ersticken versuchte, ehe sie überhandnehmen konnten. Im Jahr danach, als die beiden Forsters in London anlangten, rebellierten die Weber, die sich durch die Einführung genialer Maschinen um Lohn und Brot betrogen sahen. Die industrielle Revolution forderte ihre ersten Opfer. Arbeiter und kleine Leute begannen zu fragen, wie es denn zugehe, daß ihnen von den Reichtümern und Segnungen des Empires so gut wie nichts zuteil werde. Im Gegenteil: je goldener die Glorie des Weltreiches an allen Horizonten aufstrahle, um so tiefer sänken sie ins Elend. Das traf in solcher Radikalität nicht zu – noch nicht. Handelsbürgertum und Handwerk hatten einigen Anlaß, sich im Ruhm des nationalen Aufstiegs zu sonnen. Doch Stürme kündigten sich an. Die kritische Unruhe der Intellektuellen verlangte eine sensiblere Aufmerksamkeit, als sie ihr von der Gesellschaft zuteil wurde. Die englische Aufklärung schien sich inniger noch als in Frankreich oder Deutschland mit der anbrechenden Romantik zu verbinden, die Adel und Bürgertum freundlicher aufnahmen als die knarrenden Proteste der Pamphletisten. Das Publikum wollte vor allem unterhalten werden, gleichviel ob durch Sentiment oder Satire.

So strikt die Regenten des Empires auf einen Abstand vom europäischen Festland achteten, der ihnen heilsam, ja für das

Wohl Großbritanniens stets notwendig zu sein schien: der Austausch der Ideen, der geistigen Beunruhigungen, der sozialen Entwicklungen und menschlichen Geschicke ließ sich nicht aufhalten. Wer auf dem Kontinent Verfolgungen ausgesetzt war oder sich vom Schicksal benachteiligt fühlte, suchte gern Zuflucht auf der Insel, vor der sich die Tore des Weltreiches öffneten. Der Entschluß Reinhold Forsters, in London sein Glück zu suchen, war nicht nur die Neigung eines versprengten Sohnes, ins Land seiner Ahnen heimzukehren (in dem er übrigens immer fremd bleiben sollte).

Im Jahre 1765 war auch Jean Jacques Rousseau, der sich in seinen schweizerischen Einsiedeleien nicht mehr sicher gefühlt hatte, auf heimlichen Wegen nach London gereist, darauf vertrauend, daß die Rechte und Freiheiten, die sich Englands Bürger gesichert hatten, ihm und seinem Werk zuverlässigen Schutz gewähren würden. Zu Beginn des Jahres 1766 folgte ihm Thérèse Le Vasseur, die Mutter seiner vernachlässigten Kinder. Sie wurde von dem Schotten James Boswell begleitet, der seine ‹große Reise› auf dem Kontinent hinter sich gebracht hatte, bei der sich dieser talentierte junge Mensch vor allem darauf konzentrierte, schönen Damen und prominenten Zeitgenossen nachzustellen. Die beiden – Thérèse war nahezu zwanzig Jahre älter als ihr britischer Verehrer – verschwanden für lange Tage in den kleinen Fischernestern an der Kanalküste. Indes erlebte der arme Boswell während der ersten Nacht, die sie im gleichen Bett verbrachten, ein Fiasko. Er weinte. Thérèse tröstete ihn mit einer nicht bloß mütterlichen Fürsorge. Die Energien des erotischen Flaneurs, der sich für gewöhnlich mit Damen minderen Standes vergnügte, erholten sich. Doch Thérèse war nur mäßig beeindruckt: «Ich gebe zu», sagte sie, «daß Sie ein robuster und kraftvoller Liebhaber sind, aber von der Kunst der Liebe wissen Sie nichts... Doch Sie sind jung, Sie können lernen. Ich selbst werde Ihnen die erste Lektion in der Liebeskunst geben.»

Boswell ahnte wohl, daß Rousseau den Aufbruch in eine neue Epoche repräsentierte. Großbritannien hatte mit ihm den Vorboten der Revolution aufgenommen. Dr. Johnson, der eine erdhafte und herbe Idee von Aufklärung vertrat, mißtraute dem Gast aus der calvinistischen Schweiz. Seinen Bewunderer Boswell – der später die erste, die klassische Biographie der Literaturgeschichte über ihn schreiben sollte – fuhr er hart an, als er hörte, der junge Mann habe Rousseaus Nähe gesucht: «Es scheint, daß Sie sich im Ausland in guter Gesellschaft befanden?» «Mein lieber Herr», fragte Boswell zurück, «Sie nennen Rousseau nicht eine schlechte Gesellschaft...?» Johnson: «Sir... wenn Sie einen Augenblick ernst sein wollen: Ich halte ihn für einen der schlechtesten Menschen; ein Schurke, der aus der Gesellschaft gejagt werden sollte, wie es ihm des öfteren widerfahren ist. Schon drei oder vier Nationen setzten ihn vor die Tür, und es ist eine Schande, daß er in diesem Land Schutz genießt... Ich würde ihn am liebsten zur Zwangsarbeit auf die Plantagen schicken.» – «Halten Sie ihn für so schlecht wie Voltaire?» – «Es ist schwierig, die Proportionen der Schändlichkeit gerecht zwischen den beiden zu verteilen.»

Johnson war kein Freund der demokratischen Philosophie des Schweizers, der Gerechtigkeit und Gleichheit gern mit dem Verzicht auf die Aristokratie und ihren Luxus, aber auch auf die Künste und Wissenschaften bezahlt hätte. Er hielt sich lieber an Defoe's *‹Robinson Crusoe›*, der für ihn ‹God's Englishman›, die Verkörperung des tüchtigen und stets nützlichen Mitglieds der Gesellschaft war. Gegen die dramatischen Veränderungen, die sich auf dem Kontinent und in Amerika vorbereiteten, stemmte er sich, noch ehe sie begonnen hatten.

Der englische Hof lebte zu weit von der Wirklichkeit der Welt entfernt, um die offensichtlichen und verborgenen Annoncen der tiefen Wandlungen zu spüren. Hat Georg III. je eine Zeile von Rousseau gelesen? Die Majestäten liebten die Musik, nicht so sehr die Literatur. Mit welchem Entzücken hatten sie das Genie des achtjährigen Wunderkindes Mozart gefeiert, den ihnen der Vater mit der begabten Schwester Nannerl 1764 vorgeführt hatte. Der Knabe spielte, um dem König zu imponieren, in der Manier Georg Friedrich Händels, dessen Musik Georg III. über alle andere stellte. Er verzauberte die Königin durch reizende Einfälle nach der Art ihres Schützlings Johann Christian Bach, des Thomaskantors jüngstem Sohn, der sich ganz dem italienischen Stil verschrieben hatte. Nach den Erfolgen bei Hof liefen die Leute in hellen Scharen in die Konzerte der Kinder, obwohl der Vater Leopold gesalzene Honorare forderte. Er schleppte ein kleines Vermögen aus London fort.

Pastor Forster zeigte nicht das geringste Interesse an der Musik. Die Gottesdienstordnung der reformierten Kirche, der er zugehörte, kannte keine Kantaten, keine Oratorien, keine Motetten und lutherischen Messen, sondern nur den schlichten Gemeindegesang. Bei den Hinweisen auf den Wunderknaben am Cembalo und der Orgel horchte er vielleicht dennoch auf. Hatte er nicht ein ähnliches Talent in die Welt gesetzt: den kleinen Georg, der eine Zierde der Wissenschaft zu werden versprach? Brillierte er nicht schon jetzt mit Kenntnissen aus allen möglichen Sparten? Drückte er sich nicht schon geläufig in fünf oder sechs Sprachen aus? Aus Petersburg hatte Georg die *‹Kurze russische Geschichte›* von Michail Wassiljewitsch Lomonossov mitgebracht. Georg beherrschte das Russische, und er hatte inzwischen Englisch gelernt (im Gegensatz zum Vater, der sich die Sprache seiner Ahnen nur mühsam aneignete): warum sollte der Knabe nicht das kleine Buch übersetzen und damit die englische Öffentlichkeit mit einer Probe seiner Gaben überraschen? Außerdem versprach das Unternehmen einige Einkünfte, die dringend gebraucht wurden.

Der Petersburger Freund Dilthey hatte Reinhold Forster empfohlen, möglichst rasch den reformierten Pfarrer Planta aufzusuchen. Der empfing den versprengten Mitchristen nur mit mäßiger Freude. Ein Jahr zuvor aber war in der englischen Hauptstadt Carl Gottfried Woide eingetroffen, der zusammen mit Reinhold Forster auf der Schulbank des Joachimsthaler Gymnasiums in Berlin gesessen und später in Frankfurt an der Oder und im holländischen Leyden unter anderem Orientalistik studiert hatte (mit Forster teilte er die Passion für das Koptische). Zunächst war er als Vertreter der polnischen Dissidenten in London registriert. Ohne Not zu leiden, konnte er auf seine Installierung als Pastor an der hochdeutsch reformierten Gemeinde warten, die er im Januar 1769 erlangte. (Außerdem wurde er zum Hofprediger an der holländisch reformierten Kapelle zu St. James ernannt.)

In der theologischen wie in der gelehrten Welt schien sich

Woide, anders als Forster, bereits etabliert zu haben. Er pflegte Kontakte mit den gefeierten Göttinger Professoren Heyne, Michaelis und Blumenbach und empfing Besuche von Lichtenberg und Barth, von Moritz und dem Journalisten von Archenholtz, der als Offizier unter Friedrich dem Großen im Siebenjährigen Krieg gedient hatte. Den Forsters besorgte er in seiner engsten Nachbarschaft eine Wohnung. Die kleine Denmark Street zwischen Soho und Strand war keine schlechte Adresse: drei- oder vierstöckige Bürgerhäuser aus dunkelrotem Klinker, von den Kohlefeuern schwarz gefärbt wie die kleine barocke Kirche von St. Giles, in der Gottesdienst nach anglikanischem Ritus gefeiert wurde. Die französisch reformierte Kirche war nicht weit.

Ihrer Neugier auf das pulsierende Leben der fremden Stadt konnten die beiden nur selten nachgeben. Der kleine Georg beugte sich über den Text Lomonossovs, den er mit Hilfe des Vaters bis zur Gegenwart ergänzte. Reinhold Forster wiederum beeilte sich, der Royal Society die wissenschaftliche Auswertung seiner Forschungsarbeiten im Wolgagebiet vorzulegen – eine Arbeit, die große Anerkennung fand. (Er wurde später durch die Aufnahme in jenes Gremium ausgezeichnet.) Er schrieb Aufsätze über die Insekten, die Fauna und Flora Amerikas, Beiträge zu Pennant's *‹Naturgeschichte›*. Er verfaßte eine Abhandlung über tatarische Altertümer und eine *‹Einführung in die Mineralogie›*. Jenes Werk schickte er nach Petersburg und empfahl sich bei dieser Gelegenheit ohne weiteren Groll dem Grafen Orlov, der inzwischen die Leitung der Akademie übernommen hatte. In Briefen an den Minister, an den Freund Dilthey, schließlich an die Kaiserin selber bat er dringend um eine nachträgliche Honorierung seiner Dienste. Es gibt Hinweise, daß er nicht lange nach der Ankunft in London durch die russische Gesandtschaft hundert Guinees empfangen habe. Um Geld zu verdienen, blieb Forster nichts anderes, als Bücher anderer Autoren ins Englische zu übertragen; dabei war er ganz auf Georgs Hilfe angewiesen. Mutter und Geschwister saßen noch immer in Nassenhuben. Solange Reinhold Forster kein festes Einkommen bezog, konnte er es nicht wagen, die Familie nach England kommen zu lassen. Wie sollte er die Passage bezahlen?

Am 21. Mai 1767 nahm Forster seinen Sohn Georg an die Hand und präsentierte ihn samt seiner Lomonossov-Übersetzung der ‹Society of Antiquaries›, unter der man eine Gesellschaft der Altertumsforscher und Historiker zu verstehen hat. Außerdem übergab Reinhold das Werk dem russischen Gesandten Alexej Musin-Puschkin, den er vermutlich aus Danzig kannte. Ihm hatte Georg, auf Veranlassung des Vaters, die Schrift auch gewidmet, zweifellos auf eine Honorierung spekulierend. Der Diplomat schien von der Arbeit nicht allzu tief beeindruckt gewesen zu sein. In einem Brief an den Kollegen Lehmann in Petersburg beschwerte sich der Vater, der Herr Musin-Puschkin habe den jungen Übersetzer nicht mit einem roten Heller belohnt. Russische und englische Experten jedoch lobten die Qualität der Arbeit.

Während der kleine Georg den Kopf über Manuskripte, Wörterbücher, Enzyklopädien beugte, rannte der Vater von Adresse zu Adresse, um endlich eine Aufgabe zu finden. Der gutmütige Woide öffnete ihm alle Verbindungen, über die er selber verfügte. Am ehesten schien Amerika eine Chance zu bieten. Projekte kamen und gingen, belebten für einen Augenblick den Horizont und verschwanden. Nach dem Vorbild seiner Erkundungen an der Wolga sollte Reinhold im Auftrag des Lord Baltimore die Siedlungsbedingungen in Maryland untersuchen: der einflußreiche Repräsentant des katholischen Adels wollte drüben in der Neuen Welt eine Kolonie für die Engländer römischen Glaubens schaffen, die in ihrem protestantischen Vaterland zu einer eher bedrückten Existenz verurteilt waren. Forster zögerte. Der Plan zerschlug sich. Lord Shelburne bot dem Pastor Forster eine Predigerstelle in Pensacola an, einem Städtchen an der Südküste von Florida, das nach dem Siebenjährigen Krieg an Großbritannien geraten war. Für die Erschließung der neu erworbenen Gebiete suchten die Engländer – nicht anders als die russische Zarin – Kolonisten unter den religiösen Minderheiten deutscher Sprache, die in ihrer Heimat verfolgt wurden.

Warum zögerte Reinhold Forster? Schreckte er vor dem Amt in Florida zurück, weil er keine Neigung verspürte, noch einmal auf die Kanzel zu steigen? Fürchtete er das tropische Klima? Die

Reinhold und Georg Forster

Hurrikans? Das gelbe Fieber? Aber warum konnte ihn Maryland nicht locken? Mißtraute er dem katholischen Unternehmen? Betrachtete er Amerika mit Vorbehalten? Auch Georg, als er Jahrzehnte danach einen Platz in der Welt suchte, an dem er sein sicheres Auskommen finden könnte, dachte selten an die Neue Welt.

Es ist zu vermuten, daß sich Reinhold Forster in London so rasch nicht geschlagen geben wollte. Dort war das Zentrum der Welt. Dort und nirgendwo anders wollte er sein Glück machen. Dort versuchte er, den Ruhm, die Anerkennung und den Erfolg herbeizuzwingen. Leicht ließ sich das englische Dasein nicht an. Reinhold Forster schien, nach der enttäuschenden Erfahrung mit dem Lomonossov-Buch kaum mehr zu hoffen, daß er Georg der gelehrten und gebildeten Welt von London als literarisches Wunderkind vorführen könne: Geld war mit dem Knaben fürs erste nicht zu verdienen. So steckte er ihn kurzerhand in eine Lehre. Bei der Firma Lewin und Nail, die sich auf den Handel mit Rußland spezialisierte, sollte Georg die Grundbegriffe kaufmännischer Tätigkeit erwerben. Den Lehrherrn konnte er sich durch seine Kenntnisse der russischen Sprache nützlich machen. Vermutlich empfing er keinen Lohn, doch wurde ihm Unterkunft und Essen gewährt.

Willig wie immer beugte er sich den Anordnungen des Vaters, dem das Wasser am Hals stand. Die Schwiegertochter Therese, die Reinhold Forster wenig Gutes zutraute, vermerkte später schnippisch, des Vaters «kühne Phantasie» habe den Sohn wohl «schon als reichen Großhändler unter Goldsäcken sitzen» sehen. Georg habe Waren gepackt und «in einem grünen Umschlagtuch» durch das große London geschleppt. (Sie verlegte diese Episode freilich auf das Jahr *nach* der Rückkehr aus Warrington.) «Sein damals noch zarter Körperbau», schrieb sie weiter, «hielt eine durch keine Geistestätigkeit unterbrochene Ermüdung nicht lange aus...» Georg wurde krank. Die Schwindsucht?

Das Tagebuch von Carl Gottfried Woide verzeichnet mit stoischer Kargheit, wie oft ihn Forster in jenen bitteren Monaten mit seinen Sorgen heimgesucht hat. Im Oktober 1766 trug er ein: «Forster bis ein Uhr. Über seinem Besuch Versäumnis des

Gottesdienstes.» Ein paar Tage später: «Las Law und Psalmen. H. Forster unterbrach um halb zehn Uhr meine einsamen Beschäftigungen.» Am 17. November 1766: «H. Forster war bis ein Uhr bei mir. Ich hatte keine Lust mehr.» Am 12. Januar 1767: «Ich kam nach neuen Uhr zu Hause und wollte arbeiten. H. Forster aber saß bei mir bis zwei und ich eilete zu Bette weil ich den Schnupfen hatte.»

Forster trug dem geduldigen Freund ein seltsames Projekt vor: er wollte polnische Protestanten zur Auswanderung nach Amerika überreden. Woide hielt nichts davon. Am 14. Januar lieh sich Forster einige Guinees. 23. Februar: «Lehnete ihm noch drei Guinees zu den sieben vorhergehenden. Sein Kummer machte mich verlegen und störte meine Beschäftigung.» Am 19. März nahm er Forster mit in die Royal Society. Am 10. April: «Speisete auf dem Museo. Ich nahm H. Forster mit in den Messias ...» Am 20. Juni lieh der junge Forster vier Guinees «vor seinen Papa».

So wäre es weitergegangen, doch am Montag, dem 20. Juni, durfte der gute Woide mit einem Seufzer der Erleichterung verzeichnen: «Forster ab nach Warrington.»

Endlich hatte sich für Reinhold Forster ein Amt gefunden. Zu seinem Verdruß verschlug es ihn tief in die Provinz: Warrington war ein mittelenglisches Städtchen in Yorkshire, zwischen Manchester und Liverpool, das in jenen Tagen drei- bis viertausend Einwohner zählte, über eine kleine Drahtindustrie und ein paar Textilmanufakturen verfügte. Dort wurde im Jahr 1757 eine Akademie für Studenten aus nonkonformistischen Familien gegründet. In jenen Tagen nahmen die offiziellen Universitäten Oxford und Cambridge nur junge Männer auf, die sich zur High Church bekannten. Die Mitglieder der reformierten Gemeinden, der methodistischen Kirchen, der freien Sekten waren von jeder höheren Bildung ausgeschlossen. Sie sollten in Warrington ihre eigene Universität finden.

Das Unternehmen war bescheiden. Die Akademie fand ihre Unterkunft in einem dreistöckigen Haus, das eine Front von sechs Fenstern aufwies. Fünf Jahre später wurde ein hübscher klassizistischer Trakt mit einem Seitenflügel errichtet. Ein alter

Stich von den Baulichkeiten ist mit dem schlichten und stolzen Vers geschmückt: «Lo there the seats where Science loved to dwell, / Where Liberty her ardent spirit breathed... Die Stätten, wo die Wissenschaften gern verweilten / und brennend der Geist der Freiheit atmete...»

Die Tradition der Schule beruft sich vor allem auf Dr. Joseph Priestley, eine der eindrucksvollen Gestalten der Aufklärung in England. In Warrington war dieser lebhafte Geist nicht allzu vergnügt. Er klagte über Mangel an Anregung. Wie Forster war er als Pastor ausgebildet. Auch seine Interessen reichten über das Erziehungswesen und die Philosophie weit in die Bereiche der Naturwissenschaften hinüber. Von Benjamin Franklin ermutigt, beschäftigte er sich mit elektrischen und chemischen Experimenten. Er gilt als einer der Mitentdecker des Sauerstoffs, dem er den Namen Oxygen gab. Als er Warrington den Rücken kehrte, zählte er erst 33 Jahre: ein aufsässiger Kopf, der später seine Landsleute durch offene Sympathie für die Rebellen in Amerika verstörte. Er wurde zur Auswanderung gezwungen. Drüben in Philadelphia freundete er sich mit John Adams und Thomas Jefferson an – der eine konservativ, der andere liberal –, Aufklärer im schönsten Sinn des Wortes alle beide. Im Kampf um die Präsidentschaft und in der Wertung der Französischen Revolution hatten sie sich bitter entzweit. Priestley gelang es, die Freund-Feinde in ihren späten Tagen miteinander zu versöhnen. Er ermutigte den Beginn ihrer Korrespondenz, die eines der schönsten Zeugnisse der intellektuellen und moralischen Geschichte Amerikas ist.

Als das Aufsichtsgremium der Akademie sich nach einem Nachfolger für Priestley umschaute, empfahl Woide, der über ein eindrucksvolles Netz von Beziehungen verfügte, dringend seinen Freund Forster. Auch Pfarrer Planta und Pasteur Majendic, der Hirte der französischen Protestanten in London, unterstützten seine Kandidatur. Den Trustees schien die Karriere des Deutschen zu imponieren: auch er war, wie sein Vorgänger, einer jener Geister des 18. Jahrhunderts, die, weit über intellektuelle und akademische Interessen hinaus, in der naturwissenschaftlichen und praktischen Forschung wirken wollten. Überdies beherrschte er Sprachen, die Schulräte lobten sogar seinen

Akzent. Das Englische, versicherten die Schulräte, beherrsche er schriftlich und mündlich sehr «verständlich». Aus den Protokollen des ‹Board of Trustees› vom 30. Juni 1768 geht hervor, daß Reinhold Forster außerdem den Latein-Unterricht für die unteren Klassen zu übernehmen bereit war, da sich in diesem Fach noch immer kein Ersatz für Mr. Priestley gefunden hatte. Forster versprach ein Kolleg über die Naturgeschichte aller Hauptmaterialien des Handels. Er bot sogar, was immer er davon verstand, einen Kurs über die «Kriegswissenschaften» an. Reinhold Forster wurde einstimmig gewählt. Das Gehalt versprach ein bescheidenes Auskommen. Endlich konnte er die Familie nach England herüberholen.

Auf der Reise nach Norden hatte Reinhold Forster einige Tage in Oxford Station gemacht und die ehrwürdige Hochschule bestaunt, die sich mit keiner Universität vergleichen ließ, in der er sich jemals zuvor umgesehen hatte. Er suchte das Gespräch mit den Kollegen, betrachtete gründlich den Botanischen Garten und studierte die Marmorchronik aus Parium, auf der die Daten der griechischen Geschichte von der Schwelle der Vorzeit bis ins dritte Jahrhundert vor der Zeitenwende festgehalten sind.

Nach den Erzählungen Reinhold Forsters, die der Goethe-Freund Johann Heinrich Merck notierte, nahm der Sohn Georg, der krank in London zurückgeblieben war, die Mutter und seine Geschwister im September 1768 im Hafen von London in Empfang. Was für ein Wiedersehen nach fast dreieinhalb Jahren ... Er begleitete die Familie – von der niemand ein Wort Englisch sprach – auf die lange Reise nach Warrington. Die Mutter mag dafür gesorgt haben, daß der kranke Sohn nicht in die Londoner Lehre zurückgeschickt wurde. Die Familie war also wieder vereint, hatte ein Auskommen und eine neue Wohnung.

Und Georg? Die Chronik der Akademie verzeichnet seine Anwesenheit im Jahre 1768 als Student Nummer 158. Es trifft also nicht zu, daß die acht Monate im Petri-Institut von Petersburg der einzige Schulbesuch auf seinem Bildungsweg waren. (Allerdings ist nicht überliefert, wie lang er die Akademie der Nonkonformisten besuchte und was er dort lernte.)

Der Vater versuchte unterdessen, sich in der Gesellschaft des

Städtchens und bei den ‹großen Familien› der Umgebung eine geachtete Stellung zu verschaffen. Für die reichen Blackburnes, die naturwissenschaftliche Neigungen zeigten, legte er einen Botanischen Garten an. Doch bald beklagte sich die Dame des Hauses, daß er sie zu oft mit seinen Geldsorgen bedränge. Mit anderen Worten: er machte Schulden. Vermutlich kaufte er, wie zu Haus in Nassenhuben, zu viele und zu teure Bücher. Seine bibliophile Leidenschaft verurteilte Frau und Kinder zu einer elenden Existenz, die sie für gewöhnlich klaglos ertrugen. War kein Geld mehr im Haus, pumpte der Professor links und rechts, was er brauchte. Den Geschwistern war so wenig wie Georg ein regelmäßiger Schulbesuch erlaubt, keinem der Brüder, erst recht nicht den Schwestern.

Die Akademie-Chronik des Jahres 1769 verzeichnete dankbar Professor Forsters «unbesiegbare Aufmerksamkeit für seine Schüler». Seine Erfolge «machten ihm Ehre». In der gleichen Sitzung wurde freilich vermerkt, es sei «erwünscht, daß Mr. Forster das Haus», in dem ihm eine Dienstwohnung zur Verfügung stand, «so rasch verlasse, wie es ihm möglich sei.»

War dies das Signal für den Abschied? Welches Ungemach war dem Professor widerfahren? Machten die Studenten sich über den groben teutonischen Akzent des Lehrers lustig? Hatte er hitzköpfig versucht, die Probleme der Disziplin rabiater zu lösen, als man es in England gewöhnt war? Die Protokolle schweigen sich aus. Eine Studie über die Akademie kreidete Reinhold Forster seine «preußischen Manieren» an. In einer Versammlung des Jahres 1769 forderten die Trustees ihre Studenten auf, ein Komitee zu benennen, das dem Aufsichtsrat regelmäßig seine Beschwerden vortragen könne. War das eine versteckte Kritik an den Manieren dieses und jenes Professors? Ein anderer Chronist zitiert aus einem nicht freundlichen biographischen Abriß, Forster sei wegen seines «völligen Mangels an wirtschaftlicher Sorgsamkeit», mit anderen Worten: wegen seiner Schuldenmacherei gekündigt worden. Das klingt nicht unglaubwürdig. Doch über die wahren Gründe schweigen sich die Protokolle des Schulrates aus.

Der Professor ging zunächst – mit einer Unbedachtheit, die bei ihm nicht überraschte – zur Konkurrenz über und erteilte an der Schule der Hochkirche Unterricht in Deutsch und Französisch. Mit Privatstunden verdiente er sich einige Pfunde dazu. Es hielt nicht leicht, eine Familie von acht Köpfen – die Dienstboten nicht eingerechnet – von den mageren Einkünften des Vaters zu nähren und zu kleiden. Die Haushaltskasse wurde – wie damals üblich – durch die bescheidenen Beiträge einiger Pensionäre aufgebessert. Aber konnten sie im Haus der Forsters bleiben, nachdem der Professor der nonkonformistischen Akademie den Rücken gekehrt und prompt bei der High Church angeklopft hatte? Georg wurde angehalten, mit den Zöglingen einer Knabenschule Französisch und Deutsch zu pauken. Den Stoff beherrschte er so gut wie sein Vater. Aber wie sollte sich ein vierzehn-, dann fünfzehnjähriger Junge vor einer Meute gleichaltriger Flegel behaupten? Georgs lebenslange Abneigung gegen Lehrämter mag aus dieser frühen Erfahrung stammen.

Der Akademie allerdings bereitete es von neuem einige Mühe, Nachfolger für die Sprach-Professur zu finden. Man versuchte es mit Franzosen. Unter den Lehrern wurde ein Le Maître alias Mara vermerkt. Es ist nicht völlig ausgeschlossen, daß es sich dabei um Jean Paul Marat handelte, der sich in jenen Jahren in England aufhielt. Soviel ist sicher: 1767/68 lebte der junge Intellektuelle in London, später in Carlisle, Berwick und Newcastle. 1774 legte er auf Englisch seine Schrift *‹The Chains of Slavery›* vor, die erst sehr viel später in Frankreich erschien. Am 30. Juni 1775 verlieh ihm die schottische St. Andrews University die medizinische Doktorwürde.

Ein Vierteljahrhundert danach beobachtete Georg Forster die mörderische Tugend, mit der Marat, «l'ami du peuple», an der Seite Robespierres die Revolution in den Terror trieb. Träfe Marats Anwesenheit in der Schule der Nonkonformisten zu, ließe sich ein Aperçu der Revolutionsgeschichte erkennen: die Spuren des puritanischen Nonkonformismus führten von Warrington zugleich zur französischen und zur amerikanischen Revolution.

Im Herbst 1770 erreichte den Professor Forster ein Brief aus London, der seinen so leicht entzündbaren Optimismus hell aufleuchten ließ: Alexander Dalrymple, Kapitän der East India Company, klopfte bei dem Deutschen mit der Frage an, ob er geneigt sei, ihn als wissenschaftlicher Berater bei einer Exkursion nach Belangbangan im indonesischen Archipel zu begleiten. Reinhold Forster war Feuer und Flamme. Er stellte nur eine Bedingung: sein sechzehnjähriger Sohn Georg sollte ihn im Rang eines Kadetten oder Unterleutnants (Midshipman) begleiten. Dalrymple, ein schwieriger und eigensinniger Mann, war 1768, als Admiralität und Royal Society das Kommando über eine Weltreise vergaben, bitter enttäuscht worden: die Wahl fiel auf den ruhigen und umgänglichen Captain James Cook. Ziel der Expedition war «die Beobachtung des Durchgangs der Venus durch die Sonne, von der man sich Aufschlüsse über die Erdposition im Planetensystem vor allem für die Entfernung zur Sonne versprach». Ferner sollte das Unternehmen der Entdeckung und Erschließung des Süd-Kontinents dienen, den man jenseits von Australien vermutete. Dalrymple wollte man nun mit der Gründung einer Kolonie auf Borneo trösten. Die Pläne zerschlugen sich. Die East India Company, die Admiralität und die Königliche Gesellschaft konnten sich, wie so oft, nicht verständigen.

Für Forster war die Absage ein harter Schlag. Da er zu den Verhandlungen nach London gereist war, dachte er nicht daran, nach Warrington zurückzukehren, das ein elendes Nest war und seiner Familie nur eine Existenz von Hungerleidern gewährte.

In einem Hinterhof von Somerset House, unmittelbar an der Themse, fand er eine Wohnung. Frau und Kinder packten ihre Habseligkeiten zusammen und reisten aus Yorkshire ab. Die Übersetzerfirma Vater und Sohn nahm die Produktion wieder auf. Der Vater legte kleinere Arbeiten aus den Bereichen der Zoologie, der Botanik, der Mineralogie, der Altertumsforschung vor. Man darf annehmen, daß er die interessierten Wissenschaftler mit Abdrucken großzügig versorgte, denn er war stets ein zäher Propagandist der eigenen Talente. Mit schlauem Eifer pflegte er die Verbindungen zur Royal Society. Er versäumte, wenn es anging, keine der wichtigen Veranstaltungen, hörte den Vorträgen zu, verfolgte die Debatten. In jener Zeit mag er auch Benjamin Franklin begegnet sein, dem Vertreter der amerikanischen Kolonien, der es nach der Rebellion von Boston im Jahre 1770 mit einer genialen Mischung von Biedersinn, heiterer Weisheit und energischer Diplomatie zuwege gebracht hatte, für eine Aufhebung der Importzölle zu sorgen. Schon Ende der sechziger Jahre schien Vater Forster sein Interesse an der deutschen Übersetzung von Franklins Publikationen angemeldet zu haben. Später bewarb sich Georg – vergeblich – um die Übertragung seiner Gesammelten Werke.

Franklin, dieser brillante Autodidakt, vernachlässigte seine physikalischen Experimente und seine literarischen Interessen trotz der politischen Geschäfte kaum einen Tag. Der Londoner Gesellschaft begegnete er – von keiner Perücke geschmückt und meist im einfachen dunkelbraunen Rock der amerikanischen Kolonisten – mit dem ruhigen Selbstbewußtsein des Bürgers, der gewiß ist, daß die Zukunft seinem Stand gehören werde. Mit fröhlicher Genugtuung, doch niemals zu laut, ließ er Freunde und Feinde in London wissen, daß sein junges und armes Amerika in Wahrheit dem reichen Europa mit all seiner Pracht und all seiner Macht weit voraus sei. Den Vorzügen der Alten Welt, ihren luxuriösen Genüssen und sensuellen Reizen, ihrer Kultur und Gelehrsamkeit trat er niemals mit der sauren Verachtung des Puritaners entgegen. Er schätzte die Vergnügungen der Metropole und vor allem den Charme der Damen. Obwohl nur Gast im Land, war er eines der respektiertesten Mitglieder der Königlichen Gesellschaft, die übrigens nicht die geringsten Zuwendungen aus den Schatullen des Hofes oder der Regierung empfing. Sie war auf die Spenden der Liebhaber der Künste und Gelehrsamkeit angewiesen und akzeptierte darum wohlhabende Förderer in ihren Reihen. Die Auftritte gefeierter Forscher gewannen durch die Anwesenheit der Mitglieder aus Adel und Patriziertum gesellschaftlichen Glanz.

Ein festliches Ereignis war der Vortrag des großen französischen Seefahrers Louis-Antoine de Bougainville im Mai 1770, der zwei Jahre zuvor den Zauber der Insel Tahiti entdeckt hatte, die er wohlbedacht und mit galanter Phantasie «La nouvelle Cythère» getauft hatte: das neue Eiland der Venus. Freilich war vor ihm – 1767 – der Brite Samuel Wallis an diesem Gestade gelandet. Er hatte die Reize des Eilandes und seiner Bewohner robuster beschrieben. Das Volk der Tahitianer war dem ersten Fremden nicht nur mit Gesten schöner Gastfreundschaft begegnet, sondern voller Furcht und heftigen Anwandlungen von

Habgier. Es wurden keineswegs immer Feste der Liebe gefeiert. Ängstliche Abwehr und Aggressivität vermengten sich in rabiaten Konflikten. Captain Wallis hatte nicht gezögert, die Überlegenheit der europäischen Waffen zu beweisen. Man beklagte Tote und Verletzte. Danach wurden freilich Feste der Versöhnung gefeiert, von denen die Matrosen Wundersames zu berichten hatten.

Den Franzosen Bougainville nahmen die Tahitianer vorsichtiger und friedfertiger auf. Auch er konnte Zusammenstöße nicht völlig vermeiden. Doch schienen die Bewohner der Insel, vor allem die Frauen, bei der zweiten Visite aus Europa geneigter, die Liebenswürdigkeit der Franzosen mit den großzügigsten und anmutigsten Beweisen ihrer Gunst zu vergelten, wenngleich sie nützliche Tauschgeschenke wie Nägel und anderes Eisenwerkzeug erwarteten. «Ihre einzige Leidenschaft ist die Liebe», schrieb Bougainville in seinem Bericht: «Die Weiber bringen ihre Tage in Ruhe und Muße zu, und ihre größte Beschäftigung ist die Sorge, zu gefallen... Sie würden eine wider besseres Wissen des Mannes begangene Untreue mit dem Leben bezahlen müssen. Die Einwilligung zur Liebe mit anderen ist aber nicht schwer zu erhalten, weil man gar keine Eifersucht kennt und die Männer die ersten sind, welche die Weiber nötigen, sich einem anderen in die Arme zu werfen.» Und weiter: «Ein unverheiratetes Mädchen kennt in dieser Hinsicht keine Scham und kann ihren Neigungen und Trieben ungehindert folgen; öffentlicher Beifall zollt ihrer Niederlage Anerkennung... Das Klima, das Singen, das Tanzen und die dabei üblichen wollüstigen Stellungen – all das erinnert jeden Augenblick an die Süße der Liebe und ruft zur Hingabe. Sie tanzen zu einer Art Trommel, und wenn sie singen, wird eine leise Flöte dazu gespielt..., welche mit der Nase geblasen wird.»

Den Kapitän entzückte die Fülle der Früchte, die zu jeder Jahreszeit gedeihen, denn auf Tahiti gibt es keinen Winter. «Ich glaubte mich in den Garten Eden versetzt», schrieb Bougainville. Hier mußte keiner im Schweiße seines Angesichts arbeiten, um die Früchte des Feldes zu ernten. Die Austreibung von Adam und Eva aus dem Paradies durch den Engel des Herrn hatte auf dieser Insel nicht stattgefunden.

Das Publikum in Europa lauschte den Erzählungen des Capitaine Bougainville in einem Taumel der Seligkeit. Was Dichter und schöne Damen in arkadischen Schäferspielen herbeizuzaubern versuchten – auf den glücklichen Inseln der Südsee war es Wirklichkeit. In den Berichten der Forscher erfüllten sich alle Phantasien des Rokoko. Sie bestätigten überdies die freundlich-ernste Mahnung der Philosophen, daß der einfache Mensch, der sich aus den natürlichen Verhältnissen nicht entfernt, ein gutes und friedliches Dasein zu führen vermöge, das der Vernunft entspreche, die Gott seiner Schöpfung eingegeben habe.

Bougainville, Favorit und Vertrauter seines Königs und ein notorischer Libertin, über dessen Amouren, zumal mit den Damen der Oper, die Pariser Polizei pedantisch Buch führte (wie Klaus Börner im Kommentar einer Diderot-Ausgabe entdeckte), band seinen englischen Zuhörern nicht auf die Nase, daß er an der Küste von Tahiti in aller Heimlichkeit eine Urkunde hatte eingraben lassen, die das Eiland zum Besitz der Krone von Frankreich erklärte. Seine Reise, die ihn nach Samoa, den Salomonen Inseln und dem später nach Bismarck benannten Archipel im Osten von Neu-Guinea führte, diente keinem anderen Ziel als die Expeditionen der Briten oder die begrenzteren Unternehmungen der Russen: den Weltreichen neue Erwerbungen zu sichern und neue Märkte zu erschließen.

Der Vater Forster schrieb 1772: «Weltumseglungen sind seit kurzem das universelle Thema aller Gesellschaften.» Er täuschte sich nicht. Witterte er, daß seine Chance kommen müsse? Unterdessen saß Georg – übermüdet, hungrig, doch immer wieder elektrisiert vom Charme des Textes – an der Übersetzung von Bougainvilles Reisebericht. Natürlich würde der Vater auch für diese Übersetzung zeichnen. Das war der Knabe gewohnt. Noch kümmerte ihn der Ruhm nur wenig.

Mit welchen Empfindungen brachte der schmale und blasse Knabe mit den weichen Zügen Bougainvilles schwärmerische Schilderung der Lockungen Tahitis zu Papier? War er geneigt, den Kindern jener Insel die Freiheit von der Erbsünde zuzubilligen? Oder fürchtete er sich vor den Versuchungen, die sich hinter der paradiesischen Unbefangenheit verbargen? Warnte ihn der Vater vor den Texten, die er in ein so elegantes Englisch zu übertragen verstand?

Die Reise des weltläufigen (und literarisch begabten) Franzosen faszinierte die beiden Forsters aus einem zweiten Grund: sie war die erste, die für «wissenschaftliche Endzwecke» ausgerüstet war, wie es Georg später ausdrückte. Der Kapitän hatte den Naturforscher Commerson und den Astronomen Verron eingeladen, an seiner Expedition teilzunehmen, und er förderte ihre Arbeit mit nüchterner Umsicht. Nichts wünschten sie mehr für sich selber.

Das Vergnügen, das der junge Mensch an dem Buch empfand, konnte den Hunger nicht immer verdrängen. Therese, seine Frau, notierte in ihrer biographischen Skizze eine Anekdote, die ihr Georg selber erzählt haben mag. Sie kann sich in London, ebensogut in Warrington zugetragen haben – es tut nichts zur Sache, denn die Mahlzeiten im Hause Forster waren da wie dort sparsam und karg. Ein täglicher Weg führte Georg, nach Thereses Worten, «vor einem Bäckerladen vorbei, wo er seinen Hunger oder seine Naschhaftigkeit häufig mit einigen kleinen Pastetchen befriedigte. Da er seine Sparpfennige dabei nicht berechnete und sich vielleicht von dem Bewußtsein, auf einen Erwerbszweig zu gehen, verleiten ließ, machte er Schulden und hatte die Kränkung, auf diesem unvermeidlichen Gang von der Bäckerfrau gemahnt zu werden; bald wußte er seiner Noth keine Hülfe mehr. Wie er nun wieder einmal... vor dem gescheueten Bäckerladen vorbeigehen sollte, betete er recht dringend um höheren Beistand. Sein Weg führte ihn über einen Feldschluß, indem er hinübersteigt, sieht er etwas im halbtrocknen Kothe, im Tapfen eines Pferdehufes, langt danach, und findet eine Guinee.» Georg hielt den glücklichen Fund für ein Geschenk seines Gebetes. Er bezahlte seine Schulden, doch kaufte er in der Freude vom Überschuß seiner Lieblingsschwester Wilhelmine einen goldenen Fingerhut.

Mit Wundern wurden die Forsters nicht verwöhnt. Dennoch: An einem Juniabend klopfte ein Bote an die Tür der Wohnung und übergab einen Brief der Admiralität. Professor Forster wurde in dem Schreiben mit dürren Worten gefragt, ob er bereit sei, Captain James Cook auf einer neuen Weltreise zu begleiten.

Seine Aufgabe: die wissenschaftliche Chronik der Expedition zu führen und nach der Rückkehr der Öffentlichkeit vorzulegen. Die Herren boten eine stattliche Abschlagssumme von viertausend Pfund.

Reinhold Forster zögerte nicht einen Moment. Sein Fleiß, seine geduldige und zugleich so ungeduldige Hartnäckigkeit, seine Werbung, seine Schmeicheleien hatten sich gelohnt. Er war unterdessen Mitglied der Royal Society geworden. Sein Name wurde mit Respekt genannt. Die Männer von Einfluß kannten ihn. Dies war seine Chance... Es hatte sein Gran Ironie, daß Georg wenige Monate zuvor in seinem ersten selbständigen Manuskript deutscher Sprache die zweite Weltreise Captain Cooks mit schönem Enthusiasmus angekündigt hatte: ohne die leiseste Ahnung, wie sehr ihn diese Pläne betreffen würden. Am 7. März 1772, so schrieb er nach Berlin, würde die ‹Resolution› unter Cook im Kommando mit 140 Mann und 25 Kanonen, mit ihr die ‹Adventure› unter Capitaine Furneaux mit 110 Mann und 20 Kanonen zur Südsee aufbrechen. Als wissenschaftlichen Berater nannte er Herrn Banks, den «unermüdeten Naturforscher»: «Als ein Mann, der wenigstens 7000 Pfund jährlicher Einkünfte hat, suchte er alles auf dieser Reise zu thun, um das Reich der Wissenschaften zu erweitern, und sparet keine Kosten...»

Georg setzte dieses *‹Sendschreiben eines Freundes›* für den jungen Verleger Johann Karl Philipp Spener auf, der ein Buch über die erste Reise Cooks auf den Markt bringen wollte. Georgs Notizen dienten als Vorwort. Der unbeholfene Stil zeigte an, daß der blutjunge Verfasser des Umgangs mit dem Deutschen entwöhnt war. Spener, der die Forsters 1770 bei einem seiner regelmäßigen Besuche in London kennengelernt hatte, nahm an den Mängeln des Manuskripts keinen Anstoß. Es bezeichnet den Anfang einer engen Zusammenarbeit und herzlichen Freundschaft.

Die Fakten, die Georg in seinem *‹Sendschreiben›* zusammengetragen hatte, erwiesen sich als eine unschuldige Vorbereitung für das große Abenteuer, zu dem er und der Vater nun aufbrechen sollten. Eine Weltreise an der Seite des großen Kapitäns James Cook würde ihnen den Weg zu Reichtum und Ruhm öffnen. Vater Forster störte es nicht, daß er als Ersatzmann herbeizitiert wurde – und dies fast in letzter Minute. Joseph Banks und sein schwedischer Gehilfe Dr. Daniel Solander hätten, so war es verabredet, mit Captain Cook ein anderes Mal zur Südsee aufbrechen sollen. Sie waren erfahren, seefest, jung und anpassungsfähig, klassisch gebildet und von Weltlust erfüllt. Ihre wissenschaftliche Qualifikation hatten sie bewiesen. Das Material, das sie als Ausbeute von der ersten Reise mitbrachten, sollte später sechs Bände füllen. Allerdings fand Joseph Banks niemals die Zeit, seine Sammlung zu ordnen und die Ergebnisse seiner Forschung literarisch auszuwerten. Das mag die Herren von der Admiralität ein wenig verstimmt haben. Aber sollte der lebhafte junge Mann – er war erst 33 Jahre alt – seine Tage der stillen Arbeit am Schreibtisch opfern? Der Hof, die große Gesellschaft, die Freunde, die Frau, die Clubs, die wissenschaftlichen Gremien forderten seine Anwesenheit. Das Klatschmagazin *‹Town and Country›* spottete, die Forschungsarbeit des Naturwissenschaftlers auf Tahiti und anderswo sei vielleicht zu einseitig geraten: «Da die Natur sein ständiges Studium war, kann nicht angenommen werden, daß ihr reizendster Teil, das schöne Geschlecht, seiner Aufmerksamkeit entgangen sei und, wenn wir aus seinen höchst amourösen Beschreibungen den Schluß ziehen dürfen, so wurden die Frauen der meisten Länder, die er besucht hat, von ihm jeder Art kritischer Inspektion unterworfen.» Überdies warf ihm das Blatt vor, er habe vor der Abreise eine junge Dame geschwängert und hernach entgegen seinen Versprechungen doch nicht geheiratet.

Joshua Reynolds hat Banks als einen schönen jungen Mann mit offenem und entspanntem Gesicht portraitiert – die Stirn hoch, die Augenbrauen mäßig geschwungen, die Lippen voll, das Kinn energisch, die Augen wach und voller Geist; nur die Nase war ein wenig grob geraten. Die Eleganz des Spitzenjabots, der bestickten Weste und des pelzbesetzten Rockes zeigte seinen Reichtum an. Tatsächlich hatte Joseph Banks aus eigenem Kapital wenigstens fünftausend Pfund in den Umbau des Flaggschiffes ‹Resolution› gesteckt, das Cook für die Reise ausgesucht hatte: ein robustes und gedrungenes Frachtschiff, wie es zum Kohletransport in der stürmischen Nordsee gebraucht wurde, solide, jedem Wetter gewachsen. Banks aber forderte mehr Raum und Bequemlichkeit für sich und seinen Stab, zu dem neben Dr. Solander drei Astronomen (einer von ihnen ein Arzt), ein Maler, drei Zeichner, Sekretäre, Diener und zwei Hornisten gehören sollten. Die Umbauten gefährdeten, wie Cook bei einer Inspektion feststellte, die Seetüchtigkeit seines Schiffes. Er befahl, alle Veränderungen rückgängig zu machen: Banks sollte sich, wohl oder übel, mit dem vorhandenen Raum begnügen. Dazu war der junge Mann nicht bereit. Man verzichtete auf den Favoriten, der statt dessen eine eigene Expedition nach Island unternahm. Überdies rückte er 1778, noch keine vierzig Jahre alt, zum Präsidenten der Royal Society auf. Er unterstützte Georg III. in seiner gärtnerischen Leidenschaft.

Die Admiralität stellte fest, daß sie viertausend Pfund für Honorierung und Ausrüstung eines Wissenschaftlers in der Kasse habe. Die Wahl fiel auf Reinhold Forster. Der Deutsche stellte nur eine Bedingung: daß er als Zeichner seinen Sohn Georg mitnehmen dürfe, der seine Fertigkeiten in einigen Publikationen demonstriert habe. Die Admiralität stimmte zu.

Bis zur Abreise blieben zwei Wochen. Ohne auf die Preise zu achten, kaufte Reinhold Forster, was er für die Reise zu brauchen meinte. Freund Woide wurde gebeten, eine billigere Wohnung für die zurückbleibende Familie zu suchen. Er wurde ferner eingeladen, die Vormundschaft für die Kinder zu übernehmen. Beides tat er mit frommer Demut.

V

Reise an den Rand des Lebens

Am 22. Juni 1772 brachen Reinhold und Georg Forster von London auf, um in Plymouth an Bord ihres Expeditionsschiffes zu gehen. Zwei Tage später langten sie in dem südenglischen Hafen an. Am ersten Juli wurden Vater und Sohn dem Earl of Sandwich auf seiner Yacht ‹Augusta› vorgestellt. Der Erste Lord der Admiralität hatte sich nach Plymouth begeben, um Captain Cook zu verabschieden, doch der große Seefahrer ließ mit seinen beiden Schiffen ‹Resolution› und ‹Adventure› auf sich warten. Sandwich, ein mächtiger Herr mit entschlossenen und etwas fleischigen Zügen, zeigte sich ungehalten. Den beiden deutschen Forschern, die er eher als exotische Produkte des Kontinents betrachtete, schien er nicht allzu große Aufmerksamkeit zu widmen. Er gab sich leutselig, indes, seine geistigen Interessen waren nicht die lebhaftesten. Ihm stand der Sinn eher nach fröhlicher Gesellschaft, einer guten Flasche Portwein, raschem Spielgewinn und einem willigen Flirt. In die Geschichte ging er nicht als Staatsmann, sondern als der Erfinder zart belegter Brotschnittchen ein. Womöglich sagte ihm sein Instinkt, die Beteiligung der beiden skurrilen Deutschen an einem so britischen Unternehmen wie Cooks zweiter Weltreise werde zuletzt nur Ärger machen. Da die Schiffe bis zum Abend nicht eingetroffen waren, reiste Lord Sandwich ab.

Am dritten Juli endlich machte die ‹Resolution› in Plymouth fest. Als Reinhold und Georg ihre Kajüte besichtigten, fiel die Freude auf das große Abenteuer für einen Augenblick in sich zusammen. Im hinteren Teil des Schiffes, beim Übergang vom

Quartier des Kapitäns (mit einem Stateroom, einem Schlafgemach und einer Vorratskammer) zum Achterdeck, waren eine Reihe von Bretterverschlägen für den Ersten Leutnant, den Astronomen, den Equipagen-Meister und die beiden Naturforscher angebracht, deren Bequemlichkeit, wie Georg später bemerkte, in dieser Reihenfolge abnahm. Die Kammer der Forsters maß knapp zwei mal zwei Meter. Neben einem engen Bett war gerade noch Platz für einen kleinen Schreibtisch und einen Stuhl. Immerhin hatte sie ein Fenster, das freilich nur bei gutem Wetter geöffnet werden durfte.

Der Vater wies den Kapitän darauf hin, daß in solcher Bedrängtheit ein produktives Arbeiten schwer sein werde. Seine Forderung, diese und jene Verbesserung anzubringen, trug er vermutlich nicht mit bescheidener Zurückhaltung vor. Captain Cook beugte sich den Wünschen, freilich nicht gern. Die Beziehung zwischen dem Kapitän und dem wissenschaftlichen Chronisten der Reise begann mit einer kleinen Verstimmung, die keiner der Beteiligten allzu ernst nahm.

Die Vorbereitungen verlangten ein wenig Zeit. Die Forsters nutzten den Aufenthalt, um die Zinnbergwerke in Cornwall zu besichtigen. Am 11. Juli schifften sie sich ein, aber widrige Winde verzögerten die Ausfahrt. Am Morgen des 12. beobachtete Reinhold bei einem Spaziergang an Deck, daß die ‹Resolution› auf die Klippen unter der Festung von Plymouth zutrieb. Sofort alarmierte er die Wache. Tatsächlich war ein Anker gebrochen. (Nach dem knappen Text des Tagebuchs, das Reinhold Forster auf englisch führte, hatte allerdings der Lotse gleichzeitig mit ihm bemerkt, daß sich die Lage des Schiffes verändert hatte.) Der resolute Professor widerstand gewiß nicht der Versuchung, Kapitän, Offiziere und Mannschaft darauf hinzuweisen, daß seine Geistesgegenwart die Expedition gerettet habe.

Am 13. endlich, einem Montag, segelten die ‹Resolution› und das Begleitschiff ‹Adventure› unter Kapitän Furneaux ab. Den Schmerz des Abschieds umschrieb Georg einige Jahre danach in seinem Reisebuch mit einem Satz, in dem sich Empfindsamkeit und Selbstbeherrschung vereinten: «Ich kehrte einen Abschieds-Blick gegen Englands fruchtbare Hügel zurück, und ließ dem natürlichen Gefühl der Verbindungen, woran mich diese Aussicht erinnerte, freyen Lauf...» Mit anderen Worten: er weinte. Sein Gemüt krampfte sich bei dem Gedanken an die Mutter und die Geschwister zusammen, die so hilflos in der fremden Stadt zurückblieben. Herr Woide würde die Familie nicht im Stich lassen, aber der treue Freund konnte sich nicht tagaus, tagein um das Geschick der Forsters sorgen. Dennoch hatte er versprochen, die Drucklegung der Dissertation des Vaters zu überwachen, denn Reinhold wollte bei seiner Rückkunft die Doktorwürde in Empfang nehmen; das schien ihm wichtiger als vieles andere. Die tägliche Fürsorge für die Kinder, auch einen Teil ihrer Unterrichtung, hatte lang schon Georg übernommen. Der Sinn des nächst ältesten Bruders Carl, der fünfzehn Jahre alt war, richtete sich auf die praktischen Dinge. Würde er stetig genug sein, der Mutter und dem kleineren Bruder und den Schwestern Halt zu geben, falls, Gott behüte, der Vater und Georg nicht zurückkämen? Captain Cook galt als der beste Seefahrer der britischen Flotte, aber eine Weltumseglung war ein Unternehmen voller Risiken. Die Teilnehmer hatten Anlaß, auf eine tägliche Konfrontation mit dem Tod vorbereitet zu sein.

Georg, der lange an der Reling stand, ließ «endlich die Heiterkeit des schönen Morgens und die Neuheit unserer Fahrt durch die noch glatte See Oberhand» gewinnen. Die ‹Resolution› passierte den Leuchtturm von Eddistone, und die Forsters bewunderten die Tapferkeit der einsamen Wächter, die oft drei Monate vom Festland abgeschnitten waren. Das Land blieb zurück, der Wind wurde heftiger, «das Schiff rollte von einer Seite zur andern und die der See nicht gewohnt waren, ja selbst einige der ältesten Seeleute litten nunmehr... von der Seekrankheit». Reinhold und Georg machten keine Ausnahme. Der Vater war seit dem ersten Tag der Reise krank, er aß wenig und spuckte das Wenige wieder aus. Nur Portwein schien ihm zu bekommen. In der Bucht von Biscaya litt er die heftigsten Qualen.

Die beiden Schiffe passierten die spanische Küste, und ihre Passagiere bemerkten mit einem Anflug von Sehnsucht das reife Korn auf den Feldern. Sie begegneten drei spanischen Kriegsschiffen, die mit Warnschüssen Auskunft über das Reiseziel forderten. Nach sechzehn Tagen legten sie, wie vorgesehen, auf

Madeira an, um Proviant zu laden. Georg fand die kleine Stadt Funchal zwar malerisch, aber schmutzig. Die beiden Forsters inspizierten die Insel so gründlich, wie es die kurze Zeit zuließ. Sie waren bestrebt, Captain Cook und den Offizieren zu beweisen, daß sie ihre Pflichten ernst nahmen. Ihr Eifer trieb sie auch an der nächsten Station an Land: den Kapverdischen Inseln, deren Armut den aufmerksamen Georg schockierte. Die Weiber, fand er, seien von besonderer Häßlichkeit, die Kinder nackt, der Gouverneur despotisch und die «abergläubischen und blinden Pfaffen» allgegenwärtig. Ohne Urteil notierte er die merkwürdige Theorie des Canonicus Pauw von Xanthen, der behauptete, die dunkle Haut der Inselbewohner, die allesamt von portugiesischer Abstammung seien, erkläre sich nicht durch eine Vermischung mit Afrikanern, sondern sei eine Folge des Klimas.

Die Matrosen nahmen in Kap Verde zwanzig «grüne Affen» an Bord, vergnügten sich an den possierlichen Tieren und ließen sie dann, ihrer Grimassen und Sprünge überdrüssig, einfach verhungern. Nur drei überlebten bis zum Kap der Guten Hoffnung. Die Härte der Matrosen verstörte Georg. Voller Kummer stellte er fest, daß die rauhen Burschen eine kleine Schwalbe, die dem Schiff so lange übers offene Meer gefolgt war, ihrer geliebten Katze zum Fraß überlassen hatten. Der Vater Forster vermutete, man habe den treuen Vogel zu einem so schrecklichen Tod verurteilt, um ihn zu strafen. «Dies veranlaßte mich», schrieb er, «dem Andenken meines kleinen Freundes den Tribut einer Träne zu zahlen.» Später fügte er hinzu: «Möge es keinem zarten Herzen je an Gegenständen der Zärtlichkeit und der Gelegenheiten mangeln, sich des Glücks an der Menschlichkeit, Freundschaft und Liebe zu erfreuen.»

Fast erleichtert sprach Georg von der «verstohlenen Thräne», die er im Auge des einen oder anderen Seemannes wahrnahm, als ein Zimmermann bei Ausbesserungsarbeiten unbemerkt über Bord ging und ertrank: das erste Opfer des Unternehmens. Im Fortgang der Reise wuchs sein Verständnis für die Mentalität der Seeleute.

Weitere Dramen blieben der Expedition fürs erste erspart. Der Kurs der Schiffe folgte der Westküste Afrikas. Georg beobachtete Haie, Delphine und fliegende Fische. Er nutzte die Zeit, das Schiff mit seiner Besatzung von 119 Mann so genau wie möglich kennenzulernen. Die ‹Resolution› und die ‹Adventure› waren keine schnittigen und schnellen Gefährte. Sie trugen einst die großen Namen ‹Drake› und ‹Raleigh›, aber die Admiralität fand es angebracht, die Namen der beiden Seehelden und Freibeuter zu tilgen, um spanische Empfindsamkeiten zu schonen. Überdies waren die farbloseren Benennungen dem Typus der Schiffe eher angemessen. Beide waren für den Transport von Steinkohle in der Küstenschiffahrt gebaut, in der Cook so lange Jahre gedient hatte. Damals hatte er die Robustheit dieser Frachter schätzengelernt. Der Kiel war stumpf, er konnte beim Zusammenstoß mit einem Eisberg oder einem Korallenriff nicht so rasch aufgerissen werden. Sie hatten einen flachen Boden, der es den Schiffen erlaubte, auch in seichten Gewässern zu manövrieren. Cook ließ übrigens die Böden nicht, wie üblich, mit Kupferplatten gegen den Wurmfraß schützen, denn er fürchtete, das Buntmetall stoße die Fische ab, die zur Aufbesserung der Nahrung aus dem Meer gezogen werden sollten. Außerdem fraß das Kupfer die eisernen Ruderangeln an. Der Kapitän ließ statt dessen eiserne Nägel einschlagen, und da der Rost bald die Zwischenräume bedeckte, bildete sich ein metallener Schirm, der das Holz besser instand hielt, als es die Kupferplatten vermocht hätten.

Die Gesamtkonstruktion zeichnete sich durch Stabilität aus. Der geräumige Schiffsbauch der ‹Resolution› mit ihren 462 Tonnen bot Platz für gewaltige Vorräte: sechzig bis siebzig Wassertonnen, ebenso viele für Sauerkraut, mehr noch für gepökeltes Rind- und Schweinefleisch, für Mehl, Erbsen und Zwiebeln, Wein und Branntwein, Platz auch für viele Tonnen Steinkohle, für den Ballast und für die Küche. Beide Schiffe führten außerdem – neben den Booten – vorgefertigte Teile einer kleinen Segelbarke mit, die als Notfahrzeug dienen konnte, wenn das Mutterschiff stranden sollte.

Mehr als ein Jahrzehnt später noch staunte Georg Forster – in seinem großen Essay *‹Cook, der Entdecker›* – über die hohe Kunst der ordnenden Vernunft, die sich ihm in der kleinen Welt des Schiffes darstellte: den Vorrat an Kabeltauen, «jedes hundert und mehr Klafter (an die zweihundert Meter) lang, manche von der Dicke eines Schenkels», die im Matrosenraum gelagert wurden, die Handhabung der Segel, der Anker, der Lote. Im Gang der Wochen und Monate gewann die Besatzung, trotz ihrer rohen Sitten, seinen Respekt. Die Unterkünfte, die sich den Matrosen und Seesoldaten boten, waren kaum menschenwürdig zu nennen. Sie hatten eine Hängematte und ein Behältnis für ihre Habseligkeiten, das war alles. Der Schlafraum konnte nur bei gutem Wetter gelüftet werden. In den Tropen staute sich unter Deck eine unerträgliche Hitze. Die Zufuhr von Luft durch eine Art von Segelkanal war gering. Trotz der Entbehrungen blieben die Männer willig und guter Laune.

Das ließ sich nicht von allen Schiffen sagen. Georg verstand, daß die ruhige Autorität, die von James Cook ausging, den Geist und das Geschick des Unternehmens bestimmten. Vielleicht dachte er manchmal mit einem Anflug von Wehmut an den Monsieur de Bougainville, dessen Esprit und Empfindsamkeit ihn bei der Übersetzung des Reiseberichts so freundlich berührt hatten: ein lebhafter Kopf, dieser Pariser, dem sinnliches Vergnügen am Dasein und Witz ins Gesicht geschrieben standen – ein Mann von Welt und Bildung, in der besten Gesellschaft zu Haus, unabhängig und mutig. Cook war im Vergleich ein trockner Bürger. Die Herkunft aus bescheidenen Verhältnissen verleugnete er nicht. Sein Vater arbeitete als Vormann und Verwalter auf einem Hof. Der Gutsherr war human genug, den Jungen bis zum zwölften Jahr in die Schule zu schicken. Dann mußte er sich auf der Farm nützlich machen. Danach war er Lehrling in einem Kramladen und ging mit achtzehn Jahren zur See, lernte das Handwerk auf den Nordseefrachtern, studierte Mathematik und Navigation, wenn er im Winter zu Haus war, brachte es zum Maat und Oberbootsmann auf einem Kriegsschiff. Im Siebenjährigen Krieg nahm er am Angriff auf Quebec teil. Auf der französischen Seite kämpfte Bougainville. Die Engländer siegten. Danach vermaß Cook, nun Kommandant eines gekaperten Schiffes, die Ufer des Sankt Lorenz-Stromes und die Küste von Neufundland. 1766 reichte er der Royal Society eine Arbeit mit Beobachtungen einer Sonnenfinsternis ein. Diese ungewöhnliche Initiative und sein solider Ruf als Seemann empfahlen ihn als Kommandeur der ersten Reise in die Südsee, bei der 1769 die Passage der Venus durch die Sonne vermessen werden sollte.

Jeder Handgriff und jedes Wort des Kapitäns Cook verrieten der Mannschaft, daß er einer der ihren war. In der Messe des Kommandanten aß man nichts anderes als bei den Matrosen. Dieser grundvernünftige Offizier sicherte sich überdies die Dankbarkeit der Seeleute durch eine Reform der täglichen Pflichten: die Wache wurde dreimal täglich abgelöst. Zuvor war der zweimalige Turnus üblich. Das hieß: die Matrosen hatten nur jeden dritten Tag einen Dienst von zwölf Stunden zu absolvieren; an zwei Tagen beschränkte sich die Wachzeit auf sechs Stunden. Dafür brauchte Cook allerdings mehr Offiziere (die ihm von der Admiralität bewilligt wurden). Die Wachen blieben – dank der rascheren Ablösung – frisch und energisch. Wenn das Schiff an Land lag, ließen sich die notwendigen Arbeiten flexibler einteilen – ob Holzfällen, Jagd oder Fischfang –, ohne die gesamte Mannschaft von der ‹Resolution› abzuziehen.

Cook hörte sich die Sorgen der Offiziere und Mannschaften aufmerksam an, und er war bei jeder Krise zur Stelle. Dennoch entging Georg nicht, daß er stets eine gewisse Distanz hielt. Das Gesicht mit den klaren und großen Zügen verlor selten den Ausdruck kritischer Überlegung, ja, eines leichten Mißtrauens. Der Kapitän war kein Misanthrop. Vielleicht gab es sogar Augenblicke, in denen er von Herzen heiter sein konnte. Doch sein Blick bewahrte in der Regel eine abwartende Kühle. Sie zeigte die Vorsicht eines Mannes an, der einen langen und schwierigen Weg von unten nach oben hinter sich gebracht hatte. Er durfte sich keine Blöße geben. Nichts hätte ihn tiefer verletzt, als auch nur für eine Minute in den Verdacht der Lächerlichkeit zu geraten. Er scheute jede Übertreibung. Die Neigung des Professors Forster, mit seinen Leistungen und Weisheiten, seinen Beziehungen und Projekten zu prahlen, verstörte ihn immer aufs neue.

Vielleicht hat ihn zu Anfang, während der langen und langweiligen sechs Wochen zwischen Kap Verde und dem Kap der Guten Hoffnung, die umständliche Beredsamkeit des deutschen Gelehrten zuweilen amüsiert. Man wurde ihrer rasch müde.

Georg, dessen Scheu ihm lieber war, notierte später, auf See genügten wenige Wochen, um den «kleinen Vorrath von eigenen Abentheuern, Anekdoten und lustigen oder witzigen Einfällen» zu erschöpfen. Die zweite oder dritte Wiederholung höre man schon mit Gähnen. Danach verstumme die Tischgesellschaft, und man höre nichts weiter als einige Alltagsbetrachtungen über Wind und Wetter. Taktvoll deutete er die Desillusionierung der täglichen, allzu nahen Berührung an – man müsse Helden aus einer gewissen Entfernung betrachten, «um nicht die Schwäche der Menschheit an ihnen gewahr zu werden».

Captain Cook entging der aufmerksame Blick des jungen Mannes nicht. Er gewährte ihm eine gewisse Vertrautheit, die er dem Vater niemals eingeräumt hätte. Von Georg war nicht zu befürchten, daß er die Forderungen der Disziplin vergaß, über die sich Forster senior so oft (und meist gegen seine Absicht) hinwegsetzte. Der Kapitän, dem eine gottgleiche Gewalt über die Mannschaft zuerkannt wurde, bewies keine übertriebene Strenge. Im Gegenteil, Georg registrierte die Klagen der Offiziere, daß Cook zu nachsichtig sei. In der Regel bemühte er sich, gerecht zu sein. Wenn das Vergehen eines Matrosen oder Soldaten offensichtlich war, verhängte er die vorgesehene Strafe. Er scheute jedoch auch nicht vor Grausamkeiten zurück. Es kam vor, daß einem Missetäter unter den ‹Wilden› zur Abschreckung die Ohren abgeschnitten wurden.

Weiß Gott, das 18. Jahrhundert war nicht nur das «Zeitalter des Lichtes», wie es die Franzosen nannten. Die Aufklärung vollzog sich inmitten böser Schatten. Keines der Geschöpfe jener Epoche hat sich völlig aus ihnen gelöst, weder James Cook noch Bougainville. Georg lernte Cooks Gefährdungen verstehen, und er spürte wohl, daß dieser disziplinierte Offizier ein vulkanisches Temperament bewachte, dessen Regungen manchmal seiner Kontrolle entglitten – zumal, wenn die Kinder der Südsee stahlen, was nicht niet- und nagelfest war (und oft auch das): der Mangel an Respekt vor dem Eigentum traf diesen großen Kleinbürger, der zugleich auch ein kleiner Großbürger war, an der Wurzel seiner persönlichen und gesellschaftlichen Sicherheit.

Georg sah dem Kapitän auch das nach. Vielleicht gebot ihm die Bewunderung, Cook als eine Art von Übervater gegen seinen leiblichen Vater in Schutz zu nehmen. Das Verhältnis der beiden war gespannt. Cook hatte – in der bittersten Stunde der Reise – den Professor Forster vom gemeinsamen Tisch verwiesen. Reinhold Forster, auch bei den Mahlzeiten oft unbeherrscht, schien sich nicht immer der Kritik an der Eintönigkeit des Essens enthalten zu können.

Der Schiffsspeisezettel war monoton. Das Frühstück, das für gewöhnlich um acht Uhr ausgegeben wurde, bestand aus Weizengrütze und sonst nichts. Zuvor hatte die Wache das Verdeck gewaschen. Danach wurden die Lebensmittelfässer, die man brauchte, aus dem Schiffsbauch geholt und die leeren hinuntergeschafft. Zwischen elf und zwölf Uhr gab der Schiffsschreiber die tägliche Portion Branntwein aus – und zwar, «damit keine verkehrte Wirkung in den Köpfen» entstehe, bereits mit Wasser verdünnt. Jedermann durfte, auch das war eine Neuerung Cooks, aus der offenen Wassertonne an Deck soviel trinken wie er wollte. Nur war es strikt verboten, Wasser für irgend einen anderen Zweck zu entnehmen. Man wusch sich in der Regel mit Salzwasser.

Um zwölf Uhr läutete die Schiffsglocke zum Mittagessen. An den vier Fleischtagen der Woche wurde gepökeltes Rind- oder Schweinefleisch mit einer Erbsensuppe gereicht, in der «Täfelchen von eingekochter Fleischbrühe zerlassen» waren. Von diesen Vorläufern der Suppenwürfel führten die Schiffe ganze Tonnen mit. Dazu Sauerkraut, das Cook als bestes Mittel gegen den Skorbut verordnete, jene gefährlichste Krankheit der Seefahrer, die mehr Opfer forderte als alle Seeschlachten und Kriege zusammen. Die englischen Matrosen kannten das deutsche Kraut nicht und weigerten sich, dieses herbe Gemüse zu essen. Cook zwang sie nicht. Er selber aß täglich seine Portion. Seinem Beispiel folgten die Offiziere. Einige helle Burschen unter den Mannschaften überlegten, daß für sie nicht schlecht sein könne, was den hohen Herren gut bekam. Sie registrierten, daß die Symptome des «Scharbocks», wie der Skorbut genannt wurde, seltener aufzutreten schienen: faulendes Zahnfleisch, lokkere Zähne, geschwollene Glieder, aufbrechende Geschwüre...

Der Kapitän erreichte ohne jeden Befehl, was er wollte, was vernünftig war und dem Glück des einzelnen diente. Georg Forster sah in dieser «Nachsicht gegen die Schwäche ... ungeübter Vernunft ... das beste Mittel, ihr einen neuen Grad von Energie zu geben», kurz, der Kapitän führte vor, was «angewandte Aufklärung» zu bewirken vermochte.

Der Nachmittag blieb, neben den üblichen Beschäftigungen der Wache, frei von Nebenarbeiten. Das Abendessen war karg: es bestand aus Schiffszwieback und den Resten vom Mittag. So ging es Woche für Woche. Auf hoher See bot sich selten Gelegenheit, Fische zu fangen. Manchmal schossen die Offiziere einen Hai. Wenn es der Wind erlaubte, die Beute einzuholen, bereicherte sie den Speisezettel kaum: das Fleisch des Ungetüms schmeckte zwar, wie Georg bezeugte, halbwegs erträglich, schien aber wegen des Fettes schwer verdaulich zu sein.

Sofern kein Sturm herrschte, verschaffte sich jedermann Bewegung, so gut es ging. Das Achterdeck bot ein wenig Auslauf: 24 Schritt vor und 24 zurück. Da meist ein Dutzend Menschen ihren Spaziergang gleichzeitig unternahmen, verkürzte sich die Entfernung. Georg beobachtete, wie sich der Gang jedes Mitgliedes der Besatzung der Schiffsbewegung anpaßte: man mußte sich, «um sicher zu treten, mit gebogenem Knie und ziemlich weit auseinandergesetzten Füßen wechselweise auf einem oder dem anderen Bein wiegen» – also «wie die Enten einherwatscheln». Echten Seefahrern werde dieser Gang zur Gewohnheit, doch gebe er ihnen zu Land ein «linkes Ansehen», da die Erde nicht unter ihren Tritten ausweiche wie das Schiff.

Am neunten Oktober passierten die ‹Resolution› und ‹Adventure› den Äquator. Von der Salzwassertaufe konnten sich die Neulinge durch ein Trinkgeld freikaufen. Das zogen Vater und Sohn Forster vermutlich vor. Nach dem lärmenden Fest der Mannschaft vergingen drei Wochen, bis die Südspitze Afrikas in Sicht war. In der Nacht vor der Landung in der Tafel-Bay sah Georg, immer zur Bewunderung der Natur bereit, den Ozean im Licht von Millionen phosphorisierender Kleintiere brennen. Weder seine noch des Vaters naturwissenschaftliche Erkenntnisse reichten aus, dieses Phänomen zu erklären. Georg empfand seine ungeübte Beobachtung des schönen Schauspiels als ein Gebot, «den Schöpfer in seinen kleinsten Wesen zu ehren». Der Vater, sich seiner pastoralen Vergangenheit erinnernd, widersprach nicht.

An der Gesellschaft der holländischen Siedlung fanden die Forsters nicht allzuviel Gefallen. In ihr hatten sich niederländische, französische und vor allem deutsche Protestanten zusammengefunden. Sie lebten von den Schiffen, deren Besatzungen sich in der Kolonie erholten und mit Proviant versorgten. Obwohl dort Menschen aus vieler Herren Länder einkehrten, schien der Horizont der Bürger eng zu sein. Nur die Geschicklichkeit der Frauenzimmer im Singen, im Lautenspiel und Tanz stimmte Georg milder. Voller Abneigung betrachtete er den Handel mit Sklaven: meist Menschen von Madagaskar, aber auch Malayen, Bengalesen und Neger, die freilich, wie er notierte, nicht schlecht gehalten würden und gute Kleider trügen. Allerdings müßten sie ausnahmslos barfuß gehen, da Strümpfe und Schuhe den Herren vorbehalten seien.

Dagegen fand Georg den südafrikanischen Wein zu loben. Die beiden Forsters unternahmen Ausflüge ins Land, stiegen auf die Tafelberge, sammelten unbekannte Kräuter und notierten die heimischen Tierarten. Professor Forster erwarb einen Pudel, um sich an possierlicher Gesellschaft zu erfreuen. Vielleicht würde Aufmunterung nötig sein, wenn man an den Fortgang der Reise dachte: Captain Cook war beauftragt, ein für allemal zu klären, ob der soviel beschworene «Südkontinent» existiere oder bloßer Mythos sei. Also nahmen die beiden Schiffe vom Kap der Guten Hoffnung unverzüglich Kurs nach Süden. Da viele Wochen, ja Monate vergehen könnten, bis es wieder möglich sein werde, Erfrischungen aufzunehmen, ordnete Cook an, daß man mit dem Trinkwasser haushalten müsse.

Wenig später der erste wütende Sturm, auf den die Besatzung nicht vorbereitet war. Es wirbelte, zumal in der Kajüte der beiden Naturforscher, Gläser und Flaschen, Tassen und Schüsseln durch die Luft. Decken und Fußböden in den Verschlägen waren durchnäßt. Sie wurden so rasch nicht mehr trocken. Die Temperaturen sanken rapide. Der Kapitän ließ warme Kleidung austeilen: Wämser und Hosen aus dickster Wolle oder starkem Flanell, die freilich alle zu kurz waren. Nachts Alarm wegen eines vermeintlichen Lecks. Alle Pumpen wurden in Gang gebracht. Man stellte fest, daß die See ein Luftloch eingeschlagen hatte, das nicht ordentlich verschlossen war.

Am neunten Dezember der erste Eisberg, der trotz des arktischen Sommers fast bis zum 45. Breitengrad vorgedrungen war. Die Forsters rechneten aus, daß ein Vielfaches der Eismasse, die über dem Wasser zu sehen war, unter der Wasserlinie schwimmen mußte. Sie beobachteten Eisvögel, Delphine, Walfische, Seehunde, die unbeweglich auf den Eisfeldern hockten. Sie spähten aus, ob nicht doch eine Art südliches Grönland am Horizont sichtbar werde. Sie passierten die Position, an der der französische Seefahrer Bouvet ein Kap geortet hatte, das er aus unerfindlichen Gründen «Circoncision», das Kap der Beschneidung nannte. Am nächsten Tag wollte einer der Leutnants Land entdeckt haben. Captain Cook sagte ihm, daß es sich um eine Täuschung handle: die Brechung des Lichts auf dem Eis habe ihn in die Irre geführt. (Um sicherzugehen, wählte Cook knapp drei Jahre später den Weg über exakt die gleiche Position. Er fand weder Land noch Eis. Sein Kollege Furneaux hatte nichts anderes zu berichten. Beide täuschten sich. Sie verfehlten nur um wenige Striche die weiter westlich gelegenen Inseln, die nach Bouvet benannt sind.)

Einige Tage danach legte sich dicker Nebel über die See. Es war windstill. Keine Welle rührte sich. Der Astronom Wales und Reinhold Forster nutzten die Gelegenheit, um von einem kleinen Boot aus die Wassertemperatur zu messen. Eine unsichtbare Strömung trug sie fort. Sie verloren beide Schiffe aus den Augen. Sie riefen, ohne eine Antwort zu erhalten. Sie ruderten, ohne an ein Ziel zu kommen. Schließlich lagen sie bewegungslos in tödlichem Schweigen – verloren in den Eisfeldern des Ozeans, «fern von irgendeiner bewohnten Küste... und ohne Lebensmittel».

Georg notierte nicht, wieviel Zeit verging, bis die beiden eine Schiffsglocke hörten. Unverzüglich ruderten sie in Richtung des Geräuschs. Ihre Rufe wurden aufgenommen. Sie gelangten zur ‹Adventure› und kletterten an Bord, erleichtert, der «Gefahr eines langsamen und fürchterlichen Todes so glücklich entkommen zu seyn». Ein Kanonenschuß zeigte die Lage der ‹Resolution› an. Sie war nicht weit weg. «So kehrten sie», wie Georg berichtet, «wieder nach ihren feuchten Betten und baufälligen Kajüten zurück, die ihnen nun noch einmal soviel werth waren, als zuvor.»

Das Eis versperrte die Weiterfahrt nach Süden. Captain Cook wich nach Osten aus, um sogleich wieder den Kurs südwärts zu richten, wenn das Eis es erlaubte. Das Christfest wurde dennoch vergnügt gefeiert, «und die Matrosen ließen sich durch die gefährliche Nachbarschaft der Eisberge, womit wir gleichsam umringt waren, im geringsten nicht abhalten, diesen Festtag unter wildem Lärm und Trunkenheit hinzubringen».

Bald darauf die ersten Fälle von Skorbut, die ohne Erfolg mit einer Karottenmarmelade behandelt wurden. Erfolgreicher war die Behandlung mit gekochtem Malz. Die wirksamste Therapie erlaubte ein Kompott von Zitronen und Orangen, doch die Vorräte waren gering.

Das neue Jahr 1773 begann mit Schnee und kalten Stürmen. Die Schiffe wurden nach Westen zurückgetrieben. In einer Schleife kämpften sie sich wieder vorwärts. Ihre Trinkwasservorräte erneuerte die Besatzung mit Eis. Damit widerlegte sie die Behauptung, das Eis in den salzigen Ozeanen müsse notwendig auch wieder zu Salzwasser werden.

Am 17. Januar passierte die Expedition den antarktischen Zirkel: die ersten europäischen Schiffe, die über jene Markierung vordrangen. Sie kamen nicht weit. Weißer Schein in der Luft zeigte die Nähe neuer Eisbarrieren an. Sie sahen Walfische, Sturmvögel, Pinguine, aber kein Land. Der Kapitän suchte – dies waren die einzigen Anhaltspunkte – die kleinen Inseln, die von den Franzosen Kerguelen und Duvresne entdeckt worden waren: ohne Erfolg.

Sie wurden Augen- und Ohrenzeugen des Berstens einer Eisinsel, die mit schrecklichem Getöse in Stücke brach. Captain Furneaux von der ‹Adventure› meldete am ersten Februar schwimmendes Seegras. Dennoch kein Land. Eine Woche später verloren die Wachen der ‹Resolution› das Schwesterschiff im dicken Nebel aus den Augen. Cook ließ jede halbe Stunde, später jede Stunde eine Kanone abfeuern. Kein Echo. Auch die Leuchtfeuer, die nachts entzündet wurden, fanden keinen Widerschein. Abgehärtete Matrosen stellten deprimiert fest, nun gebe es keine Rettung, wenn der ‹Resolution› ein Unglück widerfahren würde. Die Stimmung war gedrückt. Manchmal vergingen vierzehn Tage, ohne daß die Männer ein Stück offenen Himmels oder ein Aufleuchten der Sonne sahen. Die Reise hatte sie an den Rand allen Lebens geführt. Lähmende Windstille wechselte mit brutalen Stürmen. Die Hände wurden von Eis und Kälte zerschunden. Die Seeleute bedienten Taue und Segel mit blutigen Fingern. Ihre Tapferkeit und Resistenz beeindruckten Georg tief. Dreizehn Jahre danach schrieb er eine Hymne auf das Handwerk der Matrosen, die zu den schönsten Texten zum Ruhm der christlichen Seefahrt gehört: «Auf jenen viermonatlichen Fahrten gegen den Südpol, wo das Schiffsvolk fast täglich von Kälte und Nässe litt, wo das Eis an den Segeln und Tauen die Hände verwundete, die es angreifen mußten, wo einmal über das andere die ganze Mannschaft aufgerufen ward, um das Schiff aus einer dringenden Gefahr zu retten, wo das hin- und hersegeln zwischen Eismassen, denen man öfters ausweichen mußte, nebst vielem stürmischen Wetter, vollends alle Kräfte erschöpfte, wo endlich der Nebel die Sonne fast immer vor unseren Augen verbarg, und wie ein drückendes Gewicht auf unserm Geiste lag: – wenn da der Trübsinn des Engländers endlich überhand genommen hätte, fürwahr! man hätte Unrecht gehabt, sich darüber zu wundern. Doch dazu kam es nie. Ich habe unsere Leute schweigen sehen, wenn Monate lang das Verdeck, ihr Spielplatz und Erholungsort, ein unangenehmer Aufenthalt für sie war; aber unverdrossen und thätig blieben sie immer, denn ihre Vorgesetzten erduldeten bey Tag und bey Nacht mit ihnen die vielfältigen Beschwerden ihres harten Dienstes. Der Officier blieb, durchnäßt und starrend vor Kälte, auf dem Verdeck, und verließ es nicht eher als seine Wache...»

Georg Forster wurde niemals müde, die Sicherheit der Schiffsleute in ihrem Handwerk zu bewundern, und ihre Bravour legte ihm nahe, alle ihre Roheiten zu verzeihen. «Man hatte berechnet..., daß der Mast zuweilen, bey sehr hoher See, in einem Winkel von acht und dreyßig Graden von der Perpendikularlinie abweicht. Ich habe zu gleicher Zeit das Ende der großen Raa sich in eine thürmende Welle tauchen sehen. Der Matrose am Ende der Segelstange, die gegen funfzig Fuß hoch am Maste hängt, wird folglich mit jeder Welle alsdann durch einen Bogen von funfzig bis sechzig Fuß geschaukelt! Jetzt scheint er ins Meer hinabgeschleudert zu werden; jetzt wieder die Sterne zu berühren. Doch ohne sich diese gewaltigen Bewegungen anfechten zu lassen, biegt er sich über die Segelstange, entreißt dem Winde das Segel, rollt es zusammen, bindet es fest, und vollendet diese gefahrvolle Arbeit mit seinen Gehülfen in wenigen Minuten... Ihm muß es übrigens gleich gelten, ob die Sonne ihm dazu leuchtet, oder ob er sich, in der tiefsten Finsterniß der Nacht, blos auf das Tasten seiner harten Hände verlassen darf. Selbst wenn der Sturm ein Segel zerrissen hat, und mit den Stücken alles zerpeitscht, scheut kein Matrose die Gefahr von einem solchen Schlag getroffen zu werden, und rettet, was zu retten ist.»

Am 24. Februar 1773, der Erschöpfung seiner Mannschaften gewahr, beschloß Captain Cook, auf weitere Vorstöße in die Antarktis zu verzichten. Dennoch folgte er der Eisgrenze noch fast vier Wochen lang bis zum 17. März. Immer wieder war die ‹Resolution› durch Eisberge gefährdet. Georg vertrieb sich die Zeit (und wohl auch die Furcht) mit dem aufmunternden Spiel, die grotesken Formen ihrer Architektur zu bestimmen. Manche glichen Kirchtürmen, manche Tempeln, manche alten Burgen – was immer die Phantasie ihm eingeben mochte.

Er war schwach und müde. Sein Körper zeigte Symptome von Skorbut: entzündetes Zahnfleisch, schweren Atem, blaue Flecke, Ausschlag, Lähmungen, grünfette Filamente im Urin. Er fühlte sich elend. Cooks Allerweltsmittel, das Sauerkraut, schien nicht mehr anzuschlagen.

Der Kapitän registrierte später in seinem offiziellen Report nur fünf Skorbutkranke. Tatsächlich brachte er fast die gesamte Mannschaft durch. Nur vier Männer starben während der Reise, einer an der Schwindsucht und drei als Opfer von Unfällen. Doch die Krankheit forderte ihren Tribut.

Auf dem Kurs nach Norden begegneten ihnen nun ganze Felder von Seegras. Dann Seehundsherden. Schließlich sahen sie Land. Nach vier Monaten und zwei Tagen auf hoher See erreichten sie die äußerste Südwest-Ecke der südlichen Insel Neuseelands. Zeit für eine Pause. Das Schiff war in keinem besseren Zustand als die Menschen. Sie hatten seit dem Kap der Guten Hoffnung an die elftausend Meilen hinter sich gebracht.

Nach einigen komplizierten Manövern fanden sie einen sicheren Landungsplatz. Wegen des trübe verhangenen und verregneten Wetters nannten sie die Bucht «Dusky Bay». Die Augen der Seefahrer sogen das Grün der Bäume und Büsche am Steilufer ein. Georg lauschte verzückt dem Gesang der Vögel. Die Matrosen zögerten aber nicht einen Augenblick, ihre Angeln auszuwerfen. Die Fische bissen. Zum erstenmal seit dem Abschied von Afrika frische Nahrung. Von besonderem Wohlgeschmack war eine Art von Kabeljau, den die Matrosen, seiner schwarzen Haut wegen, den Kohlenfisch nannten.

Georg war zu schwach, um ans Land zu stürmen. Die Dichte des Gebüschs zeigte an, daß es schwer sein würde, ins Innere vorzudringen. Er fand die Wälder unangetastet, «in ihrem ursprünglich wilden, ersten Stande der Natur...» Ihre Unberührtheit bewies das Zutrauen der kleinen kolibriartigen Vögel, die ohne Scheu um die Menschen schwirrten. Offensichtlich kannten sie keine Gefahr. Sie waren, wie sich rasch herausstellte, niemals einem Raubtier begegnet. Das sollte sich ändern. Die Schiffskatzen feierten ein Schlachtfest.

Wenig später brachten die Offiziere einen Hund an Land, den sie in Süd-Afrika gekauft hatten (es war nicht Forsters Pudel), um ihn für die Vogeljagd abzurichten. Beim ersten Schuß raste das Tier ins Dickicht und kam nicht wieder zum Vorschein. Erst vierzehn Tage später entdeckte man den Köter auf einem kleinen Kap. Offensichtlich hatte er sich in der Zwischenzeit nicht schlecht genährt, denn sein Fell war glatt.

Die dringendste Aufgabe der Männer: frische Kräuter zu finden, die als Arznei gegen den Skorbut nützlich sein könnten. Bei seinem ersten Aufenthalt in Neuseeland (am Charlotten-Sund im Norden der Südinsel) hatte Cook aus einer Myrthenpflanze Tee kochen lassen, der sich als hilfreich erwies. Im kalt-feuchten Klima der Dusky-Bay schien jene Pflanze nicht zu gedeihen. Dr. Anders Sparrman – ein schwedischer Biologe, der sich an der Tafel-Bay zu ihnen gesellt hatte – schlug vor, aus den Nadeln der Sproßtanne einen Tee zu bereiten. Vermutlich hatte dieser kundige, ein wenig langweilige, doch grundsolide Bürger gelesen, daß ein Tannentee die Mannschaften des französischen Entdeckers Cartier in Kanada vor dem Skorbut gerettet hatte. Captain Cook, in allen praktischen Fragen gewitzt, regte an, den harzigen Sud gären zu lassen und daraus ein Bier zu brauen. Das Experiment gelang. (Der merkwürdige Trank enthielt genug Vitamin C und schmeckte nicht zu übel.) Die Kranken erholten sich rasch, trotz des ewigen Regens.

Die Seefahrer vermuteten, daß die Ufer der Dusky-Bay nicht völlig unbewohnt seien. Doch zunächst teilte sich ihnen kein Zeichen menschlicher Besiedlung mit. Georg und der Vater brannten darauf, die Geschöpfe kennenzulernen, die auf diesem Eiland lebten. Zwei Tage lang ließ sich keine Seele blicken. Dann spähte eine Jagdpartie in der Ferne einige Menschen aus, die ein Kanu ins Wasser setzten. Als die Europäer näher kamen, brüllten die Eingeborenen, was die Lungen hergaben. Beide Gruppen zogen sich vorsichtig zurück, die Weißen und auch die Maori, die Georg Forster konsequent wie alle anderen Bewohner der Südsee «Indianer» nannte, denn so war es seit Christoph Columbus üblich: nahezu alle Kinder fremder Rassen – Araber, Afrikaner und Chinesen ausgenommen – hießen Inder oder Indianer.

Etwas später machten die Europäer ein Kanu aus, das mit sieben oder acht Menschen besetzt war. Trotz lockender Signale mit weißen Tüchern und Glas-Korallen wollten die Neuseeländer nicht näher kommen. Dann fanden die Spähtrupps der ‹Resolution› ein altes, primitives Fahrzeug am Ufer: zwei Einbäume, durch Querhölzer miteinander verbunden, mit Stricken und Flachs zusammengehalten, doch von einem geschnitzten Menschengesicht geschmückt, dem als Augen kleine Splitter von Perlmuttmuscheln eingesetzt waren.

Die Landausflüge waren mühsam. Bei jedem Schritt versanken die Männer bis über die Hüften in morschem Holz oder klitschnassem Pflanzenwerk. Sie wurden von kleinen Erdmükken gepeinigt, die vor allem den Vater Forster quälten. Seine Hände waren so geschwollen, daß er die Feder nicht zu halten und sein Journal nicht länger zu führen vermochte (erst in Tahiti nahm er die Notizen wieder auf).

Am sechsten Tag endlich hörten sie Stimmen, als sie von der Jagd auf Enten zurückkehrten. Auf der Felsspitze einer Insel stand ein Mann mit einer Keule bewaffnet, hinter ihm am Rand des Waldes zwei Frauen. Offiziere riefen ihnen mit polynesischen Worten, die sie bei der ersten Reise in Tahiti gelernt hatten, eine Einladung zu. Der Mann antwortete mit einer langen und heftigen Rede, seine Keule drohend über dem Kopf schwenkend. Der unerschrockene Cook, der keinen Hinterhalt zu wittern schien, nahm ein weißes Stück Papier und stieg unbewaffnet an Land. Schnupftücher, die dem Neuseeländer zugeworfen wurden, hob er nicht auf. Schließlich nahm er, am ganzen Leibe zitternd, das weiße Papier entgegen, das Cook ihm reichte. Der Kapitän legte danach, ohne lang zu fragen, seine Arme um den Menschen und rieb seine Nase an der des Antipoden: das war der brüderliche Gruß, den er sich bei der ersten Südseereise angeeignet hatte. Sofort verlor der Wilde (wie ihn Georg noch nannte) alle Furcht und rief die beiden Frauen herbei. Die eine schien seine Tochter zu sein. Georg fand sie weniger häßlich, als er es von den Neuseeländern gefürchtet hatte: den Oberkörper wohlgestaltet, die Beine aber dünn und krumm. Sie trugen Matten aus Flachs. In den Ohrläppchen steckten kleine Stücke von Albatroshaut, mit Rötel oder Ocker gefärbt. Da es dunkel wurde, verabschiedeten sich die Europäer rasch. Die junge Frau, die so lebhaft auf sie eingeredet hatte, begann zu tanzen.

Anderen Tags statteten die Weißen der Maori-Familie einen offiziellen Besuch ab. Sie wurden mit großer Feierlichkeit empfangen. Vor allem die Damen hatten Staat gemacht, ihre Haare gekämmt und mit Öl gefettet. Dem Oberhaupt der Familie schenkte Cook einen Mantel aus rotem Stoff, den er in der Nacht von einem geschickten Matrosen hatte nähen lassen. Als Gegengabe empfing er eine Streitaxt, die aus einem Fischknochen gefertigt war.

Diese erste Begegnung war ein schöner Erfolg, obwohl alle Verständigung auf die Zeichensprache beschränkt blieb. Die Gegenvisite indes wollte nicht ganz gelingen. Captain Cook ließ Dudelsackbläser, Pfeifer und Trommler aufspielen. Trotz der musikalischen Lockung waren die «Indianer» nicht bereit, an

Bord zu kommen. Das Mädchen zeigte ein gewisses Interesse an einem jungen hübschen Matrosen, den sie womöglich für eine Frau hielt. Als sie sich handfest vom Gegenteil überzeugt hatte, zog sie sich zurück. Der Vater – wenn er es tatsächlich war – begehrte eines der starken britischen Ruderboote zum Geschenk. Diese Freude konnte ihm nicht gemacht werden. So trennte man sich ein wenig verdrießlich. Die Familie lagerte am Ufer, am nächsten Tag noch immer uneins, ob sie sich auf das Abenteuer einer Schiffsbesichtigung einlassen sollte. Der Mann verprügelte die beiden Frauen. Das Mädchen schlug zurück und begann zu heulen. Daraus schlossen die Weißen, daß sie nicht seine Tochter, sondern eine zweite oder dritte Frau sein müsse, anderenfalls, wie Georg nachträglich aufschrieb, «in Neuseeland sehr verworrene Begriffe von den Pflichten der Kinder» herrschten.

Nach einem weiteren Tag faßte sich der Mann ein Herz. Zwei ältere Frauen schickte er mit den Kindern zum Fischfang. Er selber kam mit dem Mädchen heran. Man zeigte ihnen zunächst die Ziegen und Schafe, die jene grausame Reise durch das Eismeer überlebt hatten. Der Anblick der seltsamen Hunde oder Schweine verwirrte die beiden. Als sie sich faßten, wurde das Familienoberhaupt mit den üblichen Gaben bedacht. Sein Gegengeschenk war ein Stück des «nephritischen» grünen Strahl-Steins, aus dem die Neuseeländer Schmuck und Werkzeug fertigen. Ehe er nun seinen Fuß auf die Brücke setzte, steckte er ein Stück Vogelhaut mit weißen Federn ans Ohr und brach von einem Busch einen grünen Zweig, den er an die Seitenwände des Schiffes und des Hauptmastes schlug, Beschwörungsformeln murmelnd und danach eine feierliche Rede haltend. Auf dem Schiff beeindruckte die beiden vor allem eine Katze, die sie beharrlich gegen das Fell strichen. Am Essen der Fremden wollten sie nicht teilnehmen. Der Mann holte aus einem kleinen Lederbeutel einen Finger voll Salbe, um auf Captain Cooks Stirn zweifellos heilige Zeichen zu malen, doch der sonst so streng beherrschte Seemann schreckte zurück: der Gestank war zu fürchterlich. Der Zeichner William Hodges, der das Mädchen portraitieren wollte, ließ sich die Prozedur gottlob gefallen. Damit war den geforderten Riten Genüge getan.

Trotz des nassen Wetters nahmen die Arbeiten für die Instandsetzung des Schiffes ihren Fortgang. Es wurde Holz gefällt und geschnitten, Masten ersetzt und Streben geschnitzt. Die Matrosen richteten eine kleine Schmiede am Ufer ein, damit Nagelwerk und eiserne Klammern erneuert werden konnten. Man braute Bier und sammelte wildes Gemüse. Jagd und Fischfang waren ergiebig. Der Astronom berechnete in seinem kleinen Observatorium den Gang der südlichen Gestirne. «Selbst die schönsten Künste blühen in dieser Kolonie auf», notierte Georg voller Jubel, an Mr. Hodges' Malereien, seine eigenen zeichnerischen Versuche, an die schriftstellerischen Bemühungen seines Vaters denkend: eine Insel der Kultur gedeihe gleichsam über Nacht in jenem Lande, das vordem eine «lange Nacht von Unwissenheit und Barbarey bedeckt hatte! Dies schöne Bild der erhöhten Menschheit war indes von keiner Dauer. Gleich einem Meteor verschwand es fast so geschwind, wie es entstanden war. Wir brachten unsere Instrumente und Werkzeuge wieder zu Schiffe, und ließen kein Merkmal unseres Hierseyns, als ein Stück Land, das von Holz entblößt war.»

Der Aufbruch verzögerte sich. Die ‹Resolution› geriet bei einem komplizierten Manöver zu nahe ans Ufer und mußte vorsichtig ins offene Meer bugsiert werden. Den Kapitän Cook warf ein Fieberanfall nieder und am rechten Fuß plagte ihn eine rheumatische Geschwulst. Die Gesundheit des tapferen Mannes war nicht ganz so unerschütterlich, wie er selber es gern vorgab. (Eine posthume Diagnose deutete auf eine chronische Gallenentzündung.) Vermutlich hatte der Skorbut auch Cook nicht völlig verschont. Es wurde kälter. Eines Morgens fanden die Männer alle Gipfel des bergigen Hinterlandes verschneit. Ein kleiner Trupp, Georg gehörte dazu, wurde bei einer Jagdpartie von einem Unwetter überrascht. Für die Rückkehr zum Schiff war es zu spät. Mühsam gelang es, im peitschenden Regen ein Feuer zu entzünden. Die Männer zitterten vor Kälte, und Georg quälte die Furcht, Blitz und haushohe Wellen könnten das Schiff zerschmettern. Eine böse Nacht. Als sie anderentags die ‹Resolution› unbeschädigt in der Bucht liegen sahen, atmeten sie auf. Cooks Zustand besserte sich. Als sich die Winde wendeten, segelten sie davon.

Der Aufenthalt in der Dusky-Bay hatte sich auf sechs Wochen und vier Tage ausgedehnt.

Ihr nächstes Ziel war des Captains alter Anker- und Rastplatz an der Nordspitze der Südinsel: der Charlotten-Sund, von der nördlichen Schwesterinsel nur durch jenen Meeresarm getrennt, der später den Namen ‹Cook-Straße› tragen sollte. Unruhiges Wetter. In der Ferne die Gipfel der neuseeländischen Alpen (der mächtigste unter ihnen – der 1851 so getaufte – ‹Mount Cook› mit 3700 Metern). Faszinierend das Phänomen der Wasserhosen, die in einiger Entfernung von ihrem Schiff über den Ozean tanzten. Die beiden Forsters wurden nicht müde, darüber zu rätseln, wie dieses Wunder zustande komme und ob die Säulen hohl oder massiv seien. (Nach ihrer Rückkehr stellten sie fest, daß auch Benjamin Franklin über eben jene Merkwürdigkeit nachgedacht hatte.) Die Seeleute ahnten, daß es nicht ratsam sei, den Wasserhosen zu nahe zu kommen. Das Schiff eilte weiter. Als es am 18. Mai morgens gegen fünf Uhr in den Charlotten-Sund einfuhr, sah die Wache ein dreifaches Lichtsignal. Sie täuschte sich nicht: die ‹Adventure›, die lang vor ihnen den Ankerplatz aufgesucht hatte, der auch Furneaux von der vorigen Reise bekannt war. Mit Kanonenschüssen tauschten die Besatzungen ihre Grüße. Was für ein Glück, in der unendlichen Weite der fremden Ozeane die Kameraden wiederzufinden! Keiner entzog sich den Gefühlen der Freude und Dankbarkeit. Captain Furneaux und seine Besatzung hatten übrigens in der Zwischenzeit Tasmanien erkundet, das noch ‹Van-Diemens-Land› hieß. Was sie erzählten, war nicht verheißungsvoll. Sie fanden die Einwohner nicht allzu liebenswürdig, vielmehr «roher denn irgend ein anderes, unter dem heißen Himmel wohnendes Volk».

Im Charlotten-Sund, den Cook so genau kannte, traf der Kapitän unter den Maori manche Freunde wieder, die sich nach dem Schicksal seiner Gefährten erkundigten. Mit besonderer Anteilnahme fragten sie nach dem Tahitianer Tupaya, der die erste Expedition nach England begleitet hatte. Cook verschwieg nicht, daß er gestorben sei. Das machte sie traurig. Sie erinnerten sich auch an Joseph Banks und Dr. Solander. Die Reize der Mädchen und Frauen wurden, wie es manche der Matrosen von dem ersten Aufenthalt in der Bucht gewohnt waren, zur Belebung des Handels aufgeboten.

Georg fand die körperliche Beschaffenheit der Damen trotz der dicken Knie und dünnen Beine nicht zu abstoßend. Er registrierte, daß es zwar viele der Frauen mit der Keuschheit nicht so genau nahmen, andere sich aber nur «mit dem äußersten Widerwillen zu einem so schändlichen Gewerbe gebrauchen ließen». Die Männer hätten oft ihre ganze Autorität, ja sogar Drohungen anwenden müssen, um ihre Frauen zu bewegen, «sich den Begierden von Kerlen preis zu geben, die ohne Empfindung ihre Thränen sehen und ihr Wehklagen hören konnten». Der nachdenkliche junge Mann weigerte sich, mit dem Finger auf die «Wilden» zu zeigen. «Ob unsere Leute», fuhr er fort, «die zu einem gesitteten Volk gehören wollen und doch so viehisch seyn konnten, oder jene Barbaren, die ihre eignen Weibsleute zu solcher Schande zwungen, den größten Abscheu verdienen?» Das sei eine Frage, die er nicht beantworten möge...

Allerdings boten die Neuseeländer, nach den Beobachtungen der Forsters, ihre Schwestern und Töchter an, nur um die begehrten Nägel und Beile zu erwerben. (Nägel waren besonders beliebt, weil sie sich als Angelhaken gebrauchen ließen.) Den verheirateten Frauen schien nicht erlaubt zu sein, sich mit den Matrosen abzugeben. Den Einwand, daß die Anwesenheit der Europäer nicht für den Verfall des «moralischen Charakters dieses Volkes» verantwortlich zu machen sei, ließ Georg nicht gelten. Er vermutete, die Neuseeländer hätten sich zu jenem Mädchenhandel erst erniedrigt, nachdem die Eisengeräte neue Bedürfnisse geweckt hatten. Dann holte er, ein wenig altklug in seiner Entrüstung, zu einer ernsten Anklage aus: «Es ist Unglück genug, daß alle unsre Entdeckungen so viel unschuldigen Menschen haben das Leben kosten müssen. So hart das für die kleinen, ungesitteten Völkerschaften seyn mag, welche von Europäern aufgesucht worden sind, so ists doch wahrlich nur eine Kleinigkeit in Vergleich mit dem unersetzlichen Schaden, den ihnen diese durch den Umsturz ihrer sittlichen Grundsätze zugefügt haben.» Jene Völker seien am besten weggekommen, die sich von den Europäern ferngehalten und dem Seevolk nicht die geringste Vertrautheit erlaubt hätten.

Die Tage im Charlotten-Sund waren von manchen Konflikten mit den Maori überschattet. Eine zeremonielle Begegnung mit einer Delegation aus dem Inneren, der neunzig Menschen zugehörten, ging zwar würdig vonstatten. Cook verteilte nützliche Geschenke und goldglänzende Medaillen, die das Bild König Georg III. trugen. Der junge Chronist jedoch traute den Neuseeländern nicht weit über den Weg. Er fürchtete ihr jähes Temperament. (Er hatte mit seinen Ängsten nicht unrecht, wie sich ein Jahr später erweisen sollte.) Mit Wohlwollen verzeichnete er die zivilisatorischen Experimente, die Cook unternahm: er setzte Ziegen und Schafe aus, was für Neuseeland, wie man weiß, nicht ohne Folgen blieb. Überdies legte er einen Garten mit europäischen Gemüsen samt Kartoffeln an. Die Anpflanzung empfahl er dem Schutz der Häuptlinge. Bei seiner Rückkehr wollte er prüfen, wie die Gewächse des Abendlandes bei den Antipoden gediehen.

VI

Tahiti oder die Utopie der Liebe

Ohne Bedauern vernahm Georg Forster den Befehl zum Aufbruch. Sie hatten eine lange Reise vor sich. Als sie das Land aus dem Blick verloren, wurden sie wieder von Albatrossen umschwärmt. Die Ostindien-Fahrer unter den Matrosen erzählten, die Vögel seien in Wirklichkeit die abgeschiedenen Seelen der Kapitäne, und sie müßten mit der ewigen Jagd nach Futter für ihr einstiges Wohlleben büßen. Auf dem Speisezettel der Schiffe standen gebratene Hunde. Georg überwand sein Vorurteil ohne zu arges Würgen.

Trotz Erholung und frischer Vorräte registrierte man vor allem auf dem Schwesterschiff ‹Adventure› bald wieder Symptome von Skorbut. Überdies starb drüben der Koch. Cook schickte einen seiner kundigen Männer und empfahl, größere Mengen von Sauerkraut auszugeben und die Patienten mit Malzwürze zu behandeln. Die Therapie blieb nicht ganz erfolglos. Aber die Mannschaften wurden nun auch von venerischen Krankheiten geplagt. Ohne Zweifel hatten sie sich bei den Damen vom Charlotten-Sund angesteckt. Freilich war ihnen nur vermacht worden, was ihre Vorgänger zurückgelassen hatten. Captain Cook beharrte allerdings darauf, er habe bei seinen Besuchen in den Jahren 1769 und 1770 keinem Matrosen Landurlaub gewährt, bei dem auch nur das geringste Zeichen einer Infektion zu bemerken war.

Im Dezember 1769 hatte freilich auch ein französisches Schiff unter dem Kommando des Herrn von Surville die Südinsel von Neuseeland aufgesucht. Cook war der Konkurrenz nur um Wochen zuvorgekommen und hatte Neuseeland zum Besitz Großbritanniens erklärt. Dennoch hätte man den Franzosen gern die Verantwortung für das ungalante Übel zugeschoben. Georg Forster wandte in seinem Reisebericht ein, ihre Landungsplätze seien zu weit entfernt vom Charlotten-Sund gewesen, um die Krankheit zu den Frauen der Küstenstämme gelangen zu lassen. Also späte Spuren der Expedition von Abel Jaszoon Tasman, des Entdeckers von Neuseeland im Jahre 1642? Die Frage nach der Herkunft der venerischen Krankheiten, die alle Entdecker beschäftigt hatte, blieb ungeklärt. Voller Bitterkeit notierte Georg, es komme «eine Schandtath mehr auf die Rechnung der gesitteten Europäischen Nationen». Die Neuseeländer verdienten trotz ihrer «rohen Wildheit», ihres «hitzigen Temperaments» und ihrer «grausamen Gewohnheiten» alles Mitleid, «wenn unter ihnen selbst die Liebe, der süßesten und glückseligsten Empfindungen Quelle, zur Veranlassung der schrecklichsten Geißel des Lebens» werde.

Was wußte der achtzehnjährige Junge vom ‹Quell süßester Empfindungen›? Zu Haus in England hatte er ihn kaum kennengelernt. In Neuseeland hatte ihn die Häßlichkeit der Mädchen abgeschreckt. Angewidert notierte er, sie hätten so gestunken, daß sie auf weite Entfernung zu wittern gewesen seien. Außerdem verstörte ihn ihre Angewohnheit, das Ungeziefer, das sie aus den Kleidern holten, mit den Zähnen zu knacken. Ihm graute vor der Furchtlosigkeit seiner Landsleute, die sich an den Eigenheiten und Unarten der Naturkinder nicht aufhielten.

Und Tahiti? War seine Neugier – trotz der sittlichen Ideale, die der Jüngling so pathetisch rühmte – nicht zum guten Teil auch durch die Sehnsucht bestimmt, eines der Geschöpfe zu sehen und womöglich zu berühren, die Monsieur de Bougainville mit solch poetischer Begeisterung geschildert hatte? Der französische Kapitän – das konnte ihm bei der Übersetzung nicht entgehen – hatte nicht verschwiegen, daß auch seine Männer auf der cytherischen Insel der Liebesgöttin einen peinlichen Tribut zu leisten hatten. Bougainville sprach seine Männer nicht frei, denn er war ein Mann von Welt und kannte die Menschen. Doch wies er nicht zu Unrecht darauf hin, daß vor ihm der britische Kapitän Samuel Wallis in Tahiti gelandet war. Nach Cooks erstem Aufenthalt hatte überdies (im November 1772) das Schiff des Spaniers Domingo Boenechea dort Station gemacht. Man darf annehmen, daß jeder dieser Boten abendländischer Kultur zum unseligen Andenken eine beträchtliche Zahl von Tripper- und Syphiliskranken zurückließ. Cooks strenge Vorsorge half wenig. Die Männer trösteten sich mit der Feststellung, daß der Verlauf der Krankheiten in den Tropen milder zu sein schien als zu Haus. Wie immer und überall diskutierten die Herren in den Offiziersmessen ohne schlüssiges Ergebnis, wer das Übel zuerst wohin getragen habe: offensichtlich der faszinierendste Stoff der mühseligen Unterhaltungen. Damals wie heute galt es nicht als völlig undenkbar, daß venerische Maladien auch schon vor der Ankunft der Europäer in der Südsee verbreitet gewesen sein mögen: sie waren in China und Japan nicht unbekannt, und sie könnten über Malaysia und die Philippinen weitergewandert sein.

Und Forster senior? War er durch seine pastorale Erfahrung und als einstiger Gottesmann vor allen Anfechtungen des Geschlechts geschützt? In seinen eigenen Schriften äußerte er sich, wenn er die Sitten der Völker Revue passieren ließ, vernünftig, ohne moralisierende Entrüstung und Überhebungen. Er selber befand sich mit 44 Jahren nach den Maßstäben seiner Epoche an der Schwelle des Alters, doch mangelte es ihm nicht an Vitalität und männlicher Energie, die er während der Expedition oft genug bewies. Seit er der Pfarre in Nassenhuben adieu gesagt hatte, war seine Frau von neuem Kindersegen verschont geblieben. Aber das hieß nicht, daß er sich die Vergnügungen der Liebe versagte. In seinem wissenschaftlichen Bericht über die große Reise, den er unabhängig von der Erzählung seines Sohnes im Jahre 1778 in London und fünf Jahre später, von Georg übersetzt und ergänzt, in Berlin erscheinen ließ, schilderte er mit einigem Behagen Schönheit und Anmut der Frauen, die ihm auf den Inseln der Südsee begegneten. Nirgendwo bietet er, ob in seinem großen Report oder in seinen Tagebüchern, den geringsten Hinweis, wie er sich selbst den Verlockungen gegenüber verhalten haben mag. Es ist denkbar, daß er sich verpflichtet fühlte, strikt dem Beispiel Captain Cooks zu folgen, von dem nirgendwo verzeichnet ist, daß er sich mit einer reizenden Tahitianerin in seine Kajüte zurückgezogen habe. Soll man daraus schließen, daß Vater Forster auch seinen Sohn vor der Landung mit strengen Worten ermahnte, den Versuchungen des Fleisches zu widerstehen? Der Mantel der Diskretion, den Georg über seine privatesten Empfindungen und Erlebnisse breitete, ist undurchdringlich. Nur dann und wann lüftete er ihn, halb freiwillig, halb unfreiwillig, wenn ihn bei der Niederschrift seiner Erinnerungen das Entzücken zu überwältigen schien.

Seit der Abfahrt aus dem Charlotten-Sund war die Besatzung der beiden Schiffe länger als zwei Monate unterwegs. Sie hatten einige Inseln des Tuamotu-Archipels passiert und sich vorsichtig durch die gefährlichen Korallen-Riffe getastet. Doch sie waren nirgendwo an Land gegangen. Erregt, mit großen Augen und voller Glück starrten sie in der Dämmerung des Morgens ihrer Ankunft hinüber zum Ufer von O-Aitepieha auf der südlichen Halbinsel: Die Sonne fing an, «die Ebene zu beleuchten. Die Einwohner erwachten und die Aussicht begann zu leben. Kaum bemerkte man die großen Schiffe an der Küste, so eilten einige ohnverzüglich nach dem Strande herab, stießen ihre Canots ins Wasser und ruderten auf uns zu. Es dauerte nicht lange, so waren sie durch die Öffnung des Riefs, und eines kam uns so nahe, daß wir es abrufen konnten. Zwey fast ganz nackte Leute, mit einer Art von Turban auf dem Kopfe und mit einer Scherfe um die Hüften, saßen darinn. Sie schwenkten ein großes grünes Blatt in der Luft und kamen mit einem oft wiederholten lauten Tayo! heran, ein Ausruf, den wir ohne Mühe und ohne Wörterbuch als einen Freundschafts-Gruß auslegen konnten... In weniger als einer Stunde umgaben uns Hunderte von dergleichen Fahrzeugen in deren jedem sich ein, zwey, drey und zuweilen auch vier Mann befanden. Ihr Vertrauen zu uns gieng so weit, daß sie sämtlich unbewafnet kamen. Von allen Seiten erschallte das willkommne Tayo und wir erwiederten es mit wahrhaftem und herzlichen Vergnügen über eine so günstige Veränderung unsrer Umstände. Sie brachten uns Coco-Nüsse und Pisangs in Überfluß, nebst Brodfrucht und andern Gewächsen, welche sie eifrig gegen Glas-Corallen und kleine Nägel vertauschten... Die Menge von Canots, welche zwischen uns und der Küste ab- und zu giengen, stellte ein schönes Schauspiel, gewissermaßen eine neue Art von Messe auf dem Wasser dar.»

Die Frauen, die Georg bemerkte, «waren hübsch genug, um Europäern in die Augen zu fallen, die seit Jahr und Tag nichts von ihren Landsmänninnen gesehen hatten». Sie trugen eine Art Tunika, die etwas unterhalb der Brust um den Leib geschlungen wurde; ein anderer Teil war über die Schulter geworfen: Georg erschien die Tracht fast so graziös wie die Draperien, in die griechische Statuen gehüllt sind. Er bestaunte die Sanftheit der Bewegungen und die melodische Weichheit der Sprache, aus der alle harten und zischenden Laute verbannt zu sein schienen. Mit jedem seiner Sätze, mit denen er die Menschen zu portraitieren und die Natur nachzuzeichnen versuchte, teilte sich eine Freude am Leben und eine Liebe zur Welt mit, die zuvor niemand an dem pflichtbewußten und ernsten Knaben wahrgenommen hatte, der sich so gehorsam und oft ein wenig grämlich über die Aufgaben beugte, die ihm von seinem Vater diktiert wurden. Die sensuellen Energien, die das schöne Land in ihm weckte, belebten noch Jahre später den Stil seiner Prosa durch rhythmischen Elan und einen Reichtum an farbigen und eigenwilligen Worten. Die Sehnsucht nach dem Paradies, von dem er wohl wußte, daß es keines war, führte ihn zu seiner Berufung: sie machte ihn zum Schriftsteller.

Tahiti vermittelte ihm, vielleicht zum erstenmal in seinem jungen Leben, die Empfindung unverstellter und ungehemmter Freude. Niemand hatte von ihm in den Eiswüsten der Antarktis erwarten können, daß er allzuviel lachte. Er war froh, wenn es ihm in der Einsamkeit und Verlorenheit ihrer Kreuzfahrt am Rande des Nichts gelungen war, tapfer die Tränen zu unterdrücken. Auch in Neuseeland mag ein fröstelndes Unbehagen nicht immer von ihm gewichen sein. Tahiti ließ ihn lächeln. Mit welchem Vergnügen erzählte er vom Besuch des vornehmen Herrn O-Tai, der, von zwei hübschen Schwestern begleitet, an Bord kam: Maroya und Marorai. Die zweite «war eine graziöse Figur und besonders am Obertheil des Cörpers von ungemein schönem und zarten Bau». Ihr Lächeln bezauberte Georg, vor allem aber einen der Offiziere. Der Dame Marorai gefielen bei der Besichtigung der Kajüten besonders ein paar Bettücher. Sie begehrte die Laken unverzüglich als Geschenk. Der nicht allzu galante Leutnant verlangte eine Gegenleistung, zu der sich die

Schöne nach einigem Zögern bereitfand, da sie anders nicht zum Ziel gelangte: «Schon bereitete sich der Sieger seinen Triumph zu feyern, als das Schiff, zur ungelegensten Zeit von der Welt, gegen einen Felsen stieß, und ihm unglücklicherweise die ganze Freude verdarb. Der erschrockene Liebhaber, der die Gefahr des Schiffs deutlicher einsahe als seine Geliebte, flog nemlich sogleich aufs Verdeck, wohin auch alle übrigen Seeleute, ein jeder an seinen Posten eilte, ohne sich weiter um die indianische Gesellschaft zu kümmern.»

Die ‹Resolution› war gegen einen Fels getrieben. Es kostete einige Stunden harter Mühe, das Schiff mit Hilfe der Ankerwinden wieder ins freie Wasser zu befördern. Auch die Tahitianer packten willig mit an. Vater Forster verausgabte sich in der Hitze so sehr, daß er für einige Minuten in Ohnmacht sank. Außerdem stolperte er über ein Seil und verstauchte sich den Fuß. Als die Offiziere, der Gefahr entkommen, rechtschaffen müde ihr Nachtquartier aufsuchten, fehlten freilich zwei Bettücher.

Das Schiff in der Bucht war stets von Kanus umringt. Tagaus, tagein wurde gehandelt: auf den Verdecken «wimmelte es von Indianern, und unter selbigen gab es verschiedne Frauenspersonen, die sich ohne Schwierigkeiten den Wünschen unsrer Matrosen überließen. Einige von denen, die dieses Gewerbe trieben, mochten kaum neun oder zehen Jahr alt seyn und hatten noch nicht das geringste Zeichen der Mannbarkeit an sich... Sie hatten unregelmäßige, gemeine Gesichtszüge, aber schöne, große Augen, die durchgehends sehr lebhaft waren; nächst diesen ersetzte auch ein ungezwungenes Lächeln und ein beständiges Bemühen zu gefallen, den Mangel an Schönheit so vollkommen, daß unsre Matrosen ganz von ihnen bezaubert waren und auf die leichtsinnigste Weise von der Welt, Hemder und Kleider weggaben, um sich diesen neuen Mätressen gefällig zu bezeigen. Die ungekünstelte Einfalt der Landes-Tracht, die den wohlgebildeten Busen und schöne Arme und Hände unbedeckt ließ», trug das ihre dazu bei, «unsre Leute in Flammen zu setzen; und der Anblick verschiedner solcher Nymphen, davon die eine in dieser, jene in einer andern verführerischen Positur behend um das Schiff herschwammen, so nackt als die Natur sie gebildet hatte, war allerdings mehr denn hinreichend, das bischen

Vernunft ganz zu blenden, das ein Matrose zu Beherrschung der Leidenschaften etwa noch übrig haben mag.»

Später fügte er hinzu, die «tahitischen Buhlerinnen» seien «im Grunde minder frech und ausschweifend als die gesitteten Huren in Europa». Nur allzu gern hielt er ihnen die «Einfalt ihrer Erziehung» zugute. Amüsiert berichtete er später über den Witz eines Mädchens, das sich einem einäugigen Matrosen schroff verweigerte, doch dem Enttäuschten rasch eine Freundin zuführte, die auch nur ein Auge besaß. Obschon er die Reinlichkeit der Tahitianerinnen pries, vergaß er, sich zu fragen, wie sie es über sich brachten, sich ohne alle Skrupel mit Seeleuten einzulassen, die wasserscheu waren und den Umgang mit Seife nicht schätzten.

Befriedigt bemerkte Georg, daß die Menschenfresserei auf Tahiti nicht mehr üblich war, und beinahe kühl nahm er die grausame Sitte der Kindstötung zur Kenntnis: man beseitigte – meist sofort bei der Geburt – Geschöpfe, deren Herkunft den Standesbegriffen der Kastengesellschaft nicht entsprach. Die Sprößlinge der aristokratischen Arioi (oder Erih), die sich gern mit den schlichten Mädchen des Volkes vermengten, wurden gnadenlos erwürgt oder ertränkt, denn die Mitglieder der Sekte – so verstand es der junge Forster – hatten sich dem Gelöbnis der Kinderlosigkeit zu unterwerfen. (Niemand wies ihn darauf hin, daß von Zeit zu Zeit Menschenopfer zu Ehren oder zur Beschwichtigung der Götter zelebriert wurden. Captain Cook nahm bei seiner dritten Reise in die Südsee auf Einladung des Königs Tu an einer dieser düsteren Zeremonien teil.)

Forster registrierte die fremden und bösen Sitten gewiß nicht ohne einen Anflug von Grauen, doch er erlaubte sich keine Regung von Arroganz. Der junge Ethnologe betrachtete es als seine Pflicht, den europäischen Vorurteilen entgegenzutreten. Unermüdlich erinnerte er sich selber und später seine Leser an die schlimmen Barbareien, die alle hehre Kultur, alle fromme Erhebung der Christengemüter und aller Glanz der Geister im alten Europa nicht zu bannen oder zu vertreiben vermocht hatten.

Mit unersättlicher Neugier durchstreifte Georg in Begleitung seines Vaters, des Schweden Sparrman oder einiger Offiziere die

Täler. Sie konnten nicht hoffen, die gewaltige botanische Ausbeute von Banks und Solander bei einem kurzen Aufenthalt zu übertreffen. Dennoch sammelten sie Pflanzen, die sie nicht kannten, schossen exotische Vögel, handelten Stoffe, Handwerkszeug und Waffen der Eingeborenen ein. Sie bewunderten die blühenden Sträucher und Büsche, deren Duft des Nachts bis zum Schiff hinüberwehte. Die weiße Gardenie, die sich die Mädchen so gern ins Haar steckten, der rote Hibiskus, die Orchideen, die Bougainvilleen, die Frangipani (die den Namen eines italienischen Grafen tragen, der angeblich im 16. Jahrhundert die Herstellung des Parfums erfunden hat...).

Sie wurden nicht müde, die Früchte zu kosten, die man den Fremden fast in jeder Hütte gastfreundlich darbot: Bananen, die säuerlichen tahitianischen Äpfel, Kokosnüsse mit ihrer erfrischenden Milch. Mandeln und vor allem die Brotfrucht, die dank ihrer Nahrhaftigkeit fast immer ein volles Mahl ersetzte. Die tahitianische Art der Zubereitung zog Georg der europäischen vor: die fleischige Frucht wurde nicht gekocht, sondern auf heißen Steinen in der Erde gebacken und bewahrte so den ganzen Saft. Die Pflanzungen schienen wohlbestellt. Um die Hütten trieben sich Schweine und Hunde. So gastfreundlich die Tahitianer waren und so gern sie die Nägel, Beile und Glas-Korallen der Europäer einhandelten: ihre prallen Säue, die Captain Cooks Matrosen so gern in den eigenen Fleischtöpfen gesehen hätten, gelangten nicht auf den Markt. Wollten die Landeskinder den Preis nur schlau in die Höhe treiben? Den Briten war die Weigerung rätselhaft. Den Vorschlag eines Offiziers, die Schweine mit Gewalt zu holen, wies Cook zurück. Die Fremden konnten nicht wissen, daß die Herren der Insel dem niederen Volk präzise vorschrieben, wann das Schlachten und der Verzehr von Schweinen erlaubt war. Auch hier wurden Tabus eingehalten, die den Fremden uneinsichtig blieben. Der freie Genuß des Fleisches schien ein Privileg des Adels zu sein. Frauen, vor allem der niederen Stände, war der Verzehr von Fleisch in der Regel völlig versagt (darum warfen sie sich auf den Schiffen mit solcher Gier auf die guten Bissen, die ihnen von den Matrosen geboten wurden, und manche überfraßen sich maßlos genug, um die Verdecke vollzukotzen). Es brauchte stets die

Weisungen der Oberhäuptlinge, um den Handel mit Hunden und Schweinen freizugeben. Vielleicht hatte eine Krankheit die Zahl der Tiere vermindert. Die Ausbeute war gering. Dies mochte einer der Gründe sein, die Cook eine frühe Abreise empfahlen.

Georg Forster entging keine der Regungen des Daseins auf dem Schiff oder an den Ufern, auch nicht die rauhen, groben und weniger liebenswürdigen. Doch das Bild des Idylls verklärte vorerst noch alle anderen Eindrücke: «In der Lebensart der Tahitier herrscht durchgehends eine glückliche Einförmigkeit. Mit Aufgang der Sonne stehen sie auf, und eilen sogleich zu Bächen und Quellen, um sich zu waschen und zu erfrischen. Alsdenn arbeiten sie, oder gehen umher, bis die Hitze des Tages sie nöthigt, in ihren Hütten, oder in dem Schatten der Bäume, auszuruhen. In diesen Erholungs-Stunden bringen sie ihren Kopfputz in Ordnung, das heißt: sie streichen sich das Haar glatt und salben es mit wohlriechendem Öl; zuweilen blasen sie auch die Flöte, singen dazu, oder ergötzen sich, im Grase hingestreckt, am Gesange der Vögel. Um Mittag, oder auch wohl etwas später, ist ihre Tischzeit, und nach der Mahlzeit gehen sie wieder an häusliche Arbeiten oder an ihren Zeitvertreib. Bey allem was sie thun, zeigt sich gegenseitiges Wohlwollen, und eben so sieht man auch die Jugend in Liebe untereinander, und in Zärtlichkeit zu den ihrigen aufwachsen. Muntrer Scherz ohne Bitterkeit, ungekünstelte Erzählungen, fröhlicher Tanz und ein mäßiges Abendessen bringen die Nacht heran; und dann wird der Tag durch abermaliges Baden im Flusse beschlossen. Zufrieden mit dieser einfachen Art zu leben, wissen diese Bewohner eines so glücklichen Clima nichts von Kummer und Sorgen, und sind bey aller ihrer übrigen Unwissenheit glücklich zu preisen.»

Bei seinen Wanderungen gelangte der junge Schreiber an einen Wasserfall, der an wohlriechendem Gebüsch vorbei über die Felsen als «crystallhelle Wasser Säule in einen glatten klaren Teich herabstürzte, dessen anmuthiges Gestade überall mit bunten Blumen prangte. Dies war eine der schönsten Gegenden, die ich in meinem Leben gesehen. Kein Dichter kann sie so schön malen.»

Bei einem jener Ausflüge ließ sich Georg von einem «wohlaussehenden Mann nebst seiner Tochter, einem jungen Mädchen von sechzehn Jahren» nur allzu leicht überreden, in ihrem Haus eine Mahlzeit einzunehmen. Die Tochter, so schrieb er, sich der Szene lebhaft erinnernd, «übertraf an zierlicher Bildung, heller Farbe und angenehmen Gesichtszügen, fast alle Tahitischen Schönheiten, die wir bisher gesehn, und sie sowohl als andre ihrer jungen Gespielen ließen es gewiß an nichts fehlen, sich beliebt zu machen. Das thätigste Mittel, welches sie außer ihrem gewöhnlichen Lächeln anwandten, unsre schläfrige Müdigkeit zu vertreiben, bestand darin, daß sie uns mit ihren weichen Händen die Arme und Schenkel gelinde rieben und dabey die Muskeln zwischen den Fingern sanft zusammen drückten. Die Operation bekam uns vortrefflich.» Georg vermutete ganz zu Recht, daß die Massage den «Umlauf des Blutes in den feineren Gefäßen beförderte». Die Wahl seiner Worte zeigt freilich an, daß er nicht nur den medizinisch-therapeutischen Effekt der Behandlung zu schätzen wußte.

Auf dem Rückweg vom Wasserfall wurden die Wanderer in eine tahitianische Hütte geladen, in der ein alter Mann ruhte, den Kopf auf einem kleinen Holzschemel: «Es war etwas sehr Ehrwürdiges in seiner Bildung. Sein silbergraues Haar hieng in vollen Locken um das Haupt her, und ein dicker Bart, so weiß als Schnee, lag auf der Brust. In den Augen war Leben, und Gesundheit sas auf den vollen Wangen. Der Runzeln, welche unter uns das Antheil der Greise sind, waren wenig: denn Kummer, Sorgen und Unglück die uns so frühzeitig alt machen, scheinen diesem glücklichen Volk gänzlich unbekannt zu seyn.» Später kam ein jüngerer Mann herzu, «der mit dem Gebläse seiner Nasenlöcher» auf einer Bambusflöte spielte. Freilich brachte er nicht mehr als drei oder vier Töne hervor. Auch ein klarer Takt war nicht zu erkennen. Georg empfand die Musik nicht als lieblich, aber die freundliche Versammlung der Familie in ihrer Hütte schien ihm «das Bild von wahrer Volks-Glückseligkeit zu vermitteln».

Kündigte sich hier, inmitten der arkadischen Idylle, nicht ein neuer Ton an? Georg streifte an einer Begräbnisstätte vorbei, an der eine Frau bei einer Toten wachte. Der Expeditions-Maler Mr. Hodges fertigte eine kleine Zeichnung, und der junge Forster fand, es sei «etwas Großes in dieser Szene». Dann gingen sie still davon. Doch nicht weit entfernt sahen sie in einem hübschen Haus einen sehr fetten Mann, der in der «nachläßigsten Stellung, das Haupt auf ein hölzerned Kopfküssen gelehnt, faullenzte». Zwei Bedienstete bereiteten ihm ein Gericht aus Brotfrucht und Bananen. Unterdessen steckte ihm eine Frau Brokken von gebackenem Fisch und Brotfrüchten ins Maul, «welche er mit sehr gefräßigem Appetit verschlang». Der Dicke, schrieb Forster voller Zorn, sorge für nichts als seinen Bauch und sei überhaupt «ein vollkommenes Bild phlegmatischer Fühllosigkeit. Kaum würdigte er uns eines Seitenblicks und einsylbige Wörter, die er unterm Kauen zuweilen hören ließ, waren nur eben so viel Befehle an seine Leute, daß sie überm Hergucken nach uns, das Futtern nicht vergessen mögen. Das große Vergnügen, welches wir auf unsern bisherigen Spaziergängen in der Insel, besonders aber heute, empfunden hatten, ward durch den Anblick und durch das Betragen dieses vornehmen Mannes nicht wenig gemindert.»

Dieses widerwärtige Bild verscheuchte die Hoffnung, Tahiti sei jener «kleine Winkel der Erde», in dem ein gewisser «Grad von Civilisation» erreicht worden sei, ohne eine «frugale Gleichheit» ganz zu durchbrechen. «Alle Stände» teilten in einer solch idealen Gesellschaft, so hatte Georg gehofft, «mehr oder minder gleiche Kost, gleiche Vergnügungen, gleiche Arbeit und Ruhe.» Nichts davon: Auch die schöne Insel war mit «privilegierten Schmarotzern» gestraft, die «sich mit dem Fette und Überfluß des Landes mästen, indes der fleißigere Bürger ... im Schweiß seines Angesichts darben muß».

Allerdings lud ihn der Zauber Tahitis immer wieder zur Versöhnung ein. Die Schönheit der harmonischen Natur verführte zur Milde. Als die beiden Schiffe nach den schönen Tagen am Ufer der kleineren Halbinsel zur Matavai-Bay an der Hauptinsel hinübergesegelt waren (wo Joseph Banks und Dr. Solander bei der ersten Reise ihr Observatorium am «Point Venus» angelegt hatten), schaute Georg immer wieder über die «glatte Fläche der See», die im Mondlicht «glänzte wie Silber». Die Landschaft sah «so reizend aus», daß er sich fragte, ob sie denn wirklich sei oder das «schöpferische Werk einer fruchtbaren, lachenden Fantasie».

Das Entzücken an dieser Schönheit setzte den kritischen Verstand des jungen Menschen niemals sehr lang außer Kraft. Kaum einen Augenblick überließ er sich dem Rausch blinder Begeisterung, der Dr. Philibert Commerson, der mit Bougainville nach Tahiti gereist war, so hymnische Sätze diktiert hatte: die Menschen der Insel kennten keinen anderen Gott als die Liebe; jeder Tag sei ihr geweiht, die ganze Insel sei ihr Tempel, alle Frauen seien ihre Priesterinnen, alle Männer ihre Anbeter. «Und was für Frauen das sind! Die Rivalinnen der Georgierinnen im Hinblick auf die Schönheit und ohne Hülle die Schwestern der Grazien. Weder die Schande noch die Scham üben ihre Tyrannei aus; der zarteste Schleier flattert stets nach dem Winde und den Begierden.» Der enthusiastische Franzose fragte voller Pathos: «Ein puritanischer Sittenrichter sieht darin vielleicht nur Zügellosigkeit der Sitten, grauenvolle Prostitution, den dreistesten Zynismus, aber ist es nicht der Zustand des natürlichen Menschen, der in seinem Ursprung wesentlich gut, von jedem Vorurteil frei ist...» Commerson wollte sogar beobachtet haben, daß die Tahitianer Messer und Scheren von sich stießen, die ihnen angeboten wurden, «da sie den Mißbrauch zu ahnen schienen, welchen man damit treiben kann». Der gute Doktor bewunderte voller Unschuld den «Abscheu vor dem Vergießen menschlichen Blutes», die «Brüderlichkeit untereinander», selbst die Diebereien, die für ihn «nur ein Akt des natürlichen Ausgleichs» waren.

Der Blick der Forsters war ein wenig kühler und realistischer, obwohl auch sie der Magie der Insel nur zu gern erlagen. Trotz der Sprachschwierigkeiten, die Georg und sein Vater durch aufmerksames Lernen zu überwinden versuchten, gewann der junge Beobachter rasch einen halbwegs klaren Einblick in die Struktur der tahitianischen Gesellschaft.

Über dem schlichten Volke thronte die adlige Schicht der Arii, die auf den beiden Halbinseln – soweit die Forsters die hierarchische Ordnung übersahen – den Königen oder Oberhäuptlingen mit dem Titel ‹arii rahi› Gehorsam zu leisten hatten. Mitglieder dieser Klasse führten – in der Funktion von «Unterhäuptlingen» – oft die Aufsicht über einen der neunzehn Distrikte der Insel. Den Aristokraten stand eine Art von Bürgerschicht nach, die Georg nicht genau abzugrenzen wußte: die Manahaunas. Unter ihnen befand sich die Klasse der Tautaus – der Bediensteten, deren Status sich nicht exakt mit dem der europäischen Leibeigenen oder der afrikanischen Sklaven gleichsetzen ließ.

Die Etikette war kompliziert, denn die Regeln des Umgangs wurden von Tabus bestimmt, die nicht leicht zu durchschauen waren. (Das tahitianische Wort Taboo fand rasch eine Heimat in den Sprachen der Europäer.) Wie sollten die Fremden so schnell wahrnehmen, daß der Begriff «Mutter» auch für die Tanten, «Vater» für die Onkel, «Sohn» für die Neffen, «Tochter» für die Nichten galt? Wie sollten sie die Verbote und Gebote, die Tabus in solcher Eile begreifen, die das Dasein der Familien, den Umgang zwischen den Klassen, das Walten von Geistern und Göttern in der Natur bestimmten? Oder das Bild des Todes? Sterben hieß für die Kinder Tahitis: «in die Nacht gehen...» Merkwürdig: die Ränge der Oberschicht gingen sofort nach der Geburt auf die Söhne über, auch wenn die jungen Herren im Säuglingsalter in der Ausübung ihrer Macht noch ein wenig behindert waren und darum die Administration bis zu ihrer Mannbarkeit den Vätern überließen. Übrigens gebot die Sitte, daß Männer und Frauen in Gegenwart der Könige zum Zeichen des Respekts den Oberkörper entblößten, was oft einen liebenswürdigen Anblick vermittelte. Eine Sonderstellung genossen die Priester und die Mitglieder der Arioi-Kaste, der nach Georgs Eindruck die Kriegsführung überlassen blieb. Außerdem waren sie als Gaukler, Tänzer und Schauspieler für die religiös-rituelle und derbprofane Unterhaltung des Volkes zuständig.

Die Ausübung der Autorität durch die Herrscher schien nicht allzu grausam zu sein. O-Tu, einer der Regenten der Hauptinsel, betonte – wie in Polynesien üblich – seine Würde durch eine mächtige Statur: er maß, nach Georgs Eindruck, an die zwei Meter, war stark, doch wohlproportioniert, trug einen Knebelbart und pechschwarze Locken. (Er war freilich nur einer der Herrscher – oder genauer: Oberhäuptlinge – in Tahiti, aber durch die Gunst der Europäer, die ihn für den König der gesamten Insel hielten, konnte er sich einen gewissen Machtzuwachs sichern.) Es schien das Vorrecht auch der adligen Damen zu sein, ihre Haare so lang wallen zu lassen wie die älteste Schwester des Regenten, von der Leutnant Pickergill, der schon an der Reise von Captain Wallis teilgenommen hatte, so entzückt war, daß er sie mit Geschenken überhäufte (ohne ans Ziel seiner Wünsche zu gelangen). Es war ein Zeichen der Freundschaft, daß die Mitglieder der königlichen Familie und des Hofstaates Captain Cook und die Männer seines engsten Gefolges nach tahitianischer Sitte als Väter, Brüder und Söhne annahmen.

Reinhold Forster schenkte dem König seinen putzigen Pudel, an dem die Majestät Gefallen gefunden hatte, obwohl das Tier mit Teer und Pech «recht matrosenmäßig» beschmiert war. Neben dem Hund des Professors erfreute den starken Herrscher vor allem der Dudelsack, mit dem sich ein schottischer Seesoldat auf Geheiß Captain Cooks produzierte. Georg ließ sich nicht ungern von den königlichen Schwestern umgirren, die in ihre schönsten Kleider – scharlach, rosenrot und blaßgelb – gehüllt und mit wohlriechendem Öl parfümiert waren. Sie bekamen die Geschenke, die sie begehrten. «Die älteren Damen halfen sich mit etwas Kunst und Schmeicheley. Sie frugen ... wie wir hießen, nahmen uns an Kindesstatt an und machten uns mit ihren Verwandten bekannt, die auf diese Weise auch die unsrigen wurden. Nach andern kleinen Schmeicheleyen kam denn im bittenden Ton, mit liebäugelnden Minen, ein: Aima pe ihti no te tayo mettua? heraus, welches so viel ist, als: ‹Ist denn kein Coralchen für das liebe Mütterchen da?› Das hieß nun unsre kindliche Liebe mit ins Spiel ziehen, und wenn das geschah, so hatten die guten Alten fast allemal gewonnen.» Der Tonfall, den Georg in der Übersetzung des tahitianischen Zitates andeutete, zumal beim «Coralchen», scheint einen Hinweis auf die ostdeutsche Färbung des Deutschen zu geben, das im Hause Forster gesprochen wurde.

Vor dem Hintergrund der schönen Insel traten die Forsters ihrem deutschen Publikum zum erstenmal erkennbar gegenüber, nicht nur durch die Besonderheit ihrer Sprache. Ein Künstler – vielleicht William Hodges – portraitierte Vater und Sohn mit den etwas groben Strichen einer Kreidezeichnung bei ihrer täglichen Arbeit. Im Hintergrund die Bucht: auf dem ruhigen Wasser ein Beiboot der ‹Resolution›, das ein kleines Segel gesetzt hat, das Ufer von einem mächtigen Berg gekrönt. Im Schatten einer

Palme ist Georg im Begriff, einen Vogel zu zeichnen, den ihm der Vater vorhält. Der Sohn ist im Profil zu sehen: die Züge sind weich, doch groß und klar, die Augenbrauen fallen harmonisch über die ausdrucksvollen und aufmerksamen Augen; lange Nase, die Oberlippe kurz, der Mund voll und eigenwillig geschürzt, unter den Lippen eine Kerbe, das Kinn nicht allzu energisch, die Halspartie merkwürdig lose und weich, als zeigte der junge Mensch eine allzu frühe Neigung zu einem doppelten Kinn. Das dunkle Haar trägt er lang und gewellt. Es wird im Nacken, dem Stil der Zeit gemäß, von einem Band zusammengehalten. Der Oberkörper, in ein Hemd und ein Jackett gehüllt, nicht allzu schmächtig. Der Vater, die beherrschende Figur des Bildes, stützt sich auf den Lauf seiner Flinte. Das härtere und gröbere Gesicht von einem breitkrempigen Rundhut überschattet, der mit Federn, vielleicht auch Gräsern geschmückt ist. Das Haar kurz genug, um die kräftigen Ohren prominent sichtbar zu machen. Seinen Zügen gibt die mächtige, geschwungene Nase das Gepräge. Die Augenbrauen neigen zu eher buschigem Wuchs. Die Augen selber sind klein, stark und lebhaft, auf jener Zeichnung aber melancholisch überschattet. Man glaubt ihnen wohl das sanguinische Feuer. Vitalität deutet auch der geschwungene Mund an, der mehr zum Trotz als zum Lachen begabt zu sein scheint, und sie wird durch die robuste Energie des Kinns bekräftigt.

So eifrig Vater und Sohn botanisierten und herbanisierten, so sorgsam sie jede Vogel- und Fischart registrierten – es ließ sich nicht verbergen, daß ihr passioniertes Interesse mehr den Menschen als der halbgezähmten Natur der Insel galt. Für Georg traf dies noch mehr zu als für den Vater, von dem wohl zu Recht gesagt worden ist, daß er der bessere Naturforscher gewesen sei. Georg zeichnete viele der Pflanzen, die sie gesammelt hatten, mit akribischer Genauigkeit und einem ausgeprägten Gefühl für die Harmonie der Proportionen. An den Gesichtern der Menschen versuchte er sich nicht. Es mag sein, daß er authentischere Bilder vermittelt hätte als der begabte und bemühte William Hodges, dem er später freilich nicht ganz grundlos vorwarf, er habe die Tahitianer den klassizistischen Idealen der Epoche nachgebildet.

Reinhold und Georg Forster in der Südsee

Dieser Verführung gaben sie in Wirklichkeit alle nach. Die Schönheitsbegriffe der griechischen und lateinischen Antike waren ihnen so ganz in Fleisch und Blut übergegangen, daß sie auch ihre Träume erfüllten. Georg Forster zitierte selber (sinngemäß, wenn auch nicht wörtlich) den Satz Immanuel Kants, «die Geschichte jener Reisen gewähre dem Leser weiter nichts als Befriedigung der Sehnsucht nach dem goldenen Zeitalter». Das galt nicht nur für die Leser, sondern mehr noch für manchen der Reisenden. Bougainville hatte sich dieser Lockung ohne allzu großes Widerstreben hingegeben. Der Blick der beiden Forsters aber schärfte sich schon nach wenigen Tagen. Ihre Anstrengungen, die Sprache der Tahitianer zu lernen, bot dafür die entscheidende Hilfe. Es entging ihnen nicht, daß auf der Insel keineswegs ewiger Friede herrschte, von dem (mit dem Königsberger Philosophen) die aufgeklärte Menschheit träumte. Die Bürger der kleineren und größeren Halbinsel fielen immer wieder übereinander her, und die Regenten rüsteten Expeditionen aus, um die Bewohner der benachbarten Eilande – wie das paradiesische Moorea – zu unterwerfen. Allerdings stellten sie auch mit Befriedigung fest, daß das Ziel der Auseinandersetzungen selten die Vernichtung des Gegners sei: man gebe sich mit dem Sieg und der Beute zufrieden, fast immer zu einer raschen Versöhnung bereit.

Die Frauen, das ließ sich nicht leugnen, wurden als Menschen zweiten Ranges betrachtet. Zwar hatten sie in Tahiti nicht die ganze Schinderei der körperlichen Arbeit zu ertragen (wie es die Forsters hernach bei den Melanesen beobachteten, und wie es bei den Indianern Nordamerikas üblich war), doch sie wurden bei der Bestellung der Gärten und dem Sammeln von Früchten gewiß nicht geschont. In Gegenwart der Männer durften sie nicht essen. Sie hatten auch zu gehorchen, wenn Brüder und Väter ihre Liebesdienste nutzen wollten, um einen Gast zu erfreuen oder eine begehrte Ware zu erhandeln. Gegen die Erdrosselung unerwünschter Säuglinge hätte sich ihr Mutterinstinkt vergeblich zur Wehr gesetzt (doch sie schienen die schreckliche Gewohnheit ohne zu großen Kummer zu akzeptieren).

Georg Forster fragte sich dennoch mit großem Ernst, ob es nicht besser wäre, den Umgang der Europäer mit den Einwohnern der Südsee-Inseln abzubrechen, ehe die «verderbten Sitten der civilisirtern Völker diese unschuldigen Leute anstecken», die nach seiner Einsicht in ihrer «Unwissenheit und Einfalt» eine Art von Glück zu genießen schienen. Es sei eine traurige Wahrheit, fügte er hinzu, daß Menschenliebe und die politischen Systeme von Europa nicht miteinander harmonisierten.

Mit nobler Naivität entschuldigte der junge Chronist nachgerade alle Laster und Sünden der Tahitianer. Er maß sie, was klug und fair war, an den Sitten des Landes (wie er sie verstand), relativierte folglich das Urteil der Europäer und warb um Nachsicht für die «Wilden», die er nicht als schiere Naturkinder, sondern als Gesellschaftswesen betrachtete. Den Handel – Liebe gegen Ware – fand er nicht allzu ehrenrührig, zumal Frauen, die in festen Bindungen lebten, an den Bacchanalien niemals teilzunehmen schienen. Der Vater vermerkte mit Befriedigung, die jungen Damen besserer Erziehung wüßten wohl «eipa»: nämlich nein zu sagen. Diese Differenzierung unterschied sich wohltuend von Joseph Banks' allzu robuster Feststellung, die Liebe sei die Hauptbeschäftigung der Einwohner von Tahiti, ja, ihr einziger Luxus. Reinhold Forster ließ sich sagen, ein Ehebruch würde «am Leben gestraft», doch er fügte hinzu, davon habe er nichts gesehen. Vielmehr beobachtete er, daß Treue und Loyalität nicht nur von den Frauen gefordert zu sein schienen. Er vermerkte, daß eine «junonische Ehehälfte» ihren ungetreuen Mann in seiner Gegenwart mit Schimpfwörtern überhäufte und der Konkurrentin einige derbe Maulschellen verpaßte. Den Kindern, notierte Reinhold Forster, teilte sich zum anderen schon frühzeitig mit, was «manches europäische Frauenzimmer vielleicht nie erfährt». Aus diesem Grunde halte man auf den Inseln «die Liebe mit all ihren Folgen nicht für unehrbar». Captain Cook konstatierte trocken und kühl, die erotischen Freiheiten, die auf der Insel üblich zu sein schienen, «können kaum ein Laster genannt werden, da weder die Gemeinschaft» – er sagte: «der Staat» – «noch Einzelne im geringsten daran leiden».

Auch zeigten die Forsters – anders als Cook – für die Diebe ein gewisses Verständnis. Sie beobachteten, daß auf Tahiti sehr wohl ein Begriff von Eigentum existierte. Reinhold Forster ließ sich sogar erzählen, Diebe würden mit einem Stein am Hals im Meer versenkt. Doch über die täglichen Stibitzereien konnten sie nicht in Rage geraten, wie es so oft dem Captain Cook widerfuhr, der den Frevlern nachsetzen ließ und sich nicht scheute, ihnen eine Ladung Schrot in den Hintern zu jagen, wenn er ihrer anders nicht habhaft werden konnte. Sie lachten ihn auch nicht aus. Das hätten sie nicht gewagt.

Vater und Sohn konstatierten, daß das Gefühl für Besitz in der polynesischen Gesellschaft allerdings nicht in gleicher Weise tabuisiert sei wie bei den Europäern. Die Begehrlichkeit nach den Schätzen der Briten war nach ihrem Urteil oft nicht so sehr von Habsucht bestimmt – obwohl auch die nicht aus der Welt zu reden war –, sondern von der kindlichen Freude am Unbekannten. Die Tahitianer stahlen wie die Raben, doch oft mit einer Art von sportlichem Ehrgeiz. Natürlich mußte dem Treiben Einhalt geboten werden, wenn die Europäer nicht riskieren wollten, daß ihnen der letzte Nagel aus den Schiffsplanken gezogen würde. Messer, Beile, Netze, rote Federn und Medaillen verschenkten sie genug. Doch Anker, Gewehre, Ferngläser, Sextanten, Segel, Taue und die Vorräte an Kleidung mußten geschützt werden. Captain Cook, in der Regel bedächtig und umsichtig handelnd, immer zu Fairness und Gerechtigkeit bereit, war in der Wahl seiner Mittel nicht immer klug oder human. Mit kaum unterdrückter Mißbilligung berichtete Georg von Cooks böser Taktik der Geiselnahme. Wenn kostbares Gut entwendet wurde oder gar einer seiner Matrosen – den Lockungen eines Mädchens erlegen – zu den Insulanern desertierte, scheute der Kapitän keine List, um den Herrscher oder eine Schar vornehmer Bürger in seine Gewalt zu bringen. Er gab sie erst wieder heraus, wenn man ihm den Flüchtling oder den gestohlenen Gegenstand zurückbrachte. Solche Tücke blieb nicht immer ungerächt. Der Kapitän, den die Polynesier «Cooky» nannten, versuchte freilich, wann immer es anging, Brutalitäten zu vermeiden. Auch in heiklen Situationen gelang es ihm meist, Gewalt und Blutvergießen zu verhindern. Übergriffe seiner Matrosen bestrafte er ohne Erbarmen, ja er zögerte nicht, Seeleute und Soldaten vor den Augen der Tahitianer auspeitschen zu lassen. Der grausame Anblick verschaffte ihnen allerdings keine Befriedigung, sie erschraken eher über die Härte der Briten.

Trug aber nicht auch dieses triste Schauspiel zur Verderbnis der Tahitianer bei? Die Furcht vor einer Korruption der schönen Insel quälte das Gemüt des jungen Deutschen. Noch sei diese Gefahr fern, notierte er, aber werde der fremde Einfluß nicht die Ankunft des Unglücks beschleunigen? Und geradezu prophetisch rief der junge Georg: «Wahrlich! wenn die Wissenschaft und Gelehrsamkeit einzelner Menschen auf Kosten der Glückseligkeit ganzer Nationen erkauft werden muß; so wär' es, für die Entdecker und Entdeckten, besser, daß die Südsee den unruhigen Europäern ewig unbekannt geblieben wäre!»

Diese ergreifende Warnung schloß Georgs Debatte mit sich selber nicht ab. Das Volk lebe in einer Verfassung, stellte er fest, die sich mit dem alten europäischen Feudalsystem vergleichen lasse. Die Unterschiede zwischen den Ständen würden durch die Vorzüge des Klimas und den Reichtum an Lebensmitteln gemildert. Ehrgeiz und Neid seien darum noch fast unbekannt. Die Vornehmen besäßen zwar Schweine, Hühner und die besseren Kleider. Der «unbefriedigende Wunsch» aber, den «Geschmack mit ein paar Leckerbissen zu kitzeln», könne höchstens einzelne Menschen, nicht ganze Nationen unglücklich machen: «Dies kann nur gänzlicher Mangel an den unentbehrlichsten Nothwendigkeiten, und gerade dieser pflegt in civilisirten Staaten das Loos des gemeinen Mannes... zu seyn.»

Noch betrachtete das gemeine Volk die Nation wie eine einzige Familie und die Häuptlinge wie ältere Brüder, die nicht zögerten, in einem Kanu selber Hand ans Ruder zu legen. Aber wie lange werde diese «glückliche Gleichheit noch dauern»? Die nicht arbeitende Feudalschicht werde sich vermehren, die Abhängigkeiten zunehmen und das Volk – durch die «häufigen und frühen Ausschweifungen ihrer Töchter mit den Großen des Landes» – zu Zwerggestalten degenerieren (wie eine bizarre Theorie des Grafen Buffon behauptete, der die Forsters offensichtlich Glauben schenkten). Die Müßiggänger hingegen erfreuten sich der «Vorzüge einer großen Leibgestalt, einer schönen Bildung und einer hellern Farbe... weil sie allein ihrem gefräßigen Appetit ohne Einschränkung folgen, und stets in sorgloser Unthätigkeit leben können. Endlich wird das gemeine Volk diesen Druck empfinden... alsdenn aber wird auch das Gefühl der gekränkten Rechte der Menschheit in ihnen erwachen, und eine Revolution veranlassen. Dies ist der gewöhnliche Cirkel aller Staaten.»

Georg Forsters kühne Prophezeiung erfüllte sich anderswo. Aber war damit das letzte Argument gegen das Eindringen der Europäer in die «heile Welt» der Südsee gesagt? Die Entdekkung, das war ihm deutlich, ließ sich nicht rückgängig machen. Europa würde Tahiti und die anderen Gestade nicht einfach wieder vergessen. Als er dreizehn Jahre später «Cook, den Entdekker» feierte, überließ er sich einer kühnen Vision: vielleicht sei der Zeitpunkt nicht mehr fern, wo für fünf- oder sechshundert Millionen Menschen «eine merkwürdige Revolution vorgehen» werde. Die Lehren der Weisheit aus Europa, vielleicht auch aus Amerika und den Südländern würden sie auffordern, ihrer «lang gewohnten Sklaverei» zu entsagen; sie würden die Wahrheit erkennen und annehmen, die das Glück der Denker Europas ausmache.

Präziser wurde der Triumph der europäischen und amerikanischen Ideologien in der Dritten Welt selten vorhergesagt. Mit dem Ende der Sklaverei würden die Menschen ihre Fesseln verlieren und neue Industrien schaffen. Vor der Morgenröte der Wissenschaften verschwinde die menschliche Unfehlbarkeit. Duldung und Gewissensfreiheit verkündeten den Sieg der Vernunft... Der Grenzpunkt der Aufklärung liege außerhalb unseres Gesichtskreises; selbst wenn ihre Blüte längst verwelkt, ihre Frucht abgefallen und zerstreut sein werde, sproßten ihre Samen wieder in einem anderen Boden hervor.

Die Tahitianer schienen selber prüfen zu wollen, was es mit den Gefahren der Zivilisation auf sich habe. Als Captain Cook die Abreise befahl, meldete sich ein siebzehnjähriger Knabe mit seinem Vater am Schiff und begehrte, nach Britannien mitreisen zu dürfen. Seine ganze Ausrüstung bestand, wie Georg bemerkte, aus einem Lendentuch. Freunde redeten auf ihn ein, lieber im Lande zu bleiben. Doch er wollte nicht hören, obschon sie ihm den Tod vorhersagten. Immerhin blickte er ihnen mit

Tränen in den Augen nach, als sie davonfuhren. Cook und Reinhold Forster boten sich ihm als Ersatzväter an. Das tröstete ihn. Er herzte und küßte die Männer und aß beim Untergang der Sonne sein Abendbrot.

«Es tat uns ungemein leid», schrieb Georg Forster, «diese herrliche Insel schon jetzt zu verlassen», zumal sie sich während der zwei Wochen des Aufenthaltes «in einem Taumel der Beschäftigungen» befunden hätten.

Der rasche Aufbruch war von nüchterner Notwendigkeit diktiert: es war den Briten nicht geglückt, in Tahiti ausreichende Vorräte für die Fortsetzung der Reise einzuhandeln. Captain Cook nahm an, daß er auf den Nachbarinseln mehr Glück haben werde. Schon am nächsten Tag liefen die beiden Schiffe Huahäine an, eine der «Inseln unter dem Wind», die 31 Seemeilen nach Nordwesten liegt. Die Stimmung der Matrosen war ein wenig gedämpft, nicht nur, weil sie den Abschied als schmerzlich empfanden, sondern weil sie nun die Folgen ihrer tahitianischen Liebeswut zu spüren begannen. Der Verlauf der Krankheiten sei, so versicherte Georg, im allgemeinen gelinde gewesen. Auf Huahäine aber sollte es Schweine, Hühner und Hunde genug zu kaufen geben.

Porea, der tahitianische Passagier, hatte unterdessen Schifferhosen und ein Leinenjackett angelegt. Beim Landgang trug er Cook das Pulverhorn und den Schrotbeutel hinterher. Er vermied es, seine Muttersprache zu reden, sondern drückte sich in unverständlichen Lauten aus. Vermutlich wünschte er, daß man ihn für einen Engländer halte. Sein Gefallen an der neuen Rolle hielt freilich nicht an. Bei einem Landgang, nicht lang vor der Weiterfahrt, drückte er dem Kapitän sein Pulverhorn in die Hand und bedeutete, er werde gleich zurückkommen. Die Freunde warteten eine Weile vergebens. Sie hörten nichts weiter von ihm.

Dem armen Dr. Sparrman aber widerfuhr Böses. Bei einer botanischen Exkursion überfiel ihn ein Trupp junger Männer, schlug ihn zu Boden, raubte seinen Hirschfänger und zog dem Armen die Kleider aus. Nahezu nackt kam er zum Schiff zurück. Die Ältesten des Inselvolkes entschuldigten sich unter Tränen für die ungesittete Aufführung ihrer Landsleute. Um so prächtiger ging hernach der Handel voran. Die ‹Resolution› nahm 209 Schweine, 30 Hunde und 50 Hühner an Bord, die ‹Adventure› kaum weniger. Vom Schwesterschiff kam der Jüngling O-Mai herüber, der sich in Tahiti der ‹Adventure› anvertraut hatte, mit der er schließlich auch nach London gelangte. Der junge Mann wurde König Georg vorgestellt und war für geraume Zeit die Sensation aller Salons in der Hauptstadt, obwohl man seine Häßlichkeit beklagte, die mit dem idealistischen Bild von den Tahitianern so gar nicht übereinstimmte. Die Bilder zeigen O-Mai in der Tat als einen Mann von breiten und vulgären Zügen, der voller Neugier und einer guten Portion Mißtrauen in die fremde Welt schaut. Nur der große Reynolds kleidete ihn in einen großartigen Turban und ein morgenländisches Gewand. Er versäumte auch nicht, sein Gesicht zu veredeln.

Nach einigen Tagen ordnete Cook die Weiterreise zur Nachbarinsel Araiatea an. Die Offiziere machten dort die Bekanntschaft des fettesten Häuptlings – er stammte aus Borabora –, dem sie jemals in der Südsee begegneten: sein Bauch habe 54 Zoll gemessen, berichtete Georg, die Schenkel jeder mehr als 31 Zoll. Indessen lobte er die Schönheit der Mädchen. Den Briten zu Ehren führte eine wohltrainierte Truppe Pantomimen und Tänze zum Schlag der Trommeln auf. Stellungen und Bewegungen seien wohl etwas frei, doch selten so unanständig gewesen wie manches, «was die keuschen Augen der englischen Damen» in der Oper nur durch ihre Fächer sehen dürften.

Nicht anders als in Tahiti stellte er auf diesem kleinen Eiland fest, daß die meisten der «Indianer» Wein und Brandwein zurückwiesen. Sie berauschten sich lieber an einem eigenen Gebräu, dem Kava, der aus der Wurzel des Pfefferbaumes gewonnen wurde. Man schnitt die Wurzel in Stücke, verkaute sie zu einem Brei, spuckte ihn in ein Gefäß voller Wasser oder Kokosmilch, filterte die Mixtur und schüttete sie in eine große Schale. Porea, der junge tahitianische Passagier, der einige Tage auf der ‹Resolution› beherbergt worden war, trank von dem Saft ein ganzes «Nößel» und wurde innerhalb einer Viertelstunde «so besoffen», daß man ihn «ohne Bewegung auf dem Boden liegend fand. Sein Gesicht war feuerroth und die Augen standen ihm gleichsam zum Kopf heraus. In diesem Zustand schlief er einige Stunden ohne von seinen Sinnen zu wissen, als er aber wieder zu sich kam, schämte er sich dieser Ausschweifung. Die Alten, welche dem Laster nachhängen, sind dürr und mager, haben eine schuppige, schäbige Haut, rothe Augen und rothe Flecken über den ganzen Leib.»

Als Ersatz für den entlaufenen Porea gesellte sich der Besatzung der junge O-Hedidi zu, der von guter Herkunft zu sein schien. Der junge Forster schien Gefallen an dem braunhäutigen Altersgenossen zu finden, der – nach einer Skizze von William Hodges zu schließen – ein hübscher Junge mit breiten und etwas fleischigen Zügen war. Er bat den Kapitän, er möge O-Hedidis Wunsch entsprechen und ihn nach England mitreisen lassen. Cook stimmte ohne Umstand zu.

Die Stimmung zwischen dem Kapitän und den Forsters war freilich in jenen Tagen nicht völlig ungetrübt. Am Strand von Raiatea war Georg in ein Handgemenge mit einem Polynesier geraten, der ihm seine Flinte entwinden wollte. Der Vater, schon im Begriff zur ‹Resolution› zurückzukehren, sah den Sohn in Gefahr und beeilte sich, ihm zur Hilfe zu kommen. Der Dieb ergriff auch unverzüglich die Flucht, doch Reinhold Forster brannte ihm aus einer Entfernung von vierzig bis fünfzig Metern eine Ladung Schrot auf den Leib. Der Schuß schien den armen Kerl nur oberflächlich verletzt zu haben. Vater Forster jedoch nahm die Affaire ernst genug, Captain Cook sofort Bericht zu erstatten. Der Kommandeur schien seine Handlungsweise zu billigen. Am Tag danach wurde ihm der Vorfall ein wenig anders dargestellt, als Forster ihn (auch in seinem Tagebuch) schilderte. An der Tafel begann ein Disput, bei dem Cook seine Autorität kräftig betonte. Reinhold Forster lehnte sich auf: er sei als Zivilist ein unabhängiger Mann. Zorn verdunkelte die Köpfe. Der Forscher beschwerte sich über seine elende Kabine. Der Kapitän warf ihm vermutlich seine Streitsucht an den Kopf. Als es dem Kapitän zu bunt wurde, ließ er den Professor gewaltsam aus der Kabine entfernen.

Als die Segel gesetzt wurden, flossen die Tränen der Polynesier. Sie schienen manchem der Europäer vorzuwerfen, daß sein Herz zu unempfindlich sei. Auch Georg fand es beklagenswert, daß die europäische Erziehung den natürlichen Bewegungen des Herzens zuviel Einhalt gebot. Er konnte nicht wissen, daß die Tränen in der Gesellschaft der Insel eine zeremonielle Bedeutung hatten und nicht immer den Gefühlen der Beteiligten entsprachen.

Er selber unterdrückte seine Tränen gewiß nicht ganz, als er sich von der kleinen Welt löste, die ihm in der Stille mancher Abende eine «bezauberte Insel zu sein schien».

VII

Das beschädigte Paradies

Nach der Abreise von den Gesellschaftsinseln im September 1773 nannte sich Georgs tahitianischer Freund O-Hedidi plötzlich Maheine. Das sei sein eigentlicher Name, gestand er, den er nach tahitianischer Sitte mit einem Häuptling von Moorea getauscht habe. An die weiter ausholenden Bewegungen eines großen Schiffes nicht gewöhnt, wurde er auf hoher See sogleich sterbenskrank. Erst nach 24 Stunden nahm er wieder ein Stück rohen Fisch zu sich, das er mit Salzwasser würzte. Mit erstaunlichem Stoizismus gewöhnte er sich an die elende Nahrung der Europäer und die Sitten des Bordlebens. Im Oktober stießen sie auf die beiden Inseln, die der holländische Seefahrer Tasman ‹Middleburgh› und ‹Amsterdam› getauft hatte: es waren Eua und Togatapu. Nicht anders als an der Küste Tahitis waren die Schiffe vor Eua sofort von kleinen Auslegerbooten umgeben und wie üblich wurde innerhalb von Stunden ein schwimmender Markt eröffnet. Die Menschen begegneten den Weißen ohne Scheu, obwohl sie noch niemals einen Europäer gesehen hatten. Seit dem Aufenthalt der Holländer waren 130 Jahre vergangen. (Nach einigen Tagen zeigte ihnen ein Bürger von Tonga voller Respekt einige verrostete Nägel, die vermutlich seit dem Besuch Tasmans getreulich aufbewahrt worden waren.) Georg fand die Gärten noch sorgsamer bestellt als in Tahiti, die Häuser wohlkonstruiert und mit schönen Matten ausgelegt, die Menschen so gastfreundlich wie auf den Gesellschaftsinseln. Überdies schienen sie musikalischer zu sein. In einem Anwesen, in dem sich sofort mehr als hundert Menschen sammelten, wurden die Gäste von drei Frauen mit einem einfachen Lied begrüßt. Den Takt schnalzten die Damen mit den Fingern. Er zeichnete die Melodie, die sich nur in den vier Tönen von A bis C bewegte, mit der Hilfe eines musikalisch gebildeten Freundes in einem Notenbeispiel auf und vermerkte voller Respekt, daß sie mit einem regelrechten Akkord in A-Dur abgeschlossen wurde.

Die Luft sei vom balsamischen Duft der Zitronellen-Bäume erfüllt gewesen, schwärmte Georg, und die Menschen fand er überaus wohlgebildet: schöne, schwarze Augen, die Nasen schmaler, die Lippen feiner als in Tahiti. Doch vermißte er die blendenden Schönheiten, die sich seinen Augen auf der Insel Venus dargeboten hatten. Die Mädchen, rügte er, hätten da wie dort zu große Füße und zu dicke Beine. Männer wie Frauen trugen auf Eua den Kiekie-Gürtel oder den Ta'avola-Rock aus Bast, der durch eine Art von Leim gesteift wurde. Ihre Erscheinung gewann durch die Stoffe – trotz ihrer schachbrettartigen Musterung – ein eher unförmiges Aussehen. (Noch heute erweisen sie durch die traditionelle Tracht dem Königshaus und der historischen Ordnung ihren Respekt.)

Unter den ungebundenen Mädchen gab es manche, die «wie Amphibia im Wasser herumgaukelten und sich leicht bereden ließen, an Bord zu kommen, nackt als die Natur sie geschaffen hatte». Vater Forster zeichnete in seinem späteren Bericht über die *‹Beobachtungen während der Cook'schen Weltumsegelung›* ein anschauliches und keineswegs gleichgültiges Bild von der Anmut einer sehr jungen Dame, die – unter anderem – die Kunst des Jonglierens mit fünf Bällen zu beherrschen schien. «Die Statur der Weiber kommt der des männlichen Geschlechts nahe: fette Leute wie in den Societätsinseln, wird man nicht gewahr. Bei einem runden Gesicht, mit regelmäßigen Zügen, und schönen, hellen, großen Augen, scheinen diese Brünetten durch ihre Farbe eher zu gewinnen als zu verlieren. Ein gefälliges Lächeln und natürliche Ungezwungenheit in allen Handlungen erhöhen den Reiz ihrer schönen körperlichen Bildung. Unter anderem erregte hier, auf der Insel Tongatabu, ein Mädchen von zehn bis zwölf Jahren, in dem Gewühl der am Strande versammelten Menschen, unsere Aufmerksamkeit in vorzüglichem Maße. Ihr längliches Gesicht hatte die schönsten, regelmäßigsten Züge, und eine unbeschreibliche Anmut im ganzen Ausdruck; ihr helles, munteres Auge schien lauter Leben zu seyn; ihr langes Haar fiel in ungekünstelten Locken herab und war mit wohlriechenden Blumen besteckt; aus ihrem ganzen Betragen leuchtete Seele, Freiheit und Grazie hervor. Sie hatte fünf kugelförmige Früchte, die sie beständig in die Höhe warf, und mit bewundernswürdiger Geschicklichkeit und Behendigkeit auffing.»

Sohn Georg, dieser aufmerksame Jüngling, konnte es nicht fassen, «daß unverheiratete Personen sich ohne Unterschied einer Menge von Liebhabern preisgeben dürfen! Sollten sie denn wohl erwarten, daß Mädchen, welche den Trieben der Natur Gehör und freien Lauf gegeben, bessere Weiber würden als die unschuldigen und eingezogneren?» Eine Antwort wagte der Autor nicht. Die unverstellte Herzlichkeit der Tonganer aber schien ihm wichtiger zu sein als eine rüde Verletzung europäischer Moralbegriffe. Die Fremden wurden mit «Liebkosungen von jung und alt, Männern und Frauen» überschüttet: «Sie umarmten uns kräftig und küßten oft unsere Hände, die sie danach auf ihre Brust legten, den Ausdruck höchster Zuneigung in ihren Blicken.»

Georg verlor die herberen Realitäten nicht aus den Augen. Er notierte, daß dieses Volk «nicht völlig despotisch» regiert würde, doch auch «weit von der demokratischen» Verfassung entfernt sei. Die Verhältnisse, merkte er weiter an, seien «der Freiheit, jener allgemeinen Quelle der Glückseligkeit» nicht günstig. Wie in Tahiti sei die «ursprüngliche Gleichheit der Stände» schon in Verfall geraten und «die Vornehmen der Nation lebten auf Kosten der Geringeren».

Der erfahrene Captain Cook überblickte die gesellschaftlichen Wirklichkeiten ein wenig klarer. In seinem Tagebuch stellte er fest, auf Eua und Tongatapu gebe es – nicht anders auf Tahiti – die großen Oberhäuptlinge (oder Könige), unter ihnen die Herren der einzelnen Distrikte, denen wiederum eine Schicht «dritten Ranges» aus Kleinadel oder Bürgertum nachgesetzt sei. Das Land befinde sich in Privat-Besitz – ausschließlich der Oberschicht – und werde von Sklaven bearbeitet. (In Tonga gehört der größte Teil des bestellbaren Landes bis auf den heutigen Tag der Nobilität und dem Königshaus. Allerdings sind beide durch die Verfassung verpflichtet, den Boden an die Bürger zu verpachten. Jedem Untertan des Königs billigt die Konstitution 36 Hektar Ackerland und ein Hektar Bauland zu. Das Pachtrecht ist unabänderlich und der Zins billig. Als Ausgleich erhalten die Mitglieder der Aristokratie ein Gehalt, das dem Lohn eines gelernten Arbeiters entspricht.)

Das System der Sklavenarbeit ließ die wohlbestellten und sorgsam abgesteckten Felder von Tonga so üppig aufblühen wie später die Baumwollfelder im amerikanischen Süden. Wie hätte sich Georg, in dem sich schon damals Anflüge einer revolutionären Gesinnung zu regen schienen, über die Landesphilosophie entsetzt, die befand, daß nur die Könige, die Adligen, die Priester und ihre Sippen mit einer Seele begabt seien, nicht aber die Gemeinen, die verächtlich «Kainangaefonua», wörtlich: die Erdfresser genannt wurden. Wie hätte ihn die Dreiteilung der Sprache verwundert, die heute noch existiert: im Gespräch mit dem König war das feinste Idiom gefordert, ein spezielles auch für den Umgang mit den Nobilitäten, in dem dritten und kommunen dürfen sich die gewöhnlichen Sterblichen untereinander verständigen.

Indes, Cook und die Forsters durchschauten die komplizierte hierarchische Ordnung nicht völlig, die geistliche und weltliche Autorität voneinander schied, trotz der Dolmetscher-Dienste Maheines, der die Tonga-Sprache nach einiger Gewöhnung verstand. Zum anderen lernten sie rasch, den Ernst der Tabus (oder tapus) zu respektieren. Sie bemerkten, daß nur die Unterwerfung unter die Regeln absoluten Gehorsams einen Verstoß gegen Verbote und Bann zu tilgen vermochte: «Moemoe» nannte man die Demutsübung, die dem Kotau der Chinesen entsprach. In Tonga genügte es freilich nicht, mit der Stirn den Boden zu berühren. Vielmehr mußten Handflächen und Handrücken an die Füße der Respektsperson gelegt werden – für alle Beteiligten eine höchst lästige Prozedur. Amüsiert schildert James Cook, daß der Tu'i Tonga (den man als geistlichen Oberherrn bezeichnen mag) kaum einen Schritt machen konnte, ohne daß er gezwungen wurde, einzuhalten und einem seiner Landeskinder den Fuß entgegenzustrecken: eine Strapaze für den dicken, unbeweglichen Mann, der sich schließlich der Verehrung durch eine watschelnde Flucht auf Seitenwege zu entziehen versuchte.

Am meisten irritierte die Fremden, daß fast allen Menschen, oft schon den Kindern, ein Fingerglied fehlte, oft auch ein ganzer Finger, vielleicht sogar zwei – abgehackt, nahmen sie an, als Zeichen der Trauer für einen verstorbenen Angehörigen. In Wirklichkeit handelte es sich wohl um ein bizarres Opfer, das gebracht werden mußte, wenn ein König oder Häuptling erkrankt war. Sie beobachteten auch böse Entstellungen durch die Lepra, an denen sich freilich niemand zu stören schien.

War der Mangel an Wasser für die Ausbreitung der Krankheit verantwortlich? Die beiden Inseln wiesen nur geringe Erhebungen auf. Es fehlten die Bäche, die aus den Bergen Tahitis der Küste zueilen. Hier dagegen wurde sorgsam das Regenwasser gesammelt, dessen Qualität keinen Vergleich mit den frischen Quellwassern auf den Gesellschafts-Inseln aushielt. Die Menschen waren dennoch sauber. Sie pflegten ihre Gärten. Da ihnen nichts von der Hand in den Mund wuchs, schienen sie den Pflanzungen mehr Fleiß zuzuwenden. Auch ihre Boote zeugten von geduldiger Arbeit. An Früchten mangelte es nicht. Den Fremden wurden Schweine und vor allem Hühner verkauft. (Matrosen richteten die Hähne für blutige Kämpfe ab.) Jagdbares Wild gab es, außer einigen Vögeln, nirgendwo: nur die großen Fledermäuse, die später von den Weißen «fliegende Füchse» genannt wurden, hingen in dicken Trauben an den Ästen der mächtigen Casuarina-Bäume, die über den Begräbnisstätten wachten. Mit einem Schrotschuß gelang es oft, an die acht dieser Tiere zu Fall zu bringen. Die Tonganer schienen darüber entzückt zu sein, da die häßlichen Kreaturen angeblich in ihren Feldern große Verwüstungen anrichteten. Die Fremden konnten nicht ahnen, daß sie in Wirklichkeit ein Tabu verletzten, denn die Jagd auf die Fledermäuse war ein Privileg des Adels. (Sie ist heute den Mitgliedern des Königshauses vorbehalten.) Die Herren und Damen der Oberschicht schienen dem Genuß von Kava, dem Sud der Pfefferwurzel verfallen zu sein – und nicht nur sie. Georg bemerkte auch einen Mann in priesterlicher Funktion im Rausch: Anlaß genug, gegen den Mißbrauch der

Religion als «Deckmantel der Üppigkeit und des Wohllebens» für die «trägen, wohllüstigen Pfaffen» zu wettern.

Auch die Kriegswerkzeuge entgingen Georgs Blick keineswegs: scharf geschliffene Vierkantkeulen aus härtesten Hölzern, oft so schwer, daß sie beidhändig geschwungen werden mußten, Pfeil und Bogen und Speere, denen als «furchtbare Spitze der Schwanz des Stachelrochens» aufgesetzt war. Daß die Insulaner stahlen wie die Raben, waren die pazifischen Reisenden gewohnt. Doch auf Tongatapu widerfuhr es dem kleinen Forster, daß ihm einer der «Indianer» seine Vogelflinte zu entreißen versuchte. Den kurzen Ringkampf gewann der schmächtige Europäer, vielleicht weil sein Gefährte Dr. Sparrman rasch herzueilte: «Der Wilde... raffte sich vor mir auf und lief davon», schrieb Georg und erzählte immer wieder, wie behende sich die Diebe den Verfolgern zu entziehen vermochten: mit einem mächtigen Satz sprangen sie vom Deck des englischen Schiffes ins Wasser, wenn sie beim Klauen erwischt wurden, kletterten in eine Piroge, tauchten unter den Schüssen fort – ja, einer brachte es zuwege, das Ruder am Boot der Europäer auszuhängen, die hinter ihm herjagten: schließlich spießten sie den Unglücklichen mit einem Fischhaken auf und zogen ihn an Bord – aber trotz seines Blutverlustes entschlüpfte er ihnen von neuem und entkam ans Ufer.

Nach einer guten Woche segelten sie weiter, beide Schiffe mit einem guten Vorrat an Bananen, nahrhaften Yam-Wurzeln und Kokosnüssen, sechzig bis achtzig Schweinen und vielen Hühnern versehen. Für Maheine, den einstigen O-Hedidi, waren freilich die roten Papageienfedern die schönsten Gaben, die Eua und Tonga zu bieten hatten. Er wußte wohl, wie hoch sie zu Haus auf Tahiti und den «Inseln unter dem Wind» als Zahlungsmittel im Kurs standen.

Das Jahr war weit fortgeschritten, und der antarktische Sommer sollte zu einem zweiten Vorstoß nach Süden genutzt werden. Schon in der Frühe des 21. Oktober, nach knapp zwei Wochen, machten die Wachen die Steilküste von Neuseeland aus. Bei dem Schwarzen Kap gewannen sie wieder ersten Kontakt mit den Maori. Sie übergaben einem Abgesandten, der mutig zu ihnen aufs Schiff stieg, je ein Paar Schweine und Hühner zur

Zucht. Es blieb ungewiß, ob er die Gabe zu schätzen wußte. Am 24. erreichten sie am Kap Palliser die Einfahrt zur Cook-Straße und gerieten unter wolkenlosem Himmel in einen Sturm, der das einzig gespannte Segel zerriß. Kisten und Kästen, die nicht gesichert waren, fegten übers Deck. Die Matrosen fluchten so gotteslästerlich, wie sie es in Augenblicken der Gefahr immer zu tun pflegten. Nach Augenblicken trügerischer Windstille begann der Orkan ein anderes Mal mit unbändiger Gewalt zu toben. So ging es Tag um Tag und Nacht um Nacht. Am 29. schäumten Wasserhosen auf. Gegen Abend des 30. verloren sie die ‹Adventure› aus dem Blick: ein ungeplanter Abschied für den Rest der Reise.

Neun Tage und neun Nächte waren sie dem Unwetter preisgegeben, ohne je Schlaf zu finden. Am zweiten November endlich vermochten sie Schutz in einer Bucht unter dem Kap Tera Witti zu suchen. Auch dort ein paar Maori, die zerlumpt und schmutzig in einer Wolke von Gestank lebten. Cook schenkte ihnen einige Hühner. Anderen Tags gelangten sie zum Charlotten-Sund und nach Ship-Cove, dem vertrauten Hafen unter den mächtigen Farnbäumen, die aus der Ferne wie Palmen wirkten. Mit den Einheimischen wurde unverzüglich eine Übereinkunft über die Lieferung von Fischen getroffen. Sie erfuhren, daß die Ziegen, die sie zur Zucht zurückgelassen hatten, geschlachtet worden waren. Danach schauten sie nach dem Garten, der von Captain Cook mit soviel Bedacht angelegt worden war: Kohl und Karotten, Petersilie und Zwiebeln schienen aufs beste gediehen zu sein, doch die Rüben waren geschossen und die Kartoffeln ausgegraben. Das Experiment durfte, alles in allem, als geglückt bezeichnet werden. Die üblichen Rüstungen für die lange Reise ins Eismeer wurden getroffen: die Wasserfässer gefüllt, Brennholz geladen, Pflanzen und Kräuter zur Verwendung als Medizin getrocknet.

Der Status der Frauen schien Georg in Neuseeland geringer zu sein als auf den Gesellschafts- und Freundschafts-Inseln: sie wurden nach seiner Beobachtung wie Sklavinnen gehalten und zu allen niedrigen Arbeiten abgerichtet. Auch hier versuchte er dem fremden Volk und seinen Sitten unbefangen zu begegnen. Doch die Maori machten es ihm und seinen Freunden nicht leicht. Bei einem Ausflug in eine benachbarte Bucht fanden die Leutnants am Strand einen Haufen Eingeweide. Bald danach liefen «Indianer» herbei, die ihnen Gliedmaßen eines menschlichen Körpers vorwiesen und durch Gesten anzeigten, sie hätten den Rest verspeist. Schließlich schleppten sie den Kopf eines fünfzehn- oder sechzehnjährigen Jünglings herbei, dem der Schädel eingeschlagen war: das Opfer eines Gefechts mit einem benachbarten Stamm. Der unerschrockene Leutnant Pickergill kaufte den Kopf als Souvenir und stellte ihn auf der Reling des Schiffes zur Schau. Sofort eilten einige Maori herbei und erbaten das gute Stück als Geschenk. Pickergill ließ sich darauf nicht ein, doch er erlaubte ihnen, eine Backe herauszuschneiden. Dies besorgten sie ohne Zögern, brieten den Leckerbissen am offenen Feuer und verschlangen ihn voller Gier. Captain Cook, der von einem Ausflug zurückkehrte, ließ das Experiment wiederholen. Der sinistre Anblick hatte, laut Georg, die seltsamsten Wirkungen: «Einige schienen, dem Ekel zum Trotze, der uns durch die Erziehung gegen Menschenfleisch beigebracht worden, fast Lust zu haben mit anzubeißen, und glaubten etwas sehr witziges zu sagen, wenn sie die Neu-Seeländischen Kriege als Menschen-Jagden ausgaben. Andre hingegen waren auf die Menschenfresser unvernünftigerweise so erbittert, daß sie die Neu-Seeländer alle todt zu schießen wünschten, gerade als ob sie Recht hätten über das Leben eines Volkes zu gebieten, dessen Handlungen gar nicht einmal für ihren Richterstuhl gehörten! Einigen war der Anblick so gut als ein Brechpulver. Die übrigen begnügten sich, diese Barbarei eine Entehrung der menschlichen Natur zu nennen, und es zu beklagen, daß das edelste der Geschöpfe dem Thiere so ähnlich werden könne!»

Maheine, der junge Polynesier, bewies nach Georgs Beschreibung mehr Empfindsamkeit als alle anderen: die Szene habe in ihm den heftigsten Abscheu erregt, und er sei in seine Kajüte geflohen. Dort habe man ihn in Tränen gefunden, und er sagte, daß er über die unglückseligen Eltern des Schlachtopfers weine. Georg nahm das bizarre Ereignis zum Anlaß, um gegen jene naiven Philosophen zu polemisieren, die in ihrem Glauben an die ursprüngliche Güte des unverbildeten Menschen behaupteten, Kannibalismus habe es niemals gegeben. Er versäumte auch nicht, auf einige Fälle von Menschenfresserei hinzuweisen, die man vor nicht so langer Zeit in Deutschland registriert habe. Alles in ihm schien sich gegen die Heuchelei, die er in seiner Umgebung wahrnahm, mit Leidenschaft aufzulehnen. «Wir selbst», rief er, «sind zwar nicht mehr Cannibalen, gleichwohl finden wir es weder grausam noch unnatürlich, zu Felde zu gehen und uns bey Tausenden die Hälse zu brechen, blos um den Ehrgeiz eines Fürsten, oder die Grillen seiner Maitresse zu befriedigen.»

In seinem Zorn geriet ihm der Bericht des spanischen Bischofs Las Casas über die Greuel an den Indianern in der Karibik und Mittelamerika in den Sinn: «Was ist der Neu-Seeländer, der seinen Feind im Krieg umbringt und frißt, gegen den Europäer, der, zum Zeitvertreib, einer Mutter ihren Säugling, mit kaltem Blut, von der Brust reißen und seinen Hunden vorwerfen kann?»

Jeden Tag hatten die Männer nach dem Schwesterschiff ‹Adventure› Ausschau gehalten: vergebens. Captain Cook wollte sich nicht länger aufhalten lassen. Wie auf Expeditionen üblich, ließ er an einem prominenten Baum über dem Strand von Ship-Cove eine Flasche mit brieflicher Nachricht eingraben. Am 27. November 1773 lief die ‹Resolution› aus. Von Zeit zu Zeit wurde eine Kanone abgefeuert, um der Besatzung der ‹Adventure›, falls sie auf dem Weg zu ihrem neuseeländischen Naturhafen sei, zu signalisieren, daß sich die Kameraden noch in der Nähe befänden. Die Stimmung unter den Matrosen war eher gedrückt, und auch Georg jubelte nicht über die langen einsamen Wochen in Nebel und Eis, die auf sie warteten: Hunger, elende Kost, Strapazen, Krankheit, Melancholie. Die Gegenstände freundschaftlicher Unterredung, schrieb er, seien längst erschöpft. Aber jedermann klammerte sich nun an die Hoffnung, daß die ‹Resolution›, wenn die Reise um den Südpol abgeschlossen sei, in gut acht Monaten nach England zurückkehren werde.

Vorstöße nach Süden, bis die Eismassen die Weiterfahrt sperrten. Immer wieder Stunden von höchster Gefahr, wenn das Schiff an einem Eisberg zu zerschellen drohte. Am Christtag war die ‹Resolution› von neunzig Eisinseln umringt. Die Offiziere sammelten sich beim Kapitän zum Essen. Ein Leutnant bewirtete, nach altem Schiffsbrauch, die Unteroffiziere. Die Mannschaften erhielten die doppelte Portion Pudding. Lange hatten sie ihren Brandy für den großen Tag gespart. Solange der Schnaps reiche, sagten sie, wollten sie «den Christtag als Christen feiern». Georg betrachtete die Mentalität der rauhen Männer ein wenig skeptischer als bei der ersten Erkundung der Antarktis: «Strengem Befehl unterworfen, üben sie auch tyrannische Herrschaft über diejenigen aus, die das Unglück haben, in ihre Gewalt zu gerathen. Gewohnt ihren Feinden unter die Augen zu treten, ist Krieg ihr Wunsch. Die Gewohnheit umzubringen und zu morden, ist Leidenschaft bey ihnen geworden, wovon wir leyder nur zu viele Beweise auf dieser Reise haben sehen müssen...» Sie hätten die unbändigste Begierde gezeigt, bei der geringsten Veranlassung sofort auf die «Indianer» zu feuern. Vom «Genuß der stillen häuslichen Freuden» entfernt, träten «grobe viehische Begierden an die Stelle besserer Empfindungen».

Der erste Vorstoß über den antarktischen Zirkel scheiterte. Das Schiff lief wieder nach Norden. Maheine, der die Kälte ungerührt zu ertragen schien, staunte, daß hier die Sonne nicht sinken wollte. Die Ursache des Wunders verstand er nicht. Vater Forster legte sich, wie zwölf andere Mitglieder der Besatzung, mit rheumatischen Schmerzen zu Bett. Andere stellten bei sich die ersten Zeichen von Skorbut fest. Cook wies sie an, zweimal täglich frische und warme Bierwürze zu trinken. Auch Georg war betroffen. Der Kapitän selber sah bleich und mager aus. Er litt an Appetitlosigkeit und einer hartnäckigen Verstopfung. Plagte ihn – wie die posthume Diagnose von Sir James Watt nahelegt – eine tropische Wurmkrankheit oder eine Infektion der Gallenblase?

Dennoch gab dieser hartnäckige Mann nicht nach. Im neuen Jahr segelte die ‹Resolution› an den Eisfeldern entlang nach Osten. Einmal war sie gezwungen, weit nach Norden, bis auf die Höhe des mittleren Patagonien auszuweichen. Die Schwierigkeit des Unternehmens drängte Georg, seinem Vater und den Offizieren den Verdacht auf, daß der Forschungsauftrag im Jahr 1774 nicht abgeschlossen sein werde. Prompt befahl Cook am 11. Januar wieder eine Kursänderung nach Süd-Osten. Am

Abend des gleichen Tages schlug eine riesenhafte Welle über dem Schiff zusammen. Sämtliche Kabinen, Verschläge und Betten wurden durchnäßt. Am 30. Januar erreichte die ‹Resolution› mit 71 Grad und zehn Minuten die äußerste Annäherung an den Südpol, der nur noch 19 Grad entfernt war. Die beiden Forsters vermuteten, das Polareis bedecke eine Landmasse, die menschlicher Nutzung für immer entzogen sei.

In der antarktischen Kälte hatte sich Cooks Leiden ein wenig gebessert, doch nun, auf dem Rückweg nach Norden, suchte ihn sein Elend um so schlimmer heim. Die Ärzte und Offiziere fürchteten um sein Leben. Gegen Ende Februar wurde für viele Mitglieder der Besatzung der Skorbut eine ernste Gefahr. Georg beobachtete an sich selber blaue Flecken, faules Zahnfleisch und geschwollene Beine. Sein Magen war so geschwächt, daß er es oft nicht über sich brachte, die Bierwürze zu schlucken, die ihm helfen sollte.

Nach 103 Tagen erreichte das Schiff die Oster-Inseln. Freundliche «Indianer» reichten ihnen einige Bananenstauden an Bord, aber diese milde Gabe zeigte keineswegs einen Reichtum an Früchten an, der es den Kranken erlauben würde, sich auf der Insel rasch zu erholen. Der Boden, meist poröses Tuffgestein, trocknete nach jedem Regen unverzüglich wieder aus. Die Bewohner des Eilands führten ein karges Dasein, und man sah es ihnen an: sie waren kleiner und schmaler als die Polynesier von Tahiti oder Tonga. Die Kleidung war dürftig. Vor der brennenden Sonne schützten sich die Frauen durch spitze Hüte, die ihnen in Georgs Augen ein «buhlerisches Aussehen» gaben. Bei manchen Männern waren die Ohrläppchen so langgezogen, daß sie fast auf die Schultern herabreichten: ein Schmuck, den der Chronist nicht allzu attraktiv fand.

Nach seiner Beobachtung waren die Frauen auf der Insel in der Minderheit. Die Gesellschaft schien deshalb in der seltenen Ordnung der Polyandrie zu leben. Vielleicht zog Georg auch zu rasche Schlüsse aus dem Fleiß eines Mädchens, das nach den Unteroffizieren die halbe Besatzung ohne ein Zeichen der Ermüdung bediente – «unersättlicher als Messalina». Die Vielmännerei, rechneten die beiden Forsters mit gewisser Logik aus, müsse zu einem Schwund der Bevölkerung führen. Sie mochten eine Stimmung von Resignation wahrnehmen, die freilich auch ihrer eigenen Schwäche entsprach. Die Lebensgeister waren matt. Tatsächlich schien nicht lang vor dem Eintreffen der ersten Europäer – 1722 wurden die Oster-Inseln durch den Holländer Roggeveen entdeckt – das Volk, das zwischen den heißen Felsen hauste, von einer Katastrophe heimgesucht worden zu sein. Eine Invasion? Ein Krieg? Eine Epidemie? Man weiß es nicht.

Von den bizarren Bildsäulen, die bis zu zehn Meter hoch und zwanzig Tonnen schwer sein konnten (in der Regel maßen sie aber dreieinhalb bis fünfeinhalb Meter) war Georg nicht allzu tief beeindruckt. So heftig er manche Zeichnungen des zuverlässigen Bildchronisten William Hodges getadelt hatte, weil sie den klassizistischen Idealen des Zeitgeschmacks zu schmeicheln versuchten – er selber konnte nicht leugnen, daß er ein Kind des 18. Jahrhunderts war, das sich in den Maximen Winkelmanns am ehesten wiedererkannte. Archaische Kunst war jenseits seines Interesses und seines Verstehens. Die Skulpturen, urteilte Georg schnippisch, seien schlecht gearbeitet: Augen, Nase und Mund an den «plumpen ungestalten Köpfen kaum angedeutet», die Ohren nach Landessitte ungeheuer lang, die Hälse zu kurz und unförmig – kurz, die Bildhauerkunst befinde sich hier noch in der «ersten Kindheit». Übrigens hielt er es für unmöglich, daß die Einwohner, deren Zahl er auf höchstens siebenhundert schätzte (es waren wohl mehr), jene riesenhaften Figuren aufgestellt haben könnten. Nirgendwo entdeckte er das notwendige Handwerkszeug, auch nicht die Steinbrüche, in denen unvollendete Arbeiten anzutreffen waren. Er machte sich auch keine Gedanken darüber, warum die Menschen der Insel auf die Fertigung der Skulpturen eines Tages verzichtet hatten. War es eine Folge der vermuteten Katastrophe? Georg konnte sich mit seinen dicken, geschwollenen Beinen freilich nur mühsam über die steilen Felsen der Insel schleppen, auf der selten ein Baum freundlichen Schatten gewährte. Es gab die Steinbrüche wohl, sie waren voll angefangener Figuren. Es gab auch Werkzeug und Transport-Vorrichtungen. Nur: Georg und die anderen waren zu müde, zu geschwächt, zu stumpf, um gründlich nach den Zeugnissen und Spuren jener seltsamen Kultur zu forschen.

Des Vaters Knochenreißen hatte sich in dem heißeren Klima gemildert. Doch Captain Cook hatte sich durch die Märsche in glühender Sonne überanstrengt. Vorräte waren auf dieser Insel nicht zu holen. So reiste die ‹Resolution› eilig weiter. Wenige Tage nach der Abfahrt erlitt der Kapitän einen Rückfall und Reinhold Forster ließ seinen tahitianischen Hund, den letzten an Bord, zur Beköstigung des Kommandanten schlachten. Mitleid mag ihm den Entschluß diktiert haben; vielleicht auch die nüchterne Überlegung, daß es ohne den Kapitän um die Chancen einer sicheren Heimkehr nicht allzu gut bestellt sein würde. Die Pflanzen und Kräuter, die auf den Oster-Inseln gesammelt werden konnten, waren rasch verbraucht. Auch die Skorbut-Kranken waren wieder auf das «elende Pökelfleisch» angewiesen, das «während der dreijährigen Reise Saft und Kraft verloren hatte». Es war fast besser, sich gesund zu hungern.

Das Schiff steuerte die Marquesas-Inseln an, deren Klima so lieblich und wohltätig wie das von Tahiti sein sollte. Hoffnung auf die Freundlichkeiten jener Inseln hielt nun die Männer aufrecht, die vom Skorbut geschwächt waren. Allerdings notierte Cook noch bei der Landung auf den Marquesas, es gebe nicht einen einzigen kranken Mann an Bord, und nur zwei oder drei klagten über geringe Gebrechen. Seine Vorsorge für die Gesundheit der Seeleute und Soldaten war so sehr Gegenstand seines Stolzes, daß er nicht zögerte, sich selbst dann und wann zu betrügen.

Die Marquesas-Inseln erwiesen sich als Enttäuschung. Beim ersten Versuch, von den Einwohnern Brotfrüchte zu erhandeln, sahen sich die Seeleute übers Ohr gehauen. Captain Cook ließ zur Einschüchterung eine Muskete abfeuern, von der sich ein frecher Dieb an Bord nicht im geringsten beeindrucken ließ. Cook ließ ein anderes Mal feuern. Er selber schoß, ohne Erfolg, seine Flinte ab. Ein Offizier, der erst jetzt an Deck trat, griff unverzüglich nach seinem Gewehr – und er traf den Dieb tödlich. Maheine weinte bittere Tränen. Georg notierte, die Empfindsamkeit des Tahitianers sei «für gesittete Europäer... eine demütigende Beschämung». Die Tauschgeschäfte kamen nur mühsam wieder in Gang. Die Kranken aber brauchten dringend Hilfe durch frische Speisen. Der Chronist bemerkte zu Recht, das Schicksal der ganzen Reise hänge von der Gesundheit des Seevolkes ab. Cook mühte sich – obwohl noch immer krank – selber um den Einkauf von Lebensmitteln.

Der Kapitän fand es unter den prekären Umständen vernünftig, ohne weiteren Aufenthalt Tahiti anzusteuern, das ihnen am ehesten Genesung versprach. Am 11. April 1774 sagten sie den Marquesas ohne Kummer adieu. Unterwegs besichtigten sie das Atoll Takaroa der Tuamotu-Gruppe im Süd-Westen. Am 22. gegen zehn Uhr sahen sie Land und erkannten wenige Stunden darauf, daß Tahiti vor ihnen lag. Eine Landung am gleichen Tag war nicht mehr möglich. Doch solange es hell blieb, «hatte jedermann die Augen fest auf diese Königin der tropischen Inseln hingerichtet. Ich, so schwach auch meine Kräfte waren, kroch ebenfalls mit aufs Verdeck, um mich wenigstens an dem Anblick der Gegend zu laben, die mir zu Herstellung meiner Kräfte und meiner Gesundheit endlich Hoffnung gab.»

Am Morgen schien ihm der Anblick der Insel noch schöner als vor acht Monaten, da die Wälder nun in frisches Grün gehüllt waren. Georg dachte an Calypsos verzauberte Insel und mag sich selber einen Augenblick lang als leidgeprüfter Odysseus betrachtet haben. Freilich war er so matt, daß er nach der Landung in der vertrauten Matavai-Bay an Bord bleiben mußte – zu kraftlos, um sich aufrecht zu halten. Durch sein Kajütenfenster handelte er Fische und Früchte ein, die ihm von den Pirogen heraufgereicht wurden, und er begann, sich zu stärken. Maheine aber, der die Strapazen besser bestanden hatte, eilte unverzüglich an Land zu einer Schwester, von der Georg schrieb, sie sei die schönste Frauensperson der ganzen Insel.

Der Heimkehrer wurde mit Geschenken überhäuft. Er zögerte nicht, die europäische Kleidung gegen die feinsten Stoffe einheimischer Tracht einzutauschen. Man bestaunte ihn, schrieb sein Freund, wie ein «rechtes Meerwunder», bewirtete ihn mit den ausgesuchtesten Speisen und gab ihm Gelegenheit genug, unter «den Nymphen des Landes» umherzuschwärmen und «jene Art des Vergnügens zu schmecken, die er zur See... hatte entbehren müssen». Auch die Matrosen erlebten in der ersten Nacht eine erotische Invasion an Bord, ohne Gegenwehr zu leisten und ohne einen Gedanken an die Gefahr der Anstek-

Tahiti

kung zu verschwenden. Georgs Liebe zu Tahiti war unerschütterlich. Er verstand, daß Maheine keine Neigung mehr bewies, nach England weiterzureisen. Er war überdies der gefeierte Star der Gesellschaft. Wo immer er erschien, sammelten sich die Neugierigen um ihn und lauschten den Erzählungen seiner Abenteuer. Schließlich heiratete er, wie Georg zufällig erfuhr, die Tochter eines Unterhäuptlings im Matavai-Distrikt. Er lud keinen seiner europäischen Freunde zu dem Zeremoniell ein. Doch zum anderen schien die neue Würde keinen allzu tiefen Eindruck auf ihn zu machen. In jenen Tagen erneuerte die Königin O-Purea, die Captain Cook auf seiner ersten Reise kennengelernt und gefeiert hatte, ihre Beziehungen zu den Briten. Freilich hatte die Dame ein gut Teil ihrer Macht verloren (aber darum kümmerten sich ihre Verehrer in Europa wenig, die in vielen schwärmenden Gedichten einen wahren Kult um O-Purea begründet hatten). Offensichtlich büßte sie nicht allen Reichtum und alle Reize ein, denn Maheine eröffnete auf dem Schiff indiskret und nicht ohne Stolz, er habe die vorige Nacht bei O-Purea geweilt, was er als eine Ehre betrachtete. Zum Beweis zeigte er einige Stücke besonders feiner Stoffe vor, die ihm die hohe Frau zur «Belohnung der treu geleisteten Dienste» geschenkt hatte. Später kehrte der tüchtige junge Mann auf der ‹Resolution› zur Insel Raiatea zurück, von der er neun Monate zuvor aufgebrochen war. Dort freilich wurde er nur halb so stürmisch gefeiert wie in Tahiti. Die alten Freunde und die Familie verbargen nicht, daß ihnen ein Anspruch auf seine Geschenke zukam.

Es ist erstaunlich, daß die Menschen auf der Hauptinsel Zeit fanden, so aufmerksam den Berichten ihres weitgereisten Landsmannes zu lauschen. Man hatte Wichtigeres zu tun. Die Insel befand sich im Zustand der Mobilmachung. Sämtliche Distrikte rüsteten zu einem Krieg gegen die schöne Nachbarinsel Moorea. Als Cook mit einigen seiner Offiziere, Sparrman und den beiden Forsters dem Oberhäuptling O-Tu einen Besuch an der Küste von O-Parre abstatten wollten, wurden sie von einem Anblick überrascht, den «in der Südsee gewiß keiner von uns erwartet hatte. Längst dem Ufer lag nehmlich eine zahlreiche Flotte von großen Krieges-Canots vor Anker, mit Ruderern und Streitern bemannet, die in ihrer völligen Rüstung mit Brustschildern und hohen Helmen versehen waren. Der ganze Strand wimmelte von Menschen, doch herrschte unter der ganzen Menge ein allgemeines, feyerliches Stillschweigen... Der Anblick dieser Flotte setzte uns mit Recht in Erstaunen, weil er in der That alles, was wir uns bisher von der Macht und dem Reichthum dieser Insel vorgestellt hatten, bey weitem übertraf. Es waren nicht weniger als hundert und neun und funfzig große, doppelte Kriegs-Canots, von 50 bis 90 Fuß lang, hier beysammen».

Georg bestaunte die kunstvolle Arbeit, die von den Tahitianern mit so unvollkommenem Werkzeug geleistet wurde: Mit Steinbeilen und Steinmeißeln, Korallen und scharfem Rochenfell zur Polierung fertigten sie die Doppelkanus, die von 15 bis 18 Querbalken zusammengehalten wurden. Sie boten 144 Ruderern und einem halben Hundert Kriegern Platz. In der Regel schien die gesamte Besatzung eines Bootes 170 Männer zu zählen, doch besonders starke Kriegsschiffe fuhren mit zweihundert bis dreihundert Matrosen und Soldaten aus. Sie kamen, wie ein Experte bemerkte, der See- und Kriegstüchtigkeit von Wikinger-Schiffen annähernd gleich.

Alle Boote waren am Bug und am Heck durch phantastische Vogel- oder Menschenfiguren geschmückt. Die Krieger trugen eine Art von Poncho, der aus weißen, roten und braunen Stoffen zusammengenäht war. Darüber der Brustschild und auf den Köpfen mächtige Helme von «außerordentlicher Größe». Georg Forster, der sich hier als ein Reporter von bewundernswerter Genauigkeit bewies, maß ihnen eine Höhe von anderthalb Metern zu. Sie bestanden aus walzenförmigem Korbstoff, waren an der Vorderseite durch dichtes Flechtwerk geschützt und nach oben durch blau-grüne und weiße Federn geschmückt. Der Helmrand aber wurde durch die langen Schwanzfedern tropischer Vögel besetzt. Die strahlenförmige Dekoration verlieh den Helmen eine Art «Lichtglorie», wie sie «unsere Maler den Engel- oder Heiligenköpfen zu geben pflegen».

Die Flotte insgesamt schätzte Georg auf 1500 Krieger und 4000 Ruderer, und er meinte, beide Halbinseln von Tahiti könnten 30000 Mann in die Schlacht schicken – wobei er eine Einwohnerzahl von 120000 Menschen voraussetzte. Captain Cook schätzte sie sogar auf 200000. Beide Zahlen lagen vermutlich zu hoch. Gegen Ende des 18. Jahrhunderts nannte ein englischer Reisender die (wohl zu niedrige) Zahl 16000. Im Jahre 1875 war die Bevölkerung durch Kriege und Krankheiten auf siebentausend geschrumpft. (Nach dem jüngsten Zensus leben auf der Insel 185000 Menschen, die zu achtzig Prozent tahitianischer oder gemischter Abstammung, zu zwölf Prozent chinesischer und zu acht Prozent europäischer Herkunft sind.)

Die Geschwader machten keine Anstalten, sofort in See zu stechen. Captain Cook äußerte mit sträflicher Leichtfertigkeit, er sei bereit, die Flotte zu begleiten und in der Bataille mit seinen Kanonen zu unterstützen. Die Tahitianer lehnten das Ansinnen höflich mit dem Hinweis ab, sie wollten die Feindseligkeiten erst fünf Tage nach der Abreise der Europäer eröffnen. Georg billigte ihnen zu, daß sie von der Einmischung der Fremden nur Komplikationen fürchteten. Die Flotte erinnerte ihn an die Streitmacht der Griechen bei «Vater Homer», als sie im Begriff war, gegen Troja in See zu stechen, und die Schönheit der Krieger ließ ihn an Phidias und Praxiteles denken.

Lebhaft blühte einstweilen das gesellschaftliche Leben. Die roten Federn, die Maheine in Tonga eingehandelt hatte, wirkten Wunder. Ein Stück Stoff mit einer roten Feder wurde – laut Georg – mit jenem Enthusiasmus willkommen geheißen, den ein Europäer empfinde, wenn er zu seiner Überraschung den Diamanten des Großmoguls fände. Ein Häuptling scheute sich in seiner Begehrlichkeit nicht, den großen Cook mit den Gunsterweisen seiner Frau in Versuchung zu führen. Die Tugend des Kapitäns aber wankte nicht.

Der König stattete der ‹Resolution› einen feierlichen Besuch ab. Auch sein Flotten-Befehlshaber stellte sich ein und sprach dem Branntwein zu. Vater Forster wurde angeboten, auf der Insel zu bleiben und das Kommando über einen Distrikt zu übernehmen. Georg verstand es nur zu gut, daß einer der Matrosen kurz vor der Abreise zu desertieren versuchte. Cook ließ ihn jedoch unverzüglich auffischen und für vierzehn Tage in Eisen legen. Ein armer Seemann, schrieb Georg, habe keine Chance, sich nach der Rückkunft in die Heimat von der Mühsal der Weltreise auszuruhen. Vielmehr müsse er ohne Aufenthalt auf einem anderen Schiff anmustern und obendrein fürchten, «wider seinen Willen zum Streit fürs Vaterland gezwungen zu werden... Unser gemeinsames Volk ist nun einmal zu lauter Plackereyen... bestimmt». Der Fluch aber, daß der Mensch das tägliche Brot im Schweiße seines Angesichts verdienen müsse, sei nicht bis zu dieser Insel gedrungen. «Wie ist hingegen beym Tahitier das alles so ganz anders! wie glücklich, wie ruhig lebt nicht der! Zwey oder drey Brodfruchtbäume, die beynahe ohne alle Handanlegung fortkommen, und fast eben so lange tragen, als der, welcher sie gepflanzt hat, leben kann; drey solche Bäume sind hinreichend, ihm drey Viertheile des Jahres hindurch, Brod und Unterhalt zu geben!»

So leuchtete im Augenblick des zweiten Abschieds noch einmal die Utopie vom arkadischen Glück auf, von dem Klaus H. Börner sagte, daß es Natur und Zivilisation, Sinnlichkeit und Geist vereine. Im Hintergrund donnerten die Kanonen. Ihr Getöse hinderte Georg, «der sanften Wehmut nachzuhängen, zu der wir bei der Trennung von diesem unschuldigen, sanften Volk berechtigt waren».

Tahiti war noch nicht hinterm Horizont versunken, als «eines der schönsten Mädchen» aus ihrem Versteck hervorkroch und dem überraschten Kommandanten bedeutete, daß sie bis Raiatea mitzureisen wünsche: sie war auf jener kleinen Insel zu Haus – wie Maheine – O-Hedidi –, der gleich ihr die Gelegenheit zur Heimkehr nutzte. Die blinde Passagierin schlüpfte in die Uniform eines Leutnants, um sich und die Besatzung zu amüsieren. Mit Erstaunen bemerkte Georg, daß sie nicht zögerte, in Gegenwart der Offiziere zu speisen. Jenes Tabu, das es den polynesischen Frauen verwehrte, ihre Mahlzeiten zusammen mit den Männern einzunehmen, galt offensichtlich nicht für die Fremden. Die Emanzipation vollzog sich rasch.

Auf Huaheine wurde die Arme von Räubern angefallen, die versuchten, ihr die kleidsame Uniform gewaltsam auszuziehen. Die Intervention der Europäer rettete ihren Stolz. Es ist freilich nicht ausgeschlossen, daß den Rowdies nicht bloß an der Beute gelegen war – vielleicht wollten sie vor allem die vermeintliche Schamlosigkeit rächen, die sie in der Verkleidung des Mädchens erkannt haben mögen. Captain Cook entging es nicht, daß ihre Person und ihre Geschichte bei einer «Hiwa», den dramatischen Tänzen der Arioi, komödiantisch persifliert wurde. Der Spott verletzte die junge Frau so bitter, daß sie unter Tränen zu fliehen versuchte.

Als sie sich anschickten, Raiatea, der letzten «Insel unter dem Wind», adieu zu sagen, wurden sie von einem ihrer Gastgeber, der zuvor eine ganze Flasche Wein geleert hatte, vor der Weiterreise dringend gewarnt. Nur wenige Tage von hier sei eine Insel entfernt, die von ungeheuerlichen Riesen bewohnt sei: groß wie ein Schiffsmast und so stark, daß sie die ‹Resolution› aus dem Wasser heben und auf den Schultern davontragen könnten. Cook beeindruckte die schlimme Fabel nicht. Am 5. Juni 1774 segelte die ‹Resolution› davon.

VIII
Schuld und Unschuld der Entdecker

Die Neu-Hebriden – von Cook nach den kargen schottischen Inseln benannt, mit denen sie nicht die geringste Ähnlichkeit hatten – waren zu Anfang des 17. Jahrhunderts von dem Portugiesen de Gueirós entdeckt worden. Danach schien man sie in Europa vergessen zu haben. Louis de Bougainville entdeckte die Gruppe 1768 ein zweites Mal. Der französische Edelmann und seine gelehrten Begleiter hatten gehofft – «wie die Juden auf den Messias» –, dort endlich den «australischen Kontinent» zu finden, von dem Gueirós in seinen Aufzeichnungen geschwärmt hatte (und der die Phantasie der Briten noch immer so lebhaft beschäftigte). Er berührte die Inseln Espiritu Santo und Malekula, verzeichnete – als erster – Pentecoast, Aoba und Meiwo auf der Seekarte.

Captain Cook hielt sich – von Tahiti und den kleineren «Inseln unter dem Wind» kommend – auf den nördlichen der «Freundlichen Inseln» (der Tongagruppe) nicht lange auf. Sie boten wenig, das sie von der Hauptinsel Tongatapu unterschied, auch keinen lockenden Reichtum an Lebensmitteln. Zuvor, als die Männer der ‹Resolution› auf Niue an Land gehen wollten, wurden sie von einem Hagel von Pfeilen, Speeren und Steinen zurückgewiesen. Selbst der friedfertige und sanfte Georg – sonst immer bereit, sich für die Einheimischen gegen die europäischen Invasoren ins Zeug zu werfen – griff in der Notwehr zur Schrotbüchse. Cook taufte das Gestade grimmig «Savage Island» – die «Insel der Wilden». Der Empfang auf den ersten Hebriden-Inseln war nicht allzu freundlich. Georg vermißte an ihrer Bevölkerung die edle Anmut der Polynesier. Die

Melanesen, stellte er fest, gehörten einer anderen Rasse an: den Einwohnern von Neu-Guinea, womöglich den Austral-Negern näher als den Malayen, die als die Ureltern der Tahitianer und Tongesen gelten. Das war richtig und auch nicht: auf den Neu-Hebriden hatte sich eine Mischkultur geformt. Georg beklagte den Mangel an Grazie und Wohlgestalt jener Erdenbewohner: die mageren Glieder, die allzu dünnen Beine, die wulstigen Lippen, die platten Nasen, die niederen Stirnen, die Wülste über den buschigen Augenbrauen. Auch die Frisuren – oft war das krause, dicke Haar (wie heute noch) zu hundert starren Zöpfchen zusammengeflochten – schienen ihm nicht allzu attraktiv zu sein. Die Männer trugen nur einen Strick um den Leib, mit dem der Penis – in schützende Blätter gehüllt – zum Bauch hochgebunden war. Wozu die groteske Sitte, die Georg als obszön empfand? Schutz vor Verletzungen im Gestrüpp des Waldes? Oder ein magischer Brauch? Die Mädchen bedeckten ihre Scham mit einem kleinen Lappen aus Flechtwerk, und die Frauen waren mit einer Art Rock bekleidet, der auf die Knie herabhing. Sie wurden übrigens von den Männern zunächst versteckt. Das war eher überflüssig, denn selbst die nicht wählerischen Matrosen schienen von der Häßlichkeit der Weiber abgeschreckt. Allerdings beobachtete Georg rasch, daß die Melanesen durch Scharfsinn ersetzten, was ihnen an körperlichen Vorzügen abging. Auf Malekula (das er Mallicolo nannte) glaubte er, «das verständigste und gescheiteste Volk» kennenzulernen, das er «in der Südsee angetroffen» habe. Die Menschen dort, schrieb er auf, begriffen alle «Zeichen und Gebärden so schnell und richtig, als ob sie schon wer weiß wie lange mit uns umgegangen wären». Ihre Sprache war von jener der Polynesier grundverschieden. Georg und sein Vater versuchten, sich die wichtigsten Begriffe der melanesischen Dialekte einzuprägen.

Der Handel war nicht allzu ergiebig. Es gab Pisang-Früchte, Mangos, Pampelmusen, auch eine Art von Orangen. Doch ihre Schweine und Hühner hielten die Melanesen zurück. Zu allem Überfluß zogen sich die Leutnants, die Kadetten und der Schiffszimmermann durch den Verzehr von zwei See-Brachsen – mit den Karpfen verwandt – eine schwere Vergiftung zu, an der die Hunde, die von den Abfällen gefressen hatten, zu krepieren drohten. Tagelang krümmten sich Menschen und Tiere vor Leibschmerzen. Sie litten an Durchfall und Speichelfluß. Die Haut schälte sich. Ihre Leiber waren von Geschwüren bedeckt, und die Zähne drohten auszufallen.

Das Mißtrauen der Melanesen war bei jenen ersten Berührungen stets wach. In Malekula flammte rasch eine heftige Feindseligkeit auf, die dem Kapitän die unverzügliche Weiterreise empfahl. Der Empfang auf Eromanga – 120 Kilometer südlich der heutigen Hauptinsel Ejate mit der Hauptstadt Vila – war nicht viel liebenswürdiger. Nach einigem Zögern griffen die Krieger das Landungsboot der Weißen mit primitiven Waffen an. Es gab Tote und Verletzte (freilich nur unter den Melanesen). Cook befahl den Rückzug, und Georg notierte seufzend, es scheine «ein unvermeidliches Übel zu sein, daß wir Europäer bey unseren Entdeckungs-Reisen den armen Wilden allemal hart anfallen müssen».

Sie segelten weiter nach Süden. In der Nacht machten sie den Feuerschein eines Vulkans aus. Im Taglicht sahen sie eine Rauchsäule und hörten fernen Donner. Sie befanden sich vor Tanna, der südlichsten der Hebriden-Inseln, an der vor ihnen noch kein europäisches Schiff gelandet war. Mit einiger Mühe fanden sie eine sichere Bucht, nicht weit von dem Vulkan Yasur, der nach seinen regelmäßigen Explosionen beißende Asche und kleine Bimssteine auf die ‹Resolution› regnen ließ. Auch hier waren die Einwohner, obschon aufgeschlossener als ihre Nachbarn, nicht sofort bereit, die Weißen gastlich willkommen zu heißen. Sie demonstrierten – Spiel und Warnung zugleich – ihre kriegerischen Qualitäten. Mr. Wales, der Astronom, verglich ihre Fertigkeit im Speerwerfen bewundernd mit den Taten der Helden Homers. Nur langsam schwand die Furcht. Nach einigen Tagen war Georg kühn genug, seiner Neugier zu folgen und mit einigen Begleitern Ausflüge ins Innere zu versuchen – in einigen Hütten freundlich willkommen geheißen, doch immer wieder zurückgewiesen, wenn der kleine Trupp zu weit vordrang.

Das Land war reizvoll. Georg genoß den Ausblick über die Landschaft an der Bay, der ihn an die heiteren Bilder Tahitis erinnerte: «Hier glänzte das Laub des Waldes im goldenen Strahl der Sonne, indes dort eine Masse von Schatten das geblendete Auge wohltätig erquickte. Der Rauch, der in bläulichen Kreisen zwischen den Bäumen aufstieg, erinnerte mich an die sanften Freuden des häuslichen Lebens; der Anblick der Pisang-Wälder, deren goldene, traubenförmige Früchte hier ein passendes Sinnbild des Friedens und Überflusses waren, erfüllten mich natürlicherweise mit dem herzerhebenden Gedanken an Freundschaft und Volksglückseligkeit... Über mir der Himmel heiter, das Säuseln des kühlen Seewindes um mich her, stand ich da und genoß in Ruhe des Herzens all das Glück, welches ein solcher Zusammenfluß von angenehmen Bildern nur gewähren kann.»

Mehr noch als die üppige Fauna mit den vielen unbekannten Pflanzen lockte Georg und seinen Vater der feuerspeiende Berg, der durch sein dumpfes Grollen, durch sein loderndes Feuer in der Nacht – wenn er die glühende Lava in den Himmel warf – und den Regen der Asche stets gegenwärtig war. Nie zuvor hatten sie Gelegenheit gehabt, einen tätigen Vulkan zu sehen. Sie wollten Gesteinsproben holen, doch mehr noch verlangte es sie, dem Geheimnis nahezukommen, das die offene Erde in den dampfenden und brennenden Kratern zu verbergen scheint: Schöpfung im Prozeß des schmerzhaften und zerstörenden Werdens; im schrecklichen Vorgang einer Geburt, die sich niemals vollendet; Erdgeschichte, die mit den Millionen ihrer Jahre unsere geringe Menschengeschichte auszulöschen droht.

Die Weißen bedienten sich aller möglichen Finten, um die Melanesen zu überlisten. Sie freundeten sich mit den Alten an, die am ehesten zu einem freundlichen Schwatz aufgelegt waren. Sie fragten die Knaben nach ihren Namen, lernten sie auswendig, wiederholten sie, weil sie wohl wußten, daß dieser kleine Kunstgriff Vertrauen weckte. In der Tat scheint die Menschen, gleich welcher Rasse und Kultur, nichts mehr zu bewegen als das Wunder, beim Namen gerufen und als Person erkannt zu werden. Die Europäer erkauften sich durch ein Lächeln oder ein kleines Geschenk die Gunst der Jungen, von denen sich dieser und jener als Führer anbot und hurtig den Sack mit Pflanzen und Steinproben schleppte. Auf den überwachsenen Pfaden war es nicht leicht, die Orientierung nicht zu verlieren. Manchmal fanden sich die Wanderer nach langen Wegen auf einer Anhöhe über der Bucht, von der sie Stunden zuvor aufgebrochen waren.

Als sich Georg und seine Begleiter beim Marsch zu einer Landspitze durch Zureden, Gesten und Listen nicht aufhalten lassen wollten, stellte sich ihnen eine Horde von fünfzehn oder zwanzig «Indianern» in den Weg. Die Männer deuteten durch drastische Zeichen an, daß die Fremden totgeschlagen und aufgefressen würden, wenn sie noch weiter vordringen wollten. Georg schockierte es, «daß diese Insulaner, die wir nimmermehr für Menschenfresser gehalten hätten, sich auf solche Art selbst dafür ausgaben». Die Europäer wollten ihnen nicht glauben. Die Melanesen aber ließen keinen Zweifel, daß sie es ernst meinten: pantomimisch führten sie vor, wie sie es anstellten, einen Menschen zu töten, die Glieder vom Leib zu lösen und hernach das Fleisch von den Knochen zu schaben.

Darauf zogen es die Weißen vor, zum Strand zurückzukehren. Sie vermuteten, daß sich auf jener Landspitze ein tabuisierter Bereich befände: ein Ort heiliger Zeremonien, ein Begräbnisplatz, womöglich eine Stätte, an der kannibalische Rituale gefeiert wurden. Auch bei einem zweiten und dritten Vorstoß wurden sie mit heftigen Warnungen zum Rückzug gezwungen. Georg wies den Gedanken von sich, die Resistenz mit Gewalt zu brechen. Er verzichtete schließlich auch auf den Aufstieg zum Vulkan. Die Klugheit fordere manchmal, schrieb der junge Mann, «daß man seiner Wißbegierde Schranken setze, wenn sie nicht ohne Ungerechtigkeit und Blutvergießen befriedigt werden kann».

Über die Menschenfresserei versuchte er, ruhig und ohne Vorurteile nachzudenken: Der Hunger, sagte er sich, könne in einem fruchtbaren Land wie Tanna nicht die Ursache der schrecklichen Gewohnheit sein. (Und ist es tatsächlich nur in Ausnahmen.) Also machte er die «Begierde nach Rache» verantwortlich, die in der bürgerlichen Gesellschaft durch die Institutionen der Rechtsprechung gebannt werde. Den zivilisierten Europäern sei jene «feindselige Gesinnung» von Natur ebenso eigen wie das «sanfte Gefühl der allgemeinen Menschenliebe». Beide Leidenschaften gehörten zu den Triebkräften, «durch deren gegenseitige Einwirkung die ganze Maschine der menschlichen Gesellschaft» in Gang gehalten und vor Zerrüttung bewahrt werde. In Neuseeland war Georg zum erstenmal mit der Realität des Kannibalismus konfrontiert worden, den er zuvor als ein schauerliches Märchen empfunden haben mag, und die nasse, grüne Insel im Süden gab den Mitgliedern der Expedition später den entsetzlichsten Anlaß, sich über die barbarische Sitte Kopf und Herz zu zerbrechen, doch davon ahnten sie jetzt noch nichts.

Auf Tanna erfrischte Georg sein Gemüt lieber an den Zeichen des Vertrauens und der Freundschaft, die ihm von den «Wilden» bei seinen Spaziergängen zuteil wurden. Als er mit seinen Begleitern durch eine Siedlung ging, brummte er ein Liedchen vor sich hin. Sofort wurden die Weißen von den Männern und Frauen, die sich um sie sammelten, um andere Proben ihrer musikalischen Künste gebeten: «Einige deutsche und englische Lieder, besonders die von lustiger Art, gefielen ihnen sehr», schrieb Georg, «aber keines trug so allgemeinen Beifall davon als Dr. Sparrmans schwedische Volkslieder».

Die Melanesen selber sangen ein simples Lied, das auch in europäischen Ohren harmonisch klang und melodisch reicher war als die Gesänge der Tahitianer und der Einwohner von Tonga. Die Lieder klangen ernst. (In der Tat lachten die Melanesen seltener als die «mehr gesitteten Völker» auf den Gesellschafts- und Freundschafts-Inseln.) Eine Pan-Flöte aus acht Rohren schien auf die Tonfolge einer Oktave abgestimmt zu sein. Die musikalischen Séancen wurden eine schöne Gewohnheit auf den täglichen Spazierwegen der Forscher. Die Zutraulichkeit der zuvor so scheuen Menschen von Tanna ging nun so weit, daß sie den Fremden die hübscheren ihrer Mädchen «auf Diskretion» überließen. Georg und seine Begleiter machten davon keinen Gebrauch, sondern erheiterten sich an dem «eigentümlichen Eindruck», den «Schönheiten der Natur in einem gefühlvollen Herzen hervorbringen ...»

Den jungen Forscher stimmte es fröhlich, daß sich die Europäer auf dieser Insel «zur Ehre der Menschheit in einem sehr vorteilhaften Lichte» zeigten. Sie hatten nun vierzehn Tage unter diesem Volk zugebracht, ohne daß ein Zwischenfall das aufkeimende Zutrauen zu stören vermocht hatte. Beseligt gab er sich dem Glauben hin, daß die Melanesen, «die bisher in jedem Fremden einen heimtückischen, verräterischen Feind» vermuteten, durch das Beispiel der Europäer gelernt hatten, «ihre Nebenmenschen höher zu schätzen». Er sah in ihren «rohen Seelen den Trieb zur Geselligkeit aufkeimen» und glaubte zu erkennen, wie sich ihr Herz der Freundschaft öffne. «Welch ein schätzbares Bewußtseyn,» rief ich aus, «auf solche Art das Glück eines Volkes befördert und vermehrt zu haben! Welch ein Vorteil, einer gesitteten Gesellschaft anzugehören, die solche Vorzüge genießt und anderen mittheilt.»

Dr. Sparrman unterbrach Georg in der schönen Schwärmerei. Als die beiden zur Bucht zurückwanderten, wurden sie gewahr, daß die Melanesen plötzlich vor ihnen davonliefen. Eine alte Frau, der zur Flucht keine Zeit blieb, bot ihnen «mit zitternder Hand und mit verstörtem Gesicht» einen Korb voll von Yambos-Äpfeln an. Männer bedeuteten ihnen durch Zurufe und Gesten, sie sollten sich beeilen, zum Strand zurückzukehren. Als sie aus dem Wald traten, fanden sie in der Bucht einen Toten. Dies war geschehen: Um Diebe fernzuhalten, hatten die Wachen wie gewöhnlich eine Linie in den Sand gezogen, die nicht überschritten werden sollte. Einer der Tannesen mißachtete die Markierung. Er wurde zurückgestoßen, obwohl er zu Recht glaubte, «daß ihm, auf seiner eigenen Insel, ein Fremder nichts vorzuschreiben habe». Er versuchte es von neuem, den Platz zu überqueren, «vielleicht bloß, um zu zeigen, daß er gehen könne, wo es ihm beliebe». Die Wache stieß ihn zum zweitenmal mit solchem Ungestüm zurück, daß darüber nicht nur ein «Wilder» in Zorn geraten wäre: «Kein Wunder also, daß er, um seine gekränkte Freyheit zu vertheidigen, einen Pfeil auf den Bogen legte» und damit auf den Angreifer zielte. Der Soldat, der sich bedroht fühlte, schoß unverzüglich. Er traf den Tannesen tödlich.

Ein Offizier nahm die Verantwortung auf sich: er hatte – im Widerspruch zu den Weisungen des Kapitäns – seinen Leuten eingeschärft, sofort das Feuer zu eröffnen, wenn sich die «Eingeborenen» zu einer Drohung hinreißen ließen. «Auf dieses Geständnis hin», berichtete Forster, «konnte man dem Soldaten nichts weiter anhaben». Dann fragte er: «Ob aber der Offizier über das Leben der Einwohner zu gebieten habe? das ward nicht weiter untersucht.»

Georg irrte: Über den Soldaten – William Wedgeborough hieß er – wurde von Cook eine Disziplinarstrafe verhängt, die vielleicht ein wenig milder als gewöhnlich ausfiel, da jener Unglückliche einigen Anlaß zur Nervosität hatte. Erst wenige Wochen zuvor war er über Bord gefallen und in letzter Minute (er konnte nicht schwimmen) aufgefischt worden. (Das Schicksal meinte es nicht gut mit ihm: gegen Ende des Jahres ertrank er am Christmas-Sound an der Küste von Feuerland.)

Mit einiger Bewegung notierte er ferner, daß die Melanesen darauf verzichtet hatten, unverzüglich an ihm und Dr. Sparrman oder an seinem Vater, der in Begleitung eines Matrosen botanisierte, Rache zu üben. Aber die «angenehmen Hoffnungen, womit ich mir noch einige Augenblicke zuvor geschmeichelt hatte», waren nun «auf einmal vereitelt! Was mußten die Wilden von uns denken? Waren wir jetzt noch besser als andere Fremdlinge? oder verdienten wir nicht weit mehr Abscheu, weil wir uns unter dem Schein der Freundschaft eingeschlichen hatten, um sie hernach als Meuchelmörder zu tödten?»

Vielleicht geriet Georg der Ton seiner Erzählung bei dieser Passage so heftig, weil sich auch sein Vater auf der Insel Tanna in peinliche Händel mit den Melanesen eingelassen haben könnte – so behauptete es, nicht ganz drei Jahre nach der Rückkehr, William Wales, der Schiffsastronom, in seinem Pamphlet gegen Georgs Reisebericht. Reinhold Forster, der mit nahezu allen Schiffsgenossen im Streit gelegen habe, sei ein zweites Mal zu Hausarrest in seiner Kabine verurteilt worden, dieses Mal von Leutnant Clerke, weil er auf die Wilden gefeuert, sie angespuckt und mit Füßen getreten habe. Die Szene war nach Georgs eigenem Zeugnis häßlich genug: der Leutnant befahl Vater Forster, er möge den Streit sofort beenden. Der Professor schrie zurück, daß ihm der Offizier nichts vorzuschreiben habe. Clerke: er werde der Wache den Befehl geben, auf Reinhold Forster zu schießen. Der Forscher zog daraufhin seine Pistole und zielte auf Clerke. Bevor es zu einem Unglück kam, wurde den Hitzköpfen Halt geboten. Es ist anzunehmen, daß ein besonnener Zeuge dem alten Forster in den Arm fiel. Wie dies zuging, hat Georg verschwiegen. Er wies die bitteren Vorwürfe gegen den Vater in einer loyalen Erwiderung zurück. Der Verdacht indessen bleibt, daß die Neigung zum Jähzorn den Blick des Vaters für die Grenzen des Möglichen von Zeit zu Zeit verdunkelte – auch gegenüber den Menschen, für die er Sympathie empfand.

Das Vertrauen war gebrochen. Die Eingeborenen hielten sich zurück. Einige Trupps, die von ferneren Stränden hergekommen waren, um mit den Fremden Handel zu treiben, segelten davon. Da auch die Reparatur eines Ruderbalkens, in dem Cook einen Riß gefunden hatte, beendet war – die Zimmerleute hatten aus dem harten Holz des Casuarina-Baums Ersatz gefertigt –, konnte der Kapitän den Aufbruch befehlen.

Tanna war neben der flüchtigen Berührung mit Vatoa, der südlichsten der Fidschi-Inseln, die erste Neuentdeckung auf der zweiten Reise Cooks. Der Kapitän wollte sich indessen genauere Kenntnis von der gesamten Gruppe der Neuen Hebriden verschaffen. So nahm er zunächst noch einmal Kurs nach Norden, passierte Malekula und Espiritu Santo, ließ die Banks-Islands im Nord-Osten liegen und drehte endlich nach Süden bei: Das Ziel war Neu-Seeland. Wenige Tage später meldete ein Schiffskadett vom Mastkorb Land. Nach einigen Erkundungsfahrten an der Küste konnten Cook und seine Offiziere feststellen, daß das unbekannte Gestade sich von Norden weit nach Südwesten dehnte. Cook nannte es – um im Bereich des britischen Nordens zu bleiben – Neu-Kaledonien.

Die ‹Resolution› ging in einer kleinen Bucht an der Nord-Ost-Küste vor Anker. Die eingeborenen Kanaken nennen jenen Landungsplatz noch heute ‹Koulnouè M'lan› (oder ‹Plage des Blancs›). Über dem Ufer steigen steil die Berge von Balade auf, in denen ein schlichtes Dorf und eine verlassene Missionskirche liegen. Nicht lang nach der Ankunft kletterte Georg die Hänge empor, um den grandiosen Blick über Bäche, Pflanzungen, zerstreute Wohnungen zu den Farbstufen des Meeres zu genießen, die sich vom hellen Smaragdgrün zum tiefsten Schwarzblau wandeln. Die Gesteine – vor allem Quarz und Glimmer, von Eisenteilchen rot gefärbt – drängten ihm und seinem Vater den

Schluß auf, «daß in diesem Lande manche schätzbaren Mineralien vorhanden sein müßten». (Ein Jahrhundert später stießen die Franzosen in Neu-Kaledonien auf ausgedehnte Lager von Nickel, deren Abbau noch heute nicht abgeschlossen ist.)

Die Einwohner der Insel glichen jenen von Tanna. Wie dort waren die Männer aufs dürftigste gekleidet, und die Frauen zeigten die gleiche Scheu vor den Fremden, obwohl sich einige mutige Mädchen den Spaß erlaubten, Matrosen ins Gebüsch zu locken, um ihnen dann lachend davonzulaufen. Die Forsters und einige Offiziere vergifteten sich an der Leber eines unbekannten Fisches. Reinhold Forster erwachte morgens gegen drei Uhr mit dem Gefühl, Hände und Füße seien gelähmt. Captain Cook erging es nicht besser. Auch Georg litt lange Tage an Übelkeit und Schwindel. Nur mühsam schleppten sie sich zu diesen und jenen Exkursionen fort, um Pflanzen einzusammeln. Sie fanden die botanische Ausbeute im Vergleich zu den Neu-Hebriden dürftig, den Charakter der Menschen hingegen friedlicher als auf Tanna oder Malekula. Man schätzt, daß damals an die 50000 Kanaken auf Neu-Kaledonien lebten. Am Ende des 19. Jahrhunderts war die Zahl durch die Lepra und eingeschleppte Krankheiten auf knapp 28000 reduziert. Heute sind es wieder mehr als 50000, doch stehen ihnen an die 50000 Europäer und etwa 20000 Zuwanderer aus dem pazifischen Raum gegenüber.

Die schiffsartig langgezogene Insel mißt – von Landspitze zu Landspitze – über vierhundert Kilometer und ist die größte der süd-pazifischen Inseln zwischen Amerika und Neuseeland. Manche ihrer Regionen sind fruchtbar. Dennoch lieferte sie der ausgehungerten Besatzung der ‹Resolution› kaum frische Nahrung. Auf der Insel gab es weder Schweine noch Hunde. Die Hühner waren knapp – und so das Gemüse. Yam-Wurzeln kamen nur noch als Delikatesse auf die Tafel – der Offiziere, wie Georg grimmig bemerkte, «indes der gemeine Matrose» seit der Landung auf den Tonga-Inseln «keinen frischen Bissen gekostet hatte». Das Prinzip der gleichen Verköstigung, das Cook bei der Fahrt in den antarktischen Gewässern befohlen hatte, wurde offensichtlich nicht strikt durchgehalten.

Der Kapitän ließ die Süd-West-Seite der neu entdeckten Insel unerforscht: die erschöpften Matrosen drängten darauf, Neuseeland zu erreichen. Am 10. Oktober passierten sie die kleine Norfolk-Insel, auf der die Seefahrer einige erfrischende Nahrung fanden. Nach 48 Stunden aber segelte die ‹Resolution› wieder davon. Den Charlotten-Sund steuerte sie dieses Mal von Westen an, um die stürmische Einfahrt in die Cook-Straße zu vermeiden, in der ihnen die Laune des Ozeans ein Jahr zuvor so böse zugesetzt hatte. Einige Tage später grüßten die Matrosen den Mount Egmont, der im Westen der Nordinsel 2500 Meter hoch aufragt, und am 19. Oktober ankerten sie in Ship-Cove, ihrem alten und vertrauten Landungsplatz, den sie nun zum drittenmal auf dieser Reise anliefen. Fast auf den Tag genau ein Jahr war seit dem Ende des letzten Aufenthalts vergangen. Sofort nach der Landung machten sich Cook, Forster und die Offiziere auf den Weg, um nach der Flasche zu schauen, die sie mit Nachrichten für den Kapitän der ‹Adventure› unter einem markanten Baum eingegraben hatten. Sie war fort und ringsum waren Stämme gefällt – unverkennbar mit europäischen Beilen und Sägen. Kapitän Furneaux aber hatte keine Nachricht für Cook zurückgelassen. Die Gärten waren völlig verwildert. Von Neuseeländern, die sonst ohne Zeitverlust herbeigeeilt waren, um den Handel zu eröffnen, keine Spur. Die Besatzung schoß eine Kanone ab, um die Maori herbeizulocken. Sie brauchte ihre Hilfe für den Fischfang. Zwar hatten die Matrosen mit ihren Angeln und Netzen einiges Glück, doch die Einheimischen brachten dank ihrer genauen Kenntnisse der Gewässer oft die doppelte und dreifache Menge herbei.

Am Nachmittag nach der Landung fuhr Cook mit ein paar Offizieren und den Forsters hinüber nach Cannibal-Cove (der nächsten Bucht im Nord-Osten), wo sie einst die angenagte Leiche eines jungen neuseeländischen Kriegers angetroffen hatten, um frische Kräuter für die Kranken zu sammeln: kein Zeichen von den Maori. Erst am 24. Oktober, dem fünften Tag nach der Ankunft, zeigten sich zwei Segelkanus am Eingang von Shag-Cove, doch die «Indianer» ruderten in großer Hast davon.

Die Zurückhaltung der Einheimischen gab Cook und seinen Gefährten Rätsel auf. Später machte sich der Kapitän noch einmal auf den Weg: endlich rief ein Maori vom Südufer herüber;

drei oder vier andere standen auf einer Anhöhe im Wald. Begrüßung durch den landesüblichen Nasenkuß. Die Verständigung war mühsam. Die Neuseeländer sprachen von einer Schlacht, bei der einige ihrer Stammesbrüder getötet worden seien. Die Briten glaubten zu verstehen, die Krieger seien in einen Konflikt mit der Mannschaft eines europäischen Schiffes geraten. Natürlich dachten sie voller Sorge an die ‹Adventure›, doch wenn sie Genaueres erfahren wollten, durften sie ihren Verdacht nicht preisgeben. Überdies war es wichtig, die Maori zu Fischlieferungen zu überreden. Dazu waren die Männer bereit. Ihre Ängstlichkeit wich. Sie ließen sich nun wieder auf einen Schwatz mit den Soldaten ein, die am Strand mit Holzarbeiten beschäftigt waren. Einer der Europäer glaubte zu verstehen, die Neuseeländer hätten vor nicht so langer Zeit die gesamte Besatzung eines Schiffes erschlagen und aufgefressen. Alarmiert forschten Cook, die Forsters und die Offiziere nach Einzelheiten. Den Wilden war aber kein Wort mehr zu entpressen. Der Kommandant rief zwei von ihnen in seine Kajüte. Sie stritten ab, daß Europäern «das geringste zu Leide geschehen sey». Cook aber war nicht sicher, ob die zottigen Gesellen seine Fragen verstanden. So wurden zwei Papierschnitzel in der Form von Schiffen ausgeschnitten, ein Plan des Hafens nachgemalt und durch Bewegung der primitiven Modelle Ankunft und Abreise der ‹Resolution› und ‹Adventure› dargestellt. Die Maori schienen das Spiel zu begreifen. Sie zeigten mit ihren Fingern an, daß die ‹Adventure› schon vor zehn Monden abgesegelt sei.

Eine Weile noch rätselte man auf der ‹Resolution› über die Widersprüche der Aussagen, aber der Hinweis auf die sichere Abreise beruhigte ihre Gemüter. Erst nach Ankunft in Capetown im nächsten Frühjahr sollte sich ihnen die schreckliche Wahrheit mitteilen: die ‹Adventure› hatte bei ihrem letzten Aufenthalt in Neuseeland zehn ihrer Männer verloren. Die genauesten Beschreibungen erhielt Georg nach der Rückkehr in London durch den Tahitianer O-Mai, der als erster von der Besatzung der ‹Adventure› den Hinweis auf die eingegrabene Flasche unter dem Baum entdeckt hatte. Das Schiff, Ende Oktober 1773 im Sturm vor der Nord-Ost-Küste von der ‹Resolution› getrennt und weit in den Ozean getrieben, hatte schließlich in einer Bucht an der Nord-Insel Zuflucht gesucht. Zum Charlotten-Sund gelangte es einige Tage nach der Abreise des Schwesterschiffes. Kapitän Furneaux wollte sich beeilen, den Kameraden auf der angegebenen Route zu folgen. Vor dem Aufbruch schickte er noch ein Boot hinüber nach Gras-Cove, um Kräuter für die Reise sammeln zu lassen. Das Detachement stand unter dem Kommando eines jungen Offiziers, von dem Georg bemerkte, er habe die Einwohner der Südsee mit Verachtung betrachtet und geglaubt, er könne nach Laune und Willkür über sie verfügen. Einem der Seesoldaten, die während der Arbeit ihre Röcke abgelegt hatten, wurde das Jackett gestohlen. Sofort befahl der Anführer, das Feuer zu eröffnen. In ihrer Wut schossen die Matrosen, bis das Pulver ausging. Die Maori, die Schwäche des Gegners erkennend, stürzten sich auf die Weißen und schlugen einen nach dem anderen tot.

Kapitän Furneaux wartete zwei Tage auf die Rückkehr des Bootes. Dann sandte er ein Suchkommando unter Leutnant Burney aus, der am Eingang der East-Bay auf ein Kanu stieß. Die Maori stürzten ins Wasser, als sie die Europäer sahen, und schwammen davon. In der verlassenen Piroge fanden die Seeleute «verschiedene zerfetzte Gliedmaßen» ihrer Kameraden und einige Kleidungsstücke. In Gras-Cove stieß der Suchtrupp auf eine große Versammlung der «Indianer», die sofort eine drohende Haltung einnahmen. Rauch aus vielen Feuern schien anzuzeigen, daß eine festliche Mahlzeit vorbereitet wurde. Voller Rachgier stürzten die Matrosen an Land und schossen nieder, was ihnen vor die Flinten kam. Sie schlugen sämtliche Kanus der Maori in Trümmer. In den Hütten hinter dem Strand fanden sie «viele Körbe voll zerstückter und zertrümmerter Glieder, unter welchen sie die Hand des armen Rowe (so hieß der Anführer) deutlich erkannten. Die Hunde der Neuseeländer fraßen indes von den herumliegenden Eingeweiden!»

Der junge Rowe war ein Verwandter des Kapitän Furneaux, den diese Katastrophe tief verstörte. Er beschloß die sofortige Heimkehr und segelte nur vier Tage nach der Entdeckung des Unglücks davon: über Kap Horn zum Kap der Guten Hoffnung, das er ohne jeden Aufenthalt nach knapp drei Monaten erreichte. Mitte Juli 1774 hatte sich die ‹Adventure› in Plymouth zurückgemeldet.

Diese Tragödie gab Georg Anlaß, noch einmal über die Konflikte zwischen den europäischen Entdeckungsreisenden und den Völkern der Südsee nachzudenken. Nach seiner Einsicht gaben fast immer Mißverständnisse oder Provokationen der Europäer das Signal zu blutigen Auseinandersetzungen. Er weigerte sich, auf die Maori herabzusehen, weil sie sich das Recht nahmen, Beleidigungen zu rächen, während die bürgerliche Gesellschaft Europas der Staatsmacht die Pflicht auferlege, alles Unrecht zu rügen. Was aber, wollte er wissen, wenn der Hüter der öffentlichen Ruhe «seinen eignen Arm gegen die geheiligten Rechte des gemeinen Wesens aufhebt, muß [dann] nicht ein jeder seine eigenen natürlichen Rechte selbst verfechten, und den Leidenschaften, als den ursprünglich angebornen Mitteln zur Selbsterhaltung, wieder freyen Lauf gestatten?». Hartnäckig fragte er weiter: wie oft geschehe es nicht, daß «die Großen, Macht und Einfluß genug haben, die Gesetze zu verdrehen, und, zum Nachteil des unglücklichen, freudlosen Armen, zu vereiteln...».

Ohne böse Ahnung liefen Georg, sein Vater, Dr. Sparrman, Captain Cook, die Offiziere und die Matrosen durch die Wälder der Farnbäume hinter den Küsten. Sie botanisierten in Gras-Cove. Sie schossen Vögel. Sie fischten. Sie kletterten auf die Berge. Die Matrosen schlugen sich, Dreck und Gestank nicht scheuend, mit verlausten Maori-Damen in die Büsche. Tagaus, tagein, schrieb Georg, hätten die Neuseeländer Gelegenheit gehabt, über die arglosen Europäer herzufallen, wären sie zu Feindseligkeiten aufgelegt gewesen. Ihm liefen wohl einige Schauer über den Rücken, als er sich bei der Niederschrift jener Passagen die vermeintlichen oder wirklichen Gefahren wieder ins Bewußtsein rief. Immer entschiedener hielt er dafür, daß die Neuseeländer von den Matrosen unter dem jungen Mr. Rowe aufs gröbste herausgefordert sein mußten. Wie anders erklärte sich ihre Friedfertigkeit? Er geriet, seltsam genug, nicht auf den Gedanken, die Maori könnten durch ihre eigenen Verluste eingeschüchtert worden sein.

Dank der frischen Fische und der reinigenden Kräuter erholten sich die Skorbut-Kranken. Vorräte für die zweitletzte

Etappe der großen Reise wurden aufgenommen. Am 10. November 1774 verließ die ‹Resolution› den Charlotten-Sund, fuhr in die Cook-Straße ein, nahm Kurs Süd-Ost bis in die Höhe des 55. Breitengrades, folgte von dort aus einem fast gradlinigen Kurs nach Osten, von stürmischen Westwinden vorangetrieben. Oft neigte sie sich mit vollen Segeln bis zu einem Winkel von vierzig Grad dem Wasser zu. Am 27. November blies der Rückenwind mit solcher Heftigkeit, daß die ‹Resolution› innerhalb von 24 Stunden mehr als 180 Meilen hinter sich brachte.

Am 18. Dezember erreichte das Schiff nach nur 38 Tagen die Magellan-Straße, die Feuerland vom südamerikanischen Kontinent trennt. Bis dorthin hatten die gesalzenen Fische vorgehalten. Die öde Küste von Tierra del Fuego bot freilich wenig Hoffnung, Kräuter oder gar Fleisch zu finden. Bei ihren Exkursionen an Land trieben die Forscher, von einigen Vögeln abgesehen, nicht zuviel Eßbares auf. Aus roten Steinbeeren und Muscheln bereiteten sie sich am Cap de Desolación, dem in der Tat trostlosen Vorgebirge der Verlassenheit, eine halbwegs schmackhafte Mahlzeit. Leutnant Pickersgill hatte mehr Glück. Er schoß in einer Bucht Gänse genug, um der Mannschaft eine gute Mahlzeit zum Christfest zu sichern: das dritte seit der Ausfahrt von England. Wie üblich hatten die Matrosen und Soldaten ihren Branntwein gespart. Das Besäufnis dauerte zwei Tage. Der Aufruhr der Betrunkenen schien so unerträglich zu sein, daß Captain Cook den größten Teil der randalierenden Besatzung in ein Boot befördern und zur Ausnüchterung am Ufer absetzen ließ. Der Matrose Wedgeborough fiel, als er über die Reling zu pinkeln versuchte, ins Wasser und ertrank.

Unterdessen hatten sich in vier kleinen Kanus einige Feuerländer der ‹Resolution› genähert: elende und arme Geschöpfe, die sofort ihre Speere und Seehundsfelle als Geschenk anboten. Sie unterhielten ein Feuer in ihren Booten, um in dem unwirtlichen Klima ihrer rauhen Heimat ein wenig Wärme zu schaffen. Ihre dürftige Kleidung konnte sie vor Feuchtigkeit und Wind kaum schützen. Die Vielzahl der Feuerstellen in den Booten und an den Küsten hatte dieser unfreundlichen Region ihren Namen verschafft: das Land der vielen Feuer. Georg beschrieb die «Indianer» als Menschen von kurzer Statur, mit dicken Köpfen, breiten Gesichtern, platten Nasen, hervorstehenden Backenknochen, matten Augen, zottigen schwarzen Haaren, die, mit Tran gefettet, wild um die Schädel standen. Die Feuerländer stanken so übel, daß selbst die Matrosen darauf verzichteten, sich mit den Frauen einzulassen. Georgs Abneigung gegen die Feuerländer legte es ihm nahe, brutal auf ihren Rotz hinzuweisen, der von der Nase ins «häßliche, stets offene Maul» floß. Ihren Charakter schilderte er als die «seltsamste Mischung von Dummheit, Gleichgültigkeit und Untäthigkeit». Einfache Gebärden, die der niedrigste Bewohner irgendeiner Südsee-Insel wohl verstanden habe, seien hier vom klügsten nicht begriffen worden. Sie brächten nicht einmal genug Verstand und Überlegung auf, sich gegen Kälte und Blöße zu schützen. Keinen anderen Laut hätten sie zu äußern vermocht als das stereotyp wiederholte Wort «Pesseräh», das ihnen schließlich den Namen gab. Georg nutzte die Gelegenheit zu einem Seitenhieb gegen alle vulgären Mißverständnisse der Ideen Jean Jacques Rousseaus. Die bedauernswürdige Lage der «Pesseräh» beweise am Ende doch, sagte er, «daß wir bey unserer gesitteten Verfassung unendlich glücklicher» seien.

Nein, in Feuerland hatten Cook und seine Männer nichts weiter zu suchen. Der Kapitän betrachtete es freilich als seine Pflicht, auch den letzten Abschnitt der antarktischen Route mit einiger Genauigkeit zu untersuchen, um mit völliger Sicherheit sagen zu können, daß der Südkontinent nicht existiere. Vor jener Reise war der gesamte Umkreis des Südpols – wie Georg später darlegte – völlig unbekannt. «Noch», schrieb er in *‹Cook der Entdecker›*, «war die halbe Oberfläche der Erdkugel von tiefer Nacht bedeckt: und welche Traumgestalten schwebten nicht in ihr umher, die den leichtgläubigen Geographen täuschten und selbst den vernünftigen Forscher verwirrten; scheinbare Muthmaßungen spekulativer Köpfe, müßige auf missverstandene Überlieferung gegründete Märchen, und dreiste Erdichtungen vorsetzlicher Betrüger!» Also galt es, Klarheit zu schaffen. Ein Drittel der Kreisbahn um die Antarktis müßte noch erforscht werden. Cook verlor seinen Auftrag nicht aus den Augen. Die ‹Resolution› umschiffte Kap Horn, wendete nach Süden, drehte unverrichteter Dinge nordostwärts bei, stieß am 12. Januar auf die gottverlassenen Felsen der South Georgia Insel, wie sie zu Ehren des Königs getauft wurde. Am letzten Tag des Januars wurde die South Sandwich-Gruppe entdeckt, deren einsame Gestade Captain Cook den dritten Anlaß auf dieser Reise boten, den Namen des Ersten Lords der Admiralität in die Geschichte der Geographie einzutragen – so fragwürdig jener Herr auch gewesen sein mag.

Da den Matrosen in Feuerland kaum Erfrischung und Erholung vergönnt waren, zeigte sich nun endlich ihre Erschöpfung. Viele krümmten sich in rheumatischen Schmerzen. Symptome von Skorbut ließen sich nicht übersehen. Das Sauerkraut ging zu Ende. Captain Cook, der über einen eisernen Willen verfügte, hätte mit seiner gefürchteten Konsequenz gern noch einige Zeit einer gründlicheren Erkundung des südlichen Atlantik geopfert. Seine Sturheit mußte er schließlich der Einsicht opfern, daß die Mannschaft am Ende ihrer Kräfte angelangt war. Sie befand sich – Georg erwähnte dies nur mit großer Behutsamkeit – am Rande der Meuterei. Zwei Offiziere stürzten – Georg schrieb davon nichts – mit offenen Messern in die Kombüse, um den armen Koch zur Herausgabe besserer Nahrungsmittel zu zwingen.

Über das Kap der Guten Hoffnung hinaus wurde die ‹Resolution› den Prinz Edward-Inseln zugetrieben. Endlich, am 1. März, nahm sie Kurs auf die südafrikanische Tafel-Bay. Am Tag danach begegneten ihr die ersten europäischen Schiffe. Dies war für Captain Cook der Anlaß, sämtliche Offiziere und Matrosen zu versammeln, um von allen die Herausgabe ihrer Tagebücher zu fordern, die auf Befehl der Admiralität verpackt und versiegelt werden mußten. Diese Anweisung galt nicht für die Zivilisten an Bord. Die Begründung der Maßnahme schien von einiger Logik zu sein: es sollte verhindert werden, daß Nachrichten von neuen Entdeckungen vor einer Prüfung durch die Regierung in die Zeitungen gelangten. Cook mag die harte Auflage nicht ganz unwillkommen gewesen sein: er selber hatte unterdessen Wert und Ruhm publizistischer Unternehmungen schätzengelernt.

Am 17. März erblickten die Wachen Feuer an der Küste Afrikas. Unterdessen wurde eine Abordnung unter Leutnant Clerke und dem Vater Forster an Bord eines holländischen Schiffes geschickt, um Neuigkeiten einzuholen. Die Boten wurden mit einer «Schüssel fetter chinesischer Wachteln» und einer «vortrefflichen Gans» bewirtet. Der freundliche Kapitän gab ihnen ein stattliches Schwein und etliche Gänse mit. Sie brachten eine gute Nachricht mit: in Europa herrschte – ausnahmsweise – Friede – und eine schlechte: die Holländer berichteten ihnen von dem entsetzlichen Tod, den die zehn Besatzungsmitglieder der ‹Adventure› in Neuseeland gefunden hatten.

Am Morgen des 22. März warf die ‹Resolution› in der Tafel-Bay Anker. Da eine Datumslinie noch nicht existierte, glaubte Georg, sie hätten einen Tag gewonnen. Der Astronom, Mr. Wales, rechnete aus, daß sie seit ihrer Abreise vom Kap der Guten Hoffnung 27 Monate unterwegs waren. In jenem Zeitraum hatte sich die Besatzung nicht länger als 180 Tage an Land aufgehalten.

Eine Erholung in Capetown war bitter notwendig. Offiziere und Besatzung stürzten sich auf die Briefe, die bei den Hafenbehörden für sie bereitlagen. Die beiden Forsters nahmen mit Erleichterung zur Kenntnis, daß ihre Familie wohlauf zu sein schien. Natürlich überfraß sich die Mehrzahl der Matrosen und Soldaten in den ersten Tagen nach der Ankunft – und büßte schmerzhaft dafür. Die Forsters und einige Offiziere waren klug genug, den geschwächten Magen nur langsam an die reiche Kost zu gewöhnen. Der liebenswürdige Sparrman zog es übrigens vor, am Cap zu bleiben und den Schwarzen Kontinent auf Expeditionen zu erkunden, die ihn tief ins Innere führten. Reinhold Forster behauptete später, er selber sei für die Kosten des Mitarbeiters aufgekommen.

In Capetown erwartete Captain Cook ein Exemplar des Buches über seine erste Weltreise – und der Hinweis, daß Dr. Hawkesworth, der Bearbeiter seines Journals, das eindrucksvolle Honorar von 6000 Pfund kassiert habe. Die Schriftstellerei begann ihn zu interessieren.

Cook ließ der Besatzung 26 Tage Zeit bis zur Weiterreise. Er wünschte sie zu Haus in guter Verfassung vorzuführen. Zwei Tage nach der Abfahrt wurde ein blinder Passagier gefunden:

ein Hannoveraner, den die Holländer in ihre Dienste gezwungen hatten. Als deutscher Untertan des Königs der Briten meinte er, ein englisches Schiff müsse ihm Schutz gewähren. Cook ließ ihm eine Prügelstrafe von zwölf Streichen verpassen. Dieselbe Portion empfing der gutartige Bootsmann, der ihm sein Versteck zugewiesen hatte.

Am 15. Mai machte die ‹Resolution› in St. Helena Station. Danach Zwischenlandung in Fajal auf den Azoren. Am 30. Juli 1775 machte das Schiff in Spithead vor Portsmouth fest. Seit der Abreise waren drei Jahre und 18 Tage vergangen. Die ‹Resolution› hatte in diesem Zeitraum größere Entfernungen bewältigt, als je ein Schiff zuvor: mehr als 300000 Kilometer. Das entsprach drei Vierteln der größten Entfernung der Erde vom Mond. Captain Cook hatte nur vier seiner Männer verloren: einen durch Krankheit, drei andere waren ertrunken.

IX
Bittere Ernte

Keine Zeile von Georgs Hand, keine Notiz seines Vaters erzählt von dem bewegenden Augenblick, in dem die beiden Mutter und Geschwister in die Arme schlossen. Elisabeth Forster hatte einen Jüngling, der fast noch ein Knabe war, in die Welt ziehen lassen. Nun trat ihr ein junger Mann entgegen: braungebrannt, sehnig, von Abenteuern, Entbehrungen, Krankheit gezeichnet.

«...H. Forster kam von seiner langen Reise nach South See zurück», schrieb Pastor Woide am Montag, dem 31. Juli, in sein Journal. Dieser deutsch-polnische Protestant hatte sich als ein wahrhaft treuer Freund erwiesen. Nach der Abreise von Reinhold und Georg im Sommer 1772 hatte er Elisabeth Forster geholfen, nach einer billigeren Wohnung zu suchen. Sie fanden eine passable Unterkunft in Paddington Green, einem bescheiden-bürgerlichen Viertel, nicht weit von Marylebone, an einem kleinen Park gelegen, nur einen Sprung von Lisson Street, wo Pastor Woide residierte: von Haus zu Haus ein Weg von zehn bis fünfzehn Minuten. So konnte Mrs. Forster vorbeischauen, wann immer sie Rat und Zuspruch brauchte. Gelegentlich blieb sie wohl auch über Nacht, und Woide nahm gern bei ihr den Tee. Im Juli 1773 notierte er, daß er Mrs. Forster zwanzig Pfund ausgehändigt habe. Sechs Wochen später die Notiz: «wegen der Frau Förstern» habe er bei Lord North, dem Premierminister, und bei Mr. Drummond vorgesprochen. Dies deutet darauf hin, daß Reinhold Forster die Mittel zu knapp bemessen hatte, die er seiner Familie zurückließ. Woide, der über glänzende Verbindungen verfügte, schien ihr einen Vorschuß verschafft zu haben. Er sah den Mietvertrag und die Rechnungen der Freundin durch. Eine Tochter – vielleicht die vierzehnjährige Wilhelmina – bereitete er auf die Konfirmation vor und hörte den Katechismus ab. Im Mai 1775 klopfte er der Forsters wegen bei Mr. Barrington an, dem Vizepräsidenten der Königlichen Gesellschaft. Am 24. Juni erreichten ihn Briefe, die Reinhold und Georg mit einem schnellen Schiff von Capetown nach London geschickt hatten. Er brachte sie unverzüglich nach Paddington Green. Neben der Ankündigung ihrer Heimkehr enthielten die Schreiben offensichtlich den Wunsch, Pastor Woide und Elisabeth Forster sollten sich nach einer angemessenen Unterkunft umsehen.

Am ersten August schließlich fand sich Woide bei der wiedervereinigten Familie zu einem ersten Besuch ein. Das Glück der Heimkehr hatte nicht lange gewährt. Nach den Zeugnissen von Georg Christoph Lichtenberg, der sich damals in London aufhielt, wurde das Haus der Forsters schon am ersten Abend nach der Ankunft von Reinhold und Georg ausgeraubt: die Diebe schleppten Bettzeug, Spitzen und die Seidenkleider der Kinder davon. Bücher und Manuskripte des Professors warfen die Räuber nicht weit von der Wohnung in den Winkel einer Gasse. Womöglich war der aufmerksame Gast aus Göttingen, der die großen und kleinen Sensationen des Lebens genoß, ein williges Opfer Forsterscher Übertreibungen, denn nach Georgs Zeugnis geschah der Einbruch in der Nacht vor der Übersiedlung ins neue Haus an der Percy Street (zwischen Bloomsbury und Soho). Das minderte den Verlust nicht, zumal Reinhold am 10. oder 11. August obendrein von Straßenräubern überfallen wurde, die ihm 25 Guineen, eine Uhr und ein goldenes Siegel abnahmen. Woide notierte auch dieses Ungemach und fügte hinzu, daß «Mrs. Forster sehr krank» geworden sei. Die arme Frau schien diesen Stürmen des Wiedersehens nicht völlig gewachsen zu sein. Vielleicht fragte sie ihren Mann, warum er mit soviel Geld durch die Gassen laufe, von denen jeder Narr wisse, daß sie von Taschendieben, Schurken und Halsabschneidern wimmelten. Von den 25 Guineen hätte sie die Schar ihrer Kinder lange Monate ernährt.

Professor Forster trug den Kopf in jenen Wochen hoch. Am

16. August wurden Reinhold und Georg von Lord Sandwich zum Palast im Kew Garden geleitet, wo König Georg III. den beiden eine freundliche Audienz gewährte. Der Professor übergab dem Herrscher einige von Georgs Zeichnungen und schöne Präsente aus der Pflanzensammlung. Der Königin wiederum, die sie drei Tage später empfing, führte Reinhold voller Stolz den kleinen Zoo vor, den er für die hohe Dame am Kap der Guten Hoffnung zusammengekauft hatte: einen Springbock, eine afrikanische Schleichkatze, zwei Adler und mehrere bunte Vögel, die übrigens schon auf dem Schiff, als die Heimkehrer von Lord Sandwich willkommen geheißen wurden, die Aufmerksamkeit einer jungen Frau im Gefolge jenes mächtigen Herrn gefunden hatten. Miss Martha Ray hieß die hübsche Person, die den lebhaften Wunsch äußerte, jene possierlichen Vögel zu besitzen, Professor Forster bedeutete ihr streng, sie seien für die Königin bestimmt. Jene ungalante Weigerung, meinte er später, sei ihm vom Chef der Admiralität übel angerechnet worden.

Für den Augenblick aber war für Reinhold Forster noch alles eitel Glück. Aus Oxford erreichte ihn der Wink, daß man ihm ein Doktorat zu verleihen gedenke. Wo sie gingen und standen, wurden die Forsters von Freunden und Fremden umringt, die aus erster Hand von ihren Abenteuern in der Südsee und von den Schönen Tahitis zu erfahren hofften. Sie ließen sich von der Royal Society feiern. Eine Mitgliedschaft Georgs, wurde bedeutet, sei durchaus denkbar, so jung er auch sei. Die Gesellschaft umschwärmte Vater und Sohn – freilich nicht ganz so heftig wie den großen Cook. Man begann, von dem geplanten Buch über die zweite Reise zu reden. Noch vermittelte der Kapitän den Eindruck, daß er geneigt sei, den literarischen Ruhm und die Einnahmen mit Professor Forster zu teilen.

Reinhold hörte, wie so oft, wenn ein Hinweis dem Überschwang seiner Hoffnungen widersprach, nicht allzu genau zu. Auch in den ersten Wochen nach der Heimkehr zweifelte er keinen Augenblick, daß er allein und kein anderer der Autor des großen Buches über die zweite Weltreise sein werde. An Karl Philip Spener, den so liebenswürdigen und gescheiten Verleger in Berlin, schrieb er am 20. September 1775 hochgemut, der Reisebericht werde gleichzeitig in englischer, deutscher und französischer Sprache erscheinen, damit man jedem Raubdruck zuvorkomme. Lord Sandwich hatte ihn freilich höflich und kühl wissen lassen, ein würdiges Amt, wie es Professor Forster für sich und seinen Sohn wünsche, habe er derzeit nicht zu vergeben. Auch bei den anderen Ministerien sehe er keine Vakanz. Beim König indes werde er die Forsters gern in Erinnerung bringen...

Reinhold nahm die Enttäuschung zunächst noch gelassen hin. Es würden sich andere und bessere Chancen bieten. Sein Ruhm glänzte weit über Europa. Als Abgesandter der deutschen «Gelehrten-Republik» (von der Klopstock gesprochen hatte) fand sich der brillante Lichtenberg bei ihm ein. Er speiste in seinem schönen neuen Haus in der Percy Street. Man tafelte dort übrigens nicht schlecht. «Er ist ein Mann in seinen besten Jahren», schwärmte Lichtenberg von seinem Gastgeber, «voller Feuer und Muth. Er würde, glaube ich, den Jupiter umsegeln; sein Gedächtnis ist auserordentlich und eben so soll seine Stärcke in der Naturhistorie seyn. Gegen seine Freunde ist er dienstfertig und bescheiden, aber unversöhnlich, wenn man ihn beleidigt, seine Feinde behandelt er mit einer eignen Art von Witz, der am besten durchdringt, nämlich er schlägt sie hinter die Ohren.» Und er fuhr fort: «...um alles ins kurtze zu ziehen, muß ich sagen, daß der auserordentlichste Mann, den ich fast in England gesehen habe, ein Deutscher und zwar Herr Forster ist. Hätte er das Schiff selbst commandiren können und bey seinen grosen Talenten Captain Cooks Erfahrung besessen, so würden wir jetzt dreymal mehr wissen, obgleich die Reise, wie sie ist, schwerlich vergessen werden wird.» Schließlich eroberte Reinhold das Herz des Göttinger Kollegen ganz, als Lichtenberg fragte, ob Forster wohl glaube, daß auch er eine Reise um die Welt aushalten könnte. «Darauf sah er mich an, that einige Fragen an mich und dann sagte er: o, wie nichts! Ich habe den Mann schon lieb blos deswegen.» Lichtenbergs Bewunderung für das große Abenteuer ging so weit, daß er eines Tages nach Deptford hinüberfuhr, um die ‹Resolution› gründlich zu besichtigen, die er als ein «schmales und unangenehmes Schiff» beschrieb. Zur Erinnerung ließ er sich einen Splitter Holz von ihr abtrennen. Er versäumte auch nicht, den Tahitianer O-Mai zu besichtigen, der noch immer in allen Salons herumgereicht wurde und sich einer leidenschaftlichen Liebe zu Oper und Ballett hingab.

Natürlich versäumte Forster nicht, dem Freund aus Göttingen die untertänigsten Empfehlungen an König Georg aufzutragen, dessen Vertrauen und Zuneigung Lichtenberg in besonderem Maße genoß. Majestät lud ihn des öfteren an seine Tafel, ja, er stellte ihm für die Zeit seines Aufenthaltes eine Wohnung im Schloß von Kew zur Verfügung. Ob er, bat Forster, den Herrscher daran erinnern möge, daß der gelehrte Weltfahrer auf einen schönen Posten warte, den er doch wahrhaftig verdiene? Das besorgte der Professor, wenn auch ohne Resultat.

Georgs Anwesenheit am Tisch des schwadronierenden Reinhold scheint Lichtenberg nur flüchtig wahrgenommen zu haben. Voller Anerkennung betrachtete er die Tier- und Pflanzenbilder des jungen Menschen, der eine schöne Begabung als Zeichner zu erkennen gab. Vermutlich war der künftige Freund und Kollege zu schüchtern, sich unbefangen ins Gespräch zu mischen. Hemmte ihn sein stockendes Deutsch? Längst war Georg gewohnt, seine Gedanken auf Englisch zu formen. Auch der Vater fiel, wenn die Gespräche übers Alltägliche hinaus in die Bereiche der Wissenschaft und Literatur hinübergriffen, meist in die Sprache der zweiten Heimat. Bei den brillanten Erzählungen Lichtenbergs wurde Georg gewahr, zu welchem Reichtum, welcher Eleganz und farbiger Nuancierung das Deutsche fähig ist, wenn sich ein Meister seiner bediente. Wenn Lichtenberg nur halb so gut sprach, wie er schrieb, was für eine Offenbarung war seine Unterhaltung für Zuhörer, die London mit seinen Augen zu sehen lernten: «... viele tausende von Lichtern erleuchten Silberläden, Kupferstichläden, Bücherläden, Uhren, Glas, Zinn, Gemählde, Frauenzimmer-Putz und Unputz, Gold, Edelsteine, Stahl-Arbeit, Caffeezimmer und Lottery Offices ohne Ende... In der Mitte der Strase rollte Chaise hinter Chaise, Wagen hinter Wagen und Karrn hinter Karrn. Durch dieses Getöse, und das Sumsen und Geräusch von tausenden von Zungen und Füßen, hören Sie das Geläute von Kirchthürmen, die Glocken der Postbedienten, die Orgeln, Geigen, Leyern und Tambourinen englischer Savoyarden, und das Heulen derer, die an den Ecken der Gasse unter freyem Himmel kaltes und warmes feil haben. Dann sehen Sie ein Lustfeuer von Hobelspänen Etagen hoch auflodern in einem Kreis von jubilirenden Betteljungen, Matrosen und Spitzbuben. Auf einmal rufft einer dem man sein Schupftuch genommen: stop thief und alles rennt und drückt und drängt sich, viele, nicht um den Dieb zu haschen, sondern selbst vielleicht eine Uhr oder einen Geldbeutel zu erwischen. Ehe Sie es sich versehen, nimmt sie ein schönes, niedlich angekleidetes Mädchen bey der Hand: come, My Lord, come along, let us drink a Glass together, or I'll go with You if You please; ... Man wird alle 10 Schritte angefallen, zuweilen von Kindern von 12 Jahren, die einem gleich durch ihre Anrede die Frage ersparen, ob sie auch wüsten, was sie wollten ...»

In den Wochen nach der Heimkehr fand Georg zum erstenmal einen Freund, der – nur wenig älter als er – ihm mit seinem Temperament, seinem Entzücken an literarischen Entdeckungen, seinem zärtlichen Vergnügen an den bunten Bildern des Lebens, aber auch an albernen Späßen entsprach: Friedrich Adolf Vollpracht, Sohn eines Pfarrers aus dem Hessischen und selber Student der Theologie. Der Vater hatte ihn nach London geschickt, damit er sich in der Welt ein wenig umsehe, ehe er auf die Kanzel steige. Vollpracht hielt sich oft in der Percy Street auf: das Haus der Forsters wirkte zwar – nur zwei Fenster breit – ein wenig schmalbrüstig, doch mit seinen drei Stockwerken (und einigen Dachkammern dazu) streckte es sich weit nach hinten zu den Höfen mit ihren Mews, den alten Kutscherwohnungen, wo Georg und sein Freund oft unter lauschigen Linden saßen. Der Vater schien dem Ältesten einige Freiheit zu gewähren. Georg ging mit Vollpracht oft ins Theater. Er urteilte präzis und ein wenig naseweis über die Stücke der Saison, kannte die Aktricen von Covent Garden und von Drury Lane bei Namen, schwärmte wohl für diesen und jenen Star, bewunderte wie jedermann den großen Garrick, dem Lichtenberg nach einer Shakespeare-Aufführung durch einen Pagen des Königs vorgestellt worden war.

Als Reinhold und Georg Forster im Oktober nach Oxford fuhren, wo der Professor seinen Ehrendoktor entgegennehmen sollte, wurden sie von Vollpracht begleitet. Sie nutzten die Gelegenheit, um in Warrington guten Tag zu sagen. Der Professor legte Wert darauf, seinen Kollegen von der Akademie und den Bürgern des Städtchens zu demonstrieren, daß er, der skurrile Deutsche, es in England am Ende zu hohen Ehren gebracht habe. Sie besichtigten Wales und kehrten angeregt nach London zurück. In der Admiralität aber hatte sich die Stimmung gewandelt. Captain Cook hatte unterdessen sein Interesse an einer Publikation über die zweite Reise offensichtlich energischer angemeldet. Gerüchte über seinen Ärger mit dem Professor machten die Runde.

Schon aus Capetown hatte der Oberkonsistorialrat Anton Friedrich Büsching in seinen Berliner ‹*Wöchentlichen Nachrichten*› vom 24. Juli berichtet, der Kapitän sei, «mit Herrn Forster, dem Vater, sehr unzufrieden» gewesen. Solche Meldungen gelangten nicht von ungefähr und aus schierer Klatschsucht in die Öffentlichkeit. Über Spener schickte Reinhold ein kräftiges Dementi. Er brüstete sich, als Grundlage für das Buch neben den eigenen Aufzeichnungen nun auch die Journale Cooks in Händen zu halten.

Am 20. Oktober aber wurde in der Admiralität beschlossen, daß zwei Bände über die Reise auf den Markt gebracht werden sollten: der eine von Cook gezeichnet, der alle seemännischen Daten und Beobachtungen enthalten, der andere von Reinhold Forster, der die «philosophischen» Erkenntnisse festhalten werde – mit anderen Worten, die botanischen, zoologischen und anthropologischen Einsichten. Von den Einnahmen sollten Cook und Forster jeweils zwei Fünftel, der Zeichner William Hodges ein Fünftel erhalten. (Indes sorgte Cook rasch dafür, daß Hodges ausgebootet und aus der Kasse der Admiralität mit einem Pauschal-Honorar von zweihundertfünfzig Pfund abgefunden wurde.) Nicht zu Unrecht notierte James Boswell nach einer Gesellschaft mit Cook: dieser «einfache, sensible Mann» berge in seinem Gemüt auch eine Waage, mit der er ein Goldstück abzuwägen verstehe. (Übrigens wies der Kapitän – ein Beweis seiner Wahrhaftigkeit – Boswell auch darauf hin, daß keine der Informationen, die ihm oder seinen Reisegenossen in der Südsee zugekommen seien, als ganz zuverlässig betrachtet werden könne, denn ihre Kenntnis der Sprache sei unvollkommen. Zu solcher Aufrichtigkeit konnte sich Reinhold Forster nicht entschließen.)

Schon eine gute Woche nach der Abmachung zwischen Reinhold Forster und James Cook schrieb Lord Sandwich an Mr. Daines Barrington von der Royal Society: «Ich gebe Ihnen mein Wort, daß einige führende Gelehrte mich getadelt haben, daß ich den Übersetzer von Bougainvilles Tagebuch beauftragte, Captain Cooks Reise zu beschreiben...» In dem gleichen Schreiben tadelte er Reinhold «als einen gänzlich unpraktischen», das will heißen: einen unbrauchbaren, nicht zur Kooperation fähigen Mann. Er rügte ferner Reinholds Stil und seinen Umgang mit der Grammatik. Also hatte Professor Forster schon ein Probekapitel vorgelegt, wie es die Admiralität von ihm verlangte: nach Georgs Zeugnis eine Beschreibung des Aufenthaltes in der neuseeländischen Dusky-Bay, in dem er seinen eigenen und Cooks Aufzeichnungen folgte. Vermutlich hatte er sich nach der Verabredung mit Cook unverzüglich an die Arbeit gemacht. Lord Sandwich, klagte Georg, habe das Probestück ohne Angabe von Gründen zurückgewiesen. War es so? Scheute sich der Chef der Admiralität, dem gelehrten Forster ins Gesicht zu sagen, daß sein Umgang mit der englischen Sprache nicht der glücklichste sei? Brüsk teilte er Reinhold mit, es werde ihm nicht erlaubt, die Hälfte der vorgesehenen Kupferstiche nach den Zeichnungen von Hodges in seinem Teil des Reiseberichts zu verwenden. Die Bilder sollten Cook vorbehalten bleiben. Das hieß: die Admiralität begünstigte den Verkauf des Bandes, für den der Kapitän verantwortlich sein sollte. Lord Sandwich mag sich der literarischen und persönlichen Schwächen Professors Forsters nicht ungern bedient haben, um die finanziellen Interessen Cooks zu fördern.

Sandwich hatte Professor Forster strikt verboten, mit einer Veröffentlichung in Deutschland oder Frankreich vorzuprellen, und er sagte klar genug: «Sollten sie jenen Plan verfolgen, so muß alles Einverständnis mit mir zu Ende gehen...» Das Gemeinwesen habe die Kosten für Forsters Reise aufgebracht und folglich einen Eigentumsanspruch auf die Beobachtungen, die er in seinem Dienst gemacht habe. Sandwich entging es kaum, daß in der Januar-Nummer der Zeitschrift ‹*Deutsches Museum*› eine Anzeige erschien, die ankündigte, daß Forster seine Reisebeschreibungen in drei Sprachen herausgeben werde. Die deutsche habe den Vorteil, daß sie auf die «meisten verdrießlichen Nachrichten von Wind und Wetter» – das heißt: die langweiligen nautischen Notizen Cooks – verzichte. In London dürfte man diesen Hinweis mit säuerlicher Miene zur Kenntnis genommen haben.

Am 13. April 1776 wurde indes ein Vertrag formuliert, der die Vereinbarungen über eine Publikation in zwei Teilen förmlich bestätigte. Dieses Dokument erlaubte übrigens den Druck von Übersetzungen schon drei Monate nach dem Erscheinen der englischen Ausgabe: ein Entgegenkommen an Forster. Cook und der Professor unterschrieben als Partner, Lord Sandwich und sein Mitarbeiter Stephens signierten als Zeugen. Wiederum lieferte Reinhold eine Art Probekapitel, das die Vorbereitungen zur Abreise und den Aufenthalt an der Tafel-Bay schilderte. Nach Prüfung des Textes ließ Lord Sandwich den Autor wissen, seine Arbeit bedürfe einer Korrektur. Er wies darauf hin, die Anmerkungen über Madeira seien eine Wiederholung des schon Bekannten und sollten darum gestrichen werden. Barrington von der Royal Society – so der Eindruck der Forsters – würde die Redaktion übernehmen. Reinhold aber wies es strikt zurück, sein Manuskript einer Revision zu unterwerfen (die übrigens nicht Barrington, sondern ein Mr. Cambridge besorgen sollte).

Neue Verhandlungen. Ergebnis: Professor Forster werde nun keine zusammenhängende Erzählung über die Reise, sondern eine Reihe von Abhandlungen naturwissenschaftlichen und anthropologischen Charakters aufsetzen. Die Admiralität bestand darauf, daß auch dieses Manuskript ihrer Kontrolle unterliege. Darauf ließ sich der gereizte Professor nicht ein. Freilich, er brauchte dringend Geld. In der Hoffnung auf reichen Gewinn an dem Buch hatte er längst verbraucht, was aus der Reisekasse geblieben sein mochte. Er verschuldete sich wie üblich links und rechts. Durch Barrington übermittelte er Lord Sandwich den Vorschlag, er werde sein Manuskript der Admiralität zur Verfügung stellen, wenn ihm dafür die Hälfte der Karten überlassen würden – wohl für den Vertrieb in Deutschland und Frankreich. Cook und Barrington schienen diese Regelung für vernünftig zu halten. Sandwich sagte nein: entweder beuge sich Professor Forster der Notwendigkeit einer Kontrolle, oder man begnüge sich mit einer Publikation des Bandes, für den Captain Cook verantwortlich sei. So der Bescheid vom 10. Juni 1776.

Reinhold Forster begehrte auf: Sandwich habe den Vertrag gebrochen. Er werde sich der Schmach nicht fügen, seine Arbeit wie den Aufsatz eines Schuljungen zensieren zu lassen. Sandwich an Barrington, nicht ohne ein Gran Heuchelei: «Ich bin aufrichtig bekümmert, daß Dr. Forster seine wahren Freunde nicht kennt und daß er seine eigenen Interessen oder Talente als englischer Schriftsteller selbst nicht richtig beurteilt...» Zu allem Überfluß zerstritt sich Reinhold mit dem honorigen Barrington, weil sich die beiden nicht darüber verständigen konnten, ob Meerwasser gefrieren und sich, wieder geschmolzen, in Süßwasser verwandeln könne.

In seinem *‹Offenen Brief an Lord Sandwich›*, den Georg im März 1778 drucken ließ, machte er es sich zu einfach, als er die Ursache für die Abneigung des hohen Herrn gegen den Professor Forster vor allem bei der jungen Dame suchte, der sein Vater bei der Ankunft in Spithead die tropischen Vögel vorenthalten hatte, die als Geschenk für die Königin bestimmt waren. Dem Lord mögen die Launen seiner capriziösen und verwöhnten Freundin eher lästig gewesen sein. Überdies waren ihm Gebote des Protokolls nicht fremd. Georg hätte auf die allzu persönlichen Anspielungen besser verzichtet. Im England des 18. Jahrhunderts ging man bei der Formulierung politischer und literarischer Pamphlete nicht zimperlich ans Werk. Doch Mangel an Takt taugte selten, einer gerechten Sache zu dienen.

Die Forsters machten nicht zu Unrecht geltend, aus den mündlichen Verabredungen vor der Reise resultierten Ansprüche, die mit der geleisteten Zahlung von 4000 Pfund (gleich 24000 Reichstaler) nicht abgegolten seien. Die Kalkulationen, die sie anstellten, waren freilich ein wenig verwirrend. Ihre Kosten für die Ausrüstung wurden in dem offenen Brief mit 1200 Pfund (dazu 300 für Bücher), in einem Schreiben von Reinhold Forster an Joseph Banks vom Frühsommer 1777 mit

1600 Pfund, von Georg im Jahr 1783 mit 1700 Pfund, der Aufwand in den Häfen und auf dem Schiff einmal mit 750, ein andermal mit 650, von Georg schließlich mit 1000 Pfund berechnet. Auch die nachträglichen Schätzungen über den Unterhalt der Familie schwankten zwischen 750 und 1000 Pfund. Im Umgang mit Zahlen empfand man im Hause Forster kein Bedürfnis, allzu exakt zu sein. Der Vater neigte zu raschen Übertreibungen – nach oben oder unten. Übrigens waren 4000 Pfund in jener Epoche keine geringe Summe. Professor Forster zahlte nach eigenem Zeugnis seinem Diener für drei Reisejahre 50 Pfund aus. Dr. Sparrman, sein wissenschaftlicher Gehilfe, wurde von ihm mit 125 Pfund entlohnt.

Dennoch: der Bearbeiter des ersten Reiseberichts von Captain Cook hatte 6000 Pfund Honorar kassiert. Die Admiralität befand sich gegenüber den Forsters in einer moralischen Schuld. Ein Kompromiß hätte sich vermutlich finden lassen, wären nicht der störrische Stolz Reinhold Forsters und die Arroganz des Earl of Sandwich so unversöhnlich aufeinandergeprallt. Später verwies man gern, wie Reinhold selber, auf das Selbstbewußtsein eines Wissenschaftlers im Dienst der Aufklärung, der sich einer Zensur durch die Regierung nicht beugen wollte und konnte. Es lag nahe, in ihm einen Märtyrer des aufstrebenden Bürgertums und seines Verlangens nach geistiger Freiheit zu erkennen.

Ein Aufklärer war er gewiß, auf seine Weise auch ein früher Demokrat und ohne Zweifel ein Bürger von hohem Selbstbewußtsein. Doch eignet sich sein Beispiel nur bedingt, um dem Kampf für die Freiheit der Meinung ein Denkmal zu setzen. Die Regierung hatte für seine Reise bezahlt. Sie bestand auf einem Verfügungsrecht über seine Arbeit. Das war die Spielregel, nach der Lord Sandwich und Mr. Barrington von der Königlichen Gesellschaft verfuhren. Der Chef der Admiralität – der eher seine Karriere, seine Pferde, seine Spielverluste und die Mätressen im Kopf hatte – war kaum weise genug, Forsters Kritik an der Brutalität von Offizieren und Mannschaften gegenüber den Menschen der Südsee ohne Einwand hinzunehmen (in den beiden Probekapiteln war freilich von Zusammenstößen zwischen Eingeborenen und Europäern nicht die Rede). Der Professor wiederum besaß nicht die Besonnenheit, Kritik an seinem Stil zu dulden. Überdies mußte für Cooks finanziellen Vorteil gesorgt werden. (Der Kapitän, der schon am 12. Juli 1776 mit der ‹Resolution› zu einer dritten Weltumseglung aufbrach, hätte vielleicht für einen halbwegs fairen Ausgleich gesorgt, wäre noch einmal Gelegenheit gewesen, seinen Rat einzuholen.)

Nach dem Scheitern der Zusammenarbeit mit der Regierung beschlossen die Forsters, daß Georg – durch keine Verträge gebunden – das Reisebuch schreiben sollte. In der Admiralität dürfte man dieses Verfahren nicht eben als leuchtende Demonstration von «fair play» betrachtet haben. Dennoch rührte kein Mitglied der Regierung einen Finger, Georg von der Publikation seines Werkes abzuhalten. Auch aus der Königlichen Gesellschaft hörte man keinen Einwand. Im Gegenteil: Georg wurde nach Erscheinen seines Buches zum Mitglied der Royal Society ernannt. Die Admiralität sorgte lediglich dafür, daß Cooks Bericht mit den vielen Kupferstichen, der sechs Wochen später auf den Markt gelangte, nicht mehr kostete (nämlich zwei Guineen) als Georgs Arbeit. Eine Zensur wurde nicht ausgeübt, wie trocken auch mancher Vertreter der Obrigkeit bei der Lektüre von Georgs harter Kritik an den Despotien Europas geschluckt haben mag. (Auch Reinholds Buch *‹Observations›* begegnet später keinem offiziellen Widerstand.)

Die freiheitliche Bürgergesinnung, die Georgs Werk erfüllt, entsprach dem Geist des jungen Autors und ganz gewiß den Überzeugungen seines Vaters. Die bitteren Erfahrungen, die ihnen zuteil wurden, spornten zur Schärfung mancher Formulierung an. Die Kränkungen über erlittenes Unrecht – ob vermeintlich oder nicht – weckten in dem Sohn eine Bereitschaft zur Rebellion, die ihm zuvor fremd war. Die Schwächen des Vaters kannte er gut genug. Er vergaß nicht, daß ihn sein Bürgertrotz gegen die Obrigkeit kaum davon abhielt, ein schlimmer Haustyrann zu sein. Die Demütigungen, die ihm nach den kurzen Triumphen bei der Heimkehr widerfuhren, machten ihn nicht duldsamer. Seine Unfähigkeit, für die Familie zu sorgen, ließ die Manieren nur noch herrischer werden.

Es lebte sich schwer mit dem Alten, der übrigens erst fünfzig Jahre alt war. Antonia, die zweitälteste der Töchter – ein gescheites Mädchen von achtzehn Jahren, verwachsen, ehrgeizig, nicht ohne Charme – fand eine Stellung als Gouvernante bei einer reichen Familie in Wien. Carl war ohnedies nicht mehr im Haus. Wilhelm, der sich im Konfirmationsalter befand, wurde in ein Internat geschickt. Die Mutter hatte dennoch Tag um Tag das Essen für wenigstens sechs Menschen auf den Tisch zu bringen. In Wirklichkeit fanden sich sieben oder acht Personen, wenn nicht mehr, zu den Mahlzeiten des Professors ein. Selbst in Notzeiten schien die Tafel selten allzu karg bestellt. Karl Friedrich Bahrdt, der rebellische deutsche Theologe, berichtete, er sei täglich zum Mittagessen bei Forsters gebeten worden. Nirgends sei er so schön und geschmackvoll bewirtet worden: «Es war bei ihm englische Reinlichkeit und Schönheit und deutsche Kost. Ich fand immer drei bis vier Schüsseln, welche die Eßlust ebenso sehr reizten als Kraft und Nahrung gaben.» Für das schöne Haus in der Percy Street zahlte Reinhold 50 Pfund Sterling Miete (ohne Steuern). Mehr als für den Haushalt gab Reinhold für Bücher aus, die er wie ein Besessener kaufte. Spener rief er – es war kein Anflug von Selbstironie – mitten in seiner Bestellwut zu: «Ich muß auch an Geldverdienen und nicht ausgeben gedenken.» Es wurde ihm nicht leicht.

Der König hatte es – vielleicht von Sandwich so beraten – ungnädig abgelehnt, Zeichnungen und völkerkundliche Kostbarkeiten aus der Sammlung der Forsters zu erwerben. Auch die Königin zeigte sich, entgegen aller Übung, für das Geschenk der tropischen Tiere nicht erkenntlich. So blieb nur Joseph Banks, den Reinhold im Kreis von Fremden und Freunden verdächtigt hatte, er gönne den Forsters ihren Forscherruhm nicht und schade ihnen durch eifersüchtige Intrigen. Der Vater bot dem künftigen Präsidenten der Royal Society die Tier- und Pflanzenzeichnungen Georgs so selbstverständlich an, als seien es die eigenen. Der generöse Kollege erwarb Artefakte, Pflanzen und Bilder für 1000 Pfund (Grundstock der Forster-Sammlung von einigen hundert botanischen und zoologischen Zeichnungen im Britischen Museum). Das verschaffte der Familie ein wenig Luft. Die Großherzigkeit dieser Hilfe – später lieh Banks dem Vater noch eine beträchtliche Summe – wurde in keinem Brief gerühmt, weder vom Vater noch vom Sohn.

Deutsche Besucher, die bei den Forsters anklopften – ob es der General Schlieffen aus Kassel war, der im Auftrag seines Landgrafen die hessischen Soldaten verschacherte, der noble Fürst von Anhalt-Dessau, Lichtenberg, der junge Verleger Spener, später der junge Dr. Soemmerring oder der Professor Bahrdt: sie alle begegneten den beiden Weltfahrern mit Bewunderung. In Karl Philip Spener, der im September 1777 aus Berlin herreiste, erkannte Georg einen Spiegel seiner eigenen Empfindungen und Interessen. Die freundlichen Meinungen und günstigen Eindrücke der Gäste wirkten zusammen, sein Bild von Deutschland und den Deutschen zu verklären.

Seine kritische Distanz zur englischen Umwelt traf mit den ersten Aufschwüngen einer nationalen Gesinnung der Deutschen zusammen, die nicht länger bereit zu sein schienen, die Überfremdung ihrer Kultur durch die französische Prägung der Hof- und Adelsgesellschaft ohne Widerspruch hinzunehmen. Dem Jüngling in der Percy Street, der Deutschland niemals gesehen hatte, verwandelten sich die deutschen Hügel und «jedes süße von rieselnden Bächen benetzte Thal» in ein neues Arkadien.

Er bemühte sich, erste Eindrücke von deutscher Literatur zu gewinnen. Seinen Freund Vollpracht fragte er nach Matthias Claudius, der ihn tief beeindruckte, nach dem *‹Götz von Berlichingen›*, nach Klopstocks Oden, nach dem Göttinger Almanach. Er las den *‹Werther›*, von der Sensibilität der Erzählung berührt, wenn er bei der Lektüre auch tugendsame Vorbehalte sowenig abzuschütteln vermochte wie bei Wielands Freigeistereien. Georg selbst versuchte sich in jenen Jahren an deutschen und englischen Versen, die alle verschollen sind, samt des lyrischen Fragments über Tahiti, das sich (nach den Forschungen Gerhard Steiners) noch 1842 im Besitz seiner Tochter Therese befand.

Im März 1776 rief er dem Freunde Vollpracht in etwas holprigen Sätzen zu: «In Gedanken irre ich mit Ihnen herum, in heiligen Vaterländischen Hainen; in gedanken unterrede ich mich mit Ihnen, bin in Gedanken ein Deutscher, und schwärme – so wie wir auf unsrer Oxfordschen reise auch gethan; da bauten wir Luftschlößer, da sollten wir die Sitten des allzu verderbten

Englands verlaßen, um in Deutschland was reineres, weniger gekünsteltes, mehr entzückendes zu suchen.»

Nach der bitteren Niederlage, die Lord Sandwich seinem Vater bereitet hatte, verschärfte sich der Ton: «Ich bin ein Deutscher: und so wahr ich ein Deutscher d.i. ein ehrlicher Mann bin, so ists ... nicht mehr Ehre, Grosmuth, keine Tugend mehr in England!» Aus seiner Kritik sprach allzusehr die Stimme seines Vaters. Seine Kommentare zum Unabhängigkeitskrieg der amerikanischen Kolonien, der mit dem Scharmützel von Lexington bei Boston im April 1775 begann, demonstrieren eine radikale Veränderung des Verhältnisses zu seiner Wahlheimat. Noch halbwegs stoisch vermerkte Georg im Mai 1776 die Räumung von Boston. Im September beteuerte er dem Freund Vollpracht, sein «Mißfallen an dem Englischen Volke» dürfe man nicht seinen eigenen «Unglücksfällen» zuschreiben – er setzte sie vielmehr in Beziehung zu dem Kampf gegen die Rebellen jenseits des Ozeans. Den Landgrafen von Hessen-Kassel nannte er das «Unthier, das jetzt den abscheuligen Handel mit Soldaten treibt und an England den Schweis, das Blut, die Freyheit seiner Unterthanen verkauft, um seinen infamen Lüsten ein Gnüge zu leisten».

Nicht ohne Befriedigung nahm er zur Kenntnis, daß sich die hessischen Regimenter in der Schlacht bei Trenton in New Jersey ohne allzu großen Widerstand überwältigen ließen. England könne selbst aus seinen Siegen nicht mehr viel Gutes erwachsen, denn ohne Armee ließe sich auch das geschlagene «America nicht in Unterwürfigkeit erhalten» – die Armee aber koste so viel, wie der Gewinn, den ein Sieg einbringe.

Selten ermahnte sich Georg zu einer Regung von Selbstironie: «Sehen Sie», rief er Spener zu, «ich prahle so mit meiner Deutschen Treue und Redlichkeit.» Selten auch ein korrigierender Einwurf wie sein Erschrecken über eine Bemerkung des großen Göttinger Orientalisten Michaelis (Vater der Caroline, die eine so wichtige Figur in seinem Leben werden sollte), der sich in einem Brief an Reinhold beschwerte, die Deutschen teilten nun die Welt nur noch in «Deutsche und Vieh». «Um Himmels willen», schrieb Georg an Vollpracht, «ists möglich so einen schrecklichen Übergang aus einem extreme ins andre zu machen, und nachdem man kurz vorher alles ausländische ganz niederträchtig sclavisch nachgeaffet hat, jetzt so dumm-stolz alles Fremde zu verwerfen.»

Mit einiger Mühe tastete er sich zu einem Umgang mit der deutschen Sprache vor, den man entspannt und natürlich nennen könnte. Seine ersten Briefe waren von Anglizismen verstellt (und noch zeichnete er «George», wie ihn der Vater ins Taufregister eingetragen hatte). Ohne Zweifel las sich die englische Fassung der *‹Reise um die Welt›*, die er in der knappen Frist von acht Monaten schrieb, eleganter, flüssiger und präziser als die deutsche Fassung, für die er nur partiell verantwortlich war. Der Vater hatte ihm das Ziel gesetzt, sein Buch müsse vor Captain Cooks Aufzeichnungen erscheinen. Er arbeitete Tag und Nacht. Wohl standen ihm die Notizen und der Rat des Alten zur Verfügung. Er konnte auf eigene Aufzeichnungen zurückgreifen. Die Übersetzungen von Bougainvilles Bericht hatte ihm den Stoff vertraut gemacht. Dennoch bleibt es erstaunlich, mit welcher Konzentration er dieses gewaltige Material zu ordnen verstand. Gegen die Überarbeitung rebellierte freilich sein Körper, der durch die Jahre miserabler Kost, den Skorbut, antarktische Entbehrungen und tropische Krankheiten geschwächt war. Den Freunden verbarg er sein Elend nicht, zumal dem Verleger in Berlin: «Wenn ich den Muth sinken ließe, welches eben kein Wunder wäre... Sagen Sie was wird daraus werden?» Einige Zeit danach: «Leben! – kein Leben ist das; so was leeres ist ärger als – ja vielleicht als der tod.» An Vollpracht meldete er am letzten Tag des Jahres 1776: «Ich habe mich krank gearbeitet und bin diese zwei letzten Monathe November und December höchst elend, an biliösen Krankheiten, unbändigen Kopfschmerzen, Erkältung und Durchlauf, fast zum Skelett geworden.» Er war nicht immer frei von Anwandlungen des Mitleids mit sich selber, und manchmal wurden ihm die Klagen zur Routine. Doch wie sollte er neben dem erdrückenden Schatten des nörgelnden, zornigen und immer fordernden Vaters auf sein Existenzrecht anders aufmerksam machen? In Wahrheit biß er trotzdem fast immer die Zähne zusammen.

Am 17. März 1777 – eine Rekordzeit – lag die englische Ausgabe vor, Cook tatsächlich um gute sechs Wochen voraus. Damit war mehr als die Hälfte der Arbeit getan. Es blieb noch genug. Die deutsche Übersetzung sollte der englischen Fassung Schritt für Schritt folgen. Als Gehilfen hatte der Vater den deutschen Literaten Rudolf Erich Raspe engagiert, der einige Jahre zuvor Kassel und seine Professur für Alterskunde unter obskuren Umständen verlassen hatte. Man warf ihm vor, er habe manche Kostbarkeiten aus den Sammlungen seines Fürsten (im Wert von einigen tausend Thalern) auf eigene Rechnung verkauft und sich den Nachstellungen durch die Flucht nach England entzogen. Der langaufgeschossene, joviale und etwas kauzige Mann – noch keine 40 Jahre alt, als er den Forsters begegnete – fand in London als Übersetzer und Autor ein karges Auskommen. Für eine Weile bediente er sich eines falschen Namens. Deutschen wich er lieber aus. «Stelle Dir vor», berichtete Lichtenberg nach Haus, «gestern Morgen habe ich Raspen» gesehen, «er konte mich kaum sprechen, so sehr verwirrte ihn mein Anblick. Er gieng aus einer Gesellschaft, in die ich gehen wollte, und wir begegneten uns auf der Treppe...»

Immerhin gelang es ihm, Mitglied der Royal Society zu werden, bei der ihm freilich ohne Umstand die Tür gewiesen wurde, als ihn die Gerüchte aus Kassel einholten. Raspe machte dafür die Klatschsucht Reinholds verantwortlich, der den Skandal im Dezember 1775 triumphierend an Spener nach Berlin gemeldet hatte. Die beiden söhnten sich aus, als Raspe treuherzig versicherte, er habe durch die Unterschlagung landgräflichen Eigentums nur an sich gebracht, was ihm der Fürst schuldig geblieben sei. Dies verstand Reinhold nur zu gut.

Raspe erwies sich zunächst als ein kundiger und rascher Arbeiter. In der Regel saß er bei Mrs. Forster am Tisch, des öfteren übernachtete er in der Percy Street. Später, als er eine Stellung bei einem Buchhändler fand, ließ sein Eifer nach. Georg glaubte, in ihm nicht nur einen verläßlichen Helfer, sondern auch einen vertrauten Freund gefunden zu haben. Und doch fühlte er sich schließlich im Stich gelassen. Im Juni 1777, als sich die Arbeit dem Ende zuneigte, klagte er, Raspe habe statt der versprochenen sechs Bogen nur einen übersetzt. So wuchs Georgs Anteil an der Übertragung. Er achtete darauf, daß sich sein Stil von jenem Raspes nicht entfernte. In der Tat läßt sich nicht mehr feststellen, wer was übersetzte: die Einheit des Buches kann ein Glücksfall genannt werden – obwohl seine sprachliche Qualität jene der englischen Ausgabe längst nicht erreicht.

Georgs Engagement für die Übersetzung hatte den Vorteil, daß er gezwungen wurde, mit dem Deutschen erstaunlich rasch vertraut zu werden. Durch den Umgang mit einem Schriftsteller, bei der Erfüllung einer literarischen Aufgabe und durch die Lektüre moderner Dichtung lernte er seine Muttersprache ein zweites Mal – ohne von den Verkrampfungen der barocken Behörden- und Kirchensprache belastet zu sein. Die Unmittelbarkeit und schöne Einfachheit, der poetische Zauber und der musikalische Reichtum, die dem Englischen eigen sind, brachte er als wichtigstes Kapital seiner Wahlheimt in das Deutsche ein. Er hätte mit Lichtenberg sagen können, daß er nach England gefahren sei, um Deutsch schreiben zu lernen. In der Tat ist es seiner englischen Bildung zu danken, daß Georg Forster das modernste Deutsch vor Heinrich Heine zu schreiben vermochte.

Raspe – der Autor von *‹Münchhausens Abenteuern›* – war kein schlechter Lehrer. Die Zusammenarbeit der beiden endete freilich mit heftigem Ärger. Der Übersetzer beklagte sich bei Spener, Reinhold sei ihm den verabredeten Lohn schuldig geblieben: Wenn man ihn anders nicht bezahlen könne, müßten die Forsters eben ihr letztes Hemd versetzen, forderte er fluchend. Das half wenig. Außer den Gegenflüchen des Vaters gab es nichts fortzutragen. Erst vier oder fünf Tage danach brachte ihm Frau Forster die neun Pfund, die man ihm schuldig war. Not macht selten Freunde. Resigniert schrieb Georg an seinen Verleger, er habe gelernt, einen «Freund nie mit Geschäften auf die Probe zu stellen...»

Der Preis, den das große Werk von ihm verlangte, war hart. Oft fand er lange Wochen kaum Zeit, vor die Tür zu treten und frische Luft zu schöpfen – falls man den gelben Steinkohlen-Brodem, der in den Straßen von London hing, so nennen konnte. Immer wieder wurde der junge Mann – beim Abschluß des Buches war er 22 Jahre alt – von seinem geschundenen Organismus im Stich gelassen. Das freundliche Echo, das die englische Ausgabe fand, richtete ihn für einige Wochen auf. In allen Zeitschriften wurde die Lebhaftigkeit seiner Erzählung gerühmt, da und dort auf Kosten von Captain Cook, dem man die Monotonie seiner Notizen vorhielt. James Boswell bemerkte, er habe sich an Forsters Buch gefreut. Er wies Samuel Johnson auf die schöne Sprache hin, die sich in dem Band finde: Forster, sagte er, trage ihn mit. Johnson witzelte schlechtgelaunt, ihn trage er nicht mit, sondern weit voraus, denn er zwinge ihn, mehrere Seiten zugleich umzuschlagen.

Die freundlichen Rezensionen halfen dem Verkauf wenig. Nach einigen Monaten lagen noch immer mehr als fünfhundert Exemplare (von einer Auflage, die kaum tausend Stück betrug) wie Blei in den Buchhandlungen, während Captain Cooks Konkurrenzband dank der Kupfer längst vergriffen war. Reinhold meldete, wegen eines fälligen Kredits von zweihundert Pfund drohe ihm das Schuldgefängnis. «Now the Horrors of a Jail stare into my face», rief er, nicht ohne eine Spur von Melodramatik, dem geduldigen Joseph Banks am Ende einer langen Epistel zu.

Die Familie setzte alle Hoffnungen auf die deutsche und die französische Ausgabe, für die der Vater einige Kapitel übersetzte (womit er seine Fähigkeiten ein anderes Mal überschätzte). In seiner Verzweiflung (und Skrupellosigkeit) zögerte der Professor nicht, bei einem Londoner Partner des Hauses Spener zwei- oder dreimal im Namen des Verlegers Summen zwischen zehn und vierzig Pfund abzuheben. Spener verbat sich diese Praktiken, die an Betrug grenzten. «Seyn Sie unbesorgt», rief Reinhold seinem Verleger zu, «ich werde Ihrer Freundschaft nie misbrauchen!» Natürlich beteuerte der Vater, er habe die Gelder gleichsam nur umgeleitet und den Ausgleich sofort wieder eingezahlt. Georg ließ Spener seufzend wissen, er wolle damit nichts zu schaffen haben, «da Sie, in allem was diese meine Reisebeschreibungen betrifft, nicht mit mir, sondern mit meinem Vater den Contract geschlossen haben». Am Schluß des Briefes aber brach die Not aus seiner Seele: «Ich bin zu meinem unbeschreiblichen Leidwesen, noch in der unglücklichen Lage, nicht nur mein Brod, sondern das Brod vieler andrer, fast ohne Beihülfe, mit dem Schweiße meines Angesichts und der sauersten Mühe erwerben zu müßen, ohne Aussicht daß es je anders werden wird, daß ich uns alle je frei arbeiten werde, und also ohne Freunde.» In einem Postscriptum fügte er hinzu, es sei natürlich, daß dieser Brief gesiegelt werde, ehe «ein gewisser Mann in Percy Street» ihn lese.

Lang hatte Spener nichts von sich hören lassen, obwohl ihm Georg Kapitel um Kapitel der Übersetzung, Brief um Brief, Notruf um Notruf schickte. Zwei junge Schwestern des Verlegers waren im gleichen Monat gestorben. Um den Freund zu trösten, schrieb ihm Georg einen Vers von Anna Luise Karsch: «Ach klage nur! ganz sind sie deiner Schmerzen, / Ganz deiner unumschränkten Trauer werth...» Aber erklärte die Trauer das Schweigen? Warum hielt es Monate an? Schließlich richtete Georg ein ironisches Schreiben an die Firma Haude und Spener, in dem er sich erkundigte, ob ein frühzeitiger Tod auch seinen Freund dahingerafft habe. Darauf wurde ihm endlich eine Antwort zuteil, die eine harsche Zurechtweisung war. Die Zurückhaltung des Berliner Buchhändlers verbarg eine Verlegenheit. Zur Michaelis-Messe im Herbst 1777 sollte wenigstens der erste Band der Weltreise erscheinen. Es kam nicht dazu. Es mag sein, daß Spener das Kapital fehlte, das der Druck jedes Buches verlangt. Wagte er es nicht, seinen Autor darüber ins Bild zu setzen? Stillschweigend unterließ er es auch, dem Herrn von Catt – der Vorleser Friedrich des Großen war – ein Paket mit der englischen Ausgabe der *‹Reise›* und dem Entwurf eines Widmungsschreibens an den König von Preußen zu übergeben. Reinhold raste vor Wut, als er das Versäumnis entdeckte. Mit erdenklicher Mühe und Devotion hatte er durch Henri Alexandre de Catts Vermittlung die Erlaubnis erschmeichelt, Friedrich die *‹Reise›* zueignen zu dürfen. Daran knüpfte sich nicht nur die Hoffnung auf ein wertvolles Gegengeschenk (wie es den Üblichkeiten entsprach), sondern mehr noch die Spekulation auf eine preußische Professur. Georg bestand am Ende darauf, die Zuneigung an Friedrich II. selber zu formulieren. Das Einverständnis des Vaters erzwang er mit dem Hinweis, daß er es sei, der die *‹Reise um die Welt›* geschrieben habe. «Ich hätte doch nicht so schwer umsonst gearbeitet! Daß ich auch nicht einmal die Ehre davon hätte?...»

Der Sohn begann, seine eigenen Interessen kräftiger anzumelden. Manchmal fand er sogar den Mut, sich gegen die Tyrannei des Vaters aufzulehnen. Respektvolle Aperçus der englischen Kritik und Liebenswürdigkeiten aus gelehrten Kreisen gaben ihm zu verstehen, daß er eine Persönlichkeit aus eigenem Recht sei, nicht länger bloß der Schatten des Professors Forster (der nach dem Urteil Hanno Becks der bessere Naturforscher war). Um so begieriger wartete Georg auf das Urteil seines deutschen Verlegers, der im Sommer 1777 die gesamte englische Ausgabe und im frühen Herbst die vollständige Übersetzung (samt einigen Ergänzungen aus den Cook'schen Tagebüchern) zu lesen vermochte.

Speners Antworten sind nicht erhalten, doch sein Vertrauen in den jungen Autor fand eine andere Bestätigung, die klar genug war: die Nachricht von der Hinrichtung des Theologen, Hofpredigers und Literaten Dr. William Dodd regte den wachen Unternehmer in Berlin zu der Frage an Georg an, ob er bereit sei, eine Biographie des geistlichen Delinquenten zu schreiben. Er bot ein bescheidenes Honorar von zehn Guineen. Das war nicht viel, aber im Hause Forster mußte jeder rote Heller willkommen sein, um Brot ins Haus zu schaffen. So verstand Georg seine Pflicht. Obwohl die Übertragung der ‹*Reise*› noch nicht völlig abgeschlossen war, machte sich der junge Schriftsteller unverzüglich ans Werk. Er wollte jeder möglichen Konkurrenz zuvorkommen: dem rührigen Raspe oder dem kauzigen Johann Friedrich Schiller (ein Pate des bedeutenderen Namensträgers), der sich laut Georg «für den ersten Schriftsteller oder Übersetzer der deutschen Christenheit» hielt. Er betrieb in London eine florierende literarische Werkstatt. Reinhold schrieb von ihm, nicht ohne Witz, er sei «zuweilen etwas verrükkt im Kopfe. Einer seiner Landsleute... hat Ihn zum Goldmachen und der Rosenkreuzbruder-Gesellschaft bekehrt... Um recht fromm zu werden, welches das große Geheimnis erfordert, kasteiet er seinen Leib; dadurch ist nun seine Gestalt der des Don Quixotte so ähnlich geworden, dass man ihn nicht unterscheiden kan. Er ist lang, mager, hat tief im Kopfe liegende Augen, die von einem verborgenen Feuer funkeln. Er ist so bleich, und zugleich so gelb dass er aussieht wie eine Haut im Rauche...»

Den Sensationsbericht über Dodd jagte Georg schließlich keiner der Kollegen ab. Doch der Autor fragte sich (und seinen Verleger) mit einem Anflug von Verzweiflung, wie er der ungewohnten Aufgabe Herr werden, woher er die Anekdoten über Dodd, die Nachrichten über seinen Umgang und seine Konversation nehmen könne. Wenige Wochen nach der Exekution war der Londoner Markt mit Traktaten und Pamphleten überschwemmt. Georg verfuhr wie Tausende seiner Kollegen vor ihm und nach ihm: er plünderte die vorliegende Literatur. Allerdings bewies er mit seiner Bearbeitung ein Talent, das den Durchschnitt der journalistischen Leistungen jener Epoche weit überragte. Man weiß, daß Spener das kleine Buch redigierte und den Umfang durch Betrachtungen allgemeiner Art ein wenig streckte. Von ihm stammt vor allem der hochmoralische Schluß. Er mag aber dem Text auch das «böse englische Deutsch» ausgetrieben haben, das Forsters Prosa dann und wann noch immer beschwerte.

«Ein lebhafter, witziger Kopf hat sich kaum vergafft, so macht er auch schon Verse», schrieb Georg über den Pfarrersohn William Dodd, der mit seiner Poesie, seinen Satiren und seinen Tragödien raschen Erfolg geerntet hatte. Die Herzen der Damen flogen ihm zu. Er heiratete früh: eine Miss Perkins, von der Georg ermittelte – welche Gelegenheit zu einem Seitenhieb! –, daß sie einst von Lord Sandwich ausgehalten worden war und ein Vermögen von 1000 Pfund besaß. Dank der Beziehungen des Vaters konnte sich der leichtfertige Jüngling in pastoralen Ämtern etablieren. Seine blendende Erscheinung und die poetische Sprache lockten ein mondänes Publikum zu seinen Predigten. «Man müßte die Welt wenig kennen», bemerkte Georg nicht ohne Zynismus, «wenn man leugnen wollte, daß körperliche Schönheit von vielen Zuhörern, und fast allen Zuhörerinnen, als Haupteigenschaft des geistlichen Redners angesehen werde.» Die Einkünfte des jungen Pfarrherrn mehrten sich dank seiner geistlichen Schriften und der unermüdlichen Arbeit «im Weinberge des Herrn». Er begründete überdies eine Pension für Sprößlinge reicher Familien, die regen Zulauf hatte.

Insgeheim verfaßte Dodd, als die «erste Hitze seiner Frömmigkeit verrauchte», auch einige Romane, die angeblich voll schlüpfriger Szenen waren. Dem entsprach die Aufführung des Autors im Leben: der Pfarrer vergnügte sich in London, und die Pfarrersfrau – so oft allein gelassen – fand ihre eigenen Zerstreuungen. Bei jenen heiklen Passagen fügte der Autor die Fußnote an, es sei zwar des Biographen Pflicht, «die Menschen in ihrer natürlichen Gestalt, ohne Schminke, seinen Zeitgenossen und der Nachkommenschaft zum warnenden Beispiele darzustellen», doch deshalb dürfe nicht «die Neugier eines jeden Anekdotenkrämers befriedigt werden». Nach dieser wohlmeinenden Vorrede durfte er seine Leser mit manchen pikanten Hinweisen erheitern. Dodd, so schrieb er, nahm gern junge Ausländer in sein Pfarrhaus, die für zwei Guineen pro Woche bei ihm Wohnung, Tisch und englischen Unterricht fanden. «Mit diesen jungen Leuten pflegte er Sonnabends in die Stadt zu fahren, um des andern Morgens sein Predigeramt abzuwarten. Einer aber blieb gemeiniglich auf dem Lande, um der Frau Pastorin Gesellschaft zu leisten; und der mußte für diese außerordentliche Ehre drei Guineen mehr bezahlen ... – Mrs. Dodd ließ in die Zeitungen setzen, daß sie angenehme Gesellschafterinnen brauchte, die sie in allen Stücken frei halten, auch, falls man mit ihnen zufrieden wäre, des Sommers nach Southampton, nach Bath, oder gar bis nach Frankreich mitnehmen wolle. Sie stellte sich oft krank, und wollte alsdann nur von ihrem Manne und der Gesellschafterin bedient sein. Die Dienste, die sie ihr gemeinschaftlich leisten mußten, brachten seltsame Situationen hervor, und gaben Anlaß zu größern Vertraulichkeiten. Die Nebenzimmer waren bequem ...»

Zugleich beteiligte sich Dodd an der Gründung des Magdalenen-Hospitals, das Georg als ein «mildes Institut für liederliche Frauenspersonen» schilderte, die sich bessern wollten. Die Stiftung wurde, nach Georgs Beschreibung, mit Umsicht und Toleranz geführt. Sie hatte den größten Erfolg: in einem Zeitraum von siebzehn Jahren bot das Spital 1673 «gefallenen Mädchen» Unterkunft, von denen manche noch halbe Kinder waren: davon seien über 900 mit ihrer Familie ausgesöhnt, als Dienstmädchen in gute Häuser oder als Arbeiterinnen zu Handwerksleuten vermittelt worden. Mehr als 200 hätten sich einen eigenen Weg gesucht, 155 seien wegen schlechter Aufführung fortgejagt worden, 52 in anderen Krankenhäusern gestorben.

Dodd predigte nun in der Kapelle des Stiftes. Wer ihn hören wollte, mußte Eintritt zahlen (was einer englischen Merkwürdigkeit entsprach). Um seine Einnahmen zu fördern, baute er zwei eigene Kapellen, obschon ihm inzwischen die lukrativsten Pfarrstellen zugewiesen waren. Sein verschwenderischer Haushalt, der anspruchsvolle Geschmack der Pfarrfrau, seine Schwäche für luxuriöse Damen kosteten dennoch mehr Geld, als er verdiente. Kurz: der gefeierte Dr. Dodd nahm Kredite auf, die er nicht zurückzahlen konnte. «Der Verkauf seiner ansehnlichen Bibliothek» – dies an die Adresse Reinholds! – «wäre allein hinreichend gewesen, ihn, wo nicht völlig, doch großentheils außer Schulden zu setzen. Diesen Schritt wollte ihn aber seine Eitelkeit nicht thun lassen...»

Als er nicht mehr ein noch aus wußte, ließ sich Dr. Dodd dazu hinreißen, Wechsel auf den Namen Lord Chesterfields, seines Freundes und Gönners, zu fälschen. Das törichte Unternehmen flog auf. Dodd aber hätte seine Landsleute genau genug kennen sollen, um zu wissen, daß sie keinen Spaß verstanden, wenn es um Geld und Eigentum ging. In Großbritannien war es möglich, wegen einer Schuld von zwei Pfund ins Gefängnis geworfen zu werden. Auf Wechselfälschungen stand die Todesstrafe. William Dodd wurde in der Tat für schuldig befunden. Der König lehnte ein Gnadengesuch ab, da ein Gutachten des Geheimen Staatsrates auf die «Sicherheit des Eigenthums» hinwies, das «in einem Handlung treibenden Lande... zur Grundfeste der Staatsverfassung gehöre». Der «Wohlstand der ganzen Nation» hänge vom Ansehen und Kredit von Schuldverschreibungen und Wechseln ab. Georg zeigte an, daß er den Charakter der bürgerlich-kapitalistischen Gesellschaft genau genug begriff: «Man wird sich wohl nicht wundern», schrieb er, «daß der König so triftigen und einleuchtenden Gründen Gehör gab, und das Todesurtheil bestätigte».

Dr. Dodd ging in sich. Von seiner Aufführung im Gefängnis gewann Georg einen lebhaften Eindruck, da der Verurteilte des öfteren von einem «rechtschaffenen deutschen Prediger» besucht wurde – es mag der gute Woide gewesen sein –, der beobachtete, daß Dodd «öfters mit der größten Begierde, mit unglaublicher Heftigkeit, zu leben» wünschte – nicht nur, um Zeit für seine tätige Reue zu gewinnen, «sondern er wollte leben um des Lebens willen».

Die Fahrt zur Hinrichtungsstätte war von abertausend Menschen gesäumt, als sei ein Festzug zu erwarten. Dodd schien bis zum letzten Augenblick auf einen Gnadenakt zu hoffen. Durch Gebete und Ansprachen verzögerte er die Exekution. Es half nichts: er wurde «beim Halse gehängt, bis er todt» war. Man schaffte seinen Leichnam zum Haus eines «Undertakers», in dem Ärzte und Chirurgen bereitstanden, «um den entseelten Leichnam wieder einen Odem einzuhauchen». Zu spät.

«Lerne denn, Jüngling», hob Georg (wenn es nicht Spener war) zur frommen Apotheose an, «hüte dich, daß Du in keine Sünde willigst, noch thuest wider sein Gebot!» So sprach am Ende der Pastorensohn, dessen Kindheit von Luthers Sprache geprägt war. Er vergaß nicht, in einer Fußnote mitzuteilen, daß Dodds Witwe eine Rente von 200 Pfund Sterling (gleich 1200 Taler) pro Jahr bezog, die Dodd, «als er noch in guten Umständen war», verabredet hatte. «Uebrigens haftet die Schande einer öffentlichen Hinrichtung», bemerkte Georg, «in England nicht auf des Hingerichteten Familie, und gereicht derselben nie zum Vorwurf. Eine billige Denkungsart, die Nachahmung verdient.»

Als er das Manuskript im September 1777 abschloß, holte er bei Speners Londoner Geschäftskorrespondenten unverzüglich das Honorar ab. Ein paar Tage zuvor schon, als sich die Arbeit zu Ende neigte, überwältigte ihn jene Trauer, die aus der Erschöpfung rührt. Er las die «Leyden Werthers zwei, drei Mahl hinter einander», und danach die «Geschichte der Clementine» von Samuel Richardson. Der unmittelbare Appell an sein Gefühl und das plötzliche Nachlassen der Spannungen gaben ihn einem Weinkrampf preis, den er als Erleichterung empfand.

Eine lange Rast war ihm – vermutlich zu seinem Glück – nicht gegönnt. In der Percy Street gaben sich, wie üblich, Besucher aus Deutschland die Tür in die Hand. So klopfte auch Karl Heinrich Titius bei den Forsters an, Inspektor des Naturalien-Kabinetts am Königlichen Hof in Dresden, der im Begriff war, nach einem längeren Aufenthalt in London nach Paris weiterzureisen. Georg mag selber auf den Einfall geraten sein, den Gast zu begleiten, denn noch immer suchten die Forsters nach einem französischen Verleger für die Weltreise. Überdies könnte man versuchen, in Paris einen Teil der Sammlungen loszuwerden, um Geld ins Haus zu schaffen. Der Vater hatte im Jahr zuvor sein Glück in Frankreich versucht und war mit leeren Händen zurückgekommen, doch bis in die Haarspitzen von Ressentiments erfüllt. Damals nahm Georg seine Zetereien gegen die Franzosen allzu willig auf: sie paßten exakt in die anti-französischen Stimmungen, in denen sich das deutsche Bildungsbürgertum jener Epoche gefiel, das sein Selbstbewußtsein nicht in eigener Substanz, sondern eher in der Auflehnung gegen das Fremde zu begründen versuchte. Dem Freund Vollpracht tischte er in einem Brief alle Stereotypen auf, die sich der «rechte Deutsche» zu eigen machte: «Leere Complimente, flüchtiges, superficielles Wesen, Einförmigkeit des characters vom decrotteur zum duc te pair, Sauerei in Wohnung und Eßen und Schßen, kurz alles was contrast mit Deutscher Nation macht, und mich völlig disgutiert...» Für Buffon, den großen Naturkundigen und Bougainville ließ der Vater eine Ausnahme zu.

Reinhold hatte in Paris mit Charles Joseph Panckoucke verhandelt, dem Verleger der Werke Voltaires und Buffons. Die Herren vermochten sich nicht zu einigen. Zuvor schon hatte Panckoucke in London vorgesprochen. Da er Reinhold nicht antraf, hinterließ er das schriftliche Angebot: tausend oder fünfzehnhundert Exemplare der ‹*Reise*› zu übernehmen. Reinhold aber wollte die vier Zahlungstermine des Pariser Verlegers nicht akzeptieren. Er verlangte ultimativ 100 Louisdor auf die Hand. Monsieur Panckoucke hob bedauernd die Schultern: der Handel scheiterte.

Ein knappes Jahr danach bestieg Georg die Post nach Brighthelmestone. Bei der Überfahrt nach Dieppe wurde ihm sterbenselend. Die Seekrankheit, notierte er, ließ ihm die ganze Welt gleichgültig sein. Gekämmt und gepudert reiste er aus dem betriebsamen Dieppe weiter nach Rouen. Ihm entging nicht, daß die Röcke der Frauen auf dem Festland kaum die Knie bedeckten. Die Wirtin im ‹Hotel de la Ville de Londres› nannte er – nun schon auf französisch – eine Kupplerin, die alle möglichen Sprachen spreche, doch sei sie eine Frau, die man trotz allem gern haben müsse. Er besichtigte die Kathedrale und die Abbaye, die er als «wunderbare Stücke gotischer Architektur» bezeichnete. Ihm fiel auf, wie bunt die Kleidung gegenüber der eher uniformierten Erscheinung in London sei. Bei Tisch fand er die Messer nicht immer sauber, doch Essen und Wein in der Regel gut. Die Franzosen würden, wenn sie tranken, nicht traurig oder aufsässig (wie die Engländer), sondern vergnügt und glücklich. Paradiesische Weinberge, romantische Hügel, herrliche Paläste, Blumengärten, Orangerien, reizende Wäldchen – ein Garten Eden. Schließlich in der Abendsonne an Weinfeldern vorbei über Nanterre zur Brücke von Neuilly. Die Champs-Élysées, der Platz Ludwig XV. – Paris. Die Straßen von St. Germain empfand er als unangenehm, die Rue St. Jacques eng. Er stieg auf der anderen Seite der Stadt im ‹Hotel de Varsovie› beim Palais Royal ab. Da er sich melancholisch fühlte, begleitete er Titius nicht ins Theater. Am nächsten Morgen, dem 7. Oktober, versuchte er, Beaumarchais aufzusuchen, traf ihn aber leider nicht an. Er sah Monsieur le Roy (er war der Uhrmacher und Erforscher der Zeit), der ihn freundlich empfing. Er suchte, das verstand sich, den Capitaine de Bougainville auf. Das Bild der Straßen und Geschäfte bestätigte, was ihm in Rouen aufgefallen war: daß sich auch in Paris jedermann kleidete, wie es ihm behagte, während in London alle Welt gezwungen werde, sich einer Mode zu beugen. Die Leute, bemerkte er, redeten gern und oft, ohne zu denken. Die Kanaille der großen Städte sei überall dieselbe.

Am Abend führte ihn le Roy zum Grafen Buffon, der sich eine Stunde lang mit ihm unterhielt. «Er ist alt und runzlig, ein hagerer Mann, aber voller Lebhaftigkeit und Munterkeit. Er macht gern Wortspiele in seiner eigenen Sprache.» Anderentags kaufte sich Georg ein Paar Seidenstrümpfe und ein Paar schwarzseidener Kniehosen. Er bestaunte die neue Fassade des Louvre, Kirchen, die Markthallen und eine Findelanstalt, von der er behauptete, sie habe innerhalb eines Jahres dreizehntausend Kinder aufgenommen, die von tausend Pflegerinnen betreut und aufs Land verteilt worden seien. Brav genügte er den Pflichten des Touristen, zu denen auch die Inspektion sozialer Einrichtungen gehörte. Am Abend speiste er gut im ‹Hotel de Bourbon›. Nach den Berichten des Historikers Lenôtre standen in jener Epoche auf der Speisekarte der respektablen Restaurants «sieben verschiedene Suppen, sechsundsechzig Hauptgerichte, beinahe ebensoviel Braten, eine unendliche Anzahl von Zwischengerichten und Gemüsen, ohne die gewaltige Armee von Süßspeisen und Zuckerwerk mitzurechnen». Den Kaffee nahm Georg im Garten des Palais Royal. Am Abend begab er sich in die Comédie Française.

Am Neunten mit dem unermüdlichen le Roy nach Passy, anderthalb Meilen außerhalb von Paris, um mit dem «verehrungswürdigsten Philosophen der westlichen Welt» zu speisen. Georg nannte ihn nicht mit Namen, denn es herrschte Krieg in Amerika und Benjamin Franklin wurde in England als Feind betrachtet... Georgs Journal aber könnte in unrechte Hände geraten. Es brauchte freilich keinen zu großen Aufwand an Phantasie, um zu erraten, wer der Herr mit dem Silberhaar im einfachen grauen Anzug und den weißen Strümpfen sein könnte... Der große Franklin scherzte mit Madame le Roy, erzählte Anekdoten und machte ein paar philosophische Exkurse. Es gab genug Wein zu trinken, viel zu essen. Kaffee und Liköre folgten. Nach Tisch zog sich Franklin zu einem Schläfchen zurück. Georg besichtigte unterdessen sein physikalisches Kabinett und eine Bibliothek von zwei- oder dreitausend Bänden. Als neue Gäste eintrafen, war Franklin sofort wieder auf den Beinen. Ein «weiblicher Philosoph» begann, Georg über Tahiti und seine Reise auszufragen, doch die Dame kam bald auf venerische Krankheiten, die Quecksilberkur und Einschlägiges zu sprechen. «Einem Philosophen ist alles erlaubt!» seufzte Georg.

Damit brach das Tagebuch der Reise nach Paris ab. Der Autor verschwieg manches Wichtige, zum Beispiel, daß Benjamin Franklin sich die Zeit nahm, an diesem oder anderen Tagen ausführlich mit dem jungen Deutschen zu reden. Möglicherweise ist es Franklin gewesen, der Georg die Einladung vermittelt hat, Mitglied der Loge ‹Les Neuf Sœurs› zu werden. Sein Gönner Buffon gehörte der gleichen Vereinigung an, die ihren Namen von den neun Musen herleitete und sich als eine Hochburg der intellektuellen Elite verstand.

Die Welt der Freimaurer war Georg nicht fremd: nahezu jeder Bürger und Edelmann, der auf sich hielt, schloß sich einer Loge an. Die Freimaurerei war ein Orden und zugleich ein europäischer Club, da und dort noch immer mit Mißtrauen verfolgt (vor allem in katholischen Ländern), doch alles in allem längst respektabel geworden. Der Anspruch von Diskretion und Geheimhaltung, dem sich die Mitglieder gern unterwarfen, war ein halb verspieltes Ritual, das der Eitelkeit der Logenbrüder diente. Geheimgesellschaften, ihre Hierarchien, ihre Zeremonien und pädagogischen Ideale entsprachen dem Stil – bis in die erotischen Phantasien. Auch Vater Forster hat sich vermutlich früh zu den Freimaurern gesellt: er mag sie in Danzig und Petersburg besucht und einer Loge in Warrington zugehört haben, ehe er in London Mitglied der ‹Grand Lodge of England› wurde, zu der übrigens auch William Dodd mit dem Titel eines Großkaplans zählte.

Freimaurer brauchten nach der Ankunft in einer fremden Stadt nur ihren Meisterbrief vorzuweisen, um in jeder Loge willkommen zu sein: So öffnete sich ihnen ein Netz von Beziehungen. Was lag näher, als den jungen Schriftsteller Georg an die Loge der Philosophen, der Literaten und Künstler zu verweisen: die der ‹Neun Schwestern›? Sie war (laut Steiner) vom großen Helvetius als «enzyklopädische Loge» geplant worden: jedes Mitglied sollte ein besonderes Talent in der Kunst oder Wissenschaft aufweisen, vor allem aber bereit sein, zur Rettung der Humanität zu eilen – «voler au secours d'humanité». Der Astronom Lalande hatte 1776, ein Jahr vor Georgs Ankunft, die Vereinigung gegründet. Der Mathematiker d'Alembert zählte zu den ersten Mitgliedern, vielleicht auch Diderot, ganz gewiß der Philosoph Condorcet, dem eine so wichtige Aufgabe in der Französischen Revolution zuteil wurde, später der Marquis de La Fayette, der im Amerikanischen Unabhängigkeitskrieg zu Ruhm gelangte, der Journalist Brissot, der 1793 als Chef der Girondisten den Tod auf dem Schafott fand, sein Kollege und Gegner Desmoulins, dem das gleiche Schicksal widerfuhr, der gewaltige Danton selbst, Abbé Sieyès, der Sprecher des Dritten Standes in der Versammlung der Generalstände, auch der gute Dr. Guillotin – das Verzeichnis der Mitglieder las sich in der Tat wie ein *‹Who is who›* der großen Revolution. Dazu der Maler Greuze, der Bildhauer Houdon, der Komponist Piccini, der die

Bataillone der italienischen Oper gegen den Reformator Christoph Willibald Gluck ins Feld führte.

Einige Monate nach Georgs Aufnahme wurde der alte Voltaire in die «Musenloge» eingeführt, mit dem Meisterschurz des Helvetiers geschmückt und von Lalande in einer Rede gefeiert, die das Winkelmaß als «Sinnbild der Redlichkeit», den Schurz als Symbol nützlicher Tätigkeit, die weißen Handschuhe als das der Reinheit pries. Die Maurerkelle aber sollte dazu dienen, «die Fehler unserer Brüder» gnädig zuzudecken.

Es war eine bewegende Sitzung, von der Georg auch in London unterrichtet wurde. Das Zeremoniell der Aufnahme ließ das empfindsame Gemüt des jungen Mannes nicht gleichgültig. Er schwor, der Ehrsucht und der bloßen Sinnlichkeit zu entsagen. Dann wurden ihm die Insignien überreicht. Voller Aufmerksamkeit und Sympathie lauschten die Brüder seinen Vorträgen. Rasch gelangte er zum Rang des Meisters.

Georg sog die Anregungen und die Herzlichkeit im Kreis der neuen Freunde voller Gier in sich auf: was für eine überwältigende Erfahrung, von diesen brillanten Geistern als Gleicher unter Gleichen betrachtet zu werden. Mit seinen Aufträgen war er weniger erfolgreich: auch ihm gelang kein Abschluß für die Übersetzung des Buches, und er fand keinen Käufer für seine Sammlung. Ende November kehrte er nach London zurück.

X
Die Entdeckung Deutschlands

In der Percy Street fand Georg keine Nachricht von Spener aus Berlin. Die Übersetzung der ‹*Reise*› hatte den Markt noch immer nicht erreicht. So schleppte sich die «Leidensgeschichte» des Buches fort. Der Autor wünschte es manchmal zum Teufel. Nichts hatte sich im Hause Forster verändert. Nur der Berg der Schulden war größer geworden. Die grimmige Miene des Vaters hellte sich selten auf. Oft hockte er stumpf und resigniert in seinem Sessel. Dann wieder eilte er durch London, um Freund und Feind durch Schmeicheleien oder harsche Forderungen zu belehren, daß eine Gesellschaft, die sich eine zivilisierte nenne, dazu verpflichtet sei, einem Gelehrten seines Ranges eine Existenz ohne Sorgen zu finanzieren. Doch keine Seele achtete mehr darauf, ob der deutsche Professor mit dem harten Akzent und den brüsken Manieren recht habe oder nicht: man war sein Klagen leid. Er ließ sich indessen nicht völlig beugen. Immer wieder raffte er sich auf und schrieb mit beharrlicher Zähigkeit sein eigenes Reisebuch zu Ende: jene «Observations made during a voyage round the world on physical geography, natural history and ethic philosophy», die schließlich 1778 bei G. Robinson erschienen – von keiner Zensur behindert. Georg half ihm mit den Kapiteln über die Flora und Fauna der Südsee und bei der stilistischen Überarbeitung.

Im Februar brachte der Sohn seine Antwort auf die Polemik des eifersüchtigen Astronomen Wales zu Papier. Präzision und Brillanz seines Gegenangriffs erregten Aufsehen. Danach bedrängte der Vater ihn mit dem Vorschlag, durch einen Appell an die Öffentlichkeit Lord Sandwich, die Regierung und womöglich das Königshaus unter Druck zu setzen, damit endlich eine Entschädigung für die Reisejahre gezahlt werde. Als das Pamphlet erschien, wurde dem Autor von neuem bestätigt, daß er eine glänzende Feder führe, obschon manche seiner Argumente die Grenze des Peinlichen berührten: so als er den Adressaten darauf hinwies, Oliver Cromwell habe die Vorfahren Reinhold Forsters ins Exil getrieben; der Professor sei, einer natürlichen Neigung folgend, in sein Mutterland zurückgekehrt; aber nun empfinde er für England, dank der Anstrengungen Seiner Lordschaft, nur noch Abscheu. Vorwürfe dieser Art ließen die Briten völlig kalt. Lord Sandwich rührte keinen Finger. Der König und die Regierung hatten Wichtigeres im Kopf: der amerikanische Konflikt verschärfte sich. Die Rebellen unter General Washington konnten nicht in die Knie gezwungen werden, und die Franzosen machten aus ihrer Unterstützung des Unabhängigkeitskampfes der dreizehn Kolonien längst kein Hehl mehr. Im Juni 1778 wurde der Krieg erklärt. Man lieferte sich verlustreiche Seegefechte. Die reichen westindischen Besitzungen waren bedroht. Die Schiffahrt wurde durch den Kaperkrieg gestört und der Handel empfindlich beeinträchtigt.

Wer interessierte sich in diesen bösen Wirren für die Sorgen des Professors Forster? Captain Cook war auf einer dritten Reise unterwegs, von der man bedeutendere Ergebnisse erwartete als von der zweiten, die nur bestätigte, daß es südlich von Australien keinen Kontinent gab. Das Parlament hatte, einen alten Beschluß erneuernd, die phantastische Summe von 20000 Pfund (oder 120000 Reichstaler) als Belohnung ausgesetzt, wenn es gelänge, im Norden Amerikas eine Passage zwischen Atlantik und Pazifik zu finden: der Weg nach Asien würde sich damit entscheidend verkürzen – der Traum aller Seefahrer seit Columbus.

Wenn ihm Gäste aus Deutschland ihre Aufwartung machten, hellte sich die Miene des Vaters auf. Der Hamburger Publizist Johann Wilhelm von Archenholtz stellte sich ein, der einst unter Friedrich dem Großen im Siebenjährigen Krieg gedient hatte, doch nun Beruf und Vergnügen in der Vermittlung englischer und französischer Literatur nach Deutschland fand. Sein Werben um die Mitarbeit des jungen Forster war willkommen. Der rebellische Theologe Carl Friedrich Bahrdt, der in der Percy Street so üppig bewirtet wurde, ließ sich von den beiden Forsters in die große Loge Londons einführen und avancierte rasch zum Meister. In Heidesheim bei Worms hatte er ein ‹Philanthropin› unter dem Protektorat der Grafen Leiningen gegründet (mit deren Familie Georg während der Revolution in bittere Händel geriet): eine Erziehungsanstalt, die begabte Kinder nach den Weisungen der Vernunft und Humanität aufs Leben vorbereiten sollte. Bahrdt legte sich keine Zurückhaltung auf. Er bot dem Vater Forster das Amt des Direktors und dem Sohn die Stelle eines Lehrers an. Die beiden zögerten. Es mag auch sein, daß ein Gerücht vom Beschluß des ‹Reichshofrathes› über den Kanal gedrungen war, der Bahrdt wegen seiner Ketzereien aller geistlichen Ämter enthoben hatte. Seine skandalöse Übersetzung des Neuen Testaments ärgerte die Prälaten aller Konfessionen bis aufs Blut. Dieser konsequente Rationalist scheute sich nicht, die Wunder Jesu aufs Platteste zu erklären: der Heiland sei in Wahrheit, so Bahrdt, mit großen Holzschuhen übers Wasser gelaufen, und bei der Hochzeit von Kanaan habe man die Gäste mit Vorräten gespeist, die in einer Höhle versteckt gewesen seien.

Später im Jahr stellte sich bei den Forsters ein vertrauenswürdigerer Gast ein: der Mediziner Samuel Thomas Soemmerring aus Thorn in Westpreußen, ein Jahr jünger als Georg, eben in Göttingen zum Doktor der Medizin und Anatomie promoviert, ein lebhafter und neugieriger junger Mensch, weit über sein Fach hinaus an sozialen Problemen, den Künsten und der Literatur interessiert. (Georg sollte ihn auf einer Reise nach Schottland begleiten, doch die Zeit erlaubte es nicht.) Auch er scheint durch die Vermittlung der Forsters den Weg zu den Freimaurern gefunden zu haben. Aus den Gesprächen mit Georg erwuchs eine Freundschaft, die erst anderthalb Jahrzehnte später im Schatten der Revolution zerbrach.

Unterdessen war endlich die deutsche Ausgabe der *‹Reise›* zu den Lesern gelangt, und ohne Übertreibung ließ sich sagen, daß die Publikation von der gebildeten Welt als ein Ereignis betrachtet wurde. Christoph Martin Wieland druckte im ersten Quartalsheft seines ‹*Teutschen Merkur*› breite Auszüge aus dem ersten Band. Den Autor stellte er seinen Lesern mit überschwenglichen Elogen vor: «... Ein noch junger Mann, ein Mann, deßen warmes Herz jeden Eindruck der Natur noch reiner und tiefer auffaßt, den neuen Gegenständen, die sie ihm darstellt, noch mit Liebe entgegen wallt, und der, wenn er sich des Schönen und Großen... wieder erinnert, mit Feuer und Begeisterung davon spricht (welches dann gerade der Fall bey unserm Philosophischen Seefahrer ist): so weiß ich nicht welches Gedicht... uns soviel Vergnügen machen könnte, als eine solche Reisebeschreibung...» «Das Neue und Wunderbare», fuhr Wieland fort, «das Erstaunliche und Schreckliche, das Schöne, Anmuthige und Liebevolle, kurz, alles wodurch der Epische und Dramatische Dichter die Seele faßt...», halte das Herz beständig in «theilnehmender Bewegung». Die Freude des Rezensenten an der Lektüre sprach aus jedem seiner scheinbar naiven und dennoch so kunstvollen Sätze: «Das Unternehmen, im Bauch des künstlichen hölzernen Sturmvogels, den wir ein Schiff nennen, durch unbekannte nie befahrne Meere auf Entdeckung einer neuen Erde, neuer Menschen, einer vielleicht in allen ihren Produkten neuen Natur, auszureisen, hat in der bloßen Idee etwas so über alles was wir kennen Großes und Anziehendes: daß man sich nicht enthalten kann, die Glücklichen, denen ein solcher Vorzug vor so vielen Millionen Menschen zutheil wird, mit beneidenden Augen anzusehen.» Er fügte noch hinzu, in dem bloßen Umstand, sich nach Vollendung des Abenteuers all der Beschwerden und Gefahren zu erinnern, und sich selbst sagen zu können, «das alles hast du erfahren – das alles hast du ausgehalten!» liege «ein Abgrund von Vergnügen und herzerhöhendem Selbstgefühl, das allein hinreichend» sei, «einen Mann auf sein ganzes Leben glücklich zu machen...»

Der gute Wieland an seinem sicheren Schreibtisch in Weimar träumte einen schönen Traum. Nein, das «herzerhöhende Selbstgefühl» genügte nicht fürs Glück, wie Georg schmerzlich genug erfuhr. Es reichte noch nicht einmal hin, dem Weltfahrer für einige Jahre ein sorgenloses Auskommen zu bescheren. Es schenkte ihm, das ist gewiß, ein paar Stunden oder Tage voll unsäglicher Freude, wenn er las, wie nobel ein Mann vom Rang des großen Wieland über sein Werk dachte. Nicht alle Gazetten überschütteten ihn mit solchem Lob. Die Kleingeister und Besserwisser versuchten, wie eh und je, das Licht des Schreibers zu verdunkeln, um das ihre für einen Atemzug aufflackern zu lassen. Ein kalter Räsonierer wie der Göttinger Professor Christoph Martin Meiners hatte sich schon an der englischen Ausgabe des Buches (im ‹*Anzeiger von gelehrten Sachen*›) gerieben. Er äußerte seine Zweifel, daß Georg Verfasser des Werkes sei, fragte auch, ob den Forsters überhaupt das Recht zustand, einen Reisebericht zu publizieren, und er erhitzte sich vor allem über Georgs Bereitschaft, sich für die «Wilden» der Südsee gegen die Brutalitäten der Europäer ins Zeug zu werfen.

Georg fertigte die Einwände Professor Meiners in einer kühlen und knappen Entgegnung ab, die er Lichtenberg zu Beurteilung und Abdruck schickte. Der Freund in Göttingen trat, seine Spottlust vergessend, eine Weile voller Verlegenheit von einem Fuß auf den anderen. Die Verhältnisse in der kleinen Universitätsstadt rieten zur Vorsicht: er wollte den Kollegen Meiners nicht vor den Kopf stoßen und erst recht nicht den großen Heyne, der den ‹*Anzeiger*› redigierte, die Königliche Akademie der Wissenschaften dirigierte und – als angesehenster Wissenschaftler der jungen Hochschule – Göttingen heimlich regierte.

Die Aufregung legte sich rasch. Ein Teil der Einwände Meiners' wurde durch Georgs Antwort an Mr. Wales erledigt, die der Professor – nicht ohne Humor – als ein Meisterstück der «gelehrten Kriegskunst» bezeichnete. Den Verfasser, so Meiners, könnte man für einen «alten, geübten Streiter» halten, wenn nicht der Titel sagte, daß die Schrift von einem «jungen angehenden Schriftsteller» stamme. Christian Gottlob Heyne, Altphilologe und Professor der Beredsamkeit, hatte Georgs Talent längst wahrgenommen: schon Mitte November 1777 beschloß seine Akademie, den Sohn Reinhold Forsters zu ihrem korrespondierenden Mitglied zu ernennen. Die offizielle Nachricht brauchte einige Monate, um nach London zu gelangen. Im Mai 1778 bedankte sich Georg mit einem artigen Brief an den «Herrn Hofrath»: er sei stolz auf die Ehre, denn obwohl er aus seinem Vaterlande verbannt lebe, sei sein Geist «doch zu aufrichtig deutsch, als daß er sich nicht freuen sollte, bei

Deutschlands würdigsten Männern in einiger Achtung zu stehen».

An Ehrungen mangelte es nicht, aber die brachten kein Geld ins Haus. Die Mahnungen der Gläubiger wurden härter. Nüchterne Überlegung sagte dem Vater, daß er das teure Haus in der Percy Street nicht halten könne. Die Familie schaute sich nach einer billigeren Wohnung um. Vermutlich riet die Mutter, unterstützt von Herrn Woide, zu einer Rückkehr ins bescheidenere und noch halbwegs ländliche Quartier von Paddington Green. Der Umzug geschah im späten Sommer.

Zu Haus am Tisch hatte Georg kaum zu sagen gewagt (dem Vater schon gar nicht), daß er das Echo seines Buches in Deutschland als ein Signal zum Aufbruch empfand. War es nicht an der Zeit, daß er aus dem Schatten Reinhold Forsters heraustrat, der ihn ebenso oft demütigte, wie er ihn anspornte und vorantrieb? War es nicht an ihm, die Rettung der Familie zu versuchen, da sich der Vater mit seinem störrischen und eitlen Eigensinn immer tiefer in Schulden und Not verrannte? So jung er war: der polnische Gesandte Bukaty – auch er ein Logenbruder – bot Georg eine Professur in Krakau an. Doch die Verhandlungen scheiterten.

Obwohl der Name des Vaters größer auf dem Titelblatt der deutschen Ausgabe prangte, da man ihn besser kannte, ließ sich kaum ein aufmerksamer Zeitgenosse über den wahren Autor der ‹Weltreise› täuschen. Lähmte er sich nicht selber, wenn er noch länger im Bannkreis des Alten ausharrte, betrübt von der «trostlosen Ungewißheit, wo das morgen Notwendige – nein, nicht gekauft, sondern geborgt» werden sollte, wie er im Juli an Spener schrieb? Seine Schwestern, die «guten Mädchen», könnten kaum mehr ausgehen, gestand er dem Freund, «weil – ich schäme michs zu sagen – weil man Bücher kauft, statt nöthige Hemden und Kleider anzuschaffen...» Nur wegen der Gerichtsferien, schrieb er im Juli 1778, sei vor dem November keine Katastrophe zu befürchten: die Gläubiger mußten, wohl oder übel, bis dahin stillhalten.

Georg und Spener wechselten nun Briefe und Nachrichten, die dem Vater verborgen bleiben mußten. Der Verleger vermittelte ihm das Angebot seines Kollegen Joachim Pauli, nach Berlin zu übersiedeln, um die Herausgabe eines Natur-Lexikons zu übernehmen und Buffons *‹Naturgeschichte›* zu übersetzen. Georg wünschte eine Garantie von fünfhundert Talern Jahresgehalt. Das schien keine unrealistische Forderung zu sein. Dem jungen Autor aber wurde die Entscheidung bitter. «Stellen Sie sich vor», rief er Spener Mitte August 1778 zu, «welch einen Kampf in meiner zerschlagenen Brust Ihr letzter Brief erregt hat – einen Kampf zwischen dem principio das für meine Selbsterhaltung wacht, und der Liebe gegen meine Eltern und Geschwister. Großer Gott! in welcher schrecklichen Lage soll ich diese unglücklichen Verlassen! Es ist wahr, ich bin hier ganz müßig und unnütz; allein ich kenne meinen Vater; er wird mir zuverlässig vorwerfen, daß ich ihn im Unglück verlassen will...» Er kannte ihn in der Tat genau genug: die Mutter und Geschwister würden «ganz und gar seiner üblen Laune überlassen sein, und es werde keinen geben, der ein tröstliches Wort» spräche. Dann redete er sich Mut zu: vielleicht, wenn der «alte brave Sulzer» stürbe, was er gewiß nicht wünsche, so wäre er in Berlin gleich zur Hand, um die Leitung des Botanischen Gartens zu übernehmen. Schließlich sprach er strikt zur Sache: er habe 15 Guineen Schulden, 150 Reichstaler brauche er für die Reise, 100 Taler Vorschuß für Anschaffungen – Antwort an eine andere Adresse... Er hoffe, «Sie in Berlin zu umarmen. Adieu.»

Mitte September bat er «seinem armen Kopf zu verzeihen, der wie man bey uns sagt mit Grund-Eis geht». Die Bedingungen des Herrn Pauli schienen unter seinen Erwartungen zu liegen. Am 2. Oktober quittierte er 25 Pfund Sterling, die ihm Spener geschickt hatte. Zugleich berichtete er, er habe bei Joseph Banks vorgesprochen, um die Übersetzungsrechte für ein Buch über die dritte Weltreise Cooks zu sichern. Nun habe er keine Zeit mehr, über die «ganze Staatsverfassung der Forster'schen Familie zu klagen». Das Drama des Aufbruchs schildert er in keinem Brief. Vermutlich schämte er sich der Ausreden und halben Lügen, mit denen er den Vater von der Notwendigkeit der Reise zu überzeugen versuchte.

Am 22. Oktober meldete er sich aus Harwich an der Küste: «Bester Vater...Der Kapitän darf nicht ohne stärkern Wind auslaufen, weil er sonst am meisten Gefahr läuft, gecapert zu werden.» (Bis zum Nachmittag des 23. mußte er ausharren.) Seine Unruhe diktierte ihm Sätze voller Traurigkeit und voller Hoffnung: «O Gott, es kann uns noch belohnt werden, daß wir so lange gelitten, und vielleicht dient uns dann das Leiden, unser künftiges Glück besser zu ertragen, welches noch schwerer ist als Widerwärtigkeit auszustehen...»

Das Geld für die Reise sollte der Verkauf eines Herbariums in Holland sichern, ja, noch einen Erlös für die Wirtschaft der Eltern bringen... Nach der Ankunft auf dem Festland reiste er mit dem Treidelboot nach Delft, einer «hübschen, ansehnlichen und saubern Stadt». Weiter nach Rotterdam. Er litt an dem Qualm in der Kabine, den vierzig Holländer mit ihren Pfeifen verursachten. Am 29. Oktober Ankunft im Haag, wo er von Gott und der Welt eingeladen wurde. Ein Mißverständnis mit dem berühmten Kollegen Vosmaer, den er durch eine Nebenbemerkung in seiner ‹*Reise*› verletzt hatte, räumte er mit eleganter Liebenswürdigkeit aus dem Weg. An Banks, mit dem Georg in freundlicher und achtungsvoller Verbindung stand, schickte er einen präzisen Bericht über den eifersüchtigen und ein wenig lächerlichen Gelehrtenstreit zwischen Vosmaer und Camper, dem großen und so eitlen Anatomen von der Universität Leyden. Eine Nachricht an die Schwester Virginia Victoria, der er gestand, die Ebenen Hollands gefielen ihm nicht, der menschliche Umgang hingegen sehr, doch habe er keine Holländer, sondern nur Deutsche und Franzosen getroffen.

Am 21. November traf er in Düsseldorf ein, seit dem Abschied von Danzig vor mehr als dreizehn Jahren die erste deutsche Stadt, die Georg kennenlernte. Da seine Heimat im Osten unter polnischer Hoheit stand, hatte er niemals zuvor seinen Fuß auf den Boden eines deutschen Staates gesetzt. Von diesem Deutschland aber, das sich ihm als ein Paradies der Bildung und Menschlichkeit darstellte, versprach er sich die Erlösung aus der Misere, die Rettung der Familie, ein sicheres Einkommen, eine Karriere, vor allem aber Geborgenheit im Wohlwollen der Freunde, Ermutigung, Anregung, Teilnahme am Reichtum des jungen Geistes der deutschen Aufklärung und der deutschen Dichtung. Sein Deutschland, das wußte er wohl, existierte nur in der Literatur. In der politischen Realität kümmerte das Heilige Römische Reich deutscher Nation – nicht viel mehr als eine brüchige Folie – in der Zerrissenheit kaum mehr übersehbarer Mittel-, Klein- und Kleinst-Staaten dahin, bewacht von den eifersüchtigen Großmächten Österreich und Preußen.

Sprach dieser junge Mann, der in Düsseldorf der Post entstieg, ein so geläufiges Deutsch, wie es ihm aus der Feder kam? Vermengte sich ein englischer Akzent mit der östlich gefärbten Sprachmelodie, die sich von den Eltern auf ihn übertragen hatte? Die ersten Schritte in dem fremden Land, das seine Heimat werden sollte, setzte Georg mit Vorsicht, von Schüchternheiten gehemmt. Er ließ sich Zeit. Zunächst begab er sich in die berühmte Galerie, in der er vor allem eine Himmelfahrt des Guido Reni bewunderte, die ihn tiefer beeindruckte als die Gemälde von Rubens, dessen «feuriges Genie er dennoch nicht verachten wollte». Der Direktor der Maler-Akademie, dem er einen Empfehlungsbrief aushändigte, entdeckte in ihm einen Kenner, weil er die Meister an ihrem Stil auf Anhieb erkannte. Sein Sohn, der den Namen des Fremden nicht gehört hatte, redete plötzlich von dem Forster, der die Reise um die Welt gemacht hatte. «Das bin ich ja selbst», sagte Georg, seine Scheu überwindend. Die Nachricht von seiner Ankunft schien wie ein Lauffeuer durch die Stadt zu eilen. Im Gasthaus meldete sich unverzüglich Wilhelm Heinse, der Übersetzer des ‹*Tasso*› (ein Jahrzehnt später Georgs Kollege in Mainz und als Autor des ‹*Ardinghello*› ein wenig berüchtigt). Der Dichter trug die Meldung von Forsters Eintreffen unverzüglich weiter. Am anderen Morgen langte bei Georg ein Briefchen an: «Ich höre Sie sind hier, verehrungswürdiger Mann, und ich soll die Freude haben, Sie zu sehen. Meine Ungeduld ist unaussprechlich. Ich bin nicht angezogen und kann also nicht zu Ihnen fliegen, auch fürcht' ich, Sie zu stören. Soll ich Sie erwarten, oder wollen Sie mich erwarten?...» Ohne Widerspruch zu dulden, lud der Verfasser des Billets Georg zum Mittag- und Abendessen ein: «Beschleunigen Sie, ich bitte! den Augenblick unserer Bekanntschaft, und verzeihen Sie den Taumel worin ich dieses schreibe. Fritz Jacobi.»

Friedrich Heinrich Jacobi war Georg wohl nur ein undeutlicher Begriff. Vielleicht hatte er im ‹*Merkur*› ein Fragment aus dem *‹Woldemar›* gelesen? Er wurde rasch ins Bild gesetzt, als er sich in dem bequemen Stadthaus Jacobis einfand (das Landgut in Pempelfort, nicht weit vor den Toren Düsseldorfs, mußte ein wahrer Zaubergarten sein). Sein Gastgeber verbarg ihm nicht, daß ihn mit Matthias Claudius, Wieland, Herder und Goethe die innigste Freundschaft verbinde, ja, er hatte Abschriften der letzten, noch nicht gedruckten Gedichte Goethes zur Hand, darunter den *‹Prometheus›,* die sie miteinander lasen, derweil von «köstlichem Champagner, Xeres- und Kapweinen getränkt». Dem Vater wagte Georg in seinem Brief zu gestehen, seine Seele habe sich in einem «Taumel der Freude und Fröhlichkeit» befunden. Allein der «Blick nach Paddington», zum Elend der Eltern... Es sei gefährlich, «sich von diesen süßen schmeichelnden Augenblicken berauschen zu lassen». Sollte man die Vorbehalte wörtlich nehmen? Wehrte er nicht nur – vorbeugend – den Zorn des Vaters ab, der voller Rachsucht über sein Glück herfallen würde?

Der liebenswürdige Fritz Jacobi war nicht, was man eine «breite Natur» nennt, vielmehr in jeder Hinsicht eine schmale Erscheinung: zierlich von Figur, das Gesicht, die Lippen, die feine Nase ein wenig dünn und fast allzu edel, das Kinn spitz, die hohe Stirn weit nach hinten fliehend, die Augen klein und stark. Aber welches Feuer wohnte in dem lebhaften Mann! Welch «warmer Enthusiasmus des Lebens» ging von ihm aus! Geist und Bildung verband er mit einem behaglichen Wohlstand. Seine Frau – aus einer reichen Familie von Aachener Tuchfabrikanten stammend – sparte nicht mit dem Charme der Rheinländerinnen. Zwei Stiefschwestern des Hausherrn verwöhnten den Gast mit ihren Aufmerksamkeiten. Ein Graf Nesselrode kam herzu, der nicht den geringsten Adelsstolz zeigte, der geistreiche Heinse – und in der Mitte, von allen umschwärmt, Georg, der Weltumsegler, der Schriftsteller, der junge Gelehrte. In England hatte ihn niemand mit dem Überschwang von Gefühlen heimgesucht, wie sie ihn hier überwältigten. Die Herzlichkeit, die Begeisterung und hochgestimmte Schwärmerei, die sich beim Abschied «im Tausch der Tränen» so ganz offenbarten – er wagte diesen Taumel der Freundschaft dem Vater nur mit Zurückhaltung anzudeuten. Er fragte lieber – ganz der gehorsame

Sohn und treue Bruder – nach der Gesundheit der «besten Mutter», nach dem Kummer der Schwestern, dem Ergehen des Papas. Er bat um Nachricht nach Kassel, damit der Tumult in seiner Seele gestillt werde. «Ich küsse Ihnen, liebster Vater, und Ihnen, liebste Mutter, die Hände...»

Am Abend ehe er aufbrach, begegnete er im Hause Jacobi dem Minister von Fürstenberg aus dem Kreis der katholischen Aufklärer um die Fürstin Gallitzin in Münster: dieser belesene und einflußreiche Herr war durch eine Reparatur an seinem Wagen aufgehalten. Am anderen Morgen unterhielt er sich mit ihm zwei Stunden im Gasthaus. So öffnete sich eine wichtige Verbindung, von der er dem Vater stolz berichtete. Georg nannte den Minister einen «rechtschaffenen Menschenfreund», mehr dem Volk als den Fürsten zugetan.

Schließlich, es half nichts, löste er sich aus der innigen Umarmung durch Jacobi und die Seinen. Drei Tage war er nach Kassel unterwegs, erfüllt von den Düsseldorfer Begegnungen. Die Gespräche mit Spener, mit Vollpracht und zuletzt mit Soemmerring hatten ihm eine Ahnung von der heftigen Empfindsamkeit und den schönen Sympathien vermittelt, die später in das Wort von der «Epoche der Freundschaft» einfließen sollten. Jacobis Enthusiasmus aber bestürmte ihn zum erstenmal mit dem Elan des «Geniewesens», das die Herzen der Deutschen damals wie ein Rausch (und wie eine Krankheit) überfallen hatte.

«Sie haben Freunde in Düsseldorf zurückgelassen», rief ihm Jacobi in einem Brief nach, der Georg in Kassel erreichte. Mit Nesselrode habe er gerade so lange von ihm gesprochen, daß sie beide das Weinen angekommen sei. Er mache sich Vorwürfe, daß er Georg nicht genug gezeigt habe, wieviel Liebe er ihm einflößte, «auch daß ich Sie nicht so ganz genossen habe wie ich Sie hätte genießen sollen». Georg antwortete in einem verwandten, doch heftigeren Ton: «In meiner Einbildungskraft stehen Sie vor mir. Ich schaue in das weite, offene, durchdringende Auge tief hinein...» Er schrieb von dem Lichtstrom in Jacobis Blick, der brenne wie elektrisches Feuer, vom «vertraulichen, melancholischen Wald der schwarzen Augenbrauen», vom «lieben Schwärmer Woldemar», den beiden «trefflichen Schwestern», von der Liebe, die sich «im Innersten» seiner Seele verkläre. Seine Sprache paßte sich dem sentimentalen Pathos seines Gastgebers nur allzu rasch an. Mit einer Fülle von Bildern, die nicht immer glücklich gerieten, versuchte er sich in die Seelenlage der neuen Freunde einzustimmen.

«Er ist ein gar herrlicher junger Mensch», schrieb Jacobi an Sophie Laroche, die berühmte Verfasserin populärer Romane: «Ich habe lange niemand gesehen, der mir das Herz so abgewonnen hat wie dieser Forster, und einen ähnlichen Eindruck hat er auf alle gemacht, die hier mit ihm umgegangen sind.» Seinem jungen Freund hatte er dringend nahegelegt, sich Zeit für eine Visite in Weimar zu nehmen, um bei Goethe, Wieland und Herder anzuklopfen. Jacobi gab ihm Briefe mit... aber es kam fürs erste nicht dazu. Georg lernte rasch, daß es eine kleine Welt war, dieses Universum der deutschen «Original-Genies», ein Kreis, in dem jeder jeden kannte, liebte und gelegentlich haßte, ein Netz der Freundschaften und Verwandtschaften, durch Ideale (und oft auch handfeste Interessen), durch Flirts, Amouren, Sympathien, Liebe und Eifersucht eng miteinander verknüpft, nicht frei von Spießigkeiten, neugierig, verklatscht und mitteilungssüchtig, zugleich voller Wärme und Herrlichkeiten.

Es war verabredet, daß Georg in Kassel bei Christian Wilhelm Conrad Dohm wohnen sollte, den er als Redakteur und Autor des schöngeistigen Magazins ‹*Deutsches Museum*› kannte: ein glänzender Kopf, nur wenige Jahre älter als er, seit 1776 Professor der Staatswissenschaften in der Residenz des Landgrafen. Spät kam der Gast an, doch Dohm begrüßte ihn mit Entzücken. Nach seinen eigenen Worten eilte er unverzüglich zum Kollegen Mauvillon, dem Lehrer der Kriegskunst und Hauptmann im Kadetten-Corps, der in der engsten Nachbarschaft wohnte. Dohm riß ihn aus dem Bett: «Wie können Sie sich dem Schlaf überlassen, da Georg Forster hier ist?» rief er. So strahlend war der Ruhm, der dem Weltumsegler vorauseilte.

Vor allem die Verbindung zu dem Minister von Schlieffen, die seit der Begegnung in London nicht völlig abgerissen war, hatte Georg nach Kassel gelockt. Von Dohm erhoffte er sich eine Anstellung für den Vater, zunächst aber vor allem Rat und Hilfe für den Verkauf der Zeichnungen und Pflanzensammlung, die das Kabinett des Landesherrn aufs eindrucksvollste schmücken würden. Schlieffen lud ihn für den 3. Dezember zum Essen. Georg nannte den General, der nach einer Charakterprobe den preußischen Dienst quittiert hatte, einen «wirklich großen Mann», obschon er der Organisator des Soldatenhandels war. Schlieffen sorgte dafür, daß der Weltreisende unverzüglich «Seiner Durchlaucht» vorgestellt wurde. Der Landgraf führte ihm voller Genugtuung seine Kollektion von Antiquitäten vor, die er bei einer langen Reise durch Italien zusammengekauft hatte.

Er habe die Gelegenheit wahrgenommen, schrieb der schlaue Sohn an seinen Vater, dem Fürsten zu sagen, «wie glücklich Sie beim Anblick einer so großen, seltnen, schönen Sammlung seyn würden (unter uns verdient sie dieses Lob nicht im ganzen Umfang)». Landgraf Friedrich II. erkundigte sich, ob Reinhold «die Alterthümer» zu seiner Wissenschaft gemacht habe. Georg bestätigte dies, und er übergab dem Landgrafen das Buch des Vaters mit den «Beobachtungen» von der Weltreise. Der Minister von Waitz erkundigte sich mit geübtem Blick für die Realitäten, doch nicht taktlos, ob eine Geldsumme als Gegengeschenk nicht willkommener sei als eine goldene Dose. 50 Dukaten durfte Georg kassieren (sie kamen einem Wert von 20 Guineen gleich). Allerdings: die Zeichnungen fanden kein Interesse, da Durchlaucht nur Antiquitäten schätzte. Der Minister von Waitz meinte dann, man wünsche wohl von Herzen, den Professor Forster nach Kassel zu holen, aber man fürchte, er werde wegen seiner großen Familie ein höheres Gehalt fordern müssen, als man es in Kassel zu zahlen gewohnt sei.

Versuchte Georg behutsam anzudeuten, daß die Wahl auf einen Junggesellen fallen könne, der den kleinen Staat Hessen-Kassel weniger teuer zu stehen komme? In jenem Briefchen vom 8. Dezember trieb er die psychologische Vorbereitung noch ein wenig weiter: er lobte dieses Provinznest (von höchstens 20000 Seelen) nahezu überschwenglich: «Nie war eine Stadt schöner gelegen als Cassel; es ist nicht so groß wie Berlin, und in Rücksicht von Gesellschaft? – was für Gesellschaft sehen Sie denn in London? Die Professoren und ihre Frauen leben hier sehr zurückgezogen, ganz auf ihre Familie eingeschränkt, und in meinem Leben hat mich nie so etwas in Verwunderung gesetzt, wie die Häuslichkeit ihrer Kleidung. Für einen Mann ist ein schwarzer Rock eine anständige Kleidung, um an den Hof zu gehen...» In dem Bericht an den Vater vermerkte er nicht, daß man zu Kassel im Jahre 1774 eine strenge Kleiderordnung erlassen hatte und obendrein für Luxusgarderoben eine Steuer erhob. Er erwähnte auch nicht die verkauften Soldaten, und es war ihm vermutlich entfallen, daß er den Landgrafen nicht lange vorher noch «ein Untier» genannt hatte.

Die schöne «deutsche Einfachheit»: man halte sich nur weibliche Bediente, die nur 10 bis 12 Taler im Jahr kosteten, während ein männlicher Diener 50 bis 60 und eine Livree fordern könne. Man miete nicht ganze Häuser, sondern nach französischer Sitte einzelne Stockwerke. Die Wohnung komme auf 200 Taler...

Sechs Tage später machte er Reinhold aufs schonendste mit dem fait accompli vertraut. Zuerst entschuldigte er sich, daß er sich noch immer in Kassel aufhalte: der Vater wisse, wie es an Höfen zugehe: man müsse warten, hofieren, wedeln... Danach kündigte er die rasche Übersendung der fünfzig Dukaten an. Übrigens sei ihm beim Bibliothekar und Theater-Direktor des Landgrafen, dem Marquis de Luchet, die Ehrenmitgliedschaft in der Antiquitäten-Gesellschaft angetragen worden. Am Sonnabend habe er seine Antrittsrede über die Sitten des Altertums und jene der heutigen Völker gehalten: ein flüchtiger Aufsatz, nachts und am frühen Morgen zusammengeschrieben, doch seien die Ausführungen freundlich aufgenommen worden. Herr von Schlieffen habe ihn anderen Tags zu sich gerufen und ihm im Namen des Landgrafen eine Professur beim Collegium Carolinum angetragen, obwohl keine Vakanz bestehe. Natürlich schlug Georg nicht sofort ein, sondern wies auf die Verabredung in Berlin hin. Danach lenkte er das Gespräch auf den Vater, der in der Naturgeschichte und der Altertumsforschung so viel besser bewandert sei. Schlieffen: die große Familie... Vielleicht ergebe sich später eine Möglichkeit. Kassel sei der ideale Ort für einen jungen Mann, billig, voll anregender Leute. Es bleibe ihm Zeit genug, an seinem Natur-Lexikon zu arbeiten, obwohl die Bibliothek dürftig sei und nur ein «lächerlich kleiner Fond» für die Anschaffung von Büchern bestehe. Doch Göttingen sei nicht weit. Georg bestand darauf, zuerst seine Geschäfte in Berlin zu betreiben. Wenigstens 500 Taler Jahresgehalt werde er fordern, schrieb er nach London, nur 300 Taler seien ihm geboten.

Drei Tage später, am 17. Dezember, die Fortsetzung. Zunächst ein Hinweis auf die beiliegende Assignation über 20 Pfund Sterling. Danach keine Schonung: er habe die Professur für Naturkunde angenommen, bekomme 450 Taler und habe Hoffnung auf eine Zulage, die ihm Herr von Schlieffen auch kurz danach verschaffte. Der Vierundzwanzigjährige stand sich mit einem Jahresgehalt von 570 Talern in der Tat nicht schlecht, und er versäumte nicht, darauf hinzuweisen, daß sein Freund Dohm, «ein Mann von Reputation in der Gelehrten-Republik», mit 350 Talern (in Wirklichkeit 400) angefangen habe und jetzt 450 (in Wirklichkeit 500) bekomme.

Der Brief an den Vater fiel knapp aus. Er wußte wohl, mit welcher Antwort er zu rechnen hatte. Dem Freund Jacobi schrieb er um so ausführlicher, und für ihn entwarf er ein kühles Charakterbild Reinholds, der in so vielen Wissenschaften von der Natur über die Geschichte und Literatur zur Theologie bewandert sei (obschon ihn die letztere nicht mehr interessiere): «Seine Hitze, Heftigkeit und eifrige Verfechtung seiner Meinungen, haben ihm unermeßlichen Schaden zugefügt, sowie es ein Unglück für ihn ist, daß er die Menschen nicht kennt, und nie kennen wird. Immer mistrauisch und leichtgläubig wo er es gerade nicht seyn sollte.» Er wolle nicht in Abrede stellen, daß diese Eigenschaften dazu beigetragen hätten, des Vaters Sache bei dem Ministerium in London zu verderben; aber grausam und ein Schandfleck für England sei es doch, einem Manne, «der nicht in re, sondern nur in modo fehlte», ins Unglück zu stürzen...

Welch eine Beichte, fügte Georg hinzu. Er wünsche sich «ein bißchen mehr von Goethes Gefühl des Vertrauens auf sich selbst». In Wirklichkeit betrieb er seine Geschäfte nicht ohne Geschick. Am 21. Dezember reiste er, ein wohlbestallter Professor, nach Göttingen weiter.

Drei Tage später, am Heiligen Abend, schrieb er ein anderes Mal an den Vater, von seinen Beobachtungen in jenem Dorado der Gelehrsamkeit so angestrengt ungezwungen plaudernd, als müsse er einen äußersten Versuch unternehmen, den Alten zu beschwichtigen. Er ahnte nichts Gutes, und seine Melancholie blieb den neuen Freunden (und ihren Töchtern) in der Universitätsstadt nicht verborgen. Mitte Januar hielt er die Beweise des väterlichen Zorns in Händen. Rasendes Kopfweh überfiel ihn nach der Lektüre. «Wenn Sie gewußt hätten was ich den Morgen für Briefe aus London bekommen hatte...» schrieb er an Spener, «was halfs daß ich die Stelle in Cassel annahm, wenn der Zweck, der einzige Grund, warum ich es that, gleich jetzt wegfällt, wenn nehmlich das Unglück der meinigen mir zu schnell über den Hals kommt, ehe noch die Fluchtstätte erreicht ist, oder ich das Leiden lindern kann!»

Die Briefe des Vaters wurden nicht überliefert, doch man braucht nicht lange zu rätseln, was der Inhalt gewesen sein mag: Reinhold – von quälender Angst über den Verlust seiner sichersten Einnahmequelle – den Sprößling – heimgesucht, klagte den Sohn an, er habe die Seinen verraten und ihn im Stich gelassen. Er warf ihm vermutlich auch vor, seinem Erzeuger das Kasseler Amt gestohlen zu haben, denn er wollte und konnte nicht hinnehmen, von einer lauernden Eifersucht gequält, daß der junge Georg ihm nun vorgezogen wurde. Zugleich, dessen darf man sicher sein, appellierte er noch einmal an das verletzte Gewissen seines Ältesten: er müsse nun das äußerste versuchen, um Vater, Mutter und Geschwister zu retten. In der Tat hatte Georg fürs erste fast nichts anderes mehr im Kopf als die Befreiung Reinholds aus seiner Not. Er scheute keinen Bittgang, und in seinen Briefen an Joseph Banks, der inzwischen zum Präsident der Royal Society gewählt worden war, ging er bis an die Grenze der Selbstentwürdigung.

Lichtenberg, der in London nur Augen und Ohren für den Vater gehabt hatte, wurde durch die Lektüre der *‹Reise›* (er las sie auf englisch) zum Bewunderer Georgs. Er bestand darauf, daß er bei ihm und keinem anderen im großen Haus des Verlegers Dieterich an der Mühlenpforte wohnen sollte. Er empfing Georg mit der größten Herzlichkeit, derer er fähig war. Elf Professoren lud er in seine Wohnung, die Leuchten der Wissenschaften: den großen Heyne, 51 Jahre alt, der erste unter den deutschen Altphilologen, Vater eines vierzehnjährigen Mädchens (das sich einige neugierige Blicke auf den jungen Weltumsegler nicht versagte); den Naturforscher und Mediziner Johann Friedrich Blumenbach, zu dem Georg schließlich eine familiäre Bindung fand; den Botaniker Johann Andreas Murray; den Mathematiker Kästner; den Physiker Karl Friedrich Hindenburg, vor allem auch Meiners, der Georg sofort versicherte, er habe ihn ganz falsch beurteilt. Nahm auch der Balladendichter Gottfried August Bürger an jener Gesellschaft teil, oder sah Georg ihn später? Bürger meldete an Boie, den Herausgeber des *‹Deutschen Museums›*, er habe den jungen Forster, «einen allerliebsten Knaben» bei Lichtenberg kennengelernt. Von der Lektüre der ‹Weltreise› inspiriert, schrieb er ein grauslig-greuliches *«Neuseeländisches Schlachtlied»*:

«Heut fordern wir Rache, heut bieten wir Mord;
Wir fordern, wir kommen und halten das Wort.
Nichts kümmert den Sturm, der die Wälder zerbricht:
Wir fordern, wir kommen und schonen euch nicht.

Uns lüstert, uns hungert schon lange nach euch;
Heim lauern die Hunde am spülenden Teich.
Wir schmausen heut abend euch jauchzend im Hain –
Nein auf, bis an's klingende blanke Gebein.»

Natürlich fehlte der Nestor des Konsistoriums der Professoren bei jener Unterhaltung nicht: der Orientalist und Theologe Johann David Michaelis, 61 Jahre alt, der schon mit Reinhold ausführlich über gemeinsame Forscher-Interessen korrespondiert hatte. Georg war in seinem stattlichen Bürgerhaus mit der Doppeltreppe und den breiten Fensterfronten – es lag schräg gegenüber dem Dieterich'schen – schon am Mittag zu Gast gewesen. Aufmerksam und mit einer Regung von Wohlgefallen hatte er die fünfzehnjährige Tochter Caroline Michaelis mit ihren dunklen aufgesteckten Locken und dem weichen Profil betrachtet. Sie war hübscher als ihre Freundin, die vierzehnjährige Therese Heyne, in deren Gesicht eine so merkwürdige Unruhe umging. Die Augen der beiden Mädchen indes waren gleichermaßen lebhaft und wach. Beide schauten sie mit einem Silberblick in die

Welt – der Thereses war freilich ein wenig stärker. Ihnen entging nicht, daß die so klar geformten Züge Georgs durch die Pokkennarben, den schlechten Zustand der Zähne, die gelbe Verfärbung der Augen entstellt waren; sie bemerkten aber auch, daß sie im Feuer der Rede fast eine Art Schönheit gewannen. Seine schmale Erscheinung wirkte eher sympathisch als imponierend, und in ihre Bewunderung für den Jüngling, der furchterregende Abenteuer bestanden hatte, mischte sich eine Spur von Mitgefühl; er schien ebenso verletzlich wie empfindsam zu sein.

Es war nicht nur eine Respektsbezeugung für den gedankenvoll-würdigen Michaelis, daß Georg sich angeregt sah, Caroline später ein Stück feinen tahitianischen Stoff zu schicken, wie er es versprochen hatte. Er habe ein hübsches Briefchen dazugelegt, bemerkte Caroline (auf französisch) in einem Brief an ihre Freundin Julie von Studnitz in Gotha. Aus dem Stoff, der weiß und mit blauen Bändern geschmückt sei, habe sie ein Schäferinnenkleid genäht, wie sie es Forster zugesagt habe – ein Robe, die sich zum Ball tragen lasse. «Du hättest sehen sollen», rief sie der Freundin zu, «wie dieses Kleid betastet und betrachtet wurde, als ich es zum erstenmal vorführte.» Es sei einmalig und lasse sich nicht imitieren, denn sie glaube, Forster besitze nun nichts mehr von jenem Stoff. Von Göttingen habe der Weltreisende mit großem Enthusiasmus gesprochen und ihr galant versichert, daß ihm dieser Ort von allen am besten gefalle – und er habe so viele Städte gesehen, große und kleine. Er reise nun nach Berlin und werde sich bald in Kassel niederlassen, wo er Professor geworden sei.

Philippine Gatterer, die Tochter des Historikers – mit ihren 22 Jahren die älteste der «Universitäts-Mamsellen» –, beschäftigte ihn in jenen Tagen freilich intensiver. Er kannte ihre Gedichte aus dem *‹Göttingischen Anzeiger›*. Bürger rühmte und förderte ihr «großes Talent», obschon er manche ihrer Verse auch miserabel und kindisch nannte (was auch für die seinen oft zutraf). Georg fand das Mädchen «so lebendig, so witzig, so freimütig, daß mein erster Besuch gleich über drei Stunden dauerte, und ich die ganze Zeit fast allein mit ihr sprach», während Lichtenberg den Rest der zahlreichen Familie unterhalten mußte. An Silvester schickte er Philippine einige gefühlvolle

Zeilen, die den Zustand seines Gemütes nicht verbargen: es gebe Augenblicke, Stunden, Nächte, wo ihn der schmerzhafte Gedanke an seine Familie in England zu Boden reiße und der Tränenstrom nicht versiegen wolle. Dann sprach er von der «Seeligkeit, wahre, göttliche Freunde» zu finden, von denen er «ganz verstanden» werde, denen er «sein Herz ausschütten» und an deren «frommen Busen» er «neue Lust zum Leben» schöpfen dürfe.

Er schrieb im Plural, doch er wollte ohne Zweifel im Singular gelesen werden. Philippine, die mit ihrem Himmelfahrtsnäschen und der zu langen Kinnpartie keine klassische Schönheit war, hatte ihm nicht verborgen, daß sie daran denke, den Kriegssekretär Engelhardt zu heiraten. So konnte Georg seine Seele ohne zu großes Risiko offenbaren. Er wollte nicht mehr «einsame Nächte durchweinen», schrieb er im neuen Jahr, und wenn ihn «bange schauerliche Melancholie mit schwarzen Fittichen» umflattere, wolle er sich selber zurufen: «Sie gebot dir, fröhlich zu seyn!» Aus Berlin meldete er sich bei Philippine noch einmal mit dem Wunsch: «Wählen Sie glücklich!» – rief er und setzte nicht ohne List hinzu, wenn sie nach dem «ersten Taumel der Liebe» fände, daß die Leidenschaft ihr Herz nicht ganz erfüllen könne, komme das Stündchen der «ruhigeren Freuden der Freundschaft». «Dies Stündchen sey mein!» fügte er hinzu und meldete sich für ein paar Tage in Göttingen an, «wenn der junge Mai im Schoße der Mutter erwacht». Jenen Brief hatte er übrigens mit dem Bibelzitat begonnen: «Er wird Vater und Mutter verlassen» (aus dem ersten Buch Mose), doch weislich den Rest unterschlagen: «und (er wird) an seinem Weibe hangen, und sie werden sein ein Fleisch...» Hernach war von dieser anziehenden jungen Frau nur noch selten die Rede. Nur der Klatsch verlobte ihn mit Philippine. «Wer in Göttingen einen Professor besucht der eine mannbare Tochter hat, der muß gleich ein Auge auf die Tochter haben wollen», schrieb er Ende 1781 seufzend an Jacobi. Hatte er noch die Mademoiselle Gatterer im Sinn? Das wohl kaum. Caroline Michaelis? Oder schon Therese Heyne, da Georg dem Vater so oft seine Aufwartung machte?

Spener schien über das Engagement seines Autors in Kassel nicht glücklich zu sein. Er fürchtete nicht zu Unrecht, die Professur vertrage sich nicht mit der versprochenen Arbeit am Natur-Lexikon und der Übersetzung Buffons. Unterdessen war Georg nach Braunschweig weitergeeilt. Der Herzog Ferdinand – Generalfeldmarschall Friedrich des Großen – war Großmeister und damit das eigentliche Oberhaupt der deutschen Freimaurer. Von ihm versprach sich Georg tätige Hilfe für den Vater – nicht durch die Fürsprache in Berlin. Vielleicht kaufte er die Zeichnungen? Dahin kam es nicht. Aber Georg wurde an die fürstliche Tafel geladen. Der Herzog gab sein Wohlwollen zu erkennen, und in der Tat veranstaltete dieser preußische Feldherr später eine Sammlung unter den Logen der deutschen Freimaurer, die Reinhold Forster von seinen Schulden erlösen sollte. Aus eigener Kasse stiftete Ferdinand von Braunschweig nach dem Zeugnis des Goethe-Freundes Merck hundert Pfund. Die Sammlung unter den Bundesbrüdern regte der hohe Militär mit Argumenten an, die für seinen Stand ungewöhnlich waren: Dr. Forster, schrieb er in einem Rundbrief, beherrsche zu wenig die Kunst, sich die «Großen» durch «Schmeicheleien gefällig zu machen, und er habe sich den Haß des Ministers» (in London) zugezogen. Man müsse die Schuldenlast von ihm nehmen, da er sonst England nicht verlassen könne. Die Sammlung allein in Kassel ergab – Georg war gebeten worden, jener Sitzung fernzubleiben – die eindrucksvolle Summe von 188 Talern und 4 Groschen.

Georg nutzte die Nähe, um von Braunschweig aus den Bibliothekar Lessing in Wolfenbüttel aufzusuchen, dessen elegante und scharfsinnige Prosa er bewunderte. Die beiden waren zuerst im Haus des Literatur- und Philosophieprofessors Joachim Johann Eschenburg zusammengetroffen, und Lessing hatte beide in sein Haus geladen. Die Begegnung scheint indes nicht allzu herzlich gewesen zu sein. Lessing fand den jungen Mann wohl zu verschwärmt. Über die Unterhaltung existieren keine Notizen, doch es gibt Anlaß zu der Vermutung, daß Benjamin Franklins eindrucksvolle Formulierung «Was Blut kostet, ist kein Blut wert» von Lessing später in sein Manuskript des *‹Fünften Gesprächs von Ernst und Falk›* eingefügt wurde. Es ist nicht undenkbar, daß er sich einer Anregung seines Gastes bediente, freilich ohne die Herkunft des Wortes zu nennen.

In Berlin wartete Spener voller Ungeduld. Dennoch ließ Georg sich noch einmal aufhalten und besuchte in Harbke bei Helmstedt einen Herrn von Veltheim, an den ihn Raspe empfohlen hatte, hernach den Abt Resewitz, der die Pädagogische Anstalt im protestantischen Kloster Bergen leitete. Was war ihm in Harbke und Kloster Bergen so wichtig? Scheute er sich vor Berlin? Vor der Aussprache mit Spener, dem er durch die rasche Verpflichtung in Kassel untreu wurde? (Überdies schuldete er ihm Geld.) Vor der Begegnung mit dem Verleger Pauli, der ihm die Reise finanzierte, um mit ihm in Berlin an großen Projekten zu arbeiten? Die preußische Hauptstadt schien Georg in der Tat nicht behaglich gewesen zu sein. In einem Bericht an seinen Vater beschwerte er sich über den «beständigen Wirbel» der Stadt, in der man ihn «zu Tode gefragt und mit unzähligen Bekanntschaften überschwemmt» habe. Später erzählte er Jacobi (ohne Angst vor Übertreibungen): «Während der fünf Wochen habe ich wenigstens in 50 bis 60 verschiedenen Häusern Mittag oder Abendbrod gegeßen, und jedesmahl dieselbe Geschichte herableiern, dieselben Fragen hören und beantworten, kurz tausend müßigen Leuten die Zeit vertreiben müßen... Die leeren, schalen Köpfe, die Perücken-Stöcke... die sinds die mich fast zu Tode gequält haben...»

Nein, seine Eindrücke von der Metropole Preußens waren nicht die günstigsten: «Ich hatte mich in meinen mitgebrachten Begriffen von dieser großen Stadt sehr geirrt. Das äußerliche viel schöner, das innerliche viel schwärzer, als ich mirs gedacht hatte. Berlin ist gewis eine der schönsten Städte in Europa. Aber die Einwohner? – Gastfreiheit und geschmackvoller Genus des Lebens – ausgeartet in Ueppigkeit, Praßerei, ich mögte fast sagen Gefräßigkeit. Freie aufgeklärte Denkungsart – in freche Ausgelassenheit, und zügellose Freigeisterei...» «Was Wunder», fügte er hinzu, «daß Göthe dort so sehr, so allgemein misfallen hat, und seiner Seits auch mit der verdorbenen Brut so unzufrieden gewesen ist!»

Über den Fridericus-Kult äußerte er sich beinahe entsetzt: alle, selbst die gescheitesten, einsichtsvollsten Leute vergötterten den König; sie beteten ihn so närrisch an, daß auch «was schlecht, falsch, unbillig oder wunderlich» an ihm sei, als «vortrefflich und übermenschlich» gepriesen werde. Das «schöne Geschlecht» schien ihm «allgemein verderbt» zu sein, und seine Koketterie verglich er mit jener der Pariserinnen.

Selbst an Spener entdeckte er, schlechtgelaunt, einige Fehler. Seinen Bruder Carl fand er nicht mehr in Berlin: er hatte sich als kleiner Zahlmeister zum Dienst in die Armee Friedrich des Großen verdingt, als der Bayerische Erbfolgekrieg ausbrach. (Georg erwog, ihn in seiner schlesischen Garnison zu besuchen, doch die Zeit war zu knapp.) An Nicolai, dem Verleger – ein witziger Kopf und in mancher Hinsicht der radikalste unter den deutschen Aufklärern –, schien Georg einigen Gefallen zu finden, obwohl er sich an seiner Eitelkeit stieß. In seiner Gesellschaft war er guter Dinge und nach eigenem Zeugnis voller Einfälle. Übrigens widerstand er – trotz der Beschwerden über die Last des Ruhms – nicht konsequent der Versuchung, die eigene Legende zu pflegen. Zum Geburtstag schrieb er Nicolai (aus Dessau): «Ich halte über Ihrem Haupt einen Lorbeerkranz mit unverweslichen Rosen durchflochten; und wenn ein kühles Lüftchen Sie anweht, so denken Sie, ich sey's, der Sie mit tahitischen Palmen fächelt!»

Wichtiger war, daß Georg in Berlin ohne Zeitverlust den Minister von Zedlitz aufgesucht hatte, der neben der Justiz auch den Kirchen-, Schul- und Universitätsangelegenheiten vorstand. Der mächtige Herr schien sofort bereit zu sein, Reinhold eine Professur in Halle anzubieten. Die Nachricht reiste rasch nach London. Schon am 26. Februar akzeptierte der Vater die Offerte. Er stellte freilich einige zusätzliche Bedingungen, über die Georg mit dem Minister mündlich verhandelte.

Die Chance in Halle hatte er schon am 9. Februar in einem Schreiben an Joseph Banks angedeutet, in dem er den Gönner anflehte, eine «letzte Anstrengung» zu unternehmen, die den «unglücklichen Mann von all seinen Schwierigkeiten» erlöse. Die Höhe der Schulden gab er mit 700 bis 800 Pfund an. (Sie betrug mindestens 1000 Pfund, vermutlich entschieden mehr.) Sollte man nicht, fragte er, Lord Sandwich ersuchen, den Vater mit den Mittel zu versehen, die es brauche, um seine Gläubiger zu befriedigen? Am Schluß des Briefes stammelte er verlegen: «Ich habe meine äusserste Pflicht für meine Eltern getan – wenn ich zu freimütig war, werden Sie diese letzte Äußerung der Verzweiflung verzeihen. Ich habe keine Macht, sie zu retten: Ihre freundliche Hilfe zu suchen, war alles, was ich tun konnte.» Anfang April schickte er ein Schreiben aus Kassel hinterher, in dem er sich zäh danach erkundigte, ob nicht wenigstens eine Summe von 300 Pfund aufzutreiben sei. Könne man nicht an den König und die Königin direkt appellieren? Man müsse doch einige hundert Pfund für die Unterstützung einer armen Familie aufbringen, wenn tausende für geringere Zwecke verschwendet würden. Nicht ganz zartfühlend zitierte er den kleinen Fürsten von Anhalt-Dessau, den Reinhold 1775 bei seinem Besuch in London mit einigen Stücken tahitianischen Stoffes beschenkt habe – wie großmütig er sich revanchierte! Die Königin aber habe von seinem Vater ein Geschenk im Wert von mehr als hundert Pfund empfangen. – Banks wandte sich weder an Lord Sandwich noch an den Hof. Er unternahm auch keine eigene finanzielle Anstrengung mehr. Vielleicht wußte Georg nicht, daß ihm der Vater bereits eine stattliche Summe schuldete.

Der Fürst Leopold Friedrich Franz hatte eine Stunde, in der er mit Georg in der Bibliothek seines Lustschlößchens Wörtlitz allein war, aufs diskreteste genutzt, um ihm ein wahrhaft nobles Geschenk von 100 Louisdor in die Hand zu drücken. Ihm sei es «centnerschwer» geworden, jenes Geschenk anzunehmen, schrieb Georg an Reinhold: dies für «das bißchen Höflichkeit, das wir ihnen damals in London erwiesen» und für die «paar Lappen taheitischem Zeuge, die wir ihnen gaben». Georg war eingeladen, in der Idylle von Wörtlitz einige Tage bei der fürstlichen Familie zu leben. Des Morgens frühstückte man miteinander. Die Fürstin selber schenkte den Tee ein. Auch mittags und abends blieben alle Bedienten so weit wie möglich im Hintergrund. Der Fürst, ein Enkel des ‹Alten Dessauer›, lege keinen Wert auf strenge Etikette. Er denke viel zu edel, «um die erzwungenen Bücklinge und Narrenpossen leiden zu können». Man unternahm lange Spaziergänge durch die reizenden Gartenanlagen, an denen noch gearbeitet wurde. Georg fühlte sich, trotz der entspannten Herzlichkeit, ein wenig gehemmt. Bei der Besichtigung des ‹Philanthropins› indes konnte er sich lebhafter zeigen: er bewunderte den Geist jener humanen Einrichtung, in der die jungen Menschen ganz nach den Idealen der Aufklärung und religiöser Toleranz erzogen wurden. Übrigens wurden in der Schule auch handwerkliche Fähigkeiten und sportliche Übungen gelehrt. Georg stiftete der Bibliothek sein Reisebuch. Dem Vater gestand er, er sei um dieser guten Fürsten willen «mit dem Geschlecht der Durchlauchtigkeiten» wieder versöhnt. Er werde in wenigen Tagen ruhig an seine Arbeit gehen, mit der Überzeugung, «daß Fürsten doch wirklich Menschen sein können, wenn sie nur wollen».

Ende März 1779 langte er wieder in Kassel an, bereit, seine nicht allzu drückenden Aufgaben zu übernehmen. Den gewährten Urlaub hatte er um einige Wochen überschritten.

XI
Kleine Städte und Mamsellen

Landgraf Friedrich II. steht noch immer, wie seit gut zweihundert Jahren, auf dem weiten Platz zwischen der Altstadt und der oberen Neustadt von Kassel, der nach ihm benannt wurde. Auch in der römisch idealisierten Gestalt, gepanzert und mit dem Lorbeer-Kranz gekrönt, die ihm der Bildhauer zu Regierungs- und Lebzeiten verliehen hat, läßt sich der Herrscher noch erkennen: kurzbeinig, dick und von nicht ganz zuverlässiger Gutartigkeit. Seinem Onkel, dem großen Friedrich von Preußen, kam er an Bildung, Schärfe des Verstandes und in der kalten Leidenschaft zur Pflichterfüllung wahrhaftig nicht gleich. Aber dumm war er auch nicht, nicht untüchtig, nicht allzu borniert. Sein Ländchen war nicht schlecht und war nicht recht verwaltet. Der Elan hugenottischer Einwanderer, die zu Ende des 17. und zu Anfang des 18. Jahrhunderts vor den mörderischen Kampagnen gegen den Protestantismus aus Frankreich geflohen waren, hatte dem kleinen Staat einen schönen Aufschwung beschert. Doch als ihr Fleiß im Gang der Generationen erlahmte, geschah in Hessen-Kassel nicht mehr allzu viel, was die Bewunderung der Zeitgenossen herausgefordert hätte. Die Bauwut des Landgrafen, die er mit allen deutschen Kleinfürsten teilte, ließ sich aus den Steuern der Bürger, den Abgaben und der Fron hart gepreßter Kleinbauern nicht finanzieren. Aus der Vermietung seiner Soldaten aber flossen wenigstens elf Millionen Taler in die Kasse. Sie ersparten Friedrich den Ruin. Für Investitionen in Handel und Handwerk wurde kaum etwas unternommen. Der Aufwand des Hofes indes blieb halbwegs bescheiden. Es ließ sich freilich nicht behaupten, die Künste hätten unter dem Zepter Friedrich II. eine üppige Blüte erlebt. Die italienische Oper von Kassel genoß keinen überragenden Ruf. Im Theater wurden französische Komödien der dürftigen Sorte von minderen Truppen gespielt. Die Bibliothek, obwohl 27000 Bände stark, war aus zufälligen Erwerbungen zusammengetragen und wurde von ihrem Direktor, dem Marquis de Luchet, miserabel geführt. So war die Begründung des Collegium Carolinum, das sich als eine Art Übergangsstufe zwischen Gymnasium und Universität betrachten ließ, die herausragende kulturelle Leistung des Regenten. Auf seine Professoren war er stolz. Es hatte darum seine Logik, daß der Erbmarschall Freiherr von Riedesel vor der Einweihung des Friedrich-Monuments den Professor Georg Forster bat, ihm eine würdige Rede zur Feier des Regenten in französischer Sprache aufzusetzen. Georg konnte sich diesem Wunsch nicht entziehen. Natürlich empfand er es auch als Auszeichnung, daß man ihn fragte und nicht den Schweizer Historiker Johannes Müller, der Französisch wie seine Muttersprache beherrschte, auch nicht den Herrn von Luchet. Immerhin machte er sich die Mühe, eine Kopie an seinen Verleger Spener nach Berlin zu schicken.

Im Text der Festrede erwähnte er nicht – wie sollte er –, daß an die fünftausend hessische Soldaten in Amerika geblieben waren. Die Unterzeichnung des Friedensvertrages stand vor der Tür. Darauf konnte man eher verweisen. Georg mag sich erinnert haben, daß er im Jahre 1774 politisch hellhörig und mit völliger Klarsicht festgestellt hatte, Amerika sei für England verloren. Spener übrigens, der manchmal das Ohr am Boden hatte, dachte an einen amerikanischen Almanach, in dem die Berichte der heimkehrenden Soldaten gesammelt werden sollten. Georg war skeptisch. «Gott weiß», antwortete er dem Verleger, «was ich zusammentrommeln werde, denn unsere blinden und gleichgültigen Hessen haben in New York (nicht in Amerika) gespielt, gesoffen, dann geh—t und sich übrigens den T— um die Amerikaner gekümmert.»

Die Bürger von Hessen-Kassel waren einige Monate später geneigt, ihren Landgrafen ein wenig milder zu betrachten. Zu Anfang des Jahres hatte sich der Regent in einer feierlichen Szene auf dem großen Exerzierplatz mit seiner Familie versöhnt, von der er fast drei Jahrzehnte lang getrennt war: seit es sich 1754 bei den Untertanen herumgesprochen hatte, Friedrich II. sei heimlich zum katholischen Glauben übergetreten. Der Fürst eines stockprotestantischen Landes! Was für ein Skandal! Friedrich mußte schwören, daß er sich jeder Einmischung in die religiösen Belange seines Landes enthalten würde. Zum Unterhalt seiner Frau, die eine Tochter des englischen Königs war, und ihrer drei Söhne trat er die reiche Grafschaft Hanau ab, in der ein Bataillon hannoveranischer Soldaten stationiert wurde. Nun endlich kehrte, nach schwierigen Verhandlungen, seine Familie zurück. Dem Vater schrieb Georg: «Der Erbprinz kam gestern von Hanau. Es ward so viel vor Freude geweint, daß alle Soldaten unter den Waffen auf der Parade in Thränen waren, als der Landgraf seinen ältesten Sohn zum Generallieutenant aller hessischen Truppen erklärte. Er selbst weinte lange, und so thaten alle Prinzen; Prinz Carl und Friedrich gingen bei ihren Bekannten unter den Officieren herum, und sagten: ‹Gott Lob und Dank! nun sind wir wieder beisammen!› – Mit einem Wort, alles ist voller Freude... Die ganze Armee heulte vor Rührung.»

Man darf annehmen, daß sich auch der Professor Forster einiger Tränen nicht schämte, sonst hätte er die Szene nicht mit solcher Emphase beschrieben: ein Geschöpf des 18. Jahrhunderts, dessen Kinder allesamt nahe am Wasser gebaut hatten. Manchmal seufzte er zwar unter dem Joch, in das ihn der Dienst in der kleinen Residenzstadt schirrte. In Wahrheit trug er daran nicht allzu schwer. Der junge Gelehrte, der so viel von der Welt gesehen hatte: erfüllte er seine höfischen Pflichten so ungern, wie er oft vorgab? Gewährten sie ihm nicht auch eine gewisse Genugtuung? Bei einem Besuch des Herzogs von Braunschweig, der Herzogin von Württemberg, ihres Sohnes und ihrer Tochter wurde Georg beauftragt, die Herrschaften durch das Antiquitäten-Kabinett zu führen. Die Frau seines hessischen Erbgrafen, bemerkte er, mit einer Spur von Stolz, sei die Ansehnlichste. Immerhin las sie die Werke des charmanten Professors: sie hatte sich von ihm sein Reisebuch erbeten. «... In diesem Fall», schrieb er, «ist der Teufel – wenigstens ein schönes Weib. Geizig soll sie seyn...» In der Tat, sie hätte sein Buch auch kaufen können. Die Schmeicheleien der Damen mit ihren hochgetürmten Frisuren, den frivolen Décolletés und den rauschenden Röcken machten ihn nicht blind. Er bemerkte sehr wohl die «allgemein gewordene Noth dieses unglücklichen Landes», das im Herbst des Jahres 1782 – nach einer schlechten Ernte – völlig «ausgemergelt» zu sein schien.

Dank der geduldigen Gewogenheit des Ministers Graf von Schlieffen wurde ihm die Gunst seines Landesherren niemals entzogen. Noch ehe er im April 1779 sein Amt antrat, war das ursprünglich vereinbarte Gehalt von 450 Taler schon auf 570 erhöht worden. Er übernahm dafür den Auftrag, in der neugegründeten Kadetten-Anstalt pro Woche drei Stunden Geographie und zwei deutsche Sprache zu unterrichten, was ihn bald zu der unmutigen Beschwerde veranlaßte, er sei nach Kassel gekommen, um «zwölfjährigen Rotzlöffeln ihre Muttersprache buchstabieren zu lehren». (Den Sprachunterricht wurde er wieder los.) Dafür las er am Carolinum nur ein wissenschaftliches Kolleg, zu dem sich nicht mehr als vier oder fünf von den 25 bis 30 eingetragenen Studenten einfanden. Georg spottete, es gebe in Kassel mehr Professoren als Studenten. Nach wenigen Monaten gestand er Jacobi, er fühle sich zum Lehramt nicht berufen: es fehle ihm die Routine, die systematische Art zu lehren und zu dogmatisieren, wozu theoretische Kenntnisse gehörten. In Petersburg war ihm selber kein ganzes Jahr, an der Akademie in Warrington waren ihm nur einige Monate systematischen Unterrichts zuteil geworden. Manchmal träumte er davon, ein reguläres Studium nachzuholen.

Die geringe Last, die ihm der Lehrplan auflud, hätte ihm die Muße lassen müssen, mit seiner Arbeit am Natur-Lexikon und an der Buffon-Übersetzung voranzukommen. Doch fürs erste fehlten ihm seine Bücher und Sammlungen, die er von London mit einem Frachter nach Hamburg herübergeschickt hatte. Das Schiff war an der Küste von Jütland gestrandet. Forsters Kisten hatte man gerettet, aber es kostete Zeit und 60 Taler, sie nach Kassel zu dirigieren. Als sie endlich anlangten, waren die Herbarien verfault, und der größte Teil seiner Bibliothek war verrottet. Bücher hin oder her: er fand nicht die Konzentration, die seine Arbeit verlangte.

Kassel bot nicht zu viele Ablenkungen. Es gebe in dem Städtchen nicht mehr als zwei, drei Leute, die ein Buch läsen, bemerkte er höhnisch – und auch die zögen die frivolsten französischen Romänchen vor. Umständlich verteidigte er seine Untätigkeit: er gehe nicht länger als zwei Stunden am Tag spazieren, beteuerte er Spener, und in Gesellschaft halte er sich so gut wie gar nicht auf. Dennoch kam er mit keinem Werk voran. Die Schriftstellerei sei nur eine Fron, beschwerte er sich. Er murrte oft in jenen Tagen und gefiel sich zuweilen in einem aufsässigen, unwirschen Ton, als müsse er den teutonischen Grobianismus nachexerzieren. Die Brüskheit mancher Urteile korrespondierte aufs merkwürdigste mit einer etwas zu aufwendigen Gefühlsseligkeit. Goethes schwieriger Freund Merck, in dem auch Fritz Jacobi das Urbild des Mephisto erkennen wollte, machte sich in einem Brief an den Freiherrn von Dalberg in Erfurt über die «empfindelnde Schwatzhaftigkeit» des jungen Forsters lustig. An Georgs Fleiß hatte er seine Zweifel. Im September 1779 teilte der düstere Merck einem unbekannten Adressaten mit, Forster sei zwar ein braver, ehrlicher Kerl, doch er hege keine große Liebe zur Wissenschaft. Übrigens kümmerte sich Merck dennoch mit großer Geduld um den Verkauf von Georgs Tier- und Pflanzen-Zeichnungen aus der Südsee, damit Geld ins Haus des Vaters komme.

Die Übersiedlung Reinholds von London nach Halle verschleppte sich von Monat zu Monat. Die Entschuldungsaktion der Freimaurer brauchte Zeit. Das Ministerium in Berlin äußerte sich nicht zu den Bedingungen, die der Vater angemeldet hatte. Reinhold hatte nur geringe Neigung, mit den Hallensischen Studenten Griechisch zu pauken. Sollte er überhaupt nach Preußen ziehen? Er hatte neue Pläne im Kopf: in Oxford und London, dann auch in Cambridge, wollte er Kollegs veranstalten, für die seine Hörer schweres Geld zahlen sollten. Er meinte überdies, es sei Sache des Alten Fritz, die britische Regierung zu einer Entschädigung für den Professor Forster zu zwingen. Freilich sagte er nicht, wie das zugehen könne.

In Georg kochte die Verzweiflung noch einmal auf. Er schrieb (an Spener) vom «siedenden Blut des Dr. F.», von seinen «Bocksprüngen», von seiner «eigensinnigen und hochmüthigen

Laune». Wenn es denn sein müsse, eile er selber nach Braunschweig, um sich dem Herzog «zu offenbaren», denn es sei besser, den Vater sich selber zu überlassen, «als daß die ganze Familie mit ihm zugrunde gehe». Kein Mensch sei von seinem Vater behandelt worden wie er: «Doch Stille! ich habe Geduld geschenkt bekommen.»

Im Juli 1780 brachen Reinhold, seine Frau und die vier Kinder, die noch bei ihnen wohnten, endlich nach Halle an der Saale auf. Zum Abschied erschien eine böse Karikatur in einer satirischen Zeitschrift. Sie schilderte, wie der Professor umgekehrt auf einem Esel sitzend davonritt, von Georg dirigiert und von seiner traurigen Sippe begleitet. Natürlich waren die Schulden größer, als er es Ferdinand von Braunschweig gestanden hatte. Zusammen mit dem Prinzen Carl von Hessen kam der Herzog für die Differenz stillschweigend auf. Allerdings war die hohe Summe, die Reinhold bei Joseph Banks aufgenommen hatte, in keiner Abrechnung enthalten – trotz Reinholds Versprechen, auch diese Schuld vor der Abreise zu begleichen.

Der Vater machte einen Umweg über Hamburg, wo er sich fünfzehn Tage aufhielt. In Potsdam wurde er von Friedrich dem Großen empfangen, der sich mit dem Professor anderthalb Stunden unterhielt und ihm, wie Reinhold postwendend einem freimaurerischen Freund meldete, «des öfteren vertraulich auf die Brust klopfte» (mit dem Krückstock). Der König war nicht ganz so entzückt von der Konversation mit dem Heimkehrer, den er als einen groben Kerl betrachtete, denn Dr. Forster hatte es als nicht zu taktlos betrachtet, seinem neuen Landesherrn mitzuteilen, er sei der fünfte König, dem er begegne: es seien insgesamt drei wilde und zwei zahme gewesen. In Berlin sah der Professor, dem noch immer ein großer Ruf vorausging, auch die Königin, die ihrem Gemahl so gut wie nie begegnete, und Prinzessin Amalie, die Schwester des Alten Fritz. Nach dieser Ouvertüre dachte er nicht daran, vor den Kollegen in Halle den Rücken zu beugen. In den Wochen des Einstands charmierte er, wie er es noch immer verstand, die neuen Nachbarn. Doch die Querelen ließen nicht auf sich warten. Bald stritt er sich mit den Konkurrenten und der Obrigkeit. Für den Alten Fritz setzte er – durch einige liebenswürdige Formeln ermutigt – eine Denkschrift über die Besserung der preußischen Verhältnisse auf, die gewiß vernünftige Vorschläge enthielt. Leider las sie der Adressat nicht.

Der Umzug kostete Geld. Georg wurde, wie gewohnt, um sein Scherflein gebeten. Zuvor hatte er wohl dann und wann einen Teil seiner Einkünfte nach London überwiesen, damit die Geschwister und die Mutter keine zu arge Not litten. Wie hoch seine Aufwendungen für die Familie sein mochten, läßt sich nicht schätzen. Ob viel oder wenig: Das Geld zerrann auch ihm in den Händen, er wußte nicht wie. Der junge Professor – als sei er dazu verdammt, dem Beispiel des Vaters zu folgen – verschuldete sich bei aller Welt. Seine Wohnung, die sich in einem der «französischen Häuser» hinter dem Marstall befand (die Straßen jenes Viertels wurden durch die Bomben des Zweiten Weltkrieges eingeebnet), sollte nicht zu teuer gewesen sein, doch war sie wohl auch kaum die «bescheidene Kammer», die er da und dort erwähnte. Nach seinem eigenen Zeugnis bewirtete er gelegentlich einige Freunde. Er hielt sich Diener, die ihn auch zu frisieren hatten: Georg Mühlhausen hieß der eine, der andere Antonio. Man weiß nicht, ob die beiden nebeneinander oder nacheinander um das Wohl des Junggesellen besorgt waren. Nur dies steht nach Forsters eigenen Angaben fest: ein Diener kostete 50 Taler im Jahr (neben Essen, Trinken und Kleidung) – und eine Dienstmagd hätte sich mit 15 Talern bescheiden müssen. Es war freilich eine Frage des Prestiges, ob man sich von einem Mann oder einer Frau aufwarten ließ.

Georg versah sein Amt noch kein Jahr, als ihm der Landgraf die Aufsicht über seine Naturalien-Sammlung anvertraute – gegen ein Zugeld von 100 Reichstalern. Das Kabinett war klein, doch in dürftigem Zustand. Es mußten Verzeichnisse angelegt, es mußte Ordnung geschaffen werden. Zu Anfang erschien der Eigentümer beinahe täglich, um sich mit Georg über seine mageren Schätze zu unterhalten. Der Professor seufzte, daß er Serinissimus die Langeweile zu vertreiben habe. Also mußte er zur Verfügung stehen, bis die Neugier des Regenten erlosch (was bald genug der Fall war).

Das Aufgeld war für ihn Anlaß, dem Verleger Pauli in Berlin

die verhaßte Arbeit am Natur-Lexikon aufzukündigen. Auch mit dem Buffon ging es stockend voran. (Er brachte schließlich nicht mehr als anderthalb Bände zusammen.) Die Übertragung und Ergänzung der ‹*Observations*› seines Vaters, die er Spener so oft, in höchster Eile und mit den heiligsten Schwüren versprochen hatte, quälte ihn bis ins Jahr 1783. Gelehrt schreiben und schön schreiben sei zweierlei, klagte er über den Stil seines Vaters. Ganze Kapitel schrieb er mit bitterer Mühe um, er modernisierte und erweiterte den Band. Bis 1784 verzögerte sich schließlich die Herausgabe der afrikanischen und antarktischen Aufzeichnungen seines treuherzigen Reisegefährten Andreas Sparrman, der längst nach Schweden heimgekehrt war.

Alle Projekte hatte Spener durch seine großzügigen Vorschüsse längst bezahlt. Die Rezensionen, die er brav und halbwegs pünktlich für den ‹*Göttingischen Anzeiger*› seines Mentors Heyne zu Papier brachte, wurden nicht üppig honoriert. Aber er bezog nun, fünfundzwanzigjährig, ein Gehalt von 670 Talern: keine üppige Entlohnung, womöglich aber die höchste, die der Landgraf einem seiner Professoren am Collegium Carolinum gönnte. Der junge Forster genoß Ansehen und hohe Protektion – anders hätte man ihn nicht so rasch avancieren lassen. Einige Hinweise deuten freilich an, daß er den Lehrberuf mit keinem zu großen Eifer und auch keinen zu großen Erfolgen versah. Für das Jahr 1781 war er dem Landgrafen als Ersatzkandidat für das Amt des Prorektors am Collegium vorgeschlagen worden. Es entsprach einer Übung, daß der zweite Name, der genannt wurde, im nachfolgenden Jahr an die erste Stelle rückte. Dies geschah nicht. Erst 1784 fiel Georg die ehrenvolle Aufgabe zu.

Nichts war für die Reputation des Professors (und für seinen Marktwert) schon damals wichtiger als der «Ruf» einer anderen hohen Schule, auf den er wartete, der ihn manchmal erreichte, den er ungern ablehnte oder nur allzu gern annahm. Jener Begriff hatte für die gelehrten Herren eine eminent praktische und zugleich rituell gesteigerte Bedeutung. Sie gebrauchten das Wort oft wie eine magische Formel. In der Korrespondenz Georg Forsters und seiner Freunde nahmen Gespräche über den «Ruf» einen prominenten Rang ein (wie es unter Professoren heute noch ist). Sie verstanden es alle gut genug: ein «Ruf», auch wenn man ihm nicht zu folgen gedachte, war stets geeignet, die eigene Lage zu verbessern. Er half zu höheren Einkünften oder einer Verminderung der Pflicht-Kollegs, zu langerwünschten Anschaffungen für Institute und Bibliotheken, längerem Urlaub, Reisen oder einem schönen Titel. Kurz, er war das nützlichste Instrument für eine freundlichere Ordnung des Daseins. Die Kollegen, wenn nicht gerade verfeindet, waren einander gern zu Diensten. Wenn man die rechten Beziehungen spielen ließ, konnte man dafür sorgen, daß ein «Ruf» zu rechter Zeit erging.

Georg hatte den eigenen guten Einstand ohne Zögern genutzt, um seinem Freund Soemmerring, der nach der Heimkehr aus England in Göttingen auf einen «Ruf» wartete, eine Professur in Kassel zu verschaffen. Die Techniken der Selbstpromotion und gegenseitigen Förderung hatte er sich in fliegender Eile angeeignet. Schon einen guten Monat nach seinem Amtsantritt riet er dem Freund, dem Landgrafen mit der halben Lüge zu schmeicheln, er habe die angesehensten Stellen in Halle und Jena ausgeschlagen – nur um der Ehre willen, in den Diensten des Kasseler Fürsten zu stehen. 500 Taler Gehalt müsse er fordern, um dann wenigstens 400 zu erhalten.

Schlieffen war der Vermittler. Dank seiner Hilfe hatte das Komplott Erfolg. Der Landgraf geriet auf den wunderlichen Einfall, sich ein «Anatomisches Theater», mit anderen Worten: einen Seziersaal zu schenken. Zu seinem Geburtstag sollte die erste Vorstellung auf diesem sinistren Forum des Fortschrittes gegeben werden. Darum war Eile geboten. Ohne Schwierigkeiten stach Soemmerring einen französischen Konkurrenten aus.

Georg und der Freund steckten von nun an in jeder freien Stunde zusammen. Die Exklusivität ihrer Verbindung schien nahezu jede andere Gesellschaft auszuschließen. Oft bedienten sich die beiden einer geheimnisvollen Sprache, schwiegen vielsagend und fielen in ein konspiratives Geflüster, um hernach mit schwärmerischen Blicken und Zurufen von biblischem Pathos in Gefilde zu entrücken, in die ihnen niemand nachzueilen vermochte. Die Herzlichkeit der Gespräche Georgs mit dem Hausgenossen Dohm erlosch. Dieser scharfsinnige Aufklärer zeigte nicht die geringste Neigung, Georg bei seinen mystischen Spekulationen nachzuwandeln. Christian Wilhelm Conrad Dohm wurde bald danach als Kriegsrat und Geheimer Archivar nach Berlin berufen, wo er 1781 unter dem Einfluß von Lessings Freund Moses Mendelssohn seine große Schrift *‹Über die bürgerliche Verbesserung der Juden›* aufsetzte, von der Georg mit gedämpfter Sympathie sprach. Sie kamen einander erst nach einem guten Jahrzehnt wieder näher.

Die schwärmerischen Umtriebe mit Soemmerring regten Georg – soviel er auch von Tugend sprach – zu einer vernünftigen Ordnung des Alltags nicht an. Er war von finanziellen Verpflichtungen umstellt, die er selber kaum noch überblickte, schuldete Freunden, Bekannten, den Handwerkern vor allem Summen von unterschiedlicher Höhe. Er hockte auf ganzen Stapeln von unbezahlten Rechnungen, ja er blieb sogar mit seinen Jahresbeiträgen für die Royal Society im Rückstand und bat den Präsidenten Banks händeringend (wenn auch zunächst vergebens), man möge ihm die Nachzahlung erlassen. Dem Freund Jacobi gestand er im November 1780 ein wenig beschämt – er war erst gut anderthalb Jahre in Kassel – eine Verschuldung von tausend Reichstalern. Die Zahl war gewiß nicht übertrieben. Um einen Teil der Gläubiger loszuwerden, hatte Georg den Oberhof- und Kammeragenten David Feidel gebeten, die kleinen Verpflichtungen für ihn zu übernehmen. Diese Methode der «Umschuldung» entsprach der Üblichkeit. Es war auch nicht außergewöhnlich, daß Feidel eine Verzinsung von sechs Prozent und eine jährliche Tilgung in Höhe von 200 Talern aus Georgs Gehalt verlangte. Dennoch beklagte sich der Professor, daß er mit dem Rest des Geldes nicht auszukommen vermochte. Ein Unterton von Ressentiments gegen den «Juden» war unüberhörbar. Gebe es nicht eine billigere Lösung? Eine Rückzahlung von nur 100 Talern im Jahr? Der gute Jacobi half ihm mit 25 Pistolen (gleich 125 Reichstalern) pro Jahr. Zu seinem Glück erreichte Georg – der Zeitpunkt konnte kein besserer sein – ein «Ruf» an die Universität von Mietau in Kurland. Dies war weit hinter der Welt. Vielleicht eben darum lockte man ihn mit einem Gehalt von 1000 Talern. Durch die Einladung gestärkt, wagte es Georg, sich an den Landgrafen mit der Bitte zu wenden, man möge ihm einen Gehaltsvorschuß in Höhe seiner Schulden gewähren. Durchlaucht ließen sich mit der Antwort Zeit, aber dem Professor wurden einstweilen 120 Taler aus der Militärskasse angewiesen. Erst nach einem zweiten Vorstoß entsprach er Georgs Wunsch: im Sommer oder frühen Herbst 1781 wurde dem Professor Forster von seinem Fürsten ein zinsloser Vorschuß in Höhe von 1000 Talern eingeräumt, von denen er pro Jahr 100 zu tilgen hatte. Gleichzeitig erhöhte der Landgraf sein Salär auf 800 Taler: Dies war nach den Maßstäben der Zeit ein splendides Einkommen für einen blutjungen Menschen, denn alle Dienstleistungen und auch die Nahrungsmittel kosteten in jener letzten Epoche europäischen Friedens vor der Revolution nur einen Bruchteil heutiger Preise.

Innerhalb von knapp zweieinhalb Jahren hatte Georg nahezu die Verdoppelung seines Anfangsgehaltes erreicht. In der Tat, er vertrat seine Interessen nicht schlecht. Von seinem Vater schien er gelernt zu haben, daß man nur laut genug klagen müsse, dann werde der Verhandlungspartner schon weich. Das hatte zwar nicht für Lord Sandwich gegolten, leider. Aber gab es nicht immer jemanden, der am Ende einsprang und für Hilfe sorgte? Wenn nicht ein Fürst, dann ein wohlhabender Freund? Zuletzt fand sich immer eine Lösung. Auch Therese, seine Frau, nahm später die permanente Geldnot nicht allzu ernst: wenn Georg von «Entbehrung» gesprochen habe, sei dies relativ gewesen – er habe immer nur die «Entbehrung des Überflusses, nie die des Notwendigen» gemeint. Fuhr Georg darum bekümmert-unbekümmert fort, sich immer tiefer zu verschulden? Bis zum Ende des Jahres gelangte er auf die stattliche Summe von 1700 Talern Debit. In Wahrheit dürften es zweitausend oder mehr gewesen sein. «Was kann ich dafür, mein Bester», schrieb er im September 1781 fast zynisch an seinen Freund und Verleger Spener, der ihm wieder und wieder stattliche Summen vorstreckte, «was kann ich dafür... daß ich arm bin, und daß Sie nicht so reich sind, als ichs wünsche? Dies ist eigentlich der ganze Grund Ihrer Klage... Es ist betrübt genug für mich, daß ich zusehen muß, wenn Sie leiden...» Dies grenzte an Impertinenz. Jacobi, der ihn mit solcher Großherzigkeit unterstützte, schrieb er im

Januar 1783 mit einer Taktlosigkeit, die ihm selber am Ende kaum bewußt wurde, das «Anrechnen auch der größten Wohltat» sei ihm «in der Seele zuwider: wer nicht geben und vergessen kann, der sollte lieber gar nicht geben...»

Hatte er nicht hundertfach geschworen, daß er die Schuldenwirtschaft seines Vaters für verachtenswert halte? War er nicht immer wieder zu den Freunden gelaufen, um ihnen zu gestehen, wie erniedrigend die Lage im Hause Reinholds sei? Hatte er nicht klar genug zu erkennen gegeben, daß er das versteckte System der moralischen Erpressung, mit dem der Vater wirtschaftete, als widerwärtig betrachtete? Und nun?

An Ausreden fehlte es ihm nicht. Nur eine war glaubwürdig: der Hinweis auf den steten Druck, den der Vater ausübte. Wieviel er seinem Sohn tatsächlich entpreßt haben mag, steht dahin. Es ist nicht ausgeschlossen, daß die Beiträge des Sohnes zur Familienkasse nach der Niederlassung des Vaters in Halle kaum mehr ins Gewicht fielen. Sein etwas laues Angebot, zwei der Schwestern zu sich zu nehmen, scheint keine Gegenliebe gefunden zu haben. Schlimmer als die materielle Ausbeutung war die moralische Deformation, die Georg durch die tägliche Konfrontierung mit der Brutalität und Servilität, Arroganz und Kleinmütigkeit, Verschwendungssucht und Knauserei des Alten erlitten hatte. Der einstige Pastor Forster mochte geneigt sein, sich selber als Vorkämpfer und Märtyrer des bürgerlichen Anspruchs auf die Gestaltung öffentlicher Dinge zu erkennen. Das hinderte ihn später nicht, die Revolution und den Sohn in Grund und Boden zu verdammen. Die Fähigkeit und den Willen zur Gestaltung des eigenen Geschicks aber blieb er der Umwelt und vor allem Georg schuldig. Vielmehr bedrängte er den Sohn mit einer fatalen Mischung aus tyrannischer Autorität und würdeloser Schwäche. Sosehr Georg sich bemühte, sein Leben durch ein Kontrastprogramm gegen den Vater zu formen: es gelang ihm niemals ganz. Immer wieder unterlag er einem schrecklichen Wiederholungszwang, dessen psychische Mechanik er nicht völlig durchschaute. Wahrhaftig, sein Leben war nicht lang genug, sich von diesem Vater jemals ganz zu befreien.

Kein Wunder, daß er – der physischen Nähe des Vaters entkommen – nach anderen Markierungen, unterschiedlichen Leitfiguren, glaubenswürdigen Autoritäten suchte, um den Schatten loszuwerden. Jacobi wurde für ihn das erste Idol, von dessen Einfluß er sich eigene Festigung versprach. Der unruhige und lebhafte Freund Soemmerring, obschon ein Jahr jünger als Georg, wies ihn auf spirituelle Mächte hin, die jenseits des väterlichen Erkenntniskreises lagen. Von jedem wichtigen oder auch nur prominenten Fremden, der in Kassel Station machte, erwartete Georg einen Wink des Schicksals, womöglich eine Fügung, die ihm bei dieser schwierigen Aufgabe: der Gestaltung eines individuellen Lebens helfen könne. Keinem anderen Deutschen sah er mit einer solchen Ungeduld entgegen wie Goethe. Den Besuch in Weimar im Vorfrühling des Jahres 1779, den ihm Jacobi so dringend empfohlen hatte, war er schuldig geblieben, nicht nur weil die Zeit knapp war, sondern vielleicht auch aus einer gewissen Scheu. Fast war es ein Segen, daß sich der bewunderte Dichter in Kassel nicht angesagt hatte.

Am Abend des 14. September jenes Jahres aber stand ein Fremder bei Georg vor der Tür, begleitet von zwei Freunden, von denen der eine als ein Kammerherr, der andere als Ober-Forstmeister von Wedel vorgestellt wurde. Georg erkannte keinen der Herren. Sie luden ihn zum Essen. Hatte der Fremde nicht erwähnt, er komme aus Weimar? Unschuldig erkundigte sich Georg nach Goethe. Der sei er selber, sagte der Fremde. «Viel gefragt und viel geschwatzt», schrieb der Dichter in sein Tagebuch. Georg erzählte, wie es von ihm erwartet wurde, von der Südsee und zumal von Tahiti. Der Ober-Forstmeister von Wedel, Goethes junger Begleiter, stellte einfache und gescheite Fragen. Georg antwortete mit großer Unbefangenheit. Das schien allen zu gefallen. Nur Goethe unterdrückte manchmal ein Lachen, wenn sich Forster offen und couragiert zu einigen heiklen Problemen der Zeit äußerte. «Zum Glück bewahrte mich mein guter Genius», notierte Georg, «daß ich ... keine Sottise sagte, wiewohl ich von großen Herren ... mit großer Freimüthigkeit sprach.» Der junge Forstmeister war in Wirklichkeit Herzog Karl August, der es vorzog, inkognito zu reisen.

Der Abend war vergnügt und angeregt. Die Gäste baten Georg, mit ihnen anderentags die Anlagen von Weißenstein zu besichtigen: mit den Springbrunnen, den Gärten und dem mächtigen farnesischen Herkules, der über einem riesenhaften Tempel aus graubraunem Naturstein aufragt. Georg aber war durch Pflichten am Collegium abgehalten. Doch am übernächsten Morgen, ehe die Herren abreisten, führte er Goethe und dem Herzog die Antiquitäten des landgräflichen Kabinetts und die Kunstkammer vor. Sie luden ihn zu einem frühen Mittagessen und fuhren danach in Richtung Darmstadt davon. «Sie kennen ihn», schrieb Georg vier Wochen später an Jacobi, «und wissen was es für ein Gefühl seyn kann, ihn kaum einige Stunden lang zu sehen, nur ein paar Minuten lang allein zu sprechen, und als ein[en] Meteor wieder zu verlieren.» Der Herzog habe ihm gefallen – «für einen deutschen Fürsten vorzüglich».

In einem nüchternen Bericht an den Vater, den er zweieinhalb Wochen danach aufsetzte, schilderte er Goethe als einen «gescheiten, vernünftigen, schnellblickenden Mann», der wenig Worte mache, «gutherzig, einfach in seinem Wesen». Der Charakter eines Mannes von hohem Genius, fügte er mit schöner Einsicht hinzu, sei «selten wetterleuchtend und übertrieben», er bestehe nur in einigen wenigen Schattierungen, die man sehen und hören müsse, aber nicht beschreiben könne.

Georgs Mitteilung an Jacobi kreuzte sich mit einem Brief des Freundes, der ein bewegendes Dokument der Zuneigung war. Die Wittelsbacher Kurfürsten, berichtete er, hätten den Plan gehabt, ihm die Aufsicht über den Landzoll in den Herzogtümern Jülich und Berg zu übertragen. Jacobi wollte ihm dort eine Sinekure als Generaladministrator verschaffen. Die geforderte Kaution von dreißigtausend Reichstalern hätte er selber gestellt, außerdem zunächst die Arbeit versehen, die Georg nach einem Jahr keine Schwierigkeiten mehr aufgegeben hätte: «Muße daneben, satt und genug.» Doch jetzt fürchte er, eine mächtige Kabale werde «das ganze Gebäude einreißen». Man müsse eben auf andere Mittel sinnen, Forster und seine Familie zu einem besseren Schicksal zu verhelfen. «Leicht wird es nicht seyn, Sie kennen Deutschland. Aber darauf können Sie zählen, daß mir nie etwas sauer für Sie fallen wird, und daß Sie mich frei um alles ansprechen dürfen. Und ja keine Sylbe mehr davon, daß es mir Langeweile oder irgend sonst eine Art des Mißvergnügens verursachen könne, wenn Sie Ihr Herz vor mir ausschütten.»

Dieser Demonstration der innigsten Sympathie folgte, fast übergangslos, ein kleiner Stich, der anzeigte, daß Freundschaften unter geistreichen und beseelten Leuten nie frei von Komplikationen sind.

Jacobi trug Georg Grüße an Lichtenberg auf: der solle ihn nicht in den Verdacht der «Empfindelei» bringen («das Wort Empfindsamkeit mag ich nicht verhunzen helfen, mag kein Schwärmer, weder pro noch contra, weder für die Wärme noch für die Kälte seyn»). Auch «Geniesucht» dürfe man ihm nicht unterstellen. Man müsse nur seine ‹*Fragmente*› (aus dem ‹*Woldemar*›) lesen. Es gehe sehr wunderlich in Deutschland her: «Wenn Shakespeare oder Hans Jacob Rousseau, oder zehn andere, die ich nennen könnte, heimlich wieder auferständen, und ohne zu sagen, wer sie wären, Deutsch schrieben, Sie sollten sehen, wie man mit Ihnen umginge.»

Dies war nur die Einstimmung auf ernstere Einwände. In seinem nächsten Brief warnte Jacobi vor dem Kriegsrat Merck, dessen Hauptzüge Geiz, Neid und Bosheit seien. Wichtiger: Forsters Bericht von Goethes Besuch habe ihn tief indigniert. Er schickte dem Freund die Abschrift eines Briefes der Hofrätin Schlosser, die ihm hinterbracht hatte, sein Freund Goethe habe an einem lauen Juliabend im Park von Ettersberg ausgelassenen Sinnes eine Parodie aus dem ‹*Woldemar*› vorgetragen, und das Buch, gleichsam zur Bestrafung seiner Gefühlshaftigkeit und Beseelung, an eine Eiche, nach anderem Zeugnis an eine Buche genagelt. Dazu Goethes spottendes Wort von «Woldemars Kreuzerhöhung».

Jacobi war ganz davon überzeugt, der Mephistopheles Merck habe den Freund, der ihm einst so «feurige Liebesbriefe» geschrieben hatte, zu dem bösen Streich angestiftet. Die Kränkung war tief. Nun kannte Georg auch die Erklärung für Goethes plötzliche Einsilbigkeit, als er so herzlich und dankbar von Jacobi gesprochen hatte: «Es war indem wir aus des Landgrafen Antiquitäten Sammlung in den Gasthof zurück giengen; der Herzog war mit jemand anderm einige Schritte voraus. Göthe hörte mir mit Theilnehmung und in Gedanken zu. Ich erzählte, daß Sie mir aus Woldemarn vorgelesen hätten, und sagte dazu was mein Herz mir eingab. Ganz lakonisch gab er zuweilen ein ‹ja› drauf, welches meinem Urtheil seinen Beyfall zu ertheilen schien... Wir hatten eben den Gasthof erreicht. – Er hatte nur noch Zeit zu fragen, ob ich kürzlich Briefe gehabt, und bald an Sie schreiben würde! Ich solle Sie doch von Ihm grüssen. – Nun speissten wir mit dem Herzog, und kaum war das Mittagessen verzehrt, so fuhren sie ab. Fast sein letztes war, den Gruss an Sie zu wiederholen. Er nannte Sie noch immer Fritz.»

Wenig später glaubte Georg, dem Freunde ein harscheres Urteil über Goethe schuldig zu sein. Er warf dem Bewunderten vor, daß er «von Eigenliebe und Eitelkeit» strotze, keinen «neben und über» sich leiden könne, in der Liebe, nach den Worten der Hofrätin Schlosser, «nicht rein» sei, mit anderen Worten «nur sich in allem andern liebe». Könne so ein Mensch Freunde haben? Was Merck angehe: ihn schaudere vor einer solchen Duplizität. «Oder sollte mir nicht vielmehr vor unserm Jahrhundert schaudern, das nur solche Seelen bildet und sich wünscht, das nur für den Kopf sorgt und das Herz vernachlässigt oder gar verachtet. Ein gelehrter Mann, ein witziger Kopf, einer der seine Feder und seine Sprache in der Gewalt hat, den nennen wir gros und vortreflich, wenns auch ein Kerl von Leder ist...»

Seine Sympathie mit Jacobis Gekränktheit hielt Georg nicht davon ab, mit Merck und später auch mit Goethe über den Verkauf seiner Zeichnungen und Sammlungen zu verhandeln. Er versäumte nicht, Jacobi darauf hinzuweisen, daß er sich dabei auf kühle geschäftliche Mitteilungen beschränkt habe. Jacobis Bericht von der endlichen Versöhnung mit dem Sünder gab Georg die völlige Unbefangenheit gegenüber Goethe nicht zurück. Schämte er sich seiner zu heftigen, unbedachten und zugleich ein wenig opportunistischen Reaktion? Jacobi schrieb er im Februar 1783 nach Pempelfort, Goethe sei für ihn immer ein Mensch geblieben, «den man gern lieben möchte». Die Entzweiung der beiden habe ihn sehr geschmerzt, obgleich sie «Goethens Schuld allein gewesen» sei.

Im Oktober jenes Jahres kam der Dichter – damals von naturwissenschaftlichen Studien besessen – noch einmal für einige Tage nach Kassel herüber. Er besuchte Soemmerring in der Anatomie. Er hatte in jener Epoche nichts Wichtigeres im Kopf als die Jagd nach dem «Zwischenkieferknochen», in dem er das

Bindeglied zwischen Mensch und Tier erkannt zu haben glaubte. «Ich habe ihn nur wenig gesehen», berichtete Georg, «da wir verschiedene Wege hatten. Er schien mir ernsthafter, zurückhaltender, verschlossener, kälter, magerer, und blässer als sonst, und doch mit Freundschaft und einem Etwas, welches zu sagen schien, er wolle nicht verändert erscheinen. Sein Dichten und Trachten war Wissenschaft und Kenntniss. Naturgeschichte schien er neuerlich sehr fleissig studirt zu haben, denn er wusste vieles davon zu sagen.»

Der Ton dieser Mitteilung war sachlich. Deutete sich im Hintergrund dennoch eine Spur der Enttäuschung an? Georg litt unter der geringen Beachtung, die ihm Goethe in jenen Tagen schenkte. Der Dichter ließ es nicht an Freundlichkeit mangeln, doch die Förmlichkeit der schriftlichen Mitteilungen Georgs konnte ihm nicht entgangen sein. Er mochte Forster gern. Dies bewies er später in schwierigen Tagen. Doch seine Art war es nicht, sich einem scheuen Menschen aufzudrängen. Mit den Jahren neigte er eher dazu, von verstörten und schwärmenden Geistern Abstand zu halten (Hölderlin und Kleist haben dies bitter genug erfahren). Forster ging er weit entgegen. Wäre den beiden eine unbefangene Korrespondenz geglückt: kein anderer hätte für diesen genial begabten und so verletzlichen jungen Mann eine verläßlichere Autorität, fern der des Vaters, zu begründen vermocht.

Der Umgang mit dem Minister von Fürstenberg und seiner Freundin, der Prinzessin Amalie von Gallitzin, Tochter des friderizianischen Generalfeldmarschalls Graf von Schmettau, wurde ihm leichter. Die beiden kamen mit einiger Regelmäßigkeit aus Münster herüber, um die heilenden Quellen von Hofgeismar aufzusuchen. Der Ritt von Kassel zu dem Schlößchen mit seinen harmonisch-klassizistischen Fassaden und dem Gartentheater in einem reizenden Park kostete nicht mehr als zwei oder drei Stunden. Die Stille des lieblichen Tals war auch Georg stets freundlich. Er genoß die geistreichen Gespräche mit der schönen und hoheitlichen Frau mit den kurzgeschnittenen Haaren, die ihr frei in die Stirn fielen. Ihr Körper sei gestählt, erzählte Georg dem Professor Heyne in Göttingen: sie fechte und schwimme gut. Bewundernswerter noch: die Prinzessin verstehe von Integral- und Infinitesimal-Rechnung zu sprechen. Ihr neunjähriger Sohn erteile anderen Knaben Vorlesungen über den Euklid. Vielleicht trieben es der Minister und die Fürstin denn doch zu weit mit dem mathematischen Studium? Er nannte sie eine «Diotima unserer Zeit». (Sechs Jahre später wurde Dorothea Schlözer, die Tochter des Göttinger Historikers, im Haus von Michaelis auf ihre Promotion als erste philosophische Doktorandin in Deutschland vorbereitet.)

Fürstenberg und die Prinzessin gingen – anders als Goethe – religiösen Spekulationen nicht aus dem Weg. Sie schienen einen heiteren Glauben und die Ideale der Aufklärung ohne Schwierigkeiten vereinen zu können. Übrigens unternahmen sie nicht den geringsten Versuch, Georg zur römischen Kirche zu bekehren.

Georgs Brief an den Professor Heyne im September 1781 annoncierte den Besuch der Prinzessin in Göttingen. In dem Universitätsstädtchen fand sie eine aufmerksame Beobachterin: die gerade achtzehnjährige Caroline Michaelis berichtete an ihrem Geburtstag an die Freundin Julie von Studnitz (auf Französisch und mit vielen Fehlern), die gelehrte Dame kleide sich im griechischen Stil, trage die Haare kurz und flache Schuhe. Man sähe sie selten ohne einen Diener, der ihr ein halbes Dutzend Folio-Bändchen nachtrage. Auch am hellichten Tage bade sie im Leineflüßchen in der Gesellschaft von sechs bis acht Herren. Ihre beiden Kinder seien leicht gekleidet: der Sohn nur mit langen Hosen und einem Hemd, die Tochter in einer Art Nachthemd, das hinten von oben bis unten offen und nur im Nacken durch ein Band verknüpft sei. Beide Kinder gingen mit nackten Füßen und geschorenen Köpfen. Sie seien schwarz wie die Neger. Die Prinzessin aber sei recht hübsch und habe einen schönen Teint, obwohl sie sich so viel der Sonne aussetze. Sie lese den Homer im Original. Für die Erziehung der Kinder scheine sie die einfache Natur zum Vorbild zu nehmen, ohne sich darum zu kümmern, daß die Natur ein wenig schmutzig sei. Sie versuche, Rousseau zu imitieren... Die Dame sei gewiß eines der großen Genies. Sie, Caroline, könne sie bewundern, doch niemals als Vorbild betrachten, denn die Prinzessin gefalle nicht als Frau, sondern als eine Besonderheit. Eine Frau erfülle sich «sur la terre». Sie fügte hinzu, die Gallitzin vernachlässige ihren Mann (den russischen Gesandten im Haag, von dem sie schon geraume Zeit getrennt war). In einem späteren Brief erzählte Caroline, Professor Heyne habe zur Prinzessin Gallitzin bemerkt, es werde bei ihrer Erziehungsweise nicht einfach sein, einen würdigen Gatten für die Tochter zu finden. Die Entgegnung der Fürstin: sie erziehe ihre Tochter so, daß sie glücklich sein könne, ohne verheiratet zu sein. Caroline behagte diese Auskunft nicht.

Georg ritt nach Göttingen, wann immer er es einrichten konnte, ob beurlaubt oder auch nicht, manchmal nur für ein Wochenende, gelegentlich für zehn oder vierzehn Tage. In der kleinen Stadt, in der sich so viel universale Gelehrtheit regte, begegnete er eindrucksvollen Gestalten, die kraftvoll genug zu sein schienen, seinem suchenden Geist klare Orientierungen, seiner Seele moralische Direktion und seinem oft verzagten Herzen eine väterliche Geborgenheit zu bieten. Das kleine Paradies der Gelehrsamkeit und Geselligkeit war nicht weiter als ein halber Tagesritt entfernt, wenn der Gaul nicht allzu sehr geschont wurde. War das Wetter freundlich, genoß Georg das üppige Grün und die zarten Linien des Berglandes. Die unaufdringliche Schönheit dieser deutschen Landschaft entzückte ihn immer aufs neue.

Bei seinem zweiten Aufenthalt in Göttingen, kaum vier Wochen nach dem Amtsantritt am Kasseler Collegium, notierte Caroline, Monsieur Forster suche in der Stadt ein wenig Zerstreuung, denn er sei sehr melancholisch und habe wohl Grund, es zu sein: das Schicksal des Vaters mache einen so zärtlichen Sohn wie Forster natürlicherweise traurig.

Aus diesen Andeutungen mag man schließen, daß Georg und die sechzehnjährige Caroline recht persönlich miteinander sprachen. Die Tochter des Professors Michaelis schien ihn nun lebhafter zu interessieren als die poetische Philippine, um die er sich kaum mehr kümmerte, auch nicht, als sie 1781 – nun die Frau des Kriegsraths Engelhard – nach Kassel zog. Caroline erzählte er von seinem Buch über Reverend Dr. Dodd. Sie erwartete die Lektüre mit Neugier. So tugendhaft (und altklug) die junge Dame sich in ihren Briefen aufführte: an schönen Skandalen hatte sie stets ihr Vergnügen, sofern sie nicht die eigene Familie betrafen. Christian Boie, Freund des Balladen-Dichters Bürger und Redakteur des *‹Deutschen Museum›*, nannte die Mamsell Michaelis damals «– ein wenig wild». Caroline schlug nicht ganz so heftig über die Stränge wie ihre jüngere Schwester Charlotte, die sich im allzu zarten Alter von dreizehn in eine verliebte Passion für den deutsch-portugiesischen Studenten Pedro Hockel stürzte, der mit einem halben Dutzend seiner Kommilitonen in einem Seitenflügel des Professoren-Hauses zur Untermiete wohnte. Lotte wurde, wie einst schon Caroline, nach Gotha in das strenge Internat der Madame Schläger expediert. Später heiratete sie einen Sohn des Verlegers Dieterich. Die Ehe wurde in beiden Häusern als eine Mesalliance betrachtet. Als bei Dieterich – schräg über die Straße – einige Jahre danach die drei blutjungen englischen Prinzen einzogen, war es Louises, der jüngsten, liebster Sport, aus ihrer Dachkammer den Knaben in die Fenster zu spähen – bis im Frühjahr das Laub der Bäume die reizvolle Aussicht verwehrte. (Der Professor Michaelis trug sich übrigens mit dem Gedanken, sein Haus an die Prinzen für 20000 Taler zu verkaufen oder für 2000 pro Jahr zu vermieten – das Projekt indes zerschlug sich.)

Georg klopfte nun öfter bei Professor Heyne an, der nur drei oder vier Minuten von Michaelis entfernt am Ufer der Leine wohnte: ein grauweißer Fachwerk-Bau, zwei Stockwerke hoch und acht Fenster breit, darüber ein spitzer Giebel, Blick hinüber zur Universitätsbibliothek. Weit zurückgezogen ein Anbau, in dem die Studenten hausten. Nahezu alle Professoren verschafften sich durch die Vermietung von Zimmern oder einen Pensionsbetrieb ein Nebeneinkommen, der ihre (nicht immer zu kargen) Gehälter aufbesserte. Zwischen Haus und Flüßchen ein schmaler Garten, den die älteste Tochter Therese Heyne in ihren Briefen als verwunschen beschrieb. Er war der liebste Aufenthalt des Kindes, um das sich die leibliche Mutter nicht allzuviel kümmerte: sie hatte die Schwindsucht, sorgte sich um den Haushalt wenig und erst recht nicht um den Mann. Wenn man ihrer Tochter glauben durfte, galt ihre ganze Zärtlichkeit einem jungen Musiker, der zu jeder Stunde im Haus des Professors aus und ein zu gehen schien. Therese, ihre jüngere Schwester Marianne und ihr Bruder Karl liefen (angeblich) in geflickten Kleidern und zerrissenen Strümpfen durch die Nachbarschaft. Mit den Kindern anderer Professoren spielten sie selten, denn der Vater zog es vor, Abstand von den Kollegen zu halten. So trieben sich die drei meist mit Gassenkindern herum. Ihrem Sohn Aimé erzählte Therese ein halbes Jahrhundert danach: «Ein Betteljude (der arme Gumprecht) ... sah mich stundenlang täglich in seinem Hause, der Scharfrichter Göbel, der hinter uns wohnte, war mir ein werter Bekannter.» Nie habe jemand gefragt, wo sie gewesen sei.

Der Vater – ein zierlicher Mann mit klaren, feinen Zügen und einem lebhaften Auge (freilich schielte er arg) – hatte selten Zeit für die Kinder. Manchmal las er Therese, die er sein «Ruschelhänschen» nannte, aus klassischen Sagen oder den Oden von Klopstock vor. Die französischen Romane versteckte er in einem geschlossenen Bücherschrank, den Therese dennoch heimlich zu öffnen wußte. Der Unterricht, erzählte sie, sei «von untertänigen Studenten» erteilt worden.

Elf Jahre war sie alt, als die Mutter starb, von der kleinen Therese nicht zu tief betrauert. Nicht lange danach heiratete der Vater Georgine Brandes, die vierundzwanzigjährige Tochter des Direktors der Universitäts-Verwaltung. Therese betonte in allen ihren Lebensberichten, die Stiefmutter – nur ein gutes Jahrzehnt älter als sie selber – sei ihr eine wahre Freundin geworden. Es kam Ordnung ins Haus und ins Dasein des Vaters. Indes zogen es der Vater und die zweite Mutter vor, Therese für eine Weile aus Göttingen zu entfernen. Sie wurde in eine französische Pension in Hannover geschickt. Nach ihrer Rückkehr schloß sie sich eng an Caroline Michaelis. In der Verbindung der beiden Mädchen wechselte schwärmerische Zuneigung mit feindseliger Eifersucht. Caroline, obschon als wild bezeichnet, hielt sich eher zurück, vielleicht dank ihrer engen, fast inzestuösen Bindung an den Halbbruder Christian Friedrich, der zu Anfang der achtziger Jahre als Feld-Medicus in den amerikanischen Krieg zog.

Therese verbarg in ihrer späteren Korrespondenz ihre vielen Flirts keineswegs, ja, sie sprach oft mit einer Art von Besessenheit von ihren Eroberungen, die – das versteht sich – allesamt der unschuldigsten Natur waren. Sie hatte sich selber als ein häßliches Kind empfunden. Mit fünfzehn begann sie, nach eigenem Zeugnis, hübscher zu werden. Sie wünschte bei Gesellschaften und auf Bällen zu glänzen. «Sie müssen wissen, was ich anhatte», berichtete sie in einem Brief, «nur weil's so sehr bewundert wurde von den Gästen. Die Haare sehr lose mit einer Schnur Perlen auf einer Seite und einem blauen Band auf der anderen, mit Locken zurückgebunden und eine grosse weisse Sultane auf der Seite, schneeweiss mit langen Aermeln und eine Schärpe hellblau von der rechten Schulter zur linken Hüfte, wie ein Orden, dann in einem Knoten bis auf die Erde. Uebrigens keine Schleife, keine Blume, so einfach wie möglich. Hübsch war's, das ist wahr.»

Die Komplimente, zumal der jungen Herren von Adel, behagten der Kleinen, die einen etwas zigeunerhaften Reiz besitzen mochte. Therese flirtete mit dem Grafen von Schulenburg-Wolfsberg, mit dem Grafen Friedrich von Stadion, mit dem Herrn de Brack, vor allem aber mit Georges de Rougemont, der Privatstunden in deutschem Stil bei ihrem Vater nahm, als Therese gerade vierzehn Jahre zählte. Der Professor nahm diese Pflichten nicht allzu ernst. Die Aufsätze des jungen schweizerischen Aristokraten (und die seiner Kommilitonen) gab er – wenn's denn wahr ist – Therese zur Lektüre und wies sie an, ihre Anmerkungen auf ein Blatt zu schreiben. Sie sagte später, es habe ihren Mutwillen gekitzelt, «heimlicher Kritikus» der jungen Männer zu sein.

Rougemont begleitete Therese zu ihren ersten Bällen, und er half ihr über die schlimmsten Schüchternheiten hinweg. Nirgendwo zeigte sie in ihren Briefen an, wie vertraut sie damals mit dem jungen Mann geworden sein mag, bei dem sie anderthalb Jahrzehnte später in Neuchâtel Zuflucht suchte. Rougemont mag sich eher beiläufig für die Tochter und ein wenig mehr für die Stiefmutter interessiert haben. (Das widerfuhr den beiden noch manches Mal.) Georgine Heyne wußte ihren Mann zu einer Reise in die Schweiz zu überreden, bei der sie auch Rougemont wiedersah. So blieben dem armen Professor auch in der zweiten Ehe die frivolen Demütigungen nicht erspart, die ihn in der ersten so bitter gequält hatten. Nur ging Georgine diskreter zu Werk als Thereses leibliche Mutter.

In Göttingen waren die Augen der Kollegen und Nachbarn womöglich wachsamer und die Ohren hellhöriger als in anderen Kleinstädten. Georg blieben die Irrungen und Wirrungen im Hause Heyne kaum verborgen. Vielleicht begegnete er der kleinen Therese darum mit einiger Reserve. Sie sagte später, sie sei Forster vor der Heirat nur acht- oder zehnmal flüchtig begegnet. Das braucht man nicht allzu wörtlich zu nehmen. Bald nach seinem ersten Besuch in Göttingen wollte sie von Boie wissen, wie ihm Forster gefalle. Sein günstiges Urteil schien das ihre zu bestätigen: sie war verliebt. Forster versäumte es kaum, am Haus ihres Vaters anzuklopfen, wann immer er sich in Göttingen aufhielt. Heyne, der für die Bibliothek mit 80000 Bänden verantwortlich war, hatte es Georg erlaubt, Bücher nach Kassel zu entleihen, wenn er sie nur rasch genug zurückgebe. Überdies lud er den jungen Kollegen ein, Rezensionen für seinen *‹Göttingischen Anzeiger›* aufzusetzen. Georg wurde zum Tee und zum Abendbrot geladen. Man unternahm Ausflüge en famille und vergnügte sich bei Picknicks an reizenden Aussichtspunkten oder auf idyllischen Waldlichtungen.

Eine der Exkursionen in die Umgebung, wohl ohne die Heynes, führte Georg hinaus nach Wöllmershausen, wo der Dichter Gottfried August Bürger als Amtmann residierte: in einer Ménage à trois, über die sich in Göttingen niemand täuschte. Er verbarg nicht, daß er Molly, die Schwester seiner Frau Dorette, mit größerer Passion liebte als die Angetraute. Man sagte Bürger außerdem nach, daß er hinter allen möglichen Schürzen herlaufe. Ganz Göttingen klatschte später über seine Liaison mit Meta Forkel, der munteren Frau des Musikdirektors der Universität, die kurz nach ihrer Heirat – sie war kaum siebzehn Jahre alt – einen gefühlvollen und hochmoralischen Brief-Roman nach dem Muster der *‹Nouvelle Héloïse›* unter dem Titel *‹Maria›* publiziert hatte. Die Klatschmäuler, zumal die männlichen, sagten ihr nach, sie habe ein halbes Dutzend Liebesintrigen nebeneinander unterhalten. Bürger nannte die Pastorentochter ganz undelikat die «Furciferavia»: einen weiblichen Lotterbuben. Ihr Mann, der Musikdirektor – auch das wußte jeder –, war der Liebhaber der ersten Madame Heyne gewesen, der «tiefen Frau», die wiederum Bürgers *‹Lenore›*, diese schönste Küchenballade der Deutschen, gotteslästerlich genannt hatte. Georg lernte – manchmal amüsiert, manchmal voller Widerwillen –, daß es in der Gelehrten-Republik nicht immer tugendhafter zuging als an den «verderbten» Höfen der Fürsten, und daß diese deutsche Kleinstadt auf heimliche Weise mit den lockeren Sitten der großen Metropolen zu konkurrieren schien.

Bürger hatte Georg zum dörflichen Erntefest geladen. Der junge Professor entzog sich freilich den derben Tanzereien – angeblich tanzte er nie. Der forciert flotte Ton, den der «gute Junge» manchmal zu imitieren versuchte, behagte ihm wenig. «Wieder brav geschwärmt», riefen Bürgers Genossen einander zu, das «Geniale» wie eine Art von ausgelassener Turnerei betreibend. Georg kaute auch schwer an dem aufgesetzten und oft zu knabenhaften Witz. Statt nach der ländlichen Musik mitzuhopsen und zu walzen, setzte er in einem stillen Winkel lieber einen Brief an Betti Jacobi auf. Den Freunden in Pempelfort versicherte er allzu treuherzig – es war im Herbst 1780 –, die Bücherei der Universitätsstadt sei seine einzige Braut. Ein kleines Stübchen neben der Göttinger Bibliothek wäre ihm lieber als die beste Wohnung in Kassel. Spener rief er ein wenig zu forschen Tones zu, er habe gute Freunde in Göttingen, «und wollte ich mich um Heynes Tochter bewerben, ich glaube, ich würde bald eine Professur ... dort erhalten». Allein, er habe nicht Lust zur Ehe, und besonders zu dieser – «Sed haec inter nos!»

Also ging ihm Therese – man schrieb den Sommer 1781 – trotz aller Sprödigkeit des öfteren durch den Kopf. Seine spärlichen Äußerungen über das reizvolle Mädchen aber blieben von einer gewissen Kühle. Als er sich dem Gedanken an eine Heirat zögernd näherte, war von Therese nicht oft die Rede. Im Sommer 1782 meinte er allerdings zu Spener, ihm winke die – insgeheim erhoffte – Göttinger Professur. Heyne, der dort Regen und Sonnenschein mache, sei sein Freund. Die Königin von England – die zugleich Kurfürstin von Hannover war – habe versichert, sie wünsche, etwas für ihn zu tun, und wolle sich (vielleicht aus schlechtem Gewissen) verwenden, wenn in Göttingen eine Stelle vakant werde – doch ein Lehrstuhl sei nicht seine höchste Ambition.

Niemand durchschaute das komplizierte Geflecht der Amouren und Intrigen, der professionellen Allianzen und kollegialen Händel in Göttingen genauer als der bucklige Lichtenberg, bei dem Georg während seiner ersten Aufenthalte in Göttingen nächtigen konnte. In dem prächtigen Haus des geselligen Dieterich war Platz genug, und es herrschte ein generöser Geist unter den Freunden. Sie nahmen keinen Anstoß, daß seit geraumer Zeit ein zartes Geschöpf von elf Jahren bei dem Professor aus und ein ging: das Blumenmädchen Maria Dorothea Stechard, das er bei einem Spaziergang mit seinen englischen Schülern auf dem Wall gefunden und – da ihn seine Anmut bezauberte – zu sich nach Hause bestellt hatte, die Erlaubnis der Eltern einholend. Er brachte der Kleinen Lesen und Schreiben bei. Das Kind machte sich im Haushalt nützlich und räumte behutsam in seinem Laboratorium auf. Schließlich wich es nicht mehr von seiner Seite, teilte mit ihm Tisch und Bett, kurz: es lebte mit ihm wie seine Frau. Entging Georg die Anwesenheit des Geschöpfs? Er erwähnte es nie, doch es ist nicht anzunehmen, daß Lichtenberg die Freundin konsequent vor ihm versteckte.

Den Professor trieb schon lang der Plan um, ein Magazin zu publizieren, in dem sich Wissenschaft und Literatur miteinander verbinden könnten. Der Anspruch sollte jenen des *‹Deutschen Museums›* übertreffen, das ein wenig seicht geworden war, doch zum anderen mit der Gelehrsamkeit von Heynes *‹Anzeiger›* nicht unmittelbar konkurrieren. Georg, dessen vielseitige Bildung der skurrile Lichtenberg mit selbstlosem Vergnügen bewunderte, war der Mann, den er lange gesucht hatte: ein idealer Mitherausgeber. Sein Ruf als Weltumsegler würde dem *‹Göttinger Magazin der Wissenschaft und Literattur›* sofort eine breite Popularität verschaffen. Dem jungen Kollegen versicherte er, um die Redaktion brauche er sich nicht zu kümmern. Von ihm erwarte er vor allem eigene Beiträge und Hilfe bei der Werbung um geachtete Mitarbeiter.

Georg war Feuer und Flamme. Jacobi erzählte er voller Bewunderung von dieser «thätigsten lebendigsten Seele im krüppelhaftesten Körper. So einen Mann sähe man, höre man und leugne dann noch, daß der Körper ein Kerker der Seele sei». Freilich vergaß er nicht, Lichtenbergs Abscheu gegen die «neue Empfindsamkeit» zu erwähnen. Für das «Geniehafte» der Gesellen um Bürger, der einstigen Hainbündler und der Jugendgefährten Goethes habe Lichtenberg nichts übrig: «Mit einem Wort er schwärmt gar nicht...» Vorsichtig setzte er hinzu: «Ich wollte lieber, er schwärmte ein ganz klein wenig.»

Lichtenberg seufzte bald, er wünschte, Forster verzichte auf alle Schwärmerei und kümmerte sich fleißiger um die gemeinsame Zeitschrift. Fürs erste Heft schrieb Forster einen kleinen Aufsatz über O-Tahiti, der freilich nicht viel mehr als die Übersetzung und Kommentierung des spanischen Berichts von Domingo de Boenechea war, der die Insel nach der ersten Reise von Cook besucht hatte. Fürs zweite Heft, das im Frühjahr 1780 erschien, trug der Mitherausgeber nichts bei, obwohl unterdessen die Nachricht vom Tod Kapitän Cooks in Hawaii bis nach Göttingen vorgedrungen war. Die Meldung hatte in der Tat einen seltsamen Weg genommen. Cooks Nachfolger, Captain Clerke – der noch als Leutnant auf der zweiten Reise gedient hatte –, versuchte die Expedition zu Ende zu führen und stieß ein anderes Mal zur Beringstraße vor, um die Nordpassage zwischen den Ozeanen zu finden. Auch er wurde vom Packeis zurückgewiesen. Danach lief er die russischen Niederlassungen auf Kamtschatka an, wo man ihn freundlich aufnahm und mit Proviant versorgte. Von dort eilte die Botschaft von Cooks Ende auf dem Landweg durch Sibirien über den Ural nach Moskau und St. Petersburg. Es ist nicht ausgeschlossen, daß sie in Deutschland bekannt wurde, ehe sie London erreichte. Georg zögerte darum nicht, die Meldung an Joseph Banks weiterzugeben.

Da von Georg kein Nachruf und kein Portrait kam, griff Lichtenberg schließlich selber zur Feder, um ein Lebensbild Cooks zu zeichnen. Durch den Besuch von zwei überlebenden deutschen Mitgliedern der Expedition ließ sich Georg ein Jahr später endlich anregen, die Geschichte der dritten Reise um die Welt aufzuzeichnen. Die Matrosen Heinrich Zimmermann (aus Speyer) und Barthold Lohmann (aus Kassel) erzählten getreulich, wie der große Seefahrer sein Leben verloren hatte: der übliche Konflikt um einen Diebstahl. Cook ruderte an Land, um gewaltsam Ruhe zu schaffen. Es mag sein, daß er die Absicht hatte, Geiseln zu nehmen – seine gefürchtete, fast immer wirksame, doch in Wahrheit unwürdige List, den Menschen der

Südsee seinen Willen aufzuzwingen. Das Volk jener Insel, sagten sie, sei voller Zorn gewesen, weil die Briten bei ihrem letzten Besuch allzu viele Spuren ihrer Liebeskrankheiten: Syphilis und Tripper zurückgelassen hätten. Von der Überlegenheit der Weißen ließen sie sich nicht länger einschüchtern, sondern nutzten einen Augenblick der Schwäche, um Cook mit Keulenhieben zu töten: er wurde totgeschlagen wie ein Hund. Erst Jahre danach fand Georg die Kraft, dem Entdecker mit seinem großen Essay ein Denkmal von literarischem Rang zu setzen.

Die Seeleute schenkten ihm das Gefieder eines hawaiianischen Vogels, des roten Baumläufers von der Insel O-Waihi. Forster nahm die Gabe zum Anlaß, einen hübschen Aufsatz für das Magazin zu schreiben. Es war Zeit, daß er sich regte. Gegenüber Dritten beklagte er sich über den schlechten Zustand der Zeitschrift und deutete an, daß er die Herausgabe nicht ungern niederlegen würde. Lichtenberg wiederum schrieb dem Professor Blumenberg, er suche seit einiger Zeit nach einem Weg, wie er Forster beibringen könne, daß er ihn als Mitarbeiter nicht mehr haben wolle.

Die Ursache des Ärgers war nicht nur Georgs vermeintliche oder tatsächliche Faulheit. Lichtenbergs genauem und kühlem Blick entging nicht, daß sich in dem Freund eine seltsame Wandlung vollzogen hatte. Schon früher hatte er sich über eine «Gespenster-Kommission» lustig gemacht, die in Kassel tage. Er dachte dabei an die mysteriösen Unternehmungen, die Forster und seinen Freund Soemmerring so tief zu beschäftigen schienen. Lichtenberg ahnte wohl, woher das Geisterlüftchen wehen könnte: aus einer Welt der Sektiererei und Frömmelei, die ihm durchaus nicht behagte. Forster schien aller Aufsicht durch die Ratio zu entschwärmen. In die persönliche Spannung mischte sich ein Konflikt von außen: der gute und rasch gekränkte Jacobi sah sich veranlaßt, aufs schärfste Front gegen Lichtenberg zu machen. Der Anlaß des Streits war lächerlich. Johann Heinrich Voss, einst Mitglied des Hain-Bundes, war bei den philologischen Vorarbeiten zu seiner großen Homer-Übersetzung zu der Einsicht gelangt, der griechische Buchstabe «Eta» dürfe nicht wie ein «E», sondern müsse wie ein «Ä» ausgesprochen werden. Heyne, der große Gräcist, wandte sich gegen diese Interpretation. Unter den Gelehrten erhob ein wahrhaftig homerischer Streit an, in den schließlich auch Lichtenberg mit einer Glosse eingriff, der er den unsterblichen Titel «Ueber das Beh Beh und Bäh Bäh» gab, «eine litterarische Untersuchung von dem Concipienten des Sendschreibens an den Mond». Man müsse, spottete der Autor, sich nun wohl daran gewöhnen, «Jäsus» statt «Jesus» zu sagen.

Darauf ein furioser Angriff von Voß. Auch Jacobi erregte sich über Lichtenbergs «Mutwillen und Leichtsinn». Voß sei ein Mann von Gelehrsamkeit und von äußerst seltener Würde des Charakters. Eben darum werde er nun ausgehöhnt und ausgezischt. Er sprach von dem «Huren und Buben» der Widersacher, kurz er entsetzte sich aufs tiefste (und völlig humorlos) über die Verworfenheit des leichtfertigen Schreibervolkes. Georg antwortete nach Pempelfort, er wolle Lichtenberg nicht verteidigen (und versuchte es dennoch auf laue Art): «Ich ehre seine Talente, seine mathematische Wissenschaft, seine Schreibart, seinen Witz, und seine muntre Laune; seinen oft philosophischen Blick; – aber ich finde nichts für mein Herz bei ihm und unsere Freundschaft... kriecht jetzt wieder in die Schranken der gewöhnlichen Bekanntschaft zurück.»

Ein Jahr später notierte Georg, der Tod im Dieterich'schen Hause habe soviel Verwüstung bewirkt, daß das Magazin darüber zu kurz gekommen sei. Das war eine bemerkenswert kühle Reaktion auf die Katastrophe, die seinen einstigen Freund mit dem plötzlichen und qualvollen Ende seiner kleinen Maria Dorothea Stechard getroffen hatte. Sie war 15- oder 17jährig an einer «Gesichtsrose» gestorben. Einige Tage danach folgte ihr die älteste Tochter des Verlegers Dieterich.

Manchmal schien es, als hätte in Georgs Herzen neben der fiebernden Religiosität, die von so vielen Freunden an ihm beobachtet wurde, kaum mehr eine menschliche Regung Platz. Jacobs Stiefschwester Susanne schrieb im Oktober 1781 herzlich und besorgt von seiner «misanthropischen Laune». Er möge sich in acht nehmen, daß es ihm nicht wie den Schwindsüchtigen gehe, die das langsam tötende Gift an sich selber nicht bemerkten.

War es die ungeliebte Arbeit am Collegium in Kassel, war es

die Geldnot, die ihn nahezu eineinhalb Jahre lang zögern ließen, die Seinen in Halle aufzusuchen? War es die geheimnisvolle Mission, die ihn bannte? Hielt ihn vor allem die Furcht vor der Begegnung mit dem Vater zurück? Er hatte die Mutter und die Geschwister länger als drei Jahre nicht gesehen. Am Heiligen Abend des Jahres 1781 kam er in Halle an. Von einer Überwältigung durch das Wiedersehen schrieb er dem Freund Soemmerring nichts, als er vier Tage später einen ersten Bericht aufs Papier warf. Alles sei äußerlich ganz unverändert, vor allem Vater und Mutter, nur die jüngste Schwester, die sechzehnjährige Justina Regina, sei seit drei Jahren erwachsen. Die Ehe von Wilhelmina (der drittjüngsten), die den Geschichtsprofessor Christian Matthias Sprengel geheiratet hatte, lasse sich nicht so schlecht an, wie er gefürchtet habe. (Er hielt nicht allzuviel von dem einstigen Kollegen in Göttingen.) Auch Virginia Victoria war unter der Haube: nun die Frau des Pastors Heinrich Otto Schrader, der im Begriff stand, in London das Amt des deutschen Hofpredigers zu übernehmen. Carl hielt sich in der britischen Hauptstadt auf, allerdings auf der Suche nach einer neuen kaufmännischen Stellung, die er schließlich in Liverpool fand. Wilhelm, der jüngste, wollte in Halle mit dem Studium der Chirurgie beginnen. Antonia war noch immer Gouvernante in Wien im Haus des Barons Puthon, der Großschatzmeister bei den Freimaurern war. Eineinhalb Jahre später verdingte sie sich in die holländische Kolonie Surinam an der Ostküste Südamerikas als Gesellschafterin der Frau des Gouverneurs. Von Amsterdam aus reiste sie auf einem Frachtschiff über den Ozean. Dem Verleger Spener schrieb diese erstaunliche Person, soweit «Freundschaft ohne Gleichheit» bestehen könne, vertrage sie sich mit ihrer Dienstherrin. Doch es gebe Situationen, in denen sie ihre Abhängigkeit fühle, «und dann bin ich Engländerin genug, um vom Herzen nach Freyheit zu seufzen». Es folgte der Ausruf: «... das Wort Freyheit in dem Munde eines Mädchens! Sie werden lachen. Es ist wahr, alles verdammt uns zur Unterwürfigkeit: Väter, Brüder, Männer, alles herrscht über uns; aber ich unterscheide die geseze der Natur und ihre Bande, von denen die wir uns selbst geschmiedet haben.»

Georg schien das Geschick der Geschwister in jenen Weihnachtstagen nicht allzu tief zu berühren. «Hier bin ich keinen Augenblick mein eigener Herr», schrieb er an Soemmerring, «und mich verlangt wieder nach Freiheit des Leibes und des Geistes. Ich werde von hier aus nicht wieder schreiben, damit unsre Correspondenz nicht Aufsehens machen möchte, ich werde ohnehin gefragt, was ich denn so wichtiges zu schreiben hätte.» Er beklagte sich über die Langeweile der Haller Gesellschaft, über deren einfältige Zoten und Späße er nicht mitlachen könne. «... Du kannst Dir vorstellen, wie mich nach Dir und unsern lieben Bundesbrüdern verlangt.» Ihm sei es in der Familie so eng und gedrückt ums Herz, weil er keine Seele einen Blick in sein Inneres tun lassen dürfe. «Unter den besten Freunden fremd zu sein, ist eine eigne traurige Lage.» Dann schloß er mit einem Gebet, so salbungsvoll und feierlich, wie es seinem Vater selten über die Lippen gekommen sein mag: «Gott erhalte Dich, theuerster, innigstgeliebtester Bruder und segne das Werk Deiner Hände. Ich bange mich unendlich, dass ich daran Theil nehme, auf dass Gott und sein Wille mit uns sei. – Der Geist Jesu leite uns in Demuth, Geduld und Liebe. Amen!»

Unternahm Georg, mit der gebotenen Vorsicht, an jenem Christfest in Halle, einen Versuch, den Vater für seine geheime Sache zu gewinnen? Wenn er so verlassen von aller Vernunft war, dann erwies sich Reinhold – durch seine theologischen Erfahrungen geschützt – wenigstens dieses eine Mal als der konsequentere Mann der Realität. Auf jenem Ohr wollte er nicht hören. Georg verstummte rasch. Es war, als hätte eine geheimnisvolle Macht nicht nur seinen Mund und sein Herz, sondern auch seinen Geist versiegelt.

XII

Bruder Amadeus

Wenn in der Frühe des 4. oder 5. September im Jahre 1780 der eine oder andere Bauer des schlichten Dorfes Veckerhagen bei Hannoversch Münden zu einer seiner Wiesen unterm Wald stapfte, die Sense über der Schulter, um frisches Futter für das Vieh zu schneiden, mag er im Morgennebel eine schattenhafte Erscheinung ausgemacht haben: ein wenig weiter unten im Tal, wo der Boden sumpfig und das Gras sauer ist, beugte sich die Figur eines hageren Mannes zur Erde, schaute auf, blickte um sich, kniete sich ein anderes Mal nieder: ein Städter, nach dem sorgfältig frisierten Haar mit Zopf und Schleife zu schließen. Er schien auf jenem Stück nutzlosen Landes etwas zu suchen, was immer es war. Mit den Händen streifte er durchs taunasse Gras, hantierte mit einem kleinen irdenen Topf, füllte Dreck und Steine in ein Säckchen, zog ein Glas aus der Tasche, in dem er einige Tropfen Tau fing.

Der Leibhaftige, mag der Landmann gedacht haben, wird es nicht gewesen sein, eher einer der verrückten Professoren aus Göttingen oder Kassel, die mit Kräutern und Wassern, Pulver und Stein experimentierten, diese Narren, um Gottes Schöpfung auf den Grund zu kommen. Als sich die Sonne eine Stunde später durch den Dunst gefressen hatte und das kleine freundliche Tal über dem Flüßchen sich dem heiteren und frischen Licht des späten Sommers darbot, war der Fremde fort. Am Abend erzählte der Wirt, der Herr habe bei ihm genächtigt: in der Tat ein Professor, von Kassel kommend, auf dem Weg nach Hannover.

Zwei oder drei Tage danach erreichte Samuel Thomas Soemmerring, Professor der Anatomie, in Kassel ein Briefchen, das besagte, der Schreiber habe sich «nach dem bewußten Orte» begeben, aber nichts gefunden. Der Boden dort sei etwas rötlich und der Platz, «wo es gelegen hatte», ganz grün und mit hohem feinem Grase und anderen Kräutern bewachsen. «Auch heut morgen war nichts gefallen... Schliesse mich in Dein Gebet ein, auf dass Gott und sein Wille mit uns sei. Amen. Dein Getreuester B A»

Die Kürzungen gaben dem Professor Soemmerring keine Rätsel auf. Sie standen für «Bruder Amadeus». So wurde sein Freund Georg Forster im vertrautesten Zirkel der Eingeweihten genannt. (Sein vollständiger Geheimname: Amadeus Sragorisonus Segenitor.) Die Nachricht, obwohl enttäuschend, entmutigte den jungen Wissenschaftler nicht lang. Er wußte so gut wie der Bruder Amadeus, sein engster Gefährte, daß nur die geduldigsten der Geduldigen, die getreuesten der Getreuen und die bemühtesten der Bemühten, vom Heiligen Geist gelenkt, in einer Stunde der Offenbarung finden würden, was ihnen die verschlüsselten Botschaften der Oberen und die geheimnisvollen Rezepturen der Bücher verhießen: die prima materia, den Urstoff, aus dem der Stein der Weisen komponiert sei. Wenn dieser Stein aber in der «universalen Trinctur» gelöst werde, lasse er sich in jedes gewünschte Metall verwandeln, auch Silber und Gold. Auf gleiche Weise lasse sich die «Universal-Medizin» komponieren, die alle Krankheiten heile, das Alter auslösche und den Menschen mit ewiger Jugend segne. Ein gleiches Wunder ereigne sich, wenn die prima materia mit einem roten oder weißen Pulver vermischt werde, das sich, wer weiß, in der Sternschnuppen-Substanz fände, die Georg Forster an jenem Septembermorgen in den Wiesen des anmutigen Wesertales bei Veckerhagen zu sammeln gedachte. Er spürte dem wunderbaren Stoff mit einem Eifer nach, wie er einst in den Gesichtern der Kinder stand, wenn sie nach einem Gewitter die goldenen Schüsseln am Fuße des Regenbogens suchten.

Georg war in jenen Augenblicken, in denen sein Herz nur die Inbrunst von Gebet und Glauben erfüllte, nicht der Professor der Naturgeschichte, der weitgereiste Forscher, der bewunderte Schriftsteller: er wollte nichts anderes als der Bruder Amadeus sein, der in tiefstem Vertrauen zu Gott, den Regeln des Ordens der Rosenkreuzer und den Befehlen seiner unbekannten Kommandeure gehorchte. Keiner der zunächst sieben Brüder, die eine heilige Fügung in Kassel zusammengeführt hatte (später waren es zehn), zeichnete sich durch leidenschaftlicheren Eifer aus, ausgenommen sein Soemmerring, der ihn (nach den Forschungen Gerhard Steiners) für die Gemeinschaft gewonnen hatte. Zu Anfang versammelten sich die Brüder nahezu jeden Abend zu ihren Sitzungen, um der gottesfürchtigen Unterweisung eines Bruders zu lauschen. Oft nahmen sie ein gemeinsames Mahl ein, das nach den Regeln des Ordens schlicht sein sollte: nicht mehr als drei Gänge und nur mäßiger Genuß von Wein waren erlaubt. Keiner durfte das Wort ergreifen, ohne um Erlaubnis gebeten zu haben. Danach blieben die kundigsten der Brüder, die in den Rängen der Rosenkreuzer am höchsten gestiegen waren, um nach den Weisungen alchemistischer Schriften mit profanen und heiligen Materialien zu arbeiten. Lange Nächte hatte Georg-Amadeus den *‹Introitus apertus ad occlusum regis palatium›*, die *‹Magia academia›* von Thomas Vaughan, das *‹Opus mago-cabbalisticum et theosophicum›* von Georg von Welling und manche andere Pandekten studiert. Lange Nächte rang er im Gebet um Erkenntnis und Erleuchtung. Lange Nächte stand er mit Soemmerring in der chemischen Küche mit ihren lodernden Feuern, den Töpfen, Pfannen und Gläsern. Bis in die Morgenstunden harrte er aus, um Metall zu schmelzen, Quecksilber zu erhitzen, Säuren zu kochen. Nicht immer übte er die notwendige Vorsicht. Das Gift zerfraß ihm die Finger, durch «Schwären» hatte er zwei Nägel verloren. Die Brüder scheuten weder Krankheit noch Ekel, um dem «Samen der Dinge» auf die Spur zu kommen. In ihrer Sudelküche kochten sie, verzückte Gebete murmelnd, Urin und Kot, da in den verschlüsselten Schriften aus mancher Andeutung zu entnehmen war, daß sich die prima materia auch in menschlichen Exkrementen verberge.

Man weiß nicht, wo die Kasseler Rosenkreuzer ihr geheimes Laboratorium unterhielten. Sie zahlten 50 Taler Miete pro Jahr. So mag man annehmen, daß ihr Versammlungshaus ein eher morsches Gemäuer in der gotisch verwinkelten Altstadt war. Oder ein abgelegenes Gartenhaus draußen vor der Stadt, den Beobachtungen neugieriger Nachbarn entzogen? Die Ordens-Akten (von der französischen Historikerin Marita Gilli und von Gerhard Steiner aufgespürt) geben darüber keine Auskunft. Sie besagen aber, daß die Ausgaben eines Jahres, von Bruder Amadeus zusammengezählt, die Kasseler Gemeinschaft 362 Taler, 40 Groschen und 2 Kreuzer kosteten. Keine geringe Summe, die Almosen für bedürftige Brüder nicht mitgerechnet. Die Mitgliedschaft in dem Orden, bekannte Georg später, habe ihn um wenigstens 500 Taler gebracht, die verlorene Zeit nicht gerechnet.

Es ist nicht völlig sicher, zu welchem Grad unter den neun Stufen Georg aufzurücken vermochte. Die Rangfolge führte von den Junioren über die Theoretiker und Praktiker zu den Adepten, bei denen drei Grade unterschieden wurden. Der Bruder Amadeus durchlief den untersten Grad der Minores, die alchemistische Fähigkeiten, aber auch die Fähigkeiten der Heilkunst nachwiesen. Nach einem Brief an Soemmerring erreichte er den siebten Rang – die Stufe der tiefer Eingeweihten. Die auserwählten Adepten verfügten über Kenntnisse der Kabbala und der «magia naturali». Über ihnen standen nur noch die Magister, unter denen 27 den Stein der Weisen besitzen sollten, und schließlich die Magier, denen «ausser den göttlichen Kräften und Geheimnissen in der Natur nichts verborgen» war. Sie wurden «wie Moses, Aaron, Hermes, Salomo und Hiram Abif» (der den Tempel in Jerusalem bauen half) als «Meister über alles» bezeichnet.

Zu dem Kreis gehörten neben Soemmerring und Forster der Staatsminister von Fleckenbühl, der Major und Hofmarschall Freiherr von Canitz und Dallwitz, vor allem aber der Regierungsrat Manger, der als «Manegogus» den bedeutendsten Einfluß erlangte. (In den Akten wird er als Mitglied des Konsistoriums und der Polizei-Kommission genannt.) Fürst Carl Wilhelm zu Nassau-Usingen und Prinz Georg Carl von Hessen-Darmstadt, der einen bösen Ruf als Geldschneider hatte, der Minister Conrad Friedrich von der Malsburg und der Geheimrat von Haag besaßen den Status «außerordentlicher Mitglieder». Wer die Magister und Magier sein mochten, von denen nur flüsternd gesprochen wurde, blieb ein tiefes Geheimnis. Kaum je wagte es einer der Brüder, den Schleier zu durchdringen. Die Mystifizierung war – damals wie heute – das wirksamste Instrument der Machtausübung. Indessen vermuten die Experten, daß der kurpfälzische Arzt Bernhard Johann Schleiss von Löwenfeld und der österreichische Legationssekretär Carl Rudolph Joseph von Keller die höchsten Ränge in Deutschland einnahmen. Oberster aller Magier soll – so wurde ehrfurchtsvoll geflüstert – ein Venezianer gewesen sein, der in Ägypten residierte.

Der Kern des Kasseler Kreises rekrutierte sich aus der Loge ‹Zum gekrönten Löwen›, der Georg nach seiner Ernennung zum Professor unverzüglich beigetreten war. Sie gehörte zu den Freimaurer-Gesellschaften der ‹strikten Observanz›, gegründet von dem schlesischen Reichsfreiherrn von Hund und Altengrotkau, der die weltlich und liberal gelockerten Bünde einer strengeren Disziplin und christlicher Zucht zu unterwerfen versuchte. Herzog Ferdinand von Braunschweig, der Georgs Familie durch seine generöse Spende und die Maurerkollekte aus der Londoner Gefangenschaft befreit hatte, führte als Großmeister das weltliche und geistliche Kommando.

Für die politischen und sozialen Verhältnisse im bunten Flekkenteppich des Heiligen Römischen Reiches Deutscher Nation (und darüber hinaus) waren die Macht- und Richtungskämpfe im deutschen Freimaurerwesen keineswegs gleichgültig. Das Netz der Verbindung unter den – wie man schätzt – 20000 Mitgliedern verknüpfte über alle Staatsgrenzen hinweg die kleinen und großen Höfe, die Stadtrepubliken und geistlichen Fürstentümer. Nicht alle Logen konnten für sich in Anspruch nehmen, daß sie die Mitglieder des Adels und der Bürgerstände vorurteilslos im Zeichen der Vernunft zusammenführten. Lessing übte scharfe Kritik an der Diskriminierung von Juden und Handwerkern. Da und dort witterte man, den Launen der Epoche gemäß, unlauteren Einfluß der Jesuiten, die als wahre Teufelsbrut verketzert wurden. Das schlimmste unter den Gerüchten, das vor allem der Berliner Aufklärer Nicolai mit seiner aggressiven Polemik in die Köpfe trieb: hinter den Logen der ‹strikten Observanz› führten als heimliche Dirigenten die

‹Templer› Regie. Niemand vermochte damals Genaueres über die Realität jenes Ordens festzustellen, der seit seiner Gründung im 12. Jahrhundert (unter dem Einfluß des Heiligen Bernhard) und zumal nach seiner brutalen Unterdrückung zu Anfang des 14. Jahrhunderts immer wieder in den Mittelpunkt konspirativer Ideen geriet. Nicolai sah die ‹Templer› auch bei den Rosenkreuzern am Werk. Die Logen der ‹strikten Observanz› gerieten in bösen Verdacht. Freiherr von Knigge, der früh und vergebens eine Verbindung zu Georg Forster gesucht hatte, trat als Anwalt des Reformwillens auf. Nach tausend diplomatischen Ränken und Intrigen versammelten sich die Protagonisten zu einem Kongreß in Wilhelmsbad. Die Verhandlungen schleppten sich nahezu zwei Monate lang hin. Die Aufklärer, die sich unterdessen mit dem ‹Illuminaten-Orden› eine eigene Geheimorganisation geschaffen hatten, behaupteten sich glänzend, doch der Herzog von Braunschweig wurde mit der Würde des «Generalgroßmeisters» als Oberhaupt des deutschen Maurertums bestätigt.

In Kassel blieben die Brüder der ‹strikten Oberservanz› treu. Georg achtete sorgsam darauf, seine Maurerpflichten nicht zu vernachlässigen. Er nahm, wie die Protokolle beweisen, in den Jahren seines Aufenthaltes in der kleinen Residenzstadt an neunzig Sitzungen seiner Loge teil. Diese Treue entsprach nicht nur der begeisterten Neigung seines Gemüts, sondern auch recht klaren Interessen. Die Loge ‹Zum gekrönten Löwen› war der natürliche Ort der Begegnung von Adel und Bürgertum, Hofgesellschaft und städtischem Honoratiorentum. Überdies zeigten sich dann und wann die Mitglieder des fürstlichen Hauses, ja, der Landgraf selber unter den Brüdern. Georg, ohne Zweifel der berühmteste und welterfahrenste der Kasseler Maurer, wurde rasch nach seinem Eintritt ausgezeichnet: man übertrug ihm das Amt des offiziellen Redners. Obschon er oft von den Schüchternheiten sprach, die ihn bei öffentlichen Auftritten quälten, schwelgte er gern im üppigsten rhetorischen Gepränge, wie es dem Stil der Zeit entsprach.

Bei der Versöhnung des Landgrafen Friedrich mit seiner Familie zu Anfang des Jahres 1782 erschien der Fürst samt seinen Söhnen bei einer Festversammlung in der Loge, und es war an

Georg, den Regenten und seine Brüder auf den großen Augenblick einzustimmen. Sein Thema – hatte er es selber gewählt, war es ihm gestellt? – konnte keinen der Anwesenden gleichgültig lassen: das Verhältnis des Ordens zum Staat oder – ein wenig weiter gegriffen – «Das gemeinschaftliche Interesse der Menschheit und der Maurerei». Den Anlaß zum Jubel unterdrückte der Redner nicht. Das ganze Land, rief er, schmelze in «eine Familie von Kindern» zusammen, die das Fest ihres «grossen Hausvaters» feierten. Dann skandierte er die Prinzipien des Freimaurertums, alle Begriffe zu harmonischen Dreiklängen fächernd. Er sprach als «Mensch, Bürger und Christ», sprach über das «Gute, Große, Schöne», sprach von der Notwendigkeit, «Tugend, Wahrheit und Würde» nicht hinweg zu «vernünfteln». Er wies auf die Forderung der Verschwiegenheit, der Selbstbeherrschung, der Bruderliebe («O! Maurerliebe! du Tochter des Himmels!») und auf die Freiheit des Maurers.

Im Blütenmeer seiner Rede und hinter der Überfülle der Metaphern regte sich, kein Zweifel, ein kritischer Geist. Die Maurer-Freiheit aber wollte er von der «rohen zügellosen Wildheit ungesitteter Barbaren, aber auch von der argwöhnischen Selbstsucht des Demokratischen Geistes und der Ungebundenheit der Leidenschaften» unterschieden wissen. Er definierte sie brav als freiwillige Einordnung und vernünftigen Gehorsam gegenüber dem Patriarchen, der die Pflicht des Schützers der Schwachen habe. «Kindliches Vertrauen, kindliche Liebe» zum Vater nannte er – ein Gefangener der eigenen Entbehrungen – den «ersten Gottesdienst». Doch sagte er auch, daß die Menschen ohne Liebe nur als «vernünftige Raubtiere» lebten, und er fügte hinzu: «Die unseligen Begriffe des Eigenthums und der Alleingewalt, tränckten die Erde mit Strömen von Blut.»

Jene Passagen erschienen ihm so wichtig, daß er sie über lange Seiten in einem Brief an Jacobi kopierte, als sei er sich selber eine Rechtfertigung schuldig. Er wiederholte sie samt den orgelnden Aufschwüngen zu den Idealen der Sanftmut, der Standhaftigkeit, der Selbstbeherrschung und Aufopferung, in denen das Sarastro-Pathos der ‹*Zauberflöte*› voraustönte. Doch verschwieg er dem Freunde im rheinischen Pempelfort seine polemischen Hinweise auf «unwürdige Brüder», von denen die schöne

Maurerei zu Zufluchtsorten des «verschlagensten Lasters» oder «zum verabscheuungswürdigen Werkzeug einer im finstern schleichenden Politick, einer unersättlichen Ehrsucht und Geldgier» herabsinke, seine Wetterei gegen «herschsüchtige Politikker», die er «theils Männer von erhitzter Einbildungskraft, theils auch betrogene oder betrügliche Irrlehrer» nannte. Den Satz von der Selbstsucht des demokratischen Geistes ließ er fort.

Sein Herz schlug für die ‹strikte Observanz›, und er durfte sicher sein, daß der Landesherr die Richtung der Polemik billigte. Überdies versuchte er, den leisesten Zweifel mit der Fülle seiner Komplimente zu ersticken. Er pries den «theuern hessischen Namen, den jeder Maurer von der beeisten Newa bis an die Ufer des Tibers und der Rhone mit Liebe und mit Ehrfurcht» ausspreche. Den Erbprinz Carl pries er als den «durchlauchtigsten hochwürdigsten Grossmeister! bei dessen Nennung jede Zunge freudige Lobsprüche sammelt». Die hymnischen Ergüsse wandten sich zugleich an den Landesvater und Beschützer der Loge. Wahrhaftig, er gab in dieser Rede dem Kaiser alles, was des Kaisers ist – und einiges dazu.

Die Festrede war auch ein Manöver der Tarnung. Es war für ihn wichtig, nicht nur den Fürsten, sondern auch die Logenbrüder in ihrer guten Meinung über den Professor Forster zu bestätigen. In einer merkwürdigen Wendung sprach er – war seine Loge nicht längst gesellschaftsfähig? – von «geheimen nächtlichen Zusammenkünften», die «verdächtig» waren. War diese Anspielung auf die Rosenkreuzer nicht deutlich genug? Einige der Brüder wußten allzu gut, was er im Auge hatte: vor allem der Major von Canitz, neben Soemmerring der liebste der Brüder, in dessen Gemüt sich Zweifel an Vernunft und Aufrichtigkeit des geheimen Zirkels und seiner Führung zu regen schienen. Seine leise Rebellion forderte die Brüder heraus, eine Art Gerichtsverfahren gegen ihn zu eröffnen, wie es das düstere Reglement vorsah. Man weiß nicht, ob Georg auch bei Canitz mit Anklage und Besserungsarbeit beauftragt wurde wie gegenüber dem Bruder Lukus, dem vorgeworfen wurde, er habe die Gemeinschaft mit seiner Bosheit verletzt und außerdem einen Juden beleidigt. Canitz wurde durch ein Urteil der «Oberen» des Ordens zur Ordnung gerufen (vermutlich mit geringem Erfolg). Für Georg war es genug, in einem Brief an den Kollegen Johannes Müller festzustellen, mit dem Major spreche er seit langem nicht mehr. Die Fanatisierung verdunkelte seinen Blick für die wahren Freunde. Selbst von dem väterlichen und ein wenig kauzigen Grafen von Schlieffen, der ihm so herzlich und freundschaftlich zugetan blieb, zog er sich weit zurück, an die «traurigen, intoleranten Begriffe» versklavt, die ihm die Rosenkreuzerei eingegeben hatte.

Er nahm die Rituale des Ordens und den Autoritätsanspruch seiner Kommandeure bitter ernst. Gegenüber Canitz zeigte sich, vielleicht zum erstenmal, daß Großmut und Toleranz dieses verletzlichen Mannes unter dem Befehl eines hohen Ideals in harte Unbedingtheit umzuschlagen vermochten. Die Lächerlichkeit und die barbarische Striktheit der Regeln akzeptierte er ohne Widerstand. Ohne erkennbare Kritik unterwarf er sich beim Zeremoniell der Aufnahme den Fangfragen, die zum Teil so töricht und so leicht durchschaubar waren. Ohne Bedenken beschwor er die Grundpflichten, denen sich jedes Mitglied zu unterwerfen hatte. Neben den christlichen Tugenden der Gottesfurcht und Nächstenliebe wurden höchste Verschwiegenheit, unverbrüchliche Treue und Gehorsam gefordert. Den Oberen durfte kein Geheimnis verschwiegen werden. «An ihnen ist es zu befehlen», sagte die Regel, «und an uns ist es zu gehorchen.» Der völligen Durchsichtigkeit der Person entsprach eine totale Geheimhaltung, die jedes Mitglied bis ans Ende seiner Tage binden sollte. Alle Brüder, dies die letzte und schlimmste Regel, seien nicht nur Eigentum des Schöpfers, sondern auch Eigentum des Ordens. Als Gegenleistung bot die Gemeinschaft das Versprechen magischer Verwandlungen der Materie und die Heilung menschlicher Gebrechen – freilich nur den frömmsten Adepten, die neben dem sorgsamen Studium der Alchemie und unermüdlicher Geduld im Laborieren den leidenschaftlichsten Erhebungen der Seele im Gebet fähig waren. Sie offerierte die Zugehörigkeit zu einer Elite, die über eine angeblich grenzenlose Macht verfügte, zugleich aber die Geborgenheit im engsten Zirkel, in dem verläßliche Treue herrsche.

Es ist nicht völlig geklärt, auf welchen heimlichen Wegen der Rosenkreuzer-Mythos in die Seele des 18. Jahrhunderts vordringen konnte. Sein verborgener Triumph, das ist gewiß, wäre nicht möglich gewesen, hätte der Geist der Zeit nicht voller Verlangen auf das leise Klopfen einer fremden Spiritualität gewartet. Das Gemüt der Epoche, wenn davon die Rede sein kann, war darauf gestimmt, einer sanften Invasion irrationaler Mächte nur allzu willig zu erliegen. Dies waren, gottlob, nicht mehr die Gespenster des späten Mittelalters oder des erschreckenden Aufbruchs der Neuzeit, die in Kassel und anderswo umgingen: mit der Angst vor dem Schwarzen Tod, der ganze Städte auslöschte, den lodernden Scheiterhaufen für Ketzer und Hexen, den teuflischen Torturen und den besessenen Wiedertäufern, die trunken vom Heiligen Geist und unter dem Zorn Gottes rasend, jubelnd und marodierend durch die Provinz zogen. Das Volk in seiner Unruhe vermengte sich nicht länger mit Adel und Geistlichkeit in der verrückten Trance der Veitstänze. Kein hohläugiger Prophet verkündete, das Ende sei nahe und es gelte, sich fürs Jüngste Gericht zu rüsten.

Und doch war dieser Alptraum nicht völlig vergessen, ja, er meldete immer wieder seine bedrückende Gegenwart an. Die Folter war in Preußen erst 1740 (durch Friedrich II.), im Reich durch Kaiser Josephs Reformen erst im Jahre 1776 offiziell und unwiderruflich abgeschafft worden. Es wurden, wenn auch selten, noch immer Hexenprozesse inszeniert. Der Geist der Intoleranz war nicht gebrochen. Den Protestanten in Köln, obschon sie eine Elite der Bürgerschaft bildeten, war es in den siebziger Jahren noch nicht erlaubt, ein Bethaus mit Glocken und einem Tor zur Straße zu bauen. Das «Jahrhundert des Lichts», von dem die Franzosen sprachen, hatte seine düsteren Seiten. Während der kühle Blick der Rationalisten und Materialisten die Mechanismen von Natur und Gesellschaft in die Helligkeit des Tages rückte, gedieh im Untergrund ein merkwürdiger Hunger nach dem Unerkannten, dem Undurchdringlichen, dem Geheimnis. Die Schöpfung schien sich am Ende nicht völlig als ein Werk des ‹Großen Uhrmachers› zu erklären. Die Schiffe der Seefahrernationen erkundeten jeden Winkel des Weltkreises, Altertumsforscher entschlüsselten die Rätsel der Vergangenheit, gelehrte Abhandlungen, manchmal von der Hand eines Herrschers – wie Friedrich von Preußen – ließen die Prozesse der

Staats- und Kriegskunst sichtbar werden, Theologen übersetzten mit flinker Feder alle Wunder und Merkwürdigkeiten der heiligen Schriften in Ereignisse von platter Logik – und dennoch regte sich in den Seelen eine unstillbare Sehnsucht nach der Nacht. Durch den trockenen Geist der lutherischen und katholischen Orthodoxien ausgedörrt, dürsteten die Menschen nach einer gefühlhaften Religion, die sich von den Verkrustungen der Gesellschaft befreite und dem glaubenden Menschen seine Freiheit in Gott, damit auch einen Anspruch geistiger Unabhängigkeit gegenüber dem weltlichen Regiment der Fürsten zurückgab. Der Geist des Pietismus breitete sich mit wärmender Glut von Gemeinde zu Gemeinde aus. In Frankfurt, der Bürgerstadt, berührte er für einen Augenblick auch die Seele des neunzehnjährigen Wolfgang Goethe. Das gescheite Stiftsfräulein Susanne Katharina von Klettenberg öffnete ihm in langen und innigen Gesprächen den Zutritt zur Welt der ‹Stillen im Lande›, die unter der Anleitung der schlesischen Grafen Zinzendorf mit ihren ‹Herrnhuter Gemeinschaften› bis hinüber nach Pennsylvania an die Abhänge des Allegheny-Gebirges vorgedrungen waren. Die Begegnung mit jener Welt des gefühlhaften und herzlichen Glaubens ließ Goethe nicht gleichgültig. Überdies teilte er (wie Richard Friedenthal schilderte) die profanere Neugier der talentierten Dame, die in ihrem Hauslaboratorium mit Tinkturen und Säuren, Pulvern und Metallen ein bißchen Alchemie betrieb.

Manche Gemeinschaften spiritueller Natur bildeten heimliche Gegenkirchen, und die Organisationen der Freimaurer formten in dieser Neige der feudalistischen Epoche eine bürgerliche Gegengesellschaft voraus. Bis zu einem gewissen Grad wurden die offiziellen Staatsmächte von den Schatten der Geheimbünde bewacht. Ihr Einfluß, das ist wahr, ist oft überschätzt worden, gerade weil er dank der konsequenten Tarnung dem prüfenden Blick entzogen blieb. Die Realität des Machtanspruchs aber ließ sich nicht leugnen. Nach dem Tod Friedrichs des Großen erbte der schwache Neffe Friedrich Wilhelm II. Krone und Macht. Er war nicht der hellste Kopf, der Preußen regierte. Indessen sagte man ihm eine gewisse Gutartigkeit nach. Auch flüsterte man, er sei Wachs in den Händen des Ministers von Bischoffswerder und des Theologen Johann Christoph von Wöllner, der rasch zum Leiter der Justiz- und Kultusministerien aufstieg. Beide Herren waren Rosenkreuzer. Sie verfolgten zwar, alles in allem, eine nüchterne Politik, doch das preußische Religionsedikt, für das Wöllner die Verantwortung trug, engte den friderizianischen Geist der Toleranz bedenklich ein. Schlimmer: der König besaß weder Einsicht noch Kraft, die dringend notwendige Modernisierung des verkarsteten Staates voranzutreiben.

Bischoffswerder und Wöllner versuchten nicht, die Utopie des Ahnherrn der Rosenkreuzer, Johann Valentin Andreä, in die preußische Wirklichkeit herabzuzwingen. Andreä, im schwäbischen Herrenberg zur Welt gekommen, ließ sich nach einer unruhigen studentischen Jugend einige Jahre durch Südeuropa treiben. In Italien scheint er durch die ‹Platonischen Akademien› Campanellas Konzept des *‹Sonnenstaates›* und Joachim von Fiores chiliastische Geschichtskalkulationen kennengelernt zu haben. Nicht lange nach seiner Heimkehr, mit geistlichen Ämtern in Vaihingen an der Enns, danach in Calw betraut, schrieb er den krausen (und partiell recht heiteren) Roman *‹Die Chymische Hochzeit›*, als dessen Verfasser er Christian Rosenkreutz nannte, der von 1388 bis 1494 gelebt haben soll: er hätte demnach das würdige Alter von 106 Jahren erreicht. Jener geheimnisvolle Gründer vereinte das philosophische Wissen, das ihm die Geheimnisse der Natur öffnete, mit der theosophischen Gnade, durch die sich ihm das Geheimnis der Göttlichkeit und des ewigen Lebens mitteilte. Andreäs Roman erzählte davon auf ebenso wirre wie unterhaltsame Weise. Sein Held bereiste den Orient, um dessen Weisheiten zu sammeln. Er nahm das gesamte Bildungsgut der Antike in sich auf, ob griechisch, jüdisch oder arabisch. Über viele Stufen der Belehrungen und Prüfungen wurde er den Geheimnissen der Magie und Alchemie entgegengeführt. Die Handlung wurde immer wieder von Gesängen unterbrochen, die ihre Nähe zum evangelischen Choral nicht verleugneten.

«Was hat uns gebracht zum Leben?
  Die Lieb.
Was hat uns Gnad gegeben?
  Die Lieb.

Woher sind wir geboren?
Aus Lieb.
Wie wären wir verloren?
Ohne Lieb.
Was tut all's überwinden?
Die Lieb.
Wie kann man Liebe finden?
Durch Lieb.»

Johann Valentin Andreä hat später die Autorenschaft an diesem Werk mit einiger Verlegenheit abgestritten (doch er führte – dieser Hinweis war deutlich genug – das Andreaskreuz mit vier Rosen als Wappen). Wichtiger war ihm sein Konzept einer geistlich-weltlichen Utopie, der er den Namen «Christianopolis» gab. In Calw gründete er soziale Einrichtungen, die man später als Vorstufe zu den sozialen Anstalten Pfarrer Werners und des Pastors von Bodelschwingh bezeichnete, aber auch als Ansatz zum christlichen Sozialismus Johann Christoph Blumhardts. Die marodierenden Armeen des Dreißigjährigen Krieges zerstörten die Stadt Calw und mit ihr Andreäs Sozialwerk. Er gelangte schließlich, wie es für die Familien der schwäbischen «Ehrbarkeit» üblich war, zu hohen Ämtern: er wurde Hofprediger und Konsistorialrat in Stuttgart, ehe er sich vierundsechzigjährig ins idyllische Kloster Bebenhausen bei Tübingen zurückzog.

Der Geist Andreäs vereinte sich bei den späteren Schülern der Esoterik mit den Lehren des Paracelsus und der Mystik Jacob Böhmes, dem sich beim Blick in die Schusterkugel so viele Erleuchtungen mitteilten. Mit Eifer bemühten sich die Adepten, die Verschlüsselung der Kabbala zu lösen. Sie mengten arabische Weisheit, persische Prophetien, indische Unergründlichkeiten zu den christlichen und jüdischen Lehren. Freilich ließ sich nicht verhindern, daß die spekulative Geschäftigkeit geistlicher Scharlatane und weltlicher Windbeutel sich der geheimen Wissenschaften bemächtigten. Das Zeitalter der Aufklärung war zugleich die klassische Epoche der Hochstapelei. König Friedrich I. von Preußen ließ sich von Johann Friedrich Böttger vorgaukeln, er beherrsche die Kunst des Goldmachens. Der Betrüger brachte sich, ehe er entlarvt wurde, nach Sachsen in Sicherheit und spielte mit dem geldhungrigen August dem Starken ein schlimmeres Spiel, doch wenigstens erfand er, zu seinem und unserem Glück, das Porzellan. Selbst Friedrich der Große scheint zu manchen Zeiten versucht gewesen zu sein, alchemistische Experimente zu ermutigen. Bewundernswerte Erfolge waren dem Grafen Saint-Germain beschieden, dem man nachsagte, er sei ein spanischer Jesuit – oder der Sohn elsässischer Juden. Sein begabtester Schüler wurde der Graf Alessandro Cagliostro, der in Palermo als Giuseppe Balsamo eine Karriere begann, die ihn in ganz Europa sinistre Triumphe feiern ließ. Die Figur des genialischen Schwindlers übte eine seltsame Anziehung auch auf Goethe aus. In Italien machte er sich die Mühe, Cagliostros Familie zu besuchen, und nach der Halsband-Affaire Marie Antoinettes schrieb er den *‹Gross-Kophta›*, der gewiß kein Meisterwerk war. Georg Forster äußerte sich mit einer Gereiztheit über das Stück, die dem Gegenstand nicht völlig angemessen war.

Forsters Frau Therese war stets davon überzeugt, vor allem die Goldmacherei habe Georg zu den Rosenkreuzern geführt. Das war zu eilig geurteilt. Sie schien nur von fern zu ahnen, daß die merkwürdige Koexistenz von sprödem Rationalismus und protestantischer Orthodoxie, unter der Georg aufgewachsen war, eine quälende Leere in seiner Seele hinterlassen hatte. (In ihrem Abriß über Forsters Leben verwies sie flüchtig auf die sorglose Inkonsequenz der religiösen Erziehung dieses Pastorensohnes hin: der Vater hatte ihn nie konfirmieren lassen, und niemals hat er, auch nicht in den Jahren der pietistischen Schwärmerei, das Abendmahl empfangen.) Die Bindung an den gehaßten und geliebten Vater, das Abenteuer der Weltreise, danach die Sorge für die Familie mochten das Vakuum überdekken. Doch als er sich vom Elternhaus endlich löste, suchte ihn eine wahre Gier nach Wärme heim. Bei Jacobi und danach bei Soemmerring schien sie in der Beseelung der Freundschaft ihre Erfüllung zu finden. Die brüderliche Nähe zu dem jungen Mediziner – dessen Charakter Georg nie einer genauen oder auch nur sensiblen Prüfung unterzog – führte ihn in die geheime Ordenswelt, in der sich alle Sympathien ordneten und zugleich in religiöser Empfindsamkeit aufgehen konnten.

Freundschaft von höchster Innigkeit war aus den emotionalen Erfahrungen der Rosenkreuzer nicht fortzudenken. Oft glitt die schwärmerische Zuneigung über eine unscharfe Grenze in die Bereiche erotischer Faszination. Waren die Liebesschwüre der Jünglinge und Männer untereinander immer so «unschuldig», wie es die späteren Generationen voller Eifer erklärten, dem merkwürdigen Verlangen gehorchend, in der Vergangenheit einen reinen Spiegel des Selbst zu finden? Gewiß erlebte das Griechenland des pädagogischen Eros und der Männergemeinschaft in der Vorromantik des Sturm und Drang keine Renaissance. Doch der Gedanke an eine Erfüllung der leidenschaftlichen Freundesliebe im Fleisch war den jungen Enthusiasten nicht völlig fremd. Gottfried August Bürgers Freund Johann Erich Biester – damals noch Privatsekretär des Ministers von Zedlitz in Berlin – schrieb dem Dichter einen Brief voll stürmischer Hingabe, in dem sich ein knabenhafter Eros deutlich genug regt: «O Bürger, wie kontest du mich sonst so zärtlich lieben! Ist das izt Alles vorbey, Alles in den grossen immer wachsenden Durst nach Ruhm und Unsterblichkeit verschwunden? So sey Gott gedankt, dass ich kein Dichter bin! – Kann dich denn izt nichts mehr reizen, als der hohe Posaunenton der Göttin Fama? als die lodernde verzehrende Flamme des Genies? Bist du izt taub gegen den sanften Ruf eines Freundes? kalt gegen das milde Feuer eines zärtlichen Herzens?...»

Die Gefühle des jungen Mannes waren – aber das traf auch auf Bürger zu – nicht vom klarsten Verstand gefiltert. So entwarf Biester mit erstaunlicher Treuherzigkeit das Bild einer (wie er meinte) gezähmten Passion: «Ach, wie wohl thuts mir, dass ich diese zärtliche, diese Mädchensprache wieder zu dir sprechen kann! Ja, B., ich habe dich immer mit einer Innigkeit, einer Wärme geliebt, wie nur ein Weib lieben kann, wie selbst ich mein Weib dereinst kaum werde lieben können. ‹Unsere Liebe war sonderer als Frauenliebe›, wie oft haben wir das zu einander gesagt. Plato hat Recht: die höchste Liebe ist Jünglingsliebe, aber reine, ohne körperlichen Genuss, wie unsre war.»

Hielt es Georg nicht für angebracht, in einem moralisierenden Brief seine jungen Schwestern Wilhelmine und Justine vor den Gefahren der Leidenschaft zu warnen, von denen auch das edle

Gefühl der Freundschaft bedroht sei? «Kein Jüngling», schrieb er, «der mit Enthusiasmus in der Freundschaft empfand, hatte je einen hässlichen Freund.» An wessen Adresse war das gerichtet, wenn nicht an die eigene? Wenn es nur eine Übereinstimmung der Gesinnung gebe, falle alles Sinnliche fort. Wenn aber Enthusiasmus am Werke sei, werde man selbst den häßlichen Freund körperlich schön finden.

Man hatte in Kassel manchen Anlaß, sich über homoerotische Anfechtungen Kopf und Herz zu zerbrechen. Johannes Müller, Historiker aus der Schweiz, geriet kurz nach seiner Ankunft, vom Wein oder Champagner angeregt, durch seine Aufführung im Offiziers-Club in den Verdacht, der «sokratischen Liebe» anzuhängen. Minister von Schlieffen riet ihm, dem Alkohol zu entsagen. Gehorsam löste er danach auch seine Augen von den Knaben des Kadetten-Corps. Seine neue Tugendhaftigkeit beeindruckte Georg so tief, daß er ihn als Kandidaten für die Rosenkreuzer-Gesellschaft zu betrachten schien. Dazu kam es nicht mehr. Das konspirative Flüstern, die heimlichen Wege, die innigen Blicke, die verzückten Reden ihrer Ordensschwärmerei gaben auch Soemmerring und Forster Gerüchten preis, sie hätten eine Art homosexueller Ehe begründet. Im Februar 1782 wies der redliche Heyne in einem Brief an Soemmerring diskret (und dennoch schockiert) auf Vermutungen hin, für die – nach Ansicht der Freunde – Professor Baldinger die Ursache war: ein Mediziner von hoher Originalität, gebildet, geistreich, voll vernünftiger und praktischer Einsichten, den der Neid der Kollegen von Göttingen nach Kassel getrieben hatte, vielleicht auch ihr Unmut über seine allzu große Liebe zum Wein, den er von früh bis spät zu trinken pflegte. Soemmerring war sein Schüler in Göttingen gewesen, und man sagte, die reizvolle und literarisch ambitionierte Madame Baldinger habe den Studenten damals mit Wohlgefallen betrachtet. Erst zwei Jahre später, schon auf dem Weg ins ferne Polen, konfrontierte der Verleger Dieterich auch Georg mit dem Vorwurf, der sich in Göttingen hartnäckig behauptet hatte: Baldinger – so schrieb Georg in sein Tagebuch – habe ihn und Soemmerring als «äusserst liederlich ausgeschrien» und sie der «niedrigsten Gattung von Geschöpfen» zugewiesen. Unter

Göttinger Studenten wurde das Gerücht von der «Knabenliebe» Forsters offen kolportiert.

In solchen Verdacht geriet die Freundschaft der beiden jungen Männer, die so oft in äußerster Exaltierung auf den Knien lagen und laut den Vater, den Sohn und den Heiligen Geist herbeiflehten, während in ihren alchemistischen Tiegeln das Quecksilber brodelte. Die nächtlichen Seancen, die von der «hermetischen Kunst», dem Ringen um die «Geistreinigung», ja, von einem wahren Kampf mit den Engeln beherrscht waren, erschöpften Georg tief. Oft lief er am Morgen hohläugig in die Kollegs, die er nur noch als eine Last empfand. Er war zerstreut. Keine Arbeit reizte seine Neugier. Kein Auftrag brachte ihm Vergnügen ins Haus, kein Werk gelang. Die Arbeit an der Übersetzung schleppte sich mühsam dahin. Die Mahnungen der Verleger wehrte er unwirsch ab. Spener vor allem bewies eine Engelsgeduld. Immer wieder half er seinem Autor aus finanzieller Verlegenheit, denn er schien das Vertrauen in diesen jungen Schriftsteller von solch brillanten Gaben nicht verlieren zu wollen. In Wirklichkeit brachte Georg außer einer Handvoll Rezensionen für Heynes *‹Anzeiger›* und einigen seltenen Beiträgen für Lichtenbergs Magazin nichts zuwege. Der bescheidene Professor spielte dennoch, in seiner Hilflosigkeit, den anspruchsvollen und eitlen Literaten. Archenholtz, den Kopf voll guter Ideen, meldete sich aus Karlsbad, höflich um Georgs Mitarbeit bei seinem *‹Journal für Litteratur und Volkskunde›* werbend. Die beiden kannten sich aus London und vertrugen sich gut, wechselten dann und wann Briefe. Kapriziös antwortete der junge Professor, er sei «ein verzogenes Kind». Wenn er nicht «einigermaßen con amore» arbeiten könne, arbeite er lieber gar nicht. Sein Kopf war verstellt und seine Seele voller Furcht.

XIII
Heimkehr in die Aufklärung

Die spukhafte Nachtexistenz der Rosenkreuzerei zwang Georg Forster immer tiefer in eine Lebensangst, der er bis ans Ende seiner Tage nicht entkam. Er litt unter dem Versagen seiner Produktivität wie ein Hund. Depressionen beschwerten ihn. Nichts schien Hoffnung und Rettung zu versprechen – es blieb nur die Steigerung der Leidenschaft im Gebet, in dem sich der junge Mensch verzehrte. Die Frömmelei in seinen Briefen begann, ans Unerträgliche zu grenzen. Johannes Müller, der in der kleinen Stadt Kassel zu einer zurückhaltenden Existenz gezwungen war, rief er zu: «Lassen Sie uns immer so beten, so für einander beten, ohne zu fragen, wie weit ein jeder von uns in der Gnade Gottes, im Glauben und in der Liebe gekommen ist...» (Zugleich aber berichtete er dem Hofrat Heyne nach Kassel, der sich nach Müller erkundigt hatte, der Schweizer zeigte viel Reue «ueber einige Verirrungen» und sei nun «eher religiös als zu leichtfertig».) Seinen Verleger Spener bat er am Schluß einer langen Epistel, er möge über seine «Sonntagsandacht» nicht zürnen. Nachdem er ihm gerade einen weiteren Vorschuß zu entlocken versucht hatte, servierte er dem Berliner Freund in einem seiner nächsten Briefe mit bemerkenswerter Rücksichtslosigkeit den verstörenden Satz, die Schriftstellerei sei nun einmal nicht seine Neigung. In jenen Tagen schrieb er seiner jüngsten, siebzehnjährigen Schwester eine zweite Predigt, die jedem Puritanertraktat zur Ehre gereicht hätte: es gelte, Eitelkeit, Eigenliebe und Sinnlichkeit zu kreuzigen, und er zerknirschte sich, daß er «der Mode, der Gewohnheit, dem äußerlichen Schein und zuweilen auch der Lüsternheit etwas aufgeopfert» habe, für das es eine bessere Anwendung gegeben hätte. Unsere schlimmsten Feinde pflegten sich, fuhr er fort, immer in «Engel des Lichts» zu verkleiden, und das Sinnliche hänge sich geistige Schleier um. Er scheue sich nicht, ihr seine Schwäche zu gestehen: er, «der Mann von dreißig Jahren, der manches erfahren und gelitten» habe (er war noch keine 28). Er schrieb von der «Heftigkeit unserer Triebe»: «Wenn ich vom Kampf mit den Leidenschaften rede, so bin ich gar nicht der Meinung sie ganz ausrotten zu wollen...» Selbst die gröbsten Triebe hätten ihren Nutzen, und ihre Befriedigung sei «von einem gewissen Grad des angenehmen Gefühles unzertrennlich». Die Jugend empfinde jeden Reiz heftiger. Auch die edelsten Gefühle, wie Liebe und Freundschaft, seien in gewissem Grade immer sinnlich.

Jeder seiner Briefe aus jenen Jahren zeugte von der tiefen Verqältheit seines Kampfes gegen die Lust. Unerlöste Sexualität beunruhigte seine Tage und Nächte, mengte sich in jede Freundschaft und gefährdete den Bezug zur Realität. Seine Umwelt nahm er kaum wahr. Den Tod von Lichtenbergs kleiner Freundin notierte er mit einer seltsamen, ja kalten Beiläufigkeit, obwohl er ihre Existenz gewiß zur Kenntnis genommen hatte. Er schien sie weder zu billigen, noch zu verurteilen. Gleichmütig akzeptierte er auch die munteren Versuche des Freundes in Göttingen, der sich von Georg halb zurückgezogen hatte, ihn immer wieder aus seiner Lethargie zu reißen: so durch seine Briefe über elektrische und magnetische Experimente, die zum Abdruck im Magazin bestimmt waren. Er wirkte, als fiele es ihm immer schwerer, die Augen aufzuschlagen und den Blick auf die Wirklichkeit zu richten. Die religiöse Besessenheit beunruhigte schließlich selbst Jacobi, dem er schrieb, Unglaube sei «in unserer Zeit gefährlicher als Aberglaube». Aus Pempelfort die ernüchternde und wahrhaftige Antwort: eins sei so schlimm wie das andere.

Die Gegenwart junger Frauen schien Georg in jenen Monaten nur schmerzlich darauf hinzuweisen, daß er allein sei. Spener gestand er mit überraschendem Freimut (im November 1782): «Sie sind Ehemann – und ich könnte es werden. Ich glaube, daß ich mich dazu schicke; mein Herz ist weich und duldsam...; ich suche nicht gar zu viel bey einem Weib, ich glaube ich käme leicht mit einer schlimmen aus, und gewiß mit einer guten Frau...» Kassel habe freilich nichts für ihn. Dort herrsche entweder Armut oder rasender Luxus, Bettelstolz ohne Anmut, ohne Grazie, ohne Erziehung, ohne Weiblichkeit. In Göttingen sei es nicht anders.

Sein Anspruch war naiv. Was wußte er von der Ehe? Was verstand er von Frauen? Vielleicht (aber auch nur vielleicht) konnte er sich träumend an die eine oder andere Stunde erfüllter Lust in der Südsee erinnern. Vielleicht (auch nur vielleicht) an flüchtige Begegnungen mit flüchtigen Mädchen in London oder Paris. Kaum eine kleine Verliebtheit. Kaum ein neugieriges Spiel. Der kleinen Schwester Justine Regina schrieb er altklug und unschuldig: «Heftige Leidenschaft paßt nicht zum zartren Gewebe der weiblichen Seele und des weiblichen Körpers.» Er ahnte in Wahrheit davon so gut wie nichts.

Spener, der Berliner Freund, verstand die fragenden Signale. Das Stichwort «Heirat» behauptete sich von nun an mit einiger Hartnäckigkeit in ihrer Korrespondenz. In Georgs Herz schien sich eine Wandlung vorzubereiten. Noch einmal fiel er tiefer in die Verzweiflung. In der Neige des Jahres ein Notruf nach Berlin: «... von meiner Gemüthsverfassung lassen Sie mich nichts sagen – als daß ich das Rauschen der Stürme noch höre, die mich in diesen Tagen geschüttelt haben. Gott! Gott! Halle und Cassel und London! und überall Wehklage und Schwerter durch die Seele.»

Was war geschehen? Man weiß es nicht. Im Hause des Vaters das übliche: Schulden, Vorwürfe, Unmut. Und Kassel? Eine Krise bei den Rosenkreuzern? Neue Enttäuschungen bei der Goldmacherei? Im frühen Herbst hatte ihm Lichtenberg von den Experimenten des Dr. Price in London geschrieben, der behauptete, er könne Quecksilber in Gold verwandeln. Der Göttinger Physiker schien beeindruckt zu sein. Er sei nicht leichtgläubig, sagte er, am allerwenigsten in diesem so windigen Fach der Physik, aber auch die Superklugheit der Skeptiker täusche sich manchmal. Wenn die Zeugen des Londoner Experimentes Betrüger seien, werde der liebe Gott es finden...

Durch Lichtenberg angeregt, hatte sich Georg bei Joseph Banks, dem Präsidenten der «Königlichen Gesellschaft» für die

Naturwissenschaften, mit etwas zu schlauer Beiläufigkeit nach dem Stand der Versuche erkundigt. Wenige Tage später berichtete er dem Vater, Price habe die Verwandlung in Guilford in Essex vor einer «großen Anzahl competenter Richter» vorgenommen. Lichtenberg zweifle nicht mehr an der Tatsache (was nicht ganz zutraf). Zwar setzte Georg hinzu, er wisse nicht, was von der Geschichte zu halten sei, doch in Wahrheit schrieb er wie einer, der um jeden Preis glauben wollte, was er las – noch immer. Er mußte sich lange in Geduld üben, bis er den letzten Hang des Aberglaubens abgeschüttelt hatte.

Noch ein Jahr später forschte er in Leipzig, auf Soemmerrings Anregung, dem Betrüger Johann Georg Schrepffer nach, der die sächsischen Minister mit einer Mischung von Frömmigkeit und Feigheit zum Narren halten konnte: «Ein schöner Kerl», berichtete er, «mit ein paar Augen, die einem durch und durch sahen...» Er habe seine Opfer zunächst ihre Sünden bekennen lassen, dann ihren Charakter beschrieben und sie danach – «dreist, unverschämt... mit Fürsten und Herren» und voller Mutterwitz – um ihr Geld gebracht. Im Jahre 1774 hat sich der Betrüger, als man ihm auf die Schliche kam, schließlich erschossen. Er galt als Rosenkreuzer. Georg wußte es wohl. Doch lange hatte er sich geweigert, verstörende Hinweise dieser Art zur Kenntnis zu nehmen.

Nun schien sein Blick wieder freier zu werden. Er begann, die Welt von neuem wahrzunehmen. Aus den Binnenräumen seines Gemüts wagte er nun manchmal wieder einen Blick auf die Ereignisse in fernen und nahen Kontinenten, die das Jahrhundert veränderten. Der amerikanische Krieg war entschieden und neigte sich dem Ende zu. Rußland, das die Kolonisierung Innerasiens beharrlich fortsetzte, führte Krieg gegen die Türkei. Georg beschlich der Gedanke, daß vielleicht dort, in diesen gewaltigen Ländereien die Zukunft entschieden werde. Er schlug kühne Töne an, die wieder ganz dem jungen Forster gehörten: «Braminendespotismus und päpstliche Alleingewalt haben Asien und Europa Jahrtausende lang in Dummheit und Elend versenkt gehalten», schrieb er an Jacobi, und fuhr fort, in Ost und West, in Asien und Amerika seien zu gleicher Zeit Wissenschaft, Kunst, Kultur in immer schnellere Umdrehung geraten, selbst die träge, fast stockende Maschine Asiens bewege sich – welche Veränderung des Denkens werde dadurch bewirkt!

Hier meldete sich eine Weitsicht, die den Deutschen jener Epoche fremd war. Nicht lang danach, in einem Brief an den Vater, suchte ihn das Thema «Amerika – Rußland» ein andermal heim. «Die zunehmende Macht der Russen auf dem schwarzen Meer wird früher oder später das Verderben der Türken werden... Amerika und Kleinasien zu gleicher Zeit in Thätigkeit gebracht, Wissenschaften, Landbau, Künste, europäischer Luxus auf beiden Seiten eingeführt, – das ist in der That ein großer Schritt zu der großen Revolution des Erdballs.»

Es war, als sei er aus der Gefangenschaft brütender Religiösität und alchemistischer Abenteuer mit geschärften Sinnen ins Leben zurückgekehrt: hier meldete sich eine prophetische Stimme, die Jeffersons kühnste Proklamationen der amerikanischen Mission und Tocquevilles Blick auf die Zukunft des Erdkreises in ein paar Sätzen vorausnahm. Nun klang das Wort von der «Revolution» anders als der düstere Hinweis auf die «schreckliche Revolution», die sich in Europa vorbereite, mit dem er noch ein Jahr zuvor den Vater aufgeschreckt hatte. Die Masse sei so verderbt, schrieb er damals, die eigene Verwirrung auf Gesellschaft und Geschichte projizierend, daß «nur noch Blutlassen wirksam» sein könne. Die Warnung wies auf seine tiefe Verzweiflung, die ihn nichts als Verderben, Niedergang und Katastrophen erkennen ließ. Nun gebrauchte er den Begriff wie eine Hoffnung. Damals erhoffte er die Rettung nur von einem Wunder. Damals keine Andeutung des Mutes zur Gestaltung der eigenen, der allgemeinen Existenz – keine Willensregung, keine Kraft, keine Dynamik – nichts. Jetzt schien er nicht länger bereit, das Leben an sich vorbeiziehen zu lassen, erst recht nicht das persönlichste.

Spener berichtete von einer Mademoiselle Liebert in Berlin, die besichtigt werden könnte, wenn sie sich zur Jahreswende 1783/84 bei Verwandten – oder waren es Freunde? – in Magdeburg aufhalte: eine gute Partie, wohl auch hübsch anzuschauen und nicht ohne Verstand. Später winkte er mit einem Fräulein «R», von dem man nichts Näheres erfuhr.

Im späten Sommer 1783 passierte ein liebenswürdiger und reicher englischer Herr die Residenzstadt Kassel: Sir William Hamilton, der englische Gesandte im Königreich Neapel. Sein Interesse an der Antiquitäten-Sammlung des Landgrafen, vielleicht auch das Reisebuch machten ihn auf Georg aufmerksam: er suchte einen Sekretär, dem er hundert Pfund Sterling bei freier Wohnung, freier Kost zahlen wolle. Sogar der Friseur sollte frei sein – Zeit zur Schriftstellerei und Forschung bleibe genug. Eine Chimäre? Ein Schimmer der Hoffnung? Sir William erwies sich als ein anregender und kundiger Gesprächspartner, mit dem sich Georg wohl vertragen könnte. Übrigens erbte er, ein knappes Jahrzehnt danach, die schöne Gespielin eines Verwandten (gegen die Übernahme der Schulden): Lady Emma Hamilton. Es währte nicht lang, bis er sie an Lord Nelson wieder verlor.

Unterdessen trafen Nachrichten aus London ein, die Georg mit der größten Aufmerksamkeit las, bestürzt und erleichtert zugleich: Joseph Banks hatte Dr. Price im Namen der Royal Society aufgefordert, dem hohen Gremium seine Experimente vorzuführen. Der Goldmacher sagte zu, aber zum vereinbarten Termin erschien er nicht. Eine zweite Vorführung wurde verabredet. Dr. Price blieb ein anderes Mal fern. Man fand ihn vergiftet: Selbstmord. Seinem Vater berichtete Georg knapp, der Goldmacher habe sich aus dem Staube gemacht, indem «er ein Nösel concentrirtes Lorbeerwasser (Laurocerasus) getrunken» habe. Im gleichen Brief rügte er – völlig zu Recht und mit einer leisen Befriedigung – Banks Königliche Gesellschaft für die «unphilosophische Dummheit» ihres Urteils, daß «die neuerfundene, mit brennbarer Luft gefüllte Luftmaschine, die sich in die Atmosphäre erheben» könne, von keinem Nutzen sei. Das wußte er besser.

In jenen Tagen experimentierten Soemmerring und Georg mit Lichtenberg an kleinen Nachahmungen und Varianten des Apparates, den die Brüder Montgolfier erfunden hatten. Die drei machten sich in Göttingen mit einem knabenhaften und oft überschäumendem Eifer ans Werk. Plötzlich lebte die alte Freundschaft wieder auf. Es war, als sei ein Bann gebrochen, ein Alptraum verscheucht und ein böser Geist vor die Tür gejagt. Vielleicht hatte Dr. Price mit seinem Selbstmord Georg die Befreiung aus der rosenkreuzerischen Knechtschaft beschert. Lichtenberg schrieb begeistert und gerührt an einen Freund: «Forster hat sich gantz geändert, und ist einer der arbeitsamsten Menschen, die ich kenne. Soemmerring ist... ein ungewöhnlicher Kopf. Ew. Wohlgeboren können sich einen solchen Besuch wie den nicht vorstellen, wir haben den gantzen Tag disputirt, experimentirt, anatomirt pp. ohne Ende. Einmal stund eine Schüssel mit Hecht gekocht auf dem Tisch, während an der Ecke die Gehörnerven an dem noch rohen Kopf demonstrirt wurden, und auf dem Camin Feuer ein Firniss kochte.»

Voller Glück meldete Georg dem alt-neuen Freund die Heimkehr nach einem nächtlichen Ritt, bei dem er gelernt habe, daß man auch auf dem Pferde sitzend schlafen könne. Er dankte für die herrlichen Tage in Lichtenbergs Haus, für die Freundschaft und Liebe. «Nie», rief er, «ich wiederhole es mit Vergnügen, nie habe ich fröhlichere Tage in Göttingen gelebt; ich bin zufrieden; ich habe meine Zeit gut angewendet, mehr gearbeitet, als ich seit geraumer Zeit hatte thun können. meine Freunde genossen...»

Die Schriftstellerei war ihm jetzt nicht mehr bloße Pflicht. Aus einer französischen Arbeit über die Pygmäen fertigte er einen kleinen Aufsatz, der bedeutsam wurde, weil er jene merkwürdige Rasse gegen den Verdacht verteidigte, sie erfülle nicht alle Wesenheiten und Charakteristiken des Menschentums. Für diese Argumentation gewann er in Soemmerring einen zuverlässigen Partner. Der junge Anatom – auch er aus den Verstrikkungen des Geheimordens fürs erste gelöst – war ein respektabler Zeuge, der auf die Autorität des Experten pochen konnte. Vor den Toren Kassels, am Rand des Bergparks an der Wilhelmshöhe, hatte die Regierung, einer Laune des Landgrafen gehorsam, ein «chinesisches Dorf» gegründet, das den Namen «Mulang» trug. Da keine Chinesen verfügbar waren, siedelte der Fürst eine Anzahl von Afrikanern in den Häuschen an. Die dunkelhäutigen Bürger starben allesamt an der Schwindsucht, da ihnen das Kasseler Klima nicht bekam. Soemmerring ließ sich die Leichen dieser unglückseligen Untertanen Seiner Durchlaucht überweisen und machte sich mit dem etwas fragwürdigen Eifer seines Berufes an die Sektion. Er war (nach den

Worten seines Biographen Rudolph Wagner) «glücklich, hier Neger beiderlei Geschlechts sorgfältig zergliedern und mit dem Bau des Europäers vergleichen zu können». Pünktlich und sorgsam wies er nach, daß sich die Afrikaner in allen prinzipiellen Merkmalen ihres Körpers von den Europäern nicht unterschieden: eine der grundlegenden Einsichten des Jahrhunderts.

Soemmerring sezierte alles, was sich sezieren ließ. Er stürzte sich auf jedes verendete Tier aus dem kleinen Zoo des Fürsten. Als der Elefant krepierte, genehmigte der Landgraf die Anschaffung von Hilfsarbeitern und Hebebäumen, damit sich Soemmerring ans Werk machen konnte, um den Koloß von 80 Zentnern zu zerlegen (der täglich 65 Pfund Brot und 30 Pfund Karotten gefressen hatte). Leider war die Fäulnis durch die Sommerwärme so weit vorangeschritten, daß das Gehirn des Riesen «rauchte» und ausfloß. Leib und Magen seien nach den Einschnitten mit «furchtbarem Getöse» geplatzt. Gestank und faules Fleisch schreckten den Forscher nicht ab. Ging ihm der zarte Georg bei der Schlächterarbeit im Dienst der Forschung zur Hand? Hielt er sich gelegentlich bei Soemmerring im ‹Anatomischen Theater› auf? Beide sagten davon in ihren Briefen nichts.

Georgs kleine Arbeit über die Pygmäen erschien – gewiß zum Kummer Lichtenbergs – in den *‹Hessischen Beiträgen zur Gelehrsamkeit und Kunst›*, die in Frankfurt verlegt wurden. Bei jener Publikation gab Georg auch den großen Aufsatz *‹Über den Brodbaum›* in Druck, der in der Klarheit seiner Sprache und der Lebhaftigkeit der Erzählung zu einem klassischen Muster naturwissenschaftlicher Essayistik wurde. In jenem Fach meisterte selten einer die Kunst, die Experten nicht zu enttäuschen und die Laien nicht zu langweilen. Übrigens teilte Georg gleich zu Anfang einen Seitenhieb an die Rassisten aus, die behaupteten, Afrikaner seien den Affen näher als den weißhäutigen Nordländern: welcher Herkunft auch immer – Neger seien unleugbar Menschen, schrieb er, durch Bewußtsein und Vernunft, die ein Recht auf unser Herz hätten. Der Brotbaum diente ihm – nach exakter Beschreibung auch seines Nutzens – als ein Vehikel, noch einmal die paradiesischen Vorzüge der tropischen Inseln zu beschwören: einer Welt ohne Raubtiere, ohne Reptile, ohne schreckliche Gifte...

Die Befreiung aus der Versklavung durch die Sekte der Gold- und Gottsucher erlaubte ihm endlich wieder den sehnsuchtsvollen Blick zurück, zugleich aber einen wirklichkeitshungrigen Blick voraus. Die Weltliebe des Aufklärers hatte sich der Prüfung einer schmerzhaften Gottesliebe ausgesetzt. Nun schien er für die Menschenliebe um so reifer zu sein. Unter Qualen hatte sich Forster ein gutes Stück auf dem Weg vom Rationalismus über den Pietismus zum Humanismus vorangeschleppt.

Sein Verlangen nach Autorität richtete sich dabei mehr und mehr auf den Hofrat Heyne, dem er zu Beginn des Jahres 1783 eine herzliche und fast zu ergebene Eloge nach Göttingen geschickt hatte. In seinem Brief nahm er ein Wort des verehrten Mannes auf, der mit einem kleinen Billett die Versicherung einholen wollte, daß Forster gesund sei und ihn lieb habe. Das bestätigte Georg gern. Er nannte Heyne einen Mann, den ganz Europa liebe und ehre, der die Seele von Göttingen sei, Freund und Vater aller Wissenschaften, auch sein gütiger und nachsichtsvoller Freund.

Dachte er bei jenem überschwenglichen Gruß auch an die Tochter Therese? Der Heiratsgedanke trieb ihn um, jeden Tag und in jedem Brief. Spener gegenüber bekannte er, beim Anblick dieser und jener hübschen Dame sei ihm oft der Gedanke ins Gehirn gelaufen, sich – aus reiner Liebe – mit einem Mädchen zu verbinden, das «nichts habe». Es gebe Geschöpfe genug, die den Professor und nicht den Georg wollten, Versorgung und einen Mann im Amt. Er erwarte «nichts Vollkommenes in der Ehe». Den «Umgang mit den Frauenzimmern außer der Ehe» habe er sich nie erlauben wollen und können. Doch nun erklärte er mit einer eindrucksvollen Direktheit, zu seiner Ruhe, zur Besänftigung seiner Einbildungskraft und seines Blutes sei «ein Weib ein nothwendiges Uebel... Ich kenne mein Temperament; hätte ich ein gutes Weib, ich suchte nichts mehr in der Welt. Ich bin ohnehin kein Liebhaber von Gesellschaft; nur der Geschlechtstrieb verschlägt mich jetzt zu oft in Gesellschaft, (ich sage Geschlechtstrieb, denn so verkappt er auch ist, ... bemerke ich doch ..., daß der Hauptgrund eine innere Unruhe und Unstetigkeit war, die mich nicht zu Hause sitzen ließen; Fleisch und Blut mit einem Wort!) ...»

Spener vertraute er, als erstem, nur wenige Monate später im Oktober jenes Jahres eine Offerte aus Polen an, die ihn über seinen Vater erreicht hatte. Er nannte weder Land noch Stadt, sondern sprach von dem Angebot «aus einer ganz anderen Weltgegend». Der Präsident der Erziehungskommission des Königreiches Polen, Fürstbischof Poniatowski – ein Bruder des Königs – hatte zunächst bei Reinhold in Halle anklopfen lassen und gefragt, ob er und sein Sohn bereit wären, Professuren an der neugegründeten Universität von Wilna anzunehmen. Die Verhandlungen konzentrierten sich rasch auf Georg, da der Vater in der Wahl der Fächer und Mittel Forderungen anmeldete, die der Regierung in Warschau bedenklich zu sein schienen. Der Geist des Briefes, den der Vater nach Warschau schickte, zielte nüchtern auf handfeste Vorteile und war zugleich ein wenig närrisch: warum verlangte Reinhold für sich 666 holländische Gulden Jahresgehalt, warum für den Sohn 444?

Georg machte weniger Umstände. Ihm kam es darauf an, seine Schulden loszuwerden: er müsse in der Lage sein, sagte er klar genug, den Vorschuß des Landgrafen und die übrigen Kasseler Schulden zu tilgen (Spener würde sich gedulden). Als Gehalt verlangte er 400 Dukaten (1200 Reichsthaler), freie Wohnung, auch einen Fond für die Bibliothek und das Naturalien-Kabinett. Für die lange Reise und den Umzug bat er um 200 Dukaten. Zur Tilgung seiner Kasseler Schulden wurden ihm 530 Dukaten (1590 Thaler) vorgelegt. Erst in Grodno, als er sich dem Fürstprimas Poniatowski vorstellte, wurde ihm bedeutet, daß jener Vorschuß ein Geschenk sei – unter der Bedingung, daß er, vom 1. Oktober 1785 an gerechnet, wenigstens acht Jahre lang im Dienst der polnischen Krone bleiben werde. (Später gewährte ihm die Erziehungskommission für die Heiratsreise nach Göttingen und die Einrichtung in Wilna ein weiteres Darlehen von 500 Dukaten – etwa 1500 Thaler –, das in acht Jahresraten abgetragen werden sollte.) Nach jenen acht Jahren sollte er die Hälfte seines Gehaltes als Pension beziehen können, nach sechzehn Jahren die gesamte Summe ohne weitere Verpflichtung: er wäre dann nicht älter als 46 ... Außerdem wurde ihm der Titel eines Geheimrates zugesichert, worauf er keinen großen, aber auch keinen geringen Wert legte.

Wilna lag weit hinter der Welt. Das schüchterte ihn ein. Doch es war die einzige Ausflucht, die sich bot: weg von Kassel, von der täglichen Bedrückung durch seine Schulden, weg von den Rosenkreuzern, vor deren Macht er sich noch immer ängstigte. Er mied die Zusammenkünfte mit den einstigen Brüdern, doch keine seiner Äußerungen zeigte an, daß er einen offenen und endgültigen Bruch gewagt hatte. Der Orden forderte lebenslange Treue und lebenslange Verschwiegenheit. Der Arm der Oberen – so hatte er es den Brüdern selbst gepredigt – reichte angeblich in alle Winkel des Erdkreises. Und wenn es zutraf, daß es die Macht der Jesuiten sei, die sich der Gemeinschaft bediene? Manchmal trieb ihn eine nahezu hysterische Furcht um.

Die Verhandlungen wurden zügig geführt und schienen rasch zu einem guten Ende zu kommen. In jenen Wochen schloß sich Heynes Sohn Carl, ein unruhiger Geist, enger an Georg Forster. Der künftige Mediziner studierte in Kassel, weil er in Göttingen nicht gut zu tun schien. Er lernte bei Soemmerring und hörte Georgs Kolleg zur allgemeinen Naturgeschichte. Der Vater meinte, unter Forsters Einfluß sei der junge Mensch ein anderer geworden. Georg wiederum berichtete dem alten Heyne: Carl habe ein edles, unverdorbenes Herz – trotz seines Feuers, trotz des «jugendlichflüchtigen Wesens», das ihm anhänge...

Zehn Tage später zog er den Hofrat ins Vertrauen und schickte ihm das Angebot aus Wilna. Der bedächtige Kollege riet zur Annahme. In Kassel hielt Georg den Mund. Er übernahm zum Jahresbeginn 1784 ohne jedes Widerstreben das Prorektorat über das Collegium Carolinum, wie es die Pflicht verlangte, und trug eine ernst-devote, ein wenig salbungsvolle Antrittsrede vor, in der er mit patriotischem Eifer für Erziehungsreformen warb, denen auch sein Landesherr günstig gesonnen zu sein schien. Er brauchte den guten Willen des Landesherrn, um in Frieden davonziehen zu können. Einstweilen schwieg er, verrichtete die täglichen Geschäfte und zahlte, als ihm Geld in die Hand kam, still seine Schulden ab, ohne mit dem Hinweis auf die bevorstehende Abreise neue Forderungen herauszulokken – und manche übersah er.

Die Polen erklärten sich damit einverstanden, daß er sich auf der Reise nach Wilna zunächst einige Kenntnisse über moderne

Wirtschafts- und Industriezweige verschaffe, um seine Studenten darüber belehren zu können, wie sie die Güter der eigenen Nation am besten nutzten. Anfang Mai wollte er in Weimar sein. Goethe, schrieb er an Jacobis Schwester Susanne, habe ihm Unterkunft in seinem Hause angeboten (das geschah nicht zu oft). Von dort nach Leipzig, nach Halle zu den Eltern, nach Dessau zum Fürsten. Die nächsten Stationen sollten Dresden und Freiberg in Sachsen sein, wo es den Bergbau zu studieren galt. Dann Prag. Ein kleiner Umweg nach Wien. Schließlich über Krakau und Warschau nach Grodno, wo sich der Reichstag Polens und der König aufhalten sollten.

Wilna, dem Ziel, jubelte er nicht entgegen. Er werde zu «den Bären» gehen, schrieb er Susanne Jacobi und manchen anderen. Heimlich schlug er jetzt schon das Kreuz, wenn er an die litauische Langeweile dachte, die ihn erwartete. Aber die Vorbereitung des Aufbruchs, die Vorausträume von der Reise, die Freude auf das Abenteuer belebten ihn wie nichts anderes seit dem Beginn der Kasseler Existenz. Er atmete freier, war heiter und fühlte sich so gut wie lange nicht. War dies das Leben, das ihm das Schicksal zugedacht hatte: unterwegs sein, nicht zum Stillstand kommen, die Augen, die Sinne, die Neugier in Bewegung halten?

Anfang 1784 hatte ihn aus London ein Paket mit fünfzig Kupferdrucken erreicht, die seine Übersetzung der Journale von der letzten Reise Captain Cooks illustrieren sollten. Er hielt die schönen Bilder für ein Geschenk der britischen Admiralität. (Das war ein Irrtum. Sie gehörten dem Verleger.) Der Anblick der vertrauten Szenen, von dem jungen Schweizer Maler Weber gezeichnet, entzückten ihn jeden Tag aufs neue. Die Szenen fand er «zur Täuschung wahr». Drei Landschaften erkannte er auf den ersten Blick, und er meinte, auch einem der portraitierten Inselmenschen begegnet zu sein. Nun könne man sich erst einen Begriff von den tahitianischen Schönen machen, rief er Lichtenberg zu. Die Betrachtung der verführerischen Mädchen in ihrem natürlichen Habit mag ihn auf sanfte Weise daran erinnert haben, daß er die Einsamkeit in Wilna ohne Frau nur schwer ertragen werde. Susanne Jacobi schrieb er am 9. März, Männer taugten zur Wirtschaft wenig; die Veränderung des Wohnortes werde wohl auch eine Veränderung seiner «einsamen Lebenszeit» nach sich ziehen. Einen «Gegenstand» wisse er noch nicht, aber er habe bisher auch nicht gesucht.

War es wirklich so? Oder wagte er nur keinen Namen zu nennen, um kein allzu frühes Gerede aufkommen zu lassen? Fürchtete er die Enttäuschung, wenn er sich und anderen schon jetzt eine Hoffnung vorgaukelte? War er unschlüssig?

Ohnedies war sein Geständnis zu diesem Zeitpunkt ein wenig taktlos, denn der lange Brief an die Stiefschwester Fritz Jacobis hatte einen traurigen Anlaß: Betti, die reizende und so lebensprühende Frau seines Freundes war gestorben. Susanne hatte ihm die traurige Nachricht geschrieben. Er antwortete voller Verständnis für Fritzens Schweigen. Der Ausdruck seiner Betroffenheit geriet ihm ein wenig zu wortreich. Rasch fand er die Wendung von den Tränen der Trauer zu dem Mut, den es brauche, sich dem «Genuß des Lebens nun nicht zu versagen». Der «wahre Adel des Geistes» fordere den «Sieg über alles Leiden und über alle Bitterkeit»: «Vielleicht sollte unser Leben einem frohen Tanze ähnlich seyn», schrieb er kühn, bei dem sich manche ausruhten, während die anderen mutig forttanzten – «in der gewissen Erwartung, wenn sie die Reihen durchgetanzt, den Ruhenden wieder die Hände bieten zu können». Das war eine hübsche, wenn auch ein wenig herzlose Beschreibung des Menuetts oder der Gavotte – obendrein ein passabler Übergang zur Schilderung der Neuigkeiten in seiner eigenen Existenz. Darauf kam es ihm an. Welcher Literat spräche nicht am liebsten von sich selber...

Es blieb ihm nicht viel Zeit, die Dinge zu ordnen. Am 20. oder 23. April wollte er aufbrechen. Spener würde er in Leipzig treffen. An einen Umweg über Berlin war nicht zu denken. Die Ehekandidatin Liebert und Mademoiselle «R», ihre potentielle Konkurrentin, mußten, wie er sich ausdrückte, «fürerst beruhen». Im nächsten Brief, der nach Berlin eilte: «An Beweibung ist schwerlich eher als in Polen zu denken... Findet sich etwas unterwegs, so wollen wir sehen.»

Spener wünschte, daß sich sein Autor und Freund portraitieren lasse, ehe er bei «den Bären» verschwinde. Es lag nahe, den älteren Tischbein – Direktor der Kunstakademie – um ein Bild zu bitten. (Er war übrigens ein Onkel des Goethe-Malers.) Indessen kränkelte der Künstler, war von Aufträgen überhäuft, hatte wenig Zeit. Es entstand schließlich dennoch eine schöne Arbeit: kein Meisterwerk, aber eine lebhafte Studie der Persönlichkeit. Sie hatte den Vorzug, ein Element der Spontanität zu bewahren: die Augen nachdenklich, prüfend und zugleich nach innen schauend, um den weichen Mund ein halbes Lächeln, das Georgs Melancholien nicht verbarg. Eine erste Falte lief von den Nasenflügeln zu den Mundwinkeln, setzte sich zum Kinn hin fort, verlor sich dann im allzu weichen Fleisch, das der unteren Partie des Gesichtes einen merkwürdig laschen Ausdruck gab. Hätten nicht die starken Augen und die kräftige Nase für einen Ausgleich gesorgt, wäre es den Betrachtern schwer geworden, das Bild nicht für das Konterfei eines verwöhnten und ein wenig traurigen Faulenzers zu halten, dem es an Willenskraft mangelte. Der jüngere Tischbein vermerkte übrigens eine flüchtige Begegnung mit Georg, ehe er sich auf den Weg nach Italien machte, wo er die Freundschaft Goethes und damit den Weg zum Ruhm fand. Georg aber hatte Weimar unterdessen aus dem Reiseplan gestrichen, obwohl ihn Bertuch, der Verleger und Buchhändler, mit dem sich Georg im vergangenen Jahr befreundet hatte, immer wieder herzlich einlud. Begründung: keine Zeit. Schlug er nicht einen Bogen um die kleine Stadt in Thüringen, von der man längst zu Recht sagte, sie sei die Hauptstadt der deutschen Literatur? Er hätte sicher sein können, daß ihn Wieland, Herder, vor allem Goethe aufs liebenswürdigste empfingen. Woher die Scheu? Hatte Goethes letzter Aufenthalt in Kassel, bei dem er so viel intensiver mit Soemmerring gesprochen und gearbeitet hatte, eine Spur der Kränkung hinterlassen? Nahm er sich selber die verkrampfte Reserviertheit übel, die er dem beleidigten Jacobi schuldig zu sein glaubte? Ängstigte er sich heimlich davor, sich an dem bewunderten Mann in der Unmittelbarkeit des Gespräches zu prüfen? Wich der geprügelte Ex-Pietist dem souveränen Weltkind aus, ein Opfer seiner Komplexe?

Vielleicht hätte er die Courage, die ein Ausflug nach Weimar so offensichtlich verlangte, eher zu sammeln vermocht, wäre seine Existenz, die innere und die äußere, schon halbwegs gesichert gewesen. Der Vater warnte in einem Brief, daß er in Polen womöglich seine religiöse Herkunft verliere. Georg konnte, wenigstens was dies anging, mit ruhiger Entschlossenheit antworten: er werde nie katholisch werden, «und obgleich meine Meinungen weder mit denen der Lutheraner, noch Calvinisten, noch Katholiken, noch Griechen, noch irgend einer andern christlichen Secte übereinstimmen, so werde ich doch fortfahren, mich zu der Kirche zu bekennen, in der ich geboren und auferzogen ward». Die römisch-katholische Kirche sei ihm wegen ihres «despotischen Geistes und ihrer Unduldsamkeit» zuwider; ihre Lehren widersprächen der Vernunft und der Menschlichkeit. Dieses kräftige Wort aber schloß den Gedanken an eine Heirat in Polen nahezu aus. Die Töchter jenes Landes standen in dem Ruf, die treuesten Kinder der römischen Kirche zu sein.

Fast schien er es als eine Art Makel zu empfinden, daß er allein nach Wilna reisen sollte. Bei Spener bestellte er dennoch eine kleine Hausbibliothek für die langen Winter in Wilna, die auch seine Frau – «eine Frau muß ich bald, bald haben» – lesen und benutzen, «woraus sie ihren Kindern Gutes lehren und auch der Nachbarin Ideen geben» könne. Er nannte «Sachen von entschiedenem Wert», wie die Bücher Lessings, Herders, Goethes, Wielands, Gellerts und Bürgers; er nannte auch Schriftsteller, die sich im Gedächtnis der Nation nicht zu behaupten vermochten: Spalding, Hermes, Ramler, Rabener – und Schmidt, der eine Geschichte der Deutschen schrieb. Acht Jahre seien keine Ewigkeit, rief er Spener und sich selber zu. Das nicht, aber lang genug...

Den Professor Christian Gottlob Heyne setzte er über den Fortgang der Verhandlungen mit den Polen und ihren glücklichen Abschluß aufmerksam ins Bild. Für die Ostertage reiste er nach Göttingen. Er mag bei Lichtenberg gewohnt haben, mit dem er wieder völlig ausgesöhnt war, vielleicht auch in einem anderen Winkel des Dieterichschen Anwesens, das groß genug war. Eine Visite bei Heyne, den er als seinen väterlichen Freund betrachten durfte, verstand sich von selbst. Die beiden prüften, auch dies war natürlich, noch einmal das polnische Engagement. Es ergab sich dabei von selbst, daß Georg seinen Wunsch erwähnte, die Einsamkeit im fernen Wilna mit einer Frau zu teilen. Stellung und Gehalt erlaubten ihm endlich die Gründung einer Familie...

Faßte er sich dann ein Herz und fragte nach einigem Räuspern und Stammeln, ob es Professor Heyne verstöre, wenn er Therese, die älteste Tochter, fragen würde, ob sie ihm ins ferne Litauen folgen wolle? Ob er sich Hoffnungen auf das Einverständnis der Frau Hofrätin machen dürfe? Ob er dem Hofrat, den er schon jetzt wie einen Vater verehre, als Schwiegersohn willkommen sei?

Der Professor zeigte sich überrascht. Hatte sich Georg zuvor mit Therese verständigt? Aber hätte sich dies geschickt? Gab es eine Übereinkunft durch Blicke, geflüsterte Worte, einen raschen Händedruck, womöglich einen Kuß oder eine heimliche Korrespondenz? Therese hatte kaum verborgen, daß Georg ihr nicht völlig gleichgültig war. Berühmtheiten zogen sie an. Sie suchte die Nähe origineller Geister. Das Mädchen besaß einen Instinkt für das Außerordentliche. Sie witterte Passionen, und sie wußte wohl, wie sie herauszulocken waren. Der starke, prüfende Blick eines Jugendportraits – es mochte die Sechzehn- die Siebzehnjährige zeigen – bewies eine Neigung zu kritischer Aufmerksamkeit, freilich auch zu Ironie und kokettem Spiel: die Augenbrauen hochgezogen, um den vollen und hübschen Mund die Andeutung eines Lächelns, die Nase fein, die Nüstern leicht gesträubt, ein Gesicht voller Intelligenz, nicht schön, doch auch nicht ohne Anmut. Man glaubt diesem kapriziösen Geschöpf, daß es von den jungen Herren von Stand, die in Göttingen studierten, mit Aufmerksamkeit verwöhnt wurde. Man traut ihm zu, daß es Leidenschaften zu wecken verstand, auch in dem liebenswürdigen Rougemont aus Neuchâtel, von dem Therese später voller Witz bemerkte, er sei wie einer gewesen, «der Feuer schlagen will, dem es aber vor den Funken graut».

Sie selber war oft, noch ein halbes Kind, von leidenschaftlichen Gefühlen fortgerissen. Eine frühe Passion für einen jungen Mann, von dem sie nur den Anfangsbuchstaben seines Namens nannte, war so heftig, daß es der Vater für angebracht hielt, sie im April 1783 mit seinem Schwager Blumenbach auf eine Schweizer Reise zu schicken, damit sie auf andere Gedanken komme. «Ich bin kein verliebtes Mädchen», schrieb sie damals, «der Gedanke allein macht mich zornig...» Sie war kein Püppchen aus Porzellan – das hochgekämmte und gepuderte Haar mit der Schleife aber, der weite, nicht allzu gewagte Aus-

Therese Heyne

schnitt über der jungen Brust, Rüschenärmel, zarte Hände, ein mit Steinen besetztes Kreuz am schwarzen Band beinahe ein wenig frivol um das Hälschen geschlungen: dies war dennoch das perfekte Bildnis einer jungen Dame der Rokoko-Zeit. Anziehend? Das gewiß. Warmherzig? Dessen konnte man nicht zu sicher sein. Sympathisch? In Maßen. Alles in allem: eine starke Persönlichkeit. Für Georg wichtiger als vieles andere: sie war die Tochter des Hofrates Heyne, um dessen Freundschaft und Zuneigung er so lange geworben hatte. Durch die Tochter würde er einen wahren Vater gewinnen. Mit Heynes Hilfe könnte es ihm endlich gelingen, den Schatten des bitteren Mannes in Halle abzuschütteln.

Der Professor lehnte Georgs Antrag nicht ab. Er beriet sich mit seiner Frau Georgine, dieser klugen und hübschen Person, die dem jungen Forster stets mit Zuneigung begegnet war, manchmal auch mit einem Lächeln, das eine Spur von Lockung enthielt. Sie war ihm im Alter nur zwei Jahre voraus: eine jugendliche Matrone von großem Charme. Sie schien darauf zu bestehen, daß der junge Professor – dessen Schwierigkeiten niemand verborgen geblieben waren – zunächst seine Finanzen ordnete.

Die Tochter, die später sagte, sie sei damals eine neunzehnjährige Hexe gewesen, wollte den Antrag Forsters nicht zurückweisen. Die Fremde schreckte sie nicht. Das Abenteuer zog sie an. War es nicht an der Zeit, daß sie dem Haus der Eltern adieu sagte? Die Stiefmutter war – bis zu einem gewissen Grade – ihre Freundin und Vertraute. Doch manchmal schienen die Frauen einander im Wege zu sein. Der Altersunterschied war gering. Es gab Männer, die ihre verliebten Blicke dahin und dorthin warfen. Georgine wies nicht alle Aufmerksamkeit zurück.

Der Vater? Er vergrub sich hinter den Büchern, studierte die Klassiker und bedachte die Geschichte der Menschheit. Er sah nichts und hörte nichts. Mag sein, daß er nichts hören und sehen wollte.

Es wurde beschlossen, die Entscheidung zu vertagen: von einer offiziellen Verlobung dürfe nicht die Rede sein; Georg und Therese könnten miteinander korrespondieren, doch sollten die Briefe durch die Hand des Hofrates gehen. An Mahnungen zur Geduld, an Trost und an Ermutigungen ließen es die Eltern nicht mangeln. Dennoch war Georg verstört. Hatte er gehofft, die Heynesche Festung im Handstreich erobern und Therese schon jetzt nach Wilna mitnehmen zu können? War es so erstaunlich, daß der Professor und seine Frau beschlossen, er möge sich dort erst umsehen und einrichten?

Sofort nach der Rückkehr schrieb Georg an den Professor: «Das Regenwetter welches mich herbegleitete, schickte sich zu meiner Stimmung am besten; ich hieng still und traurig jeder Erinnerung nach, des vorigen Tages, und der letzten feyerlichen unvergessenen Unterredung mit Ihnen. O nehmen Sie meinen Dank für alles was Sie mir lehrreiches, beruhigendes, aufmunterndes, besserndes in der Stunde sagten, denn Gott weiß es, es fiel nicht auf die Erde, und nicht auf dürren Boden; es ward ja mit Thränen gesäet; im Sonnenschein wirds einst aufgehen und fruchten. Ich habe jetzt nichts mehr in Cassel zu thun, als Briefe zu schreiben und Abschied zu nehmen...» Spener aber rief er zu: «Ich bin über alle Maasse zerrüttet – der Abschied von Göttingen hat mir das Herz zerrissen; mündlich mehr davon...»

In Kassel war nichts weiter zu regeln. Dank seines Gönners Schlieffen hatte ihm der Landgraf einen freundlichen und ehrenvollen Abschied gewährt. Georg ließ die Brüder von der Rosenkreuzerei wissen, daß ihm die Reise in ein fernes Land nahelege, sich jeder Tätigkeit für den Orden zu enthalten. Er kaufte – was teuer und unnötig war – einen Reisewagen. Abschiedsvisiten. Packen. Entlohnung des Dieners.

Am 23. April bestieg er seine Kutsche. Soemmerring fuhr bis Hannoversch-Münden mit. Die Freunde sagten sich unter Tränen adieu. Weiter nach Göttingen. Lichtenberg hielt ein Abendessen bereit. Sie sprachen über vieles, auch über Georgs Heiratsprojekt, trotz der versprochenen Diskretion – und Lichtenberg blieb diskret. Im Vorüberfahren hatte Georg zu den erleuchteten Fenstern des Heyne-Hauses emporgeschaut. Er sah den künftigen Schwiegervater vor sich: «Da saß er und wachte für das Wohl Deutschlands und der Akademie, wachte und arbeitete für seine Kinder...» schrieb er gerührt in sein Tagebuch. Dann rügte er sich ein wenig, daß er an seine «unvergleichliche Therese... nicht so feurig, so unaufhaltsam, so ununterbrochen» dachte, wie es andere Liebhaber «bei Mädchen von geringem

Wert» zu tun pflegten. Er fühlte sich ihrer Liebe und Freundschaft unwürdig. Er fragte sich nicht, wen er denn heiraten wolle, den Professor oder die Tochter.

Tagwacht um halb sechs. Beim Buchhändler Dieterich trank Georg Kaffee, bei Lichtenberg ein paar Tassen Tee. Dieterich weinte. Auch Lichtenberg war voller Schmerz. Georgs Auge blieb, dies eine Mal, trocken. «Ich hatte gestern zuviel geweint. Der Morgen war schön und herrlich, und gelind. Alles lebte im Feld, die Anhöhen und Äcker blickten mich in freundlichem Grün an, die Lerche stieg und sang, selbst die liebe melancholische Leine die sich durchs lange Thal schlängelte, hatte ihren Reiz, ach sie kam ja so nahe bey dem Hause vorbey, wo mein Herz begraben liegt! – Ich war heiter und froh; es stiegen ein paar Gedanken und Empfindungen über die Wolken! Ich trillerte ein Halleluja. – Allmählich dachte ich an meine Laufbahn, und kam mit einem Projekt einer Reise um die Welt in kayserlichen Diensten nach Nordheim.» Er war unterwegs.

XIV
Wien und die Lust am Leben

Die luftigen und heiteren Empfindungen des Reisenden hielten nicht an. Der Harz ist eine herbe Landschaft, und das Frühjahr läßt sich dort allemal Zeit, ehe es in die Täler einkehrt. An den Wegen lag noch Schnee. Ein Sturm fegte über die Wälder. Hagel prasselte von Zeit zu Zeit aufs Dach der Kutsche, in der sich Georg in Mantel und Decken kauerte. Er war mit sich selber beschäftigt, und er dachte an Therese, die er nicht seine Braut nennen sollte; entwarf Briefe, die er nach seiner Ankunft in Zellerfeld unverzüglich schreiben würde; gestand ihr seine Bedrückung, dann verwarf er die melancholischen Texte: es sei nicht angebracht, ging ihm durch den Sinn, ihr Herz mit seinen Traurigkeiten zu beschweren. Manchmal berührte ihn eine schmerzliche Sehnsucht, und manchmal vergaß er das Mädchen. Dann erinnerte er sich, daß es die Pflicht des Liebenden sei, nach der Frau seiner Wahl zu verlangen. Tiefer quälte ihn die Unruhe, wie der alte Heyne, die Hofrätin und Therese selber über seine Werbung entscheiden würden. In Zellerfeld – ein sauberes Städtchen, die Häuser mit Schindeln gedeckt, die Straßen gepflastert – fand er beim Vize-Berghauptmann von Trebra eine freundliche Unterkunft. Zum Tee kam Dr. Böhmer herüber, den Caroline Michaelis im Sommer heiraten würde: der junge Arzt, ein angenehmer und etwas farbloser Bürger, war ihr von dem vergötterten Bruder Carl als Partner zugewiesen worden. Die beiden verband seit ihren Studententagen die engste Freundschaft, die sie mit der Verschwägerung zu festigen gedachten. Wie sollte Georgs Unterhaltung mit Böhmer den Namen Therese vermeiden, da sie und Caroline seit

Kindertagen aufs innigste befreundet und verfeindet waren? Er gab sich Mühe, sich und die heimliche Braut nicht zu verraten. Die Kunst der Verstellung zählte nicht zu seinen Talenten. Therese, die von den Konversationen erfuhr, schrieb seinem Freund Soemmerring, er habe sich angestellt «wie ein Schuljunge, der Kirschen gestohlen hat».

Das Aprilwetter setzte Georg zu. Soemmerring ließ er wissen, er habe einen Brief an die Hofrätin Heyne angefangen, aber er werde ihm schwer, da er sein Herz nicht bändigen könne: «Ich muß Gewißheit haben, das ist ausgemacht. Die Ungewißheit ist ärger als der Tod...» Er ahnte nicht, daß Therese unter dem gleichen Datum ein Billett an Soemmerring aufsetzte, das Georgs Herz fröhlich gemacht hätte, wäre es nur ihm, nicht dem Freund in Kassel auf den Tisch gelegt worden. Sie bedankte sich artig für das Bild des «gemeinschaftlichen Freundes», den sie «ebenso herzlich und warm liebe» wie Soemmerring.

Um die Zensur des Vaters kümmerte sie sich wenig. Die Aufsicht hielt sie nicht davon ab, Soemmerring «zu fragen, ob [Forster] noch an Theresen denkt». Das sei die dümmste aller Fragen, sagte sie scherzend, «aber die, die mir die liebste ist, weil ich sie im Grunde nicht thun sollte». Ein wenig pathetisch fügte sie hinzu, wenn es ihr Schicksal sei, «unsern lieben guten Forster nie mehr zu sehen», so werde sie stets mit «inniger Freundschaft an ihn denken, als an den Mann, den ich jeden andern vorgezogen hätte». Sie sei froh, daß sie von Forsters Übernachtung auf der Durchreise in Göttingen nichts geahnt habe, denn sie «hätte ihn nicht in unserer Stadt wissen können ohne ihn zu sehen». Schon der erste Abschied habe alle ihre Standhaftigkeit gefordert, ihn «mit Kälte auszuhalten». Noch ein Seufzer: «Gott, warum ist Wilna so weit? Warum mußte Deutschland einen Mann wie Forster sein Glück in Litthauen suchen lassen?» Sie bat, Georg den Inhalt dieses Briefes zu bestellen, und sie versprach Schattenrisse von sich selber, der Schwester Marianne und der Stiefmutter Georgine.

So sehr ihn die Unruhe seines Herzens ablenkte: Georg war es seinem künftigen Brotherrn in Polen schuldig, das Minenwesen zu studieren. Mit dem Berghauptmann von Trebra und Dr.

Böhmer ritt er nach Glückrade. Sie legten Kittel, Berghosen und Arschleder an, setzten den Schachthut auf und fuhren, «das Grubenlicht in der Hand», in einen neugetriebenen Stollen ein. Mit großen Augen und ein wenig ängstlich bestaunte der Professor die unterirdische Welt der mächtigen Gänge. Er lernte, die Gesteinsarten zu unterscheiden, aus denen das Blei geholt wurde. Todmüde kam er abends nach Zellerfeld zurück, komponierte seine Briefe an den alten Heyne, die soviel jüngere Hofrätin und an Therese, doch um fünf Uhr stand er schon wieder auf, trank Tee, stärkte sich drüben bei Böhmer mit Schokolade, und vor sieben Uhr waren die beiden auf dem Weg nach St. Andreasberg, einem Städtchen von viertausend Seelen. Sie fuhren in die Grube Catharine Neufang ein, in der Silbererz gebrochen wurde. Das Gestein schien Schwefel zu enthalten. Georg fand, daß es drunten nach Knoblauch rieche. Am Ende der Besichtigung wurde ihm der Aufstieg über die Leitern schwer: die Schwefelluft nahm ihm den Atem, seine Kräfte ermatteten, und er zweifelte, ob er aus jener Höhle je wieder ans Tageslicht gelangen würde. An einem Absatz aß er ein kleines Butterbrot, das ihm neue Energien gab, stieg weiter, machte dann und wann eine Pause, gewann schließlich den Ausgang – er bewunderte die Bergleute, die solche Strapazen mit der größten Gelassenheit bestanden. Später verzeichnete er – ein wenig flüchtig – die Arbeits- und Lebensbedingungen der Arbeiter. Ihre Familien hausten oft in drangvoller Enge. Man berichtete ihm, daß sich da und dort vier Parteien in ein Stübchen teilten, ihre Reviere durch Kreidestriche markierend. Das Tagwerk dauerte, sofern Georgs Journal die zutreffende Auskunft enthielt, in der Regel zwölf Stunden. Wie hoch, wie gering die Lebenserwartung sein mochte, errechnete keiner.

Auf den langen Ritten wurden, wie sollte es anders sein, mit Dr. Böhmer «Herzensangelegenheiten» beschwatzt, trotz der versprochenen Diskretion. Über Soemmerring kam ein Brief von Therese: eigenwillig, gegen den Strich geschrieben, gelegentlich auch gegen die Regeln der Grammatik, voller Temperament und manchmal im Ton einer etwas zu angestrengten Überlegenheit, hinter dem ein neunzehnjähriges Mädchen gern Schutz suchen mag. Sie ließ ihn verstehen, daß sie mit Liebe an ihn denke. Georg kopierte die Passage wörtlich: «Ach, ich darf nicht so Ihnen schreiben, ich soll kalt freundschaftlich, kalt wie das Land, in dem Sie wohnen sollen, sein, und ich will es ja gern bis dann, wenn ich mit gleichgültiger Kälte Ihnen schreibe, oder wenn unser Schicksal sich ändert, und wir vielleicht uns sagen dürfen, ich's Ihnen sagen darf, daß ich Ihnen in einen noch nördlicheren Himmelsstrich gern gefolgt wär'.» Beiläufig unterrichtete sie den Bräutigam, sie habe beschlossen, die Werbung eines Mannes zurückzuweisen, der sie «in ihrem Vaterland gelassen hätte», doch sei ihr «das ganze Wesen jenes Mannes zuwider». Besorgt fragte Georg den Freund in Kassel: «Ich weiß nicht, wer das sein kann? Jemand in Göttingen also?»

Man weiß es bis heute nicht. Thereses spätere Auskünfte über die Herren, die ihr eine spielerische oder ernste Aufmerksamkeit schenkten, waren ein wenig verwirrend. Worte flossen ihr rasch in die Feder, und sie wußte wohl, daß der Hinweis auf einen Konkurrenten Forster alarmieren müßte. Warum auch nicht? Sie beschwichtigte ihn, kaum war sein Blut in Bewegung geraten, mit der tröstenden Feststellung, sie habe dem Galan den Laufpaß gegeben.

Dann seufzte er: wenn ihm Therese nur Briefe schriebe, wie der glückliche Böhmer sie von Caroline empfange! Der Arzt schien nur zu gern daraus vorzulesen. Dieser und jener Satz ging auch Forster an. Mademoiselle Michaelis hatte im Zimmer von Therese einen Scherenschnitt mit dem unverkennbaren Profil Georgs gesehen und die Freund-Feindin mit der Entdeckung geneckt. In Wahrheit wußte Caroline längst Bescheid. Überdies konnte sie sich auf ihren Instinkt berufen. Hatte sie nicht schon bei den ersten Visiten Georgs in Göttingen die Neugier Thereses angestachelt, ja, ihr geradezu ins Gesicht gesagt, der junge Professor Forster passe zu ihr (obwohl er den tahitianischen Stoff Caroline schenkte)? In einem Brief an Georg (den sie später vernichtete) gestand Therese, zwei Jahre lang sei sie in ihn verliebt gewesen, ohne bei ihm eine Neigung wahrzunehmen. War er blind? Verstellte die Dichterin Philippine Gatterer seinen Blick auf das lebhafte Kind Therese, wie er hernach behauptete? Oder doch Caroline?

Der Bruder der Mademoiselle Michaelis, der sich einige Jahre in Amerika bei den hannoveranischen Truppen aufgehalten hatte, war wohlbehalten zurückgekehrt. Der Landgraf von Kassel hatte ihn zu seinem Leibarzt ernannt. Therese schrieb Soemmerring, Caroline freue sich darüber ausgelassen. Diese Schwester, schrieb sie, sei «ein sehr kluges Mädchen, das klügste, was ich hier kenne, sie hat aber zu viel Eitelkeit, um ohne Falsch zu sein, und zu wenig Welt und Erfahrung, um Toleranz zu besitzen...» Vor einigen Jahren sei sie «durch Unerfahrenheit... in sehr zweideutigen Ruf» geraten, und sie habe «einige wirklich boshafte und unvorsichtige Streiche» begangen: «Dieses giebt ihr jetzt den Anschein von Prüderie, da sie wirklich wider ihr Temperament sanft und zurückhaltend ist.» Dann fügte sie ihren Klatschereien ein Geständnis hinzu: «Hätte unser Interesse als Mädchen nicht so oft sich gerieben, und wüßt ich nicht, daß sie ehemals von meiner Freundin meine Feindin [wurde], so würde sie mein liebster Umgang sein...»

Caroline bete den Bruder an, bemerkte Therese zum Schluß. Eben darum mag es sie gereizt haben, diesen jungen und erfolgreichen Menschen ein wenig genauer zu prüfen. Dem jungen Arzt war das Interesse willkommen. Bei einem Besuch in Göttingen klagte er der blutjungen und intelligenten Nachbarin, in Kassel gebe es keine angenehme Gesellschaft: so halte er sich dort nur in seinem Zimmer auf. Therese: sie habe ihm diese Grille aus dem Kopf geschwatzt. Altklug wie so oft stellte sie fest, sie könne dieses «einsame Leben für junge Leute nicht leiden», da sie zu gut wisse, daß es schädliche Folgen habe.

Soemmerring verschwieg dem Freund den Flirt der heimlichen Braut keineswegs. Die Freunde wechselten Äußerungen der heftigsten Abneigung gegen den «Windmacher, der gern mit seinem Einfluß bei den Weibern groß» tue. Rieten Therese die kritischen Zurufe Soemmerrings nicht zur Vorsicht? Hörte sie aus den Warnungen des Freundes nicht Georgs Stimme? Dr. Michaelis wisse von ihrer Bindung an Forster, erzählte sie Soemmerring treuherzig und listig zugleich: er interessiere sich für sie «mit der Freimüthigkeit..., die man nur gegen eines Dritten Geliebten hat». Diese sonderbare Lage gebe dem Umgang das «Ungezwungene». Sie könne so die Freundschaft «dieses wirklich angenehmen Mannes genießen», ohne daß sie für sich selber oder ihn «zu fürchten» habe. Das Gerede in Göttingen nehme sie hin, weil es von Forster ablenke. Wacker schrieb Georg: «Ich fürchte mich nicht vor Michaelis bei meiner Therese. Sie wird ihn schon näher kennen lernen.»

Das Spiel, auf das sich Therese eingelassen hatte, endete jäh. Der Leibmedicus fange an, vertraulich zu werden, berichtete sie Soemmerring. Auf einem Ball, bei dem sie ohnedies einige «Politik» habe aufwenden müssen, um Eifersüchteleien zu zähmen, suchte sie sich, um den Herrn zu strafen, einen «Cicisbeo» und überließ den «guten Doktor» ihrer Mutter, die dann mit ihm «Gott weiß wie oft tanzen» mußte. Er sei gegen Madame Heyne «so schmelzend zärtlich» gewesen, daß die Tochter vor Lachen beinahe umkam. Ging es so zu? Ihre Mutter habe die Bosheit gebilligt, schrieb Therese. Das war eine kühne Behauptung. In Wirklichkeit zeigte sich die Stiefmama einem Flirt so wenig abgeneigt wie die Tochter. Vielleicht spannte die schöne Matrone Therese den Galan aus? Das Vergnügen der jungen Dame an amourösen Wirren ließ sich nicht leugnen. Aber hatte sie nicht Anlaß, den fernen Partner durch kleine Stiche an ihre reale, menschliche, auch erotische Existenz zu erinnern? Wünschte sie wirklich die «Freiheit» und «zwanglose Ungebundenheit», die er ihr so großmütig und mit einem Gran Heuchelei zubilligte? Es ist wahr, daß Forsters Briefe die gütig-strenge Prüfung des Professors Heyne ertragen mußten. Aber schrieb er nicht gar zu abstrakt? Verlor er sich nicht zu oft in jenen fatal allgemeinen Betrachtungen, die sie seine «kalte Philosophie» nannte? War ihm nicht aus den pietistisch-rosenkreuzerischen Jahren ein salbungsvoller Ton geblieben, bei dem nun die Tugend den Glauben ersetzte?

«Tugend und Rechtschaffenheit» nannte er mit erhabener Banalität die «wahre Weisheit» und das «wahre Glück des Lebens». Wollte das ein neunzehnjähriges Mädchen hören? Legte es Wert darauf, eine Predigt über das Elend resignierter Untätigkeit zu studieren? Seine Verteidigungsrede für eine tapfere Aufklärung und sein Räsonnement gegen die «zu große Reizbarkeit... des Gefühls»? Waren diese Traktate nicht eher für den künftigen Schwiegervater bestimmt als für die Braut, die womöglich nicht so viel Wert darauf legte, Ratschläge gegen die «Heftigkeit der Empfindungen» zu empfangen?

Sie hatte ihm von der inneren Zerrissenheit eines Freundes erzählt. Wer mochte es sein? Man weiß es nicht (sie hat ihre Brautbriefe später vernichtet). Wünschte sie denn, daß er ihn ohne Zögern auch zu seinem Freunde ernannte? In einem geradezu brüsken Einwurf bat ihn das «junge Mädchen..., mehr Schurken in der Welt zu glauben, als er sichs denkt, mehr fest, mehr mißtrauisch zu seyn». Das Menschenbild der Neunzehnjährigen war nicht von der «feurigen brennenden Tugendliebe» geprägt, die Forster verkündete. Er zitierte sie mit dem herben und für ihr Alter ein wenig vorlauten Satz, die Menschen seien es nicht wert, «daß man sich um sie Mühe gäbe; sie fühlten nicht, wann man ihr Bestes wolle, weil sie nicht einmal fühlten, wenn man ihnen wirklich wehe thäte». Die Phrasen der christlichen und der aufgeklärten Moral hatte sie, das traf zu, im engsten Umkreis zu durchschauen gelernt. Sie kannte Georgs Stichworte. Sie konnte, wenn es darauf ankam, mit flinker Zunge mitreden. Von ihrem Verlobten aber erwartete sie nicht nur Feierstunden einer weltfrommen Pädagogik. Vermutlich las sie aufmerksamer, was Forster ihrem Vater, später auch ihr selber von Land und Leuten erzählte. Sie hungerte nach Wirklichkeit. Darin war sie ihm am tiefsten verwandt. Georg hatte Mühe, das zu begreifen.

Seine Gedanken lebten – einstweilen noch – zum guten Teil in Göttingen und Kassel, während er mit einigem Fleiß die Industrien der mitteldeutschen Ländchen studierte, die den Polen produktive Beispiele bieten könnten. Im Harz hielt er sich länger auf als geplant – wohl nicht nur, weil ihn das Bergwerkswesen so tief faszinierte, sondern weil er die klärenden Mitteilungen aus dem Hause Heyne abwarten wollte, die ihn schließlich erreichten. Überdies war es in Zellerfeld nicht ungemütlich. Die Honoratioren und ihre Damen suchten die Gesellschaft des weitgereisten Mannes. Man trank Tee und spielte am Abend L'Hombre.

Am neunten Mai endlich reiste er weiter nach Nordhausen, wo er nachts um elf im ‹Römischen Kaiser› abstieg. Er hatte es sich in den Kopf gesetzt, in jenem Städtchen die Branntwein-

Destillierung zu studieren, obschon er wußte, daß sich die Polen auf jenen Produktionszweig selber nicht zu schlecht verstünden. Der Bergkommissar Rosenthal unterrichtete ihn, jedes Schnapsfaß koste 25 Taler in der Gestehung und müsse für 18 Taler verkauft werden. Die Brenner lebten von der Schweinemast, doch für das Fleisch sei die Fütterung mit Treber nicht allzu gut. Dem Reisenden entging nicht, daß die Menschen dick und schwammig seien, fast so feist wie ihre Schweine, und jedermann saufe Branntwein: «Vor dem Essen fünf–sechs Gläser wie nichts». Der Bürgermeister gehe nicht ins Rathaus, ehe er nicht «tüchtig geschnapst» habe. Amüsiert zeichnete der Professor eine anmutige Skizze der alten Thüringer Tracht, die in jener Gegend von den Frauen getragen werde: ein gewaltiger Strohhut, der wie ein vierfach geschichteter Sombrero wirkte, dazu ein blauer Mantel mit breiter goldener Tresse und darunter ein Kleid mit «niedlichem Korsettchen».

Weiter Richtung Leipzig. In Sangerhausen kehrte Georg in der ‹Hohen Tanne› ein. Flinke Mädchen nahmen ihm das Gepäck ab und waren «so dienstfertig, so sanft, so artig, wie sie nur in Sachsen seyn können». Dann schrieb er in sein Journal: «Liebe Therese! auch du hättest dich des kleinen, muthwillig-unschuldigen Mädgens gefreut! Hat den Werther gelesen, weiß ihn auswendig, heißt Lotte! und fühlt – ich wollte wetten daß weiß sie selbst nicht was sie fühlt – sonst hätte sie sich ihrem Gefühl nicht so überlassen, ohne mich zu kennen, ein andrer hätte Gebrauch, Misbrauch davon gemacht – ein andrer! – dann wäre ichs nicht gewesen – dann wäre das Mädgen anders gewesen ...»

«Einzige, süße, holde, liebe Therese!» rief er ihr – vielmehr sich selber zu. Lotte, eine Verwandte des abwesenden Wirtes, ließ es sich gefallen, daß der Gast, ganz Feuer und Flamme, sie auf den Mund küßte. Um Viertel vor vier trieb ihn die «Hitze des Bettes» ans Fenster. Sofort brachte Lotte den Kaffee und spazierte mit ihm noch ein wenig im Garten. Er schrieb ihr ins Stammbuch: «Ich fand die Tugend und die Liebenswürdigkeit in einer ländlichen Hütte und ehrte sie.» Langsam, sehr langsam schien sich eine Fessel zu lösen: Georg öffnete sich dem Leben.

Am zwölften Mai gelangte er nach Leipzig, nahm in der Pension der Frau Doktorin Plaz Quartier, besuchte Spener, holte bei

Bankmann Frege 651 Reichstaler aus dem polnischen Vorschuß, besuchte die ‹Mittwochsgesellschaft›, die mit dem Berliner Buchhändler Nicolai im ‹Blauen Engel› tagte, sah danach noch Bertuch, den Freund aus Weimar, und Archenholtz, den preußischen Redakteur: ein gehetztes Messeprogramm, schon damals. Dennoch nahm Georg sich die Zeit, ein Konzert der Madame Aloisa Antonia Lange geborene Weber zu besuchen, der gefeierten Sängerin, die, nicht lange her – aber darüber wußte er nichts – von Wolfgang Amadeus Mozart angebetet wurde (der schließlich ihre Schwester Constanze heiratete).

Mit Spener redete Georg offen über die Rosenkreuzerei. Die alten Verstimmungen waren fortgeblasen. Er erkannte seinen Verleger nun wieder als einen «grundguten» Menschen, «der sich selbst mit der strengsten Disziplin behandelt, um anderen alles oder doch soviel als möglich sein zu können». Der Freund bemerkte, ihm sei es «psychologisch unbegreiflich», wie zwei Leute von der Beschaffenheit Forsters und Soemmerrings sich in jenen Taumel reißen lassen konnten. Georg verstand sich selber nicht mehr. Er schwor (in einem Brief nach Kassel) noch einmal, er sei entschlossen, alles was Freimaurer und Rosenkreuzer heiße, der ewigen Vergessenheit zu übergeben. Man redete ihm nun von allen Seiten ein, Nicolai den anderen voraus, die ganze Rosenkreuzerei sei nichts als eine gigantische Verschwörung der Jesuiten. So befahl es der launische Geist der Zeit. Die Politiker hatten die Patres der Gesellschaft Jesu zu Generalsündenböcken für das Elend der Epoche ernannt. Sie wurden – mehr zu Unrecht als zu Recht – beschuldigt, allen Reformen im Wege zu stehen. Papst Clemens XIV. hatte schließlich 1773 den Orden aufgelöst. Nun zeigte jeder mit ausgestrecktem Finger auf die heimlichen Machenschaften und angeblichen Verschwörungen der Dunkelmänner. Auch Georg war nicht abgeneigt, der schaurigen Legende von der jesuitischen Unterwanderung der Rosenkreuzer zu glauben. Noch war er nicht gründlich genug kuriert, um mit dem einen Mythos nüchtern auch den Gegenmythos zum Teufel zu schicken.

Die Schatten ließen sich nicht so rasch abschütteln. Am 14. Mai am Abend kam der Vater mit dem jüngsten Bruder Wilhelm aus Halle herüber. Sofort begab man sich zu Spener und

Voß, den beiden Verlegern, speiste und trank bis Mitternacht. Um sechs Uhr früh holte ihn Wilhelm schon wieder ab, denn um sieben wollte Reinhold, der natürlich im ‹Blauen Engel› abgestiegen war, mit ihm frühstücken. Anderntags nach dem Mittagessen machte ihm der Vater eine böse Szene: «Er wollte verzweifeln, war wüthend, außer sich, hatte sich in den Kopf gesetzt, er würde hier bei der Abrechnung mit seinem Buchhändler Strauß noch 250 Thaler Überschuß finden, hatte sich so verrechnet, oder vielmehr so gar nicht gerechnet, daß er nichts fand. Nun ließ er Spenern durch mich angehen, und wie diese Unterhaltung, so wie ich es wünschte, fruchtlos ablief, ging's los, er würdigte Spener herab (gegen mich versteht sich) als den schlechtesten Kerl, schimpfte auf ihn und alle Menschen, sagte, er wollte sich ein Leides thun...» Kurz, er preßte Georg 100 Taler ab und machte sich, die Beute in der Tasche, am Sonntagabend wieder auf den Heimweg.

Auf diese Opfergabe war Georg nicht vorbereitet. Ohnedies hatte er 112 Taler an Soemmerring überwiesen, der damit einen Wechsel bei dem Juden Goldschmidt in Kassel einlösen sollte. Dort blieben noch Rechnungen bei Schmitz und bei Hirsch offen. Die Reisekasse war längst nicht mehr so prall gefüllt, wie er sich's hatte träumen lassen. Seufzend machte er sich auf den Weg nach Halle, um sich von der Mutter und den Geschwistern zu verabschieden. Nach den Auftritten in Leipzig fürchtete er nun das Schlimmste. Durch Denunziationen und anonyme Briefe hatte sich Reinhold bei den Kollegen gründlich verhaßt gemacht. Sein Ansehen litt unter einer Schrift über England, die er ohne Nennung seines Namens publiziert hatte. Sie ließ die Ressentiments allzu deutlich erkennen. So war es für jedermann ein leichtes, den Verfasser zu erraten. Ein Trost: Spener begleitete ihn, um von Halle nach Berlin weiterzureisen. Sie ritten im Schritt – Zeit genug, um zu schwatzen. Der Freund billigte ihm gern zu (wie sollte er anders?), daß Therese Heyne – Georg hatte sie ihm trotz aller Schwüre nicht verheimlicht – natürlich eine bessere Wahl sei als jenes Fräulein Liebert, das er für ihn ausgespäht hatte, von Fräulein «R» nicht zu reden.

Auch den Schwestern beichtete er seine Liebe, und er zeigte ihnen den Scherenschnitt, den ihm Therese geschickt hatte.

(Nahmen sie ihm dafür das Versprechen ab, sie künftig mit Traktaten wider die Leidenschaft zu verschonen?) Zum Vater kein Wort. Der wäre im Stande, schrieb der Sohn, sogleich von der Neuigkeit Gebrauch zu machen, für Mißverständnisse zu sorgen, Forderungen zu stellen und damit sein Glück zu vereiteln. Zum Abschied begleitete ihn die ganze Sippe nach Skeuditz. Georg ritzte die Buchstaben T und G in die Rinde einer Espe (ohne daß es der Vater sah). Für Essen, Kaffee und den Wagen kam er auf.

Kaum war er in Leipzig zurück, versagte, wie fast immer in seelischen Krisen, sein Körper. Er litt an Koliken und Durchfall, das rechte Bein schwoll an. Dennoch durfte er sich nicht mehr aufhalten. Er packte und machte sich auf die Reise nach Dresden. Unterwegs ein Blick auf das Schloß Hubertusburg, in dem 1763 der Siebenjährige Krieg durch den Frieden zwischen Österreich und Preußen sein Ende fand. In Meißen wollte er die Porzellanmanufaktur besichtigen, doch man zeigte ihm nur die fertigen Produkte.

In der sächsischen Hauptstadt fand er beim Kriegssekretär Neumann die freundlichste Unterkunft, die er sich wünschen konnte. Er lief zum Zwinger, zum japanischen Palais, zu den «Antiken», bei denen er einen Alexander, eine Niobe, eine schöne Venus bewunderte. Er suchte die alte Mutter des Professors Heyne auf, die sich an seinen Erzählungen von ihrem Sohn und seiner Familie erfrischte. Sie fragte, wie viele Kinder der Hofrat wohl habe. Es gehe in ihrem Kopf wirre zu, berichtete er Heyne, bei ihrer Blindheit und Ermattung müsse sie stets im Bett liegen und langweile sich arg. Sie wolle an Gott denken und könne es nicht im Zusammenhang. Schmerzen habe sie keine. Doch sie wünsche ihr Ende herbei. Während des Gespräches habe sie seine Hände festgehalten und gedrückt, wenn von dem Sohn die Rede gewesen sei. Zum Schluß habe sie ihn gesegnet. Die Verhältnisse, in denen die alte Frau vor sich hindämmerte, schilderte Georg nicht. Gewiß waren sie schlicht. Heyne war der Sohn eines armen Leinewebers. Er hungerte sich durch sein Studium. Ohne Ermutigung durch die erste Frau, die Mutter Thereses, wäre ihm der Aufstieg kaum geglückt.

Im Auftrag Speners ließ sich Georg noch einmal von Anton

Graff malen, damals der bedeutendste Portraitist in Deutschland. Er schuf das ausdrucksvollste Bild, das von Forster existiert. Gern hätte Georg eine Kopie für Therese fertigen lassen, doch er bangte um die zwanzig Taler, die es kosten würde. Er besuchte den Komponisten Johann Gottlieb Naumann – ein begabter Schüler des brillanten Hasse – und lauschte den zirpenden Klängen der Glasharmonika. Die erste Begegnung mit dem Geist des süddeutschen Barock weckte in ihm ein Interesse an der Musik, das früher nicht zu beobachten war.

Obwohl es mit seiner Gesundheit nicht zum besten stand, schien ihn seit der Ankunft in Dresden ein sensuelles Behagen einzuhüllen, das er vordem nicht gekannt hatte. Aber am Mittwoch, dem 16. Juni, schrieb er in sein Journal: «Mildes Wetter, heiter im Kopf, Thee, meditirt. Vergehe mich bis zu Onanie. Das treibt mir alles Gute aus dem Kopf. Wie schwach und elend ist doch der Mensch! Unwürdig des Guten, das Gott ihm hinwirft... Hilf Gott! es wird ja wenigstens Erfahrung Frucht bringen. O wie bin ich so unglücklich...»

Er war fast dreißig Jahre alt, als sich ihm dieser Schrei des Jammers entrang. Doch gibt es keinen Anlaß, erschreckt oder belustigt zu staunen: Goethe hatte – wenn es denn so war – sein fünfunddreißigstes Lebensjahr erreicht, ehe er in Genf ein Mädchen in völliger Nacktheit sah. War dies das Jahrhundert des Lichtes und der Aufklärung? Ein Blick auf die wirren Worte verrät, daß Georg dieser Heimsuchung nicht zum erstenmal begegnet war. Seine Predigten gegen das Laster signalisierten schon lang die heftigsten Kämpfe mit der Schwäche des Fleisches. Warum sollte er vor den Anfechtungen aller heranwachsenden Kinder verschont worden sein? Er hatte in der Südsee vieles wenigstens gesehen und nicht immer eine Kajüte mit dem Vater geteilt. Aber vermutlich vermerkte er nun zum erstenmal die Heimsuchung. Sein Notruf demonstrierte die Deformation der Erotik in der vermeintlichen «Schuld», die er durch eine puritanisch-protestantische Erziehung, die Macht des autoritären Vaters und die Jahre der Gefangenschaft in der bedrückenden Frömmigkeit verirrter Pietisten erlitten hatte.

Dennoch: Der Mut, über die Versündigungen zu sprechen – wenn auch nur zu sich selber –, war ein Hinweis, daß sich sacht, ihm selber lang nicht bewußt, eine Veränderung in Georgs Lebensgefühl zu vollziehen begann. Dresden und Kassel, was für ein Unterschied! Den Luxus der Kleider, Möbel und Bedienten nannte Georg auffallend und so die Emsigkeit der Sachsen. Auch die «gemeinen Leute» seien «reinlich, nett angezogen, und gut gebildet, sehr fleißig, sparsam und mäßig», kurz so, wie sich jede rechtschaffene Obrigkeit ihre Untertanen wünschte. Das Studium des Bergbaus mahnte. Am 20. Juni, einem Sonntag, zärtlicher Abschied von den Neumanns. In der Courierchaise nach Freiberg. Am Abend des Montag wurde dem neuen Berghauptmann von Heinitz zum Antritt des Amtes die Kantate dargebracht: Chor und Kapelle marschierten auf, vierzig Mitglieder der Bergakademie mit Berghaken und Grubenlicht, die Ältesten der Knappschaft im schwarzen Habit, roten, mit Gold besetzten Westen, Schachthüten, Stirnplatten, Stulpen, Arschleder, neben ihnen dreißig Stadtgrenadiere – ein Fest der Tradition, die über Jahrhunderte standhielt. Georg freute sich an Musik und Gepränge. Doch ihm war seit Leipzig elend. Mühsam schleppte er sich, das Bein entzündet und geschwollen, von Grube zu Grube. In Altenberg begegnete er zwei englischen Diplomaten am Dresdner Hof. Sie überredeten ihn zu einem Exkurs nach Teplitz in Böhmen: die heißen Quellen würden ihm wohltun. Über steile und steinige Wege rollten sie den südlichen Abhang des Gebirges hinab in den Kurort. Am nächsten Tag ins Bad. Er begann die Therapie mit mäßigen Temperaturen. Anschließend eine Stunde Ruhe. Um fünf Uhr früh ein andermal zu den Quellen, nun zu den heißeren. Georg entspannte sich, vermerkte ohne weiteren Umstand, er habe «wohllüstig geplätschert» und sich zu «einer Unart» verleiten lassen. Irritiert beobachtete er eine Entzündung am Glied, doch den Gedanken an eine Geschlechtskrankheit, die ihn einen Augenblick beunruhigte, konnte er verjagen, da er «mit keiner Venus was zu thun» hatte.

Er begann mit einer Diät von Erdbeeren und Milch, die er fortsetzte, solange der Sommer anhielt. Sein Zustand besserte sich. Auch die Schwellung des Beins ging zurück. Er hätte die Behandlung gern weitergeführt, doch nach zehn Tagen meldete ein reitender Bote, in Freiberg sei der Fürst Stanislaus Poniatowski eingetroffen, ein Neffe des Königs und des Fürstbischofs, als Großschatzmeister von Litauen sein künftiger Vorgesetzter: er wünsche ihn dringend zu sprechen. Georg eilte zurück. Den Fürsten – ein schöner junger Mann Mitte Dreißig – fand er einsichtsvoll, kenntnisreich und energisch. Salz, sagte er, müsse man in Polen finden. Eine Million Taler zahle man für den Import. Auch meinte der aufgeklärte Herr, das Grundübel des Landes sei die Unterdrückung des Bauernstandes. Es gebe Großgrundbesitzer, die siebenhundert Bauern besäßen. Ein vernünftiges Wirtschaften sei unter solchen Umständen nicht möglich. Von Menschlichkeit wolle man nichts hören. Doch der Prinz zog auch über die Juden her. Er schilderte die Schwierigkeit mit der Verfassung des Landes: der Reichstag kenne nur einstimmige Beschlüsse. Jeder der Abgeordneten habe das Recht, eine Entscheidung zu Fall zu bringen. Über die Bitterkeit der ersten Teilung des Landes im Jahre 1772, durch die das Königreich Galizien an Wien, Westpreußen an Berlin und einen Teil Weiß-Rußlands an Moskau verloren hatte, klagte er nicht, da er sich auf österreichischem Boden befand. Über die Verhältnisse in Wilna beruhigte er den jungen Professor: der Ort sei einer der angenehmsten in Polen, sagte er leichthin, die Universität besser als die Krakauer.

Gegen Abend reiste der große Herr davon. Kurz nach seiner Abfahrt nahm sich auch Georg ein Pferd und ritt nach Dresden, um bei den Neumanns ein freundliches Wochenende zu erleben. Am Montag in grauer Frühe zurück. Fortsetzung des Studiums der Bergbauverhältnisse. Er stellte fest, daß die Industrie nicht rentabel sei, doch die Selbstkosten trage. Eine Bergmeisterwitwe erhalte von der Regierung freilich nur sechs Groschen Pension in der Woche. Die jungen Bergleute heirateten im fünfzehnten oder sechzehnten Lebensjahr. Die Männer wirkten blaß und lebten nicht lang. Doch seien sie voller Gottesfurcht. In der Grube dürfe nicht geflucht, ja, nicht einmal gepfiffen werden. Der Einfluß des Herrnhuter Pietismus halte noch immer an. Über Tage allerdings saufe und hure jeder Bergmann, wie es ihm gefalle.

Georg füllte lange Seiten in seinem Journal mit bergtechnischen, geologischen und botanischen Beobachtungen. Das Gespräch mit Poniatowski spornte ihn an. Am 14. Juli kam er nach Dresden zurück. Noch einmal ließ er sich vier Tage Zeit in der schönen Stadt. Seine teure Kutsche aus Kassel verkaufte er mit Verlust, da ihm jedermann sagte, sie sei für die böhmischen Hohlwege zu breit. Tränenreiche Trennung von den sächsisch-gemütlichen Neumanns. In Teplitz, wo er ein andermal Station machte, begegnete er den Grafen Stolberg, die mit Göttingen, seiner poetischen Geschichte, dem Hainbund, den Stürmern und Drängern so eng verbunden waren. Nun wirkten sie wie gesetzte Herren.

Nicht lange nach dem Aufbruch blickte er überwältigt in die weiten Ebenen des gesegneten Böhmens, die sich wie ein «bläuliches Meer am fernen Horizont» verloren. Eine bezaubernde Szene, dachte er, doch zugleich wandte er sich um und sandte «Abschiedsblicke nach Dresden und allem was westwärts lag». Melancholisch erreichte er Prag. Er blieb nur drei kurze Tage, die sein Gemüt ein wenig aufheiterten. In der Komödie sah er den Schauspieler Friedrich Reinicke in einer Bearbeitung von Shakespeares ‹*Maß für Maß*›, und er glaubte, einem Bruder des großen Garrick zu begegnen. Er eilte am Ende des Stückes hinter die Szene, um den großartigen Mann zu umarmen. Er sah den Fürsten Poniatowski wieder, besichtigte brav die Naturalien-Kabinette und die eindrucksvolle Bibliothek, die 130000 Bände besaß. Im mathematischen Saal zeigte man ihm die Instrumente des großen Astronomen Tycho Brahe. Er informierte sich über das System der österreichischen «Normalschule», die wenigstens 100000 Kindern eine erste Bildung vermittelte, obschon die Kenntnisse vieler Lehrer beschränkt waren. Man wies ihn auf die Prager Judenschule, die als musterhaft galt. Auch unter den 200000 Juden in Österreichisch-Polen beginne man, sich nach ihr zu richten. Der Deutschlehrer Moses Wiener, stellte er fest, sei ein guter Kopf. Die Knaben begriffen schnell, seien im Rechnen und Schreiben vortrefflich. Die Ordnung jedoch fand er mangelhaft. Von der alten Kultur des Prager Judentums, von seinen Weisen und Gelehrten, seinen Mythen und Geheimnissen erfuhr er nichts. Das geistige Klima in der Stadt sei liberal, sagte man ihm. Er notierte: «Die Freimüthigkeit und Toleranz geht hier in der That sehr weit. Auf der

Redoute im Winter kam eine Gesellschaft mit Masken wie Mönche gekleidet, einer mit dem Cruzifix, und tanzte; eine andere Maske, als die Aufklärung, oder wenn man will, die Toleranz charakterisirt, trieb sie mit Peitschenschlägen im Saal herum und das übrige Publicum lachte.» Radikale Aufklärung, in der Tat. An der Vulgarität stieß er sich nicht.

Prag mochte reizvoll sein und eine genauere Erkundung lohnen: ihn drängte es nach Wien. Bei heißem Wetter am Schlachtfeld von Kollin vorbei. Durch Mähren. Die Häuser in den Dörfern wurden flacher, fast italienisch, wie er meinte. Weinberge, Täler voller Obst. Am Wegrand einfache Mahlzeiten: ein gebratenes Huhn, Milch mit Kirschen. Dichter Verkehr zeigte ihm an, daß man sich der großen Stadt näherte. Noch ein Abendessen in Hollabrunn, einige Stunden Schlaf, um halb vier Uhr Tagwacht. Hinter Enzersdorf öffnete sich die Ebene nach Ungarn hin. Die «herrlichen Gefilde der Donau». Am 29. Juli um elf Uhr kam er in Wien an. Im ‹Schwanen› gegenüber der Kapuzinerkirche am Neuen Markt stieg er ab.

Der erste Gang des geübten Reisenden: er suchte eine Buchhandlung, um einen guten Stadtplan zu erwerben (den es noch nicht zu lange gab). Sorgsam notierte Georg die wichtigsten Adressen. Der Wiener Exkurs sollte sich durch die glänzenden Verbindungen rechtfertigen, die er in der Hauptstadt des Reiches anzuknüpfen gedachte. Er machte sich Hoffnungen auf eine Audienz bei Kaiser Joseph II., dem strengen Reformer, der an der Förderung aller Wissenschaften so lebhaft interessiert zu sein schien. In einem Winkel seines Herzens wohnte die Erwartung – fast hielt er sie vor sich selber verborgen –, der Herrscher würde ihm ein generöses Angebot vorlegen, das es ihm erlaube, aller Welt guten Gewissens zu sagen, diese Chance erlaube die Weiterreise nach Wilna nicht. Er wußte wohl, daß es Geduld kosten würde, zum Kaiser vorzudringen. Karl Heinrich Ritter von Seibt, ein Kollege in Prag, hatte ihm ein eindrucksvolles Bild vom Fleiß des Monarchen gezeichnet: er reibe sich auf und erwarte von jedermann in seiner Umgebung, daß er sich zu Tode arbeite. Darum halte es auch niemand lange bei ihm aus. Oft weiche er vom frühen Morgen bis nachmittags um fünf nicht von seinem Schreibtisch und behalte dann den Sekretär zum Essen an seiner Seite. Die Generale scheuten sich, mit ihm zu reisen, weil er ein so scharfes Tempo vorlege und auf Bequemlichkeiten nicht im geringsten bedacht sei. Von einem Aufenthalt in Italien zurückgekehrt, habe er auf den Tischen Berge von Papieren gefunden. Statt entsetzt und verärgert zu sein, «schlug er die Hände froh zusammen und rief: ‹Das ist brav, da gibt's was zu arbeiten!›» Er wirke noch mehr im stillen, als nach außen sichtbar werde. In Wien gehe das Spottwort um, der Kaiser hätte vor zwanzig Jahren mit dreihundert Mätressen dreihundert Söhne zeugen sollen, die aufarbeiten könnten, was er angefangen habe.

Joseph II. war in Wien. Für den Abend nach Georgs Ankunft war – fast wie zum Willkommen – ein seltenes Schauspiel im Prater arrangiert: Ballonaufstieg und danach ein Feuerwerk. Georg wollte das Ereignis nicht versäumen. Ein heftiger Wind ließ den Start einer Montgolfiere zu gefährlich erscheinen. Der Kaiser verbot darum diesen Teil des Programms. Das Feuerwerk war indes brillant. Im Publikum fand Georg einige bekannte Gesichter. Er begrüßte die Baronin Puthon, bei der seine Schwester Antonia so lange gearbeitet hatte. Von ihr fand er übrigens bei der Ankunft einen Brief: sie war nach dem Tod des Gouverneurs Texier rasch aus Surinam zurückgekehrt und bereitete sich darauf vor, im Haus des Grafen Bernstorff in Kopenhagen eine neue Aufgabe zu übernehmen.

Anderntags ins Caféhaus, um Zeitungen zu lesen. Am Graben aß Georg gegen Abend ein köstliches Eis, wie es alle Welt zu halten schien. Beinahe zu selbstverständlich fügte er sich in die freundlichen Gewohnheiten des Wiener Lebens ein. Er nutzte die Tage der Einstimmung, um Briefe zu schreiben, eine lange Epistel an Therese vor allem, in der er seine Schwächen beklagte und die Ehe als das «beste Mittel der Vervollkommnung» pries. Immerhin bot er der kleinen und manchmal etwas rabiaten Aufklärerin in Göttingen die Schilderung einer Prozession, die unter seinem Fenster der Kapuzinerkirche zuwallte. Seit dem Aufgang der Sonne werde Ablaß für die vergangenen und für die zukünftigen Sünden verkauft: «Das arme blinde Volk kniet schon mitten auf der Straße, nur das Gesicht nach der Gegend gerichtet, wo seine Verblender ihm seine Götzen ausstellen. Der

Mensch ist ein weichherziges Thier, Versöhnung und Frieden sucht er so gern, und ist so froh, wenn er sie erlangt zu haben glaubt! ...»

Voller Ekel wandte er die Augen von dem «häßlichen, traurigen Bild des Aberglaubens», um eine Art Generalbeichte seiner Schwärmerei abzulegen, ohne die Rosenkreuzer zu nennen. Nichts, schrieb er, sei «berauschender für einen so eitlen Menschen, wie ich [es] war, als das Glück, den großen Zusammenhang des Schöpfungsplanes zu übersehen, Gott nahe, in ihm gleichsam anschauend Alles zu lesen ...» Von dieser Höhe sei der Fall sehr unsanft gewesen. Am Ende des Briefes, nachdem er Seiten über Seiten gefüllt hatte, ließ er seine Hoffnung auf eine Anstellung im Habsburger Reich durchblicken, wies auf die Bekanntschaften hin, die er schon gemacht, Verbindungen, die er gewonnen habe, Kontakte, die er zu knüpfen gedenke. Er nannte den Edlen von Born, Geologe von Reputation und Freimaurer von hohem Rang, den er allerdings noch nicht gesehen habe, weil er sich in Klagenfurt aufhalte. Jeder spreche vom «lieben Vater Born». Als er in seinem Haus angeklopft habe, sei er von den beiden Töchtern empfangen worden: «liebenswürdige Frauenzimmer, von viel Belesenheit und Aufklärung. Mimi, die älteste, hat etwas besonders Gefälliges und ist dabei munter und witzig ...» Er kenne aber auch ein weiteres Haus mit «vortrefflichen Frauenzimmern». Die Gräfin Thun-Hohenstein sei eine der besten in Wien. «Jedermann, der Einsicht und Verstand hat, giebt ihr dieses Lob; der Kaiser, Kaunitz, die Engländer, die sich hier aufhalten, besuchen oft ihre Cirkel ...»

Auf den Rat der Freunde Borns ließ sich Georg bei der Freimaurer-Loge ‹Zur wahren Eintracht› einführen. Er fand «eine Gesellschaft von 17 munteren, lebhaften, freundschaftlichen und unter einander durch Liebe und Freundschaft verbundenen Leuten, die den Samen der Aufklärung auszustreuen, Toleranz zu predigen, den Vorurtheilen Stirne zu bieten, und über alles freymüthig zu sprechen und zu denken gewohnt sind». Hier herrschte ein anderer, hellerer Geist als in Kassel.

Alles, nahezu alles in Wien ließ sich leicht an. Man begegnete dem jungen Weltfahrer, wohin er auch kam, mit einer Neugier, die niemals zudringlich wurde. Er schwebte auf Wohlwollen, wie er es niemals erfahren hatte. Natürlich schmeichelte man ihm mit übertriebenen Komplimenten, doch das war ein Spiel voller Charme, das kein anderes Ziel hatte, als Vergnügen zu stiften. Man wollte nichts von ihm – nur seine Gesellschaft und seine Unterhaltung. Er ging ins Theater und besuchte die Oper, hörte Anna Selina Storace, die Freundin Mozarts, sah Katharina Jacquet, die brillante Schauspielerin, in deren große dunkle Augen er bald aus nächster Nähe schauen sollte. Die Gräfin Thun, gebildet, geistreich und herzlich, hatte ihm ihr Haus geöffnet: eine schöne Frau mit ausdrucksvollen Augen, weit geschwungenen Brauen und einer schmalen, leicht gebogenen Nase. Ein italienisches, ein slawisches, ein sehr wienerisches Gesicht. Es stand ihm frei, zu kommen und zu gehen, wie er Zeit fand. Er lernte ihre Töchter kennen: «Drei liebenswürdige Comtessen saßen da, und vor allem die angebetete, muntere Elisabeth! Ha! welch ein Mädchen! Die seit undenklichen Zeiten eine Dulderin ist, nichts von solider Speise genießen kann, und von Flüssigem und Bier und Milch, und Caffe und Milch lebt... Sie sieht so blühend gesund aus und ist so munter, daß man ihr nichts ansehen solte... Welch ein Aug, welche Sanftheit, welche Seele! ein Engel in Menschengestalt...» Neben diesem Traumgeschöpf gab es Christiane Wilhelmine, gerade neunzehnjährig, und Maria Caroline, die sechzehn Jahre zählte.

Geschäftig und beseelt eilte Georg vom Thunschen Palais zum Bornschen Haus (und zurück). Mimi von Born, fand er, spielte vorzüglich Klavier und zeigte sich mitunter recht «kirre». Der Vater Born führte ihn bei der Familie des Hofrates Ritter von Raab ein, der sich um Münz- und Bergwerksgeschäfte kümmerte. Auch er hatte zwei Töchter: die einundzwanzigjährige Jeannette und die ältere Laura, die nicht schön war, doch eine begabte Sängerin und Pianistin, außerdem Besitzerin eines mittleren Mineralien-Kabinetts. Jeannette wiederum, bemerkte Georg, habe wunderschöne Augen, in die er sich gern vertiefte, doch er wurde fortgeschleppt zum greisen Fürsten Kaunitz, der seit den Tagen Maria Theresias die Staatsgeschäfte des Habsburger Reiches mitlenkte. Georg nannte ihn den «alten Wundermann»: die Perücke sitze ihm nur einen Zoll über den Augenbrauen, doch er sei voller Leutseligkeit. Bei

Tisch die glänzendste Gesellschaft, darunter ein Herr Casanova (es mag der venezianische Abenteurer gewesen sein, der seine letzten Jahre in den Diensten des Grafen Waldstein verbrachte), Prinz Gallatzin und ein Comte de Noailles, Graf Sickingen... Bei den Borns fühlte er sich ganz zu Haus. Eilige Vermerke im Journal: «Austausch von Vertraulichkeiten» mit Mimi. «Schwester- und Brüderschaft – mit Peppi (ihrer Schwester) auch gesprochen und das gute Kind geküßt.» Am Abend zum «Ball en masque». «Um zwei nach Haus. Ziemlich zufrieden von diesem Tag. Wenn ich nur kein solcher Schmeichler wäre. Gute Nacht, liebe Therese.» Göttingen war fern.

Die heimliche Verlobte schrieb dem Freund Soemmerring voller Ahnungen: «Unser Forster ist nun weit – o sehr weit von uns! Es ist mir doch oft bang ums Herz, wenn ich denke, wie lang er so weit hinweg ist! Ich schrieb's ihm nicht, ich mag ihn nicht bekümmert machen, mag auf meine Zärtlichkeit nicht den Wermuth der Bekümmerniß legen. Ich muß mich oft so munter stellen, wenn ich an ihn schreibe, daß ich fürchte, meine Briefe werden kalt dadurch scheinen...» Mit einiger Verspätung, erst im Oktober, meldete sie Soemmerring, der im Begriff war, einem «Ruf» nach Mainz zu folgen: «Er ist in Wien verliebt, ich glaube auch in die Gräfin Thun – ich bin gehorsam wie seine Frau und laß mir's geduldig gefallen, daß er Seiten lang von der Gräfin Thun schreibt, und Monate lang in Wien bleibt – o, ich werde einst eine exemplarische Frau sein...»

Der Ton war eher bittersüß. Hätten die Freunde Augen gehabt, die zu lesen wußten, hätten sie wohl verstanden, daß die Geduld der «exemplarischen Frau» ihre Grenzen haben würde. Unterdessen spornten die Hinweise auf die Wiener Konkurrenz zweifellos Thereses Willen an, sich des Professors zu versichern, obwohl... Auch an ihren Wegen warteten die Einladungen zu hübschen und heftigen Spielen. «Schönheiten und artige Mädchen gibt es hier im Überfluß, mitunter auch liebenswürdige», schrieb Georg nicht lang danach mit einer Grausamkeit, die nicht ganz unschuldig war. Selbst die Schauspielerin Mademoiselle Jacquet, die er bei dem Baron von Sonnenfels kennenlernte, verschwieg er Therese nicht. Für die Briefe an den Freund bediente er sich einer distanzierteren und ironischen Sprache. Die Madame Born sei «ein tolles, zuweilen wahnwitziges, zuweilen ekelhaft andächtelndes Weib, verthue ihm viel Geld, und mache ihn unglücklich, habe Engagemens de cœur». So führe «seine älteste Tochter Fräulein Mimi (Maria) ... die Wirthschaft, ein gutes etwas coquettes – ich will sagen verliebtes, weiches Geschöpf...» Er habe ihr gestanden, daß er heiraten würde und ihr Thereses Silhouette gezeigt, «damit sie nicht denken möchte, ich machte Amour. Das hat unserer Freundschaft nichts geschadet...»

In fast jede Gesellschaft nahm er die Kupferstiche von der letzten Reise des Captain Cook mit, damit die Damen und Herren ein rechtes Bild von den Inseln der Südsee gewönnen. Auch, das verstand sich, eine lockende Vorstellung von den leichtgeschürzten Schönen der Tropen, von denen sich die Unterhaltung so leicht hinüberlenken ließ in eine flirrende Konversation, die sich den näherliegenden und nicht weniger lockenden Versuchungen zuwandte. Man tändelte, man busserlte, man «löffelte», wie damals in Wien auf sehr bildhafte Weise eine ausführlichere Form der Liebkosung umschrieben wurde. Was Wunder, daß es Anlaß gab, ins Journal einzutragen: «Heut zwischen zwei und drei nach dem Essen ergrif michs und ich unterlag eh ich michs versah der Versuchung, das quälte mich auf den ganzen übrigen Tag; O wolte Gott! ich könte diesen Feind überwinden!» So leicht ließ sich der Feind, wenn es denn einer war, nicht besiegen. Schon zwei Tage später schrieb er auf: «Onanie trotz der besten Entschlüsse! Mein Gott! was ist doch das?» Ja was?

Die sensuellen Bedrängnisse nahmen zu. Der Widerstand minderte sich. Nach der offenen, unverstellten und ein wenig rohen Lust, die Georg, der Jüngling, auf Tahiti und Tongatapu beobachtet hatte, entdeckte er nun das Wunder des Eros. Soemmerring schrieb er, er werde nicht wieder glauben, «daß wir der Süßigkeiten angenehmer Empfindungen empfänglich gemacht worden sind, bloß um den Schmerz zu fühlen, sie uns selbst versagt zu haben». Wahres Glück sei: alles zu genießen, was erlaubt sei, das heiße, was ihm selber und anderen nicht schade. Dann setzte er das schlichte Bekenntnis hinzu: «Wien ist ein Paradies.»

Im Schauspiel sah er die *School of Scandal* von Sheridan, leider nicht mit Katy oder Kitty Jacquet, die er nun regelmäßig traf: «Die erste hiesige Schauspielerin, der Teufel weiß, wo ich die hardiesse jetzt hernehme, gleich mit den Leuten fauxilirt zu seyn, und meine gaucherie und mauvaise forzuschicken? ... Die Jacquet eine wahre Romanheldin, ein schönes, großes, dickes, herrliches Mädchen, mit großen schwarzen Augen...»

Mit der Comteß Christiane Thun tanzte er die Quadrille. Danach sang die Puffendorf «wie ein Engel». «Um vier zum Frl. von Raab, beyde sind da, und sie sind wie die Täubchen so zärtlich brüderlich – schwesterlich – untereinander. Jeanette so zärtlich, Laura so weich – – Nimm Dich in Acht...» Es traf wohl zu, was Therese später mit solcher Hellsicht bemerkte: er hatte «das Glück unschöner Männer, daß ihm die Frauen auf halbem Weg entgegenkamen».

Wußte er noch immer ein und aus unter all den Mimis und Lauren, den Christianen, Kittys und Katys, den Jeannettes? Wußte er jederzeit, wo ihm der Kopf stand? Machte er nicht selbst den Stubenmädchen Augen? «Liebes Wien», seufzte er, «welche Rosenketten windest du um den armen Forster. Wozu all diese Freude, um mich hernach desto tiefer den Contrast fühlen zu lassen! Ach großer Gott! Wenns das seyn solte! O wer frey wäre, bliebe hier, aber Liebe und Pflicht, weisen mich nach Sarmatien. Therese! Liebe englische Therese! ich opfere dies alles auf, und ziehe um deiner Liebe willen nach Polen!» Der Heroismus schmeckte sauer und auch ein wenig lächerlich.

Anflüge von Eifersucht irrten nicht nur durch Göttingen. Sie jagten gelegentlich auch den Puls des armen Georg in Wien in die Höhe. Die jungen Damen, die nicht nur ihm die Löffeleien erlaubten, lachten seine schlechte Laune rasch wieder fort. Beim Kegeln nahm er wahr, daß «Katy heute ordentlich zärtlich» sei. Dann nannte er Laura sein Stiefmütterchen und umhalste sie sehr zärtlich und lange. «Sie war sicher in einer Art von sehr hoher sinnlicher reizbarer Lage, denn sie ließ alles geschehen, Küsse auf die Büste, Drücken pp. Jeanette nicht also, die traut sich selbst nicht so viel, lieber giebt sie aus eigner Bewegung einen Kuß, und damit gut, ihr voller Busen ist empfindlicher. Mensch! Mensch! mußt du erst jetzt diese Erfahrungen machen?» In Klammern fügte er hinzu: «Ein Glas Bitter Wasser. –

Umschläge um den Fuß.» Die Träume wuchsen nicht in den Himmel, auch in Wien nicht.

Unterdessen langte sein künftiger Schwager Carl Heyne an, der Mediziner, den er in Kassel unterrichtet hatte: ein gutartiger, nicht zu begabter und etwas einfältiger Mensch. Georg führte ihn bei einigen seiner Bekannten ein und sorgte zugleich dafür, daß er seine Kreise nicht störe. In Wien wünschte er keine Überwachung. Gottlob war Carl schreibfaul und wenig geschickt im Ausdruck. Seine seltenen Briefe verrieten nichts.

Georgs Programm aber las sich wie ein Gesellschaftskalender. Seine Baronessen und Comteßchen umschwärmten ihn beim Kaffee, beim Billard, beim Tee, bei Bällen mit und ohne Maske, festlichen oder einfachen Diners, Ausflügen in den Wienerwald, Landpartien und Picknicks, bei heiteren Spielen, die sich an die bedächtigeren Konversationen mit den wohlwollenden Müttern schlossen. «Hernach im Zimmer Caffee getrunken mit Kipfeln; ferner spatziert einen langen Weg durch den Wald, dabey botanisirt, endlich auf der Wiese gesprungen, in der Galere gerudert und zulezt den Hirsch, der ich war, gejagt, das machte mich entsetzlich müde und athemlos. Dann noch weiter bis zu den Wagen im Walde fortspatziert... Es ward zulezt rasend gesungen, 1. 2. 3. 4. 5. 6. und andre Canons...» Georg war, was er als Kind, als Knabe, als junger Mann fast niemals hatte sein dürfen: lustig, übermütig, ausgelassen. Er liebte die Menschen der schönen Stadt. Er liebte das Leben. Er liebte diese Welt, liebte sie so heiter, so hingegeben, so dankbar wie selten zuvor und selten danach.

Dem Edlen von Born schien es ein Vergnügen zu sein, Georgs gesellschaftliche Erfolge zu arrangieren. Dieser kleine und elend verkrüppelte Mann, den Georg einen Märtyrer der Wissenschaft nannte, bewies eine erstaunliche Energie. Vor einem Vierteljahrhundert hatte er sich mit Arsenikdampf vergiftet, und er litt, wie Georg es ausdrückte, barbarische Qualen durch eine Bleikolik. In seiner Verzweiflung trank er ein ganzes Fläschchen Laudanum aus. Das Opium lähmte die untere Hälfte seines Körpers. Durch elektrische Stromstöße – im Zeitalter Mesmers eine beliebte Behandlungsmethode – gewann er einen Teil seiner Bewegungsfähigkeit zurück. Doch konnte er sich nur mühsam auf Krücken oder am Arm eines Bediensteten fortschleppen. Seine gute Laune und seine freundlichen Gesinnungen schienen unter dem Elend des verkrüppelten Körpers nicht zu leiden. Born schuf die Verbindung zu dem Baron van Swieten, Sohn des berühmten Leibarztes der Maria Theresia, nach dem Hubertusburger Frieden lange Jahre als Gesandter in Berlin. Nun stand er der wissenschaftlichen Kommission des Kaisers und der Hofbibliothek vor, deren Schätze er vor Georg ausbreitete. Van Swieten hatte in Preußen die Kompositionen Bachs und Händels kennengelernt. Nun machte er die Wiener – die dazu nicht die geringste Lust hatten – auf die große protestantische Barockmusik des Nordens aufmerksam, beauftragte Mozart mit einer Bearbeitung von Händels ‹*Messias*›, der Instrumentierung von Bachschen Fugen, später den alten Haydn mit der Komposition seiner Oratorien.

Durch Born begegnete Georg dem Publizisten und Politiker Joseph von Sonnenfels, dem österreichischen Aufklärer par excellence (übrigens jüdischer Herkunft), mit dem er oft und angeregt diskutierte. Er fand, daß Sonnenfels ein gutes Herz habe, voller Talent sei, doch «zum Ekel eitel», unentwegt von sich selber sprechend. Die Frau schien ihm liebenswürdiger zu sein. In ihrem Salon hätte er einen anderen ihrer Schützlinge kennenlernen müssen: Wolfgang Amadeus Mozart. Beide, Forster und Mozart, sahen (wie Braunbehrens feststellte) am 23. August die Paisiello-Oper ‹*Il Re Teodoro*›. Doch von einer Begegnung ist nirgendwo die Rede. Die Musik war kein Feld, in dem Georg besondere Kenntnisse vorzuweisen hatte. Immerhin ging er in Konzerte und besuchte die Oper. Er wußte Bescheid, wer was in welchen Künsten galt, und Mozart war längst eine europäische Berühmtheit. Wie ging es zu, daß er den Namen Mozart in seinen Tagebüchern und Briefen nirgendwo notierte? Der zweite Vorname des Musikers wurde selten ausgesprochen, doch irgendwann müßte er gefallen sein, irgendwo sollte ihn Georg gelesen haben. Schaute er betroffen auf, an die eigenen Amadeus-Jahre erinnert?

Durch Born ergaben sich die Unterhaltungen mit dem Hofrat von Spielmann, der dem Fürsten Kaunitz als rechte Hand diente. Georgs Entschluß, sich in Wilna anzusiedeln, schien dieser erfahrene Kabinettspolitiker ganz und gar zu mißbilligen, wie alle anderen Gesprächspartner auch; doch seine Hinweise auf mögliche Vakanzen in Budapest oder Lemberg blieben undeutlich. Schließlich meinte Spielmann, es helfe nichts anderes: Forster müsse zuerst nach Polen – es sei für ihn besser, sich von dort berufen zu lassen. Mit anderen Worten: Georg war durch seine Schulden und die polnischen Vorschüsse zu teuer geworden. Die letzte Entscheidung aber hatte der Kaiser zu treffen. Von Woche zu Woche wartete Georg auf die Einladung zur Audienz. Seine Geduld wurde hart erprobt. In Wien freilich klagte er nicht über verlorene Zeit.

Born sorgte dafür, daß er Mitglied der Loge ‹Zur wahren Eintracht› wurde. Vor Soemmerring rechtfertigte er sich: hier spotte man nur über die Heimlichkeiten, in die sich die Freimaurer so gern hüllten. Er hatte recht. Im Zeichen der Freimaurer-Ordnung, die Joseph II. erlassen hatte, wurde streng darüber gewacht, daß jene Gemeinschaften die Pfade der Vernunft und der wohltätigen Geselligkeit nicht verließen. Dennoch wurde Georg da und dort, auch in Wien, mit bedeutungsvollem Geflüster über erwiesene Goldmacherkünste heimgesucht, und er nahm sie immer noch halbwegs ernst.

Born, der große Arrangeur, versammelte die Brüder am 15. August zu einer «Tafelloge» mit 84 Couverts. Dies war auch Mozarts Loge, der mit Born eng vertraut war. Lag er noch immer krank zu Bett? Oder tafelte er mit? Man weiß es nicht. Johann Aloys Blumauer, ein Lokaldichter, feierte den Weltumsegler und Erkunder der Südsee in launigen Versen, die mit einer hübschen Pointe endeten:

«Es schmeckt ihm hier ein kleines Brudermahl
In unsern milden Zonen besser,
Als dort ein – wär's auch maurerisches – Mahl,
Bei einem Bruder Menschenfresser.»

Durch den Baron von Gemmingen ließ sich Georg dazu überreden, auch der Loge ‹Zur Wohltätigkeit› beizutreten. In dem einen wie in dem anderen Club – dies schien für die Wiener Gesellschaft insgesamt zu gelten – wurde ihm deutlich, daß die Koexistenz von Adel und Bürgertum in der österreichischen Hauptstadt entspannter war als in den deutschen Ländern, die Georg kennengelernt hatte. Aristokratischer Hochmut schien ihm hier so gut wie nie zu begegnen. Die Damen und Herren «von Stand» erwiesen auch den Bürgern in der Regel jene Höflichkeit, die Wien vor vielen Städten auszeichnete.

Für den Morgen des 24. August wurde er in die Hofburg bestellt. Von Viertel vor neun bis Viertel vor zehn mußte er warten. Dann «endlich zum Kaiser». In seinem Journal hielt er die knappe Unterhaltung fest: «Er sieht mich scharf und fragend an. ‹Euer Majestät haben befohlen daß ich Ihnen aufwarten soll.› – ‹Sie gehen nach Polen?› – ‹Ja, Euer Majestät.› – ‹Ist denn da eine Universität?› – ‹Ja, Euer Majestät› – ‹Kennen Sie jemand in Polen?› – ‹Nein Euer Majestät.› – ‹Können Sie schon die Sprache? Sind Sie schon in Polen gewesen?› – ‹Nein, Euer Majestät ich bin zwar bey Danzig in Polnisch Preußen geboren, aber ich war nie in Polen und kann auch die Sprache nicht.› – ‹Ich sehe nicht ab, wie Sie mit den Polen auskommen werden; – was wollen Sie denn da machen?› – ‹Naturgeschichte lehren.› – ‹Ich dächte anstatt Wissenschaften, müßte man ihnen erst das abc lehren.› . . .»

Der Kaiser war auf die Polen nicht gut zu sprechen, das wurde deutlich genug. Es war ihm klar, daß Georg einen größeren Wirkungskreis suchte. Der Landgraf in Kassel, berichtete Forster, habe trotz seiner Freundlichkeit für die Wissenschaften nichts getan... Der Kaiser: «Also der Landgraf hatte den Willen nicht, und dem König von Polen wirds an Mitteln fehlen.» Er fügte hinzu: «Ich kenne die Polen, sie werden viel Worte machen, aber vom Halten ist nicht die Rede. Sie bleiben gewis nicht lange; wenn Sie arbeiten wollen, werden Sie's dort nicht können, das glauben Sie mir.» Dann fragte er nach der großen Reise, dem Elend der Seekrankheit, der wohltätigen Wirkung des Sauerkrautes im Kampf gegen den Skorbut. Er erkundigte sich nach Captain Cook, nach Sir Joseph Banks und Dr. Solander.

Schließlich kam er auf Polen zurück: «Das beste ist, daß man ja den Weg heraus weis, wie man hineingekommen ist.» Forster sei nicht der Mann, der um einer größeren Besoldung willen irgendwo bleibe, ohne arbeiten zu können. «Wenn Sie arbeiten wollen, werden Sie es dort nicht aushalten. Ich denke ich sehe Sie bald einmal wieder.» Dann ein letztes Mal: «Nun, Sie werden nicht in Polen bleiben.»

Eine kleine Verbeugung deutete an, daß die Audienz beendet war. Sie hatte gute zehn Minuten gedauert. Außer der vehementen und kalten Warnung vor Polen war sie ohne Ergebnis geblieben. Kein Angebot. Nicht einmal eine vage Vertröstung. Nur die Vermutung, daß man Georg wiedersehen würde. Immerhin könnte man daran bei einer Bewerbung anknüpfen. Später schrieb er mit bitterer Enttäuschung an Soemmerring: «So lange noch wälsche Sänger, Castraten und Komödianten mehr Gehalt genießen als ein Professor an der Universität... solange wird weder für mich noch für Dich in Wien etwas sein.» Dabei blieb es freilich zeit seiner Tage. Nur eine reiche Heirat hätte sein Schicksal anders zu ordnen vermocht. Das wußte er wohl.

Auch nach dieser frostigen Erfahrung zögerte Georg noch gute drei Wochen, ehe er sich zum Aufbruch entschloß. Seine Freundinnen, die mütterlichen und nicht so mütterlichen, trösteten ihn nach bestem Vermögen über die Enttäuschung hinweg. «Laura sang, und Jeanette war meine Schwester – Gefrorenes war gegessen – Eau de Cologne auf die Schläfe gestrichen...» Ein neuer Flirt: noch eine Mimi, dieses Mal hieß sie von Bärenrieder, ein schönes Mädchen, das sich rasch küssen ließ. Neue Exkursionen in den Wienerwald, Schattenwege am Arm der Gräfin Thun: «Ueberall neue, überall schöne, reizende, abwechselnde, reiche, bald nahe, bald ferne Aussichten, bald in die Hügel die ganz mit herrlichen Buchwald bewachsen nur kleine lachende Wiesen zwischen den Wäldern zeigten, bald in das ferne Alpengebirg...» Man spielte Volante, eine Art von Federball. Man lauschte jungen Virtuosen auf der Geige und am Klavier. Man bewunderte den großen Schröder auf der Bühne. Katy Jacquet rührte Georg mit der Erzählung ihrer Lebensgeschichte: ohne alle Hilfe habe sie den Durchbruch zum Ruhm erkämpft... Die Schauspielerin schenkte ihm eine Brieftasche aus rosafarbener Atlasseide, die sie selber gefertigt hatte. Georg ließ ihr sein Portrait in Wachs. Laura sang und spielte noch einmal. Sie und ihre Schwester Jeannette zerflossen in Tränen.

Auch Georg weinte: «Gute, liebe herzliche Kinder! Warum? O Warum Euch kennen gelernt, um Euch wieder und wer weis auf wie lange zu verlieren? Ach daß es gut gehn möge mit mir!...» Schweren Herzens sagte er dem Wiener Fest des Lebens adieu.

XV
Flucht in ein schwieriges Glück

Natürlich hatte Wien seine Reisekasse geleert. Überdies war er sich's schuldig, eine neue Kutsche zu kaufen, wenn auch aus zweiter Hand. Er mußte Geld borgen. Das mehrte die Melancholien des Abschieds. Übernachtung in Poysdorf. Flirt mit dem Serviermädchen. Onanie (nur noch das Stichwort hielt er fest). Auch das half nichts gegen die Traurigkeiten. Durch Nikolsburg, das vier Tage zuvor bis auf den Grund niedergebrannt war. Fünfzehn Menschen verloren ihr Leben. Es war, als sei ein Krieg über das Städtchen hinweggegangen: «... ein trauriger, sonderbarer Anblick die übrig gebliebenen Mauern ohne Dächer und die langen, dünnen Schornsteine wie Säulentrümmer... Alles bettelte. Mancher hat alles verloren. Armer menschlicher Ameisenhaufen!...»

Er dachte an Wien, sein liebes Wien, war den Tränen nahe, trostlos. Passierte das Dorf Teschen, in dem der Vertrag geschlossen wurde, der den Bayrischen Erbfolgekrieg beendete. Mit Interesse beobachtete er einen evangelischen Prediger, den man in Ketten abtransportierte: er hatte seine Schwester geschwängert, war zu zwei Jahren verurteilt, die Schwester zu anderthalb, doch die protestantische Bevölkerung blieb beiden gewogen. Mit wieder erwachender Neugier horchte er auf den Mischdialekt aus böhmischen, mährischen, slowakischen und polnischen Elementen, den man das «Wasserpolnische» nannte. Die Muttergottesbilder erinnerten ihn an ostindische Gesichter. In Kenty Jahrmarkt: «voll gepfropft von Wagen, Pferden und Bauern, Ochsen, Schweinen und Juden... Mit einemal sah ich hier also Polen in seinem ganzen Lustre...»

Traurige Nächte: Flöhe und Wanzen, unbequeme Lager, kein Schlaf. In Krakau kam er, gottlob, im Haus eines Professors unter, der selber auf dem Lande weilte. Den Ort fand er traurig, die Häuser baufällig, die Türen und Wände noch voller Geschoßlöcher von der Belagerung durch die Russen. Er war niedergeschlagen. «Ach liebes Wien! liebes Wien! Meine Hoffnung dich wieder zu sehn ist hin! und das nimmt mir allen Muth, alle Lust zum Leben. Nur mit den Wienern, und nur für sie wünscht' ich zu leben!...» Für Therese war in seinen Gedanken kein Platz. «Liebe Thun!... Du mütterlicher Engel! liebe Elisabeth! – Liebe Laura, liebe Jeannette, liebe Sonnenfels, liebe Haddicks, liebe Puffendorf, liebe Katy – Euch nicht wiedersehn! – O ich bitte dann, daß ich nichts mehr sehn und nichts mehr fühlen dürfe. Tod! Du mußt mich doch einmal haben! Ich habe genug gethan, bin im 21sten Jahr um die Welt gereist, und im 30sten allgemein geliebt gewesen. Es ist Zeit; – Es ist Zeit, – Weg mit mir! Sonst geht mein Ruhm, vielleicht meine Tugend, und gewiss mein Genuß, verloren, ehe ich noch hinscheide...»

Das Selbstmitleid überwältigte ihn für einige Stunden völlig. Er betrachtete das Exil in Wilna als Strafe für die Reise um die Welt. In seinem Schmerz heulte er die Melodien aus der Paisiello-Oper, die er in Wien gehört hatte. Er «lachte vor Tollheit und Wut». In einem kleinlauten Brief an Heyne versuchte er, sich zu bezähmen: überall gebe es gute Menschen, auch hier... Nach einigen Tagen fuhr er zum Professor Jaszkiewicz nach Pinczow. Im Schloß des Marquis Wielopolski fand er Quartier. Die Gräfin stand im Ruf, ein wahres Teufelsweib zu sein, doch Georg entkam ihren Fängen. Er begegnete dem Fürsten Czartoriski, der elf Sprachen beherrschte: «... Blasé sur tous les plaisirs, umarmt einen, und gegen die Umstehenden streckt er die Zunge über den andern heraus. Bleibt seinen Leuten schuldig, und giebt einem Weib das ihm gefällt für eine Nacht 100000 Zechinen. Persiflirt die ganze Welt, mit nichts zufrieden, macht alle Leute zum Narren; seine Mutter romantisch, verlor eine Tochter und etablirte ihr zum Andenken ein Thränenfest. Die Bäuerinnen müssen schwören, daß sie am gesezten Tage eine Thräne in einen gewissen Brunnen haben fallen lassen...»

Die Schloßgesellschaft zwang den deutschen Gast, mit ihr zu

bechern, und Georg gelang es, einen schnauzbärtigen Professor unter den Tisch zu trinken. Das trug ihm die Reputation eines «kaltblütigen englischen Säufers ein». Anderntags drängte ihn der Kater – wie zu erwarten – tiefer in seine Melancholie. Er kam sich vor wie Ikarus. «Warum wolltest du fliegen! Sie waren von Wachs und die Sonne heiß; sie schmolzen ab, die elenden Flügel, und du fällst und kriechst!» Vierundzwanzig Stunden danach fühlte er sich wie «das Vögelchen, das der Klapperschlange in den Rachen fiel!» Immerhin besichtigte er die Salzquellen in der Umgebung und schrieb in seinem Journal über die Techniken, mit denen das kostbare Mineral gewonnen wurde. Zehn Tage war er in Pinczow, dem dürftigen Nest, festgehalten, auf Papiere wartend. Waren es österreichische, waren es polnische – die er für die Weiterfahrt über die Grenze brauchte?

Am sechsten Oktober weiter in Richtung Warschau. Durch einen Achsenbruch wurde er aufgehalten, gelangte dennoch zwei Tage später in die polnische Hauptstadt, nahm Wohnung bei Dr. Czempinski, einem freundlichen Arzt mit vier Töchtern und einem Sohn. Er kannte seinen Gastgeber aus London. Die eine der Töchter, Teresa hieß sie, hatte schöne schwarze Augen, doch fügte Georg hinzu, «lang nicht so schöne wie Kathy oder Jeannette, lang nicht so vielsagend...»

Die Begegnung mit dem Baron von Scheffler war eine angenehme Überraschung. Der Bergrat – so sein Titel – hatte Georgs Berufung betrieben: ein kenntnisreicher und herzlicher Mann. Er half dem Fremden mit vielen praktischen Winken. Neuer Vorschuß für die Reisekosten (oder auf das Gehalt?) konnte abgehoben werden. So ließen sich die Wiener Schulden prompt begleichen. Georg bewunderte die prächtigen Paläste der Hauptstadt. Das Elend, das sich zwischen den Schlössern und den morastigen Straßen ausbreitete, übersah er nicht.

Endlich fand er die Ruhe, um Briefe zu schreiben, den längsten an die Gräfin Thun, der er überschwenglich und mit einer Girlande von Phrasen seine Zuneigung beschwor. Mit einiger Gelassenheit erzählte er von den Reiseeindrücken. Vielleicht, meinte er philosophisch, gehörten zum Sehen mehr als ein Paar Augen; das Schöne könne häßlich und das Häßliche könne schön heißen, je nachdem es «um den innern Prospekt der

Seele» bestellt sei. In Pinczow sei es so französisch zugegangen, daß er sich wie in der Banlieue von Paris gefühlt habe. Doch es sei «entsetzlich wie die hiesige Nation sich bückt». Sein Rückgrat, die Übung nicht gewohnt, schmerze von all den Verbeugungen. Wien erscheine ihm nun wie ein süßer Traum. Er flehte die Gräfin an, ihm handgreifliche Beweise zu geben, daß er nicht nur geträumt habe: «Eine Zeile von Ihrer Hand...»

In Grodno, zwei Drittel des Weges nach Wilna, war der Reichstag versammelt und mit ihm alles, was über Macht und Rang im Lande verfügte, auch der Präsident der Erziehungskommission: Fürstprimas Erzbischof Poniatowski, ein Bruder des Königs. Er lud Georg ein, bei ihm vorbeizuschauen. Am 28. Oktober machte er sich auf den Weg. Seine Seufzer im Tagebuch galten nun wieder Therese, aber er klagte sich an, daß er ihr seine Liebe nicht verschwiegen habe: Wie ruhig sähe er in die Zukunft, wäre er allein. Er zittere nicht für sich, sondern für sie. An wen dachte er bei nächtlichen Versündigungen, die er fast nicht mehr als solche empfand? Das vermerkte er nicht. Sokolow, fast auf dem halben Weg von Warschau nach Grodno, fand er ein hübsches Städtchen. Das Gasthaus war gut, man briet ihm Hühner, die Wirtin bot ihm eine Beischläferin an. Er lehnte die Höflichkeit ab.

In Bialystock nächtigte er im Schloß der Schwester des Königs, die sich Madame de Crakovie nannte – auch sie eine der mütterlichen Freundinnen, die ihm so gern eine liebevolle (und nicht immer nur maternelle) Aufmerksamkeit zuteil werden ließen. Es traf sich, daß sich bei der hohen Dame auch Kardinal Archetti aufhielt, der Päpstliche Nuntius in St. Petersburg und Warschau, den Georg als einen gescheiten und weltmännischen Fürsten der Kirche beschrieb. Ihm imponierte der Habit: das braune Kleid mit rötlichem Atlas gefüttert, rotes Käppchen, rotseidene Strümpfe, rote Absätze an den Schuhen...

In seinem Zimmer schaute Georg voller Wehmut die rosa Brieftasche seiner Freundin Katy an, las die Blätter von Jeannette und Laura. Unterwegs tröstete ihn die Fürstin Sanguszka. Sie teilten Wein und Proviant. Für einige Meilen bat sie ihn in ihren Wagen. Sie wollte nach Konstantinopel, Malta, Sizilien und Neapel reisen. Habe er keine Lust, sie zu begleiten? Ihm wäre es recht, das gewiß...

In Grodno besetzten die Magnaten und ihr Anhang sämtliche Gasthöfe. Für Georg war gottlob eine Kammer im alten Schloß des Grafen Chreptowicz reserviert: vier schmutzige Wände, zwei Schemel, ein Tisch, ein Bett. Das Fenster teilte er mit dem Zimmer, das über dem seinen lag. Um das Klosett zu erreichen, mußte er den Hof überqueren, und das Örtchen schien ihm nicht zu sauber zu sein. Schon am Nachmittag wurde er dem Fürstprimas und dem König vorgestellt, dem alle Damen und Herren die Hand küßten («wie dem Sultan im Harem», bemerkte Georg). Der Herrscher gefiel ihm: ein schöner Mann, etwas blaß, «Habichtsnase, die Augen gros, schwarz, sanft und schön, die Stirne schön proportionirt, der Mund liebreich, ein Zug ich weiß nicht von Schwermuth oder Schwärmerey liegt im ganzen Gesicht, das überhaupt viel Leidentliches, viel Menschenkenntniß, und ungemeine Menschenliebe verräth...»

Der König thronte im Saal der Senatoren, in dem sich jedermann langweilte, denn das Oberhaus hatte auf die Beschlüsse der Landesdeputierten-Versammlung zu warten. Die Verhandlungen in jenem Unterhaus schleppten sich dahin: jeder Beschluß verlangte Einstimmigkeit. Georg betrachtete dieses Verfahren voller Skepsis. Das Parlament tage nun sechs Wochen lang, doch nicht mehr als zwölf Tage würden genutzt – so berichtete er der Gräfin Thun –, um «wichtige Angelegenheiten zu diskutieren, neue Gesetze zu verabschieden und der Regierung eine Orientierung für die nächsten zwei Jahre zu geben». Selbst der König beklagte sich über den Höllenlärm der Debatten. «Ich habe den Schlägen des Hammers gelauscht, die heruntersausten, um die Ruhe im Versammlungsraum wieder herzustellen, bis er zerbrach.» Hinter dem Sessel des Marschalls sah er eine ganze Reihe von Reservehämmern, doch nichts «half, die Ruhe wieder herzustellen und den Radau zu dämpfen und den unkontrollierten Redefluß einzudämmen». Natürlich maß Georg das polnische System am englischen Beispiel. Die seltsame Form jenes Staates, die republikanische Elemente mit einem Wahlkönigtum vereinigte, beeindruckte ihn wenig. Man erweise den Polen, schrieb er, eine große Ehre, wenn man ihr Land als

Demokratie bezeichne. Es verdiene diesen Namen nur, wenn man Adel gleich Volk setze. Danach ein harsches Verdikt: würden die Bauern als Menschen betrachtet, dann wäre diese «hochgepriesene Verfassung nichts anderes ... als das schlimmste System oligarchischer Tyrannei». Der sensible Professor scheute sich nicht, das schreckliche Wort zu Papier zu tragen: «Der polnische Bauer ist in der Tat dem Tier ähnlicher als dem Menschen», doch er fügte hinzu, Versklavung und Unterdrückung habe ihn zu diesem Geschick der Vertierung und Degeneration verurteilt. Er sah präzis, daß jede Reform damit beginnen müsse – wie es Fürst Stanislaus Poniatowski vorschlug –, den Bauern eine größere Existenzchance zu geben. Der Vizekanzler von Litauen, sein Gastgeber Graf Chreplowicz, habe nach dem Vorbild des französischen Reformers Turgot die Fron aufgehoben. Die Bauern, denen Land zur eigenen Verfügung gegeben wurde, seien «so glücklich über ihren Besitz, daß sie sich damit amüsieren, eine Art pastorales Drama aufzuführen». Ironisch setzte er für die Gräfin Thun hinzu: «Ich werde mich auf eine Pilgerfahrt zu diesem littauischen Arkadien aufmachen und werde Ihnen getreulich davon berichten.»

Bei jener Sitzung des Reichstages in Grodno sollten 700000 Gulden aufgebracht werden, um die Schulden des Königs zu bezahlen. Majestät mußte sich mit Geduld wappnen. Georg sprach unterdessen mit dem Fürsten Nassau – «kahler Kopf, Storchennestfrisur und römische Bildung» –, der an der Südseereise Bougainvilles teilgenommen hatte. Tahitianische Erinnerungen in diesem kalten Winkel der Welt. Der König nahm, ohne steife Würde, an der Unterhaltung teil. Eine Kasseler Bekanntschaft zeigte sich: die Tänzerin Madame Schwab geborene Decamp. Sie fiel Georg vor Freude um den Hals und meinte, er sei lustiger, munterer, freier, geselliger, boshafter, gesünder und fetter geworden. Georg fand, sie tanze besser als früher.

Man warnte ihn, dem Fürstenprimas Nachforderungen zu präsentieren. Seine Kollegen hätten ebenso lange Reisen mit weniger Geld bewältigt. Alles Elend der Welt überfiel ihn: krank, voller Schulden, unfähig zu bezahlen, ohne Möbel, ohne Bücher, in einer kalten Stube hockend, durch die der Wind zog. Nachts wälzte er sich in Koliken. Anderntags ließ ihm der Primas 100 Reichstaler zukommen. Er nahm außerdem Vorschuß und 111 Taler auf Rechnung des Verlegers Dieterich. Einige Taler verlor er abends im Spiel. Der König versprach ihm einen Besuch in Wilna.

Am 16. November zog er weiter. Er vertraute sich zwei jüdischen Fuhrleuten an, die keine Meister ihres Faches waren. Die Abenteuer auf dieser letzten Etappe beschrieb Georg hernach mit einiger Komik, und es ließ sich nicht leugnen, daß Georg die antisemitischen Vorurteile der meisten seiner Zeitgenossen teilte. Die Juden, notierte er, ruinierten die Bauern. In ihren Kneipen streuten sie ihnen Salz in den Branntwein, räumten ihnen Kredite ein, damit sie das Korn, das noch grün auf dem Halm stehe, in ihrer Torheit versöffen. Schon den Bauernkindern würden sie Schnaps geben, und sie scheuten sich nicht, Schweine zu züchten, seien unreinlich, die Faktoten der großen Herren, von denen sie ihre Spelunken pachteten.

Das wäre nur ein Exempel mehr für die traurige Tatsache, daß es auch den Aufklärern nicht gelang, sich selber völlig aufzuklären. Die Emanzipation aus der Gefangenschaft der Vorurteile brauchte ihre Zeit, auch bei Georg Forster, der nun einen polnischen Bediensteten engagiert hatte. Der Kerl betrank sich auch ohne jüdische Anleitung. Röchelnd lag er auf seinem Lager, bis ihn der sanfte Georg mit der Rute aufscheuchte. Es hatte den Anschein, daß der deutsche Gelehrte die rauhen Sitten des Landes nur allzu rasch lernte.

Am Donnerstag, dem 18. November, traf er in Wilna ein. Die Stadt lag mit ihren schönen Türmen «gleichsam ins Tal ausgegossen» vor seinen Augen. Sie sah «wahrlich groß und herrlich aus». Auf dem Weg zur Universität notierte er kotige Straßen, viele Ruinen, dazwischen manches gute Gebäude.

Die furchtsamen Vorbehalte, mit denen er sich der Stadt näherte, erlaubten ihm nicht, jene vertrauteren Züge barocker Urbanität wahrzunehmen, von denen Wilna geprägt war. Allerdings hatte Wilna in den Nordischen Kriegen, schlimmer noch im polnischen Bürgerkrieg und durch die russische Besetzung gelitten. Georg schätzte – aber dies waren keine zuverlässigen Zahlen –, daß die Bevölkerungszahl von hunderttausend auf zwanzigtausend Seelen gesunken sei. Die Universität wurde gegen Ende des 16. Jahrhunderts vom Jesuiten-Orden als ein Bollwerk der Gegenreformation gegründet. Offiziell hatte die Gesellschaft Jesu unterdessen der Macht über die hohe Schule entsagt, doch in Wirklichkeit waren fast sämtliche Schlüsselfunktionen, wie Georg rasch feststellte, in den Händen ehemals jesuitischer Priester.

Dem neuen Professor für Naturgeschichte hatte man eine Wohnung in einem der barocken Trakte zugewiesen, die dringend einer Renovierung bedurften. In den einzigen Zimmern, in denen man sich hätte wohl fühlen können, war ein dürftiges Naturalien-Kabinett untergebracht. Die Möblierung schien den Namen nicht zu verdienen. Von einem botanischen Garten konnte keine Rede sein. Was für eine Lehranlage zu Verfügung stand, waren einige Beete in einem Hof, in denen sich höchstens Kohl pflanzen ließ. Georg beurteilte die gegebenen Verhältnisse realistisch genug, um zu wissen, daß jede Änderung unendliche Mühe und unabsehbare Zeit kosten würde. Er lernte, wie knapp das Budget für die Universität bemessen war, und man sagte ihm, daß die Hälfte der Summe, die von der Erziehungskommission Litauen zugeschrieben wurde, in Wirklichkeit nach Krakau fließe.

Die Kollegen nahmen ihn hilfsbereit und herzlich auf. Jeden Sonntagabend um sechs traf sich die Professorenschaft für ein paar Stunden bei Wein, Bier und einem kleinen Dessert, damit die Herren sich besser kennenlernten, doch Georg schien an dieser Geselligkeit nur mäßiges Interesse zu nehmen. Dem Rektor Abbé Poczobut, der den Titel eines Königlichen Astronomen trug, sagte man nach, daß er sich für die Universität aufopfere. Aus London kannte Georg den anderen Astronomen, Abbé Strezecky. Überdies fand er in der naturwissenschaftlichen und medizinischen Fakultät einige Franzosen und Italiener, die er als mittelmäßig beurteilte. Am engsten schloß er sich an den ungarischen Chirurgen Professor Josua Langmeyer, der mit einer Wienerin verheiratet war, einer schlichten, doch gemütvollen Frau, die wenigstens einen vertrauten Dialekt sprach: Musik in Georgs Ohren. Fürs erste wurde er Kostgänger bei den Langmeyers, da seine Küche nicht eingerichtet war und eine eigene Wirtschaft kaum lohnte. Der gütige Nachbar – ein spirriges

Männchen und voller Leben – redete schon in den ersten Tagen auf Georg ein, er möge sich von einer deutschen Universität den Doktortitel besorgen und eine Arztpraxis eröffnen: er wisse ohnedies mehr als die meisten Mediziner von Wilna, verfüge über einen diagnostischen Blick und werde sich die praktischen Erfahrungen in wenigen Monaten aneignen. Georg wandte ein, daß er womöglich Patienten in Gefahr bringe. Langmeyer versicherte, er werde ihm mit seinem Rat zur Seite stehen. Eine medizinische Praxis könne ihm leicht ein schönes Einkommen verschaffen, das ihm erlaube, seine Vorschüsse abzutragen. Auf diesem Ohr hörte Georg genau.

Fast von der ersten Minute an sah er sich, deprimiert und voll fiebernder Unruhe, nach Fluchtwegen um. Hatte ihm nicht Kaiser Joseph II. gesagt, das beste in Polen sei, daß man den Weg heraus wisse? – Später, in einem Augenblick der Verdüsterung, suchte ihn der Gedanke heim, daß er «geradewegs in die weite Welt» davongehen könne, um sein Glück zu suchen, nach Konstantinopel, nach Persien, nach Indien, und «unter dem warmen Himmel wieder aufthauen, wieder lebendig und geistig werden, nebenher die Natur und die Menschen beobachten, und so mich umtreiben, bis ich entweder etwas oder nichts geworden wäre». Wenn Therese nicht wäre...

Aber so leicht gab es kein Entkommen. Nüchtern rechnete er sich und Soemmerring vor, es brauchte 1500 Dukaten (beinahe 4500 Taler), um ihn auszulösen, wenn sich irgendwo eine Chance böte, in Mainz, in Göttingen, im Österreichischen, am Ende sogar in Kassel. Dennoch: er konnte Therese in Wilna nicht glücklich sehen.

Der Mangel an allem Anschauungsmaterial hielt ihn fürs erste davon ab, mit seinen Vorlesungen zu beginnen. Es wurde Februar, bis er die Antrittsrede hielt, der er den Titel *‹Limites historiae naturalis›* gab – *Grenzen der Naturgeschichte*. Die Komposition in Latein machte Mühe, doch sie schien, trotz seines Stöhnens, wohlgelungen, denn das illustre Publikum spendete freundlichen Beifall, und man sagte ihm manches Kompliment. Aber es war ein hartes Brot: sämtliche Kollegs mußten auf Latein vorgetragen werden. Da er die Sprache der Sprachen nicht gründlich genug zu beherrschen meinte (er hatte sie nur bei seinem Vater und niemals systematisch gelernt), nahm er sich den Cicero noch einmal vor. «Ich kann deutsch, französisch, zur Noth noch englisch so schreiben, daß man nicht ausspuckt und sagt: daß Gott erbarm! – allein Latein zu schreiben, Reden lateinisch zu schreiben, war ich nicht gewohnt... Das böse Latein, verzeih's Gott, will mir nicht in Kopf!»

Im Auditorium saßen dreißig bis vierzig Hörer, darunter Dominikaner-, Bernhardiner- und Augustiner-Mönche, freilich auch Knaben von vierzehn und fünfzehn Jahren, bei denen er nicht sicher war, ob sie verstünden, was er ihnen erzählte. Beim Eröffnungskolleg hatte ihm auch der Fürstbischof die Ehre gegeben. Georg nannte ihn einen artigen, feinen Herrn, «fast zu süß» und «gefällig gegen jedermann». Der geistliche Herr lud den Junggesellen Forster zwei- oder dreimal in der Woche an seine Tafel. In Wahrheit konnte sich der Deutsche nicht darüber beschweren, daß sich die Gesellschaft nicht genug um ihn kümmere. Mit einer fast zu deutlichen Beiläufigkeit ließ er die Gräfin Thun und andere wissen, Professoren genössen in Polen alle Privilegien des Adels. Mit anderen Worten: sie hätten auch das Recht, Grund und Boden zu erwerben (was für die Mitglieder des Bürgertums nicht selbstverständlich war). Die Amüsements der Elite allerdings entsprachen nicht völlig seinem Geschmack. Fast jeden Abend und fast überall wurde gespielt. Der Fürstbischof verlor beim Pharao-Spiel in einer Nacht oft drei- bis viertausend Dukaten, und man sagte ihm nach, er habe – trotz der grandiosen Jahreseinnahmen von sechzig- bis siebzigtausend Dukaten – sein riesiges Vermögen nahezu durchgebracht.

Mit Wohlgefallen betrachtete Georg die Gräfin Przezdziecka, die eine geborene Radziwill war. Er berichtete Soemmerring, sie sehe Therese sehr ähnlich, nur sei sie schöner, auch wenn sie «ein klein wenig, unmerklich schiefe Schultern» habe. Was immer er sich dabei gedacht haben mag: auch der Mademoiselle Heyne verschwieg er nicht, daß die Gräfin – «eine schöne Dame von sechsundzwanzig Jahren» – ihr «im Zuge des Mundes» gleiche, mehr noch mit dem «feinen Witz, Bemerkungsgeist, etwas spitzigen Satyre und unendlichen Lebhaftigkeit, freilich auch im soliden Geschmack für Wissenschaften». Mit dem Galan hockte er bis nachts um zwei bei ihr.

Soemmerring schilderte er drastischer, wie es in den Salons von Wilna zuging: «Die einzige Unterhaltung die ich haben kann ist sinnlich; ich muß mit den Weibern schön thun, und Zeit vertändeln, wenn ich überall mit ihnen umgehen will...» Man müsse ihnen «geradezu auf den Leib gehen», obwohl es selten zum Äußersten komme. Sie wollten aber «ziemlich sinnlich und handgreiflich caressirt sein», so seien sie es von ihrer Nation gewohnt: «Man küßt ein Frauenzimmer wohl ohne Skandal auf die Brust!» Auch seine gute Gräfin wolle angebetet sein, und man tue es gern, weil sie es verdiene...» Übrigens war sie die einzige Dame aus hohem Adel, die nicht spielte.

Und sonst? War er wirklich so unglücklich und einsam, wie er so oft klagte? Wohl betrachtete er die Scherenschnitt-Portraits der Freundinnen auf seinem Wiener Altar voller Wehmut. Doch der Gräfin Thun erzählte er, «die Assemblées beim Prinzen, beim Bischof von Wilna, beim Fürsten Massalski, [seien] sehr unterhaltsam und recht brillant: man ergötzte sich an Gesellschaftsspielen, man tanzte, nicht die faden Polonaisen, die mit dem Tanz nur den Namen gemeinsam haben, sondern Anglaises, Allemandes, Quadrilles. Wir waren bis zu fünfhundert Personen, was eine Menge für eine Stadt ist, die nur zwölftausend Einwohner hat...» Allerdings schien es ihm nicht ratsam, den meisten dieser Herrschaften zu nahe zu kommen. «Comtessen kämmen sich sauf le respect..., die Läuse zum Fenster hinaus. Ritter des Stanislausordens schneuzen sich in des Fürstbischofs Assemblée die Nase mit den bloßen Fingern, vornehme Schnurrbärte mit ihren Säbeln an der Seite haben statt Strümpfe Stroh in den Stiefeln...»

Nein, es läßt sich nicht behaupten, daß er sich große Mühe gab, dem Gastland gerecht zu werden. Den Mitgliedern des Adels attestierte er, wenn sie sich putzten, stehe ihnen der Schmuck «wie der Sau das goldene Halsband», und gegenüber Bertuch bezeichnete er die Leibeigenen als die «polnischen Passeräh», an die Indianer von Feuerland erinnernd. Sie würden wie eine «Gattung Vieh» behandelt und nicht zur Nation gezählt. Es gebe für sie keinen Anspruch auf menschliche oder bürgerliche Rechte. Ein Bonzenheer (von Priestern) raubte den «armen Halbmenschen» im Namen Gottes und aller Heiligen auch das, was ihnen die harten Herren gelassen hätten. Darauf pochte er immer wieder: die «verfluchte Leibeigenschaft» sei es, die das Menschengefühl bis in die Wurzeln abstumpfe und töte.

Die Kritik an der Oberschicht, die er für das materielle und geistige Elend des Landes verantwortlich machte, konnte die Feindseligkeit seiner Sprache nicht rechtfertigen. Viele seiner Briefe lasen sich wie Demonstrationen der alten und schrecklichen polnisch-deutschen Pathologie. Aus den Tagen der Danziger Kindheit drängte sich ein «emphatischer Ausdruck» in sein Gedächtnis zurück, der in den «angrenzenden Gegenden Deutschlands» schon damals umging: «polnische Wirtschaft». An Schnödigkeiten mit umgekehrter Adresse fehlte es nicht. Deutsch, bemerkte er, sei für die Polen ein Schimpfwort. Hochmut und Hochmut hatten sich untrennbar ineinander verkrallt, Torheit stand gegen Torheit, Stumpfsinn gegen Stumpfsinn, Brutalität gegen Brutalität.

Waren es innere Vorbehalte, aus der frühen Kindheit in den Weichselniederungen mitgebracht, die es ihm so schwer machten, Polnisch zu lernen? Man darf annehmen, daß er es weit besser sprach, als er in seinen Briefen zugab. Dennoch beschwerte er sich immer wieder über die Inflation der überflüssigen Konsonanten, und er bemerkte, das Polnische sei der schärfste Gegensatz zum weichen Tahitianisch, das alle harten Laute ausgelöscht habe... An Therese schrieb er: «Sie fragen in einem Ihrer vorigen Briefe, ob es denn wirklich so schwer ist, polnisch zu lernen? Ich glaube bejahend antworten zu müssen, noch kann ichs nicht, kann kaum so viel, daß ich nicht verhungere, kann noch nicht mit den Handwerksleuten sprechen, kann noch keine Unterredung ganz im Zusammenhange verstehen, vielweniger selbst eine führen.»

Dies war gewiß: Ohne eine Frau würde er die Gefangenschaft in Wilna nicht bestehen. Er mußte seine Vorgesetzten überreden, ihm für den Sommer Urlaub, eine Reise nach Deutschland und darüber hinaus einen Vorschuß zu gewähren, der es ihm erlaube, seine Braut nach Wilna zu holen und die Wohnung in einen Zustand zu versetzen, die einer Familie angemessen sei. Er knetete auch Spener weich, dem er gerade erst einen Teil seines Darlehens zurückgezahlt hatte. Der Verleger zeigte sich guten Willens, wie fast immer. Auch die polnischen Behörden deuteten ihm ein Entgegenkommen an. Sie wußten, daß der König voller Wohlwollen von dem Weltreisenden sprach. Überdies schien es ratsam, ihn etwas fester zu binden.

Die Wiener Träume waren blaß geworden. Keines der Komteßchen, keine der Mimis und Lauren würden sich ins kalte Litauen locken lassen. Therese aber hatte seinen Wink verstanden. Sie ließ ihn wissen, daß sie Wilna vor Wien den Vorzug gebe. In einem Brief an Soemmerring wußte die junge Dame ihre Wahl – die in Wirklichkeit keine war – mit einer hübschen Portion List zu begründen. Ihre Vorbehalte gegen die Stadt an der Donau würden es ihm ersparen, sich darüber Sorgen zu machen, daß ihr Polen nicht gefallen könnte...

Georg spürte, daß er zuviel riskierte, bewiese er nun keine Stetigkeit. Er sei «wirklich in Wilna», meldete er einige Wochen nach der Ankunft, und zwar «als einer, der hier Hütten bauen und wohnen bleiben will». Auch Heyne gegenüber betonte er die Absicht, in Wilna auszuharren. Soemmerring war es eingefallen, dem Hofrat in Göttingen Briefe des Freundes zu schikken, die seine düstere Laune, seine Zweifel, sein Spiel mit Alternativen anzeigten – nur der Teufel wußte, was er sich dabei gedacht hatte. Übereilte sich sein guter Wille? Machte er sich nur wichtig? Sagte ihm die Eigenliebe, eine kleine Störung werde womöglich die Aufmerksamkeit auf ihn selber lenken, da es um seine Liebeshändel und Heiratspläne in Mainz nicht zum besten stand? Therese meinte, er kenne ihren Vater nicht genug. Man müsse mit ihm behutsam umgehen. Es werde ihm schwer, die Gefühle junger Leute zu begreifen. «Verstehen Sie mich nicht unrecht. Ich weiß am besten, wie er Forstern liebt, aber eine einzige Idee, ein fremder Begriff kann ihn vor den Kopf stoßen und die guten Eindrücke schwächen.»

In der Tat hatte der alte Heyne erst aus einem Brief Georgs an Soemmerring erfahren, daß der unruhige Professor in Wilna die Absicht hatte, im Juli nach Göttingen zu reisen, um die Braut einzuholen. In Wirklichkeit war, was das anging, das letzte Wort nicht gesprochen. Kein Wunder, daß er unmutig auffuhr. Lichtenberg, das Klatschmaul, berichtete Soemmerring, der Verleger Dieterich habe sich bei der Hofrätin Heyne nach Forster und Therese erkundigt. Die habe alles geleugnet und gesagt:

«Lieber Herr Dieterich, Wilna ist zu weit.» Jetzt spräche man nicht mehr von der Sache. Übrigens sei die Hofrätin krank gewesen, und man habe «den Alten neulich weinend angetroffen». Das mochte diese und jene Gründe haben. Lichtenberg betrachtete Forsters Heiratspläne ohnedies eher skeptisch: er wünsche «dem guten Forster viel Glück dazu, glaube aber nicht, daß er es finden wird. Forster ist für die Liebe im eigentlichen Verstand; Therese für die à la Grenadière, wie man mir sagt, denn ich kenne das Mädchen nicht.»

Auch Georg hielt es für angebracht, den übereifrigen Soemmerring auf sanfte Art zu rügen. Aber ihn verstörte ebenso die hartnäckige Weigerung des Alten: der sorge sich vor allem, sagte er bitter, daß sein künftiger Schwiegersohn eine verschuldete Frau hinterlassen könne, wenn ihm etwas zustoße. Habe er sich je darum gekümmert, was Therese in die Ehe mitbringe, wenn denn irgend etwas? Überlasse der Vater nicht ihm die ganze Sorge um die Einrichtung? Seine Bibliothek von elfhundert Bänden biete immerhin einige Sicherheit, meinte er etwas naiv. Die Einwände des Hofrats ließen sich in einem Satz zusammenfassen: «Herr, ich kann Euch meine Tochter nicht geben, weil Ihr noch zu arm seid.» Indessen hätten ihm Therese und die Hofrätin geschrieben, der Vater müsse überrumpelt werden. Er werde sich schon beruhigen.

Dem Freund legte Georg in seltener Klarheit dar, warum er nun so dringend eine Frau brauche. Er entbehre anregende Gesellschaft, «und da ich Dich nicht haben kann, so ist Therese von dieser Seite die zweite auf der Liste». Weiter: ein Weib gehöre zu seinen «ökonomischen Einrichtungen».

Sein Sparsystem werde ohne Frau nicht gedeihen. «Heirathete ich ... nicht Theresen, so müßte es doch geheirathet sein, und wo finde ich ein Mädchen wie Therese?» Er empfinde nun auch sinnlicher als früher: «... eine volle feste Brust, ein schönes Auge, einen Mund, der mir den Himmel verspricht, das setzt mich außer mir ...» Er sei aber überzeugt, daß er «mit Therese glücklicher sein werde, als mit so einem Stück Wollust; denn ich kenne ja doch noch kein Frauenzimmer (das ich hätte haben können) von so reichem Kopf und Herzen».

Mitte Mai endlich setzte er einen Brief an Professor Heyne

auf, zu dem ein empfindsames Herz nur ja und amen sagen konnte. Er zog, wie er Soemmerring mit einem Gran Zynismus mitteilte, alle Register der «rednerischen Kunst», die er von ihm gelernt habe. Sacht erinnerte er den Alten daran, daß er mit seinem Rat den Ausschlag für Wilna gegeben habe, mit anderen Worten: es wäre nun inkonsequent, die Tochter nicht nach Polen ziehen zu lassen. Der Sohn adoptierte gleichsam den künftigen Schwiegerpapa. Blieb dem Hofrat noch eine Wahl? «Machen Sie mich glücklich, mein Vater!» rief er ihm zu. Sein Glück aber finde er nur bei Therese. Am ersten August spätestens wolle er in Göttingen eintreffen. Wenn ihn eine Antwort erreiche, sei er schon auf dem Weg, vermutlich in Warschau.

Nun atmete er auf. Er fühlte sich nicht mehr so «dumm, so leer, so gedankenlos, so abgeschmackt, wie ausgedroschnes Stroh, wie taube Spreu, wie dürre Späne...» Der alte Elan kehrte zurück. Er fing wieder an, mit dem Freund über Literatur zu sprechen, und lobte Herders *‹Ideen zur Philosophie der Geschichte der Menschheit›* als ein «herrliches Buch», obwohl ihn störte, wie der Autor die Natur auf zu menschliche Art allegorisierte, ja, er machte sich voller Übermut lustig über Herders Preisgesänge für den «aufrechten Gang». «Der aufrecht gehende Mensch hat freilich Vorzüge», amüsierte er sich, «allein wer bürgt uns, daß es in den Augen der Natur edler und geistiger ist, den Kopf hoch, als niedrig zu tragen?... Was ist oben und unten in der Natur; was ist edel, was unedel?» ... «Nicht, weil's edler, schöner, göttlicher» sei, trage der Mensch den Kopf oben, «sondern weil's zweckmäßig und nothwendig war, mußte es geschehen.»

Therese würde ihm bei solchen Disputen kein Argument schuldig bleiben. Auf die angeregten und heiteren Gespräche freute er sich nicht weniger als auf die «volle feste Brust». Er nahm mit Befriedigung zur Kenntnis, daß die junge Dame und ihre liebenswürdige Stiefmutter schon begonnen hatten, an der Aussteuer zu arbeiten. Ganz so selbstverständlich war das nicht. Wußte er das auch? Oder hatte er im Kreis seiner jungen Gespielinnen in Wien und unter dem sanften Schein der Zuneigung ihrer Mütter, hatte er bei den Exkursen seiner Gedanken tatsächlich naiv geträumt, Therese sitze treu ergeben über einem

Buch oder an einer Stickerei, um sich freudig zu erheben, wenn ein Gruß von ihm anlangte? So war es nicht. Den jungen Dr. Michaelis, der ein frecher und hübscher Kerl war, auch kein unbegabter Forscher, wies sie schließlich in seine Schranken, doch die Verbindung brach nicht völlig ab. Da der junge Mensch sein Glück im Umgang mit Frauen sowenig verbarg, zog er die weibliche Neugier auf sich – nicht nur die Thereses, sondern auch die der Mama.

Georg entging die Fortdauer der Verbindung nicht. Sie sollte ihm nicht entgehen. Mit eifersüchtigem Triumph zitierte er aus einem Brief Lichtenbergs – dem einzigen, der ihn in Wilna erreichte –, der von Michaelis schrieb: «Dieser Mensch... verschlimmert sich täglich so sehr, daß er mir jetzt fast unerträglich ist...» Er könne «die größten Sottisen mit einer Miene sagen..., als wären es Erlösungswahrheiten... und wahrhaftig, für Ein Land ist auch immer Einer genug».

Von diesem talentierten Draufgänger drohte in Wirklichkeit keine Gefahr. Aber Anfang September 1784, Georg Forster hatte sich vom Zauber Wiens noch nicht gelöst, schickte Therese an Soemmerring unvermittelt die Nachricht, sie gehe nach Gotha, «eile ans Sterbebett meiner einzigen Freundin», den Zeitpunkt ihrer Rückkehr nach Göttingen wisse sie nicht. Dies war ein Entschluß von seltsamer Dramatik. In der kleinen Residenzstadt Gotha lag die kaum dreißigjährige Auguste Schneider an der Schwindsucht danieder. Niemand glaubte mehr an ihr Aufkommen. Das Mädchen war seit langen Jahren die Geliebte des Herzogs Ernst, der mit herzlicher Treue an ihr hing. Er schien sie als seine eigentliche Frau zu betrachten. Aber wie ging es zu, daß der Hofrat Heyne, der so streng auf Reputation hielt, seiner Tochter den Liebesdienst an einer Freundin erlaubte, die als Mätresse eines Fürsten nicht die höchste Achtung der bürgerlichen Welt genoß? Dachte er an die Krankheit seiner ersten Frau? War sein Herz weniger eng, als man vermutete? Oder gab es anderen Anlaß, Therese für eine Weile aus Göttingen zu entfernen (wie einst bei der Schweizer Reise)?

Vielleicht trafen manche Motive zusammen. Aus späteren Briefen Thereses ergibt sich der Hinweis, daß in jenem Sommer ein Student – Wrede hieß er – das Herz Thereses tiefer verwirrt hatte, als es dem Gemüt einer (wenn auch heimlichen) Braut zuträglich war. Auch die Mama schien ein freundliches Auge auf den jungen Menschen geworfen zu haben. Jahrzehnte später beichtete Therese einem zufälligen Korrespondenten: «Das ward alles mit Überspannung getrieben, mit heldenmüthigem Beherrschen meiner Selbst, um nichtsdestoweniger fantastisch zu handeln – meine gute Mutter war bei allen meine Vertraute, aber um nichts klüger wie ich.» Sie fuhr, nach Jahren noch atemlos, mit dem Geständnis fort: «... Ich war Braut, – aber der Mensch den meine Mutter liebte, machte mir den Kopf warm, ich kannte das Ganze, Verwickelte des Verhältnisses, fühlte meine Einbildungskraft sich verwirren, fühlte mich meiner nicht mehr Herr, und fand Mittel davon zu gehen, fand die Festigkeit nie mehr den Menschen zu schreiben, zu sehen.» Ohne Zweifel war sie aufgeschreckt. «Ich hatte den Menschen nicht geliebt, aber er hatte mich in heftige Bewegung versetzt, ich erröthete vor der Ahndung, daß er meine Sinne erregen möchte – ein Ausdruck dessen Sinne ich nicht kannte, der mir aber Fesseln und Demüthigung zu drohen schien. Das fühlte ich als Jungfrau, als Braut meiner unwürdig und entfloh.» War es denn eine Flucht? Wies nicht der Vater sie an, sich für geraume Zeit von Göttingen zu entfernen? War die Krankheit der Freundin nicht auch ein willkommener Vorwand?

Angeblich liebte sie den jungen Mann nicht, doch in einem früheren Brief (an Lisette von Struve) begründete sie die Reise nach Gotha anders. «Dieser Schritt, Göttingen zu verlassen, wo zum erstenmal mich Liebe band, war die schönste, kühnste That meiner Jugend. Ich fühlte, was weibliche Würde und Forsters Hoffnungen mir auflegten, und that es mit blutendem Herzen, that es unbedingt – denn nie sah und schrieb ich Wrede mehr – auch hier war meine Mutter meine Vertraute. Aber W. war ein Mensch sans foi et sans loi...» Im Januar 1785 begnügte sie sich – aus guten Gründen – gegenüber Soemmerring mit einem diskreten Hinweis: «In Göttingen war ich's, unglücklich zu werden, indem ich Unglückliche machte...»

Einige Wochen danach deutete sie ernster an, sie sei mit Schmerz aus Göttingen gegangen. Die Entfernung tue ihr gut. Sie sprach von Heftigkeit und Unbeugsamkeit ihres Charakters.

Auf Soemmerrings törichte Frage, ob er ein Mann sei, der eine Frau glücklich machen könne, antwortete sie noch immer mit einer Spur von Koketterie, ihre Mutter habe sie einmal aufs Gewissen erforscht, wie sie sich entschieden hätte, wäre sie von beiden, von Forster und Soemmerring, um ihre Hand gefragt worden. Sie zog sich nicht ohne Geschick aus der Affaire: sie traute sich's zu – so habe sie der Mama gesagt –, auch Soemmerring glücklich und «einen herrlichen Mann aus ihm zu machen; aber mit ihm nach Wilna gehen und Jahre lang auf ihn zu warten thät ich nicht». Hatte er sie danach gefragt? Ja und nein. Therese konnte dem Reiz nicht widerstehen, auch mit Forsters Freund ein wenig zu spielen. Der ernstere Rat, den sie ihm schließlich zuteil werden ließ, war auch an die Adresse des stillen Mitlesers in Wilna gerichtet: «Ihr Männer begeht so oft den Fehler, daß Ihr uns zu Königinnen macht, die für nichts sorgen, so lange sie Braut sind, die neue ökonomische Verhältnisse nicht kennen, – selbst als junge Frau wissen sie nicht, mit was für einem Einkommen sie zu thun haben.»

Sie erzählte Soemmerring, wiederum zur Weitergabe nach Wilna bestimmt, die rührende Herzensgeschichte des Herzogs, der kein Glück in seiner Ehe gefunden habe, und ihrer guten Freundin. Sie schrieb ihm von Augustes schwärmerischer Zuneigung. Ein hoher Grad der Freundschaft komme den Empfindungen der Liebe nahe. Oft sei sie von ihren Freundinnen so geliebt worden. Immer sei sie die Geliebte gewesen – nicht die Liebende, wie man hinzusetzen dürfte. Sie sprach in diesem Zusammenhang voller Einsicht von ihrem «angeborenen häßlichen Trieb zu Herrschsucht und Stolz». Endlich schien sie die bittere Botschaft der Krankheit ihrer Freundin tiefer zu berühren. Im Februar kam der Tod näher. In der Pflege lernte sie Geduld. Zum erstenmal begegnete sie, nach dem Ende ihrer leiblichen Mutter, der Not des Sterbens. Auguste habe unbeschreiblich gelitten: Atemnot, Krämpfe, Schmerz. Dem Mediziner Soemmerring klagte sie, die Ärzte bemühten leider eine «unmenschliche Geschicklichkeit», um «den letzten Funken der Seele wider Willen noch in den elenden Körper zu ketten» – schon damals. So urteilte eine begabte junge Frau, die sich selber als eine «aufgeklärte Christin» betrachtete. Ihrem Onkel Blumenbach berichtete sie von der Veränderung, die der Aufenthalt in Gotha in ihr bewirkt habe: «Das Bild einer Kokotte, eines Romanenmädchens, das sich die Leute von mir machten, fängt an zu verschwinden, und man sieht nur noch das Mädchen von Verstand...»

Der Hinweis aufs Erwachsensein deutete nicht nur die Erfahrung des Sterbens eines geliebten Menschen an: Der Leibarzt des Herzogs, Dr. Grimm hieß er, ein achtundvierzigjähriger Witwer, hatte die neunzehnjährige Pflegerin – die nach eigenem Zeugnis vier Jahre jünger wirkte – mit ernsten Worten gefragt, ob sie seine Frau werden wolle. Später sagte sie, es habe ihr wohlgetan, «statt der bewundernden, obenaus seufzenden Schulbübchen in Göttingen mit einem Manne in ein Verhältnis zu treten». Der große Unterschied im Alter wäre in jener Epoche nicht ungewöhnlich gewesen. Dennoch blieb sie Forster im Wort.

Bei den Eltern hing seit geraumer Zeit der Haussegen schief, darum entschloß sich der Hofrat, mit seiner Frau nach Heidelberg zu reisen. Auf dem Wege wollte er Mainz passieren und Soemmerring guten Tag sagen. Therese riet dem Freund, mit allem behutsam zu sein, was er von Forster sage. Im Juni rief sie ihm zu, sie werde Georg – «lieber Gott» – in fünf oder sechs Wochen umarmen. Doch sie fragte zugleich, warum das Schicksal ihren Busen immer mit Freude und Schmerz erfülle. Der Vater sei jetzt ruhiger, doch ihre Nerven hätten die Reizbarkeit, die von ihrem Charakter unzertrennlich sei. Auch leide ihre Brust.

Mitte Juli schrieb sie eine verärgerte Notiz an den Freund in Mainz: Soemmerring hatte, angeblich, die Nachricht in die Welt geschickt, Forster sei schon vor vierzehn Tagen in Berlin gewesen. Vier Tage saß sie wie auf Kohlen, den Verlobten zu jeder Stunde erwartend. Dann kam ein Brief, der besagte, daß er höchstens in Warschau sei und nicht vor Ende Juli eintreffen könne. Die Unruhe der Braut war begreiflich. Aber dachte sie nur mit Ungeduld an den Tag der Hochzeit? Gewiß sehnte sie das Ereignis herbei. Zugleich fürchtete sie seine Nähe.

Georgs letzte Briefe an Therese waren ganz darauf gestimmt, ihre Ängste zu besänftigen: «Ich glaube nicht, daß Sie sich je über den zu feurigen Liebhaber beklagen werden, aber den treuen, den gutmeinenden, den dankbaren, den zärtlichen..., den, hoffe ich, werden Sie nicht an mir vermissen.» Fürchtete sie wirklich sein «Feuer»? Wunderte sie sich nicht eher über allzu große Vernunft, der sie überdies nicht allzuweit traute? Noch Ende Juni, kurz vor dem vermeintlichen Datum der Abfahrt, rief er ihr voller Weisheit zu: «Blinde Liebe, thörichte, aus Laune, Uebermuth, Leichtsinn, aus reizbarem sinnlichen Gefühl entstandene und zu einer gefährlichen Stärke gediehene Leidenschaft gehört nicht hierher; der Rechtschaffene wird immer zwischen dem Triebe seines Herzens und den Pflichten...ein Gleichgewicht erhalten.» Er ahnte nicht, daß die so hart geschmähte Leidenschaft Thereses Herz und Sinne berührt hatte. Er wußte nicht (oder doch nicht genau genug), daß sie von den Eltern zur todkranken Freundin geschickt worden war, um dem Aufstand ihrer Passion zu entgehen. Inzwischen hatte sie sich selber dazu überredet, die Reise nach Gotha als eine Flucht in die Entsagung zu betrachten.

In Göttingen aber hatte sich ein Tröster eingefunden, der nicht wie Forster nur die Pflicht und den Adel hoher Tugend predigte. Jeder Zettel, den ihr jener Verehrer heimlich zuschob, lud ihr Herz dazu ein, sich dem schönen Elan der Empfindungen hinzugeben. Ihr Herz empfing die poetischen Geständnisse wie einen warmen Regen. Die Liebesschwüre verstörten sie nicht, im Gegenteil: sie schienen die zauberische Kraft zu besitzen, dieses junge Mädchen zugleich zu besänftigen und hellwach in die Nacht horchen zu lassen.

Den jungen Mann, der sich ihr mit solcher Kühnheit zu Füßen warf, kannte sie aus seinen studentischen Tagen: Friedrich Ludwig Wilhelm Meyer, der einst ganz Göttingen mit seinem sublimen Talent zum Komödienspiel entzückt hatte, junge Mädchen wie Matronen, Therese und nicht weniger die Stiefmutter Georgine. Kommilitonen und Professoren spendeten mit gleicher Herzlichkeit Applaus, ohne Neid und Eifersucht. Jedermann wollte diesem jungen Menschen wohl.

Meyer war überdies nicht arm. Er hatte Charme. Er strahlte eine Leichtigkeit aus, die den schwerblütigen Hannoveranern nicht so oft begegnete. Auch der alte Heyne hatte ihn ins Herz geschlossen. Meyer war nach Göttingen zurückgekehrt, weil er Arbeit und ein Einkommen suchte. Nach dem Tod seines Vaters, der Oberpostmeister in Hamburg war, hatte die Mutter ihr Vermögen einem unzuverlässigen Freund zur Verwaltung übergeben. Aus dem Bankrott des Treuhänders konnte mit knapper Mühe noch ein Viertel gerettet werden. Der Sohn brauchte, nach Thereses bewunderndem Zeugnis, geraume Zeit, sich von der «Betäubung» zu erholen und «durch den Weg der wilden Hoffnungslosigkeit zur Fassung zurück zu kommen». Der gutmütige Heyne gab ihm die Stelle des dritten Bibliothekars. Sie brachte dem Sechsundzwanzigjährigen nur dreihundert Taler und freie Wohnung.

Natürlich stellte sich Meyer den Heiratsplänen Thereses nicht in den Weg. Allen «niedrigen Neid» gegen den Mann, «dessen Schicksal Du zu dem Deinigen machst», wies er von sich. Sein sensibler Instinkt sagte ihm, daß er Freundschaft und Passion miteinander verschmelzen müsse, um die Liebe dieser schwierigen und kapriziösen jungen Dame zu gewinnen. «Was ich Ihnen verdanke», rief er, «dafür hat meine Zunge keine Worte und mein Blick keinen Ausdruck... Ich bin alles für und durch Dich, glücklich durch Dich ohne alle Widerrede.» Den verwirrten und verwirrenden Wechsel zwischen dem «Sie» und dem «Du» mag er genau berechnet haben. Er spielte auf vielen Registern. Von sich selber zeichnete er ein – so schien es – schonungsloses Bild: er sei verwahrlost, in rauher Gesellschaft herangewachsen, vor der er die sanften Gefühle seines Herzens stets habe verstecken müssen... erst seit einigen Jahren sei er «mit Deinem Geschlecht bekannt», sei ohne sein Zutun und trotz seiner Häßlichkeit geliebt worden, wo er nicht lieben konnte, «erst seit unsrer Verbindung einem Herzen nah und kundig das mich versteht». Er hatte keine Scheu, sich wie ein Jüngling der Werther-Generation den schönsten Aufwallungen des Selbstmitleids hinzugeben, um Thereses Sympathie zu wecken. Er entwarf einen wahrhaft dichterischen Epitaph, der sein Grab schmücken sollte: «Sein Morgen war heiter, sein Mittag schwül, früh sein Abend. Wohlthätige Stralen umgaben ihn als er hinunter sank. Es war zu spät.» Füllten sich Thereses Augen bei der Lektüre mit Tränen der Rührung? Meyer war, trotz seiner Neigung zur sentimentalen Dramatisierung, kein schlechter Psychologe: ohne Zögern nahm er die Pose der Unterwerfung an und flüsterte von verdienten Strafen: «Selbst in deiner Strenge erkenn' ich deine Liebe.»

Dieser umsichtig-glatte Verehrer war zu klug, um einen direkten Angriff auf Thereses Tugend zu wagen. Die Gefühle, die sie miteinander verbanden, ließ er ohne Widerstand in geschwisterliche umdeuten. Gab dies der Liebe nicht eine besondere Intimität? Später, sehr viel später wunderte sie sich über die «Kinderruhe», die sie bei dem «Flammengefühl» bewahrte, mit dem Meyer sie liebte. Aber auch sie habe «zum ersten Mal all umfassend, unbeschreiblich und glücklich» geliebt. Nie sei ihr der Gedanke gekommen, eher Meyers als Forsters Frau sein zu wollen: «Mir schien das zur Liebe unnöthig.»

Nach Jahrzehnten, sie war eine alte Frau, überwältigte sie die Erinnerung: «Ich lehnte mich an Meyers Brust, küßte seine Stirn, verbot ihm meinen Mund, und wie er einmal in seiner tollen Fantasie meinen Fuß küßte der recht ordentlich war, bat ich ihn wie ein Kind dem man eine Blume, einen Vogel nimmt, nur meinen Fuß zu küssen...» Meyer habe ihr die «kindliche Keuschheit in Gedanken und That» erhalten. Den Adressaten jenes Briefes fragte sie: «Das müssen Sie sich nun erklären wie ein blühender Mann von 26 Jahren diese Herrschaft über sich bei einem liebenden Mädchen behielt, die in seiner Gewalt war...» Die Fortsetzung des Geständnisses geriet Therese konfus und verräterisch: «Ich wäre nicht unschuldig gewesen, wenn ich mehr wie meinen Mund und meine Chaussure für heilig gehalten hätte.» Ob Meyers Küsse noch andere Ziele fanden als die hübschen Füße, ob seine Hände denn doch diese und jene Geheimnisse zu erkunden vermochten – das hat Therese verschwiegen. Davon sagte auch er kein Wort, obwohl er zu den Schürzenjägern gehörte, die sich ihrer Triumphe gegenüber den Freunden gern rühmten. Sie aber bewies in mancher Hinsicht das klassische Verhalten einer kleinen demi-vierge, die neugierige Lust und störrische Keuschheit auf eine nicht reizlose Weise zu vereinen versuchte.

Von Forster beunruhigend lang keine Nachricht. Wo blieb der Bräutigam? Unter dem Datum des 18. Juli meldete er dem künftigen Schwiegervater trockenen Tones, er sei durch besondere Ursachen zurückgehalten worden, über die er mündlich berichten werde, doch hoffe er, in acht Tagen nach Warschau reisen zu können und Mitte August oder ein paar Tage später in Göttingen einzutreffen (der Brief langte höchstens Anfang August in Göttingen an). Unter dem gleichen Datum berichtete er Soemmerring, daß ihn eine schwere Krankheit heimgesucht habe. Drei Tage lang «zweifelte jedermann an meinem Aufkommen»: Flecktyphus. Chinin habe das Fieber gebrochen. Er verdanke sein Leben dem Nachbarn, Professor Langmeyer, der Pflege durch Langmeyers Frau und der Treue seines italienischen Bedienten. «Freilich bin ich noch mager, und zumal sind die Beine dünn und schwach, allein mein Magen ist schon ganz eisenfest...» Am 25. wolle er reisen. Er habe keine Zeit zu verlieren.

Am 19. Juli schickte Therese einige Zeilen an Soemmerring. Der geliebte Forster habe ihr nur Freude gegeben, «Freude um ihn» möge ihr die Wiederherstellung ihrer Gesundheit geben, «die Gram und Leidenschaft verwüstet haben». Michaelis sei ein Tropf, schrieb sie überdies. Er werde Soemmerring bei der Hochzeit nicht im Wege sein. So möge er ruhig kommen.

Die nächste Notiz kam aus dem Dorf Holtensen bei Göttingen: «Wissen Sie denn, wo ich eigentlich bin? Ich war ein paar Tage krank – mehr an der Seele; aber auch am Körper. Das Ding verdroß mich, denn mich verdroß jede Fliege auf dem Tische, und jede Wolke am Himmel; und was das Schlimmste war, ich verdroß jedermann. Ich lief hierher nach Holtensen, wo meine Mutter ein Zimmer in einem Bauernhaus gemiethet hat.» Dort sei sie «drei Tage ganz allein gewesen, ohne Aufwartung, ohne Gesellschaft». Sie habe sich durch frische Luft gesund gemacht. Man könne auch in einem Bauernhaus vergnügt sein. «Doch so allein – wie diese drei Tage bin ich wohl nie mehr.»

Georg hatte unterdessen in Bialystok bei der Madame de Cracovie Station gemacht. Eine Woche hielt er sich in Warschau auf und speiste beim König. Im schlesischen Gnadenberg besichtigte er die Einrichtungen der Herrnhuter Brüdergemeinde mit den Schlafsälen für die ledigen Männer und für die Jungfern. Er nächtigte in Dresden bei den Neumanns. Er sah Spener. Am 21. August traf er endlich, mehr als einen Monat verspätet, in Göttingen ein. Nach Jahrzehnten schrieb Therese auf: «Forster kam – ich verleugnete mein blutendes Herz mit Schwärmerei, Meyer hielt sich standhaft – auch das Schwärmerei?»

Die Hochzeit wurde am 3. September gefeiert. Der dürftige Ehekontrakt sah vor, daß Therese eine Mitgift von dreihundert Talern erhalte, die von ihrem Vater zinsbringend angelegt werden sollten, ferner sollte Forster für eine Sicherung der Witwe sorgen. Meyer unterzeichnete das Papier als Zeuge. Dem liebenswürdigen jungen Mann begegnete Georg mit begeisterter Freundschaft. «Forster schwärmte mehr wie wir zwei», schrieb Therese, «liess uns einander ewige Liebe schwören auf Du und Du, bat von mir keinen Kuss den ich nicht auch Meyer anbot.» Er gab Meyer den Freundesnamen Assad – nach dem verlorenen Bruder Saladins aus Lessings ‹*Nathan*›, der sein liebstes Drama geworden war: die ernste und eindringliche Feier der Toleranz. Die geschwisterliche Deutung der seltsamen Liebe, die Recha und der Tempelherr in Lessings Lehrstück erfuhren – entsprach sie nicht ganz seinen innersten Interessen? War sie nicht das probateste Mittel, seine Eifersucht zu ersticken?

«Mein Bruder! ganz gewiss...» Auch Therese schwelgte in diesem seltsamen Bund der Freundschaft. Manchmal waren ihre Gefühle gemischt: «Zum Glück dauerte das nur 16 Tage, den Tag nach der Trauung reisten wir ab nach Polen.»

XVI
In sarmatischer Verbannung

Das junge Paar, von Soemmerring begleitet, machte in Kassel Station. Die Wolken düster brütender Erinnerung, die für Georg über dem Städtchen hingen, waren fortgeblasen. Der Alptraum verwandelte sich in das liebenswürdige Idyll einer kleinen deutschen Residenz, in der sich der Souverän und sein Volk, Aristokraten und Bürger mit altfränkischer Artigkeit begrüßten. Professor Forster wurde wie ein verlorener Sohn empfangen und mit Komplimenten über die charmante Tochter des großen Heyne überschüttet. Graf Schlieffen empfing ihn mit unveränderter Herzlichkeit. Der Major von Canitz hatte Tränen in den Augen. Keiner der frommen Verschwörer vom Rosenkreuzer-Bund setzte eine drohende Miene auf. Der Landgraf – wer hätte es gedacht – bat seinen entlaufenen Professor zu Tisch und fragte ihn mit zerstreuter Höflichkeit über die Verhältnisse im fernen Polen aus. (Den gutartigen Tyrannen raffte wenige Wochen später, er war 65 Jahre alt, der Schlagfluß dahin.) Soemmerring ließen sie in Kassel zurück.

Auf dem Weg nach Gotha schauten sie in Hofgeismar vorbei, wo sie Jacobi bei seiner Kur zu finden hofften, doch er war noch nicht eingetroffen. Kurze Visite in Gotha, um den Freunden Thereses guten Tag zu sagen. Sie luden Amalie Seidler, der sich Therese aufs engste angeschlossen hatte, in die hochbeladene Kutsche, in der auch Marie, die Magd, ihren Platz hatte, während Georgs Diener auf dem Bock saß.

Forster zeigte wenig Neigung, sich in Weimar aufzuhalten. Die alte Ängstlichkeit riet ihm, Goethe auszuweichen, trotz der herzlichen Einladung im Vorjahr. Auch bei Wieland konnte er einer liebenswürdigen Aufnahme gewiß sein, und Herder brannte darauf, sich mit dem Weltfahrer zu unterhalten. Als die kleine Gesellschaft dieser Pilgerstätte der deutschen Literatur näher kam, überlegte er sich's anders. Oder setzte ihm Therese zu? Sie hatte zwei Jahre zuvor bei der Reise mit dem Schwager Blumenbach das hübsche Städtchen erkundet, hatte das karge Refugium des Herzogs entdeckt, das Carl August sein «Kloster» nannte, hatte Goethes Garten ausgespäht, wo «unter den Büschen ein simples Haus mit gebleichten Schindeln» herausschaute, und in einem Brief bemerkt, die Residenz mache einen «lachenden, reizenden Anblick», wenn sich «das glänzend weiße Dach» von dem weichen Grün umgeben zeige. Sie hatte die Herders besucht, deren Kinder allesamt an den Blattern litten, hatte sich amüsiert, weil der Hausherr nach Halberstadt zu seinem Freund Gleim, dem Dichter, geflohen sei. Sie fragte sich, mit jungem Witz, wie der «sanfte, aber brausende Herder» sich mit der «verzuckerten, übernachteten Milchsuppe» vertrage – eine ausgefallene, aber nicht unzutreffende Charakterisierung der kandierten Poesie des Rokoko-Dichters. Goethe hatte ihr gefallen: unprätentiös, nicht steif, beim ersten Anblick ein wenig verlegen – «eine kluge Physionomie, starke Augenknochen... und sehr dünne Lippen. Sein Auge ist ernst und groß.» Die steifen Bewegungen seines Kopfes mißbilligte sie, doch das siebzehnjährige Mädchen fügte mit unfreiwilliger Komik hinzu: «Er ist ein wackerer Mann, der meine völlige Gnade hat.» Goethe gefiel ihr besser als Wieland, weil er weniger von sich selber sprach. Den Dichter des *‹Oberon›* nannte sie eitel. Er rede langsam und «suche seine Worte», doch die Worte seien «schön, ohne gesucht zu sein»: er «ist nicht groß, sehr mager... eine schmale Stirn, freundliche, lebhafte Augen, die aber jetzt roth sind, eine Naße wie Großpapa in Göttingen, aber im Mund viehl feines, doch ein wenig hämisch.»

Natürlich wollte sich Therese den illustren Bewunderern nun als Frau des berühmten Forster zeigen. Georg bereute den Aufenthalt nicht. Später stellte er (in einem Brief an Meyer) fest, daß er in Weimar zwei der frohesten Tage seines Lebens verbracht habe: «Ich fand beide, Herder und Göthe, weit besser, als ich sie erwartet hatte.» Zunächst machten sie dem Oberkonsistorialrat ihre Aufwartung, der als ein schwieriger Herr galt. Rasch gelangten sie zu einer guten Harmonie. Das Gespräch war lebhaft. Sie steckten fast den ganzen Tag zusammen. Herder schien trotz der guten Verständigung einige Vorbehalte zu bewahren. Seinem Freund Johann Hamann, dem «Magus im Norden» (der nun bei Jacobi seiner spekulativen und schattigen Denkwelt nachhing), schrieb er, die zu frühe Reise nach dem Südpol habe dem «Keim von Forsters Gesundheit und seinem Gliederbau» etwas geschadet, so dürfte er sich «schwerlich zu einem Mann entwickeln», der «an Seelen- und Leibeskräften werde, was sein Vater gewesen. Übrigens ist er ein gutherziges, gelehrtes Männchen, der sich in den meisten Wißenschaften selbst zu etwas durchschlagen [hat] müssen, das ihm denn viel Mühe gemacht hat...»

Ein Männchen. Zierlich war Georg in der Tat. Beim Anblick der jungen Frau mag Herder in den Sinn gekommen sein, wie er eineinhalb Jahrzehnte zuvor seiner Braut Thereses leibliche Mutter beschrieben hatte: «Sie ist nicht schön, ihr ganzes Gesicht ist in einem Zuge der Empfindung gebildet, die [ihr] die unregelmäßigen Züge eingeprägt hat. Ihre ordentliche, sich selbst gelassene Miene ist so tief, so schweigend, wie im weitsten Traum versenkt. Die vielen sonderbaren Schicksale haben einen Nebel auf ihre Mienen gebreitet, der sehr ernst wird.» Die Kinder nannte er sonderbar. Sie wüßten nichts «von einem Feierlichen, Gezwungenen» und schienen nichts zu verlangen, als mit ihren Eltern sein zu können. Das war drei Jahre vor dem Tod der schwindsüchtigen Frau. Sie hatte ihm noch voller Wehmut zugerufen, ihre Seele sei zu ihm geflohen: «Sie sollten diese von ihnen erfüllte Seele durch kein mürrisch Schreiben von sich stoßen.»

Am zweiten Tag bat Goethe zu seinem «griechischen Abendmahl» mit den Herders, den Wielands und Amalie Seidler. Es ging bei dem Diner in dem kleinen, doch illustren Kreis festlich und heiter zu. Aber was mochte hellenisch sein? Die Roben der Damen? Das Dekor? Der Wein? Die Speisen? In seinem Bericht an den Schwiegervater Heyne sprach Georg von der «Weisheit des Altertums» und der «griechischen Eleganz», die jedem geläufig sei. Der Ton war freundschaftlich, Goethe «munter und artig», Wieland «witzig und allerliebst». Therese war «die Seele der Gesellschaft...» Der Hausherr gab sich die liebenswürdigste Mühe mit den jungen Leuten, die in die Fremde ziehen wollten – nach Sarmatien, wie Georg die polnisch-litauischen Gefilde nannte, sich eines mythischen Begriffs der Griechen für den wilden Osten bedienend.

Nach einigen Wochen ließ Georg das Erlebnis von Weimar Revue passieren, um das Urteil seines Freundes Meyer zu korrigieren: «Goethe ist wohl schwerlich so fromm, wie Sie ihn dafür halten.» Aus seinen Jugendschriften könne man das schließen, aber sein Kopf sei zu hell, «auch schien sich nichts davon in seinem Umgange zu verrathen». Schon daß Herder ihm gesagt habe, Goethe sei sein einziger Herzensfreund, spreche mehr für als gegen ihn, «denn Herder schwärmt wohl, aber er ist nicht fromm. – Wielands Eitelkeit macht ihn im Umgang unleidlicher, als seine Bücher es sind. Den feinen Kopf erkennt man immer an ihm, und seine Liebe zu Griechenland und zum griechischen Begriff von Religion und Götterlehre sollte sie mit ihm aussöhnen...» Nach 25jähriger Ehe sei er noch der «galante aufmerksame und zärtliche Ehemann einer eben nicht liebenswürdigen Frau».

Herder hatte den jungen Forster unterschätzt. Er kannte die Kraft seiner Prosa und die Klarheit der Formulierungen noch nicht, die einen Vergleich mit der grobkörnigen und robusten Intelligenz des Vaters nicht zuließen. Er nahm auch die kritische Aufmerksamkeit nicht wahr, die Georg so oft unter dem wallenden Mantel erster Begeisterung (auch vor sich selber) verbarg. Dem jungen Forster war nicht entgangen, daß sich Weimar in manchen Zügen auch als olympisches Krähwinkel darstellte.

Nach Halle, um Therese den Eltern und Geschwistern vorzustellen. Der Alte schien sich leidlich zu benehmen. (Unterdessen hatte er den zweiten Sohn Carl, der als Kaufmann in England sein Brot verdiente, zum Objekt der Ausbeutung gemacht.) Seine wuselnde Geschäftigkeit war dieses eine Mal nützlich: er brachte es zuwege, daß Georg – im abgekürzten Verfahren – die medizinische Doktorwürde der Universität Halle verliehen wurde. Der verantwortliche Kollege verzichtete sogar auf die

Gebühren. Die Dissertation sollte nachgereicht werden. (Dies geschah nach einem guten Jahr. Georg legte eine Abhandlung über die Pflanzenwelt der Südsee vor, die als Promotionsarbeit angenommen wurde und Beifall fand, obschon sie der Vater mit einiger Willkür redigiert und den lateinischen Stil entstellt hatte.) Der Promovierte meldete das Ereignis prompt an Abbé Poczobut, den Rektor in Wilna, damit der Titel im nächsten Vorlesungsverzeichnis nicht vergessen werde. In Dessau trafen die Forsters weder den Fürsten noch die Fürstin an. Um so besser, sie hatten es eilig. In Potsdam Besichtigung des neuen Schlosses und der Gemäldegalerie, Besuch in Sanssouci. Der König lag krank an der Podagra und empfing nicht. In Berlin nahm sie der treue Spener auf. Sie sahen Nicolai, der immer noch hinter jedem Busch einen Jesuiten witterte, sprachen mit Biester, dem Redakteur der *‹Berlinischen Monatsschrift›*, mit Dohm, mit dem sich Georg wieder zu verständigen schien. Er wurde in eine «Gesellschaft der aufgeklärtesten Männer» der Hauptstadt geladen, die eine Art von Geheimbund bildeten, doch er gab keine Hinweise, ob der Kreis zu den Freimaurern oder den Illuminaten zählte. Georg knüpfte eine Verbindung zu dem Minister von Heinitz an, der ihn mit Therese zum Essen bat. Literarische Pläne mit Spener, der vor allem auf die Weiterarbeit an der Übersetzung von Cooks letzter Reise drängte. Vor dem Aufbruch: Besorgungen für den Haushalt in Wilna. Der Diener wurde gefeuert, da er nichts taugte.

Kaum hatte das überladene Gefährt die polnische Grenze vor Posen passiert, warf der Kutscher auf der elenden Straße um. Der Sturz war sanft. «Die großen Geister saßen in der Pfütze», berichtete Therese dem Freund Soemmerring. Im Hotel trockneten sie die durchnäßten Kleider und ruhten sich aus. Georg schrieb vergnügt an Jacobi: «Meine Therese ist anmuthig und intereßant, ohne schön zu seyn; sie hat das seltene Glück gehabt, bey einem emporstrebenden Geiste, ganz durch sich selbst gebildet zu werden, ist daher frey im edelsten Wortverstande, und ganz Natur in allen ihren Gefühlen... ihre Lektüre ist ausgebreitet und von der größten Mannigfaltigkeit.» Unvorsichtig genug, ließ er den Brief offen auf dem Tisch, während er für einen Augenblick aus dem Zimmer trat. Natürlich las Therese, was er geschrieben hatte. Flugs zeichnete sie eine Karikatur, die drastisch unterstrich, daß Georg in der Tat keine Schönheit gewählt hatte. Sie schien das realistische Urteil mit Humor zu akzeptieren. Oder? Der junge Ehemann fügte seinem Brief noch einige Zeilen an, die eher an Therese adressiert waren: Sein Freund möge nicht glauben, Forster gehöre zur «gemeinen Klasse der blinden Liebhaber», die «alles an ihrer Geliebten schön, vortrefflich und auserlesen finden...» Sie mag ihn damit neckisch und ironisch zitiert haben – später. Auch ihre Briefe von der strapaziösen Hochzeitsreise waren fröhlich. Nichts deutete auf eine Spannung hin. Aber ein knappes Jahrzehnt danach gab Therese zu erkennen, ihr Ehemann habe vier Wochen gebraucht, um sie zur Frau zu machen. War es so?

Den Härten des Daseins in Polen sah sie gefaßt entgegen. In Warschau sagte man ihr, Forsters Anweisungen für den Umbau der Wilnaer Wohnung seien leider vergessen worden. Sie nahm es gelassen hin. Sie rebellierte auch nicht, als Forster allein an die Tafel des Königs gebeten wurde und sich in ein seidenes Galagewand hüllte, um würdig bei Hofe zu erscheinen: «...angeschirrt und schwarz gekleidet, aussehend wie ein ministre plenipotentiare.» Sie durfte feststellen, daß ihr kleiner Professor ein rechter Elegant geworden war.

Das Land, ließ sie Soemmerring wissen, gefalle ihr, auch «les bas peuple», nur die Vornehmen möge sie nicht. Doch sie lernte in Warschau nur deutsche Familien kennen. Und was schrieb sie Meyer, dem Bibliothekar in Göttingen, der vor allem ihr Busenfreund war? Ihre Korrespondenz aus jener Zeit ist nicht erhalten. Forster riß seinen «Assad» so stürmisch an seine Brust, als versuche er auf solche Weise, Therese in eine gewisse Distanz zu zwingen. Er ließ sich nicht davon beirren, daß Meyer in der Regel nur an seine Frau schrieb. Vielmehr bestand er darauf, daß zwischen ihnen nun das brüderliche «Du» herrschen müsse.

Am Ende der ersten Novemberwoche, im Anbruch des traurigen Winters, trafen die beiden in Wilna ein. Ein polnisches Wunder: die Wohnung war sehr wohl renoviert, und die Handwerker hatten jeder der Vorschriften Georgs strikt gehorcht. Therese fand die Behausung in dem alten Jesuitengemäuer nicht ungemütlich. Nach wenigen Tagen rief Forster dem «Bruder

Soemmerring» zu: «Wir leben mit einander wie die Kinder, und freuen uns wie Kinder; wir genießen unsere Liebe, und wissen, daß alles übrige nichts werth ist...» So heftig er einst den Höhen mystischer Entrückung zugestrebt hatte, so leidenschaftlich verkündigte er nun das Glück der Diesseitigkeit und seine Liebe zur Welt: «Ich bin Dir jetzt so ruhig, so zufrieden, so vergnügt, ohne Gott und ohne Gebet, als ich es ehedem mit aller Kraft und Ängstlichkeit des Glaubens nie sein konnte. Wenn es ein Wesen giebt, das als Schöpfer alle Wesen in sich faßt, so bin ich überzeugt, daß das Glück seiner Geschöpfe ihm angenehmer ist, als ihr unaufhörliches Betteln...»

Nichts wünschte er dem Freunde inniger als eine gute Heirat. Marianne, die Schwester Thereses, hatte sich Soemmerring aus dem Kopf geschlagen. Ein launisches Mainzer Fräulein – Susanne Holthof war ihr Name – hielt ihn hin und, wer weiß, vielleicht zum Narren. Überdies war sie katholisch. Georg redete ihm gut zu, nun ganz der erfahrene Liebhaber und Ehemann: Das große Gefühl sei wichtig! Er verliere wenig, wenn ihm «blos der körperliche Genuß» abgehe. «Dieser ist zwar gerade mit dem geliebten Gegenstand am schätzbarsten», sagte er mit drolligem Ernst: er «erhöht jede Freude, knüpft das Band inniger und fester, aber allein und für sich, ohne die reine Zärtlichkeit der Freundschaft, ohne Hochachtung und Anerkennung geistiger Vorzüge, ist er doch weniger oder nichts werth». Er redete in der Tat wie ein altgewordenes Kind. Mit welchem Eifer belehrte er den armen Junggesellen in Mainz, daß viele Männer so bald nach der Hochzeit aufhörten, Liebhaber zu sein, und vergäßen, daß man einer Frau Höflichkeit, Artigkeit, Aufmerksamkeit schuldig bleibe, auch wenn man sie nicht mehr lieben könne: «Wie hart und wie thierisch, blos im Augenblick der sinnlichen Liebkosung sich gegen das Weib artig zu bezeigen.»

Seine biederen Einsichten entsprachen ganz den Normen der bürgerlichen Moral. Sie deuteten freilich nicht darauf hin, daß dieses junge Paar auf dem gemeinsamen Lager ein permanentes Fest der Sinne gefeiert hätte. Georg bemerkte es womöglich kaum, und Therese schien unter keiner Entbehrung zu leiden. Sie verkündete Soemmerring strahlend: «Mein Mann macht mich in Wilna unendlich glücklich... Mit Forster ist freilich bei den Kalmücken und Huronen und Tataren und Nordhäusern gut wohnen, denn er ist die Welt meines Genusses...» Im gleichen Brief meldete sie, sie habe «Anwartschaft auf einen kleinen Drachen», mit anderen Worten: sie sei schwanger.

Die Kargheit des Landes ließ ihr Deutschland wie ein Paradies erscheinen. So hart die Bauern gedrückt würden – Hannover sei ein glückliches Land. In einem Dorf, nicht weit von Wilna, besichtigte sie eine Kate: «Ein großer Herd ohne Rauchfang – kein Bett im Haus, kein Schrank, kein Eßgeschirr als ein paar russische Töpfe, in denen sie ihren Parscht kochen und auch speisen – an dem Feuer saß ein Kind, das braun vom Rauch war – ein Weib, das wie Macbeth's Hexe aussah. Stubenthür und Hausthür ist eines – die Nachtlager ein Strohsack. Was speisten die Leute? ein Gemisch gegohrner Gurken, rothe Rüben, Zwiebeln und Schweinefleisch ist ihre gewöhnliche Kost – und ihr Brot ein ausgetrockneter Teig von Kleien und Mehl, schwarz wie Pumpernickel aber ohne die geringste Kraft. Wer schützt dieses Volk? nichts! vor der Habsucht des Edelmannes, nichts vor den Soldaten, nichts vor der Krankheit. Was ist ihr einziger Genuß? ihre Sinne in Branntwein zu ertränken...»

Für die Klasse der Aristokraten fand sie nur Worte der Verachtung: nichts als Verderb der Sitten, Unwissenheit, Schwäche. Sie habe geglaubt, die «Einbildungskraft eines Retiffe de la Bretonne gehöre ins Tollhaus» – hier erzähle man sich die Abscheulichkeiten als «Nouvelles du jour». (Immerhin, das junge Mädchen hatte die Bücher des Franzosen gelesen, die als anstößig, ja verrückt galten. Es ist nicht sicher, ob Forster diese Lektüre gebilligt hätte – von ihrem Vater nicht zu reden. Sehr viel später las sie auch die Schriften des Marquis de Sade.) Die beiden gingen nicht allzu oft aus. Die meisten seiner Kollegen betrachtete Georg als freundliche Langweiler. Der Universitätsklatsch interessierte ihn nicht, und Therese behauptete, sie mache sich nichts aus den Damen der höheren Stände. Überdies war ihre Bewegungsfreiheit eingeschränkt. Die Anschaffung von Pferden betrachteten sie – zunächst – als unangemessenen Luxus. Doch wann immer sie ausfahren wollten, mußten sie sich die Gäule ihrer gutwilligen Nachbarn leihen, denn es schickte sich nicht, bei einer Gesellschaft zu Fuß zu erscheinen. Überdies versank man auf den Gassen im Schlamm und hernach im Schnee. Die junge Professorenfrau war kaum mit einer Garderobe ausgestattet, die es ihr erlaubt hätte, mit den polnischen Comtessen und Baronessen zu konkurrieren: die adligen Damen mochten wild und sündhaft sein, an Kleidern sparten sie nicht. Therese saß lieber zu Haus, als ihren Stolz zu gefährden. Oder? Ganz konnten und durften sie sich nicht verstecken. Später gestand sie ihrem Vater, sie habe – trotz ihrer Armut – «unter Vornehmen leben und einen Glanz annehmen» müssen, durch den die «Eingeschränktheit» durchschien... «Ich sollte Besuche machen und mir fehlte alles was die Geringste hatte und meine Hausarbeit blieb liegen.» Übertreibend fügte sie hinzu, sie habe wie eine Magd gearbeitet, doch habe sie es gern getan. Solange das Idyll dauerte, kauerten die beiden am Abend nach dem Essen an dem Kamin, um «zu lesen, zu lernen, zu plaudern oder zu liebkosen». Therese regierte mit einigem Vergnügen ihren Haushalt, der nicht ganz klein war, denn zur Göttinger Marie gesellten sich rasch zwei polnische Mägde und ein Diener für Georg. Natürlich schafften sie sich ein Gespann an: also kam ein Pferdeknecht dazu, zu Zeiten auch ein Holzknecht... Therese meldete naiv, ihr scheine zu gelingen, «was keiner Deutschen in Polen... gelang, ich mache meine polnischen Bedienten zu guten Menschen, und gewöhne sie vielleicht völlig zur Ordnung. Mein Haus ist reinlich, ich fang an gut meublirt zu sein...» Ihrem Gatten bescheinigte die junge Herrscherin einen lobenswerten Fleiß. Wenn sein Eifer für die Wissenschaften abnähme, würde sich auch ihre Liebe mindern: «Ich bin stolz wie je ein Weib stolz war.»

Das Glück der Menschen, auch das seligste, ist sich selber niemals genug: es braucht die Teilnahme der anderen wie einen Spiegel, um sich wiederzuerkennen. Da der Umgang in Wilna dürftig blieb, hungerte das junge Paar nach Post. Aber mit der Ausnahme Soemmerrings und des alten Heyne erwiesen sich die Freunde und Verwandten allesamt als faule Korrespondenten. Selbst Meyers Eifer ließ im Fortgang der Monate nach. Lang blieb die Fracht aus, die sie unterwegs aufgegeben hatten. Die Bände der kleinen Handbibliothek waren rasch ausgelesen, sosehr sie auch ihre «verliebten Intermezzi» ausdehnen mochten, von denen Georg der Gräfin Thun in Wien so betulich erzählte. Spener hatte er eine Liste von Zeitschriften und Büchern zurückgelassen – darunter wichtige Bände für die Universitäts-Bibliothek –, die sie voll Sehnsucht erwarteten.

Die Wintermonate schleppten sich dahin. Drei Monate Sonnenfinsternis, klagte Georg. Die Bücher-Pakete aus Berlin und aus Leipzig kamen nicht. Nicht alle Post war erfreulich. Von Spener die Bitte, ihm gewisse Auslagen zu ersetzen. Georg schickte mürrisch die geforderten 56 Dukaten. Für den Park des Fürstbischofs hatte er in Deutschland Bäume im Wert von hundert Dukaten gekauft. Auch sie blieben aus. Er fürchtete, daß er den Verlust tragen müsse (was nicht zutraf, denn die Bäumchen kamen schließlich doch, und sie hatten den Frost zum guten Teil ohne Schaden überstanden).

Sir Joseph Banks schickte einen harschen Brief, da er einer irreführenden Notiz im Göttinger Magazin entnehmen zu müssen glaubte, daß Georg die Kupferstiche von der letzten Reise Cooks noch immer nicht an Spener weitergegeben habe. Der Professor war krank vor Entrüstung. Indes, war Banks' Vermutung ganz so abwegig? Hatte Forster die Bilder nicht nahezu ein Jahr lang mit sich geschleppt, ehe er sie an den Verleger expedierte, nach dringender Mahnung? Nun sagte er dem Freund in London alle Niederträchtigkeit der Welt nach. Er warf ihm vor, Banks habe seine Tier- und Pflanzenzeichnungen aus der Südsee nur gekauft, um sie vor der Welt zu verbergen und ein Monopol an Kenntnissen zu behaupten. Er habe dem Vater Geld nur geliehen, «um ihn ganz in seine Gewalt zu bekommen», habe schließlich, da Reinhold die Schulden nicht bezahlte, eine Sicherheit bei dem Sohn gesucht, was Georg (ganz zu Recht) zurückwies. Es brauchte später nicht viel, um ihn mit Banks zu versöhnen. Er wußte wohl, daß seine Familie diesem großmütigen Mann ihre Rettung verdankte. In Wahrheit hatte er kein völlig reines Gewissen. So war es immer: wenn er sich angegriffen glaubte, schlug er um sich wie ein Tier in Todesangst, er kratzte und biß, er zürnte, schäumte, klagte an ohne Vernunft und ohne jegliche Rücksicht. In solchen bösen Augenblicken trat zutage, wie tief die Kränkungen waren, die er in seiner Kindheit erlitten hatte.

Konnte er die plötzlichen Ausbrüche von Ressentiment vor Therese verbergen? Bemerkte sie die Entstellung seiner Seele? Gelang es ihm, sie zur Partnerin seines Ärgers, seiner Empörung, seiner Wut zu machen? Warum verfiel seine gute Laune so rasch? Die junge Frau half ihm gewiß nicht, seine Abneigung gegen die polnische Umgebung zu überwinden. Sie sträubte sich, die Sprache des Landes zu lernen. Sie äußerte nichts als Verachtung für die Geselligkeit der «Pfaffen und Schnurrbärte». Sie verachtete die Gesellschaft der «Spieltische und Bierbouteillen, Roheit und Verderbniß, Nonsens und Fadaise». Spener verkündet sie, auf ihre Schwangerschaft deutend, wie eine frühe Kämpferin des Volkstumswahns: «Mein Kind wird ganz mein sein... Es soll nichts von polnischem Blut in sich haben, es soll deutsch und einfach wie sein Vater, glühend und liebend wie seine Mutter sein...» Georg pflichtete ihr bei. Er konnte sich, als das Kind auf der Welt war, kaum lassen vor Genugtuung, weil die Mama ihr Baby selber stillte und nicht mit der unguten Milch polnischer Ammen nähren ließ.

Der Verleger mußte als Mädchen für alles dienen: «Den Polen liegt sehr wenig daran, Löcher oder geplatzte Nähte in Kleidern zu haben oder nicht; deßwegen ist hier in der ganzen Stadt kein guter Zwirn zu finden, noch weniger blau und roth feines türkisches Garn, um Namen in die Wäsche zu zeichnen...» Also bat sie um Garn, «besonders von den feinen und mittleren Sorten», und um «sächsische Spitzen». Vor allem aber bettelte sie um Bücher, was nur zu verständlich war: es sei «wider das Naturrecht», Leuten in Wilna keine Bücher zu schicken. Bücher betrachtete Georg als einziges wirksames Mittel gegen die «Polakkisierung». An seinem Nachbarn Langmeyer beobachtete er den schleichenden Prozeß einer nachlässigen Anpassung. An Hochmut ließ er es dabei nicht mangeln.

Alles Glück mit Therese hielt ihn nach wenigen Monaten nicht davon ab, das «ungerechte Schicksal» zu beklagen, das ihn nach Wilna verschlagen habe. Die Isolation steigerte – trotz der so lebhaften Gespräche mit seiner Frau – seine Arbeitslust nicht. Im Gegenteil, sie schien nur seine Neigung zum Selbstmitleid und zur Hypochondrie zu befördern. Es wurde ihm noch immer schwer, seine Vorlesungen Wort für Wort in Latein aufzuschreiben. Mit seiner Dissertation und einem kleinen Kompendium der Südseeflora, das er gleichzeitig entwarf, kam er nur langsam voran. Die Arbeit an der Cook-Übersetzung schob er bis zu den Sommerferien vor sich her. Er schickte Signale in alle möglichen Richtungen, um Lebenszeichen bittend, die er wörtlich als solche verstand. So schrieb er lange Briefe an Lichtenberg, seine Scheu überwindend, fragte nach dem Schicksal des Magazins, bot sogar an, auf die Mitherausgabe zu verzichten, da er aus der Ferne so wenig nützlich sein könne. Es war ihm nicht entgangen, daß dieser in der Tochter seines Nachbarn Heyne kaum die junge Frau sah, die er Forster gewünscht hätte – wenn denn eine. Das Gespräch mit diesem wahrhaft aufgeklärten, freien und anregenden Geist aber brauchte Georg dringender denn je, da er in Wilna eine so «ungeheure Menge erfrorener Köpfe» sah. Seine Sprache, die sich fast mit jedem Brief – von ihm selber unbemerkt – dem Partner anzupassen verstand – manchmal mit genialem Mimikry –, gewann in der Korrespondenz mit Lichtenberg einen ironischen Glanz, den er sonst allzuoft dem Pathos der Tugend, einer überschwenglichen Sentimentalität oder der Wehleidigkeit opferte: «Oft habe ich mir hier schon in vollem Ernst Ihren Blick, und die vortreffliche Art die Sitten zu malen, gewünscht. Sie würden an diesem Mischmasch von sarmatischer oder fast neuseeländischer Rohheit und französischer Superfeinheit, an diesem ganz geschmacklosen, unwissenden und dennoch in Luxus, Spielsucht, Moden und äußeres Cliquant so versunkenen Volk reichlich Stoff zum Lachen finden; – oder vielleicht auch nicht; denn man lacht nur über Menschen, deren Schuld es ist, daß sie lächerlich sind; nicht über solche, die durch Regierungsform, Auffütterung (so sollte hier die Erziehung heißen), Beispiel, Pfaffen, Despotismus der mächtigen Nachbarn, und ein Heer französischer Vagabunden und italienischer Taugenichtse, schon von Jugend auf verhunzt worden sind...» Wiederum rügte er, das Volk sei nur «Lastvieh in Menschengestalt», und es werde nicht zur Nation gerechnet: «Jeder Magnat ist ein Despot, und läßt Alles um sich her fühlen, daß er es sey; denn nichts ist über ihm, und selbst die gröbsten Verbrechen büßt er höchstens mit einer Geldstrafe oder einem Verhaft von etlichen Wochen, wobei er ein Palais zum Gefängniß hat...»

Lichtenberg mag die drastischen Schilderungen amüsiert, doch auch mit gerunzelter Stirn gelesen haben. Ihm entging gewiß nicht, daß Forster den korrupten Feudalismus für die Ursache der polnischen Krankheiten hielt. Zum anderen schien er es nicht über sich zu bringen, dem Nachbarvolk Gerechtigkeit widerfahren zu lassen. Acht Jahre sollte er in Polen zu Gast sein, doch er gab sich nicht die geringste Mühe, den Menschen des Landes mit der gleichen Vorbehaltlosigkeit zu begegnen, mit der er die Kanaken in Neukaledonien oder die Maori in Neuseeland betrachtet hatte, von den Tahitianern nicht zu reden. Therese schämte sich nicht, eine zweite Teilung des Landes herbeizuwünschen. Über das nationale Geschick der Polen hatte sie kaum gründlich nachgedacht. «Politik kann ich nicht fassen, aber wie das Erdengewürm so untereinander Comödie spielt seh ich gar gern», sagte sie ein wenig zu unbekümmert. Aber auch Georg schien die Bedrückung des schwachen Landes durch seine übermächtigen Nachbarn gleichgültig zu lassen. Er sah klar genug, daß die Verfassung ein Grundübel der Verhältnisse war und dringend einer Reform bedurfte. Freilich war er überzeugt, daß die Polen eine Wandlung aus eigener Kraft nicht zu leisten vermochten. Nirgendwo in seiner Korrespondenz, in der er kein Blatt vor den Mund nahm, wies er auf den lähmenden Einfluß der Zarin hin, auf die Besitzgier der Preußen oder die verachtungsvolle Kälte Joseph II. War die Kaiserin von Rußland nicht schon jetzt die wahre Herrin des Landes? Ungerührt notierte er Gerüchte von Truppenaufmärschen und Krieg, vor allem anderen eine weitere Teuerung fürchtend, oder, Gott behüte, die Gefährdung seines Salärs. Die Ängste der Menschen ließen ihn kühl. Bemerkte er nicht, daß sie ein düsterer Spiegel der sozialen und politischen Unruhen waren? Amüsiert verzeichnete er, daß die Bürger von Wilna, den Weltuntergang erwartend, ihre Konten plünderten und aufs Land flüchteten.

Waren seine hochmütigen Klagen das Produkt bitterer Enttäuschungen? Kam ihm nicht alle Welt voller Freundlichkeit entgegen? Er konnte nicht behaupten, daß man ihm die Tage sauer mache. Wohl blieben manche Versprechungen unerfüllt: es fehlte, trotz der Zusagen, das nötige Geld, um ein schönes naturwissenschaftliches Kabinett einzurichten. Es war wohl möglich, daß manche Gelder, die der Universität gehörten, in die falschen Taschen gelenkt wurden. Auf Durchstechereien und Korruptheit mußte er vorbereitet sein. Wohl traf es zu: das Stück Land, das er für einen Botanischen Garten brauchte, stand noch immer nicht zur Verfügung. Störte ihn das Zögern? Kam es nicht der eigenen Indolenz entgegen? War es ihm nicht genug, daß die Honoratioren zu seinen Gala-Kollegs erschienen? Zog er es nicht vor, in Ruhe gelassen zu werden? Bewies man gegenüber dem lauen Protestanten aus Deutschland nicht eine erstaunliche Toleranz? Nur einmal murrten die Patres, als er in seinem Kolleg das Kreuz am Himmel, das dem Kaiser Constantin erschienen war, als eine Illusion bezeichnete, die durch Strahlenbrechung verursacht worden sei. Die Theologen warfen ihm, leise und höflich, die Profanierung eines Wunders vor. Er antwortete, daß er nur das Physische der Erscheinung geschildert habe. An ihnen sei es, auf das Wunderbare der Stimme hinzuweisen, die dem Cäsar das Wort «in hoc signo vinces» zugerufen habe. Sie gaben sich damit zufrieden.

Gegenüber dem passionierten Katholizismus des Landes wahrte Georg strenge Distanz. Die Patres nahmen es hin. Aber Therese setzte, soviel man weiß, auch keinen Fuß in die lutherische Kirche, die es in Wilna sehr wohl gab. Er selber begnügte sich, der reformierten Gemeinde – die ein Gotteshaus am Stadtrand besaß – pro Jahr einen Rubel für das Armenkäßchen zu spenden. (Immerhin ließ er sein Kind in dieser Konfession seines Vaters taufen.) Es entging ihm, daß Wilna im 18. Jahrhundert ein Zentrum der jüdischen Theologie war, vor allem dank der Lehren des Rabbiners Elijah ben Salomon, der aus Elementen der Orthodoxie und der klassischen Philosophie eine spirituelle Schutzmauer gegen die pietistische Bewegung des Chassidismus aufzurichten versuchte. Der einzige jüdische Umgang der beiden Forsters war ein Arzt, bei dem sie einmal mit vier anderen Professoren soupierten – «ohne die mindeste Gefahr, irgend einem Schwachen Anstoß zu geben». Georg lobte die Abneigung des aufgeklärten Mannes gegen den «finstern Begriff eines leidenschaftlichen, Furcht und Schrecken verbreitenden Gottes, den sie ihrem Moses noch nach so vielen

Jahrhunderten nachbeten», lobte auch Wohlstand, Ordnung und «beinahe holländische Reinlichkeit» – kurz, er bestätigte alle Vorurteile, die dem Bewunderer Lessings schlecht zu Gesicht standen.

In Wirklichkeit blieb sein Blick ganz nach Deutschland gerichtet. Polen war für ihn der Ort einer ägyptischen, einer babylonischen Gefangenschaft, die acht Jahre – nein, nur noch sieben, bald nur noch sechs – währen sollte, wenn er nicht vorher seine Schulden abzulösen vermochte. Es war ihm unerträglich, aus der intellektuellen Debatte Deutschlands ausgeschlossen zu sein. Er bettelte bei Lichtenberg um Brosamen, die von seinem Tische fielen, um wissenschaftliche Nachrichten, verlangte von Spener die Zeitschriften, die Bücher, forderte sie schließlich in schroffem Ton. Wohl hatte er geplant, die Verbannung in die Einsamkeit zu nutzen, um in den naturwissenschaftlichen Fächern jene Kenntnisse zusammenzutragen, die ihm so bitter fehlten. Die Eröffnung einer ärztlichen Praxis schlug er sich aus dem Kopf, obschon er einen Nebenverdienst dringend gebraucht hätte: doch er wollte kein Polnisch lernen, er wollte kein Elend sehen, und er scheute sich, die praktischen Erfahrungen zu sammeln, die er in Gottes Namen brauchte, um jenen Beruf halbwegs gewissenhaft auszuüben.

In Wahrheit wartete er auf eine Chance, die es ihm erlaubte, sich den Deutschen literarisch in Erinnerung zu bringen. Vielleicht sah er sich selber noch immer zuerst als einen Mann der Naturwissenschaft. Womöglich wagte er es noch nicht, sich als das zu erkennen, was er im Grunde seines Herzens mit aller Leidenschaft zu sein begehrte: ein deutscher Schriftsteller. In der ‹*Berlinischen Monatsschrift*› begegnete er der Herausforderung, auf die er gewartet hatte. In einer Rezension von Herders ‹*Ideen zu einer Philosophie der Geschichte der Menschheit*› bemühte sich Immanuel Kant um eine ‹*Bestimmung des Begriffs einer Menschenrasse*›: es war der Versuch, Einsichten der modernen Anthropologie mit der biblischen Lehre von der Abkunft des Menschengeschlechts zu vereinen. Seine Auseinandersetzung mit Herder war höflich, auch geistreich, und sie bot kaum einen Anlaß zu heftiger Polemik. Nicht zu Unrecht rügte er (wie Wolf Lepenies bemerkte) Herders Neigung, sich einer wissenschaftlichen

Frage durch den Appell an Gefühle zu nähern. Kant wollte die Philosophie von der Poesie getrennt wissen. Herders Mangel an begrifflicher Klarheit hielt er für anstößig.

Mit einer seltsamen Entschlossenheit stürzte sich Georg Forster auf einen Gegner, der keiner war. Sein Temperament empfahl ihm, die Partei der Poesie gegen die Philosophie zu ergreifen. Herder bürgte ihm für Gefühl und Freundschaft, wie einst Jacobi. Das war Anlaß genug, sich an dem «Weltweisen in Königsberg» zu messen, den er in einem Brief den «Archisophisten und Archischolastiker unserer Zeit» nannte. Sein grundsätzlicher Vorwurf an die Philosophen der Zeit mochte Beifall verdienen, da sie nicht davon lassen konnten, «die Natur nach ihren logischen Distinktionen modeln zu wollen». In der Tat verlor seine Rebellion gegen die gelehrte Wucherung der Abstraktionen und die Entsinnlichung der Sprache, die sie bedingt, bis heute nichts von ihrer Wahrheit (und sie richtete nicht das Geringste aus).

Aber war er mit dem Werk Kants gründlich genug vertraut, um ihm dieses Argument um die Ohren zu hauen? Jahre später beklagte er, daß er erst in Wilna ein Kompendium der Logik studiert habe. Das Bewußtsein seines dürftigen philosophischen Rüstzeuges forderte ihm keine Bescheidung ab, als er sich anschickte, das Publikum mit einem Aufmarsch seiner realen Beobachtung unter den Völkern der pazifischen Welt zu unterhalten. Seine Beispiele waren nicht viel überzeugender als die Kants. Forster allerdings konnte sich, anders als der Philosoph, auf eigene Anschauung und Erfahrung berufen. Die Herkunft der Menschenrassen – er bediente sich des französischen Wortes «race» – aus verschiedenen Stämmen hielt er für möglich, doch nicht für bewiesen. Wichtiger war ihm, daß aus der unterschiedlichen Beschaffenheit der Menschenarten kein Anspruch auf die Unterwerfung des Schwächeren hergeleitet werde. Seine Streitschrift mündete in einen flammenden Aufruf gegen die Sklaverei: aber das hatte wenig mit Kant zu schaffen.

Der Aufsatz ‹*Noch etwas über die Menschenracen*› wurde im ‹*Teutschen Merkur*› in Weimar gedruckt. Herder war entzückt. Kant nahm an dem Stück nicht allzu großen Anstoß. (Der Autor schickte ihm später eine liebenswürdige Entschuldigung.) Alle

Welt aber war sich einig, daß Forster ein Stück glänzender Prosa geliefert hatte, das ihn als Stilisten ersten Ranges auswies. Fast das wichtigste aber: man sprach über ihn. Zwar versicherte er nach vielen Seiten, daß er sich dem Denker in Königsberg nur «mit Bescheidenheit und Glimpf» genähert habe, doch er verbarg auch nicht, daß es ihm Ruhm bescheren würde, gegen diesen großen Mann recht zu behalten. Er wollte ins Gerede kommen. Das gelang.

Fast immer war es – nach wie vor – persönliche und unverstellte Sympathie, die ihm das Signal gab, in die intellektuelle Debatte einzugreifen. Selbst Soemmerring, der es ungern mit jemand völlig verdarb, warnte ihn vor der launischen Heftigkeit seines Urteils, und er beklagte die Härte, mit der Georg nun Jacobis gefühlsselige Frömmigkeit verdammte, während er sich vordem nicht genug tun konnte, Lichtenbergs kühle Abwehr jeder Schwärmerei zu rügen. «Liebster Bruder», schrieb ihm später der Freund, «wie kommt's? Sonst waren die Ungläubigen Dir zuwider (wie haßtest Du Lichtenberg), jetzt die Gläubigen. Mir sind beide recht, ich gönne jedem sein Vergnügen...»

Die Spinoza-Briefe, die Jacobi an Moses Mendelssohn schrieb, übergoß Forster mit Spott, noch ehe er sie gelesen hatte. Die Lektüre holte er nach. Doch es läßt sich kaum behaupten, daß er zur sogenannten Spinoza-Debatte Entscheidendes beizutragen wußte. Er glaubte, Mendelssohn zu verstehen. Was er über die *‹Morgenstunden›* (oder *‹Vorlesungen über das Dasein Gottes›*) zu sagen hatte, war nicht viel mehr als ein geistreiches Aperçu: «Anstatt mir einen Gott zu beweisen wie er ist, beweist mir Mendelssohn weiter nichts, als wie er selbst sich denkt, wenn er Gott wäre; das ist: Mendelssohn, der die Rolle Gottes spielt. Nun mag ich aber nicht Mendelssohn zu meinem Gott...»

Ein andermal machte er Front gegen die Metaphysiker mit ihren «Subtilitäten und Wortkämpfen», ihren Abstraktionen und Dunkelheiten. Gervinus sagte von Forster in seinem großen Essay, er habe wie Goethe das metaphysische Nachdenken für eine Art Krankheit gehalten. Der Aufklärer Forster aber zitierte nicht die Engländer und Franzosen mit ihrer oft mustergültigen Klarheit, sondern verwies auf eine offensichtlich eher lehrbuchhafte Abhandlung zur jüdischen Theologie. In einem Brief an Meyer rief er, daß Mendelssohn der große Kopf gar nicht sei, als den ihn seine Berliner ausschrien. Zugleich warf er Jacobi vor, daß er «so fürchterlich schwärmt, ja so gefährlich schwärmt, als je ein Schwärmer gethan...» Er machte es sich ein wenig zu leicht, auch in dem Brief an Lichtenberg, in dem er sich über Jacobis «metaphysische Purzelbäume» belustigte und ihm seine «pastörliche Deklamation» und «Salbung» vorhielt. Da hatte er so unrecht nicht, doch man stimmte ihm unbefangener zu, wenn er sich mit einem kleinen Satz der einstigen Begeisterung entsonnen hätte, mit der er – so lange war es nicht her – Jacobis Schwärmerei bejubeln zu müssen meinte, von der Dankbarkeit nicht zu reden, die er ihm schuldig war. Traf nicht für ihn selber zu, was er (zu Lichtenberg) über Jacobi gesagt hatte: daß alles, «was wir groß und bewundernswürdig zu nennen pflegen, nichts anders als edelstes, reinstes Selbstgefühl ist» – manchmal auch nicht ganz so rein und so edel? Dieser Stiefsohn Lessings hatte noch weite Wege zu gehen, ehe er sein stolzes Wort für sich selber in Anspruch nehmen durfte: «Der wahrhaft, d. i. ganz aufgeklärte Mensch, bedarf keines Herrn.»

Der Schriftsteller Georg Forster war im Reich der Anschauung zu Haus. Er wußte es selbst am besten. Warum schob er dann die Übersetzung des Buches über Cooks dritte Reise so unschlüssig vor sich her? Bis zum Sommer 1786 hatte er noch kaum einen Satz zu Papier gebracht, obwohl er – von Soemmerring auf die Chance hingewiesen – eine Weile der Möglichkeit nachhing, einen Aufsatz über den großen Seefahrer der Akademie von Marseille für ihren Wettbewerb einzureichen. Das Französische kam ihn – angeblich – nicht leicht an. Das war keine Ausrede. Der Stilist Forster verlangte von sich, daß er in jener Sprache nichts Geringeres leiste als auf Deutsch oder Englisch. Doch hielt ihn nicht auch eine gelähmte Indolenz auf? Therese ließ es nicht an Ermutigung mangeln, wenigstens nicht an verbaler: Sie richtete nicht viel aus. Von sich selber enttäuscht, schrieb er dem schweigsamen Spener einen Brief, in dem er ungeduldig fragte, ob der Verleger denn noch Willens sei, das Reisebuch herauszugeben und ob er ihn dazu noch brauche. Es traf zu, daß ein Nürnberger Konkurrent mit einem

Raubdruck drohte. Doch war Forster nicht für die verlorene Zeit verantwortlich?

Spener gab endlich Bescheid: es bleibe dabei, er warte auf die Übersetzung. So machte sich Georg in den Sommerferien endlich ans Werk. Die nächste Ablenkung ließ nicht lange auf sich warten. Am 10. August morgens um sieben brachte Therese nach langen und heftigen Wehen ein Mädchen zur Welt, das ihren Namen tragen sollte. Mutter und Kind waren wohlauf. Die junge Frau hatte sich manchmal geängstigt. Jede Geburt in jenen Tagen bedeutete ein höchstes Risiko für Mutter und Kind. Den Tod, hatte sie gesagt, fürchte sie nicht, aber eine geschwächte Gesundheit oder ein kränkelndes Kind könnten ihr Glück vernichten. Sie erholte sich so rasch, daß sie schon vier Tage nach der Niederkunft einen Brief an Soemmerring aufzusetzen vermochte. Vom Glück überwältigt – «das Krabbe saugt wie ein Blutegel» –, nannte sie ihren Mann zum ersten (vielleicht sogar zum einzigen) Mal in ihrer Korrespondenz beim Vornamen. Sie schrieb von «meinem Georg», von ihrem «gütigen Georg», und sie meinte, der hätte lieber einen Jungen gehabt. Er stritt dies ab: ihm sei das gleichgültig, obschon es ein Mann schließlich leichter haben werde, sein Brot zu verdienen. An Lichtenberg schrieb er: «Es muss etwas an der Sache seyn, weil sie so allgemein ist und weil sogar die Weiber einen Jungen lieber haben. Vielleicht ist es indeßen mehr nicht als ein Erbstück aus barbarischen Zeiten, wo unser Geschlecht sich einen großen Vorzug anmaßte über das andere... Das Mädchen ist auf der Reise fabricirt, und es verdankt muthmaßlich seine Existenz einem sehr schlechten Nachtlager...» Er schwor mit bornierter Entschiedenheit, das Kind dürfe vor dem siebten Jahr nicht Polnisch und nicht Französisch lernen, damit ihm niemand in die Erziehung pfusche. In seinem blöden Vaterglück rief er Soemmerring die herzerfrischende Banalität zu: «Zeugen ist noch nichts, erziehen ist alles.» Georg lud auch Meyer ein, sich an dem Ereignis zu freuen. Der Ton, den er nun für seinen «liebsten Assad» anschlug, war um eine Nuance kühler und nüchterner als zuvor.

Die Seligkeit der kleinen Familie hielt in solcher Vollkommenheit nicht an. Therese schien sich stärker auf das Kind zu konzentrieren, als es dem Mann lieb sein konnte. Manche Zeichen wiesen darauf hin, daß ihr die Depressionen nicht erspart blieben, denen Frauen so oft nach einer Schwangerschaft ausgesetzt sind. Instinktiv suchte sie eine gewisse Distanz, vielleicht nur, um sich zu schonen. Noch immer fühlten beide das lebhafte Bedürfnis, den Freunden zu versichern, wie glücklich sie miteinander seien. Aber da und dort schienen Gerüchte umzugehen, in Wilna hänge der Haussegen schief. Soemmerring deutete Klatschereien über Thereses «Jugendsünden» an. Sie räumte ein, daß sie sich in der Tat «die Cour» machen ließ, daß sie «lachte, lärmte». Sie bescheinigte sich «öffentliche Unbefangenheit». Sie habe «das qu'en dira-t-on» geopfert und eine falsche Beurteilung riskiert, doch brauche sie in Gegenwart ihres Mannes über keinen Augenblick ihrer Jugend zu erröten. Georg versicherte Soemmerring etwas zu eifrig, daß er sein Weib täglich lieber gewinne. Therese sage ihm oft, «sie habe keinen Begriff gehabt, daß ein Mensch so gut sein könne». Ohne es selber recht zu merken, übernahm er ihre Version von der Vorgeschichte der Ehe: «Therese kannte mich nicht, wie sie mich heirathete und wie hätte sie es auch gekonnt, da wir uns so wenig gesehen hatten. Sie wußte nur, daß ich unter allen Männern ihrer Bekanntschaft der gutherzigste und sanfteste war; sie glaubte es ihrer Familie schuldig zu sein, daß sie heirathete, damit der Last im Hause weniger würde, und meinte es sei Torheit, zu warten, bis sich ein vollkommenes Ideal um sie bewürbe ...» Sie habe keine «völlige Befriedigung für ihr Herz» erwartet – und sie doch gefunden.

Und er? Nicht nur sein Herz suchte Erfüllung, sondern der ganze Mensch, der ganze Mann mit seiner Seele und seinem Körper. Wie stand es damit? In seinen Briefen machte sich nicht lange nach der Ankunft der Tochter eine undeutliche Gereiztheit bemerkbar. Sie richtete sich vor allem gegen den armen Spener. Die Arbeit an der Cook-Übersetzung schritt jetzt voran. Das Werk bestand aus drei Bänden. Den ersten hatte der Verleger aus Zeitnot an Forsters Schwager Sprengel in Halle gegeben, am zweiten saß Georg, der sich nun auch anbot, den dritten zu übernehmen. Spener war es recht. Doch als er erfuhr, daß Forster mit dem Buchhändler Johann Heinrich Campe über ein Schulbuch der Naturgeschichte verhandelte, verbarg er seine Verstimmung nicht. Wie immer, wenn er im Unrecht war, reagierte Georg heftig und schneidend. Spener könne ihm nicht verübeln, daß er über Mittel nachdenke, sich schuldenfrei zu machen und dabei womöglich einen Weg einschlage, der nicht der des Verlegers sei. Er habe nicht nur Verbindlichkeiten gegen Spener, «sondern auch gegen mich und die meinigen zu beobachten». Mit dünnen Lippen fügte er hinzu, er könne «allerdings empfindlich und ungeduldig, mithin im ersten leidenschaftlichen Augenblick auch unbillig werden», wenn sein Freund die Dinge anders sähe als er, da es ihn nur ein Wort koste, ihm zu helfen. Diese Empfindlichkeit schwäche seine Liebe nicht...

Spener mag für einen Augenblick konsterniert gewesen sein, als er die Epistel las, oder seufzte er nur: «Der Sohn seines Vaters»? Georg wußte nicht, wie hoch er bei dem Freund in Berlin verschuldet war. Soemmerring, der seinem Forster an Schluderei kaum nachstand, wenn es ums Geld ging, riet ihm zur Einsicht und erinnerte an die Verpflichtungen, die so leicht nicht abgeschüttelt werden konnten. Die mürrische Antwort: Spener sei von mancher Seite ein guter Mensch, nur zu Geschäften sei er verdorben. Indessen übersetzte Georg unbeirrt weiter und begann ernsthaft, an der versprochenen Vorrede ‹*Cook, der Entdecker*› zu arbeiten. Halbe Versöhnung. Spener erbat für seinen ‹*Historischen Kalender*› einen Aufsatz über Neu-Holland (wie Australien noch immer genannt wurde). Der Autor lieferte eine anregende Studie, deren Einleitung voll überraschender Einsichten war. Er sah in der Welt der Antipoden ein anderes Amerika gedeihen. Die Anfänge der Strafkolonie störten ihn nicht, denn er hielt – ganz der moderne Aufklärer – den Dieb für «das Opfer mißlungener Erziehung, toter Buchstabengesetze und mangelnder Staatspflege». Er höre auf, «ein Feind der Gesellschaft zu seyn, sobald er wieder in die vollen Rechte der Menschheit tritt, ein Landeigenthümer und Landbauer wird». Die «Räuberbande auf den sieben Hügeln» sei durch Numas Vorschriften das erhabenste und bewundernswürdigste Volk der Erde geworden – das römische. «Ein roher Hirtenstamm, der Jahrhunderte lang das ägyptische Joch getragen..., ward durch seinen großen Heerführer... von einem Auswurf der Erde zum erwählten Volk gebildet» – das Israel des «Alten Bundes».

Der zivilisatorische Optimismus, dem er das Wort redete, richtete sich – ohne daß er den Namen nannte – gegen Rousseau. Zugleich rieb sich Georg ein anderes Mal, wenngleich mit gebotener Vorsicht, an Kant. Doch ausgerechnet die Einleitung des Essays, auf die er mit Recht so stolz war, wurde von Spener «nach Willkür kastriert». In seinem Protestbrief bewies er dem Verleger unverzüglich sein Talent zur Polemik. Er gab ihm den Vorwurf, daß er Klopstocks Prosa imitiere, mit beißender Schärfe zurück. Wenn es sich so verhalte, dann sehe sich Spener besser nach einem anderen Autor für den Cook um, der den «rechten Allermannston» finde. Danach, fast unvermittelt, versank er in einer Woge der Verzweiflung und des Mitleids mit sich selber: eine Hoffnung nach der anderen schwinde, er gehe nur noch mit Ekel und Widerwillen an die Arbeit, seine Gesundheit habe gelitten... Wenn seine Verhandlungen mit Campe eine Sünde seien: ihm fehlten wegen der Teuerung hundert Dukaten. Nun freue ihn auch die Aufnahme in die Königlich Preußische Akademie der Wissenschaften nicht mehr, und er verzichte auf den «Ruf» nach Berlin...

Der war freilich noch gar nicht ergangen. Das Ministerium in der preußischen Hauptstadt hatte lediglich erwogen, ob sich der junge Forster als Direktor des Botanischen Gartens eigne. Georg indes alarmierte die leiseste Chance, der polnischen Gefangenschaft zu entkommen. Unter dem großen Friedrich hätte er – vielleicht – die besseren Chancen gehabt als unter dem frömmelnden und zugleich korrupten Nachfolger Friedrich Wilhelm II. und seinen bigotten Ministern. Spener schrieb er: «Den Tod des großen Königs mag Europa nur beweinen! denn nunmehr ist der Schimmer von Aufklärung und Denkfreyheit wohl auf immer dahin, womit man sich einmal schmeichelte, solange seyn großes Beyspiel den Ton angab.» Ironisch fügte er mit dem Blick auf den Machtzuwachs der Rosenkreuzer Wöllner und Bischoffswerder den bösen Satz an: «Jetzt wollen wir uns vor dem Magus Magorum beugen...» Das Reich der Geister öffne sich. Bischoffswerder galt – er vergaß es nicht – als ein Eleve des Scharlatans Schrepfer, der ihm bei seinem Selbstmord angeblich das ganze Instrumentarium seiner alchemistischen Küche hinterlassen hatte. Indessen verlor Georg nicht aus dem Auge, daß er in den Ministern Heinitz und Hertzberg freundliche Gönner besaß. Er stürzte sich auf den geringsten Hinweis, der einen Ausweg versprach. Der Nachfolger des Landgrafen Friedrich schickte sich an, die Universität Marburg zu stärken. Warum nicht dorthin, womöglich mit Soemmerring zusammen? Oder mit ihm nach Mainz? Flugs die Bedingungen ausgerechnet: «1 200 Thaler Gehalt, 400 Ducaten Reisegeld, und 1 000 Ducaten Vorschuß zur Tilgung meiner Schulden bei der Erziehungscommision... Was ist's am Ende, wenn ich den Churfürsten etwa 6 000 Gulden koste?» Er hatte recht, seinen Wert nicht gering zu veranschlagen. Aber war ihm gegenwärtig, daß Goethe – einer der höchsten Beamten des Herzogtums Weimar – ein Jahresgehalt von 1 800 Talern bezog, als er nach Italien aufbrach? Forster erhielt in Wilna nach eigenen Angaben immerhin mehr als 1 300 Taler.

In Wahrheit gab es keinen «Ruf» aus Mainz. Aber warum nicht Petersburg? Wenn ihn die Zarin haben wollte, dann war Bescheidenheit gewiß nicht angebracht: 2 000 Rubel und wenigstens der Rang eines Obristen...

Er sehnte in Wahrheit den «deus ex machina» herbei, der ihn nach Deutschland versetzte. In Wilna bleibe ihm nur der Mut, «um dem Geisttödtenden und Drückenden meiner Lage nicht zu unterliegen. Aus den Bären Menschen zu schaffen, dazu gehört weder die Feder noch die Zunge.» Peter der Große von Rußland habe wohl recht gehabt, «als er seine Bären vorerst durch die Knute und Ukasen zu Hunden umbildete; seine große Nachfolgerin hat noch ein viel zu weiches Herz...». Die einzige Abwechslung des Winters war die Versammlung des Landtags in der Stadt: eine einschüchternde Demonstration wilder Sitten. Bei Schießereien auf der Straße verlor ein Edelmann sein Leben, und eine Magd wurde schwer verletzt...

Gottlob besann er sich auf die Courage, die von ihm gefordert war. Spener lenkte ein. Die Streichungen wurden rückgängig gemacht. Therese bemühte sich um die Versöhnung: «Kommt, kommt liebe Kinderchen – da, Carl Spener, hast Du von der alten Therese einen Kuß, weil Du so herzensgut bist – da Georg

Forster hast Du hunderttausend Küsse, weil ich dich trösten muß, dem armen Spener weh gethan zu haben. Ein andermal, Jungchens, schreibt lieber gar nicht, wenn Ihr nicht Zeit habt zu bedenken, was Ihr schreibt...»

Der herzhaft-kindliche Ton und die Schmeicheleien taten beiden wohl. Georg übersetzte. Therese arbeitete ihm zu, doch ihre Englisch-Kenntnisse waren dürftig, ihr Umgang mit dem Deutschen eher originell als korrekt. Ihr guter Wille mehrte seine Mühe. Er schrieb auch die Übertragung des Schwagers Sprengel fast von Grund auf neu. Täglich fügte er der Vorrede einige Seiten hinzu. Dieses Stück Prosa wurde ihm schwer, doch er ließ nun nicht mehr nach, obwohl er jeden Satz zehn-, ja zwanzigmal zu formulieren hatte, ehe er zufrieden war. Endlich, im Februar 1787, konnte er den Schlußpunkt setzen. Der erste Band mit Georgs Essay erschien schon im Mai. Die Würdigung Cooks war nicht nur eine literarische Leistung, sondern auch eine menschliche. Georg selber, nicht nur sein Vater, hatte manchen Anlaß, sich des Kapitäns mit bitteren Gefühlen zu erinnern. In seinem Portrait aber war kein Spur eines Ressentiments zu erkennen. Zum anderen erlag er nicht der Versuchung, den Helden mit überschwenglichen Lobeshymnen unkenntlich zu machen. Es gelang ihm, ‹Cook, den Entdecker› für die Nachwelt erst eigentlich zu entdecken. Mit diesem großen Essay etablierte sich Georg als einer der bedeutenden deutschen Schriftsteller des 18. Jahrhunderts – vor allem: als einer der modernsten.

Joseph II. hatte er um die Erlaubnis gebeten, ihm das Werk widmen zu dürfen. Die Antwort des Kaisers erfüllte den Autor mit Stolz: «Lieber Professor Forster! Ich habe Mir zwar zur Regel gemacht alle Bücher-Zueignungen zu verbitten; allein das ruhmvolle Werk das Sie auf deutschen Boden zu verpflanzen gedenken, fordert von Mir eine Ausnahme sowohl in Rücksicht des Verfaßers als des Herausgebers. Ich nehme daher Ihre Zueignung mit Vergnügen und Erkenntlichkeit an, und versichere Sie Meiner ganzen Achtung und Gnade...» Überdies schickte er ihm, wie es der Üblichkeit entsprach, einen Brillantring, der angeblich ein paar hundert Louisdor wert war.

Die Rettung aus der polnischen Misere versprach die Cook-

Ausgabe nicht. Sie konnte zunächst nur Forsters Schulden bei Spener mindern. Er hatte dem Verleger freundlich gedroht, den letzten Teil der Arbeit werde er nicht liefern, lasse der (wiedergewonnene) Freund ihn nicht endlich wissen, wie hoch seine Verpflichtungen seien. Spener aber schwieg. Er wollte Georg schonen und zugleich so eng wie möglich an sich binden. Der gab sich rasch zufrieden. Auch Therese bestand nicht auf einer klaren Auskunft, obschon man gewiß sein konnte, daß sie bei Georg darauf drängte, eine nüchterne Rechnung über seine finanzielle Lage aufzumachen. In der Neige des Jahres 1786 war ihrem Mann plötzlich deutlich geworden, daß er wenigstens dreihundert Taler mehr ausgegeben als eingenommen hatte. Dem Hofrat Heyne gestand er, Umbauten an Wohnung und Stall hätten 180, die Anschaffung von Pferden 150, die Übersiedlung der Magd 60 Taler gekostet. Die Pferde und sein Diener – ein schlesischer Jäger – würden sofort abgeschafft. Dennoch: könne der gute Vater nicht mit der fehlenden Summe einspringen?

Der alte Heyne half prompt, doch gewiß nicht leichten Herzens. Hatte Forster nicht versprochen, die Jahre der Wilnaer Verbannung zu nutzen, um die alten Lasten loszuwerden? Würde sich die Schuldenschraube nun doch weiterdrehen? Georg bot nun Spener, auch als Wiedergutmachung, eine Naturgeschichte an (die er so wenig schrieb wie das Lehrbuch für Campe). Therese geriet auf den Einfall, für Bertuchs Modejournal in Weimar ihre polnischen Impressionen aufzuzeichnen (auch dazu kam es nicht). Doch das Lob, das Georg für den Cook-Aufsatz vor allem von Spener zuteil wurde, stärkte seinen Lebensmut. Literarische Arbeiten, schrieb er am 31. Mai 1787 tapfer an Soemmerring, seien «das einzige Mittel, von Schulden frei, im Publicum rühmlich bekannt und zu weiterm Glück befördert zu werden».

Vier Tage später meldete er ihm und dem Schwiegervater eine dramatische Veränderung seiner Lage: zwei Tage zuvor hatte sich in ihrer Wohnung ein russischer Offizier gemeldet. Therese, die überm Nähzeug saß, dachte zuerst, es müsse ihr Bruder Carl sein, der Feldarzt im Dienst der Zarin war. Dann erkannte sie, daß der Besucher die Uniform der Flotte trug: Kapitän Grigory Ivanowitsch Mulowsky trug ein Empfehlungsschreiben des Herrn von Stackelberg bei sich, des russischen Botschafters in Warschau, in dem ein wenig geheimnisvoll darauf hingewiesen wurde, daß ein Mann von den Talenten und der Reputation Georg Forsters ein Recht auf eine weitergespannte Karriere habe. Der Offizier – 28 Jahre alt, eine schöne Erscheinung, überdies klug und sympathisch – verbarg nicht lange, was sein Auftrag sei: auf den Befehl der Zarin rüste er eine Expedition von fünf Schiffen in den Pazifik aus, die im März 1788 von England aufbrechen werde. Die Admiralität trage Professor Forster die wissenschaftliche Leitung der Unternehmung an. Ihm stehe es frei, für die notwendige Ausrüstung zu sorgen und das Personal zu engagieren, das er brauche. Es sei geplant, Brasilien, Südafrika, Australien, die Freundschafts-, die Gesellschafts- und Sandwich-Inseln anzulaufen. Man werde Amerika, die Kurilen-Inseln, Kamtschatka, Japan und China besuchen. Dauer der Expedition: etwa vier Jahre.

Mulowsky schien alle notwendigen Vollmachten zu besitzen, die das gewaltige Unternehmen verlangte. Er verbarg nicht, daß er der natürliche Sohn des Vize-Präsidenten der Admiralität, des Grafen Cernyschews, sei. Man einigte sich rasch auf die Grundbedingungen: 4 000 Rubel würde Georg für die Grundausstattung und die Reise bis nach England erhalten, vom ersten Oktober an ein Jahresgehalt von 2 000 Rubel. Zusätzlich würden 1 000 Rubel an Frau Forster gezahlt. Würde er auf der Reise sein Leben verlieren, bezöge Therese eine Pension von 1 500 Rubel. Auch ihm stünde diese Summe nach der Rückkehr als Jahreseinkommen zu. Stürbe er dann, erhalte die Witwe eine Rente von 750 Rubel, die nach ihrem Tod die Tochter bis zu ihrer Verheiratung kassieren dürfe. Überdies sollte der Botschafter von Stackelberg gebeten werden, mit der Erziehungskommission die Lösung von Professor Forsters Vertrag auszuhandeln. Man war sich einig, daß der Vorschuß von der Regierung der Zarin übernommen werden sollte. Da der Vertreter Rußlands der heimliche Regent Polens war, gab es keinen Zweifel, daß seine Wünsche erfüllt würden. Der Silberrubel, der als Basis der Kalkulation diente, galt gleich einem Albert-Taler, einer in ganz Europa respektierten Währungseinheit, deren Wert später mit

4,38 Goldmark errechnet wurde. Vielleicht nannte Mulowsky als Vergleichszahl das offizielle Gehalt des höchsten Beamten der Kaiserin: der Kanzler des Zarenreichs bezog ein Jahreseinkommen von 7 000 Rubel, von dem er ein Schloß mit hundert Bediensteten unterhalten mußte. Georg hätte mit Recht sagen können, daß ihm ein fürstliches Einkommen winke.

Mulowsky blieb eine gute Woche in Wilna. Georg faßte das herzlichste Zutrauen zu dem jungen Kapitän, der das seemännische Handwerk wie Cook auf einem Kohlenfrachter in Großbritannien gelernt hatte, Englisch wie ein Engländer, Französisch und ein gutes Deutsch sprach. Er wirkte offen und verläßlich. Georg schlug ihm ohne Zögern vor, Professor Soemmerring als Expeditions-Arzt und wissenschaftlichen Helfer zu engagieren. Der Kapitän sah darin keine Schwierigkeit. In langen Gesprächen planten die beiden tausend Einzelheiten des Unternehmens voraus. Als sich der Kapitän verabschiedete, um zum Hof der Zarin zu reisen, betrachteten sie sich als Freunde. Auch Therese hatte ihn ins Herz geschlossen. Sie war, wie Georg dem Hofrat Heyne meldete, mit allem einverstanden. Schon sechs Wochen später traf aus St. Petersburg die schriftliche Bestätigung sämtlicher Bedingungen Georgs ein. Der «deus ex machina» hatte ihn ein drittes Mal gerettet. Die babylonische Gefangenschaft fand ein Ende. Er wurde seine Schulden los. Er war frei.

XVII
Eine Krise namens Meyer

Georg schwebte in einem Zustand «süßen Taumels», seit Mulowskys Angebot auf seinem Tisch lag, und es war bewundernswert, daß er dennoch diszipliniert genug blieb, am dritten Band der Cook-Übersetzung beharrlich weiterzuarbeiten, bis der Schlußpunkt gesetzt war. Spener deutete er fürs erste kein Wort von der dramatischen Wendung der Dinge an. Dem Vater gegenüber schwieg er, wie es ihm der gute Heyne geraten hatte, der den Alten in Halle genau genug kannte, um zu vermuten, der würde ohne alle Rücksicht auf Takt und Vernunft versuchen, sich ins Spiel zu bringen. Auch der Hofrat seufzte: «Meine liebsten, besten Kinder, ist mir es wie ein Traum.»

Tausend praktische Dinge mußten bedacht werden. Georg wartete nur, bis Stackelberg aus Warschau ein Signal über den glücklichen Abschluß seiner Verhandlungen mit der Erziehungskommission schicken würde. Wo würde sich Therese für die vier Jahre der Abwesenheit ihres Mannes einrichten? Sie dachte an Gotha, wo sie ihrer Freundin Amalie Seidler nahe wäre, die im Begriff stand, den Bibliothekar Reichardt zu heiraten. Georg zog Göttingen vor, weil er sie gern unter Aufsicht der Eltern wußte – trotz (oder wegen?) der Gegenwart Meyers. Es galt, mit möglichen Kandidaten für die vielen Aufgaben der Expedition zu korrespondieren: künftigen Mitgliedern seines wissenschaftlichen Hilfscorps, Ärzten, Jägern, die doch ja ein Instrument blasen sollten, um die Mannschaft zu unterhalten und die Eingeborenen zu entzücken: das Waldhorn, die Oboe, die Flöte, die Trompete...

Soemmerring meldete sich. Er schrieb wie im Rausch: «Ohne alle Frage gehe ich mit, wenn ich auch kein Gehalt, nur freie Verköstigung erhalte, selbst auch ohne Dich. Aber mit Dir! Gerechter Gott, dies übertrifft alle meine Träume...» Einige Absätze später hatte er sichs besser überlegt: «Verschaffe mir soviel Vorschuß, als Du kannst...» Noch genauer: «Mach, wie Du willst, mit 1 500 Rubeln jährlich bin ich zufrieden, kannst Du mir 2 000 Rubel auswirken, desto besser.» Er steigerte sich von Satz zu Satz: «Vielleicht ist's auch besser, daß Du mich Dir in Allem gleichhälst...» Schließlich: «Ich fürchte, 2 000 Rubel reichen nicht hin, mich mit Dir bis Portsmouth zu bringen, folglich wünsche ich 3 000, oder wenigstens 2 500 Rubel.» Der junge Anatom, der so kaltblütig Menschen, Elefanten und Affen zerlegte, schien geneigt zu sein, im Angesicht der tropischen Lockungen und der russischen Schatzkammer den Kopf zu verlieren: «Du bist doch sicher wegen des Geldes!» Und noch einmal: «Stipulire mir, was Du kannst. Von ganzer Seele Dein Soemmerring. Müssen wir unsere Verköstigung bezahlen?»

Georg fetzte ihm den Brief nicht um die Ohren. Er kannte die Misere gut genug. Auch Soemmerring hatte Schulden. Brauchte er nicht selber einen Augenblick, um das Rubel-Fieber niederzukämpfen? Indessen hätte ihn die Insistenz des Freundes wohl ärgern können. In einer zweiten Epistel setzte ihm Soemmerring ein andermal zu: «Ich wünschte doch, daß ich in Ansehung der Pension und Rang zur See mit Dir soviel möglich gleichgehalten würde...» Zwar begeisterte er sich, daß sie für einige Jahre dem Zwang von Etikette und Konversation entkämen, doch schon im nächsten Brief mahnte er Georg: «Du mußt doch für uns wegen eines Ranges... sorgen, damit wir z. B. zu Lissabon, London an den Hof können.» Er wollte schließlich wissen, ob er seinen Degen und einen schwarzseidenen Anzug mitnehmen könne. Mehr als einmal mahnte ihn Georg, das Glück nicht durch «überspannte Forderungen» zu gefährden. Das wichtigste für sie beide sei, daß sie die Schulden los würden und eine bedeutende Reise unternehmen dürften. Soemmerring indes, der nicht nur ein betriebsamer, sondern oft ein melancholisch-getriebener Mensch war, schien den Wald vor Bäumen nicht zu sehen.

Die Regierung in Warschau – wie sollte sie auch? – widersetzte sich den russischen Wünschen nicht. Die Forsters verkauften ihre Möbel zum halben Preis, machten Abschiedsbesuche, heuchelten wohl auch ein wenig Wehmut. Zwei Wochen vor der Abreise informierte Georg seinen Vater mit knappen Worten. (Die Antwort erreichte ihn nicht mehr in Polen.) Mit grimmigem Triumph stellte Reinhold fest – er schrieb wie immer in Englisch –, lange schon habe er vorausgesehen, daß Georg in Polen nicht bleiben werde. Besser, er hätte auf ihn gehört und sich geweigert, allein nach Wilna zu übersiedeln: zusammen hätten sie anders auftreten können. Das Geschick der Expedition, das verstand sich, malte der Vater schwarz in schwarz: unter dem Kommando eines Russen, der sich selten aus seiner natürlichen Wildheit löse, werde der Sohn an den Härten, dem Ärger, dem Mangel an Bequemlichkeiten, dem Skorbut und anderem Elend zugrunde gehen. Er müsse mit den schlechtesten aller Matrosen, mit jämmerlichen Barbieren statt guter Chirurgen, unerfahrenen Ignoranten und arroganten Offizieren rechnen. Dann empfahl er ihm den jüngsten Bruder Wilhelm als Chefchirurgen. Georg wollte den Kleinen nur als Gehilfen anheuern, da er eben erst seine Examina bestanden hatte: das Brüderchen – diesen Floh einmal im Ohr – hörte auf die nüchternen Mahnungen nicht. Doch der Vater bot nach all diesen Ermutigungen immerhin eine Reihe nützlicher Ratschläge.

So gern sich Johann Reinhold Forster, dieser unruhige Geist, weltpolitischen Spekulationen hingab: unter dem Schock der Nachricht überlegte er so wenig wie Georg oder der Hofrat Heyne (von Soemmerring nicht zu reden), was die Admiralität in St. Petersburg mit der teuren Expedition im Schilde führe. War es ihr nur darum zu tun, das Prestige der ruhmsüchtigen und so vielseitig talentierten Zarin zu mehren? Der Ehrgeiz der Russen reichte weiter. Mit der Annektion von Kamtschatka hatte sich das russische Reich schon im Jahre 1699 in einem kühnen Vorstoß an der Küste des Pazifik festgesetzt. Drei Jahrzehnte später erkundete Vitus Jonassen Behring, der dänische Admiral in den Diensten des Zaren, den arktischen Ozean. Er entdeckte Alaska. Nicht lange ehe Captain Cook auf der dritten Reise bis zur Eisgrenze vorstieß, gründeten die Untertanen der großen Katharina die ersten Stationen für den Pelzhandel auf dem nordamerikanischen Kontinent. Das Interesse aber richtete sich mehr noch auf den Handels-Austausch mit Japan und China. Mit einem Satz: die Herrscherin wünschte, die Präsenz ihres Imperiums in der pazifischen Welt mit einer glanzvollen Expedition ein für allemal zu etablieren. Das war ein hohes Ziel, das alle Anstrengungen verdiente. Indes drohten die europäischen Händel, die Aufmerksamkeit der Zarin von den kühnen Projekten abzulenken.

Georg nahm das Grollen der Gewitter im Südosten der Alten Welt nicht zur Kenntnis. Als Kisten und Kasten verfrachtet waren, lud der verachtete Fürstbischof seinen Professor samt Frau und Kind und Gesinde für einige Tage auf sein Lustschloß Werki, damit sie dort den Entlassungsbescheid aus Warschau in Frieden abwarten konnten. Am 20. oder 21. August war es soweit. Die Kutsche schwankte mit Georg, der kleinen und großen Therese, dem Diener Schneider und zwei Mägden nach Warschau. Botschafter Stackelberg kümmerte sich nicht um die bedrohlichen Nachrichten aus der Türkei. Ohne Anstand ließ er Georg 4000 Rubel für die Reise und die Ausrüstung auszahlen, dazu einen Abschlag auf sein erstes Gehalt. Seine Regierung übernahm außerdem die 500 Dukaten, die Georg vor der Heiratsreise nach Göttingen vorgeschossen wurden. Den ersten Vorschuß von 530 Dukaten, mit dem die Polen seine Kasseler Schulden beglichen hatten, sollte er selber ausgleichen. Vater Heyne würde er nun die 300 Taler ohne Schwierigkeit zurückgeben können. So blieben nur seine Verpflichtungen gegenüber den Verlegern Spener und Dieterich, die Therese auf etwa 600 Taler schätzte. Die wollte er durch Bücher und Übersetzungen abarbeiten. Niemals waren seine Verhältnisse besser und seine Hoffnungen rosiger. Die Polen grollten ihm nicht. Der König bat ihn zweimal zum Essen, und er bestand auch darauf, Therese kennenzulernen.

Nach fünf Tagen fuhren sie weiter. In Dresden begegneten sie einem liebenswürdigen Herrn aus Spanien, Don Fausto d'Elhuyar y de Suvisa, der Georg mit Komplimenten überschüttete. Er sei im Begriff, die Generaldirektion des Bergwesens in Mexiko zu übernehmen, wo manche Neuerungen für den Gewinn von Gold und Silber einzuführen seien. Ein interessantes und wichtiges Amt, das großes Vertrauen voraussetze, auch einträglich... Wenn Professor Forster nicht ein so brillantes Engagement bei der Zarin begonnen hätte, würde er ihn unverzüglich bitten, ihm drüben in der Neuen Welt zu helfen, denn er sei nicht nur durch seine Reputation als Wissenschaftler aufs beste empfohlen... Zunächst eile er, Don Fausto, nach Wien, um die «liebenswürdigste Dame Österreichs» heimzuführen, keine andere als Jeannette von Raab, eine von Georgs Wiener Gespielinnen, die nur mit dem reizendsten Enthusiasmus von ihrem Freund Forster spreche.

Wiederum Station in Weimar. Goethe hielt sich in Italien auf, doch Herder und seine Frau empfingen die Heimkehrer mit Entzücken. Der Oberkirchenrat empfahl für die große Reise einen guten Freund, den Herrn von Einsiedel, der sich in Afrika auskannte. Der Major von Knebel, Erzieher der kleinen Prinzen, schrieb am 17. September 1787 voller Verwunderung an seine geliebte Schwester Henriette: «Vor etlichen Tagen war die Frau des jungen Forsters, der jetzt wieder die Reise um die Welt macht, bei mir auf der Altane. Sie sah den Birnbaum, der mit seinen fruchtbeladenen Zweigen über die Altane hereinhängt; dies machte ihr ein unbeschreibliches Vergnügen. Sie bat sich vorzustellen, wie es einem sein müsse, der seit zwei Jahren keinen Fruchtbaum noch reife Früchte gesehen. Sie kamen aus Wilna, in polnisch Litthauen, und fanden unsre Gegend hier, wie wir Italien finden würden...»

Fast auf den Tag genau zur großen Feier des fünfzigjährigen Jubiläums der Universität traf die kleine Familie in Göttingen ein. Hofrat Heyne, obschon er nicht das Prorektorat versah, war durch die Festlichkeiten eine Woche lang in Atem gehalten. Professorenschaft und Studenten, die Stadtsoldaten, die Regierung, die Vertreter des Hofes, die Geistlichkeit, nicht zu vergessen die drei blutjungen Prinzen, die bei Dieterich logierten: sie allesamt zogen mit Gepränge und Musik durch die Stadt. Die Talare flatterten, die weißen Bäffchen blitzten, die Uniformen glänzten, die Perücken waren schneeweiß gepudert, die Damen winkten von den Tribünen und aus den Fenstern – es war eine Lust, wie sie das eher graue und biedere Städtchen nur selten überkam. Gottfried August Bürger empfing seine Ehrenpromotion und die siebzehnjährige Dorothea Schlözer ihren Doktor der Philosophie: die erste Frau in Deutschland, vielleicht gar in Europa, die in regulären Examina eine akademische Würde erworben hatte. Freilich durfte sie die Auszeichnung nicht in Empfang nehmen, da ihr der Zugang zu der Festversammlung als «unschicklich» versagt war. Hinter einem Fenster verborgen, schaute sie auf die feierliche Szene herab, und vermutlich mischte sich in ihren Stolz wohl auch eine Spur von Spott.

Georg Forster wurde die Ehrenmitgliedschaft in der Königlichen Gesellschaft verliehen, der er schon ein Jahrzehnt lang als korrespondierendes Mitglied zugehörte. Der Zeitpunkt war gut gewählt. Jedermann eilte herbei, ihm zu gratulieren: zur Wiederkehr aus Sarmatien und zur neuen Reise nach Tahiti, nicht zuletzt aber zu seinem schönen Aufsatz ‹*Cook, der Entdecker*›. Schon am Tag nach seiner Ankunft fand er ein Billett doux von Lichtenberg, der sich übrigens von den Feiern der Universität störrisch fernhielt: «O! Wenn Sie wüßten was Sie mir für eine Freude mit Ihrem Cook dem Entdecker gemacht haben! Ich habe lange nichts gelesen, was meiner Vernunft und Phantasie eine so reizende Beschäftigung gewährt hätte, als dieser vortreffliche Aufsatz, und es war mir unmöglich meinen Dank so lange zurückzuhalten, bis ich Sie wieder von Angesicht schaue.»

Die Heimkehr hätte nicht freundlicher sein können. Georg aber forschte vergebens nach Nachrichten oder Briefen von Kapitän Mulowsky. Er wollte nicht länger als zwei oder drei Wochen in Göttingen bleiben, dann so rasch wie möglich weiterreisen nach England, wo es die vielfältigsten Vorbereitungen zu treffen galt. Unterdessen aber war Krieg zwischen Rußland und der Türkei. Georg sagte sich und den anderen, die Admiralität sei für den Augenblick durch dringende Arbeiten okkupiert, doch könne es sich höchstens um einen Aufschub handeln. Immerhin beschloß er, nach London nicht aufzubrechen, ehe er einen Bescheid aus St. Petersburg in der Hand hielt. Zweifel nagten an dem schönen Traum. Er gab sie nicht zu erkennen. Vielmehr verhandelte er unverdrossen über Qualifikationen und Preise möglicher Gehilfen. Er beriet sich mit Spener über die Auswertung seiner Reiseberichte, die rechtens der Admiralität gehörten, doch sei es fast undenkbar, daß man sie ihm nicht schenkte: noch war der Bär nicht gefangen, aber das Fell, das nicht sein Eigentum sein würde, begann er zu verteilen. Dem Freund Soemmerring, der vor Ungeduld fast zersprang, riet Georg nüchtern genug, er dürfe seinen Kontrakt mit Mainz keinesfalls aufkündigen, ehe er einen Vertrag mit der russischen Regierung in der Tasche habe. Zur Not müsse er bis zum März ausharren. Er schwor, daß er nicht ohne Soemmerring reisen würde. Seufzend wandte sich der Gefährte wieder der Anatomie zu, die Lichtenberg so despektierlich eine «Branche der Abdekkerei» nannte. Niemand konnte Soemmerring nachsagen, daß er seinen Beruf nicht mit Leidenschaft ausübte. Inmitten der Wirren des Göttinger Aufenthaltes fragte er Georg, ob es nicht möglich sei, den Leichnam des jüngst verstorbenen Silhouettenmachers Duchard auszugraben und in Spiritus nach Mainz zu schicken, damit endlich an diesem Beispiel eine Zyphosis, zu deutsch: ein Buckel studiert werden könne, hinter dem er schon so lange her sei. Nein, antwortete Georg in völligem Ernst, das gehe nicht an: der Mensch sei an Lungensucht gestorben, niemand wolle sich einer Infektion aussetzen; in diesem Falle seien zu viele Vorurteile am Werk, und es gebe keine Hoffnung, die Exhumierung heimlich und nächtens vorzunehmen, nämlich: die Leiche zu stehlen.

Anfang Oktober rechnete Georg – wenn es keine Ausrede war – noch mit einer Verzögerung von drei oder vier Wochen. Bertuch schrieb er, daß er die gewonnene Frist vergnügt mit den Seinigen genießen wolle. Obwohl er sich ungern von Göttingen entfernte, ließ er sich von Heyne zu einem Ausflug mit Meyer in den Harz überreden. Für Therese fand er eine komfortable Unterkunft in dem schmucken Häuschen des Pastors Waagemann, nicht weit vom Wall (drei Stuben und zwei Kammern für 120 Taler). Mittags ließen sie sich die Mahlzeit aus einem Gasthof kommen. Mit ihnen setzte sich stets auch Meyer zu Tisch. Der Freundschaftsbund war von neuem besiegelt. Der Hofrat Heyne freute sich an der Harmonie der jungen Leute. Er schätzte die liebenswürdige Klugheit seines Bibliothekars, der die ehrenvolle Aufgabe übernommen hatte, die königlichen Prinzen gutes Deutsch zu lehren. Auch das Auge der Frau Hofrat ruhte, wie man sich lächelnd zuraunte, voller Wohlgefallen auf diesem angenehmen Weltmenschen. Herder griff Georgs enthusiastisches Stichwort auf und schrieb aus Weimar mit einem kleinen Unterton von Ironie von der «Göttinger Dreieinigkeit.»

Der Oktober ging dahin. Keine Botschaft von Mulowsky. Der Himmel über Europa wurde dunkler. In Holland brachen Unruhen aus. Die Gazetten meldeten, England werde dem Russischen Reich nicht erlauben, die Türken aus Europa ganz zu verjagen. Frankreich wiederum betrachtete die britischen Drohungen mit geschärftem Mißtrauen. Zog ein allgemeiner europäischer Konflikt herauf? Die permanente Krise der Staatsfinanzen aber brachte Ludwig XVI. in neue Bedrängnis. Man rätselte, ob ihn die leeren Kassen zum Stillhalten zwängen oder ob sie ihm die Versuchung nahelegten, in kriegerische Verwicklungen zu flüchten, um aus dem Land neue Steuern pressen zu können.

Anfang November: nichts. In Georgs Briefe schlich sich eine leichte Gereiztheit. Ohne erkennbaren Anlaß wetterte er (in einem Schreiben an Soemmering) gegen die protestantische Theologie, die «so pfäffisch... so unerträglich» sei wie die katholische: «Ich sehe immer gern, wenn die Leute nichts zur Hälfte sind... Die allerheillosesten und mir allerunerträglichsten Theologen sind die neuern Reformatoren der Protestanten, die ein sogenanntes vernünftiges Christenthum predigen, eine Contradictio in adjecto!» Hatte ihm der Vater – immerhin ein gelernter Theologe – den Ärger ins Blut gejagt? Der kluge Heyne täuschte sich nicht: der Alte signalisierte plötzlich den Anspruch, an der Expedition teilzunehmen. Georg konnte nur hoffen, daß er die Bedingungen zu hoch schrauben werde. Zugleich überlegte er (in einem Schreiben an Spener), ob man die Gelegenheit nicht nutzen könne, um in Berlin für den Vater zu wirken. Oder geschehe gar nichts mehr für einen verdienten Mann, fragte er mit bitterer Loyalität, wenn er nicht zur mystischen Clique der Minister Wöllner und Bischoffswerder gehöre?

Georg hatte sich – vielleicht um seiner Nervosität zu entgehen – für einige Tage in Kassel umgeschaut. Manegogus laborierte noch immer mit dem Apotheker Fiedler und dem Uhrmacher Sänger in seiner Alchemisten-Werkstatt, doch er halte es nicht mehr mit den Rosenkreuzern, schrieb Georg an Soemmering.

Man habe Manegogus, dem Vorsteher dieses skurrilen Trios, hinterbracht, hinter dem Vorhang (der Oberen) sei alles still und wohl auch leer. Sonst in Kassel wenig Neues. Den neuen Landgrafen sah Georg nicht. Einige Wochen später wurde der alte Freund, Hofmarschall von Canitz, gestürzt. Er hatte sich zu eng mit der Mätresse Rosa von Lindenthal verbündet, der Serenissimus seine Gunst entzog, da sie sich über Gebühr bereichert zu haben schien.

Mitte November: nichts. Ende November: nichts. Aus Wien meldete sich Don Fausto mit den herzlichsten Grüßen seiner Frau. Er klopfte auf den Busch, ob Professor Forster interessiert sei, eine Expedition nach den Philippinen zu übernehmen. Georg schob die Antwort eine Weile vor sich her. Im Dezember – aus Petersburg noch immer keine Nachricht – entwarf er für Don Fausto ein Persönlichkeitsbild von sich selber, das dem Adressaten zeigen sollte, wie vielseitig seine Interessen seien, wie weitgefächert seine Verwendbarkeit... Die Naturwissenschaft bezeichnete er als sein Hauptfach. Er habe einige Begriffe von Physik und Chemie, könne Tiere und Pflanzen erträglich zeichnen, besitze eine gewisse Vorbildung in der Philosophie, den schönen Wissenschaften und Künsten. «Ich kann soviel Lateinisch, als man heutzutage von einem Gelehrten fordert... Deutsch, Französisch und Englisch spreche und schreibe ich geläufig. Holländisch, Italienisch, Spanisch, Portugiesisch, Schwedisch, lese ich, und kann es verstehen. Vom polnischen habe ich einige Kenntniss, und vom russischen die Anfangsgründe inne...»

Er hätte sich, nach den Maßstäben des Jahrhunderts, mit gutem Recht einen universal gebildeten Mann nennen können. Doch sein Brief an Don Fausto geriet ihm zur vorsichtigen Absage: wenn er Junggeselle wäre, würde er nicht zögern, den Freund nach Mexiko zu begleiten... Er fügte ein Postskriptum an, in dem er einen geeigneten Kandidaten vorschlug: seinen Vater. Reinhold griff die vermeintliche Chance gierig auf. Er formulierte freilich fünfzehn Bedingungen, die anzeigten, daß er die Grenzen zwischen Traum und Wirklichkeit noch immer nicht scharf genug im Auge hatte. Manchmal schien er das Opfer von Wahnvorstellungen zu sein. So verlangte er, daß der

Gouverneur der Kolonie seinen Befehlen zu gehorchen habe. Es steht dahin, ob sich die Regierung in Madrid jemals der Mühe unterzog, auf die Vorstellungen des verwirrten Professors zu antworten.

Georg schrieb in jenen Wochen des Wartens und der Unruhe außer Briefen so gut wie nichts. Er lief lange Stunden über den Wall, um seine Gesundheit zu kräftigen. Er begab sich – manchmal mit Lichtenberg – in einen Club, mit dem die Göttinger Gesellschaft dem englischen Vorbild huldigte. Gelegentlich speiste er mit den drei Prinzen, die er artig fand, freundete sich vor allem mit dem kränklichen Augustus Frederick an. Am 18. Januar besuchten die beiden Forsters einen Gala-Abend mit Ball. In der Regel war er am Abend mit Therese drüben bei Heyne. Am Heiligabend aber fuhr Georg – einer plötzlichen Eingebung folgend? – nach Hannover. Das Christfest wurde in jener Epoche noch nicht mit der Innigkeit und dem Pflichtbewußtsein gefeiert, die erst das 19. Jahrhundert dem deutschen Lebensgefühl zuführte. Dennoch wirkte es ungewöhnlich, daß er sich am Tag vor dem hohen Fest mit dringenden Geschäften entschuldigte. Seine Argumente leuchteten ein: es war in der Tat hohe Zeit, eine Entscheidung in Petersburg zu erzwingen. In Hannover residierte der königliche Leibarzt Johann Georg von Zimmermann, der nicht nur Friedrich den Großen, sondern auch die Zarin Katharina mit einigem Erfolg behandelt hatte. Am russischen Hof stand er in hohem Ansehen. So war es nur natürlich, daß Georg auf den Gedanken geriet, den berühmten Arzt um Vermittlung zu bitten.

Er wurde von Zimmermann wohlwollend aufgenommen. Am Christfest setzte er ein Memorandum auf, das seine Lage mit bewegten Worten und ein wenig dramatisiert der kaiserlichen Gnade empfahl. Seine Auskünfte zur Person legten nahe, an eine Verwendung im diplomatischen Dienst zu denken, wenn der Krieg die Expedition in den Pazifik verbiete. Zimmermann – für den Lichtenberg den Kosenamen «Don Pomposo» erfunden hatte – wies in Richtung London und Paris. Er übertrug Georgs Texte brav und mit vielen Kratzfüßen in ein devotes Schreiben an die Zarin. Der Professor Forster bedankte sich bei dem Arzt mit schmelzenden Bekundungen seiner Dankbarkeit und Verehrung. Er fand es angebracht, dem Gönner in zarter Vertraulichkeit seine Neigung zur Melancholie zu gestehen, die er aus den Jugendjahren mit sich schleppe. Dies rührte das väterliche Herz des Leibmedikus. Georg wiederum zögerte auch nicht, einige Monate später Zimmermanns eher törichtes, ja, ans Komische grenzende Buch über seine Unterredungen mit dem Alten Fritz zu rühmen.

Den Neujahrstag feierte Georg noch immer in Hannover – bei Charlotte Kestner geborene Buff, der Goethe für einen schönen Augenblick seiner Jugend schwärmerisch verbunden war. Freilich deutete der Professor nirgendwo an, daß er die liebenswürdige kleine Rolle begriff, die seiner Gastgeberin in der Literaturgeschichte zugefallen war: als das Urbild der Lotte in Goethes *‹Werther›*:

Zu Haus in Göttingen aber wartete endlich Mulowskys Nachricht aus Kronstadt, datiert vom 7. Dezember 1787: aus der Expedition werde leider nichts, schrieb der junge Kapitän militärisch knapp. Er habe wenigstens den Vorteil genossen, Forster kennenzulernen, und er hoffe, daß ihm die Freundschaft erhalten bleibe. Seine Mitteilung wurde eine Woche später durch den Admiral Senjavin bestätigt, der wiederum vierzehn Tage danach wissen ließ, die Admiralität werde Georg die 530 Dukaten ersetzen, die er zur Begleichung seines ersten Vorschusses an die Polnische Erziehungskommission zurückerstattet hatte. Das entsprach einer Summe von annähernd 1 600 Talern. Insgesamt verdiente Georg an dem gescheiterten Unternehmen an die 8000 Reichstaler. Und: er war aus Wilna befreit. An Soemmerring schrieb er betrübt: «So wäre also für's erste die Aussicht, nochmals das Südmeer zu bereisen, ein schöner Traum gewesen!» Seine Traurigkeit war nur zu begreiflich. Das Fernweh, das in seinem Herzen niemals völlig erlosch, war durch die russischen Pläne zu einem heftigen Leben erwacht. Würde es sich je wieder zähmen lassen? Resigniert sagte er dem Freund, daß er – wie die meisten Menschen – nicht zum Glück bestimmt sei. Dann sprach er eher beiläufig von der Bibliothekarstelle an der Universität in Mainz, die der gemeinsame Freund Johannes Müller innehatte. Der alte Kurfürst, der Gefallen an dem protestantischen Schweizer Historiker fand, berief ihn als

Berater in sein Kabinett. Natürlich gingen Gerüchte um, Müller habe das hohe Amt nicht erlangt, ohne einen Preis zu bezahlen: er sei katholisch geworden. Nein, dementierte der Arme: er habe nicht konvertiert. Zum Beweis nahm er – weithin sichtbar – in der reformierten Kirche von Biebrich bei Wiesbaden das Abendmahl ein. Trotz dieser Demonstration glaubte ihm niemand.

Die Bibliothekarstelle sei besetzt? fragte Georg. Er setzte seine Worte so gleichmütig, als würde ihn die Antwort kaum interessieren. Soemmerring, ein Experte der akademischen «Ruf»-Techniken, verstand ihn genau. Niemand sollte annehmen – das war Georg wichtig –, daß er sich aus dem Dienst der Zarin entlassen fühle. Hatte er ihrem Projekt nicht seine Pfründe in Wilna geopfert? Dem Leibmedikus Zimmermann aber schrieb er am 20. Januar 1788, er werde sich anderntags in aller Frühe in einen Wagen werfen, um nach Berlin zu reisen. In Halle sei der Oberbergrat und Professor Goldhagen gestorben. Vielleicht ergebe sich daraus eine Chance für seinen Vater. Mit Briefen richte man in solchen Fällen nichts aus: man müsse selber zur Stelle sein.

Noch einmal hatte ihn Zimmermann der Monarchin angepriesen. Was, fragte Forster, «wenn die Kaiserin etwa neugierig seyn sollte, ... das südländische Meerwunder selbst zu sehn und zu sprechen.» Schließlich bat er die Eile und Zusammenhanglosigkeit seines Briefes zu verzeihen: «Er ist ein getreues Bild von der innern Beschaffenheit meines Kopfs. Gestern, vielmehr aber heute, habe ich sehr viel Tränen vergoßen; jetzt bin ich ruhig.»

Der Aufbruch war plötzlich. Wohl hatte Georg eine Reise nach Berlin im Gespräch mit Therese und ihrem Vater, vielleicht auch mit Meyer erwogen. Es lag nahe, daß er nach dem Scheitern des russischen Projektes die Möglichkeiten einer preußischen Karriere zu prüfen versuchte. Der Tod des Professors Goldhagen war kaum das entscheidende Signal. Er diente eher als Vorwand. In Wirklichkeit hatte ihn sein Schwiegervater gebeten, sich für eine Weile aus Göttingen zu entfernen. Die Gemeinschaft mit Therese war in eine tiefe Krise geraten. Wenn es noch eine Hoffnung gab, die Ehe zu retten, dann half nur Distanz.

Der Zerfall ihrer Liebe – wenn es denn eine war – ist nur aus Thereses Zeugnissen zu entschlüsseln (jene Georgs hat sie fast alle vernichtet). Drei Tage nach der Abreise schickte sie ihm einen Brief nach Berlin (der einzige aus dieser Zeit, der völlig erhalten blieb): «Mein Herz blutet für den Schritt zu den ich Dich Zwang weil Du dessen nothwendigkeit noch nicht fühltest.» Kein Wort von der Rückkehr. Ihr Mann schien auf unabsehbare Zeit verbannt zu sein.

Georgs Briefe aus jenen Tagen hat Therese mit ihren eigenen nach seinem Tod verbrannt. Die eine gründliche Konfession aber, die sie für den Vater aufschrieb, entging ihrer Aufmerksamkeit. Bis in ihr Alter brach die Erinnerung an den Göttinger Zusammenbruch immer wieder in ihr auf. Es war, als befehle ihr ein böses Diktat, von sich, von Forster, von Meyer zu reden. Sie dachte, sie fühlte, sie schrieb ihr Leben mit Forster unermüdlich neu. Sie deckte Wahrheiten auf. Andere verbarg sie. Gewiß hatte sie recht, wenn sie zu ihrem Vater davon sprach, daß sie nach Gotha gedrängt habe, um der Lage zu entgehen, die sie nun täglich bedrohe. Warum verschloß sich Forster der Bitte so störrisch? Glaubte er im Ernst (das fragte sie nicht), er könne ihre Neigung zu Meyer im Überschwang seiner Freundschaft ertränken? Oder band ihn selber eine unbewußt erotische Faszination an den eleganten Kollegen, der im Geflecht angeregter Spannungen unter den dreien eine gescheite und sensible Distanz zu wahren schien? Meyer versicherte, auf einen drängenden und dennoch abwehrenden Brief Thereses nach dem Tod ihres zweiten Mannes antwortend, daß ihr die schönsten Gefühle seines Lebens gehörten. Er habe Forster gezürnt, «daß er Tagelang allein um Dich war, er gönnte mir nicht die ungestörte Vertraulichkeit einer Viertelstunde. Du hast mir damals, mit und ohne Veranlassung, hundert Mal wiederholt, F. sei besser als ich...»

Wie das? Gestand Therese nicht immer wieder, wie leidenschaftlich sie Meyer geliebt habe? Der bekannte freilich (auch damals schon), daß er nicht eifersüchtig sein könne. Mit einer Prise Selbstironie sagte er von sich selber, er habe «sich nie entschließen können, um einer Einzigen willen dem ganzen Geschlechte ungetreu zu werden». Deutlicher noch: «Man spricht vom getheilten Herzen. Redensarten! Alle Herzen in der Welt sind getheilt. Sie wären sogar etwas sehr Schlechtes, wenn sie es nicht wären.» Wollte Therese ihn mit den Hinweisen auf Forsters Güte zur Eifersucht und womöglich zu einer Entscheidung zwingen? Und er? Blieb es noch immer beim halbkeuschen Spiel? Hat Georg die beiden, wie später vermutet wurde, in flagranti überrascht? Oder riß seine Geduld, als sich ihm seine Frau immer schroffer verweigerte?

Therese deutete später an, schon von Beginn der Ehe an sei die Liebe im Bett schwierig gewesen, «weil die Natur uns nicht zu Mann und Frau bestimmt hatte. Ich weinte in seinen Armen und fluchte der Natur, die diese Qual zur Wollust geschaffen hatte – endlich gewöhnte ich mich daran – in Polen machte ich ihn glücklich, aber Liebe genügte ihm nicht, obschon er glauben mußte, ich liebe ihn, den(n) meine Briefe an Meyer, die er sah, störten ihn nicht, so schwärmerisch sie waren.» (So an Caroline Michaelis im Februar 1794.)

Es mag sein, daß die Harmonie zwischen den beiden tatsächlich durch eine physische Unverträglichkeit von Beginn an gestört war, wie Therese in diskreter Umschreibung andeutete. Es mag auch sein, daß sie später – um Selbstrechtfertigung bemüht – ihrer Neigung zu Dramatisierungen nachgab. War das Glück der ersten Jahre, das sie in ihren Briefen besang, nur vorgetäuscht? Verkrampfte sie sich nicht erst nach der Geburt der Tochter in ihrem Widerwillen gegen Georg? Verstörte sie sein Mangel an Rücksicht und Zärtlichkeit? Seine eher handfesten und simplen Begriffe von Sexualität, die er den tahitianischen Mädchen und ihren Matrosen abgeschaut haben mochte? Demütigte seine Robustheit, die so seltsam der Verletzlichkeit seines Wesens widersprach, ihr instinktives Verlangen, selber in jeder Situation zu dominieren? Da Sexualität tief in den Anspruch auf Macht verwoben ist, war der Konflikt vielleicht unvermeidlich... und vielleicht fand sie bei Meyer eine behutsamere und zärtlichere Erotik, die ihrer Schüchternheit, ihrer Gehemmtheit, die sich hinter der kecken, selbstbewußten Fassade und hinter den frivolen Redereien verbarg, am Ende auch ihrer physischen Beschaffenheit eher zu entsprechen schien.

Forster, es war lächerlich, beschwor mit gleicher Entschiedenheit wie Meyer, daß er nicht eifersüchtig sei. Doch Thereses langer und wirrer Brief an den Vater zeigt an, daß Georg dem redlichen Heyne schon seit Wochen mit seinem Gejammer über die Ehe in den Ohren lag. Sie verteidigte sich. Der Vater schenkte zuerst der Tochter Glauben. Meyer traute er keinen Frevel zu. War er nicht ein Gentleman vom Scheitel bis zur Sohle? Überdies versicherte Frau Georgine, daß er ein untadeliger Mensch sei. Also wurde Georg vor die Tür geschickt. Indes meldete er sich mit einem langen Brief aus Berlin. Nun gestand er wohl klipp und klar – wie sich aus Thereses wortreicher Rechtfertigung schließen ließ –, daß er sich von Herrn Meyer betrogen glaubte. Er verbarg auch nicht länger, daß sich Therese dem versagte, was man die «ehelichen Pflichten» nannte. Heynes Zorn richtete sich nun gegen die Tochter. Sie habe sich bei der Heirat, antwortete Therese dem Vater, keinen «Romanbegriff» von dem Glück der Ehe gemacht, sei damals unglücklich gewesen, habe dem Vater eine Last abnehmen wollen, für Forster Zärtlichkeit und Respekt gehegt, habe sich schließlich in eine Liebe hineingeschwärmt. Es sei verabredet worden, daß sie von Wilna aus mit Meyer einen freundschaftlichen Briefwechsel fortsetze, den ihr Mann immer lesen würde. (Sie hatte aber Soemmerring ein wenig schnippisch geschrieben, Georg sehe wenig von ihren Briefen.) Nach der Rückkehr habe sie Georg immer wieder angeboten, den Umgang mit Meyer zu meiden. Stets habe er ihren «Kaltsinn» – der nur durch sein «sultansmäßiges Betragen» veranlaßt gewesen sei – und nicht Meyer für die Schwierigkeiten verantwortlich gemacht. Dann der Eklat. Und jetzt der schreckliche Vorwurf Georgs. Sie sprach von «Falschheit und Lüge», von Verleumdung: «Ich habe geirrt, gefehlt, aber nie betrogen.» Seufzend fügte sie hinzu: «Ich habe ja nun in Alles gewilligt, habe Alles hingegeben und aus dem Weg geschafft. Was soll ich mehr?» Schließlich die Behauptung: «Ich freue mich auf Forsters Rückkehr, aber ich sage Ihnen voraus, lieber Vater, er wird Anfangs nicht zufrieden sein...» und die Versicherung: «Er soll den gehabten Verdruß nie wieder haben und Sie auch nicht, mein armer Vater.» In einem langen Nachwort konnte sie die doppelsinnige Bemerkung nicht unterdrükken, es sei ihr lieb, daß Georg die Dinge betrachte, wie er es tue: je mehr sie verliere, je mehr gewinne er für sein Selbstbewußtsein.

Der Hofrat hatte das «wilde Wesen» seiner Tochter immer voller Sorge betrachtet. Er warnte sie oft vor ihrem ungezähmten Temperament und ihrer unkontrollierten Zunge, nannte sie «einen weiblichen Bramarbas», die Neigung zu Übertreibung und Angeberei verspottend, hielt sie für überspannt. (Die zweite – hübschere – Tochter Marianne schien mit ihren jähen Launen ganz dem Beispiel der Schwester zu folgen.) Er liebte Georg womöglich tiefer als den eigenen Sohn, der in der Ferne, bei den Armeen der Zarin, sein Glück suchte. Nichts wünschte er sehnlicher als Georgs (und Thereses) Erfolg.

Der Verbannte erschien den Freunden in Berlin melancholisch, aber gefaßt. Ein Gallenfieber quälte ihn. In der Oper sah er sich die ‹*Andromeda*› von Johann Friedrich Reichardt an, der sich hernach mit solchem Elan in die französischen Ereignisse werfen sollte. Er besuchte Redouten. Er sah, wie üblich, Nicolai und Biester. Bei Hertzberg sprach er nicht nur für den Vater, sondern auch für Meyer vor, der in den diplomatischen Dienst zu drängen schien. Den Mitteilungen aus Göttingen entnahm er, daß Meyer die Stadt verlassen werde. Therese schwor, eine brave Frau zu sein. Heyne versicherte den Schwiegersohn seines Vertrauens und seiner Liebe.

Geschäftig wanderte Georg von Amt zu Amt, um für seinen Vater vorzusprechen. Er antichambrierte. Er zeigte sich bei Empfängen, tapfer bemüht, bei den einflußreichen Herren des «mystischen Zirkels» ein Wort für den cholerischen Professor in Halle einzulegen. Der hatte ihm in bitterem Zorn vorausgesagt, seine Reise werde vergebens sein. In Berlin wolle man «kriecherische Krötenfresser» und nicht Leute, die dazu fähig seien, über ihre Nasen hinauszuschauen. Einer der Mächtigen habe ihn gefragt, was er für ihn tun könne. «Schaffen Sie mir Geld, Geld, Geld!» habe er gerufen. Nichts sei erfolgt. (Später verlieh ihm der König – man mußte nur hartnäckig und dreist genug fordern – das Ehrenamt des Canonicus von Halberstadt, das ihm eine nicht unbeträchtliche Nebeneinnahme garantierte.)

Auf dem Rückweg machte Georg drei Tage in Halle Station. Der Bruder Wilhelm, von der Kunstfertigkeit eines Chefarztes noch weit entfernt, lernte das Handwerk des Chirurgen in Aschersleben. Antonia hatte die Stelle in Kopenhagen verlassen und unterdessen die Aufgabe einer Erzieherin im Hause des Generalmajors Graf Wallmoden-Gimborn in Hannover übernommen.

In Dessau wollte er bei seinem alten Protektor, dem Fürsten, vorbeischauen. Vielleicht konnte er ihn überreden, die Herbarien-Sammlung des Vaters für 1000 Dukaten zu erwerben. Der Fürst aber befand sich in Wörlitz. Dort klopfte Georg vergebens an. Er wußte nicht, daß sein hoher Freund auf dem Landsitz niemand vorließ, der sich nicht in Dessau angesagt hatte. Forster hinterließ ein enttäuschtes Briefchen. Der Fürst schickte ihm eine Nachricht voller Herzlichkeit nach. Für die Sammlung hatte er jedoch keine Verwendung. Vor Eisleben stürzte die Kutsche um. Der Wagen überschlug sich zweimal und stand schließlich auf dem Kopf. Georg saß wie eine «Maus» in dem Kasten gefangen, und er mußte ausharren, bis man das Fahrzeug hob. Verletzt hatte er sich nicht.

Zu Haus eine verlegen-devote Frau. Vermutlich eine Fülle von Tränen. Meyer war vor acht Tagen abgereist. Er plante, sich für geraume Zeit in England aufzuhalten. Georg empfand keinen Groll. Auch Heyne hatte den liebenswürdigen jungen Mann voller Wohlwollen verabschiedet. Georgine bewahrte ihm ein freundliches Andenken. Mehr als drei Jahrzehnte später schrieb die alte Hofrätin dem ausdauernden Junggesellen einen Gratulationsbrief zu seinem Buch über den großen Schauspieler Schröder. Meyer, längst kein Jüngling mehr, antwortete ihr heiter, er wolle bald nach Göttingen kommen und nachschauen, ob sie noch so treue Köchinnen und so hübsche Kammermädchen habe wie einst. In einer Antwort voller Grazie und Würde erzählte die Hofrätin von den späten Jahren Heynes. Sie setzte ihrem Mann mit dem Zitat das schönste Denkmal: «For take him all in all / We'll never look upon his like again!»

Der Autor Meyer, der leichte Komödien nach dem Französischen schrieb, englische und italienische Stücke übersetzte, hinterließ in der Literatur keine bedeutende Spur. In seinem Briefwechsel mit Bürger gab er mitunter philisterhafte Enge und eine Neigung zu provinziellem Ressentiment zu erkennen. Doch es gelang ihm, ein Leben des Genusses, der intellektuellen Anregung und des materiellen Behagens zu führen. Die Substanz war dürftig. Doch jedermann behielt ihn in freundlichster Erinnerung: Goethe so gut wie Herder. Den Damen seines Herzens blieb er ein gewogener Freund. Seine Korrespondenz mit Caroline Michaelis war lange Jahre ein lebhafter und wohl auch wahrhaftiger Spiegel ihrer beider Dasein. Nur Therese, die nicht aufhörte, in ihm die große Liebe ihrer Jugend zu sehen, dachte an ihn mit Bitterkeit. Sie empfand seinen Rückzug aus Göttingen zeit ihrer Tage als Flucht. Sie fühlte sich im Stich gelassen.

Übrigens hatte Georg noch in Berlin von Lichtenberg erfahren, daß Dr. Böhmer, Carolines Mann, in Clausthal an einer plötzlichen Krankheit gestorben sei, erst 41 Jahre alt. Zu Haus fand ihn ein knapper Brief des Grafen Friedrich von Anhalt, Kommandant des Kadettencorps in St. Petersburg, der ihm mitteilte, Ihre Majestät die Kaiserin habe angeordnet, daß Professor Forster dem edlen Corps der Kadetten seine Erleuchtungen und Kenntnisse vermitteln könne. Dafür gälten die gleichen Bedingungen, die für die Expeditionsreise ausgehandelt worden seien.

Die Intervention des aufgeblasenen und gutartigen Zimmermann hatte Früchte getragen. Georg war damit in ein leidiges Dilemma geraten. Er hatte nicht die geringste Neigung, sich ins kalte Petersburg zu begeben, trotz des lockenden Einkommens. Auch Therese und Heyne, die er konsultierte, rieten ab. Zum anderen wollte er sich die Gunst der Zarin nicht verscherzen: wenn der Krieg mit der Türkei ein rasches Ende fände, würde sie vielleicht noch immer geneigt sein, die Expedition in den Pazifik zu entsenden. In einem langen Schreiben an Zimmermann wand sich Georg vor Dankbarkeit. Er pries die Kaiserin als ein Exempel von «Edelmut, Menschenliebe, Freigebigkeit». Aber dann sagte er klipp und klar, in Petersburg reüssiere «kein Mensch, der nicht intriguiren und caballiren kann». Wie sicher seien 3000 Rubel Papiergeld? Und das unwirtliche Klima in den barbarischen Breiten nördlich des sechzigsten Grades! Er wolle sich mit den 530 Dukaten zufriedengeben, die man ihm so gütig gewährt habe. Davon könne er ein Jahr leben und in Ruhe eine andere Verwendung suchen.

Dem Grafen Anhalt trug er seine Bedenken mit der größten

Höflichkeit vor. Der Kadetten-Kommandeur äußerte in kurzen französischen Sätzen, die neuen Bedingungen machten deutlich, daß Monsieur Forster kein großes Verlangen habe, nach Petersburg zu kommen. Man habe darum angeordnet, ihm auch keine neuen Vorschläge zu unterbreiten. Das war frostig genug. Auf deutsch fügte er hinzu: «Aber des Menschen Wille ist sein Himmelreich.»

Der gute Zimmermann schien nicht allzu verstört zu sein. Hatte er nicht bewiesen, wie weit sein Einfluß reichte? Sein Briefwechsel mit der Zarin war, wie Therese voller Spott schrieb, «damals ein sehr wichtiger Gegenstand des Theetisch- und Salonsinteresses der hannövrischen schönen und großen Welt. Katharinen erwarb er ein Körnchen Weihrauch mehr, dessen Wölkchen sie gern von der Mitwelt angestaunt sah, indeß sie ihr Haupt ziemlich unbetäubt darüber emporhielt; für den armen Zimmermann düftete dieser Briefwechsel aber so betäubende Wolken, daß sie viel beitrugen, seinen Kopf – der wahrlich zu etwas Besserem berufen war – zu verwirren.»

Georg hatte schon in Berlin erfahren, daß Müllers Bibliothekarstelle entgegen allen Gerüchten noch nicht besetzt sei. Die Freunde in Mainz betrieben seine Sache still und voller Geschick. Mit Genugtuung notierte er, daß auch die polnische Erziehungskommission keine Anstrengung scheuen würde, ihn unter besseren Bedingungen nach Wilna zurückzuholen. In Wahrheit hatte er nicht die geringste Lust, sich noch einmal selber nach Polen zu verbannen. Rasch setzte er für Heynes gelehrten Anzeiger einige Rezensionen auf. Anfang April reiste er mit Therese nach Gotha. Seine Frau wollte die Freundin Amalie besuchen, die inzwischen nicht allzu glücklich mit dem älteren Bibliothekar Reichardt verheiratet war. Er selber fuhr weiter nach Mainz. Träume vom romantischen Rhein hatten ihn ein wenig in die Irre geführt: Mainz war keine Stadt der Türme und Zinnen, die sich auf mächtigen Felsen über den rauschenden Strom erhoben, schrieb er Therese. Keine «reizenden Unregelmäßigkeiten» mit «ihrem kühlen Schatten, ihrem grünen Rasen, rauschenden Gipfeln, rieselnden Gewässern». Er fand flache Ufer. Erst ein gut Stück nach Norden ragten die Berge auf. Das Land war fruchtbar: fette Äcker, weitgestreckte Weinfelder, prachtvolle Obstgärten. Er vermißte die «schattigen Promenaden», doch er lobte das milde Klima.

Müller hatte alles wohl arrangiert. Am Tag nach der Ankunft führte er Georg zum Kurfürsten, dem alten Freiherrn von Erthal: ein «siebzigjähriger Greis, der noch munter genug aussieht, und beständig mit uns im Zimmer auf- und abging. Er hat gute politische Kenntnisse, hauptsächlich was die Verhältnisse der Höfe betrifft; das Uebrige mag oberflächlich seyn...» Georg registrierte eine gescheite Nase, einen ehrlichen Mund und sanfte Augen. Sein Ton sei ernsthaft, aber nicht steif. Der geistliche Fürst fragte nach den Religionsbegriffen der Tahitianer und fing an, etwas «zu freigeistern, wozu wir stille schwiegen...»

Johannes Müller versicherte, daß die Fortschritte der Aufklärung und der Toleranz unter dem Krummstab des Erzbischofs erstaunlich seien. Auch Soemmerring, der den Katholiken nicht über den Weg traute, konnte ihm nicht widersprechen. Niemand hatte die beiden nur einen Augenblick wegen ihres protestantischen Bekenntnisses bedrängt. Auch Heinse, der Vorleser des Kurfürsten, war evangelischen Glaubens. An der Universität hatte man einen jüdischen Arzt promoviert. Bei der Zeremonie wurde, wie es nur billig war, auf die christliche Eidesformel verzichtet.

Das Bürgertum freilich erlangte unter dem geistlichen Regiment nicht die wirtschaftliche Macht, die ihm in den protestantischen Ländern zugewachsen war. Es gab so gut wie keine Industrien. Der Handel stagnierte. Den kleinen Bauern ging es schlecht. Sie stöhnten unter Fron und Steuern. Das Dom-Kapitel, das sich aus dem hohen Adel rekrutierte, verbrauchte ein Fünftel aller Einnahmen des Landes. Der alte Kurfürst bemühte sich – wie ihm jedermann zugestand – um Reformen, doch er fand wenig Rückhalt im Adel. Alles blieb Ansatz und Stückwerk. Zum anderen fürchteten die geistlichen Fürsten den radikalen Reform-Eifer Kaiser Joseph II., der auf lange Sicht ihre Existenz zu bedrohen schien. Mainz suchte darum Anlehnung an Preußen, die Gegenmacht Habsburgs.

Die Schichten der städtischen Bevölkerung waren strikter voneinander geschieden als in den protestantischen Hauptstädten (wohl auch als in Wien und in München). Der Adel lebte separat von den Bürgern. Der Verkehr zwischen den Palais der großen Familien und den gotisch verwinkelten Gassen, in denen die Handwerker wohnten, schien dürftig zu sein. Aus Göttingen, dieser kleinen Republik, kannte Forster ein solch beziehungs- und verständigungsloses Nebeneinander der Schichten und Klassen nicht.

Die wichtigste Institution des städtischen Lebens war die Lesegemeinschaft, in der 88 deutsche und ausländische Zeitschriften auslagen, darunter 23 literarische und 24 politische Journale. Die beiden Säle – der eine für die Lektüre, der andere für die Konversation – standen dem Publikum täglich von 9.00 bis 22.00 Uhr offen. Die Mitgliedschaft kam auf 12 Gulden im Jahr.

Am Abend nach der Audienz beim Kurfürsten lernte Georg Madame de Coudenhoven kennen, die Witwe des einstigen Befehlshabers der Leibgarde, überdies eine Nichte des Erzbischofs. Sie hatte sich bei Hof gelangweilt und zog es vor, sich mit ihm und Müller zu unterhalten. Man nannte sie die regierende Mätresse, ohne die angeblich kaum eine Entscheidung getroffen werden konnte. Johannes Müller, der bei der liebenswürdigen Dame Wohnung genommen hatte, schien mit ihr und dem klugen Koadjutor von Dalberg die «preußische Partei» am Hof zu vertreten. Auch mit Dalberg, dem zweiten Mann im Staat, speiste Georg in großer Gesellschaft. Der Vertreter und vermutliche Nachfolger des Kurfürsten wurde in aufgeklärten Kreisen gern als «Lichtverbreiter für das katholische Deutschland» gefeiert, wie Therese notierte. Georg fiel es nicht leicht, sich einen Vers auf diesen begabten Mann zu machen. «Noch kann ich seinen Charakter mir nicht ins Reine bringen. Es liegt, so viel sehe ich wohl, viel Herzensgüte, viel Sanftes darin, und zugleich, was gewöhnlich die oft getäuschte Güte begleitet, mancher Zug von Mißtrauen in seinem Blick.» In Gang und Stellung habe er «etwas Weiches, Vernachlässigtes, Unfestes, welches mir eine gewisse Abspannung des Körpers und Charakters zu verrathen scheint; wiewohl seine Sprache lebhaft genug und seine Theilnahme an wissenschaftlichen und andern Dingen sehr groß ist. Sein Gesicht würde sehr schön seyn, wenn er nicht zu kleine Augen, faltige Augenwinkel und einen Mundmuskel hätte, der den Mund sehr widrig öffnet.» Die Unterhaltung an der Tafel schien unverkrampft zu sein. Es wurde oft und schallend gelacht.

Eine knappe Woche nach Georgs Ankunft war eine klare Verabredung getroffen: er wurde Oberbibliothekar der Universität mit einem Jahresgehalt von 1800 Gulden (das entsprach 1130 Reichstalern). Man stellte ihm eine Zulage für die Wohnung in Aussicht. Georg erklärte sich – ohne feste Verpflichtung – im Grundsatz bereit, ein naturwissenschaftliches Kolleg zu halten. Der Vertrag sollte von April an gelten, jedoch wurde ihm gestattet, daß er bis zum Herbst in Göttingen bleibe, um dort das Bibliothekarswesen zu studieren. Reise- und Übersiedlungskosten sollten von der Mainzer Regierung übernommen werden.

Das war kein glorreicher, doch ein guter Abschluß. «Forster's Ruf nach Mainz» sei, schrieb Herder, «ein Werk guter Genien, denn auf die Reise [in den Pazifik] hätte er lange warten mögen, und wer weiß, was auf ihn gewartet hätte. Freilich ist das deutsche Babylon des h. Bonifazius kein Ort, wo die Wissenschaften so recht im Naturboden wachsen; aber es ist ein schönes Clima, eine schöne Stadt, in ihr viel Freiheit und Achtung für berühmte Männer, jeder kann thun, was und wieviel er will, leben mit wem er will; Forster hat eine hübsche Besoldung; was will ein Gelehrter in Deutschland mehr?...» In Thereses Worten: seine «bürgerliche Lage schien nun nach menschlichen Ansichten – gesichert». Über Mangel an Erfolg konnte er sich nicht beklagen. «In den Residenzen», schrieb seine Frau in ihrem Rückblick auf sein Leben, «beschieden ihn die Fürsten zu sich, der Adel lud ihn ein, der Mittelstand drängte sich zu ihm. Für die Gelehrten hatte sein Gespräch ein Interesse, für das wir jetzt keinen Maßstaab mehr haben...»

Ohne Schwierigkeit fand er eine Wohnung: von Müller konnte er eines der «Professoren-Häuser» in der «Neuen Universitätsstraße» übernehmen: ein Reihenhaus, vor wenigen Jahren erst gebaut, drei Stockwerke hoch, die Fassade von schlichtem Klassizismus, das Viertel ruhig, zwischen der «Thiermarkt-Gasse» und den Wällen im Westen der Stadt gelegen. (Zwei Jahre später kaufte er sich in den Vertrag des Pächters ein und wurde Mieter auf Lebenszeit.) Unverzüglich traf er die Anordnungen für die Einrichtung. Um sich für seine Tüchtigkeit zu belohnen, unternahm er vor der Heimreise mit dem Freund Soemmerring eine kleine Exkursion: «Manheim, Heidelberg, durch die schon vor drey Wochen mit Blüthen übergoßene Bergstraße», um sich «des herrlichsten Himmelsstrichs in Deutschland, und des schönen Landes», in dem er «jetzt wohnen werde, zu freuen.»

Georg hatte keine Illusion, daß mit der Mainzer Bibliothek viel Staat zu machen sei. Für Neuanschaffungen stand nur eine lächerliche Summe zur Verfügung. Das war einstweilen seine geringste Sorge, denn er betrachtete das Amt in Mainz vor allem als eine Basis, die es ihm erlauben würde, seine literarische Karriere mit einem neuen Ernst und neuen Energien zu verfolgen. Einstweilen genoß er den Göttinger Sommer. Zur Ertüchtigung seiner anfälligen Konstitution stieg er jeden Morgen um sechs aufs Pferd und ritt bis um acht. Manchmal kegelte er mit anderen Professoren in Lichtenbergs Garten. Die Tage waren heiter. Thereses Stimmung schien ausgeglichener zu sein. Dem berühmten Professor liefen, kein Wunder, die aufmerksameren Studenten zu und suchten sein Gespräch. Georg fand besonderen Gefallen an einem hübschen und hellwachen jungen Mann aus Berlin, der sich durch eine Vielfalt von Interessen auszeichnete: Wilhelm von Humboldt. Da er in den Ferien eine Rhein-Reise unternehmen wollte, empfahl er ihn herzlich an Soemmerring.

Georg schrieb diese und jene Kleinigkeit. Für den *‹Göttinger Taschenkalender›*, den Lichtenberg bei Dieterich herausgab, entstanden zwei anmutige Stücke. Soemmerring hatte im vergangenen Jahr eine Preisfrage nach der «Nützlichkeit und Schädlichkeit der Schnürbrüste» gewonnen, mit denen sich die Damen jenes Zeitalters eine Wespentaille andressierten und zugleich die Brüste wie prangende Äpfel an den Rand ihrer generösen Décolletés (und manchmal darüber hinaus) zu heben verstanden. Auf ein paar Seiten verwandelte Georg den trocken lehrhaften Text des Freundes in eine amüsante und zugleich instruktive Plauderei. Mehr Gewicht kam der Abhandlung *‹Über Leckereien›* zu, die in der Einleitung ein klassisches Muster des Feuilletons zu liefern schien. Doch der Leser sah sich, ohne es recht zu merken, rasch in die vielgestaltige Landschaft einer philosophisch-naturwissenschaftlichen Betrachtung geführt, die eine Fülle geistreicher Beobachtungen und Spekulationen bot. Der Aufsatz war, das verstand sich bei Forster nun beinahe von selbst, glänzend geschrieben. Leckereien, sagte er, seien nicht «die Erfindung eines Hungrigen, sondern eine Folge des Nachdenkens über einen gehabten Genuß...»Er fuhr fort, es sei «sicherlich kein geringer Fortschritt im Denken von der Sorge für den Magen zu der Sorge für den Gaumen» gewesen. Er sprach von den attischen Feigen, die Xerxes veranlaßt hätten, Krieg gegen Athen zu führen, vom Streit der Spanier, Holländer und Portugiesen um den Besitz des Gewürzhandels, vom Knoblauch, vom Pfeffer, vom «allgemeinen Gebrauch des widerlichen und giftigen Tabaks, den wir wegen seiner vermeintlichen Heil- und Verwahrungskräfte zuerst von den amerikanischen Wilden entlehnten». Das Rauchen, meinte er, rühre zum Teil aus der Eitelkeit der Knaben, die gern als Männer gelten möchten. Neben den Beispielen des Witzes stand freilich auch der feierlichste Unsinn. Eine feine Küche billigte Forster nur den Europäern zu, unter denen er den blonden Nordländern die höchste Verfeinerung zuerkannte. Selbst die chinesische Tafel lud nach seinem Urteil nur zu unflätiger Fresserei ein. Das Weltkind kannte die Welt längst nicht gut genug. Doch Georg stellte auch mutig fest, es bedürfe «nur eines Blickes auf den Gang der Entwicklung unserer Sinnlichkeit, um uns zu überzeugen, daß wir fast alle unsere Kenntnisse dem Sinne des Geschmacks verdanken...» Für diesen Satz konnte man ihm vieles verzeihen.

Die Vorbereitungen des Umzugs bereiteten die übliche Beschwernis. Doch die Forsters verfügten nun über einige Routine. Soemmerring bemühte sich, die tausend Wünsche zu erfüllen, die sie vorausschickten. Vorsorglich kaufte er sogar einige Klafter Brennholz, weil es im Sommer billiger war. Mit der Hartnäckigkeit und dem Mißtrauen, das er sich angewöhnt hatte, schickte Georg einen Brief nach Mainz, um die Auszahlung von 900 Gulden Reise- und Frachtgeld zu fordern, die ihm zustanden. Natürlich beugte man sich schließlich seiner Forderung, wenngleich mit großer Verspätung, da angeblich die Kasse leer war. Georgine Heyne schickte ihre Jüngste, die sechsjährige Jeannette, mit nach Mainz, damit die kleine Therese eine Spielkameradin habe. Therese schien das Haus zu behagen, das Georg ausgewählt hatte. Nein, er bereute den Entschluß nicht, daß er dem Osten den Rücken gekehrt und sich dem deutschen, dem europäischen Westen zugewandt hatte, trotz der Herrschaft der Klerus, unter die er sich begab. Die Stadt, in der die Nachbarschaft von gotischen und barocken Elementen eine reizvolle Spannung schuf, war schön. Sie war vor allem gemütlich – mit ihren 27000 Seelen nicht Großstadt und nicht Kleinstadt. Sie war auch verhockt und spießig – doch gewiß nicht mehr als Wilna. Er segnete seine Vernunft, daß er sich nicht nach Polen hatte zurücklocken lassen.

Aus Warschau erreichten ihn, kurz vor dem Umzug, beunruhigende Nachrichten des Oberpostmeisters von Zimmermann. Die Polen bereiteten den Aufstand vor. Vielen sei der Patriotismus in den Kopf gefahren, schrieb der Freund: «Jan Potocki war der erste, der da glaubte das Glück des Vaterlandes bestehe darin, wenn man sich in die Zeiten der schon längst verfaulten Sarmaten versetze, in der Absicht erschien er in einem Anzuge, der halb Kosack, halb Pole seyn soll: In seiner Hand einen Stock, seine Lenden mit einem Säbel umgürtet und statt des seidenen Strumpfes ein gelber oder rother Stiefel. So wurde er bei Hofe und in der ganzen Stadt belacht und ... weil die Krankheit epidemisch ist, so hatte er auch bald Nachfolger und einige Landschaften haben sogar auf den letzten Landtägen keinen zugelassen, der sich den Kopf nicht wollte kahl machen lassen.» Der König habe gute Absichten, berichtete Zimmermann. Er lasse sogar der Oppositionspartei freie Hände, aber der «Wind im Kopfe» werde alles vernichten. Georg könne von Mainz aus in Ruhe auf das verwirrte Polen schauen. Indes besagte der Blick über den Rhein und die Berge der Pfalz hinüber nach Frankreich, daß überall in Europa unheimliche Feuer zu schwelen begannen.

Wenige Wochen nach dem Einzug erschien – aus Darmstadt kommend – der junge Herr von Humboldt in der neuen Wohnung. Der Student notierte in seinem Tagebuch: «Ich ging gleich zu Forster. Er und sie empfingen mich mit der äussersten Freundschaft. Sie luden mich zum Essen ein und sagten mir, dass ich so oft hinkommen möchte, als ich von andren Besuchen frei wäre. Forster führte mich zu Sömmering. Er ist ein finstrer, ein silbigter Mann. Aber was mir sehr an ihm gefiel, er macht nicht die geringsten Komplimente, und spricht, wenn er spricht, frei und offen.»

Gegen Abend fand sich Wilhelm von Humboldt ein anderes Mal bei den Forsters ein. Er fand Therese allein. «Das Gespräch fiel auf Freundschaft, Liebe, eheliches Glük und Unglük. Sie beklagte den Zustand der Mädchen und Weiber.» Wilhelm meinte, dies sei die Schuld der Männer, doch Therese machte die Mütter verantwortlich, die ihre Töchter über die Ehe nicht realistisch genug ins Bild setzten. Sie berichtete von einem guten Mann, den die Frau wohl liebe, doch er empfinde nicht stark und fein genug, um ihr nahe zu sein. Wilhelm meinte nicht ohne jugendliche List, die Arme brauche einen Vertrauten. Therese «ergriff die Idee so begierig, daß ich sogleich merkte, es sei ihre eigne schon längst vorher gewesen». Sie sprachen darüber, was dabei recht und unrecht sei, über das «unbillige Urtheil der Welt, vorzüglich der Weiber». Sie redete von ihrer unglücklichen Jugend. «Nur einen Freund habe sie gehabt, der sie getröstet hätte. Der hätte nicht mit ihr geweint, aber er habe ihr ruhig gesagt: es ist nicht zu ändern.» Wilhelm von Humboldt, der mit dem Göttinger Klatsch vertraut war, verstand sofort, daß sie von Meyer sprach.

Therese beeindruckte ihn tief. Sie sei die erste Frau, schrieb er, mit der es ihm nie an einem Gesprächsgegenstand fehle. «Es ist ein herrliches Weib. So unendlich viel Geist, so ausgebreitete Kenntnisse...» Schön sei sie nicht, manchmal sogar häßlich. Sie schiele auch mit dem einen Auge wie der Vater, doch ihre Züge könnten eine Grazie haben, die hinreiße. «Ich möchte sagen, ihr Gesicht wäre eine reine Leinwand, auf die ihre Seele erst mahlen muß. Was mir äußerst misfällt, sie schminkt sich.» Es berührte ihn merkwürdig, daß sich ihre Eitelkeit nur auf die Schminke beschränkte, denn sie ziehe sich nachlässig an. Die junge Frau hielt es für angebracht, den Gast, der sie so lebhaft anstaunte, zu einiger Vorsicht zu mahnen: «Sie sagte mir, ich möchte sie lieben lernen, aber sie warnte mich, und wirklich auf freundschaftliche Art, mich nicht zu verlieben.» Auch das ein Signal.

Der kleine Berliner Student und die zweiundzwanzigjährige Frau des berühmten Forster übten eine merkwürdige Anziehung aufeinander aus. Spürten sie eine heimliche Verwandtschaft des Charakters? Wilhelm wählte sich später eine Partnerin fürs Leben, die geistreich und lebhaft, zugleich gelassen und tolerant war. Die Ehe galt als ein Muster schöner Freundschaft. Niemals trat Karoline von Humboldt den heimlichen Neigungen ihres Mannes entgegen. Sie wußte, trotz seiner taktvollen Diskretion, daß er die Bordelle aller großen Städte kannte. Auch die verschrobenen Träume von der sexuellen Dominanz des Mannes und der totalen Unterwerfung der Frau blieben ihr kaum verborgen. Der Begründer des modernen deutschen Bildungswesens, dem die Freiheit des Geistes ein hoher, wenn nicht der höchste Wert des Daseins war, hing seinen dunkleren Träumen in erotischen Sonetten nach, für die sich in der deutschen Poesie nicht zu viele Entsprechungen fanden:

> «... und wie die Hündin vor den Herrn sich legt,
> zu winseln unter seiner Peitsche Streichen,
> bleibt meine Treue dir fest und unbewegt.»

Die Verbindung mit Therese brach niemals völlig ab. Er hielt diese Frau, aus verständlicher Voreingenommenheit, für bedeutender als ihren Mann. (Seine Korrespondenz mit Forster zensierte er vor der Herausgabe des Briefwechsels durch Therese dennoch mit ängstlicher Genauigkeit. Er hielt es für notwendig, allzu kräftige Spuren seiner Sympathie für die Französische Revolution auszumerzen. Zwei der Briefe, die aus seiner Verlobungszeit stammten, unterschlug er ganz und gar.) Thereses Vertrauen zu dem jungen Mann war keineswegs blind. Wer Dominanz sucht, ist für den Reiz der Umkehr in der Regel nicht völlig unempfänglich.

Am zweiten Tag seines Aufenthalts in Mainz traf Wilhelm von Humboldt die Frau des verehrten Forster ein anderes Mal allein. Sie erzählte ihm von Gotha, behauptete, daß sich Auguste Schneider dem Herzog Ernst niemals «ergeben» habe. Die Spannung zwischen ihrer Liebe und ihrem Widerstand hätten die Seele der Freundin so heftig angegriffen, daß sie von der

Auszehrung heimgesucht worden sei. Das war vermutlich eine törichte Phantasie, doch sie beschäftigte Therese tief. Sie begreife nicht, sagte sie, wie man lieben könne und sich doch dem Gefühl nicht ganz überlasse, wie man als Mätresse gelte und sich doch nicht ergebe. Liebe sei doch die gänzliche Hingabe... Der junge Mann horchte auf. Wer spielte hier mit dem Feuer?

In seinem Tagebuch merkte er an, Therese habe sehr hohe, doch gewiß nicht überspannte Begriffe von der Liebe, sehr kleine aber von den gesellschaftlichen Verbindungen (er meinte die Pflichten). Wilhelm witterte die Rastlosigkeit, das Verlangen, die Bitterkeit. Die harmonische Fassade täuschte. Fast zwei Jahrzehnte später schrieb Therese einem Freund, die Natur habe sie nicht Forsters Weib sein lassen wollen, doch «ich wußte, daß ich dem Manne, den ich liebte, der Liebe süßesten Preis versagen mußte». War das der Kern der Bitterkeit?

Nein, die Göttinger Krise war nicht überwunden: «Forster, der mich für unfähig gehalten hatte Weib zu sein, errieth nun, daß er nur bestimmt sei mir Abscheu einzuflößen.» Die fürchterlichste Epoche ihres Lebens habe begonnen: «Ich fühlte mein Herz von M(eyer) mißhandelt, und lebte in der Ehe wie eine der Unglücklichen, die ihren Körper preis gibt, um nicht Hunger zu sterben – so gab ich mich hin» – um nicht einen Mann elend zu machen, behauptete sie, dessen Glück sie doch beschworen habe. Ihre Erregung trieb sie noch zwei Jahrzehnte danach an den Rand der Hysterie. «Ich lebte zwei Jahre der fürchterlichsten Erbitterung», schrieb sie voller Pathos, «wär damals die Revolution gewesen, ich wär an die Blutstätten geeilt, ich hätte in den Reihen der Streiter gekämpft, ich hätte gemordet – um ein Gefühl zu genießen, das die starre Verzweiflung meiner Brust belebte.» Immer wieder sprach sie von der Familie, von der leidvollen Jugend, von der sonderbaren Mutter.

Nicht immer war dem jungen Humboldt das gefährliche Glück beschieden, mit Therese allein zu sein. Am Abend des zweiten Tages war der Hausherr anwesend, außerdem Fiekchen Diez, eine Jugendfreundin Thereses, der man nachsagte, sie sei fast so gelehrt wie Dorothea Schlözer. Die Dame des Hauses las Gedichte vor. Sie begann mit Bürgers ‹*Elegie, als Molly sich losreißen wollte*›. Das Poem gefalle ihr nicht, sagte sie hinterher: der Mann werde geliebt, doch er nenne sich unglücklich, weil ihm der physische Genuß nicht gewährt werde. Wer könne damit sympathisieren? – Georg begriff, an wen sie dachte. Therese sagte auch, es fehle Bürger an Delikatesse. Man merke seinen Gedichten an, daß er nie mit Delikatesse geliebt habe. Das mochte in gewisser Hinsicht zutreffen, doch anders, als sie vermutete. Dann las sie Gedichte von Meyer, die im Musen-Almanach abgedruckt waren. Sie machte Humboldt besonders auf den Vers aufmerksam: «Das Herz, das du besessen, ruft die Vernunft mir zu, wird eines andern sein; / und leise Hoffnung spricht: sie kann dich nicht vergessen, sie hat zu viel dir zu verzeihn.»

Der Gast spielte mit der Tochter. Die kleine Therese fragte nach seinem Vornamen: Humboldt sei so schwer auszusprechen... Er sagte, er werde Wilhelm genannt. «Therese hörte auf einmal sehr aufmerksam zu. ‹Sie haben sehr viel bei mir gewonnen›, sagte sie, ‹wenn Sie Wilhelm heißen. Der Name ist mir sehr werth. Meyer heißt so.›» Sie lasen noch den *‹Don Carlos›* von Schiller. Dann fuhr Wilhelm davon. In Aachen besuchte er Dohm und in Düsseldorf Jacobi, dem Georg aus der Nachbarschaft einen Gruß zurief. Er hoffe auf ein Wiedersehen mit dem alten Freund und wünsche, über seine Arbeiten mit ihm plaudern zu können: «Denn nur von Ideen werden Ideen erzeugt.»

XVIII
Der liebe Gott in Mainz

Die Bürger lüfteten respektvoll den Hut, wenn der Geheimrat Forster mit kurzen Schritten durch die Mainzer Gassen eilte: ein kleiner, adretter Herr, stets wohlfrisiert, die Haare im Nacken mit einem Band oder einer Spange zusammengehalten, stets elegant mit seinen hübschen bunten Fräcken, doch alle Extravaganzen meidend. Sie wußten wohl, daß er berühmt war: weiß Gott der einzige Mensch nicht nur in Mainz, nicht nur im Erzbistum, nicht nur im weiten Umkreis links und rechts des Rheins, sondern womöglich im gesamten Heiligen Römischen Reich, der sich unter Menschenfressern aufgehalten, mit schönen braunen Mädchen unter Kokospalmen gesessen und als Kind die kalmückische Steppe bereist hatte. Allerdings, der Professor mit den großen, manchmal so fordernden und manchmal entrückten Augen war Protestant, einer der Ketzer, die ein undurchschaubares Wesen um den alten Kurfürsten trieben. Man hatte keine Vorurteile... Dennoch, man konnte nicht sicher sein, was diese Fremden im Schilde führten. Wenigstens war er Geheimrat. Der Titel galt ihnen viel. Vor ihm hoben sie den Hut, mehr noch als vor der Person, wenn auch nicht ganz so hoch wie vor den Herrn des eingesessenen Adels, der in den Schlössern aus dem schönen rotbraunen Sandstein des Maintales residierte.

Fleißig war der Bibliothekar, das ließ jedermann gelten. Die Nachtwachen wollten morgens um fünf Uhr Licht in seinem Haus gesehen haben. Die Mägde erzählten allen, die es wissen wollten, der Professor säße lang vor Anbruch der Dämmerung an seinem Arbeitstisch und schreibe. Die Stunde ehe die erste

Meßglocke schepperte, war Georg in der Tat die liebste. Nichts störte seine Konzentration. Hernach konnte man in der kreuzfrommen Stadt keine Seite mehr füllen, ohne daß von einer der vielen Kirchen eine Glocke herüberdröhnte. Um sieben Uhr regte sich die kleine Therese, die ein lebhaftes Kind war, ganz die Tochter ihrer Mutter – und so anders als die kleine Jeannette. Vater Heynes Jüngste, die von Launen heimgesucht wurde, wild und ungebärdig durchs Haus tobte, hernach brütend in sich selber versank, von einer unbekannten Last gelähmt, indolent, womöglich faul. Die schwierigen Mädchen des Hauses Heyne ...

Georg und Therese bemühten sich, nicht ohne Erfolg, die kleine Jeannette zur Regelmäßigkeit anzuhalten. Es tat dem scheuen Wesen gut, daß es in dem Töchterchen des Medizin-Professors Wedekind, Sophie hieß es, eine Spielgefährtin fand. Der besorgte Heyne mahnte von Zeit zu Zeit, man möge nicht zu streng mit dem Kind sein. Der Alte hatte die Einfachheit und den Stil von Wohnung und Möblierung gelobt. Trotz der gebotenen Bescheidung verstand es Georg, Behaglichkeit und eleganten Geschmack miteinander zu verbinden. Übrigens schuldete er dem Schwiegervater noch immer an die 340 Reichstaler, die er für den Umzug geliehen hatte. Er wollte sein russisches Kapital, das bei einer Bank in Berlin aufbewahrt wurde, auf keinen Fall angreifen, und die Universitäts-Kasse zögerte noch immer mit der Erstattung der Kosten. Im Dezember bekam er schließlich sein Geld. Unverzüglich wies er die gestundete Summe nach Göttingen an. Mit fast rührendem Eifer demonstrierte er seinen festen Vorsatz, sparsam und genau zu wirtschaften. Selbst die Abrechnung über die Ausgaben für Jeannette zeigten seine Sorgfalt an. Der Hofrat bestand übrigens darauf, Kostgeld für das Mädchen zu zahlen. Haushälterische Disziplin war in der Tat geboten. Die unruhigen Zeiten bewirkten, wie es immer geht, eine peinliche Teuerung. Der Winter wurde klirrend kalt. Jedes Klafter Holz kostete fast drei Louisdor. Schon früh war Schnee gefallen. Jeden Tag fuhr Georg mit der kleinen Jeannette ein Stündchen Schlitten auf den abschüssigen Wegen durch die Obstgärten. Der Hund, den er neuerdings hielt, rannte kläffend hinterdrein.

Am Vormittag, nach dem Frühstück mit Therese, war ein

wenig Zeit für Lektüre, während er sich frisieren ließ. Dann begab er sich seufzend zur Bibliothek, um die sich seit Jahrzehnten keine Seele ernsthaft gekümmert hatte. Der neue Direktor war mit den besten Ratschlägen versehen: der Schwiegervater Heyne wurde, zu Recht, in der Welt der Wissenschaft als Begründer und Organisator der Göttinger Universitäts-Bibliothek gerühmt. Seine dringende Empfehlung: wertvolle Bände, die ungeschützt auf dem Boden lagerten und vom Staub zerfressen wurden, so rasch wie möglich zu bergen. Seit Jahren hatte, wie Georg voller Entsetzen feststellte, niemand Staub und Moder ausgekehrt. Die Rettung setzte aber voraus, die Bestände, die an wenigstens drei verschiedenen Orten aufbewahrt wurden, in einem Gebäude zu sammeln, eine Übersicht zu schaffen, neue Kataloge anzulegen, Buchbinder mit der Beseitigung der Schäden zu beauftragen, Regale zu zimmern... Das kärgliche Budget von einigen hundert Talern reichte nicht hin und nicht her. An den Kauf von neuen Büchern war nicht zu denken.

Die Wahl des Standortes verschleppte sich, weil die Herren Bürokraten damit beschäftigt waren, ihre dicken Köpfe zu wiegen. Forster plädierte für eine Unterbringung im Claren-Kloster, in dem sich einige Räume ohne zu großen Aufwand ausbauen ließen. Das Gebäude aber war für ein Klinikum der medizinischen Fakultät vorgesehen. Der Koadjutor von Dalberg sprach sich darum für die Jesuitenkirche aus, die seit der Aufhebung des Ordens für Gottesdienste nicht mehr benutzt wurde. Georg setzte ein langes Memorandum auf, säuberlich und behördengerecht in Paragraphen und Unterabschnitte aufgeteilt, das mit Stellungnahmen und Gutachten beantwortet wurde. Es geschah – nichts. Nach langen Monaten ordnete der Kurfürst eine provisorische und ärmliche Lösung an: Fertigung von zusätzlichen Regalen in den bestehenden Räumen, vor allem im Heesschen Haus am Neubrunnenplatz und der Großen Bleiche.

Die Bestandszahlen hörten sich eindrucksvoll an: die drei Kontingente der Bibliothek umfaßten insgesamt an die fünfzigtausend Bände. Eine Sichtung ergab, daß die Zahl der Titel nicht größer als fünfzehntausend sei, darunter sieben- bis achttausend theologische Werke, vier- bis fünftausend schon lang vor dem Jahr 1700 gedruckt. Folglich konnte die Zahl der neueren Bücher nicht-theologischen Charakters keinesfalls größer als fünftausend sein. Georg wünschte, daß ein Sachkatalog gefertigt werde. Seine Gehilfen waren dazu kaum fähig. Morgens hockten sie müde und mit roten Augen am Pult, nach Alkohol und Tabak stinkend. Die Nase des Herrn Geheimrat sträubte sich. Leise fluchte er über die Mainzer «vis inertia»: die Kraft der Trägheit.

Die Sekretäre und Schreiber erwarteten von ihm kaum, daß er mit ihnen seine Zeit in den Weinstuben vertrieb, die dunkel, verräuchert und laut in den Gassen um den gewaltigen Dom nebeneinanderhockten, immer gut besucht, schon morgens um zehn, wenn die Gevattern Handwerker und die Aktuare von der ersten Mühsal ihres nicht allzu intensiven Arbeitslebens bei «Weck, Worscht und Woi» Erholung suchten. Der Bibliothekar ließ sich auch nicht allzu oft von seinen Kollegen, den Herrn Professoren, zu einem Nachmittags- oder Dämmerschoppen überreden. Einige der Köpfe, die er durch Soemmerring kennenlernte, waren ihm interessant: Der Mediziner Georg Wedekind vor allem, der Mathematiker Mathias Metternich, der Jurist Andreas Hoffmann, der Theologe Anton Dorsch... Gescheite, kundige, aufgeschlossene Männer, das wohl. Doch in ganz Mainz schien – außer Müller – kaum ein Kopf mit literarischem Interesse zu Haus zu sein.

An dem Universitätsklatsch, dem Geraune über Hofintrigen, den politischen Stammtisch-Tiraden ermüdete Georg rasch. Einen Tropfen Rheinwein wußte er zu schätzen, aber die landesüblichen Zechereien waren ihm zuwider. Er haßte es, wenn die Worte in den Hälsen zu vergurgeln begannen (als sei der Mainzer Dialekt nicht schwierig genug), die Gesichtszüge zerliefen und die Augen sacht verglasten. Lieber saß er mit Therese und ein paar Vertrauten abends nach dem Essen zu Haus um den Samowar, den sie aus Wilna mitgebracht hatten: Soemmerring, der sich ein wenig rar machte, der schüchterne Legationsrat Huber aus Sachsen mit seinem großen, fragenden Blick – ein Freund Friedrich Schillers, wie er ihnen nicht lang verbarg... Auch Therese zog die Häuslichkeit vor. Ihr boten sich nicht allzu viele Zerstreuungen. Einmal in der Woche ging sie in die

Komödie. Die kleine Jeannette nahm sie mit, da sie hoffte, die Sprache der Bühne (ob deutsch oder französisch), die Mimik der Schauspieler und die Präzision der Bewegungen werde die Sinne des Kindes schärfen. Der Umgang mit den Professorenfrauen machte sie ungeduldig. Sie langweilte sich schnell, und sie konnte nicht verhehlen, daß sie ihre geistigen Ansprüche an Göttingen maß. In Mainz war – anders als in Polen – die Professorenschaft dem Adel keineswegs gleichgestellt. Die Mitglieder der kleinen Gelehrten-Republik wurden nur in Ausnahmen zu den Gesellschaften bei Hof gebeten. Der Adel blieb in der Regel auf Abstand bedacht. Nur die kluge Madame de Coudenhoven zeigte sich an Konversationen von intellektuellem Niveau interessiert. Darum hatte sich Georg auch erboten, ihrem Sohn ein Privat-Kolleg in Naturgeschichte zu halten. Das konnte, wenn man die Stellung der Dame recht bedachte, auf keinen Fall schaden. Überdies tat er Müller einen Gefallen.

In seinem Fach – den Naturwissenschaften – waren die Mainzer Anregungen dürftig. Die Bibliothek bot nichts. Neuerscheinungen bestellte Georg, wie in den Kasseler Tagen, bei Hofrat Heyne. Wenn es anging, besprach er die Bücher für die *‹Göttinger Anzeigen›*. Im Jahre 1788 schrieb der fleißige Professor nicht weniger als 24 Rezensionen, 1789 wurden es 33... Wenn die Göttinger versagten oder dem groben Meiners, manchmal auch dem Schwager Sprengel der raschere Zugriff gelang, um ein wichtiges Buch zu ergattern, wandte sich Georg an den Buchhändler Auguste le Roux, einen Franzosen, der seit einem guten Jahrzehnt in Mainz ansässig war. Er war liebenswürdig genug, Georg die Neuerscheinungen zur Ansicht zu überlassen. Die großzügige Vereinbarung lohnte sich allemal: Forster kaufte genug. Überdies konnte sich der Buchhändler mit dem Bibliothekar so zwanglos wie mit einem Landsmann unterhalten. Jeder, der auf sich hielt, sprach Französisch, doch mit unterschiedlichem Glück...

Den geschäftigen Müller sah Georg so gut wie nie, obwohl sie höchstens tausend Schritte voneinander entfernt wohnten. Seit er seine Vertrauensstellung beim Kurfürsten innehatte, zog sich Müller von aller Welt zurück, auch von Forster. Sie wechselten kleine Briefe, manchmal zwei am Tag, immer auf französisch –

das schien eine Marotte Müllers zu sein –, immer zu sachlichen Fragen, immer in freundschaftlicher Gesinnung. Als Georg in den ersten Mainzer Wochen nach Frankfurt fuhr, um den kleinen englischen Prinzen August Frederick zu begrüßen – ein fünfzehnjähriger Knabe, der sich ihm in Göttingen mit herzlichem Vertrauen angeschlossen hatte –, fragte Therese bei Müller an, ob es üblich sei, für einen Ausflug von zwei oder drei Tagen Urlaub beim Rektor der Universität zu erbitten. Der Freund antwortete nüchtern, die Ordnung empfehle, vorher ein Billett zu schreiben, doch da Forster schon anderntags wieder zurückkomme, möge er dem Herrn Rektor einen Besuch machen und sich damit entschuldigen, daß ihm die Mainzer Formen noch neu seien. Georg knirschte ein wenig mit den Zähnen. Waren die Zügel, die ihn anbanden, so kurz gespannt? Obwohl Müller selber keinen Finger gerührt hatte, um Ordnung in der verrotteten Bibliothek zu schaffen, wurde er ungeduldig, wenn sich ein Buch, das er brauchte, nicht sofort fand. Sein Unwille zeigte allemal an, daß ein Auftrag von Madame de Coudenhoven, seiner hohen Protektorin, zu erfüllen war. Müllers Gereiztheit spiegelte die Qualen, die Menschen intellektueller Prägung im Dienste der Macht rascher heimsuchen als die robusteren Herren, die sich auf ihre Ämter beim Militär oder im Dienst der Kirche einüben konnten. Die trugen an der Verantwortung leichter. Sie hatten die besseren Nerven. Trotzdem raunte man sich in den Weinstuben zu, Müller oder Forster seien im Begriff, das Departement für Innere Angelegenheiten zu übernehmen. Aber das war Geschwätz der Lokalpatrioten, die fürchteten, der Einfluß der Protestanten werde am Ende die guten Mainzer Katholiken aus allen Pfründen vertreiben.

Die politischen Geschäfte setzten dem Historiker Müller, der an den Schwierigkeiten seines Wesens ohnedies nicht leicht trug, im Gang der Jahre heftig zu. Er aß zuviel. Vor allem trank er, selbst am hellichten Tag, ein Glas um das andere. Seine Korpulenz war, wie Georg beobachtete, von der «schwammigen Art». Der sensible Mann litt unter den üblichen Intrigen der Neider wie ein Hund. Ein halbes Jahr nach Georgs Ankunft in Mainz lag Müller auf den Tod danieder. Man ließ ihn mehrmals zur Ader und schwächte ihn damit noch mehr. Die Ärzte murmelten Ungenaues von «zurückgetretenen Hämorrhoiden»; sie hatten es womöglich mit einem Darmgeschwür zu schaffen. Man flüsterte, sie hätten den Patienten aufgegeben. Der arme Müller brach schließlich einen ellenlangen Spulwurm aus. (Niemand schien diesen Parasiten zu entkommen, auch die kleine Therese und ihre Ziehschwester Jeannette schleppten sie mit sich.) Danach ging es besser. Der Kurfürst wartete unruhig auf die Genesung seines wichtigsten Gehilfen, denn die politischen Wirren verlangten einen Geist von jener diplomatischen Wendigkeit, die Müller von Freund und Feind zuerkannt wurde. Auch der Kaiser in Wien war sterbenskrank. Niemand rechnete damit, daß er noch einmal aufkomme. Also stand die Wahl des Nachfolgers bevor. Sie durfte keine Krise verursachen, denn das Heilige Römische Reich – morsch im Gebälk, morsch in den Fundamenten – ertrug keine plötzlichen Erschütterungen. Wie leicht konnte das «alte gothische Gebäude der deutschen Reichsverfassung», von dem er Jacobi schrieb, in den Stürmen zusammenbrechen, die sich in Ost und West zusammenbrauten. Immer noch vermittle sie, wie ein Aufsatz im ‹*Museum*› darlegte, den «Insassen Ruhe und Wärme». Nur, fragte Georg, «sind wir um der Ruhe und Wärme willen da?». Die Anlagen und Kräfte würden durch «Druck und Gegendruck», durch «Zwang und Bedürfnis», «Mitleiden und Gährung» weiterentwickelt. «Wir müssen dem Menschen das Ziel weitersetzen, als er kommen kann, sonst erreicht er nicht einmal den Punkt, wohin seine Kräfte ihn bringen können.» Von diesem Flirt mit der Utopie, das war sicher, wollte der Kurfürst nichts wissen, und auch Müller hätte ihn mit einem Stirnrunzeln zur Kenntnis genommen.

Es stand nicht gut im Reich. Die Reformen des ungeduldigen Joseph II. waren mit einer Opposition konfrontiert, die sich von Tag zu Tag zu verhärten schien, zumal in den Niederlanden. Im Krieg gegen die Türkei, den Österreich Seite an Seite mit der russischen Zarin führte, wurde der Armee Loudons durch die Eroberung Belgrads ein brillanter Erfolg beschert, doch der Konflikt zehrte an den Kräften und erschöpfte die Kassen. Gerüchte gingen um, daß Preußen, um die Türkei vor dem Zusammenbruch zu bewahren und Holland zu schützen, gegen

Österreich mobilisiere. Reinhold Forster schrieb aus Halle, es würden Pferde gekauft und Magazine ausgerüstet. Von Wien verlegte man Truppen und Artillerie nach Böhmen. In Preußen schienen unterdessen die Freiheiten, die der große Friedrich gewährt hatte, durch das Religions-Edikt und den Zensurerlaß des Frömmler-Regimes von Wöllner und Bischoffswerder erstickt zu werden. Selbst der gemessene Heyne nannte den Ukas ein Ungeheuer. Karl Friedrich Bahrdt, Forsters Freimaurer-Bruder aus London, schrieb eine Komödie, in der er sich über die Knebel-Politik der pietistischen Minister lustig machte. Dafür büßte er mit zwei Jahren Festungshaft.

Die Zustände am preußischen Hof wurden durch Mirabeaus anonym publizierte ‹*L'Histoire secrète de la Cour de Berlin*› vor aller Welt in ein grelles Licht gerückt und, was schlimmer war, der Lächerlichkeit preisgegeben. Zwar ließ der französische König die Schrift konfiszieren, nicht nur aus Gründen der Höflichkeit gegenüber dem Amtsbruder in Berlin, sondern weil seine Ratgeber die Gefahr verstanden, die ihm selber drohte: der Hohn, der mit solcher Skrupellosigkeit über das preußische Königshaus ausgegossen wurde, beschädigte die Würde aller Monarchien. Voller Ärger lasen die Berliner Schranzen die ironischen Notizen des Franzosen über den Opportunismus, den sie beim Tod des großen Friedrich an den Tag legten: «Man war seiner müde bis zum Hasse», schrieb er, zwei Drittel von Berlin hätten sich zu beweisen bemüht, «daß Friedrich nur ein gewöhnlicher Mensch war». Dem neuen König schärfe die fromme Clique ein: «Als Franzose werden Sie höchstens ein schwächlicher Nachahmer Friedrichs II. sein; als Deutscher dagegen einzigartig, verehrt in Germanien, von Ihrem Volk vergöttert, von Schriftstellern und Dichtern gepriesen und in ganz Europa geachtet.» Insgesamt stellte er Preußen ein bitteres Zeugnis aus: «Dieses Land ist schon vor seiner Reife in einem Zustand der Fäulnis.»

Um sich zu rechtfertigen, behauptete Mirabeau, die Kopien seiner Geheimberichte seien ihm gestohlen und dem windigen Beaumarchais zum Druck übergeben worden. Der aufsässige Graf versuchte, wie man in den Zeitungen las, ein Mandat bei den Generalständen zu erlangen, die für den Mai 1789 einberufen wurden, um den Bankrott des Staates durch ein Notprogramm abzuwenden. Die Notabeln verweigerten dem Abtrünnigen ihre Stimmen. Er trommelte schließlich seinen Anhang beim Dritten Stand der Bürger zusammen, wurde in Marseille, danach in Aix gewählt und kehrte im Triumph nach Paris zurück.

Georg nahm die Unruhe der Welt von fern her zur Kenntnis, ganz auf sein privates Geschick konzentriert. Im Januar 1789 fragte der Kollege Jacquin aus Wien, ob er geneigt sei, einen «Ruf» nach Budapest zu akzeptieren. Hinter dem Angebot stand, das begriff er rasch, der treue alte Born, der durch ein neues Verfahren der Gold- und Silber-Raffinierung zu einem beträchtlichen Vermögen gekommen war. Nein, Georg spürte kein Verlangen, sich ein zweites Mal unter den vermeintlichen «Barbaren» im Osten Europas anzusiedeln. In Berlin dachte Minister Hertzberg darüber nach, wie der liebenswürdige Sohn des grimmigen alten Forster für ein preußisches Amt zu gewinnen sei. Konkrete Hinweise gab er einstweilen nicht. Also sah Georg keine Veranlassung, sich zu rühren. Er wollte in Frieden arbeiten. Im November 1788 hatte er seinen 34. Geburtstag gefeiert. Er rechnete sich aus, daß er die Mitte des Lebens durchschritten und noch kein Werk geschaffen habe, das vor der Nachwelt bestehen könne.

Wie oft wünschte er sich die Chance, unabhängig arbeiten zu können. Als er 35 Jahre alt wurde, seufzte er zu Jacobi nach Düsseldorf hinüber, er wünsche sich so sehr, drei Jahre für sich selber zu haben, um zu lesen und durch ein nachgeholtes Studium erst Schriftsteller zu werden. Er überschätzte, wie die meisten seiner Berufs- und Leidensgenossen, die Hemmungen, die ihm durch die tägliche Fron auferlegt wurden. Die Last seines Amtes wog nicht zu schwer. Selten opferte er dem Dienst in der Bibliothek mehr als drei oder vier Stunden am Tag. Da seine Bemühungen um eine bessere Ordnung sich in der Trägheit bürokratischen Schlendrians und der Entscheidungslosigkeit des Kurfürsten totzulaufen schienen, erlahmte sein Eifer. Die Aufgaben des Alltags behinderten ihn nur wenig in der Phase einer neuen Produktivität, die in Mainz begann. Sie annoncierte sich in einer ausführlichen Korrespondenz mit Jacobi, dem Georg sich wieder aufs engste anschloß, um sich zugleich von ihm zu entfernen. «Mit Ihnen an einem Flusse zu wohnen, ist doch eine Art von elektrischer Communication, weil das Wasser ein guter Conductor ist», schrieb er dem Freund rheinabwärts nach Pempelfort. Es schien ihn zu drängen, seine Einsichten in das Wesen der Welt und sein literarisches Vermögen in der Konversation mit diesem eigenwilligen Kopf ein weiteres Mal zu prüfen, immer voller Zweifel an der Qualität seiner Fähigkeiten, ja, oft voll Verzweiflung an den eigenen Kräften, «welche mich nur selten glauben läßt, daß ich fähig sey, mich über das Mittelmäßige zu erheben».

Bitterer als alles andere schmerzte ihn noch immer, daß er mit Kant in Streit geraten war, weil ihm «die philosophischen Vorkenntnisse mangelten» und weil er «den philosophischen Jargon nicht verstand». Er «laufe jetzt Gefahr vor Vieler Augen einen Sandreiter abzugeben, indem er sich mit seiner Kunstsprache in die unüberwindlichste, stachlichste Form des gehetzten Igels zusammengerollt hat». Sein nächstes Studium müsse die Kantische Philosophie sein. Noch immer zog es ihn eher zu Herder, obwohl sich die Vorbehalte mehrten: «Seine Göttin heißt Phantasie, und ist ein schönes Kind, das man küssen, und dem man den Willen thun muß, wider bessere Überzeugung.»

In seinem nächsten Brief, am zweiten Tag des Jahres 1789 geschrieben, kündigte er, in Geist und Seele aufs höchste alarmiert, die Wandlungsprozesse an, zu denen sich die Menschheit anschickte. «Ich habe meine Stunden, liebster Jacobi, wo ich mir es wünschte, gar nicht schreiben zu dürfen; es ist mir des Schreibens zu viel, und des Handelns zu wenig in der Welt...» Aber er schrieb dennoch, schrieb einen großen Brief, der nicht enden wollte, schrieb auch, daß er am liebsten ins Feuer würfe, was er fertig habe: «Es giebt eine Wirklichkeit, die meine Träume zerstiebt und der ich weichen muß.» Dann die dramatischen Sätze: «Das Jahrhundert, wie das Menschengeschlecht überhaupt, rückt nicht vorwärts in einem regelmäßigen Schritt, sondern in einer unaufhörlichen Rotation. Der Ball wird von unzähligen Händen geschlagen, geworfen, gestoßen, gestreift, berührt, und alle diese verschiedenen kleinen und großen Impulse treiben ihn fort.» Er war nicht gewiß, ob er selber im Zentrum stehe und aus dem Zentrum wirke. Wie immer es sich damit verhalte.

«Mein Scherflein muß doch beigetragen werden. Nun kommen noch die Pflichten des engern häuslichen Kreises hinzu, und so steht der complette Schriftsteller des achtzehnten Jahrhunderts, und ich muß hinzufügen, deutscher Nation... vor Ihren Augen da!»

Der Rückzug in die Ironie half nichts. Vor dem Handeln, vor dem Schreiben, vor dem weltbezogenen Denken türmte sich zur Stunde noch der Gottesbegriff Kants herausfordernd und fast unüberwindbar auf. Ihn müßte er aus dem Weg schaffen. Anders ging es nicht weiter. Oder? Der mühselige Überwindungsversuch war zum Scheitern verurteilt. Doch die Niederlage wurde ihm zur Befreiung. Er bestätigte sich selber, beinahe rat- und hilflos, eine «unphilosophische Art zu philosophieren». Doch in ihr, das spürte er nur von fern, begründete sich die Chance seiner Emanzipation. Er begreife nicht, schrieb er an den geduldigen Freund in Pempelfort, «den Versuch, sich von dem unendlichen Wesen, von Gott, eine Vorstellung machen zu wollen.» Und doch, «kaum fangen wir nun an, die Idee: Gott, zu denken, so wollen wir sie auch schon in unsern Kreis bannen, in den Kreis, wo alles nur nach Einheit und Vielheit, nach Thun und Leiden, nach Ausdehnung und Succession erkannt wird». Danach formulierte er die radikale Frage: «Was das Leben sey, welches in uns ist und außer uns auf uns zurückwirkt, wissen wir nicht, und des Lebens Leben möchten wir gern begreifen wollen?» Aus Forsters Widerstand gegen das deutsche Genie der Abstraktion, aus seinem Protest, der die erfahrene Liebe zur Welt ausdrückte, stammte der Mut, Gott mit zagendem Respekt in der äußersten Höhe und der äußersten Tiefe der Undenkbarkeit zu verehren. «Wenn wir von Gott gesagt haben, Er ist, so haben wir, glaube ich, das Einzige gesagt, was wir ohne Anthropomorphismus sagen können, und dieses Einzige ist wirklich Alles.»

Er sagte es ein zweites, ein drittes, ein viertes Mal mit wechselnden Worten, Begriffen und Bildern, am knappsten in dem Satz: «Gott ist der da ist.» Dann bot er dem Freund ein Bild an: «Das Sonnenlicht können wir freilich weder riechen, noch schmecken, weder betasten, noch (ohne Verdichtung) sehen; ist es darum minder die Quelle des Riechbaren, Schmackhaften,

Fühlbaren und Farbigen im Apfel?» Nein, das Wesen Gottes kann im strengsten Verstande nicht gedacht werden. Am Ende dieses großen Briefes stand die Konfession: «Nur Eins weiß ich: wo der Geist ist, da ist Freiheit; je mehr wir des Lebens in uns haben, desto freier sind wir.» Dann fügte er lächelnd hinzu: «Nun, mein bester Freund, retten Sie mich aus meinen Irrthümern, wenn es Irrthümer sind. Ich glaube im Grunde, daß ich leicht zu retten bin, denn Unwissenheit ist mehr mein Fehler als falsches Wissen.»

Jacobi war diesem Ansturm nicht ganz gewachsen. Er verwies auf seine Ergänzung zu den Briefen über Spinoza, die er an Moses Mendelssohn gerichtet hatte, und meinte lau, er und Forster seien in ihrer Philosophie nicht weit voneinander entfernt. War Georg die Antwort wichtig? Führte er mit Jacobi nicht eher ein grandioses Selbstgespräch? In seinen nächsten Briefen, auf die er nur ein schwaches Echo empfing, beschied er sich mit konventionelleren Einsichten. Er sagte von Christus, daß er Gott nur durch ein einziges – «das hinreißendste» – Bild begreiflich zu machen gesucht habe, das der Liebe. Zum anderen annoncierte er eine Annäherung an die französischen Enzyklopädisten. Die Radikalität seiner Rebellion gegen die Abstraktion führte ihn auf Gebirgspfade, auf denen man sich leicht versteigt. Konsequent im Sinne der Unbegreiflichkeit Gottes, der nicht als Person und zur Person gedacht werden konnte, war die Feststellung, die Personalität sei das «Ungöttliche» am Menschen. Danach der Absturz: «Das Ergötzen an unserer Individualität ist mir eine Art geistiger Onanie.» Er setzte dennoch hinzu, daß die Individualität von unserer Existenz unzertrennlich, ja, oft ihre einzige Ressource sei.

Es war, als wollte sich Georg den Weg ins Freie fast gewaltsam bahnen. Fürchtete er, im Ringen mit der Theodizee in ein anderes Labyrinth zu geraten, nachdem er erst vier Jahre zuvor so mühselig dem Irrgarten der pietistischen Schwärmerei entkommen war? Er deutete an, das individuelle Bewußtsein müssen dem Glauben «an eine Absorption aller Wesen in die unendliche Substanz Gottes» nicht im Wege sein. Dann jagte er alle Bedenken entschlossen zum Teufel: «Wenn man bedenkt, daß Raum und Zeit nur zu unserer bedingten Existenz gehören, und an sich nichts sind, so kommt man auf einen Punkt, wo die Streitigkeiten über die Unsterblichkeit der Seele auf ein bloßes Wortspiel hinauslaufen.» Am Ende versinke alles, «Ursache und Wirkung, Folge und Ausdehnung, Personalität und Denken, in Einen Abgrund des unendlichen Daseyns». Von den Dingen, die außer der menschlichen Vorstellungskraft lägen, erlangten wir nur «Schatten statt des Wesens». Von neuem das Credo: «Drum wollen wir nicht aufhören zu schreien: Freiheit, Freiheit, gränzenlose Freiheit in Allem, was über das in empirischer Anschauung des Objectiven Gegebene hinausgeht.» Noch sah er nicht die unmittelbare und revolutionäre Veränderung, die jene schrankenlose Freiheit des Denkens in der Welt erzwingen mußte. «Jeder wähle sich seinen Weg, ohne daß es auf seine politischen Verhältnisse Einfluß habe, jeder glaube so wenig oder so viel, als er kann, jeder sage frei und ohne Furcht, was er glaubt, keiner erfreue sich bloß der Duldung, sondern jeder des anerkannten Rechts zu denken, wie und was sein ganzes Wesen mit sich bringt...» Er forderte die Sicherung der Toleranz (eine Notwendigkeit, die er aufs radikalste erfahren sollte): wer meine, er kenne den alleinseligmachenden Weg, der müsse vom Bund der Freiheit und Duldung ausgeschlossen sein: «Denn er ist der Feind Aller, und deßwegen sey jedermanns Hand wider ihm.»

Nur einmal noch nahm er das Gespräch auf, den abstrakten Ansatz ein Stück weiter ins Konkrete treibend: Die Moralität müsse von unserem Religionsgefühl unabhängig bleiben. «Unter allen Mißbräuchen des Despotismus» sei «der schrecklichste..., die Freiheit dieses Gefühls dadurch einzuschränken, daß man ihm einen Einfluß auf die sittliche Verfassung zugestehen will.» Damit verwies er dem Staat jede Einmischung in die Religionsausübung seiner Bürger. Thomas Jefferson hatte dieses Prinzip längst im Grundgesetz des Commonwealth von Virginia verankert, und es wurde durch die Verfassung der Vereinigten Staaten bestätigt. Doch Amerika lag, merkwürdig genug, selten im Blickwinkel Georg Forsters. Anders wäre ihm der Kampf gegen die Abstraktionen leichter geworden, und er hätte ihn vielleicht nicht mit der verbissenen Entschlossenheit geführt, in der er sich von Zeit zu Zeit verkrampfte.

Dem guten, immer überschwenglichen und niemals zur vollen Klarheit entschlossenen Jacobi mutete er nicht wenig zu. «Das Gute, welches ich zu thun habe, ist in Verhältnissen gegründet, mithin für mich so positiv, wie die Sätze der Mathematik. Es gibt nur eine Moral und es kann so viele Religionen geben...»

Den nächsten Abschnitt des Briefes begann er zu seiner und des Lesers Erleichterung mit dem fröhlichen Versprechen: «Nun will ich auch kein metaphysisches Wort weiter sagen.» Als er mit Therese und Soemmerring Fritz Jacobi und seine liebenswürdigen Stiefschwestern in den Ostertagen des Jahres 1789 in Pempelfort besuchte, führten die beiden ihr Symposium nicht fort. Der Anlaß für das schwierige Gespräch hatte sich aufgehoben. Georg gab sich fürs erste mit den eigenen Antworten auf Immanuel Kants beunruhigende Fragen an den Menschen und die Menschheit zufrieden.

Bei ihren Spaziergängen an den Ufern des Rheins oder am Kamin des gemütlichen Hauses in Pempelfort redeten sie mehr über die Welt als über Gott. Der Gast aus Mainz befand sich nicht allzu gut. Georg wurde, wie so oft, von Koliken geplagt, und in den Gliedern riß das Rheuma. Man tauschte Anregungen, Nachrichten aus der gelehrten Welt und einigen Klatsch aus. Soemmerring schaute den beiden Stiefschwestern Jacobis bei den häuslichen Verrichtungen zu, ihren Fleiß mit gutartigem Witz kommentierend, dann wieder brütend und in sich zurückgezogen. Er hatte, das wußte jeder im Haus, an eine Verbindung mit der einen oder anderen der Schwestern, mit Susanne oder Lotte, flüchtig gedacht, obwohl sie beide ein oder zwei Jahre älter waren als er selber. Jacobi ging durch den Kopf, ob sich vielleicht eine Nichte aus dem Haus Clermont als Frau des Sonderlings eigne. Er schickte ihm nach der Visite ein heiter-ernstes Briefchen nach Mainz: «Daß Sie ein lieber trefflicher Mann, ein herrlicher Kopf, und ene grooten opsnieder waren, wußte ich lange; aber das ist, wie ich nun gesehen habe, nicht die Hälfte Ihrer Aussteuer. Bei dem Wort Aussteuer fällt mir ein, daß wir im Ernste darauf gedacht haben, Ihnen eine Frau aus der hiesigen Gegend zu verschaffen, ein Mädchen, wie ich kein andres kenne. Künftig mehr davon, wenn ich mich erst noch näher nach Ihnen erkundigt haben werde.»

Soemmerring sah sich unterdessen auch in Frankfurt um, wo

die Töchter protestantischer Bürgerhäuser auf Heiratskandidaten von Ansehen und Statur nur zu warten schienen. Er war unruhig. Er brauchte eine Gefährtin. Seine Beziehung zu Georg und vor allem zu Therese Forster war nicht spannungslos. Der junge Legationsrat aus Sachsen, der bei den Freunden von früh bis in die Nacht in der Stube hockte, gehörte nicht zu den jungen Männern, dem sich sein mißtrauisches Wesen in unbefangener Herzensfreundschaft öffnen konnte. Vielleicht war er auf Ludwig Ferdinand Huber ein wenig eifersüchtig. Das gestand er sich nicht ein. Doch was sollte er mit jenem ungeschlachten Menschen anfangen, der den Kopf in den Wolken trug, von Genie und großen Werken träumte und sich trotz seiner 25 Jahre den Teufel darum scherte, was in dieser Welt auszurichten sei? Huber hampelte mit schlenkernden Gliedern richtungslos durchs Leben, galt als faul und prätentiös. Mit jedem zweiten Satz berief er sich auf seine Freundschaft mit Schiller, mit jedem dritten auf das grandiose Drama, an dem er arbeitete – weiß der Teufel, welchen Narren Georg und Therese an diesem peinlichen Menschen gefressen hatten. Was für eine Wohltat, die beiden während der neuntägigen Reise ohne Huber genießen zu können!

Georg erholte sich, trotz der kühlen Luft, die bei der Fahrt über das Schiff strich. Er hatte einige Arbeiten abgeschlossen, von denen er annahm, daß sie ihn dem deutschen Publikum auf angenehmste Weise in Erinnerung brächten. Bei Hoffmann in Hamburg erschien ein Sammelband mit den ‹*Kleinen Schriften*›, die er im Gang der Jahre verfaßt hatte. Spener entpreßte er, ein wenig barsch, die Erlaubnis, auch ‹*Cook, den Entdecker*› in die Anthologie aufnehmen zu dürfen. In den Morgenstunden hatte er mit einiger Pünktlichkeit die Übersetzung der ‹*Nachrichten von den Pelew-Inseln*› von George Keate fertiggestellt: eine prächtige Abenteurer-Erzählung, zusammengetragen aus den Tagebüchern des Kapitäns Wilson, dessen Schiff an jenem Eiland zerschmetterte. Die Überlebenden resignierten nicht, sondern richteten sich auf der Insel ein, so gut sie es vermochten. Die Menschen von Pelew halfen ihnen mit einer bewundernswerten und geduldigen Gastfreundschaft. Ihren kulturellen Standard vermutete der Übersetzer in seiner Vorrede auf einer

Stufe zwischen den Neuseeländern und den Tahitianern. Von Johannes Müller ermutigt, hielt Georg es für geraten, das Buch dem Kurfürsten Erzbischof Freiherr von Erthal zu widmen. Es sei das Werk des Landesherrn, schrieb er mit wohlkalkulierter Schmeichelei, daß er in Deutschland zufrieden lebe, daß «auf eine mühselige Jugend ein Zeitpunkt des stillen Genusses» folge, «ehe noch des Lebens Werth dahin» sei; «daß mir eine wärmere Sonne scheint und die Natur schöner um mich lacht; endlich, daß ich das kostbarste Geschenk, womit je ein Fürst einen Schriftsteller beglückte, die Zeit, nach dem Maas meiner Kräfte, dem Nutzen meiner Mitbürger widmen kann».

Der Enthusiasmus, mit dem der alte Herr das kleine Werk aufnahm, war gedämpft. Vermutlich entging ihm nicht, daß ihm sein Bibliothekar ein Nebenwerk dedizierte: mit *‹Cook, dem Entdecker›* – Joseph II. zugeeignet – oder mit dem utopisch-gewagten Roman, den sein Vorleser Wilhelm Heinse unter dem Titel *‹Ardinghello oder die glückseligen Inseln›* vorlegte, erlaubte es keinen so rechten Vergleich. (Es mag dem klugen Erzbischof zum anderen nicht entgangen sein, daß der Autor dieser liebenswürdigen und oft so kühnen Phantasie dem Geist von Forsters *‹Weltreisebuch›* nicht wenig verdankte.) Alles in allem wurde die Erzählung wohlwollend aufgenommen. Auch Goethe schrieb ein artiges Briefchen. Gewichtiger waren die Komplimente, die Georg für eine schwierige Pflichtarbeit empfing: Archenholtz, der unermüdliche Vermittler, hatte ihn überredet, den deutschen Lesern einen Einblick in die Ereignisse der englischen Literatur zu verschaffen, die er in seinen *‹Annalen der britischen Geschichte›* drucken wollte. Der Auftrag war mühselig. Forster hielt sich nicht damit auf, eine umfassende Beschreibung der Neuerscheinung zu versuchen. Die Belletristik sparte er zum guten Teil aus. Er berichtete – das war sein gutes Recht – von dem, was ihn selber interessierte, und es gelang ihm, den Lesern ein Bild von Charakterzügen der englischen Literatur zu entwerfen, für die es in Deutschland keine Entsprechung gab. Er wies auf Samuel Johnson und sein Wörterbuch hin, das so viel für die Entwicklung der englischen Sprache geleistet hatte. Er sprach vom Mäzenatentum der Briten, das sich von den Beispielen der Länder unterschied, in denen «Reichtum und

Dummheit sich gatten». Er genügte einem pädagogischen Auftrag, als er darauf hinwies, daß Robertson für seine Geschichte Amerikas ein Honorar von dreitausend Pfund erhalten und der Verleger Cadell die Rechte für Gibbon's ‹*Niedergang und Fall des Römischen Reiches*› für fünfzigtausend Reichstaler erworben habe: ein Sensationshonorar, in der Tat!

Sein Publikum lernte, welche Bedeutung die schreibenden Frauen in England zu gewinnen vermochten – durch Bühnenstücke und Romane. Unter den fünfhundert registrierten Autoren (in Deutschland waren es angeblich neuntausend) besäßen Frauen einen hohen Anteil. Nicht weniger erzieherisch wirkte sein Lob der Satire, die er ein «seltsames Mittelgeschöpf» nannte, erzeugt von der «Fülle der Phantasie mit dem Übermuthe des Partheigeistes». Die Gefahr des Spottes über die geheiligten Institutionen und die mächtigen Männer wollte er nicht überschätzen: solange man lache, werde man nicht ärgerlich, und einer besiegten Opposition sei das Vergnügen zu gönnen, sich wenigstens über die Sieger lustig zu machen. Männer vom Rang eines Burke, Fox, Sheridan oder Gray nutzten ihre Mußestunden, um ironische Verse zu schmieden. Die Pamphlete demonstrierten «Berührungspunkte zwischen der Politik und Literatur», wie sie sich mitunter auch in den großen Reden der Mitglieder des Parlaments bewiesen. Mit anderen Worten: er betrachtete die Separierung von Geist und Macht, Politik und Literatur, die schon damals in Deutschland üblich war, als Schaden für beide Lebenskreise, ja, als einen Verlust an Realität. Die Ursache der produktiven Koexistenz, die in England möglich war, verbarg er nicht: die Freiheit der Meinung, die keinen Bereich des Lebens ausschließe, auch nicht die Religion. Die unbeschränkte Diskussion beeinträchtige keineswegs die Anhänglichkeit an angestammte Formen des Glaubens, im Gegenteil, sie scheine ihrer Stärkung zu dienen. Wilhelm von Humboldt, den er um sein Urteil gebeten hatte, erkannte das zentrale Thema der Arbeit auf Anhieb: es ging um den «Einfluß des britischen Nationalgeistes auf die Litteratur». Der Beifall für den Essay war so einmütig, daß Archenholtz eine Fortsetzung für das folgende Jahr erbat. Georg setzte die Reihe bis 1791 fort.

Bei der kritischen Durchsicht der eigenen Schriften hätte er wahrnehmen können, daß sich sein Stil im Umgang mit englischen Büchern und Autoren sofort entspannte: nichts von der kunstvollen Geschraubtheit, mit der er in seinen deutschen Aufsätzen die Perioden oft wie Wendeltreppen in immer luftigere Höhen schob, von flankierenden Mauern kaum mehr geschützt. Sein Sprachtalent verführte ihn oft zu virtuoser Anpassung. Das zeigte sich in der Vielfalt seiner Korrespondenz, in der er die sensible Reaktion auf den Partner gelegentlich bis zur Mimikry trieb. Seinem eigenen Charakter und seinem originellen Geiste aber genügte er ohne Zweifel am schönsten, wenn er sich auf die englische Schule des Schreiben besann: in seinen Reisebüchern. Mit ihnen befand er sich auf der Höhe der Literatur seiner Zeit – und eilte zugleich weit voraus in die Moderne.

XIX
Die letzten Tage einer Epoche

In einem launigen kleinen Aufsatz, den Georg Forster fürs *‹Deutsche Museum›* verfaßte, griff er den «drolligen Einfall» eines ironischen Gedichtes auf, in dem geschildert wurde, wie die Seele im Körper mit den Altersstufen von den Zehenspitzen über Beine und Schenkel zum Gürtel, von dort zum Herzen und endlich in den Kopf steige. Die Seele des Säuglings wohne in den Füßen, mit denen er zappele, ehe er kriechen könne. Beim Knaben bestimmten die Beine seinen Willen. Beim Jüngling wandere die Seele in die Mitte des Körpers, beim reifen Manne zum Herzen, bis sie endlich im Alter den Kopf beherrsche. An diese reizvolle Allegorie knüpfte Forster eine Entwicklungstheorie, in der er die Stufe einer «muskulären» einer «spermatischen», einer «heroischen» und einer «sensitiven» Kultur unterschied. In seiner Plauderei mischten sich Witz und gescheite Einsicht mit manchem Unsinn, der den Vorurteilen der Epoche entsprach. Er redete von der «schwerfälligen, kindischen Vernunft der asiatischen Völker», von denen er wenig wußte. Er meinte auch, «solche Völker, die in ihrer früheren Periode der Wollust glücklich entgangen, und in den Armen der Freiheit zu männlicher Stärke herangewachsen sind», könnten und müßten «zuletzt den höchsten Gipfel der Bildung ersteigen...»

Nach strengeren Maßstäben als diesem «Leitfaden zu einer künftigen Geschichte der Menschheit» verfaßte er einen Aufsatz für Schillers *‹Thalia›*, in dem er kompromißlos die Ideale der klassischen Kunst, wie sie von Winkelmann interpretiert wurden, gegen die Auflösungserscheinung der Neuzeit verteidigte.

Er zitierte den «geistreichsten Schriftsteller unseres Jahrhunderts» – ein Kompliment an Herder? –, der ebenso fein wie richtig bemerkt habe, daß auf ein geniereiches Zeitalter nur ein scharfsinniges folgen könne, und moderne Erkenntnis nur in der Zergliederung des Verdienstes der Alten bestehe. Der Redakteur, dem die anonyme Arbeit als eine stille Huldigung zugedacht war, schrieb an seinen jungen Freund Ludwig Ferdinand Huber: «Mit Forstern hätte ich beynahe Lust eine Lanze zu brechen, und die unterdrückte Parthey der neuen Kunst gegen ihn zu nehmen.» Er habe alle seine Begeisterung und die ganze Zaubergewalt seiner Phantasie seinem (einseitigen) Schönheitsbegriff zugetragen... «Ich muß im Ernste gestehen, daß ich nicht ganz seiner Meinung bin, und ich finde ihn an manchen Orten durch Herderische Ideen zu sehr hingerissen.» Danach das Kompliment, das Huber dem Autor gewiß nicht vorenthielt: «Aber auch seine unhaltbarsten Meinungen sind mit einer Eleganz und einer Lebendigkeit vorgetragen, die mir einen ausserordentlichen Genuß beym Lesen gegeben hat. Danke ihm in Meinem Nahmen und in meiner Seele dafür.»

Es war gewiß nicht der schiere Zufall, der es dem empfindsamen Huber nahelegte, sich nach Schiller so eng an Georg Forster anzuschließen, der fünf Jahre älter als der Dichter, zehn Jahre älter als Huber war: der kleine Legationsrat aus Sachsen suchte einen verwandten Geist, bei dem die Flamme idealistischer Begeisterung nicht weniger hell und steil auflodern konnte. Die herrische Moralität des einen wie des andern stachelten seinen indolenten Charakter und eine eher durchhängende Seele auf. Forster und Schiller sind einander nie begegnet. Georgs Erfahrungen fremder Kontinente und Lebensformen, seine naturwissenschaftlichen Kenntnisse lockten des Schwaben Neugier, der kein Weltkind wie Goethe war, nicht allzu heftig heraus. Indessen wollte Georg hier wie dort zu Haus sein: in der Welt und in Schillers deutscher Dichterstube. Er suchte die Anerkennung des Dichters mit dem steilen Pathos, der dank seiner Freundschaft mit Huber eine Art stiller Partner der Mainzer Gespräche wurde. Nicht anders als einst für Jacobi, danach für Herder, legte er sich nun für Schiller ins Zeug: gegen einen törichten Angriff des Grafen Leopold Stolberg in den *‹Berliner Monatshef-*

ten›. Der einstige Schwärmer des Hain-Bundes war brav und fromm geworden. In Schillers großem Gedicht über die *‹Götter Griechenlands›* glaubte er einen Weckruf des Heidentums zu erkennen.

Diesem kleingeistigen Mißverständnis trat Forster in einem anonymen Aufsatz für die Zeitschrift *‹Neue Litteratur und Völkerkunde›* von Archenholtz energisch entgegen. Mit ironischer List dankte er dem Grafen zunächst, daß er es gewagt habe, «ein allgemein bewundertes Gedicht zu tadeln, weil es Ihrer Überzeugung und Ihren Grundsätzen widerspricht». Er fuhr fort: «Wer hätte gleich den Muth, über einen Dichter, der Apollons immer straffen Bogen führt, öffentlich und keck den Kopf zu schütteln? Doch Sie, mit Lorbeer auch umkränzt, treten hervor, den goldenen Geschossen Hohn zu bieten. Nun wird sich leicht ein ganzes Heer zu ihrer Fahne sammeln, und den griechischen Göttern tapfere Gegenwehr leisten...»

Forster steigerte den Spott mit der Frage, ob Stolbergs Verdacht begründet sei, der Verfasser des Gedichtes müsse «im Herzen ein Heide» sein, «der nur Gelegenheit sucht, den ganzen Olymp wieder in Besitz seiner ehemaligen Würden zu setzen». Schiller habe in Wahrheit – dies war der dialektische Hakenschlag in Forsters Argumenten – eine «demonstrierte Gottheit» angegriffen, die ein Werk der Menschenvernunft und der Philosophie sei, also fern dem Glauben und folglich atheistisch. Entschlossen drehte er den Spieß um: «Den Mann, der das Gefühl, und nicht die kalte Vernunft zur Quelle der Gottesverehrung erhebt, den schimpften Sie einen Lästerer und Naturalisten?» Man dürfte durchaus «Schillers Götter Griechenlands bewundern..., ohne ihre fabelhaften Urbilder anbeten zu wollen». Zum Schluß wies er – immer noch ironisch – dem Grafen nach, daß die Menschen nicht umhin könnten, die Gottheiten mit menschlichen Attributen zu versehen. Darum treffe die schöne Formel Schillers zu: «Da die Götter menschlicher noch waren, waren die Menschen göttlicher.»

Es ist wahr, Georg führte eine scharfe Klinge. Der arme Stolberg war seinen raschen Ausfällen und brillanten Paraden kaum gewachsen. Dennoch löste sich der Autor bei der kunstvollen Vorführung niemals aus einer gewissen Verkrampftheit. Seine

Beweisführung, so elegant sie war, wirkte aufgesetzt. Der Sprache des Essays mangelte die Selbstverständlichkeit, die man «Natur» nennt. Georg schlug sich eindrucksvoll, doch auf einem Feld, das nicht das seine war.

Von dem jungen Huber, dem er seinen Aufsatz vorlas, hatte er kritische Einwände nicht zu erwarten. Ob aus Schüchternheit, Ungeschick oder Opportunismus: der Verlegenheits-Diplomat tarnte seine Meinung gern hinter Zitaten, die er bei passender und unpassender Gelegenheit ins Gespräch flocht, bis ihm Therese und Georg die Manie gemeinsam austrieben. Umgekehrt bedrängte Georg den täglichen Gast in seinem Haus, in Gottes Namen endlich sein Stück ‹*Das heimliche Gericht*› fertigzuschreiben, an dem er seit vier oder fünf Jahren mühselig und unschlüssig herumlaborierte. Schiller hatte einige Szenen in der ‹*Thalia*› gedruckt. Das war für den Autor Ermutigung genug, einige Monate hochgemut und als ein – fast – erkanntes Genie durch die kleine Welt von Mainz zu schreiten. Dann sank sein Mut wieder in sich zusammen. Oder war es Faulheit, der er sich überließ?

Huber brauchte die stetige Präsenz einer fremden Energie. Mit einem merkwürdigen Instinkt schien er noch vor der Ankunft der Forsters in Mainz gewittert zu haben, daß er sie bei diesen beiden Menschen fände. In sein Tagebuch schrieb er: «Forsters werden in kurzem erwartet. Da glänzt mir noch ein Strahl Hoffnung; sie soll auch sehr viel Geist haben.» Als sie endlich eintrafen, bemerkte er, es sei närrisch, daß ihn die Idee, er müsse mit diesen Menschen einen guten Kontakt finden, verlegen mache und ihn nicht in seiner «vorteilhafteren Gestalt» erscheinen lasse. Zwei Monate später, im Dezember 1788, notierte er zufrieden: «Mit Forsters und mir fängt es an, sich sehr gut zu machen. Wir sind nahe daran, einen Zirkel unter einander zu bilden, wie ich ihn so sehr brauche. Zur bewußten Reibung ist Forster vortrefflich ... Er hat unendlich viel und weitumfassendes Feuer; nichts ausschließendes; man kann ihn für alles entzünden.»

Zuvor war Mainz für Huber ein ödes und deprimierendes Exil (wie seine Biographin Sabine Dorothea Jordan erzählte). Seine Arbeit als Gehilfe des sächsischen Gesandten am kurfürstlichen Hof bot ihm kaum eine Anregung, zumal er von den eigentlich politischen Geschäften ausgeschlossen blieb. Träge Hilflosigkeit und ein gewisser Hochmut verwehrten es ihm, Freunde zu finden. Obschon er aus bescheidenen Verhältnissen stammte, war er auf eine wunderliche Weise verwöhnt: das Hätschelkind der Mutter, einer Französin schlichter Herkunft, die in Leipzig ein wenig einsam sein mochte und darum den einzigen Sohn um so enger an sich schloß. Ludwig Ferdinand Huber war in Paris zur Welt gekommen, wo der Vater eine dürftige Existenz am Rande der Literatur versucht hatte. Durch eine Anthologie deutscher Dichtung, die er ohne Skrupel dem französischen Geschmack anzupassen verstand, gewann er bescheidenen Ruhm. Er wurde nach Leipzig eingeladen, um an der Universität Französisch zu lehren: ein freundlicher Herr mit einigem Witz, dessen literarische Neigung einer nicht zu anspruchsvollen Präsentation des modischen Geschmacks entsprachen. Zum Professor brachte er es nie. Vermutlich stand ihm die katholische-bayrische Herkunft im Wege, doch er schien unter der Zurücksetzung kaum zu leiden. Durch Übersetzungen und einen guten Mittagstisch für begüterte Studenten verschaffte er der kleinen Familie ein paar willkommene Nebeneinkünfte.

Ludwig Ferdinand wuchs zweisprachig auf, aber seine Bildung war eher zufällig. Am liebsten hockte er mit seinen Freunden in ‹Richters Caféhaus›, hing seinen Gedanken nach oder verlor sich in ziellosen Gesprächen. Die Begegnung mit Christian Gottfried Körner gab der Existenz dieses jungen Menschen die erste entscheidende Wendung: hier bot sich ihm eine stärkere Persönlichkeit zur Freundschaft an, an der er sich aufzurichten vermochte. Körner, ein junger Jurist, doch von literarischen Interessen beflügelt, verlobte sich heimlich mit einer Tochter des Kupferstechers Stock (den Goethe kannte). Eine Heirat war den beiden nicht erlaubt, da Körners Vater, ein berühmter und vermögender Theologe, die Verbindung nicht als standesgemäß betrachtete. Fast pflichtgemäß glaubte sich Huber in die etwas ältere Schwester Dora Stock verlieben zu müssen, die hübscher war als die Verlobte Körners, freilich von einer Rückgratverkrümmung ein wenig entstellt. Sie hatte das Talent ihres

Vaters geerbt und war im Begriff, sich als Malerin ausbilden zu lassen.

Die vier Mitglieder dieses Kleeblattes lasen zusammen Schillers *‹Räuber›*. Voller Bewunderung setzten sie einen Dankesbrief an den Autor auf. Körner komponierte ein Gedicht dieses Rebellen aus Schwaben, Minna Stock bestickte eine seidene Brieftasche, und sie luden den Dichter nach Leipzig ein. Schiller, der sich mit den Theaterleuten in Mannheim zerstritten hatte, folgte dem Wink. Zugleich begann er die Herausgabe der Zeitschrift *‹Thalia›*. Die sächsischen Freunde hatten einen «ungestümen Kraftmenschen» erwartet, der sich anschickte, die Welt aus den Angeln zu heben. Sie schienen fast enttäuscht, als sich ein höflicher, rotblonder und schmaler Mensch mit einem drolligen und gemütlich gefärbten Deutsch vor ihnen verbeugte.

Für Huber begann eine Zeit der seligen Gemeinschaft. Als der Vater Körners starb, konnten Christian Gottfried und Minna vor den Altar treten, ohne eine Enterbung fürchten zu müssen. Die beiden übersiedelten nach Dresden. Schiller und Huber, die geraume Zeit eine Wohnung teilten, folgten ihnen nach. Aus der heiteren Laune der Freundschaft stammte Schillers kleines Scherzbuch, das er *‹Avanturen des neuen Telemachs›* nannte, «von Hogarth gezeichnet und von Winkelmann erklärt». Die Aquarelle des Dichters verrieten eine mäßige Begabung zur Karikatur. Auch seine Texte waren nicht von überwältigendem Witz. Immerhin führte er sich selber mit einem Kopfstand vor, und er zeigte – als Randfiguren – Huber und Dora in küssender Umarmung, wobei die zierliche Dame einen Stein zu besteigen hatte, um den Mund des Verlobten zu erreichen (der übrigens vier Jahre jünger als die Erwählte war).

Nach dem Beispiel des Vaters versuchte sich Huber an Übersetzungen französischer Stücke. Goeschen druckte seine Übertragung von *‹Figaros Hochzeit›*, obschon die Hubersche Pedanterie den Witz von Beaumarchais im Keim erstickte. Ein regelmäßiger Zuschuß aus dem Elternhaus und die Hilfsbereitschaft der Freunde enthoben ihn der Notwendigkeit, sein tägliches Brot zu verdienen. Da die Luft um ihn vor Anregungen schwirrte, sah er auch keinen Anlaß, tätig zu werden. Lediglich einen kleinen Aufsatz von mäßiger Qualität schrieb er in jenen

Zeiten, den er freilich mit dem aufschlußreichen Titel *‹Über moderne Größe›* versah. Schiller druckte das mindere Stückchen dennoch.

Schließlich sorgte der Vater für Verbindungen in der Hauptstadt. Huber wurde für den diplomatischen Dienst der Krone Sachsens ausersehen, für den er nicht die geringste Vorbildung und kaum ein ausgeprägtes Talent mitbrachte: er interessierte sich weder für Politik, noch für Geschichte; von Staats- und Völkerrecht, Wirtschaft und Handel hatte er keine Ahnung. Ohne Vorkenntnisse und ohne Einübung wurde er nach Mainz delegiert, in der Tasche die Skizze für *‹Das heimliche Gericht›*, das seinen Ruhm als Dramatiker begründen sollte. Schiller schrieb ihm Ende Oktober 1787 mit freundschaftlichem Großmut einen beinahe fahrlässigen Brief, in dem er dem Freund zurief, seine Talente erwarteten noch immer ihre «Sphäre». Es würde ihn unglücklich machen, wenn sein Freund in der Welt nichts anderes darstellte als einen Mann, der sein Auskommen finde: «Für Menschen unserer Art sind andre Befriedigungen nötig.»

Um so härter wurde Huber getroffen, als Schiller, der so hoch von ihm dachte, an den nächsten Proben aus dem *‹Heimlichen Gericht›* harsche Kritik übte. In der Tat schienen die Handlungsfäden des Ritterstückes, das so deutlich nach dem Vorbild von Goethes *‹Götz›* geformt war, kaum entwirrbar, die Charaktere ungenau, der Aufwand an Personal konsternierend, der Überreichtum der Worte bedrückend. Dennoch hatte Forster recht, den jungen Mann immer wieder zu mahnen, er möge das begonnene Werk zu Ende bringen. In seinen Korrespondenzen pries Georg das Talent des jungen Menschen, der sich wie sein Schüler aufführte. Seine Erfahrung im Umgang mit dramatischer Literatur reichte nicht aus, um die Qualitäten und Schwächen des Stücks durchschauen zu können. Georg lenkte die Aufmerksamkeit Hubers behutsam auf das Studium der Geschichte und das Feld der Literaturkritik. Er hoffte, daß sich im Gang der Zeit eine Art von produktiver Partnerschaft ergeben würde. Wichtiger: Therese schien sich in der Gegenwart des kauzigen und oft so ungeschickten jungen Mannes, der nicht älter als sie selber war, von den Sorgen des Alltags zu erholen. Huber tat ihr wohl. Er vertrieb ihr manche Stunde, wenn Forster in seinem Zimmer saß und arbeitete oder außer Haus geschäftig war.

Als das Jahr 1789 gegen den Sommer vorzurücken begann, offenbarte sich den Forsters zum erstenmal die ganze heitere Fülle der Landschaft am Rhein. Sie unternahmen weite Spaziergänge, brachten den einen oder anderen Tag mit den Kindern im Wald zu, wagten Kahnpartien auf dem Fluß, kehrten in gemütlichen Gasthäusern ein, lobten den Wein und das Vergnügen an dieser Welt. Für den Juli mieteten sie eine Unterkunft in dem hübschen Städtchen Eltville. Vor der Übersiedlung schrieb Georg an den Schwiegervater, Therese habe ihn beauftragt, ihm zu erzählen, daß sie gegen Ende des Jahres wieder einem Wochenbett entgegensehe. Vielleicht fragte sich der Hofrat, warum seine Tochter so lange zögerte, von ihrem Zustand zu berichten (sie befand sich im vierten oder fünften Monat). Und warum bediente sie sich der Mittlerschaft ihres Mannes? Lastete auf dem Gespräch von Vater und Tochter noch immer der Schatten des vergangenen Jahres? Indessen hatte Heyne eigene Probleme: auch seine Frau trug wieder ein Kind. Georgine zählte 37 Jahre. Ihre Gesundheit war nicht gefestigt. Es gab Anlaß, sich Sorgen zu machen.

Georg lebte in der Sommerfrische auf. Das köstliche Obst, die frischen Gemüse, das tägliche Bad im Rhein bekamen ihm gut. Vor allem trank er den Brunnen, um Galle und Nieren zu spülen. Auch Therese schien glänzender Laune zu sein. Bei Gottfried August Bürger bedankte sie sich, im eigenen und in Forsters Namen, für einen neuen Gedichtband. Neckend rügte sie sein widerspenstiges Wesen: «Uns Weiber wirft die arge Welt nur einen Fehler der sich in tausend Gestalten zeigt vor – zu weiches Gefühl; und weit über wiegend verzeiht uns die schöne Menschlichkeit alles um einer heiligen in allen Abwegen heiligen Tugend willen, um der Liebe willen. Diese schönste weibliche Tugend feyert Ihr Gesang auch in ihren Abwegen, und um deßentwillen verzeih ich und jedes sanft fühlende Weib Ihren trozig geforderten Lohn, und reiche gutwillig ihn dar.» In der Sommerlaune dieses Briefes spiegelte sich womöglich der liebenswürdige Umgang mit den rheinischen Bürgern. Therese und Georg stellten fest, daß der deutsche Katholizismus im Südwesten des Reiches fröhlichere Farben trug als der polnische. Die beiden Protestanten nord- und ostdeutscher Prägung überraschte es, daß ihnen die biederen Mainzer ohne Vorbehalt begegneten. Diese natürliche Toleranz kam Georg ins Bewußtsein, als er im August-Heft der *‹Berliner Monatsschrift›* von Biester ein polemisches Stück las, in dem ein Beamter aus Eltville angegriffen wurde, weil er es gewagt hatte, der Witwe eines Protestanten zu raten, ihre Kinder katholisch zu erziehen. Dem Schwiegervater schrieb er: «Ich habe vier Wochen in Eltwill gewohnt, wie leicht könnte man auf den Gedanken kommen, ich sey auch ein Spion der berlinischen Jesuitenriecher. Das hat mich veranlaßt, etwas über die Proselytenmacherei... auf diesen Fall aufzusetzen.»

Der Aufsatz brauchte lang, bis er seine endgültige Form gewann, zuletzt durch die sorgsame Arbeit eines kleinen Redaktionskommitees, dem Soemmerring und der durchreisende Wilhelm von Humboldt angehörten (doch offensichtlich nicht der katholische Huber, der sich für Fragen der Religion allerdings nicht im geringsten interessierte). In der Berliner Schrift hätten sich die Protestanten einer Verletzung der Toleranz schuldig gemacht, stellte Forster fest. Der Philosoph könne, antwortete er, die Macht des Glaubens über das menschliche Herz bedauern, aber er dürfe niemals «seinen Mitmenschen die goldene Freiheit absprechen... zu glauben, was sie wollen oder können. Diese Freiheit aufzugeben, ist nicht nur unerlaubt, sondern auch zum Glück nur in unaufgeklärten Ländern noch möglich.» Konsequenz des Glaubens sei der Wunsch, den Glauben auszubreiten, wie es das Missionsgebot des Neuen Testaments besagte. «Von der Wahrheitsliebe» sei «der Bekehrungsgeist unzertrennlich... Vom Wilden bis zum Großinquisitor, vom frommen Schwärmer bis zum Philosophen sind wir Alle Proselitenmacher.»

Mit Behutsamkeit warb der Autor um die Trennung von Kirche und Staat: «Ist die Religion in die Verfassung unzertrennlich verwebt; ist sie ein Hauptrad der großen Staatsmaschine, und sieht sich aus diesem Grunde die gesetzgebende Macht gezwungen, um der Proselitenmacherei zu wehren, dem Gewissen des Bürgers Fesseln anzulegen: so hat alle freie Discussion ein Ende;

Von Vernunft, Aufklärung und Wahrheitsliebe kann weiter nicht die Rede sein; Denkfreiheit und Moralität der Wahl sind vernichtet; Maschine steht nur gegen Maschine...» Dort aber, wo Gewissensfreiheit herrsche, sei die Bekehrung zur katholischen Kirche keineswegs unvermeidlich. Entschlossen trat er jedem protestantischen Hochmut entgegen: «Daß bei vernünftigen Männern Hypothesen sich in Dogmen verwandeln, daß die aufgeklärten Britten den Sonntag wie puritanische Kopfhänger feiern, daß die katholische Kirche sich noch der Kurie unterwirft, daß Sclaven sich mißhandeln lassen von schwächern Tyrannen: diese und so viele Dinge mehr, werden durch die Macht der Gewohnheit bewirkt. Wie? und der protestantische Glaube wäre allein nicht sicher unter ihrem Schutze?» Die Freiheit des Gewissens betrachtete er als die einzige wirksame Sicherung der Freiheit des Glaubens. Er rief das Selbstgefühl des Bürgers gegen den Druck des Despotismus auf den Plan. «Zum Selbstgefühl erwachen, heißt schon frei sein», rief er. Dann der entscheidende Hinweis: «So schüttelt Frankreich jetzt den Todesschlummer ab, in welchem es versunken lag, und wird frei.»

Natürlich mischte sich auch eine Spur von List in Forsters Polemik: es stand einem Protestanten in den Diensten eines geistlichen Kurfürsten gut zu Gesicht, das Recht der Katholiken (wie das aller anderen Bürger) auf die freie Ausübung und Verbreitung ihres Glaubens gegen evangelisches oder gar freigeisterndes Eiferertum zu verteidigen. Daß er sogleich den Fanatikern aller Konfessionen in die Zügel fiel und kräftig die Fahne der Vernunft und Geistesfreiheit schwang – das verzieh man ihm gern. Im Gegenteil, er konnte des Beifalls seiner Oberen sicher sein. Insofern war sein Aufsatz auch ein taktisches Meisterwerk. Der von den Berliner Religionsrichtern so böse gerügte katholische Hofgerichtsrat Bender aus Eltville meldete sich mit einiger Verspätung bei Forster mit einem artigen Brief. Er habe den Preußen nicht geantwortet, schrieb er: «Ich schwieg, und meine Gelassenheit hatte die schönsten Folgen, daß ein edler Mann diese Herren Wahrheit lehrte...»

In seinem Sommeridyll schien Georg die Nachrichten aus Frankreich von den Aufständen in den Städten, durch Teuerung und Hunger verursacht, von der Finanzkrise, vom Zusammentritt der Generalstände nur am Rande zur Kenntnis zu nehmen. Am 14. Juli das Fanal: der Sturm auf die Bastille. Sein Vater, der in Halle immer die Ohren spitzte, fragte am 28. Juli als erster, was er von den französischen Rebellionen halte. «Unsere deutschen Fürsten wollen von den Anstrengungen der französischen Nation, die Freiheit zu gewinnen, nichts hören, und sie fürchten, daß diese Denkungsart sich auch in Deutschland ausbreiten könnte...» Am 30. Juli notierte Georg die gleiche Frage in Mainz, und er fügte prophetisch hinzu: «Die Republik von vierundzwanzig Millionen Menschen wird England mehr zu schaffen machen als der Despot mit dieser Menge Unterthanen.» Die Einsicht des nächsten Satzes griff ein wenig kürzer: «Schön ist es aber zu sehen, was die Philosophie in den Köpfen und dann im Staate zu Stande gebracht hat, ohne daß man ein Beispiel hätte, daß je eine so gänzliche Veränderung so wenig Blut und Verwüstung gekostet hätte.»

Sein Brief kreuzte sich mit einem Schreiben des Hofrats Heyne: «Aber was sagen Sie zu der Revolution in Paris! Stehende Heere helfen also auch nicht, wenn Freyheitssinn erwacht, und die Umstände günstig sind. Denn dieß letztere war doch die Hauptsache...» Wenige Tage später meldete sich Wilhelm von Humboldt aus Paris. Er war mit seinem alten Lehrer Joachim Heinrich Campe an die Stätte der Revolution geeilt, um, wie Campe es ausdrückte, «der Leichenfeier des französischen Despotismus» beizuwohnen. Kaum ein aufgeklärter Kopf in Deutschland, der nicht von der Erregung über die dramatischen Veränderungen, die sich in Frankreich Bahn brachen, ergriffen und mitgerissen wurde. Christoph Martin Wieland schrieb in einem seiner Aufsätze, vielleicht sei in keinem anderen Land von Europa die Aufmerksamkeit und Teilnahme am Ausbruch der französischen Revolution «so lebhaft, so warm und so allgemein gewesen... als in Deutschland». Die «Zauberwörter *Freiheit* und *Gleichheit*» hätten das Volk (in Frankreich) mit einem Gefühl unerschöpflicher Kräfte und einem «altrömischen Mut und Stolz erfüllt... der allen Feinden Trotz bietet».

«Frankreich schuf sich frei», rief Klopstock. Schubert, der schwäbische Rebell, murrte: «Mein Gott, was für eine armselige

Figur machen krumme und gedrückte Deutsche – jetzt gegen die Franzosen.» Selbst von dem großen Mann in Königsberg mit seinen unwandelbaren Gewohnheiten sagte man später, er habe, als ihm die Meldung vom Fall der Bastille zugerufen wurde, dieses eine Mal seinen Nachmittagsspaziergang unterbrochen. Unter den Freunden Georgs war Jacobi der einzige, in dem das konservative Widerstreben die Oberhand gewann. Im Oktober schrieb er aus Pempelfort: «Gott wolle uns Deutsche nur vor einer solchen ‹manière fixe d'être gouverné par la raison› bewahren, wozu Mirabeau zuerst seiner Nation, hernach uns andern allen verhelfen sollte... Nein, lieber keine Regierung der Vernunft für den Deutschen.»

Der deutsche Alltag stand nicht still, sondern nahm den gemessenen Gang wieder auf. Im August war eine Woche lang die Anwesenheit des Bibliothekars Forster in der Aschaffenburger Sommerresidenz des Kurfürsten erwünscht. Verstand er in den Sommertagen unter den grünen Bergen des Spessarts, daß dies der freundliche Ausklang einer Epoche war? Spürte er, wenn er an der Seite des greisen Erzbischofs mit den zart verwitterten Zügen durch die Alleen des Parks oder mit den Damen durch die Spaliere der Nymphen und Putten wandelte, daß hinterm Horizont ein neues Zeitalter heraufzog: enthusiastisch, glorreich, grausam und auf eine pathetische Weise human, voller Liebe und voller Gewalt?

Nirgendwo notierte er, womit er sich die Tage in Aschaffenburg vertrieb. Gewiß ergab sich die Gelegenheit zum Austausch mit Müller. Bald nach der Rückkunft trafen in Mainz Humboldt und Campe ein. Als die Kutsche der Grenze zurollte, waren die ersten Karossen der Pairs von Frankreich – goldverziert, von livrierten Dienern begleitet und turmhoch bepackt – auf dem Weg nach Trier, Koblenz, Köln und Mainz. Die Herren zogen es vor, für eine Weile bei den deutschen Fürsten Unterschlupf zu suchen, bis der Spuk verscheucht sein würde. Das konnte nicht lange dauern. Oder? Unterdessen galt es, das Beste aus der lächerlichen Lage zu machen und sich bei den biederen Deutschen ein wenig zu amüsieren. Der alte Pädagoge Campe reiste rasch weiter, um seine enthusiastischen Briefe aus Paris für das ‹*Braunschweiger Journal*› zu Papier zu bringen. Mit aufgerissenen Augen und voller Pathos fragte er in seinen Revolutions-Episteln: «Daß die neuen Griechen und Römer, die ich hier um mich und neben mir zu sehen glaube, wirklich vor einigen Wochen noch – *Franzosen* waren?» Und die Frauen der Volkserhebung (wie es in seinem Gesicht leuchtete!): «... bald les Filles du district, bald les Dames des Halles, die Trödelweiber, bald andere Damen, weißgekleidet, mit Blumen geschmückt, mit Fahnen versehen und begleitet von ... einer Bedeckung der *Soldaten des Vaterlandes* und bewaffneter Bürger, in deren Flintenläufen Blumensträuße stecken» – sie zogen zur Kirche der heiligen Geneviève «zum Dankopfer ... für die glücklich vollbrachte Revolution.» Die Erhebung des Volkes schien ein einziges Fest zu sein! Dem König, berichtete Campe atemlos, wurde der Ehrentitel eines «Wiederherstellers der französischen Freiheit beigelegt».

Campes junger Schüler blieb im Forsterschen Hause und berichtete genauer und ironischer, wie es sein Stil war. Doch auch aus seinen Worten hörte man den Grundklang der Begeisterung. Während des Aufenthalts der beiden wurden von den Generalständen die Aufhebung des Feudalsystems und die Abschaffung des Kirchenzehnten beschlossen, das Ende der Frondienste verkündet, das Gleichheitsprinzip für die Steuerpflicht und die Besetzung der Ämter beschlossen. Ein Komitee, dem der General La Fayette – Held des amerikanischen Unabhängigkeitskrieges – angehörte, bereitete unterdessen die Erklärung der Menschen- und Bürgerrechte vor, von Thomas Jefferson, dem Gesandten der Vereinigten Staaten, heimlich beraten.

Noch ehe er Humboldts und Campes Eindrücke kannte, hatte Georg dem Schwiegervater geschrieben: «Welch eine Sitzung war die vom 5. August von der französischen Nationalversammlung! Ich glaube, sie ist noch in der Welt ohne Beispiel.» An Vollkommenheit in menschlichen Dingen glaube er nicht mehr, doch es gebe Grade und Stufen des Unvollkommenen – «und wenn da nur das Bessere errungen wird, so ist alles geleistet, was man von der Menschheit verlangen kann». Er plädierte für den utopischen Ansatz. Der Mensch müsse die Arme weiter strecken, als sie reichten. «Das Ideal denken wir uns, stellen wir uns zum Ziel, und ohne es je zu erreichen, kommen wir denn doch so weit wir können, und weiter als ohne Ideal.»

Der Enthusiasmus dürfte nicht vernichtet werden: «Ohne ihn, was würde nun gar aus der Menschheit in unserm Welttheil?» Als er Humboldts Erzählungen lauschte, unterschied er freilich sorgsam die «parisische» von der «paradiesischen Freiheit».

Für Gespräche solch vertrauter Art, wie Wilhelm sie bei seinem vorherigen Besuch mit Therese geführt hatte, fand sich nun keine Zeit, kein Raum, vielleicht keine Neigung. Therese war mit ihrer Schwangerschaft beschäftigt, die sie noch nicht allzusehr beschwerte. Als Wilhelm am 21. September davonzog, auf einer Ferienfahrt durch Süddeutschland in die Schweiz, begleitete ihn Forster bis nach Oppenheim. «Die gute reine Seele», schrieb er an Jacobi, «ich habe mich seines jugendlich warmen Gefühls bei so männlichem Geiste, so reifer, vorurteilsfreier Vernunft recht herzlich erfreut.»

Wilhelm sprach in seinem ersten Gruß von «vierzehn glücklichen Tagen». Getreulich berichtete er von den Fortschritten seiner Reise nach Heidelberg, das ihn entzückte, durchs Neckartal nach Stuttgart und über Tübingen in die Schweiz. Über seine Schilderung Lavaters lachten die Leser in Mainz die heitersten Tränen. «Ewiger Rükblik auf sich, Eitelkeit, Ausdruk geistloser und fader Herzensgefühle, Spielerei in Worten raubten ihm alle wahre Kraft... einen großen Theil seiner Bücherbretter nehmen pappene Futterale ein. Einige enthalten gesammelte Briefe. Da waren ‹Wichtige Briefe›. ‹Briefe von andren›, ‹Briefe an Jünglinge›, und zwei dikke Bände mit der Aufschrift: Bremen.» Der junge Baron hatte Gelegenheit, den Inhalt eines der Futterale zu prüfen: «Nichts als theils frömmelnde, theils empfindsame, aber alle höchst ideenleere Gedichtchen, sauber abgeschrieben, auf feinem Papier mit in Kupfer gestochenem Rand...»

Am 21. November kam Therese, ohne Komplikationen, mit einer zweiten Tochter nieder, die auf den Namen Klara getauft wurde. Die Stiefmutter Georgine war ihr um vier Wochen vorausgeeilt. Anders als Therese konnte sie ihr Kind nicht selber stillen. Da keine Amme verfügbar war, engagierte Heyne eine afrikanische Frau, die sich im Hospital von Göttingen aufhielt. Die Milch bekam Heynes Laura köstlich. Der Hofrat meldete beglückt, wie prächtig sein «Mohrenkind» gedeihe: ein kleiner

Triumph über Meiners, den Rassisten, der die Neger zu Halbmenschen erklärt hatte. Für Thereses Pflege wollte Georgs jüngste Schwester Justine aus Halle herreisen. Sie kam aber nicht, da sich angeblich keine preiswerte Gelegenheit zur Mitfahrt finden ließ. Das vorgeschossene Reisegeld hatte sie, wie der alte Reinhold achselzuckend schrieb, für dringende Anschaffungen ausgegeben. Im übrigen war auch sie in die Übersetzungsfabrik der Familie Forster eingetreten.

Vater und Sohn gerieten sich von Zeit zu Zeit beim Griff nach neuen Titeln der Reiseliteratur ins Gehege. Geld brauchten sie beide. Die Nebeneinnahmen wurden täglich wichtiger, denn die Revolution, die allgemeine Unsicherheit und eine schlechte Ernte verursachten eine rasche Teuerung. Der Preis für einen Laib Brot stieg von acht auf dreizehn Kreuzer, wofür Georg (wie alle Welt) zum guten Teil die «Kornjuden» verantwortlich machte. Selbst im gemütlichen Mainz drohten Unruhen. Georg rechnete nach einem Jahr in Mainz aus, daß er 3000 Gulden ausgegeben habe. Da sein kurfürstliches Salär nur 1800 Gulden betrug, mußte er 1200 Gulden auf dem Buch- und Zeitschriftenmarkt dazuverdienen. Er hoffte, das Werk über die Pflanzen der Südsee, dessen Erscheinen bisher an den übersteigerten Forderungen seines Vaters gescheitert war, schließlich doch auf den Markt bringen zu können. Mit Schwager Sprengel gab er die neue Völker- und Länder-Kunde bei Kummer in Leipzig heraus. Spener, der treue Gefährte in Berlin, bemühte sich vergebens, Georg zu einer exklusiven Bindung an sein Haus zu überreden. Der Autor beschied ihm kühl und von keinen allzu dankbaren Regungen aufgehalten, Spener sei zu langsam und andere Buchhändler böten mehr. Jeder müsse zuschauen, wo er bleibe, doch seine Liebe sei unverrückbar. In Wahrheit war er fast mehr für Speners Konkurrenten tätig. Auch die *‹Kleinen Schriften›* erschienen bei Hoffmann in Hamburg.

Für die leidige Übersetzungsroutine versuchte er, die Hilfe Hubers zu gewinnen, dem er freilich erst die Pedanterie austreiben mußte. Der sächsische Eigenbrödler hatte sich in den Kopf gesetzt, daß nur die wörtliche Anlehnung an das Original dem Geist eines Werkes gerecht werden könne. Wenn der Sinn dunkel bleibe, müsse sich der Leser selber auf die Sprünge helfen.

Indes bescherten leidige Umstände Georg eine begabte Assistentin: Meta, vielmehr Sophie Margareta Dorothea Forkel, die junge, unkonventionelle und reizvolle Frau des Musikdirektors der Göttinger Universität. Sie war nach Skandalen und Stürmen in ihrer Ehe dem Mann entlaufen – oder hatte er sie vor die Tür gesetzt? –, zuerst nach Berlin, später war sie nach Mainz zu ihrem Bruder, dem Leibmedikus Wedekind geflüchtet. Die Arme brauchte Geld. Therese, die Meta gut genug kannte, wußte Rat. Hatte sie nicht mit ihrem kleinen Briefroman ‹*Maria*›, der nicht zu den großen Aufschwüngen der Literatur gezählt werden konnte, immerhin bewiesen, daß sie keine zu schlechte Feder führte? Georg geriet ein geeignetes Buch in die Hand: Die Reisebeobachtungen der Madame E. L. Piozzi, die man in London besser unter ihrem alten Namen Mrs. Thrale kannte. Lange Jahre war sie die Freundin Samuel Johnsons. Als sie die Absicht äußerte, noch zu Lebzeiten des merkwürdigen Freundes seine Korrespondenz mit ihr zu publizieren, erregte sie den Unwillen ihrer Mitbürger. Man raunte sich zu, aus den Briefen ergäben sich Hinweise auf die masochistischen Neigungen des großen Mannes, dem sie von Zeit zu Zeit die erwünschte Tracht Prügel verabreicht habe.

Georg hatte Meta Forkels Übertragung von Brissons Geschichte seines Schiffsbruches und seiner Gefangenschaft unter den Arabern in Nordafrika geprüft und für gut befunden. Das kleine Buch erschien mit Forsters Vorwort bei der Andreäischen Buchhandlung in Frankfurt. In Berlin übersetzte sie eine Geschichte der Königin Elisabeth von Mlle. de Keralio. Die Frau habe Talent, bemerkte Georg zu Spener, sie arbeite gut und mit «unglaublicher Schnelligkeit» – freilich auch flüchtig, wie er bei der Revision feststellte. Nun sei sie im Begriff, schrieb Georg an seinen Schwiegervater, nach Göttingen zurückzukehren, da der Musikdirektor Forkel ihr Vermögen zu verwirtschaften drohe. Würde der Hofrat so gütig sein, ihr den Gebrauch der Bibliothek zu erleichtern? Die arme Frau habe sich in Mainz aufs beste betragen. Ihr Mann sei, wie Therese und er bezeugen könnten, ein arger Egoist.

Therese mochte es eine leise Genugtuung verschaffen, daß sie der Frau des Galans ihrer leiblichen Mutter unter die Arme greifen konnte. Was für eine subtile Rache! In einem leidenschaftlichen Ausbruch, der sie im Jahre 1803 überwältigte, erinnerte sie sich mit unverwelktem Haß an Forkel, den Liebhaber ihrer schwindsüchtigen Mutter. Ein weißes Band habe damals angezeigt, wann der Vater nicht zu Hause gewesen sei. «Die Sache ward öffentlich», schrieb sie voller Erregung, «es gab abscheuliche Auftritte, in welchen dem jungen Menschen das Haus verboten wurde, aber meines Vaters Weichheit und ihre Verzweiflung, oder was sonst? und des Menschen Unverschämtheit – er war häßlich, plump, unwissend in allem außer der Musik – brachte ihn wieder an seinen alten Fleck im Hause, und das sieben Jahre lang.» Der Vater müsse unendlich gelitten haben, zumal durch die Demütigung, daß sich seine Frau in nicht mehr ganz jungen Jahren lächerlich machte.

Das Trauma hatte sich tief in Thereses Seele festgefressen. Die Galle, schrieb sie mit einiger Übertreibung, habe sie groß gebrütet. Durch die unablässigen Gespräche und Selbstgespräche, die sie bis ans Ende ihrer Tage über Ehe und Liebesdinge führte, drängte sich die Vermutung auf, das Beispiel der Mutter – die überdies ohne Delikatesse mit den «unvermeidlichen Unannehmlichkeiten unseres Geschlechtes» umging – habe einen tiefen Widerwillen gegen alle Sexualität in ihr Gemüt gepflanzt. (Das traf in Wahrheit so radikal nicht zu.) Georg aber wurde, so schien es, ein andermal von ihrem Schlafzimmer entfernt gehalten. Im Frühjahr 1790 brach die Qual seiner vergeblichen Liebe aus seinem Herzen: «Diese schreckliche Dependenz von Trieben, die sich aller Vernunftherrschaft entziehen...» Wenn man die Oberhand erkämpfe, rächten sie sich damit, «daß sie unsere innere Harmonie zerstören – ich will lieber nichts mehr sagen, mich betäuben und an nichts denken, um nicht in eine Bitterkeit zu verfallen, die meinem übrigen Charakter nicht angemessen ist». Dann der melancholische Nachsatz: «Dein Herz, meine Therese – alles andere ist Tand.»

Seine Frau, die solchen Zartsinn – auf so herrische Weise – für sich in Anspruch nahm, hätte wissen müssen, daß in ihrem Vater ein alter Schmerz aufgerührt wurde, wenn der Name Forkel fiel. So war der Brief, zu dem sie Georg überredete, kaum von schierem Altruismus diktiert. Bereitet es ihr eine kleine Genugtuung, den Hofrat fast unbemerkt für seine Vorhaltungen im vergangenen Jahr während der Krise mit Meyer bestrafen zu können? Der Vater antwortete höflich, um Fairness bemüht und ein wenig altmodisch, er wolle Madame Forkel gern mit den nötigen Büchern helfen: «Die gute Frau! wenn das Übersetzen sie nur zu einer guten Hausfrau machte! Von daher kam doch der erste Quell des Übels! Daß Forkel nicht weniger Schuld haben mag... zweifle ich gar nicht... Sie konnte auch ihre Intrigen spielen.» Sie sollte den äußeren Anstand besser beachten, meinte er, «und nicht den Tag zehnmal als eine Schlumpe und Bacchante über die Straße laufen».

Sprach Therese auch mit Wilhelm von Humboldt über die Forkel, über den Musikdirektor in Göttingen, der ein so tüchtiger Musikhistoriker war (und später die erste Biographie Sebastian Bachs schrieb), sprach sie über ihre leibliche Mutter, als der junge Freund Anfang Dezember 1789 auf dem Rückweg nach Göttingen in Mainz Station machte? Oder war sie zu sehr mit dem kleinen Klärchen beschäftigt, das Wilhelm bewunderte? Unterwegs hatte Humboldt Forster zugerufen, er freue sich, «daß der Anblick eines neugebohrenen Mädchens Sie von den barbarischen Namen, die Sie für den armen Jungen von den Angelsachsen und Normännern herholen wollten, zu dem sanften Klärchen herabgestimmt hat».

Als der junge Freund weiterzog, gab ihm Georg das Geleit bis Frankfurt. Der Abschied wurde ihm schmerzlich, obschon ihn keine Ahnung heimsuchte, daß er Wilhelm nicht wiedersehen würde. Er genoß das Vertrauen des klugen jungen Menschen, der ihm gesagt hatte, daß er sich beinahe mit keinem anderen so gut verstehe wie mit ihm. Später fiel Wilhelms Urteil kritischer aus. Sein Herz aber blieb zeit seiner Tage Therese zugewandt, von der er seiner Verlobten Karoline von Dacheröden vorschwärmte, wie sie schreibe, so denke, spreche und handle sie auch. Er rühmte an ihr «die Neuheit und Kühnheit ihrer Ideenverbindungen, die Originalität, wär's auch nur im Ausdruck, die Fülle zuströmender Gedanken, die Tiefe der Empfindung, die unaufhaltbare Lebhaftigkeit und die innere Verwebung der Empfindung und des Raisonnements... Die höchste Güte des Herzens ist unverkennbar. Ich möchte einen Gott glauben, um für andre zu bitten! Welch ein Gedanke voll der reinsten Liebe! Und diese Güte kontrastiert so herrlich mit der Stärke, womit sie so viele Leiden trägt, die sie drücken.»

Anfang des neuen Jahres 1790 sprach Wilhelm in einem Brief an Georg von seiner Verlobten und vom Bild der Gemeinschaft, das seine Braut und er für ihre Ehe entwarfen. War dies nicht ein indirekter Spiegel seiner Gespräche mit Therese? Es brauche, sagte er (fast zu weise für seine Jahre), wohl eine gewisse Klugheit, um «einzusehen, daß gewisse Dinge aufhören zu sein, was sie sind, wenn nicht die Empfindung sie giebt, sondern Ideen von Pflichten, Nachgiebigkeit, Mitleid sie erpressen». War das eine Mahnung? Gebiete nicht die Feinheit, fuhr Wilhelm fort, dort keinen Genuß zu finden, wo der gegenseitige Genuß nicht gleich groß ist? Dann folgten die erstaunlichen, ein wenig vorlauten Sätze, denen Karoline und Wilhelm freilich treu zu bleiben vermochten: «Sollte einer von uns nicht mehr in dem andren, sondern in einem Dritten das finden, worin er seine ganze Seele versenken möchte; nun so werden wir beide genug Wunsch einander glücklich zu sehn, und genug Ehrfurcht für ein so schönes, großes, wohlthätiges Gefühl, als das der Liebe ist, von wem es auch genossen werden, besizen, um nie auch durch die mindeste Undelikatesse die Empfindung des andren zu entweihen.» Verbarg sich in diesem tapferen Vorsatz ein Hinweis auf Meyer? Oder schon auf den seltsamen Gast, den Wilhelm so oft im Hause der Forsters getroffen hatte: auf Huber?

Georg möge Huber übrigens nichts von Schillers geplanter Heirat sagen, fügte Wilhelm hinzu, auch wenn er davon wohl schon wisse. Der Koadjutor habe über die Bindung des Dichters bemerkt: «C'est un coup de pied que Pégase donne aux anes. Doch kein übles Wortspiel... Lassen Sie aber ja dieß bon mot, das aus einem sehr vertrauten Zirkel ist, an niemand weiter kommen...» Wie diskret und indiskret die Freunde miteinander umgingen! Nur zwei Tage später schrieb Schiller an Huber, er möge Forster nichts von Wilhelms und seinen Heiratsplänen sagen: «Er korrespondiert mit Humboldt und ich weiß nicht, ob dieser ihn darum wissen lassen will.»

Meyer war unterdessen nach Italien gereist. Bürger erkundigte sich bei den Forsters, wo der Gefährte stecke. Therese antwortete, sie wüßte es selber gern: «Er ist ein lieber starrköpfiger Vagabund den ich für bürgerliche Pflicht und häusliches Glück aufgegeben habe. Er ist nach Italien gewandert, aber weiter gehn seine Lebenszeichen nicht. Sollten Sie einmal... ein Wort von seinen Aufenthalt erfahren so würden Sie mich sehr verbinden wenn Sies mir wißen liesen.» Schlecht gelaunt bemerkte Georg zum alten Heyne, die Wanderschaften würden Meyers kleinem Kapital den Rest geben. Dagegen sei nichts zu sagen, wenn er die Kenntnisse, die er sich auf den Reisen erwerbe, für die Zukunft nutze, doch er vermute, daß ihn «Unmuth und Gleichgültigkeit gegen die Welt und alle ihre bindenden Verhältniße» umhertreibe. «Wir hören sehr selten von ihm, ich fast gar nicht, und denn nur die indifferentesten Sachen. – Ifland schrieb mir, er hienge an nichts...»

In diesen Worten regte sich eine Spur von Neid. Oder? Georg führte an, man könne die Menschen nicht ändern: «Jedem muß seine Richtung bleiben, wie das Schicksal sie hinzeichnete; auch die Störung muß man sich gefallen laßen, die einem widerfährt, wenn eine so excentrische Bahn die unsrige berührt.» Am gleichen Tag klagte er Jacobi: «Den ganzen Winter muß ich compiliren und übersetzen! Mein Kopf ist leer, ich weiß der Welt nichts Eigenes mehr zu sagen. Wer doch auch nach Italien, nach England, oder nach Spanien oder noch weiter hin, wo nur irgend Neues zu sehen ist, reisen könnte!» Dem Anspruch des Adressaten gemäß, setzte er ein Lob der Erfahrung hinzu, das die Pariser Materialisten und Naturalisten entzückt hätte: «Am Ende, mehr hat man doch nicht, als was einem durch diese zwei kleinen Öffnungen der Pupille fällt und die Schwingungen des Gehirns erregt! Anders als so nehmen wir die Welt und ihre Wesen nicht in uns auf.» Wieviel Sehnsucht regte sich in dieser Einsicht: «Die armseligen vier und zwanzig Zeichen reichen nicht aus; etwas ganz Anderes ist die Gegenwart der Dinge und ihr unmittelbares Einwirken.» Nur kurz danach wandte er sich an Körner, Hubers und Schillers Dresdener Freund. Zum erstenmal fiel das Stichwort von einer Reise nach England: Er habe den Wunsch, in London Materialien für eine neue Anthropologie zu sammeln.

XX
Unterwegs zur Revolution

Groß, seelenvoll, ein wenig erstaunt schaute der blutjunge Legationsrat Ludwig Ferdinand Huber aus einer Radierung seiner Verlobten Dora Stock auf den Betrachter. Die freundliche Hand der jungen Malerin verlieh dem Gesicht keine kraftvoll-gespannten, keine männlichen Züge. Vielmehr wirkte es abwartend und weich, eher kindlich als mädchenhaft, zumal der kleine Mund, der sich schmollend zusammenzog. Die vermeintliche Schlaffheit (auch die der hängenden Schultern) verbarg jedoch eine lauernde Zähigkeit, die man besser nicht unterschätzte. So sah kein junger Mensch aus, der wußte, was er wollte – vielmehr einer, der sich treiben ließ: doch ohne die geringste Furcht, daß er untergehen könne. Er schien eher auf sein Talent zu vertrauen, sich im rechten Augenblick der rechten Strömung anheimzugeben, die ihn ans Ziel tragen würde, ohne daß er sich heftig zu rühren brauchte.

Keine der Abfuhren, die er sich mit seinem Ritterdrama holte, schien ihn zu entmutigen. Der große Schröder, den man den deutschen Garrick nannte, wollte das Stück gern in Hamburg spielen, doch bestand er auf Änderungen, die Huber nicht hinnehmen konnte. Seine Freundschaft mit Schiller mag es dem Autor leichter gemacht haben, eine Verbindung mit Dalberg, dem Direktor des Mannheimer Nationaltheaters anzuknüpfen. Der mächtige Intendant fand sich zu einem Versuch bereit. Forster fuhr mit Huber nach Wiesbaden, um auch Iffland zu gewinnen, der jenseits des Rheins zur Kur weilte. Der gefeierte Schauspieler begegnete dem Weltreisenden und

Schriftsteller mit Respekt und Zuneigung. Das kam Huber zugute. Zu dritt wanderten sie einen schönen Tag lang durch den Rheingau.

Am 11. Februar 1790 war die Premiere des *‹Heimlichen Gerichts›*. Georg begleitete Huber nach Mannheim. Der junge Freund mochte – ein wenig angstvoll – davon träumen, er werde nun – wie Schiller mit seinen *‹Räubern›* – über Nacht Ruhm in ganz Deutschland, vielleicht in Europa gewinnen. Die Voraussetzungen waren günstig: der gefeierte August Wilhelm Iffland hatte die Hauptrolle des Ritters Konrad von Sontheim übernommen. «Er warf», schrieb Huber an Körner nach Dresden, «seine Kraft» auf die Figur, «und machte daraus etwas, wovon weder ich noch du den zehnten Teil geträumt haben... Er spielte mit dem nämlichen Studium [Eifer] wie den Franz Moor...» Als die Szenen in raschem – in zu raschem Wechsel über die Bühne geisterten, beobachtete Georg, daß es dem Publikum nicht leicht zu werden schien, der komplizierten Handlung mit ihrem verwirrenden Aufwand an Personen zu folgen. Die Zuschauer verbargen ihre Ungeduld nicht lang. Dalberg hatte überdies, ohne den Autor zu fragen, das Ende völlig umgeschrieben. Es half nichts. Der brutale Eingriff des Regisseurs konnte das Stück nicht retten. Das Fiasko war bitter.

Huber freilich nahm die Niederlage nur für einen Augenblick zur Kenntnis. Das *‹Heimliche Gericht›* blieb für ihn eine Art Code des Erfolges. Er führte sich auf, als habe ihm der rasselnde Durchfall von Mannheim ewigen Ruhm in der Dichtung zu bescheren vermocht. Huber kehrte sein Selbstbewußtsein kaum je nach außen. Er machte sich lieber klein und grau, kokettierte mit seiner Unzulänglichkeit und wartete träge, bis ein Blick des Verständnisses auf ihn fiel. Aber ihn suchten selten unbezähmbare Zweifel an sich selber und seinem Talent heim. Verzweiflungen waren ihm fremd. Hinter aller Laschheit gab es ein Element der Resistenz, das von keiner Krise angefochten wurde. Ein gewisser Hochmut war ihm nicht fremd. Forster hütete sich, den literarischen Ziehsohn zu entmutigen. Doch er lenkte sein Interesse sacht in andere Felder. Huber begann, sich in der Tat intensiver mit der Geschichte Frankreichs zu befassen. Er übersetzte die faszinierenden Memoiren des Kardinals Retz, des Chefs der Pariser Fronde, die der absoluten Monarchie Ludwig XIV entgegenzutreten versuchte. Die Hinwendung zu Frankreich steigerte seine politische Neugier (eine Passion war es nicht), die sich später in der Zeitschrift ‹*Friedens-Präliminarien*› eine bedeutende Plattform zu schaffen verstand.

Allzulang hielt sich auch Georg mit den niederschmetternden Eindrücken der Mannheimer Erfahrung nicht auf. Sein Entschluß zu einer Reise nach London stand fest. Publizistischer Instinkt trieb ihn, auf dem Weg die Lage in den Niederlanden genauer zu betrachten. Die heiklen Konflikte in Aachen, Lüttich und Brüssel könnten der prächtigste Stoff für einige Aufsätze, womöglich für ein Buch sein. Die Preußen hatten Truppen nach Aachen und Lüttich entsandt, übrigens unter dem Kommando des Generals von Schlieffen, Georgs Kasseler Protektor, der die hessischen Dienste quittiert hatte und nach Preußen zurückgekehrt war. Mit der Schlichtung der Konflikte in Aachen beauftragte die Berliner Regierung Christian Wilhelm von Dohm, den anderen Freund aus Kasseler Tagen, der Gesandter beim Kurfürsten von Köln war. An Nachrichten aus erster Hand würde es ihm nicht mangeln. Der Tod Kaiser Josephs II. am 20. Februar mochte unterdessen für eine Atempause in den Österreichischen Niederlanden gesorgt haben. Sechs Wochen lang wurden in Mainz täglich für eine Stunde die Glocken geläutet, um das Ende des ungeliebten und glücklosen Monarchen zu betrauern.

Als Begleiter wählte Georg den Göttinger Studenten Alexander von Humboldt – zwei Jahre jünger als Wilhelm, mit der gleichen funkelnden Intelligenz begabt, vielleicht ein wenig weicher und verschlossener –, der sich im Herbst 1789 eine gute Woche lang vergnügt im Hause der Forsters aufgehalten hatte. Damals bat Georg den liebenswürdigen Gast, einige Untersuchungen an den Basaltgesteinen des Rheintales vorzunehmen, die vielleicht den Streit zwischen «Vulkanisten» und «Neptunisten» entscheiden könnten. Mineralogie war die Modewissenschaft der Zeit, und nicht nur Goethe unternahm keinen Gang ohne ein Hämmerchen, das parat sein mußte, um Gesteinsproben auszubrechen. Alexander schrieb die Entstehung der Basalte dem Gott des Meeres zu, der sie nach seiner Einsicht aus Ablagerungen in den Gewässern entstehen ließ.

Was aber als ein kurzer Aufsatz gedacht war, den Georg in einem eigenen Band aufnehmen wollte, wuchs sich zu einer selbständigen Abhandlung aus, die er Forster aufs herzlichste zueignete.

Georg schickte eine Pflanzenprobe an Sir Joseph Banks nach London voraus, um sich in Erinnerung zu bringen. Er korrespondierte mit Sophie von La Roche, der Autorin der *‹Geschichte des Fräulein von Sternheim›*, die ihm eine mütterliche Freundin geworden war: Wie gern würde auch sie den weißen Felsen von Dover zuwinken... und Lichtenberg, den Krankheit und eine fordernde Familie in Göttingen festhielten! Selbst Müller schrieb voller Neid, daß Georg nun «le pays de la vraie liberté, le plus heureux de l'Europe» sehen werde. Trotz der geschäftigen Diplomatie, die den Berater des Kurfürsten seit dem Tod des Kaisers in Atem hielt – die Preußen drohten mit der Besetzung von Danzig und Thorn –, kam er selber beim alten Erzbischof um Urlaub für Forster ein. Loyal wie immer verbürgte er sich bei dem kleinlichen Herrn, daß der Bibliothekar pünktlich nach drei Monaten zurückkehren werde. Der Vater in Halle überhäufte ihn, wie anders, mit Aufträgen, die zu erledigen Wochen gekostet hätte.

Noch immer gab sich der Alte der Illusion hin, die englische Krone werde ihm eine Rente von 150 oder 200 Pfund im Jahr aussetzen (das wären 900 bis 1200 Taler: annähernd soviel wie das Bibliothekargehalt seines Sohnes). Auch Georg hoffte noch immer, daß ihm eine späte Belohnung für seine Dienste an der Seite Captain Cooks zuteil werde. Überdies wollte er endlich einen Verleger für sein Pflanzenwerk finden. Er gedachte, Materialien für seine geplante Naturgeschichte der Arten und, wenn es anging, für eine Naturgeschichte der Südsee zusammenzutragen. Das alles schien ihm die Investition eines Teiles seiner russischen Ersparnisse in die teure Reise zu lohnen.

In Wahrheit wollte er fort. Er wollte unterwegs sein. Er brauchte die Freiheit der Bewegung. Er mußte den Alltag von Mainz abschütteln, wenigstens für einige Wochen. Am 25. März 1790 um sieben Uhr in der Frühe reisten Georg und Alexander per Schiff ab. Die Luft war noch kühl. Sie zogen sich in eine geschützte Kabine zurück, um zu schreiben und zu lesen. Der Stolz der Landsleute möge es ihm verzeihen, rief er Therese gutgelaunt zu, daß er sich auf einer Fahrt durch den Rheingau eine Darstellung der glühenden Farben und gewaltigen Pflanzen von Borneo zur Verdeutschung vornahm, aber dann setzte er die Feder an, um den Blick auf die Ufer nachzuzeichnen. Jene Passage seines Briefes geriet ihm so poetisch und schwungvoll, daß er sie hernach fast ohne Änderung in seinen Reisebericht übernahm. Ohnedies war die Vorbereitung des Stoffes Neben-, vielmehr: Hauptabsicht seiner Briefe an Therese, auch wenn er jeden mit den bewegendsten Versicherungen seiner Liebe beschloß. Man spürte in der Sprache dieser Berichte den belebenden Hauch des Freiseins, den er so tief genoß, aber auch die Lust an seiner Meisterschaft mit dem Wort, von der er in guten Augenblicken genau wußte, daß sie ihm in Deutschland so viele Autoren nicht streitig machen konnten.

Über der natürlichen Schönheit des Rheintals im Vorfrühling und den bizarren Bildern der alten Städtchen, in denen die Häuser auf den Stadtmauern ritten, verlor er den Dreck und die Armut nicht aus dem Blick. Die Bettler, entdeckte er, hatten ihre eigenen Vögte, die zu den Reisenden geschickt wurden, um das fällige Scherflein zu kassieren. Er verschwieg nicht, wie elend er und der junge Genosse in Boppard untergebracht waren, wo übrigens nur wenige Tage zuvor ein blutiger Konflikt zwischen den Frauen des Fleckens und frechen Soldaten ausgetragen worden war: eine Amazonenstadt nannte er das Nest. In Koblenz gesellte sich Iffland zu ihnen, um bis Düsseldorf mitzureisen. Georg hatte den Schauspieler, Regisseur und Stückeschreiber ins Herz geschlossen. Anders als bei Müller in Kassel empörte er sich nicht mehr allzusehr über seine «Sonderbarkeit» – die Homoerotik, die er nicht beim Namen nannte: er sprach nur von einem bedauernswürdigen und unglückseligen Hang. «Freiheit» sagte sich rasch, doch die Überwindung der Vorurteile kostete Mühe.

Bei der Besichtigung der Festung Ehrenbreitstein, die so mächtig über dem Ufer aufragte, beeindruckte ihn nicht die «ungeheure Kanone», die «Vogel Greif» hieß und angeblich eine Kugel von 160 Pfund bis nach Andernach schießen konnte (obwohl das noch keiner versucht hatte): seine Aufmerksamkeit wandte sich den Gefangenen zu, die «mit ihren Ketten rasselten, und zu ihren räucherigen Gitterfenstern hinaus einen Löffel steckten, um dem Mitleiden der Vorübergehenden einige Kreuzer abzugewinnen». Er fügte hinzu: «Es wäre, düngt mich, billig, dass jeder Fürst, der einen Menschen zum Gefängnis verurtheilt, wenigstens einen Tag im Jahre hörte, wie es diesen Unglücklichen zu Muthe ist; oder sind vielleicht die Fürsten anders organisirt wie wir, und ist keine Empfindung stark genug, um ihren Nerven Mitleid abzugewinnen?»

In seinem Buch tauschte er den Verweis auf die Fürsten mit angebrachter Vorsicht durch die neutrale Wendung «ein jeder» aus, und er ging der Frage nach, ob die Gesellschaft durch die Abschaffung der Todesstrafe nicht grausamer geworden sei. Er wolle nicht untersuchen, ob ein Mensch das Recht habe, einem anderen das Leben zu nehmen. Doch die Freiheit der Person sei ein ebenso unveräußerliches Gut wie das Leben (er hatte die Texte der englischen und amerikanischen Aufklärer im Kopf). Dürfe man «das Leben durch ewige Gefängnisstrafe in fortwährende Quaal» verwandeln, «anstatt es durch ein Todesurteil auf einmal zu enden»? Die Antwort ließ er offen.

In Neuwied besichtigten die drei Reisenden die Fabriken der Herrnhuter, in Unkel die Basaltbrüche mit ihren mächtigen Natursäulen. In Bonn inspizierten sie die Naturalien-Kabinette im Poppelsdorfer Schlößchen und zogen weiter nach Köln. Wieder starrte Georg ergriffen in den «steinernen Wald» der mächtigen gotischen Streben im Chor des riesenhaften Fragmentes, dessen Bau um 1560 zum Stillstand gelangt war.

Die Fremden verharrten im Dom, bis sie im Dunkeln nichts mehr unterscheiden konnten. Wie immer fühlte Georg in diesem «herrlichen Tempel... die Schauer des Erhabenen...» Er pries «die Pracht des himmelan sich wölbenden Chors» mit seiner «majestätischen Einfalt, die alle Vorstellung übertrifft. In ungeheurer Länge stehen die Gruppen schlanker Säulen da, wie die Bäume eines uralten Forstes: nur am höchsten Gipfel sind sie in eine Krone von Ästen gespalten, die sich mit ihren Nachbarn in spitzen Bogen wölbt, und dem Auge, das ihnen folgen will, fast unerreichbar ist. Läßt sich auch schon das Unermeßliche des Weltalls nicht im beschränkten Raume versinnlichen, so liegt gleichwohl in diesem kühnen Emporstreben der Pfeiler und Mauern das Unaufhaltsame, welches die Einbildungskraft so leicht in das Gränzenlose verlängert. Die griechische Baukunst ist unstreitig der Inbegriff des Vollendeten, Übereinstimmenden, Beziehungsvollen, Erlesenen, mit einem Wort: des Schönen. Hier indessen an den gothischen Säulen... unter ihren Bogen, die gleichsam auf nichts ruhen, luftig schweben, wie die schattenreichen Wipfelgewölbe des Waldes – hier schwelgt der Sinn im Übermuth des künstlerischen Beginnens.»

Das große Pathos dieser Sätze hat – nach Goethes Entdekkung des Geistes der gotischen Baukunst in Straßburg – die Aufmerksamkeit der Deutschen von neuem auf die Architektur des Mittelalters gelenkt. Der Buchhändler Sulpiz Boisserée nahm die Anregung auf, und seiner Begeisterung war es schließlich zu verdanken, daß der Bau im Jahre 1842 wiederaufgenommen und ein knappes Jahrhundert nach Forsters enthusiastischer Beschreibung vollendet wurde.

Im übrigen warf Georg eher kritische Blicke auf das heilige Köln, das in jener Epoche etwa 42000 Einwohner zählte. Man sagte der Stadt nach, daß sie an die zweitausend Soutanen- und Kuttenträger, doch wenigstens ebenso viele Bettler und Huren beherberge. «In der Osterwoche ist es gebräuchlich, daß die Armen, die sich schämen öffentlich zu betteln, in schwarze Kittel vermummt und mit einem Flor über dem Gesicht, auf die Straße gehen, niederknieen, den Rosenkranz beten und die Vorübergehenden um Almosen anrufen. Man nennt diese Leute hier mit einem eigenen Namen Kappengecken, und ihr widerlicher Aufzug ist so auffallend, daß die halbnackten Straßenkinder ihre zerrissenen Hemdchen sich über den Kopf schlagen, um ihnen diese Mummerei nachzumachen.» Weiter in dem Reisebericht: «Nirgends erscheint der Aberglaube in einer schauderhafteren Gestalt als in Köln. Jemand, der aus unserm aufgeklärten Mainz dahin kommt, hat in der That einen peinigenden Anblick an der mechanischen Andacht... und an der blinden Abgötterei, die der Pöbel hier wirklich mit Reliquien treibt, welche den ächten Religionsverehreren unter den Katholiken selbst ein Ärgerniß geben. Wenn die Legende von den elftausend Jungfrauen auch so wahr wäre, wie sie schwer zu glauben ist, so bliebe doch der

Anblick ihrer Knochen in der Ursulakirche darum nicht minder scheußlich und empörend.» Für die «dicke Finsternis», die dort in Religionssachen herrsche, zeuge das zusammengeraffte Gemisch von Menschen- und Pferdeknochen, die man auf einem Schlachtfeld aufgelesen habe... Immerhin suchten Alexander und Georg ein Trappisten-Kloster auf, von der Strenge des Schweigens beeindruckt. In Frankreich sei ein ganzes Kloster abgebrannt, ohne daß einer der Mönche den Mund aufgetan habe, notierte Georg. Indes unterdrückte er keineswegs seine Zweifel an einer Existenzform, die dazu anhalte, «ohne Leidenschaften, ohne Geistesgenuß, in stiller Andacht hinzubrüten und zuletzt ganz sanft in seinem Fette zu erstikken».

Das Beispiel zeigte an, daß der Autor die Spontanität der Formulierung aus den Briefen an Therese und dem Tagebuch in den Text des Buches hinüberzuretten verstand, das er umständlich und bescheiden *‹Ansichten vom Niederrhein, Flandern, Holland, England und Frankreich im April, Mai und Junius 1790›* nannte. Seine Prosa war präziser, härter, schärfer geworden. Kaum ein anderer unter den deutschen Schriftstellern war zu jener Zeit zu ironischen Schilderungen von ähnlicher Brillanz in der Lage. Fast größeren Ehrgeiz als für die Schilderung von Menschen, Städten und Landschaften aber bot Georg für die kunstkritischen Passagen auf, für die er nach der Besichtigung von Kirchen und Galerien lange Seiten mit Stichworten füllte. Er wollte, das wurde in jeder Passage deutlich, an Winkelmann und an Lessing gemessen werden. Insofern blieb er dem Geschmack des Jahrhunderts treu.

Die Galerien in Düsseldorf suchte er unverdrossen zum fünften- und sechstenmal auf, mit gleichem Eifer besichtigte er die Sammlungen in Lüttich und Brüssel, in Antwerpen, in Rotterdam, in Amsterdam und im Haag. Sein klassizistisch-italienisch geprägter Geschmack sah sich beinahe täglich einer herben Prüfung durch den oft so deftigen Realismus der Flamen und Niederländer ausgesetzt. Selbst die expressive Spiritualität eines Rembrandt vermochte seine Skepsis nicht völlig zu durchdringen. Eigentlicher Partner der Auseinandersetzung aber wurde ihm Rubens, den er bewunderte und verabscheute: «Schöner und liebreicher kann man in der Natur nicht ihre treffendsten Züge abstehlen und sie wieder auf der Leinwand hinzaubern. So lebten und webten diese wohlbeleibten flandrischen Schönen; mit diesem Fleisch und Blut liessen sie sich die Liebkosungen des feurigen Künstlers behagen...» Doch er vermutete, mit einer Spur von trauriger Überhebung, daß dem Künstler diese «materielle Schönheit» genügt habe, «wenn er sich von seiner Staffeley, oder vom politischen Schreibtisch hinweg, in die Laube zu ihnen setzte». Fast resigniert seufzte er: «Was ist Zeichnung und Form für jeden, der nur Augen hat für flämische Farben? Noch eine Revolution, wie unser Geschlecht deren so viele erlebt hat, eine, die uns Italiens Schätze raubte, wie Griechenlands Schätze einst verschwanden – und unsere Nachkommen werden es nicht mehr glauben, daß es je einen größeren Maler gab, als Rubens.»

Es wurde Georg schwer, sich angesichts der prangenden Fülle des Fleisches devoter Andacht zu überlassen. Eine Himmelfahrt Mariens regte Georg zu der despektierlichen Notiz an: «Uns kam es nämlich recht skandalös vor, die dicke Madam Rubens in den Wolken so gemächlich wie auf ihrem Lehnstuhl, und vermutlich auch eben so fest, sitzen und eine Göttin vorstellen zu sehen. Es muss in der That eine grosse Frau gewesen seyn, die Madam Rubens; nichts vermag sie in Erstaunen oder in Entzükken zu versetzen: eine Himmelfahrt ist ihr so gleichgültig, wie eine Fahrt auf dem Treckschuyt; was sieht man auch bey einer Himmelfahrt, wenn man eine Niederländerin ist? Nichts als das blaue Firmament und Wolken und eine Menge kleiner Podexe, die sie in ihrer Kinderstube wohl eh natürlicher sah, nur dass sie nicht fliegen konnten.»

Religiöse Sujets bereiteten Georg in den drastischeren Darstellungen der Niederländer noch mehr Kopfzerbrechen als bei den Italienern, bei denen der Faltenwurf antiken Adels die biblischen Geschichten und Gestalten zu seiner Erleichterung so oft verklärend umhüllten. Er entrückte die Ziele religiöser Verehrung – wie in seinen Briefen an Jacobi den Gottesbegriff – so weit in die Höhen des Unnennbaren und Unfaßbaren, daß Gott und das All und das Nichts jeder bildnerischen Darstellung entzogen und auf eine geheimnisvolle Weise identisch wurden. Mit anderen Worten: er forderte fromme Verehrung in einer solch gegenstandslosen Reinheit, daß sich Gott in ihr gleichsam auflöste. Man konnte seine Religiosität (wie die so vieler seiner Zeitgenossen) eine quasi-atheistische nennen. Bei einer Kreuzabnehmung von Rubens, die er in der Kölner Kapelle der Schützengilde fand, drängten sich ihm rebellische Überlegungen auf: «Du frägst..., was ich bey diesem Anblick empfand? Das ist eine Gewissensfrage, liebste Therese. Ich soll wahr seyn, und die Wahrheit verlangt hier ein grosses Opfer, nichts geringers kann ihr jetzt gnügen, als der ganze Ruhm meiner Kennerschaft. Schreckliche Alternative, entweder Dich zu hintergehen, oder alle Cognoscenti, Dilettanti, Amatori, Pittori mit Einer Stimme hinter mir herrufen zu hören, was ich doch gleich bekennen will: ich fühle nichts...»

Es befriedigte ihn tief, daß er mit dem scheinheiligsten Aufschlag der Augen die frevlerischsten Zweifel anzumelden vermochte. Was für eine sublime Technik, seine Ressentiments gegen die Denktyrannei der Theologen und die Pfaffenwirtschaft in der Philosophie loszuwerden! Der Mensch sei, schrieb er in den ‹*Ansichten*›, für «Göttergenuß und den Umgang mit den Göttern» nur wenig geschaffen. «Unsere Ungenügsamkeit ist Schwäche; die Griechen bleiben bei der Erscheinung stehen, und freuten sich des Anblicks ihrer Schönheit.» Dann fragte er weiter: «Was ich aber nicht mehr begreife, das ist, wie man es noch wagen kann, einen Christus als Kunstwerk darzustellen. Malt man ihn mit den Zügen eines Götterideals, so hat er nur das Interesse der Schönheit; allein er rührt nicht das Herz... Schildert man einen Menschen; wie will man das Göttliche dergestalt hineinverschmelzen, daß es dem Interesse des Herzens nicht schadet?» Schließlich: «Auch habe ich noch keinen Christuskopf gesehen, von dem ich sagen könnte: er ist es!» Sein Purismus wäre dann und wann in die Nähe einer urprotestantischen Bilder-Stürmerei geraten, hätte ihn die schwärmerische «Italianità» nicht zurückgehalten.

Wagte er es, seinem Freund Jacobi in Düsseldorf mit solchen Argumenten unter die Augen zu treten? Der gute Fritz war Rheinländer genug, um die Kunst der nachbarlichen Niederländer und Flamen anders zu begreifen als Forster, der englischostdeutsche Puritaner. Doch ihn beschäftigte, als Georg bei ihm anklopfte (Humboldt und Iffland in seinem Gefolge), mehr als alle religiöse Spekulation der Umbau des Hauses in Pempelfort, den er geschäftig überwachte. Das Chaos, das die Handwerker stifteten, schränkte Jacobis und seiner Schwestern Talent zur Geselligkeit nicht im geringsten ein. Iffland fand in dem Hausherrn vielleicht eine verwandt gestimmte Seele: konservativ trotz einer generösen Liberalität im Alltag. Die Freunde lasen Szenen aus Kotzebues erstem Stück ‹*Menschenhaß und Reue*›, das binnen kurzem sämtliche deutsche Bühnen erobern sollte, das Weimarer Hoftheater des Intendanten Goethe nicht ausgenommen. Von Jacobis altem Freund, mit dem er sich längst wieder versöhnt hatte, deklamierten sie den ‹*Tasso*›, der eben erschienen war.

Als Georg und Alexander rheinabwärts fuhren, war Goethe nach Venedig unterwegs, um die Herzoginmutter abzuholen. Anders als die beiden ehrbaren Forscher überließ sich der Minister in der Stadt der Masken und Geheimnisse gern dem Treiben der Menge, starrte bewundernd Bettina an, die kindhaft-reizvolle Artistin einer Gauklertruppe, lief auch den Lottermädchen nach und dichtete Epigramme, die man aus seinem Nachlaß zutage gefördert hat: «Wenn du aber die Winkel nicht scheust, die Gäßchen und Treppen, / Folg ihr, wie sie dich lockt, in die Spelunken hinein!» So couragiert war Georg Forster kaum, dem sich in den holländischen Häfen oder danach in London diese und jene Gelegenheit zu abenteuerlichen Wanderungen in die Reviere der Sünde geboten hätte. Die Verwandtschaft von Gaukler und Dichter, die Goethe empfand, war ihm fremd. Anders als der Minister scheute er die allzu enge Berührung mit dem Volk.

Im bürgerlich-biederen Pempelfort galt es, ein Problem zu bereden, das menschliche Neugier und Anteilnahme unmittelbar auf sich zog: Soemmerrings Heiratswunsch. Der eigenwillige Anatom verbarg nicht, daß ihn Charlotte Jacobi, die ältere der beiden Stiefschwestern, noch immer faszinierte, ungeachtet der drei Lebensjahre, die sie dem Fünfunddreißigjährigen voraus war: nach den Begriffen der Zeit mit ihren 38 Lenzen eine alte Jungfer, doch gescheit und gebildet, in jeder Gesellschaft zu Haus, vermutlich auch eine gute Wirtschafterin. Aber wollte «Lollo», wie das späte Mädchen zärtlich genannt wurde, ihr Geschick mit dem des berühmten Professors verknüpfen, der ein Hagestolz war und ein wenig schrullig zu werden begann? Würde Fritz Jacobi bereit sein, auf die fürsorgliche Präsenz von einer der beiden Schwestern zu verzichten?

Drüben in Vaals bei Aachen warteten in der Familie seiner verstorbenen Frau fünf ledige Töchter auf den rechten Mann. Sie wurden nach Charakter und Statur im Kreis der Freunde aufs genaueste debattiert. Georg, dem die Brautschau für den Freund einiges Vergnügen bereitete, verließ das gastliche Pempelfort mit dem Hinweis, vor allem auf Christel von Clermont zu achten, die nach Fritzens Meinung die rechte für Soemmerring sei. Die Töchter allesamt hätten ihm die Wahl schwergemacht. Sie umgirrten ihn mit Liebenswürdigkeit. Georg mochte an die reizenden Wiener Tage denken. Sein Charme sprühte auf, und er war endlich wieder Hahn im Korb. Jedes der Mädchen hielt ihn, wie Soemmerring später – übrigens ohne eine Regung des Neides – berichtete, für «völlig unwiderstehlich». Herr von Clermont, der Patriarch, strahlte das schiere Wohlwollen aus und ließ die besten Weine aus dem Keller holen: Rhein und Mosel, Burgunder und Champagner, dazu fünferlei Dessertweine – jede Sorte in einem Büchlein aus rotem Saffianleder sorgsam verzeichnet. Man speiste nach französischer Art, doch ohne raffinierten Aufwand.

Als Soemmerring, ein zögernder Paris, im Herbst des Jahres nach Düsseldorf und Aachen reiste, um seine Wahl zu treffen, versicherte er sich erst der endgültigen Absage von Lollo Jacobi, an der die Freunde nun unversehens diesen und jenen Webfehler entdeckten. Georg, der geprüfte Ehemann, schickte dem Freund die Mahnung: «Von Leidenschaft ist ja ohnehin nicht die Rede, sondern es geht gewiß alles hübsch vernünftig zu!» Nicht die schöne und mutwillige Christel, sondern die «göttliche Fritze» von Clermont sollte es sein, obwohl nach Kapstadt versprochen. Sie zeigte sich huldreich, aber bat Bedenkzeit. Es wurde schließlich nichts daraus, vielleicht weil Soemmerring bei den Jacobis in den Verdacht geraten war, seine Egozentrik nehme gelegentlich überhand.

Die Clermont-Töchter galten als eine glänzende Partie: Der Alte führte Georg die Tuchfabrik vor, die angeblich pro Jahr für sechs Millionen Gulden Ware versandte, was sich ein wenig übertrieben ausnahm. An einer hübschen Erbschaft war nichts falsch, nur: eine schiere Heirat nach Interessen wurde in Kreisen des gebildeten Bürgertums – im Gegensatz zur Welt des hohen Adels – als ein wenig anrüchig betrachtet. Zum erstenmal gewann Georg Einblick in die Welt des Unternehmertums und eines kaufmännischen Geistes, der sich von den engen Grenzen der deutschen Kleinfürstentümer nicht in seiner Wirksamkeit aufhalten ließ.

Aufmerksam registrierte er, daß in jenen westdeutschen und belgischen Regionen niemand mehr ein Holzfeuer unterhielt. Die Öfen in den privaten Haushalten und den Fabriken wurden allesamt mit Steinkohle beheizt. Was aber, fragte er, geschähe, wenn sich die Flöze erschöpften? Ihn suchte eine bemerkenswerte Vision heim: «Was unserer mit Physik verbundenen Chemie noch möglich sei oder nicht, wage ich zwar keineswegs zu bestimmen: sie erfindet vielleicht ein Netz, in welchem sich das zarte Element des Feuers fangen und verdichten läßt, so daß es uns wieder Wärme geben kann, indem wir es befreien...»

Was die Kohlenvorräte anging, täuschte er sich. Dennoch war seine Vorausahnung atomarer Energien für die Zeitgenossen eher verwirrend. Übrigens betrachtete er sie als «eine unsichere Aussicht». Wahrscheinlicher sei, «daß der Mensch zuletzt die Eis- und Nebelländer und die von Waldung ganz entblößten Gegenden des so genannten gemäßigten Erdstriches, als unbewohnbar wird verlassen müssen». Kühn sagte er einen klimatisch bedingten Kolonialismus voraus: «Asien und Afrika würden dereinst aufblühen, wenn Hunger und Kälte... gewaltiger und unaufhaltsamer, als vor Zeiten der Fanatismus und der Ehrgeiz, wirken, um die Völker von Europa in hellen Haufen über jene barbarischen Welttheile hinzuströmen.»

In den Fabriken der Clermonts wurde nur beste spanische Wolle verarbeitet und die fertigen Tuche über Triest und Venedig nach Smyrna geliefert. Georg war es «ein furchtbarer Gedanke, daß hier Tausende von Menschen arbeiteten, damit man sich am Euphrat, am Tigris, in Polen und Rußland, in Spanien und Amerika prächtiger oder bequemer kleiden könne; und umgekehrt, daß man in allen jenen Ländern Tücher trägt, um den Tausenden hier Nahrung und Lebensbedürfnisse aller Art zu verschaffen». Dann folgten (in den *‹Ansichten›*) die Sätze, die so oft als das hohe Lied des Kommerzes zitiert wurden: «Der Handel bleibt die Hauptursache von dem jetzigen Zustand unserer wissenschaftlichen und politischen Verfassungen; ohne ihn hätten wir Afrika noch nicht umgeschifft, Amerika noch nicht entdeckt...» Der Handelsgeist habe auch in Deutschland mit Erfolg gegen die «furchtbaren Hindernisse des barbarischen Feudalsystems» angekämpft.

Es entging Georg nicht, daß Gemeinwesen wie Hamburg und Frankfurt in Blüte standen, während Städte wie Nürnberg, Aachen und Köln vom Verfall bedroht waren. Die Stadt Karls des Großen, meinte er, sei von hunderttausend Seelen auf dreißigtausend zusammengeschmolzen. Er täuschte sich: Sie war wohl niemals größer als fünfzigtausend. Aber mit genauem Blick machte er die Verkrustung des Zunftwesens für diesen Niedergang verantwortlich. In Aachen durfte ein Webmeister nicht mehr als vier Gesellen beschäftigen. Damit wurde die Produktion beschränkt. Die Anschaffung neuer Maschinen lohnte nicht. Was Wunder, daß es die tätigsten Bürger vorzogen, ihre Fabrikation in Gemeinden zu eröffnen, in denen sie keinen drückenden Vorschriften unterworfen waren. Aachen, eine Freie Reichsstadt, hatte die Protestanten von manchen Rechten ausgeschlossen. Drüben in Holland dachte niemand daran, ihren Fleiß zu bestrafen. In Vaals, zum Beispiel, wo die Clermonts residierten, hausten Katholiken und Lutheraner, Reformierte, Mennoniten und Juden friedlich und schiedlich nebeneinander. Die geistlichen Fürstentümer schienen insgesamt – wie der Fremde aus Mainz mit einer gewissen Genugtuung registrierte – dem Fortschritt weit hinterherzuhinken.

Wie es sich für einen gebildeten Reisenden schickte, bestaunte Georg im Aachener Dom den Marmor-Thron, «worauf seit Karls des Großen Zeiten, mancher Deutsche Kaiser gekrönt worden ist. So sehr ich eingeladen ward mich drauf zu setzen, fühlte ich nicht die geringste Versuchung dazu.» Wenn mancher deutsche Fürst, der gern Kaiser wäre, dachte er, mit ähnlichen

Empfindungen vor dem Stuhl stünde: «vielleicht nähme es dann mit diesem Wust von leeren Formalitäten ein Ende», den «man mit dem ehrenvollen Namen einer Deutschen Reichsconstitution belegt.» Die großen Fürsten würden – wenn es nach seinem Wunsch ginge – die Scheinwürde eines Tages nicht mehr haben wollen und die kleinen den Kaisernamen zum Gespött der Kinder machen – dann endlich werde man begreifen, «daß die Possen die man zu Regensburg, zu Wezlar und sonst, mit dem Namen des Deutschen Reiches treibt, dem Ausland nicht allein verächtlich, sondern auch der Würde denkender Menschen nicht angemessen sind». Dann, wagte er zu hoffen, werde Deutschland eine Konstitution erhalten, die nicht nur in Worten, sondern in Kraft und Tat bestehe. Das schrieb er freilich nur in einem Brief an Therese. Für sein Buch eigneten sich solch aufsässige Überlegungen nicht. Er ging in der gedruckten Version seiner *‹Ansichten›* so weit, wie sich ein Bibliothekar in den Diensten des Kurfürsten in Mainz vorwagen durfte. Freund Dohm, der preußische Schlichter, klärte Georg aus erster Hand über den zähen Konflikt auf, der die Aachener mit ihrer Regierung entzweit hatte. In einer neuen Verfassung sollte ein Ausgleich zwischen Tradition und Reform gefunden werden. Ein Bürgerausschuß müßte künftig das Bollwerk der verbrieften Freiheiten sein. Mit der miserablen Administration, die vordem geherrscht hatte, sollten auch die Horden der Bettler und der stehlenden Kinder verschwinden.

Die Lage in Lüttich nahm sich soviel anders nicht aus. Der preußische Befehlshaber, General von Schlieffen, der in jener Stadt den Frieden zu garantieren hatte (und durch seine Präsenz die Österreicher schwächen sollte), stand bei der Bevölkerung in hohem Ansehen, zumal Berlin keine Besetzungskosten erhob. Das freute Georg für seinen alten Freund aus Kasseler Tagen, der übrigens auf einem vereisten Weg mit seinem Pferd gestürzt war und sich das Bein gebrochen hatte. Die Bürger hockten in den Cafés und Wirtshäusern, lasen die Zeitung, politisierten bei Bier und Wein, ereiferten sich laut für die Menschenrechte. Den Namen ihres regierenden Bischofs, der ein Fürst des Deutschen Reiches war, nannten sie nur mit Verachtung, sprachen von «Animal» und «Canaille», was Georg in seinem Tagebuch genauer vermerkte, als er es später in den *‹Ansichten›* zu erkennen geben konnte. Die Preußen, die den Rebellen einen gewissen Schutz gewährten, mußten ihre Truppen nach einigen Monaten abziehen. Berlin war durch seine neutrale (und antiösterreichische) Politik in den Reichsständen allzusehr isoliert worden.

Er durfte sicher sein, daß seine Erzählung über Lüttich in den Mainzer Kanzleien mit hochgezogenen Augenbrauen und gerunzelten Stirnen studiert werden würde, denn der Kurfürst, Freiherr von Erthal, hielt es schließlich für angebracht, dem bedrängten Amtsbruder mit einem Kontingent seiner Truppen zu Hilfe zu eilen. Die Mainzer Armee bekränzte sich nicht mit Ruhm. Die Lütticher brachten ihr beim ersten Zusammenstoß eine blamable Niederlage bei, über die halb Europa lachte. Der Bündnisdienst ließ vor allem die Heimat gänzlich ungeschützt: als im September, durch die rowdyhafte Aufsässigkeit der Theologie- und Philosophiestudenten provoziert, wütende, vielleicht auch betrunkene Handwerkerhaufen durch die Gassen stürmten, die Fensterscheiben der Universität zertrümmerten und einige Studenten blutig schlugen, mußten Soldaten aus dem Darmstädtischen herbeigeholt werden, um für Ruhe und Ordnung zu sorgen. Schlau nutzten die Zünfte jene sogenannte Knotenrevolution, um ihre Forderungen zu stellen. Die verängstigten Beamten sagten alles zu – und brachen nach dem Eintreffen des Kurfürsten prompt ihre Versprechen. Dafür verhängten die Richter exemplarische Strafen, wie Georg zornig vermerkte – nicht über die Rädelsführer der Studenten, die mit ein paar Tagen Karzer davonkamen, sondern ausschließlich über die Bäcker-, die Metzger-, die Schreiner- und Schmiedgesellen. Die Obrigkeit wollte jeden Aufruhr – mit einem angstvollen Blick auf das französische Beispiel – im Keim ersticken, zumal sich auch in Aschaffenburg die Bauern zusammengerottet hatten. In Mainz aber war (nach Franz Dumont) ebensowenig wie in Aachen und Brüssel eine «revolutionäre Situation» gegeben. Die Rebellen verfochten eher die Interessen der Stände.

In Lüttich hatte das Engagement der Bürger andere Akzente gesetzt. Georg schrieb in den *‹Ansichten›*: «Wenn dann alle Gemüther reif und reizbar sind, so bedarf es nur jenes Menschen, der im Palais Royal zu Paris auf einen Schemel stieg und dem Volk zurief: ‹Ihr Herren, ich weiß, man hängt mich auf; aber ich wage meinen Hals, und sage Euch: greift zu den Waffen!›»

In Mainz würde sich so rasch kein Camille Desmoulins finden, der zu den Bajonetten rief. Doch hier wie dort traf zu, was er zur Lage in den Österreichischen Niederlanden bemerkte: «Der wüthigste Demokrat und der eigenmächtigste Despot führen heutiges Tages nur Eine Sprache; Beide sprechen von der Erhaltung und Rettung des Staats, von Recht und Gesetz.» Beide beriefen sich auf heilige, unverletzbare Verträge, beide glaubten, eher alles wagen zu müssen, ehe sie zugeben könnten, daß ihnen das Geringste von ihren Rechten geschmälert werde: «Beide haben Recht und Unrecht zugleich.» Jeder dieser Sätze wurde mit äußerster Sorgfalt formuliert, denn Georg durfte sich darauf verlassen, daß man seinen Text mit Argusaugen las: «Gegen den Landesherrn sich auflehnen, ist Empörung; die Herrschermacht mißbrauchen, ist unter allen Verbrechen das schwärzeste», rief er. Noch war er vor allem auf Ausgleich bedacht: «Jeder unruhige Kopf kann die verletzten Rechte des Bürgers zum Vorwand nehmen, um einen Aufstand zu erregen und seine ehrgeizigen Absichten durchzusetzen; jeder Despot kann aber auch, unter der Larve der Wachsamkeit für die Erhaltung des Staats, die gegründeten Beschwerden des Volks von sich abweisen, und dessen gerechtestes Bestreben seine Vorrechte zu erhalten oder wieder zu erlangen, als einen Hochverrath oder einen Aufruhr ahnden.» Dennoch blieb kein Zweifel, wo seine Sympathien zu suchen waren. Aber er räumte niemandem das Recht auf Fanatisierung ein, die eigene Gefährdung fürchtend. «Du siehst», sagte er an die Adresse Thereses, «die Politik hat ihre Antinomien wie eine jede menschliche Wissenschaft, und es giebt in der Welt nichts Absolutes, nichts Positives, nichts Unbedingtes.»

Dies war die Lehre von Lüttich, das er als eine schöne Stadt schilderte, trotz der Bergwerkindustrie, die sie umringte. Außerdem lebe, berichtete er, «ein Theil der Einwohner von einem Gewerbe, das eben nicht das rühmlichste ist. Es wird hier ein starker Wein- und Buchhandel getrieben. Die Weinberge um die

Stadt sind nicht berühmt; vom Lütticherwein hat man wohl nie etwas gehört; allein man kauft den Burgunder und Champagner hier sehr wohlfeil, und der böse Leumund sagt, daß die Lütticher aus dem Erzeugnis ihrer Weinberge, diese Sorten zu brauen wissen. Ihr Bier ist sehr gut, und stark gehopft, weil sie den Hopfen selbst bauen. – Der Buchhandel beschäftigt sich mit dem gehässigen Nachdruck. Die besten Pariserwerke werden hier gleich nach ihrer Erscheinung nachgedruckt, und nach Holland und in den ganzen Niederlanden, zum Theil auch in Deutschland, statt der Originalausgaben abgesetzt!» Ironisch setzte er hinzu: «Vielleicht kann indessen diese Betriebsamkeit zur Aufklärung der Lütticher und ihrer Nachbarn gedient haben.»

Statistik war nicht seine Stärke. Die Einwohnerschaft von Lüttich schätzte er auf hunderttausend Menschen. Sie betrug in Wahrheit höchstens die Hälfte. Der junge Humboldt, der als künftiger Student des Handels seine Aufmerksamkeit auf das nüchterne Zahlenwerk hätte richten sollen, gab sich lieber der Beobachtung von Menschen und Natur hin – sofern er nicht schlief, was er oft und gern und in jeder Lebenslage zu tun vermochte. «Wenn Humboldt einmal im Bett ist», erzählte Georg, «kann ich ihn nicht wieder herauskriegen, ich bin immer der erste, der aufsteht, und muss immer treiben bis ich ihn herauskriege. Das Frühstück ist das einzige Mittel, welches ihn bewegt. Im Wagen schläft niemand so gern, so leicht und so viel als er; dafür bemerkt er in seinen wachen Stunden mehr, als einer der gar nicht schläft. Er ist ein sehr lieber guter Mensch...»

Ein gutes Glas Wein wußte auch er zu schätzen und mehr noch eine Flasche Champagner, wenn sie ihm nach staubiger und mühsamer Reise zur Erfrischung gereicht wurde wie in Tournai: «Die vorhergehende Erhitzung von dem wenigen Schlaf, und der naßkalten Reise machte, daß Freund Humboldt die paar Gläser unverzüglich in den Kopf fuhren, und sein Rausch war höchst unterhaltend. Er versicherte mich die Leute im Wirtshause würden keine Bezahlung nehmen, weil sie so höflich wären. Er wünschte eine zweite Flasche zu trinken; aber leider habe er nur 3 Schilling im Vermögen und könne sie nicht kaufen. Er zwang den Aufwärter noch einen Teller voll Zuckerwerk zu bringen, taumelte in den Wagen und schlief unverzüglich ein. In einer Stunde versicherte er ganz heiter er habe einen erquickenden Schlaf genossen.» Ah-lex-andre, wie ihn Therese nannte, konnte lustig sein wie ein Kind. Die Ansprüche der Reisenden waren bescheiden: «Wir kommen ohne Bedienten recht gut zurecht, jeder packt seinen Koffer selbst, und ich besorge gewöhnlich unsere übrigen Reiseangelegenheiten.» Da sie auf den Diener verzichteten, frisierte sie auch niemand. Sie drehten sich die Haare selber ein und sahen, so meinte Georg, halbwegs manierlich aus. In Tierlemont stellten sie fest, daß alle Welt Kokarden trug, wie es die revolutionäre Mode befahl: so steckten auch sie die Abzeichen an die Hüte.

Die berühmte Universität von Löwen fanden sie entvölkert, denn Joseph II., auf ein besseres Niveau der hohen Schulen bedacht, hatte die weltlichen Fakultäten nach Brüssel verlegt, damit die Studenten der geistlichen Aufsicht entzogen würden. In Wirklichkeit verletzte er damit nur den Stolz der Bürger. Forster stellte fest, von dem Augenblick an, da der Kaiser die Privilegien der Geistlichen in seinen Niederlanden angetastet, von dem Augenblick an, da er auch den theologischen Unterricht von seinen gröbsten Schlacken gereinigt habe, sei ihm und allen seinen Maßregeln Verderben geschworen worden. Hier lernte Forster verstehen, warum das Reformwerk des Kaisers scheitern mußte: «Der große Grundsatz, daß alles Gute langsam und allmählich geschieht, daß nicht ein verzehrendes Feuer, sondern eine milderwärmende Sonne wohlthätig leuchtet, die Dünste zertheilt und das schöne Wachsthum der organischen Wesen befördert, scheint Joseph's Kopf und Herzen gleich fremd gewesen zu seyn; und dieser Mangel Eines wesentlichen Grundbegriffes zertrümmerte alle seine großen und königlich erdachten Pläne.» Der Autor führte die Generalkritik noch ein Stück weiter: «Joseph's Grundsatz, nach welchem er sich verpflichtet glaubte, seine Wahrheit zum Glück der Völker mit Gewalt anzuwenden, verleitete ihn zu einem Despotismus, den unser Zeitalter nicht mehr erduldete; dies wußte der belgische Klerus, und laut und muthig ertönte seine Stimme.»

Das waren melancholische Einsichten, die ihm bei der Besichtigung der ehrwürdigen Universitätsgebäude und des prächtigen gotischen Rathauses zukamen. Georg notierte, Küche und Lebensweise seien in Löwen eher französisch, doch man trinke nach niederländischer Art mehr Bier als Wein... Eine bequeme Barke beförderte die Reisenden nach Mecheln. Ihnen war, als führen sie durch ein Lustwäldchen, derweil sie an einem Kohlenfeuer saßen, Tee und Kaffee, Butter und Käse genossen. Die kleine Stadt, Sitz eines Erzbistums, wirkte halb ausgestorben, was Georg mit der Aufhebung der Klöster erklärte: Mönche und Nonnen hätten gut ein Fünftel der Einwohnerschaft ausgemacht.

In der Hauptstadt der Österreichischen Niederlande konstatierte er die Widerlegung eines «elenden Gemeinplatzes», mit dem «so mancher Apostel des Despotismus» hausierte: «Daß die Aufklärung Schuld an politischen Revolutionen sei. Hier in Brüssel sollen sie mir ihren Satz einmal anwenden! Ja, wahrlich, vollkommner war keine Unwissenheit, dicker keine Finsterniß, bleierner drückte nie das Joch des Glaubens die Vernunft in den Staub.» Hier habe «der Fanatismus Aufruhr gestiftet; Aberglaube, Dummheit und erschlaffte Denkkraft» seien seine Werkzeuge gewesen... Die flämischen Bürger hätten mit der Freiheit, die ihnen durch die josephinischen Reformen beschert worden sei, nichts anzufangen gewußt: «Sie war ihnen lästig: sie können ohne Beherrscher nicht bestehen. Nous ne voulons pas être libres, ‹wir wollen nicht frei seyn› antworteten sie uns, wenn wir uns um ihrer Freiheit willen glücklich priesen.» Das waren deprimierende Auskünfte. Brabant zeigte sich also immer noch als ein Hort des Aberglaubens – dank «Philipps grausamer Politik, die das Schwert in den Eingweiden seiner selbstdenkenden Unterthanen wühlen ließ und jedem Andersgesinnten den Scheiterhaufen zuerkannte».

Mit den Leistungen des Reformkaisers sah Georg aber auch das Erbe von Josephs Vorbild und Widersacher Friedrich bedroht: man schickte sich an allen Ecken und Enden des Reiches an, «die Werke der Vernunft zu schleifen». Religionsedikte und Katechismusvorschriften bei den Protestanten im deutschen Norden, die Rebellion des Klerus in Brabant, am Rhein die Aufhebung der sogenannten «Emser Punktation», mit der die deutschen Bischöfe versucht hatten, den Einfluß des Papstes einzudämmen... Das Geschick Frankreichs war ungewiß, Spanien und Portugal schliefen den «Todesschlaf der betäubten Vernunft» – nein, Georg sah keine Garantie, daß der Menschheit eine hellere Zukunft beschert sei. Vielleicht brachen darum Triumph und Groll so jäh in ihm auf. Angesichts des raschen Aufbaus eines niedergebrannten Dorfes in Holland schrieb er schnaubend in sein Tagebuch: «Hinweg mit euren Pallästen im Lande des Despotismus, die aus dem Blut und Schweiß des Landmannes, der in elenden Hütten wohnt, erwachsen sind!»

Die Grundfehler in der Politik des Kaisers begriff er wohl. Es war sein Erz-Irrtum, gewachsene Ordnungen mit einem Federstrich beseitigen zu wollen. Auch war es ein fast närrischer Versuch, so verschiedene Provinzen wie die Österreichischen Niederlande und die Toscana, Galizien oder Istrien nach gleichen administrativen Prinzipien organisieren zu wollen. In Brabant bemächtigte sich der Klerus des verletzten lokalen Stolzes. Seine Macht war fest genug gegründet, dem Herrscher eine Niederlage beizubringen: «Die furchtbare Beschuldigung der Ketzerei hatte noch jetzt in den Niederlanden dieselbe Kraft, wie vor dreihundert Jahren im übrigen Europa... Joseph empfand also noch am Schlusse des achtzehnten Jahrhunderts die ganze unwiderstehliche Gewalt der theologischen Zauberformeln, die vor Alters seine Vorfahren auf dem Kaiserthrone so tief gedemüthigt hatten.» Die bürgerlichen Rechte gingen – mit der Zustimmung des blinden Volkes – fast allesamt wieder verloren: «Die Preßfreiheit, das Palladium freier Völker, ward unverzüglich abgeschaft; eine strenge Büchercensur wachte für die Erhaltung politischer und geistlicher Finsternisse, und das Verbot aller auswärtigen Zeitungen, welche demokratische Grundsätze begünstigten, krönte diese des achtzehnten Jahrhunderts unwürdige Verordnungen.»

Es ist bemerkenswert, daß Goethe – kein Freund der republikanischen und demokratischen Revolution – Forsters glänzende Darstellung der belgischen Wirren ausdrücklich lobte: «Die Geschichte der brabantischen Unruhen», ließ er den Verfasser wissen, «scheint mir fürtrefflich geschrieben und für einen Mann von entschiedener Denkungsart noch immer unparteiisch genug.»

In Dünkirchen sah Georg zum erstenmal nach zwölf Jahren wieder auf das Meer. Der Anblick war ein Schock. Er schrieb an

Therese, wenn es ihm möglich sei, den Seinen und der Welt nützlich zu sein, «ohne wieder eine lange Seereise zu unternehmen, so geh ich nicht wieder zu Schiffe, bis ich nichts zu verlieren habe. Ich sehe wohl, der Reichthum macht uns furchtsam; ich habe aber auch ein natürliches Recht, den Genuß des Guten, das ich besitze, dem Ungewissen vorzuziehen...» Es waren noch keine drei Jahre vergangen, seit er der Chance einer neuen Weltreise unter dem Befehl der Zarin Katharina entgegengefiebert hatte. Und jetzt? Waren ihm die politischen Stürme Europas genug, die Deutschland noch nicht erreicht hatten? Wollte er sich mit dem Mainzer Glück bescheiden? (Übrigens hatte ihn nur wenige Monate zuvor die Nachricht vom Tod des jungen und liebenswürdigen Kapitäns Mulowsky erreicht, der dazu ausersehen war, die russische Expedition in die Südsee zu leiten: gefallen im Krieg gegen die Türken. Georg schien das traurige Ende des Partners der hochfliegenden Pläne nicht allzu tief zu bewegen. In keinem Brief äußerte er seine Trauer.)

In den ‹*Ansichten*› unterschlug der Autor, was nur zu begreiflich war, seine Ängste vor einem neuen Abenteuer. Den Lesern war er im Angesicht der See erhabenere Gedanken schuldig: «Dem Eindrucke ganz überlassen, den dieser Anblick auf mich machte, sank ich gleichsam unwillkührlich in mich selbst zurück, und das Bild jener drei Jahre, die ich auf dem Ocean zubrachte, und die mein ganzes Schicksal bestimmten, stand vor meiner Seele. Die Unermeßlichkeit des Meeres ergreift den Schauenden finstrer und tiefer, als die des gestirnten Himmels.» Alexander kümmerte sich weder um Georgs Furcht noch um seine Poesie. Mit der Lust eines Kindes suchte er «auf dem entblößten Sande... Seesterne, Meernesseln, Korallinen, Madreporen, Seetang, kleine Krebse, kurz allerlei, was in den Fluthen Leben hat».

Der junge Humboldt verstand wohl, wie sehr er von Georgs Ruhm und von seiner Liebenswürdigkeit profitierte. Auf fast zauberische Weise öffneten sich ihnen die Türen zu den Häusern bedeutender oder auch nur einflußreicher Zeitgenossen. So gab die herzliche Verständigung mit dem Reichsgrafen von Bentinck den beiden die Möglichkeit, am Stapellauf eines Kriegsschiffs in Amsterdam teilzunehmen. Zuerst besichtigten sie den ‹Prinzen Moritz›, eine mächtige Maschine mit 74 Kanonen, die schon im Hafen schwamm. Staunend starrten sie zu dem mächtigen Schiff empor, das turmhoch über ihnen aufragte: wenn es die Balance verliere, fürchtete Georg, würde der Koloß Hunderte von Menschen töten. «Man schlug die Blöcke weg auf denen es vorn noch ruhte, und trieb Keile unter, um es dort höher zu heben, man kappte das Tau woran es hinten noch fest war, – und nun, als fühlte der ungeheure Körper ein eigenes Leben, fieng er an, erst langsam und unmerklich, bald aber schneller sich zu bewegen, und indem die kleinen untergelegten Bretter unter ihm krachten glitt er endlich mit immerzunehmender Schnelle in das Meer; tief tauchte sich der Schnabel ein, bis das Wasser das Schiff zu tragen anfieng... und die Fluthen viele Schuh hoch am Ufer hinaufliefen... Dies alles unter dem Jauchzen und Jubeln von mehr als hundert Menschen, die in dem ablaufenden Schiffe schrien und ihre Hüte schwenkten, und vom Jubel vieler Hundert Umstehenden begleitet wurden. Wie die Fregatte majestätisch über unsern Köpfen hinunterschoß und sich auf der Meeresfläche setzte, hob sich mir das Herz himmelhoch von stolzer Freude über das Wollen und Vollbringen des menschlichen Geistes. Humboldt sagte, einen Luftball steigen sehen, sey nichts dagegen...»

Das Wasser schien seine Macht über Georg trotz allen Grauens zurückzugewinnen. Vom Ufer der Zuidersee schaute er hinüber zum Hafen: «Ein Wald von fünfhundert Schiffen, der in mehreren Gruppen vor der Stadt liegt, die weitausgebreiteten Seeküsten... – es ist ein Leben und eine Gränzenlosigkeit in dem allen, die sich nicht beschreiben lässt.» Das Seewesen, fügte er hinzu, umfasse so viele Wissenschaften: «Mathematik, Mechanik, Physik, Astronomie, Geographie.» Es knüpfe ferne Weltteile aneinander, führe die Völker zusammen, häufe die Produkte aller Länder an einen Ort, bringe die Ideen in schnelleren Umlauf, prüfe und läutere sie: «Es ist unmöglich, beym Anblick sovieler Schiffe, nicht etwas von diesem großen Werk der Menschen in Gedanken sich vorzustellen; ja, man fühlt es eigentlich in seinem ganzen Umfang, als den Totaleindruck aller der mannigfaltigen zu Einem Ganzen hier vereinigten Gegenstände.»

Natürlich besuchten die beiden alle Galerien und Sehenswürdigkeiten. Georg kannte Holland, wenn auch nicht gründlich genug. Das Land hatte ihm nicht viel zu sagen. Es langweilte ihn. «Vielleicht», sagte er ein wenig hochmütig, «vielleicht bedarf das hiesige Phlegma eines starken Stachels.» Seine alten Freunde, der große Naturforscher Camper und der Philosoph Hemsterhuis, waren kurz vor seinem Eintreffen gestorben. So hielt die Reisenden nicht allzuviel. Außerdem hatten sie im Rheinland und in Belgien fast zuviel Zeit verloren. Sie beeilten sich, nach London zu gelangen. Auf einer Barke, die gemütlich von Pferden gezogen wurde, gelangten sie nach Harlem. Dann über den Haag nach Maas-Sluis, wo sie sich einschifften. Die Überfahrt war, wie üblich, stürmisch. Die kurzen Wellen des Kanals schlugen hart gegen das Boot. Dem Weltumsegler wurde sterbensschlecht. (Die beiden Bände der ‹*Ansichten*› endeten übrigens mit der Abreise aus Holland. Ein dritter Band sollte die Impressionen in England und Frankreich aufnehmen. Die Tagesarbeit, der Berg der Übersetzungen, die politischen Ereignisse aber verhinderten die Niederschrift.)

Das Verlangen nach einer «überhöhten Schau», das so grunddeutsch war, hielt ihn auch in England noch eine Weile gefangen. In seiner Tagebuchnotiz von einer Aufführung des ‹*Messias*› in der Westminster-Abbey überließ er sich, gottlob, nur in manchen Passagen dem Bedürfnis, seine Kennerschaft zu beweisen. Musikkritik war nicht sein Metier, obwohl er – im Gegensatz zu seinem Vater – eine gewisse Freude an der Oper und den Konzerten gewonnen hatte. Die Beobachtung der Gesellschaft war eher seine Sache. Er vermerkte, daß Damen mit Hüten kein Eintritt in die Kathedrale gewährt wurde: sie rächten sich dafür durch turmhohen Kopfputz. Nach dem Eintreffen des Königs und des Hofstaates wurden die Türen geschlossen. «Für gewisse Bedürfnisse der Herren und Damen» hatte man dennoch «sehr schicklich gesorgt». Seine Majestät indes schien weniger der Musik zu lauschen, als das Publikum mit dem Feldstecher zu mustern. (Aber es war Georg III., der sich eines Tages beim Halleluja spontan erhoben und damit eine englische Tradition geschaffen hatte.)

Sorgsam notierte Georg die Änderung der Mode. Niemand

trage mehr den Degen, den man nur noch bei Hofe sehe. Die Westen seien kurz, und die Dreispitze würden überall durch runde Hüte ersetzt. Viele junge Frauen gingen nun ungepudert. Statt der Hauben trügen sie kleine Kissen auf dem Kopf, die wie Vestas oder Cybelens Turm aussähen. Er vermerkte die wilden Gerüchte von einem «Ungeheuer», das den Damen nachstelle: ein Frauenfeind, der Nadeln in Blumenbouquets verberge...

Auch in den Theatern schaute sich Georg um und meinte, Kotzebue könne selbst in London sein Glück machen, wenn er sich eine Dosis Salz eintrichtern lasse. Seit Samuel Johnsons Tod seien die Gefilde der Literatur verödet. Die Anekdoten-Jägerei werde so allgemein, daß man jedes Visitenkärtchen berühmter Männer zum Druck gebe.

Einen Tag lang folgten Georg und Alexander im House of Lords dem Prozeß gegen Warren Hastings, den Gouverneur in Bengalen, dem man Amtsmißbrauch, Bereicherung und Erpressung vorwarf. Die Anklage vertrat der große Parlamentarier Edmund Burke, der so mutig für die Freiheit Amerikas und so energisch gegen die Revolution der Franzosen argumentierte. Sieben Jahre schleppte sich das Verfahren schon dahin. Hastings wurde am Ende freigesprochen. In seinem Tagebuch feierte Georg mit starken Worten die Öffentlichkeit der Gerichtsverfahren: «Göttliche Publicität! erhabne Würde der Gerechtigkeit, die nicht das Licht scheuet! Daß kein Volk, kein Land, keine Stadt es wage, sich frei zu nennen, so lange ihre Richter bei verschlossenen Thüren über das Schicksal ihrer Mitmenschen entscheiden! Ich hasse das ewige Kreischen von Freiheit, das Gekrächz derer, die nicht wissen, was frei seyn heißt, und des goldenen Vorrechtes nicht werth sind; ich hasse die Sklaven, die nur sprechen, und nicht handeln. Aber kein Ausdruck ist zu hart, um Abscheu gegen den Tyrannen zu erwekken, der seines Volkes Vater zu seyn vorgiebt, und es im Verborgenen richtet...»

So eindrucksvoll die Notizen waren: sie drückten keine allzu gute Laune aus. Georg verwies später darauf, daß er an die zwei Wochen gebraucht habe, sich von der Seekrankheit zu erholen. Der Aufenthalt in London schien unter keinem guten Stern zu stehen. Den Bruder Charles fand er in bedrängten Verhältnissen. Mit seinem Schwager, dem Hofprediger Schrader, geriet er sich in die Haare, vermutlich aus politischen Gründen. Die Reihe der Freunde hatte sich gelichtet. Kurz vor der Ankunft Georgs war der alte Woide gestorben. (Das Tagebuch sagte nichts davon.) Die englischen Verleger zeigten nicht die geringste Neigung, seine Sammlung von Pflanzenzeichnungen herauszugeben. Das hielt Georg nicht davon ab, teure Kupfer für die Naturgeschichte der Südsee zu bestellen (für die er hernach keine Interessenten in Deutschland fand). Sir Joseph Banks empfing ihn höflich, aber kühl, worüber sich Georg bitter beklagte. Der hohe Herr sei «eines jeden Feind, der etwas über die Südsee» wisse, schrieb er an Heyne. Es kam ihm nicht in den Sinn, daß der Präsident der Royal Society bei seinem Anblick vielleicht an die Schulden des Vaters dachte, der sich wie ein Betrüger benommen hatte, vielleicht auch an die Mitgliedsbeiträge für die Gesellschaft, die Georg niemals bezahlte. Es ist auch nicht ausgeschlossen, daß ihm der jüngere Forster ein anderes Mal mit der Bitte in den Ohren lag, sich bei der Regierung für eine Pension oder Entschädigung zu verwenden. Für die Reserviertheit so vieler einstiger Freunde machte Georg selber den fatalen Eindruck verantwortlich, den Reinhold Forsters Pamphlet *‹Tableau d'Angleterre›* hinterlassen hatte. Obwohl er die Schrift anonym publiziert hatte, war der Autor eitel genug, sie an diese und jene Adresse in London zu schicken. Georg aber sprach von der kalten Unverbindlichkeit des Volkscharakters, den er mit der herzlichen Wärme der Deutschen verglich.

War er in Mainz glücklicher? Ein Brief Soemmerrings riß ihn aus allen Träumen. Der Freund wies mit unschuldiger Beiläufigkeit darauf hin, daß er die kleine Therese gegen Pocken geimpft habe. Alles sei aufs beste gelungen. Nur am vierten Tag ein Ausbruch von winzigen roten Flecken, die ohne Narben verschwanden... Georg raste. Warum hatte ihm die Mutter nichts von der geplanten Operation gesagt? Die Impfung bedeutete damals noch immer eine gewisse Gefahr: ein Fieber konnte die Kleine heimsuchen... Sie konnte für ihr Lebtag verunstaltet werden... Sie konnte auch sterben... Aus welchen Gründen hinterging man den Vater, der mit jeder Faser seiner Seele an den Kindern hing? Waren die Briefe der Mutter, die in London auf ihn warteten, nicht fast so kühl, als «hätte sie eine Engländerin» aufgesetzt? (Georgs Briefe aus London wurden von Therese mit den eigenen vernichtet.)

Aus Lüttich hatte er geschrieben: der Gedanke an seine Frau, der ihn «vor ein paar Jahren in Berlin, und selbst noch auf der Frühlingsreise nach Mainz und Mannheim, mit so manchen niederdrückenden Gefühlen erfüllte», sei ihm nun erquickend und stärkend... «Meine Kinder werden glücklich seyn, denn Du giebst Ihnen, Du erhälst Ihnen ihren Vater! Wir werden glücklich seyn, liebes Weib... Nicht umsonst werde ich gehoft, gearbeitet, gewacht, von Dir getrennt, und unsere lezten Kräfte aufgeboten haben...» Nicht umsonst opfere er jeden Genuß und mäßige sich in seinen Wünschen – fest in seinem Vorsatz, nicht sich selber zu leben. «Wenn aber nur der Gedanke, daß Du mir bleibst, mich stärkt, so will ich tragen, was zu tragen ist, ohne alle Bedingung.» Zum Schluß bat er um Verzeihung, daß sein zärtliches Herz so überströme.

Im nächsten Brief aus Mecheln bat er Therese, bei ihren Nachtpromenaden darauf zu achten, daß sie sich nicht erkälte. Er wünschte sich detaillierteste Nachrichten von allem, was sie und die Kinder erlebten. «Ich will wissen, was Du machst, damit ich in Gedanken Dir zusehen könne. Ich will die Wand beneiden, auf die Du unwillkürlich blickst, und den Fußboden den Dein leichter Tritt berührt, Du mit dem holden Auge, und dem Oreadenfüßchen! Lebwohl, lebwohl...» Er war es zufrieden, daß Caroline Böhmer, Thereses Freundin und Feindin, für einen Monat aus Marburg herüberkam, wo sie nach dem Tod ihres Mannes Zuflucht gesucht hatte. Aus dem Haag meldete er – von Melancholien berührt – die Selbstzweifel, die ihn so oft befielen. Der Fürst Gallitzin – seiner geistreichen Frau, die von ihm getrennt lebte, war Georg oft in Hofgeismar begegnet – hatte ihm angekündigt, daß er eine Reihe öffentlicher Briefe über mineralische Beobachtungen an Forster zu adressieren gedenke. Das war eine hohe Auszeichnung. Vor einigen Jahren noch, sagte Georg, wäre er vor Freude aus der Haut gefahren. Aber nun? «Es ist so eine Luftblase um den Ruhm!» Er habe in seinem «Herzen längst darauf Verzicht gethan, für irgend jemand, außer Dir, zu arbeiten... Ich bin aber nur ein sehr geringer

Mensch...», bei dem das «Können mit dem Wollen nicht harmonisirt». Er sprach von seiner «zartgestimmten Reizbarkeit», die zum Ausgleich einen stärkeren Willen und eine «größere innere Kraft der Unabhängigkeit» gebraucht hätte. Doch, fügte er hinzu: «Ich lerne mir gnügen, wenn ich auch über dem Experiment des Entbehrens, wie das hungernde Pferd des Franzosen, vergehen sollte, ehe ich ausgelernt habe.» Er nannte Therese «die Allbeglückende» – seine Devotion schien sich nun, in Augenblicken der Erschütterung, zu einer mystischen Verzükkung zu steigern, die an Erhebungen seines Herzens in den frommen Rosenkreuzer-Jahren erinnerte.

Georg floh nicht ungern aus London, um seiner Bedrückung zu entgehen. Alexander wollte ein wenig mehr von England sehen. Über Windsor gelangten die beiden ins reiche Bath mit seinen eleganten Palästen. An Wales vorbei reisten sie über Bristol weiter nach Norden. Fast überall fanden sie komfortable und saubere Gasthäuser. Georg war beeindruckt, als sie auf eine Taverne stießen, die nach Shakespeare benannt war, und er stellte fest, daß es nicht ungewöhnlich war, Wirtshäuser mit den Namen von Pope, Dryden oder Ben Johnson zu schmücken. «Wann», fragte er, «wird man es sich wohl in Deutschland einfallen lassen, einen Gasthof anzulegen, mit Lessings, Göthens, Schillers, Wielands Kopf zum Schilde?» Zwei Jahrhunderte waren nicht Zeit genug...

Über Birmingham näherten sich die Reisenden dem eigentlichen Ziel ihrer Exkursion: dem romantischen Bergland vor der Grenze nach Schottland. Buxton schien als Bad in Mode zu kommen. Die Reichen, notierte Georg, flohen gern hier herauf, «um ihrer Todfeindin, der Langweile zu entgehen». Vielleicht auch, um wie die beiden Deutschen, die Schönheit der Landschaft zu genießen? Oder die Wunder der unterirdischen Welt, die Alexander und Georg in den Höhlen entdeckten? Jene Bilder, schrieb Forster, hätten die Eindrücke von Neuseeland und Feuerland, von den Eisfeldern des Südpols, den Ebenen von Tahiti und den Lustgärten der Freundschaftsinseln zurückgedrängt. Seine Sprache erhob sich zu einer Poesie, der er sich selten überließ: «Stille! heilige Stille umher! ... Ich war im Reiche der Schatten, und durchwandelte die Nacht des Erebus.

Die stygischen Vögel umflatterten mein Haupt mit furchtbarem Gekrächz. Die Erde öffnete ihren Schooß, und umfing mich. Felsen wölbten sich über mir, und der Abgrund stürzte hinab in schwindelnde jähe Tiefe, neben dem engen schlüpfrigen Pfade... In Charons Nachen ausgestreckt, schwamm ich unter dem tief hinabgesenkten Felsengewölbe an das jenseitige Ufer des schwarzen Kokytus...» Er schrieb den merkwürdigen Satz auf: «Ich sehne mich nach mir selbst.»

In London hielten sie sich nur noch wenige Tage auf. Sie eilten weiter nach Dover. Am Abend vor der Abreise liefen sie über den Strand. Drüben lag «Frankreichs weiße und blaue Küste». Plötzlich schrie Alexander auf – «voller Erstaunen und Entzücken... Ich wandte mich um, und sah über dem Ufer von Calais ein aufloderndes Feuer. Es war der Vollmond, welcher göttlich aus dem Meere stieg, und allmählich sich über die Region der dichtern Dünste erhob. Welch ein Anblick von unbeschreiblicher Einfalt und Pracht! Bald höher und höher emporschwebend, schickte er von Frankreichs Ufer bis nach Albion herüber einen hellen Lichtstreif, der, wie ein gewässertes Band, zwischen beiden Ländern eine täuschende Vereinigung zu knüpfen schien. Im Dunkel das längs der Felsenwand unter dem Schlosse herrschte, flimmerte ein Licht romantisch hervor; über Shakspeare's Cliff hing ein schöner Stern im weißesten Glanze nieder. O Natur! die Größe womit du die Seele erfüllst, ist heilig und erhaben über allen Ausdruck...» Für einen Augenblick überwältigte ihn – noch einmal – eine strömende Liebe zur Welt.

Das Land der Revolution bereitete den beiden den freundlichsten Empfang. Noch schien niemand am permanenten Enthusiasmus der Patrioten zu ermüden. Ein Mitreisender beugte sich ohne Unterlaß aus dem Fenster und rief den Passanten sein «Vive la Nation!» zu. Allemal antworteten sie im Chor und winkten. In dieser schönen Stimmung hatten der «Schmutz der Wirtshäuser, die schlechte Bedienung, das grobe Tischzeug» nicht viel zu sagen. Georg konstatierte, die Franzosen unterschieden sich von den Engländern durch die Kultur des gesellschaftlichen Umgangs; sie hätten mehr Leichtigkeit und Artigkeit; zum anderen seien sie gegen Reinlichkeit, Bequemlichkeit, Luxus eher gleichgültig.

Im Frühsommer 1790 schien Frankreich Atem vor neuen Stürmen zu schöpfen. Zwar schwelten im Südosten unter den Bauern der Auvergne noch Unruhen, doch die administrative Reform war alles in allem wohl aufgenommen worden. Die Provinzen waren abgeschafft. Das Land wurde von nun an – in 83 Departements unterteilt – nach einheitlichem Recht verwaltet. Ein Gesetz der Nationalversammlung, vom König unterzeichnet, löste den Adel auf – und siehe da: die Herren schienen weder die Neigung noch den Mut zu besitzen, sich gegen das brüske Ende ihrer privilegierten Existenz aufzulehnen. Nur die Ängstlichsten und die Zornigsten flohen außer Landes. Die Volksvertretung war überdies im Begriff, die Geistlichkeit aus der Botmäßigkeit des Papstes zu befreien und in den Dienst der Nation zu stellen: manche der Schwarzröcke murrten, doch die Prälaten würden sich am Ende dem Willen der Allgemeinheit schließlich mit gleicher Ergebenheit beugen wie die Grafen und Barone.

Ganz Frankreich schien im Glück einer nie gekannten Harmonie zu schwelgen: la nation une et indivisible... Nein, es sollte keinem Feind des Volkes je gelingen, die Einheit zu zerbrechen. Vor Monaten schon hatten sich in den Dörfern und Städtchen starke Gruppen von Bürgern zusammengeschlossen, deren Verlangen es war, die Einigkeit der Franzosen aller Stände und aller Regionen über die alten Klüfte zwischen den Klassen und Provinzen hinweg durch ein machtvolles und herzliches Bündnis zu demonstrieren. Sie nannten sich, wie es nur natürlich war, die Föderierten. In der Nationalversammlung wurde der Wunsch zum Ausdruck gebracht, die Einigkeit durch ein grandioses Fest zu feiern, das an einem Tag von historischem Glanz begangen werden sollte. Welches Datum aber war geeigneter als das des 14. Juli, an dem sich der Sturm auf die Bastille jähren würde. Man plante, des Ereignisses in jedem Dorf und in jedem Städtchen zu gedenken, doch aus allen Winkeln und Ecken des Landes sollten zugleich Delegierte in die Hauptstadt entsandt werden. Damit die Massen keiner Parteiung ausgeliefert würden, wurde beschlossen, daß die Abordnungen durch die Nationalgarde zu bestimmen seien, die Armee des Volkes, die unter dem Befehl des Grafen La Fayette stand, der von allen Schichten als der «Held zweier Welten» bewundert wurde.

In der Kutsche, in der Georg und Alexander von Metz nach Paris reisten, drängten sich die Deputierten zusammen. Ihre glänzende Laune steckte die beiden Deutschen an. Kaum hatten sie in Paris eine Unterkunft gefunden, eilten sie hinaus aufs Marsfeld, wo fieberhaft an den Vorbereitungen für das Fest gearbeitet wurde. Madame de Staël, Tochter des Finanzministers Necker, notierte, daß um den weiten Platz Rasenwälle aufgeschichtet wurden, damit Hunderttausende von Zuschauern an dem Schauspiel teilnehmen konnten: «Vor der Militärschule an dem kleinen Fluß, der das Marsfeld begrenzt, hatte man Gärten angelegt und ein Zelt aufgeschlagen, um den König, die Königin und den ganzen Hof unterzubringen. Dreiundachtzig Masten hatte man aufgerichtet, von denen die Fahnen der Departements wehten; sie bildeten einen weiten Kreis, der auch das ansteigende Halbrund einschloß, in dem die königliche Familie sitzen sollte.» Georg schilderte die Zurüstungen aus eigener Anschauung in seinem historischen Kalender, den er ‹*Erinnerungen aus dem Jahre 1790*› nannte: «Das größte Amphitheater in der Welt, wogegen die berühmten römischen nur Kinderspiele sind, ward in wenigen Tagen durch die Allmacht des Volkswillens erschaffen. Die verdächtige Trägheit von 15000 besoldeten Arbeitern ward durch den Enthusiasmus von 100000 Freiwilligen vergütet. Im Taumel der Freiheit arbeiteten sie mit einem Eifer, mit einer Verschwendung der Kräfte, die man kaum noch begreift, wenn man sie auch selbst gesehen hat... Hier waren keine Wachen aufgestellt, hier kannte man nicht die gebieterische Stimme des Aufsehers, und noch weniger seinen Stecken... Die Gerechtigkeit des Volkes heiligte eines Jeden Eigenthum, und schützte Jedermann in seinem Rechte. Kleidungsstücke und Uhren, die man während der Arbeit von sich gelegt hatte, blieben den ganzen Tag unberührt an ihrer Stelle liegen. Mit Trommeln und Kriegsmusik, die Schaufeln auf der Schulter, zogen die begeisterten Schaaren Arm in Arm unter Freiheitsgesängen zu ihrem Tagewerk, und später als die Sonne verließen sie das Feld. Alte und Junge, Männer und Weiber, Herzoge und Tagelöhner, Generalpächter und Schuhputzer,

Bischöfe und Schauspieler, Hofdamen und Poissarden» – die berüchtigten Fischweiber –, «Betschwestern und Venuspriesterinnen, Schornsteinfeger und Stutzer, Invalieden und Schulknaben, Mönche und Gelehrte, Bauern aus den umliegenden Dörfern, Künstler und Handwerker unter ihren Fahnen kamen Arm in Arm in buntscheckigem Zuge, und griffen rüstig und muthig zur Arbeit... Um des Schauspiels Täuschung zu vollenden, erschien auch Ludwig XVI.; ohne Leibwache, ohne Gefolge, allein in der Mitte von 200000 Menschen, seinen Mitbürgern, nicht mehr seinen Unterthanen. Er nahm die Schaufel, und füllte einen Schiebkarren mit Erde, unter lautem Jauchzen und Beifallklatschen der Menge. Alles drängte sich um ihn hin, nannte ihn Freund und Vater...»

Ein anderer, der eine Schubkarre mit Sand füllte und zum Freiheitstempel schob, war der junge Baron aus Preußen, der auf seine zarte Gesundheit nicht länger achtete: der fröhliche Rausch der gemeinsamen Tat hatte selbst Alexander von Humboldt überwältigt. Auch Georg erlebte zum erstenmal die tiefe Beseligung, nach der sich jeder Intellektuelle mit einem Teil seines Wesens sehnt: die Identität mit dem Volk, die so überwältigendes Glück (und meist von kurzer Dauer und so oft eine Selbsttäuschung) ist. Er mußte es als bitter empfinden, daß es ihm nicht vergönnt war, während der grandiosen Feier in Paris zu bleiben: doch er hatte die Frist des Urlaubs schon um zwei Wochen überschritten, und er war bei Müller im Wort, daß er pünktlich zurückkehren würde.

Mit welcher Leidenschaft hätte er den «Sturm der Begeisterung» erlebt, der die «ganze Nation zur Höhe des Lebensgefühls» hob: «Mensch zu sein war der schöne Stolz von 25 Millionen, das erste und letzte Ziel ihrer Befreiung.» Es hätte ihm Schauder der Rührung über den Rücken gejagt, hätte er dem Schwur beigewohnt, den dreihunderttausend Bürger, die in strömendem Regen ausgeharrt hatten, wie mit einer Stimme der Nation, dem Gesetz und dem König leisteten, stellvertretend für sie alle am Altar des Vaterlandes der General La Fayette mit seiner schlanken Figur und seiner unnachahmlichen Würde.

Der kleine, elegante und so beredsame Bischof von Autun, Monsieur de Talleyrand-Perigord, zelebrierte die Messe und nahm den Eid entgegen. Hernach erzählten sich die Feinde der Revolution, der patriotische Bischof habe dem General zugeflüstert: «Bringen Sie mich nicht zum Lachen», und am Abend nach dem triumphalen Ereignis sei er in einen Spielsalon geeilt, um endlich sein Amüsement zu finden. – Und wenn es sich so verhielt – was bewies dies gegen die Gewalt des historischen Prozesses, dessen Zeugen Georg und Alexander geworden waren? Was richtete die Litanei des zynischen Prälaten gegen das «Ça Ira» aus, das Revolutionslied, das die Massen in jenen Tagen zum erstenmal sangen:

«Wer sich erniedrigt, den führt man hinan,
und wer sich erhebt, den stellt man hintan,
Ah! Das geht ran, das geht ran, das geht ran!»

In dem Aufsatz über das Föderationsfest versuchte Georg nachzuzeichnen, durch welch komplizierte Kausalitäten sich die Veränderungen der Geschichte ihren Weg bahnten. Was setze nicht alles der Säbelhieb eines Husaren «auf den Kopf eines freiheitsschnaubenden französischen Bürgers» voraus: nicht nur eine sichere Faust und eine scharfe Klinge, preußische Disziplin, die Entscheidungen der Kabinette, die Stimmung in den Schlafgemächern der Könige und Königinnen, in den Versammlungen der Republikaner, in den Schlupfwinkeln der Sansculottes, in tausend parisischen Schänken und Boudoirs – all diese Regungen des Lebens trugen dazu bei, den einen Säbel in Bewegung zu setzen... «Indigestionen, Erhitzungen, Erkältungen, Flohstiche... haben wir hier nicht einmal in Rechnung gebracht...»

Die Freiheit bahnte sich ihre Straße, wie groß auch die Umwege waren. Mit dem Blick zurück aufs Marsfeld berichtete Georg seinen Mitbürgern: «Alle standen zugleich auf von ihren Sitzen, alle streckten den Arm in die Höhe; von Männern, Weibern, Kindern erscholl der schmetternde Ruf: ‹ich schwöre!› Uebermannt von diesem mächtigen Gefühle, das in den Sehnen der Stärksten zitterte, fielen diese verbrüderten Menschen, ohne Rücksicht auf Rang, Alter und Geschlecht, einander in die Arme, und wiederholten ihren unbekannten Nachbarn ihren Eid; die Nationalgarden warfen ihre Waffen weg und küßten sich, und plötzlich erscholl es erweckend und erhebend von allen Seiten: ‹Hoch lebe die Nation!› Nur freie Nationen, sagt der Augenzeuge, dem wir hier folgen, kennen dieses Gefühl; denn nur freie Nationen haben ein Vaterland.» Selbst der König beschwor seine Pflichten, und die Menge rief «Vive le Roi!». Am Abend tanzte das Volk auf den Straßen. Die Mädchen trugen festliche weiße Kleider. Rasch gedruckte Broschüren versorgten bedürftige Gäste aus den fernen Departements mit den Namen, Adressen und Preislisten der patriotischen Damen im Palais Royal.

Georg fügte eine merkwürdige Parabel an die Erzählung. Im Anblick des Vesuvs, der seine glühende Lava über Gärten und Gehöfte ergoß, habe ein alter Einsiedler bemerkt: «Dieser Ausbruch rettet Kalabrien vom Untergang.» Der Vulkan: das war Frankreich. Kalabrien: das war Deutschland.

Am 12. Juli meldete sich Georg bei seinem Freund und Gönner, dem Geheimen Staatsrat Müller, zurück.

XXI
Der zerbrochene Friede

Keine Vorwürfe bei der Heimkehr: Johannes Müller hieß den Freund am 14. Juli – «dem grossen Tag der Franzosen!» – mit einem Billett aus Aschaffenburg willkommen. Man sage ihm: die Revolution werde nicht dauern. Er sage: sie werde dauern. Man habe im Reformationsjahr 1517 nicht geglaubt, daß sich Luther halten könne... Diese Einsicht teilte der Historiker mit nicht allzu vielen seiner Kollegen in der Hofbeamtenschaft, vom Adel zu schweigen. Die Herrschaften wollten es nicht wahrhaben, daß sich das Regime in Frankreich konsolidierte. Georg berichtete dem Freund Dohm, man räsoniere im Kurfürstentum «so strohdumm über die Revolution, dass man sich mit Ekel wegwenden» müsse. Zum anderen war auch sein Elan manchmal blind. In seiner Begeisterung über das Föderationsfest nahm er nicht wahr, daß die bewegende Demonstration der Verbrüderung zugleich eine gigantische Farce war, die eine tiefe Zerrissenheit der revolutionären Kräfte, den erschreckenden Mangel an Direktion und den täglichen Flirt mit der Anarchie für einige große Stunden überspielte. Die Revolution wälzte sich von Krise zu Krise voran. Wohin – das wußte niemand.

Das Pariser Chaos war freilich voller Leben. In Mainz aber senkte sich die Dumpfheit der Bürger wie eine graue Last auf Georgs Seele, in der das französische Feuer nicht erlöschen wollte. Trotzig schrieb er an Iffland: «... Unsre Freiheit ist nahe.» Das Volk möge, wenn es soweit sei, die Barmherzigkeit üben, «welche uns unsre Tyrannen, so oft versagten». Der Schauspieler las den Brief voller Entsetzen. In seiner Antwort gestand er, daß er sich auf die neue Epoche nicht freue. Was wäre gewonnen, fragte er, wenn der Erste Stand von seinen Bänken heruntergestoßen werde? Die Grobheit des Dritten Standes in Paris mißfalle ihm. Wie aber würde sich erst der Dritte Stand von Wien oder Bremen aufführen? Die Gelehrten hätten die Revolution in Paris vorbereitet. So würde es auch in Deutschland sein: «Nun aber – Allgütiger! bewahre Deutschland vor den deutschen Gelehrten! Ihre Despotie, die schon ietz Menschenverstand und Menschengefühl so oft beleidigte, Ihre Wiedersprüche, die Faustrechts Sitte, womit die Meisten, ihre übellaunigen Systeme etabliren, die Rauheit, der unbarmherzige Hochmuth, womit die meisten, schon bei ihrem Leben, der eine auf diese, der andre auf jene Weise – ihre Lobreden Selbst schreiben, diese Klätschigkeit – ein Mantel der Gradheit, diese Flegelei, genant hoher Biedermannston, diese Herzenshärtigkeit – – Gott – Da richte ja noch lieber, das alte Hofgericht von Rothweil als dieser Aeropag...» Er fügte hinzu, er kenne nichts, was ihm mehr zuwider wäre als der Großteil der deutschen Gelehrten... «Es ist eine eigene, häßliche Race.»

Über den Freimut dieses sensiblen Reaktionärs mag Georg gelächelt haben. Er sah ein, daß sich der Geist der Freiheit und Brüderlichkeit nicht leicht nach Deutschland verpflanzen ließ. Müller sagte er, man sei in Deutschland auf die Veränderung nicht vorbereitet. Die kleinen Leute seufzten noch in den Ketten der Unwissenheit, die härter und erniedrigender seien als jene des Despotismus... Länger als zwei Jahre hielt er zäh an dieser Einsicht fest: die Deutschen seien nicht reif für die Revolution. Das war ein realistisches Urteil. Überdies erlaubte es ihm, sich vor dem zudringlichen Mißtrauen seiner Oberen ein wenig zu schützen. Georgs Laune freilich bekam die Zurückhaltung nicht. Fröhlichkeit teilte sich in seinen Briefen aus jenen Tagen nur selten mit.

Am schlimmsten büßte für die Verstimmung – wie immer – der geduldige Spener. Unmittelbar nach der Rückkehr war Georg auf den bizarren Einfall geraten, sein Reisebuch durch eine Annonce in der ‹*Allgemeinen Literatur Zeitung*› anzubieten. Zugleich schickte er dem Freund in Berlin einen Vorschlag, der eher einem Ultimatum gleichkam: fünf Friedrichsdor für den

Bogen... Oder drei für die erste, zwei für die nächste Auflage. Georg hielt die Härte der Forderung nicht einmal zwei Sätze lang durch: mit vier Friedrichsdor alles in allem werde er sich auch zufriedengeben. Zugleich pries er eine Entdeckung an: in London sei er auf die ‹*Sakontala*› gestoßen, ein Schauspiel des großen indischen Dichters Kalidasa, von Sir William Johnes aus dem Sanskrit übersetzt. Er wollte es mit Huber ins Deutsche übertragen. In der ‹*Thalia*› werde eine Probe erscheinen (die Georg schon in London gefertigt hatte).

Georg glaubte (wie alle Welt), daß die ‹*Sakontala*› vor mehr als neunzehnhundert Jahren geschrieben worden sei. Er täuschte sich um fast ein halbes Jahrtausend. Der Autor des lyrischen Dramas lebte im dritten und vierten Jahrhundert am Hofe der Gupta-Kaiser. Das märchenhafte Spiel vom traurig-glücklichen Geschick des schönen Einsiedel-Kindes Sakontala («das Vögelchen»), das seinen König gewinnt, verliert und wieder gewinnt, war ganz geeignet, das Europa jener empfindsamen Jahre tief zu ergreifen. Herder, sein Lebtag lang von allen exotischen Offenbarungen der Weltliteratur fasziniert, sprach entzückt von einer «Blume des Morgenlandes». Goethe dichtete seine bezaubernde Stanze («... Nenn ich, Sakontala, Dich und so ist alles gesagt»), und wichtiger: er ließ sich durch das indische Beispiel zum Vorspiel des Theaters im ‹*Faust*› anregen.

Aus nicht durchschaubaren Gründen übergab Georg seine Übersetzung weder Spener noch Voß, seinem künftigen Hauptverleger, sondern dem jungen Mainzer Buchhändler Johann Peter Fischer. Bestimmte ihn, wie er nach Berlin schrieb, vor allem der Wunsch, einem aufstrebenden jungen Menschen zu helfen? Oder lockte Fischer den berühmten Autor durch ein ungewöhnlich hohes Honorar?

Spener, so langsam wie immer, rührte sich erst Mitte August. Sein Interesse an Georgs Vorschlägen war zögernd. Der Stoff einer Reise nach Brabant, Holland, England und Frankreich sei nicht neu, wandte er ein. Damit hatte er recht. Er unterschätzte, daß auch vertraute Stoffe unter der Feder Forsters eine radikale Veränderung in Form und Substanz erfuhren. Überdies hatten sich sechs Verleger auf Georgs Anzeige gemeldet, unter ihnen Christian Friedrich Voß, Speners Berliner Konkurrent, mit dem Georgs Vater seit vielen Jahren zusammenarbeitete. Viel indessen hatte die Auktion nicht gebracht. Georg senkte seinen Preis um ein Drittel. Spener schwieg beharrlich weiter. Ende September drängte Georg noch einmal. Dann schloß er mit Voß ab. Hatte sich Spener darauf verlassen, daß ihm sein Autor die Treue nicht aufkündigen werde, da noch immer die alte Schuld anstand, die er Georg Jahr für Jahr generös gestundet hatte? Er täuschte sich. Ein knapper Brief sagte ihm Anfang November, sie führen besser, wenn sie «Freund, Autor und Buchhändler» trennten. Schüchtern meldete sich Spener im Jahr darauf. Zu spät. Ihm wurde eine brüske Zurechtweisung zuteil: «Um den Preis – das Wort hier im weitesten Verstande genommen – um welchen ich arbeite, mögen Sie meine Waare nicht; ich überlasse sie also dem Kaufmanne, der mir ihn giebt.» Er möge sich nicht länger um den Schriftsteller kümmern. Dennoch unterzeichnete, was geradezu impertinent war, Georg auf diese Kündigung als Freund. Spener zog sich zurück: dies war das Ende einer langen und – zumindest von des Verlegers Seite – zuverlässigen Freundschaft. (Es fand sich kein Hinweis, daß Spener die Rückzahlung der Vorschüsse verlangte.)

Georgs rüde Vertretung seiner Interessen hatte ihren guten Grund: natürlich war das kleine russische Kapital in Berlin längst zerlaufen, und natürlich hatte er mehr ausgegeben, als er einnahm, trotz seines guten Gehaltes und seines immensen Fleißes. Überdies hatte sich bald nach der Heimkehr die Chance ergeben, die Hauptmiete des Hauses in der Neuen Universitäts-Gasse zu übernehmen. Damit konnte er sich und seiner Frau eine schöne Wohnung auf Lebenszeit sichern, doch der Vorbesitzer mußte ausbezahlt werden, und es ließ sich nicht vermeiden, für die zusätzlichen Räume Möbel zu kaufen. Der Schwiegervater sprang mit 500 Reichstalern ein. Eine gewisse Entlastung ergab sich durch den Einzug des Legationsrates Ludwig Ferdinand Huber, der nun zum Hausfreund in jeder Hinsicht avancierte (freilich hielt Georg nirgendwo fest, wieviel der Untermieter zum gemeinsamen Haushalt beitrug). Da sich sein Gesandter ganz aus Mainz zurückgezogen hatte, trug Huber als Chargé d'Affaires die ganze Last der diplomatischen Verantwortung. Sie wog nicht allzu schwer. Für literarische Unternehmungen und Geselligkeit blieb Zeit genug. Trotz seiner Lethargie wurde ihm die Arbeit mit Forster zu einer verspäteten Lehrzeit, in der er den genauen Umgang mit der eigenen Sprache lernte. Was er später als Journalist zu leisten vermochte, hatte er Georg zu danken – mehr als seinem Freund Schiller, dessen poetische Erhebungen, die er staunend begaffte, ihm nicht allzuviel halfen. Hubers Fleiß hatte Grenzen, und doch pries Georg die Gaben des merkwürdigen jungen Mannes noch immer in jedem seiner Briefe an. Kaum erspähte er eine Chance, den Verlegern eine Sensation aufzutischen, wurde auf die tüchtige Feder von Huber verwiesen (aber an der Übersetzung der ‹*Sakontala*› beteiligte er sich wenig). Als Edmund Burke seine ‹*Reflektionen über die Französische Revolution*› publiziert hatte, meldete Georg an Voß, Kopf und Herz seines «Mitarbeiters im Hause» seien der politisch-belletristischen Aufgabe der Übertragung völlig gewachsen. (Die Ankündigung des Werkes setzte er namens der Voßischen Buchhandlung unverzüglich in die Zeitung – Rechnung nach Berlin). Hernach, bei der Lektüre, nannte er den Essay «ein so elendes Gewäsch», daß er ihn nicht zu übersetzen wage – oder doch nur, wenn Voß darauf bestehe. Auf Einwände Heynes korrigierte er sich ein zweites Mal: der Burke sei nicht so schlecht, nur habe ihn im ersten Augenblick die Enttäuschung (über die kritische Argumentation) verdrießlich gemacht. Seinen Thesen stimme er zum Teil zu. Weder er noch Huber übersetzten die Schrift (das geschah erst 1793 durch Friedrich von Gentz).

Die Nähe Hubers tat Georg wohl – vielleicht weil dieser junge Mensch von schwermütigen Stimmungen kaum berührt war. Er gab sich gleichmütig, tagaus, tagein. Überdies war er ein guter Zuhörer. Georg brauchte, wie jeder Künstler, ein Publikum, dem er sich mitteilen, an dem er sich messen, in dem er sich bestätigt fühlen konnte. An Schiller schrieb er: «In Hubers Umgang geniessen wir hier, mein liebes Weib und ich, sehr viel, ich möchte sagen, die einzige ästhetische Freude, der man in Mainz habhaft werden kann; denn außer unserm Kreise versteht uns kein Mensch.» Er fügte hinzu: «Wären Sie nur auch bei uns; es sollte uns allen wohl dabei werden; das Reiben gibt Funken, und je mehr der verschiedenen Geister sind... desto herrlicher geht's...»

Das war nicht ins Blaue geredet. Über den Koadjutor Dalberg wurden, von Müller ermutigt, vorsichtige Verhandlungen über eine Professur für Schiller in Mainz geführt. Zunächst war von einem Besuch an Weihnachten die Rede. Georg bot «sein bescheidenes Häuschen» als Unterkunft an, doch aus den schönen Plänen wurde nichts. Jena und Weimar, Goethe und Herder waren dem Dichter am Ende wichtiger als Huber und Forster in Mainz. Er begegnete, aus nicht ganz durchschaubaren Gründen, Georg stets mit einer gewissen Reserve, längst vor der Entfernung von Huber und dem Konflikt über die Revolution.

War auf beiden Seiten eine heimliche Eifersucht am Werk? Hubers empfängliches Gemüt schien stets eine leise Werbung seiner Partner herauszufordern. Das galt am Ende auch für Georg und seine Frau. Der Konfessionseifer, mit dem Therese hernach so oft von den Krisen ihres Lebens sprach, ebensoviel enthüllend wie verdeckend, trieb sie zu dem Geständnis, sie und Huber hätten «einander» während der Reise Georgs «entdeckt»: Georg habe sie ausdrücklich dem Schutz Hubers anvertraut. Erst in jenen Wochen, deutete sie an, habe der Freund von seiner Verlobung mit Dora Stock berichtet. Das traf kaum zu. Zu oft, seit sie einander kennengelernt hatten, war von Hubers Freundschaft mit Schiller und Körner die Rede. Gewiß wurde von Minna Körner gesprochen. Wie sollte Huber die malende Schwester Dora verschweigen? Therese wies darauf hin, daß sie mit Huber über die Notwendigkeit einer Lösung der Verlobung zweieinhalb Jahre lang gestritten habe, doch der Freund, von Körner um eine klare Auskunft gebeten, zog sich erst im Oktober 1792 (eineinhalb Jahre nach Georgs Reise) aus der Verbindung mit Dora zurück. Seine vertrauten Unterhaltungen mit Therese – wenn ihre Zeitangaben der Wahrheit entsprachen – begannen im Herbst 1789, lange vor Georgs Aufenthalt am Niederrhein und in England. «Anfangs stieß ich ihn von mir», schrieb sie eineinhalb Jahrzehnte danach in ihrem atemlosen Stil, «alles traf nun zusammen, er wollte sich vergessen – er sah mich noch ein Jahr und ging alle Schattierungen des Gefühls durch, mein Unglück ersetzte ihm meine Liebe – denn ich dachte an keine – endlich boten Umstände die Hand...»

Nahm Georg das Einverständnis zwischen Therese und Huber nicht wahr? Stellte er sich blind? Oder war er blind? Dem jungen Mann wurde ein gewisses Talent zur Schauspielerei nachgesagt. Mehr noch als die Fähigkeit zur Verstellung dürfte sein träger Gleichmut der Tarnung nützlich gewesen sein. Aber wußte Therese ihre nervöse Gespanntheit vor ihrem Mann zu verbergen? Oft genug beklagte ihr Vater das aufbrausende Temperament, das sie niemals zu disziplinieren gelernt hatte, und er warnte immer wieder vor ihrer «Agitation», ihrer «Ueberspannung». «Es würde ihr recht gut tun», schrieb er, wenn ihr «Blut ein Paar Grade unter dem Siedpunkt zu stehen» komme (er meinte es, nach medizinischen Erkenntnissen der Zeit, völlig wörtlich). Die harten Vorwürfe, mit denen Georg seine Frau in den – vernichteten – Briefen aus London wegen der Impfung Klein-Thereses heimgesucht hatte, provozierten nach seiner Rückkehr die heftigsten Szenen. Therese, die ihre Aufrichtigkeit unablässig rühmte, dürfte Georg kaum vor dem zornigen Bekenntnis bewahrt haben, daß er ihr fremd geworden sei – wenn er ihr denn jemals so innig vertraut war, wie sie es von einem Mann erhofft haben mag. Briefe an die Freunde waren wie immer untrügliche Seismographen seiner Verstörung. An Jacobi schrieb er im September 1790, eine «fatale häusliche Angelegenheit» sei nun gottlob wieder in Ordnung, und er habe neuen Mut. Doch zwei Wochen später notierte er – wiederum für Jacobi – den merkwürdigen Satz: «Wohl dem alsdann, der zufrieden seyn kann mit der Freiheit, daß sich ihm niemand bis auf einen Schritt nähern dürfe, ohne seine Erlaubniss.» Caroline Böhmer-Michaelis, die sich während Georgs Reise einen Monat bei Therese aufhielt, fand die Freundin verändert: glücklicher, aber auch «intoleranter» denn je. Forster nannte sie, in einem Brief an Meyer, nicht ohne Hochmut und eher taktlos, den «schwächsten aller Menschen».

Es ist nicht undenkbar, daß sich Therese, trotz ihres Widerwillens, von Zeit zu Zeit noch immer bereitfand, den sogenannten ehelichen Pflichten zu genügen. Nach Georgs Tod bestürmte sie die Freund-Feindin Caroline mit einer wilden Klage: «Er hätte mich einen stillen Lebensweg führen können und bestürmte mich mit Sinnlichkeit. Nun fiel ich in Verzweiflung. Ich war allen Gefühl abgestorben, und verfolgte jede Spur desselben mit fanatischer Bitterkeit... – er war mir theuer und werth in jeder Rücksicht, wo ich nicht sein Weib war, aber wo ich seine Sinne berührte, mußte ich mit den Zähnen knirschen. Ich sah mich endlich vor eine Hündinn an, die das Männchen niederwirft – ich sah es wie die Erniedrigung der Menschheit an – ich hatte einen Grad menschenhassender, alles Gefühl verabscheuender Bitterkeit, die seinen guten Herzen wohl meistens entging.»

In jenem Brief beschrieb sie, trotz der Neigung zur Dramatik, ihr Verhältnis zu Huber mit einer Präzision, die ihr später nicht mehr gelang: «Nun fingen wir uns zu lieben an, Huber und ich – denn eh Forster nach England ging, hatten wir nie in irgend einen Verhältniß gestanden – der Zufall entdekte unsern Herzen, wie nahe sie waren, und Forsters häusliche Ruhe war dahin. Er wird Dir ja wohl viel erzählt haben – Er war unendlich edel, gut, menschlich – aber vor den Unglück, was ihn traf, konnte ihn nichts hüten – lieben konnte ich ihn nicht...» Sie fügte hinzu: «Was er gelitten hat, weis ich – mein blutendes Herz hat es mir drey Jahre gesagt – mein Leben nahte sich dem Grabe vor Schmerz – mein Georg trank den Tod an meiner Brust...»

Auf eine gespenstische Weise wiederholten sich nach Thereses Zeugnis die Szenen mit Meyer: «Hätte er mich von Ferdinand trennen wollen, ich hätte mich nie wiedersezt – ich habe es ihm dreymal angeboten, aber sein Herz war zu weich.» «Er wußte», sagt sie, «aus meinem Munde meine ganze Schuld.»

Aber war es wirklich das weiche Herz, das es Georg verbot, Huber aus dem Haus zu jagen, als er die Verbindung mit Therese zu verstehen begann? Oder hielt ihn ein absurder Stolz zurück, der nicht anerkennen wollte, daß ein anderer neben ihm um das Herz Thereses warb? Gab er am Ende der schieren Angst um seine Reputation nach? Schwor er, sich mit dem zufriedenzugeben, was von Thereses Fähigkeit zu Zärtlichkeit und Zuneigung übrig blieb? Lähmte ihn seine Liebe?

So mag es gewesen sein. Die Reise-Briefe deuteten an, daß seine Bindung an Therese im Gang der Jahre nicht schwächer und blasser geworden war, im Gegenteil: sie schien sich zu einer «amour fou» zu steigern: mit einer wilden, unkontrollierbaren, einer närrischen, ja, besessenen Passion im ganzen Sinne des Wortes. Die bloße Andeutung, sie werde Huber folgen, wenn

Georg sich unterstehen sollte, den Hausgenossen vor die Tür zu setzen – die leiseste Drohung, ihn zu verlassen, mag genügt haben, ihn zum Einverständnis mit einer ménage à trois zu zwingen. Caroline, die oft so scharfsinnig und oft so töricht über ihre Umwelt geurteilt hat, traf nur die halbe Wahrheit, als sie Ende 1792 an Meyer mit allzu simplem Pathos über die beiden schrieb: «Sie beschäftigt, sie amüsirt ihn – das kan ihm kein Wesen ersezen – darum ist sie einzig – sie reizt seine Eitelkeit, weil er sieht, daß sie auch andre beschäftigt, und daher nie erfährt, wie nachtheilig die Urtheile sind, die selbst diese von ihr fällen. – So hält sie ihn – geht hin, und nuzt seinen Namen... und führt ihn mit Stolz. Das ist nicht billig – ach und doch verdient ers. Guter Forster, geh und klag die Götter an.» Caroline verstand die Tiefe und Ausschließlichkeit dieser Liebe nicht, die jenseits aller Vernunft war.

Thereses Rebellion gegen Georg und seine «tierische Sinnlichkeit» aber kann nicht erklären, was sie zu Huber zog, der die ungemütlichen Zustände im Hause Forster ohne ein sichtbares Zeichen des Unbehagens und Mißvergnügens ertrug. Er war ein Mann von mittleren Talenten. Vermutlich besaß er eine Art von trägem Charme. Aber wurde im Umkreis des schwierigen, brillanten und in manchen Zügen genialen Forster die prononcierte Mediokrität Hubers nicht um so deutlicher? Existierten nicht Hinweise genug – auch aus Thereses Feder –, daß Georg die Neugier und Sympathie von Frauen immer wieder auf sich lenkte? Keine Liebe gibt je ihr ganzes Geheimnis preis. Thereses Hinwendung zu Huber entschlüsselte sich weder den Zeitgenossen, noch den späteren Betrachtern.

Duldete ihr herrischer Geist keine Persönlichkeit von der Statur, die Georg trotz seiner Schwächen gewonnen hatte: im Gespräch und am Schreibtisch, in der Prägnanz seines politischen Urteils, der Tiefe der historischen Einsicht? Bezwang er nicht jeden Partner durch die Vitalität und den Witz seiner Konversation? Bewunderten ihn nicht die Frauen, trotz der faulen Zähne und der Blatternarben, die sein Gesicht entstellten? Begegneten ihm nicht nahezu alle Großen von gleich zu gleich? War er nicht, trotz der leeren Brieftasche, auf seine Weise im Leben erfolgreich? Warfen ihm die Verleger die Vorschüsse nicht geradezu nach? Wer im Kreise der Freunde hätte sagen können, daß er pro Jahr wenigstens 3000 Reichstaler verdiene? Seine Erotik mochte ungeschickt, ja brutal sein (obschon dies der Weichheit seines Wesens auf seltsame Weise widersprochen hätte): doch dieser kleine und zierliche Mann war trotz einer femininen Empfindsamkeit seines Geschlechtes sicher.

Dies alles ließ sich von Huber nicht sagen. Vielleicht verbarg sich darin die Anziehung für Therese? Sein Intellekt war zweitrangig: um so heller glänzte ihr Verstand. Sein Selbstgefühl verletzte selten die Grenzen der (ein wenig künstlichen) Bescheidung: um so freier konnte sich das ihre entfalten. Seine Eitelkeit hielt sich auf vertrackte Weise zurück: um so leichter durfte sie ihrem Hang zum Eigenlob nachgeben. Er raffte sich selten aus seiner indolenten Gelassenheit auf: um so weniger mußte sie ihre Betriebsamkeit zähmen. Seine Sexualität begegnete ihr niemals fordernd: um so eher konnte sie von dem passiven Partner erbitten, was ihr wohltat.

Ihrer Dominanz, die schon der Vater fürchtete, ergab sich Huber gern. Schwäche war seine wahre Stärke. Seine Widerstandslosigkeit war seine Waffe. Sie half ihm, sich nicht gegen sie, sondern mit ihr, neben und unter ihr zu behaupten. Mit anderen Worten: er machte sie glücklich. Im Fortgang der Jahre bestritt sie gern, daß sie je in ihrem Leben zu einer sinnlichen Regung begabt gewesen sei. Aber das entsprach kaum der Wahrheit. Ihre Bindung an Huber war tatsächlich ganz erotisch – nur schien es ihr angemessen, diese Dimension ihrer Liebe zu leugnen, damit ihre Liebe noch edler, noch reiner, «geistiger» und «beseelter» aufstrahlen würde: im Gegensatz zu der groben Begehrlichkeit Forsters, die sie von Jahr zu Jahr härter akzentuierte, um ihre Schuldgefühle zu dämpfen.

Die Krisen in der seltsamen Gemeinschaft des Professorenhauses in der Universitäts-Gasse kamen und gingen. In einem Augenblick der Hoffnung hatte Georg dem ersten Band der *‹Ansichten›* eine Widmung von zarter und fast ein wenig zu umständlicher Diskretion an Therese vorangesetzt. (Sie war so zart formuliert, daß Alexander von Humboldt sie zunächst nicht verstand.) Am 4. Juni 1791 aber zeigte Georg mit bemerkenswerter Knappheit die Geburt einer dritten Tochter an, die auf den Namen Luise getauft wurde. Erst einen Monat vor der Geburt erfuhr der Hofrat Heyne, daß seine Tochter ein Kind erwartete. Das kleine Mädchen starb nur wenige Monate später in einer Pockenepidemie, vor der es die Impfung nicht zu schützen vermochte. Der Verlust schien Georg, der seine Kinder abgöttisch liebte, nicht allzu tief zu berühren. Man schloß daraus, daß die kleine Luise nicht von ihm gezeugt worden sei – sowenig wie der Sohn Georg, der im Jahr darauf zur Welt kam und sie nach wenigen Monaten wieder verließ. Hatte schiere Heuchelei Therese den Entschluß diktiert, dem Sohn den Namen ihres Mannes zu geben? Oder war die Namensgebung Hubers heimlicher Versuch einer Huldigung für den Freund? Rücksicht auf die Nachbarn und Kollegen, da es der Üblichkeit entsprach, den ersten Sohn nach dem (legitimen) Vater zu taufen?

War Huber dennoch der wirkliche Vater des kleinen Mädchens und des kleinen Jungen? Der Streit, den so viele Gelehrte mit einem rührenden und zugleich ein wenig lächerlichen Eifer post mortem auszutragen versuchten, läßt sich nicht mehr entscheiden. Ob Therese selber des Erzeugers so sicher sein konnte? Alle Welt, das war gewiß, schrieb die Vaterschaft Ludwig Ferdinand Huber zu, und keine Vernunft hielt die aufgeklärten Geister – Caroline nicht ausgenommen – davon ab, den frühen Tod der Kinder als Fluch des Ehebruchs zu betrachten. Georg hatte die plötzliche Krankheit des Knaben nach Thereses Zeugnis fast teilnahmslos zur Kenntnis genommen. Es waren Gäste im Haus... Huber kümmerte sich um das Kind und um die Mutter. «Wie der Knabe ins Grab getragen ward», schrieb Therese – das eine Mal aufrichtig – an ihren Schwiegersohn Emil von Herder (im Jahre 1810), «sah ich ihm von meinem Fenster nach und weinte. Da zürnte Forster und sagte: ‹Bis ich auch dahin getragen werde, wird nichts besser werden›.»

Im Sommer 1791 waren die Mißverständnisse so quälend und ausweglos geworden, daß er in tiefe Verzweiflung versank. Als er in jenen Tagen vom Selbstmord des Goethefreundes Johann Heinrich Mercks erfuhr (der, von seiner Frau hintergangen, den Tod eines Kindes beweint hatte), fragte er trostlos, warum es immer Selbstverachtung sein müsse, die einen Menschen dazu treibe, sich das Leben zu nehmen: «Merck wäre nie dazu gekommen, hätte er nicht häusliches Unglück im weitesten Sinne» erfahren... Wohin er schaute, sah er nur Zerstörung, Verfall und Fremdheit. Aus Halle erreichten Georg Berichte, die trauriger waren, als es den ohnedies deprimierenden Üblichkeiten seiner Familie entsprach: Bruder Wilhelm, der Arzt, starb an einer Infektion, die er sich bei der Pflege von Kranken zugezogen hatte; der rastlose Bruder Karl versuchte, in Lissabon eine Existenz zu gründen (und wanderte bald nach Frankreich weiter); Antonia war in den Dienst der Prinzessin von Sagan getreten, die in Kurland residierte; Wilhelmina kränkelte; der Schwager Sprengel soff; der Vater hatte – wie gewohnt – keinen Kreuzer Geld, trotz seines Prorektorats an der Universität und der Pfründe, die ihm der König zukommen ließ.

Die Szenen «häuslichen Unglücks» wurden so heftig und quälend, daß nichts anderes zu bleiben schien, als noch einmal den Hofrat Heyne auf den Plan zu rufen. Hatte ihn Georg zu Hilfe geholt, damit gerettet würde, was in Wirklichkeit längst verloren war? Oder Therese, die eine Chance der Rechtfertigung sah, da Forster nur zwei Wochen nach ihrer Niederkunft für einige Tage mit Meta Forkel nach Karlsruhe reiste, während sie sich auf dem Lande erholte? Dem Schwiegervater hatte Georg wohl gemeldet, daß er eine kleine Exkursion rheinaufwärts unternehme. Er verschwieg aus guten Gründen, daß seine Übersetzerin bei ihm sei, die mit ihrer Verachtung gesellschaftlicher Konventionen das Gemüt des verhockten Bildungsbürgertums von Göttingen aufgescheucht hatte. Niemand schien die sittenlosen Affairen, die man ihr nachsagte, noch zu zählen. Konnte man sicher sein, daß die Pfarrerstochter nicht vom Blocksberg im Harz stammte? Maulhelden vom Schlage Bürgers rühmten sich ihres Umgangs, dünnblütige Kavaliere wie der notorische Meyer mehrten ihre erotische Reputation auf Madame Forkels Kosten. Sie waren nicht die einzigen.

Ohnedies waren die Tugendwächter über die Skandale in der Gelehrten-Republik verstört. Die Göttinger Wirren drangen bis nach Mainz. Charlotte Michaelis, die sich mit ihrer Schwester am Rhein aufgehalten hatte, sagte man ein Gebandel mit Soemmerring nach, der doch auf nichts anderes als eine ehrbare und, wenn es anging, reiche Partie bedacht war. Sie heiratete schließlich den Sohn des Verlegers Dieterich, worüber sich alle Welt beschwerte, da diese Verbindung nicht als standesgemäß betrachtet wurde (außerdem galt der junge Mann als Säufer). Nicht lang darauf starb der alte Michaelis, 74jährig, der eine Göttinger Institution war. Soemmering indessen verlobte sich zu Weihnachten 1791 mit Margarete Elisabeth Grunelius in Frankfurt: protestantisch, wohlhabend und solide, ganz, wie er sich's gewünscht hatte und wie es sich gehörte.

Hatte man Anlaß, sich auch noch über Madame Forkels Reise mit Forster das Maul zu zerreißen? Den beiden schien Vorsicht geboten zu sein. Immerhin gab sich Georg unterwegs als Stiefvater seiner 26jährigen Gehilfin aus – bei einem Altersunterschied von elf Jahren eine etwas fragwürdige Tarnung. Später im Jahr unternahm Georg – um sich von Krankheit und Überarbeitung, vor allem aber den bitteren Auseinandersetzungen zu erholen – eine zweite Reise nach Karlsruhe, dieses Mal mit Therese. Sie besuchten den wohlmeinenden und ein wenig geschwätzigen Johann Georg Schlosser, Goethes einstigen Schwager, der den Markgrafen von Baden und die Herzogin von Giavone, am Ende auch Goethe und den Herzog von Weimar für die Finanzierung von Georgs pazifischem Pflanzenbuch engagieren wollte. Da Forster alles Geld wieder unter den Händen zerrann (er berechnete seine Schulden auf 2200 Gulden), versuchte er verzweifelt, aus seinen Zeichnungen der Südseepflanzen endlich Geld zu machen. Er bemühte sich, über Müller seinen Kurfürsten, über Friedrich Münter den König von Dänemark, über Voß den König von Preußen zu gewinnen. Vergebens. Am Ende blieb ihm nichts anderes, als bei seinem Verleger wieder und wieder einen Vorschuß zu erbetteln. Er klopfte nicht vergebens an.

Wenn er wenigstens frei genug wäre zu schreiben, wonach ihm der Sinn stand, ohne Amtspflichten im muffigen Mainz! Indes, Dohm erinnerte ihn mit gebotener Strenge, daß er über so große Unabhängigkeit und so viel freie Zeit verfüge, daß er seine Lage in Deutschland schwerlich irgendwo bessern könne. Finanz- und Ehemisere aber schienen in einem unheilvollen Zusammenhang zu stehen, das eine Elend das andere mehrend. Die Gefühle, die Therese für den sächsischen Legationsrat hegte, waren kein Geheimnis in Mainz. So gönnte man Forster jeden

Trost. Aber wollte er getröstet werden? Er hatte, das war nicht zu verkennen, Meta Forkel gern in seiner Nähe. Er schätzte ihre Intelligenz, ihre Bildung, ihre Neugier, ihre Heiterkeit. Auf ihren Fleiß war er dringend angewiesen, da Huber die Übersetzungen nicht zu rasch von der Hand gingen. In seinen Briefen an die Verleger, zumal an den rührigen Voß, rühmte er Metas Talent in den Himmel. Thomas Paine, der berühmte Autor des amerikanischen Manifests *‹Common sense›*, hatte unter dem Titel *‹The Rights of Man›* eine brillante Antwort auf Edmund Burkes *‹Betrachtungen über die französische Revolution›* verfaßt, die sich in England und Frankreich fast über Nacht in vier Auflagen verkauft hatte. «Sie ist aber so demokratisch, daß ich sie wegen meiner Verhältnisse nicht übersetzen kann», schrieb Georg an Voß, «Madame Forkel übersetzt sie und ich will sie ihr revidiren.» Voß zeigte zu dem Unternehmen keine rechte Lust. So schickte ihm Meta einen schelmischen und zugleich genau kalkulierten Brief, der seine Wirkung nicht verfehlte: «Unser ganzer Zirkel, (das heißt, Forster, Huber und Therese Forster als Mitwisserin) ist so sehr von Ihnen entzückt, daß ich's unmöglich ertragen kann, nicht auch mein persönliches Theilchen an diesem Entzücken zu haben, sollte ich mir's auch ein bischen ungewöhnlich oder unweiblich erkaufen... Es giebt indessen gewiß Leute, die in der Meinung stehn, daß Herr Voss der Jüngere nicht unter die gewöhnlichen Menschen gehöre, und so kann man ja wohl einen ungewöhnlichen Schritt gegen ihn thun. Also gleich zur Sache: Sie haben den Paine abgewiesen, und der gute Forster hat mir das mit einem Jammergesicht kund gethan, als spräche er ein Todtsurtheil...» Mit bemerkenswerter Courage fuhr sie fort: «Mich hat Ihre Weigerung nicht betrübt, weil ich fest überzeugt bin, wenn Sie das Buch sehen, so können sie nichts weiter als es drucken, und wenn Hochverrath drauf stünde, und Hochverrath ist's freilich, die geweihten Götzen vieler Jahrhunderte nieder zu reißen.» Sie erwähnte die Reise, das siebentägige Tête-à-tête, die Stiefvater-Komödie, und meinte schließlich, Paine müsse bei Voß und nirgendwo sonst erscheinen. «Forster weiß nicht davon, so gewis ich – nicht seine Stieftochter, aber ihre unbekannte Verehrerin bin.» In einem zweiten Brief nannte sie Georg «einen gewaltigen Führer für Politik und Demokratie».

Das Buch wurde akzeptiert. Der Verleger, der die Übertragung dennoch kritisch prüfte, war von Metas Künsten nicht ganz so entzückt wie Georg, der eine verlegene Entschuldigung murmelte: die talentvolle junge Frau, von einer unglücklichen Ehe gequält, betrachte die Arbeit als ein Mittel, sich zu betäuben... Sorgsam arbeitete er mit ihr die Übersetzung von David Ramsays ‹*Geschichte der Amerikanischen Revolution*› durch, wie zuvor schon ihre Übertragung von Moritz August von Benyowskys Schicksale und Reisen, für die Forster eine glänzende Vorrede schrieb: sie wurde ihm unter der Hand zu einer witzigen Verteidigung der Kunst des Flunkerns. Den «gelehrten Stopplern» hielt er darin entgegen, daß man die Denkwürdigkeit des russischen Grafen mit Nutzen lesen werde, auch wenn man seine Flucht von Kamtschatka nach China, seine Abenteuer in Japan, Formosa und Madagaskar als Dichtungen betrachte – wie die Märchen des großartigen preußischen Angebers Trenck.

Forster und seiner Assistentin wurde die tägliche Zusammenarbeit zu einer schönen Gewohnheit: Meta blieb statt der vorgesehenen zwei Wochen schließlich fast ein halbes Jahr in Mainz (vermutlich wohnte sie bei ihrem Bruder, dem Leibmedikus Wedekind, der vom Kurfürsten so schnöde in den Stand der Ungnade versetzt worden war). Nicht lange nach ihrer Abreise schickte ihr Georg einen Brief von völliger Vertrautheit: «Wie lebst Du denn? Wie fördert Deine Arbeit? ... Ich wollte, Dein Vortheil und Dein Vergnügen wären einverstanden, Dich den Aufenthalt in Mainz vor dem in Göttingen wählen zu lassen; so füllte sich für mich wieder eine Lücke, die ich noch seit Deiner Abreise nicht ersetzt finde.» Er setzte das schöne Geständnis hinzu: «Du bist mir eine nachsichtsvollere Freundin als alle andere um mich her, und soviel Selbstverläugnung habe ich noch nicht gelernt, das Angenehme dieser Empfindung entbehren zu mögen, wenn ich es genießen kann.» Es folgte ein dunkler Nachsatz: «Das schlimme von der Sache ist, daß ich Dir dagegen so unnütz bin. – Weg damit!» Schließlich der Seufzer: «Man ändert nichts durch Grübelei. Du kennst mich auch besser als ich mich abmahlen kann...» Ließ sich aus Georgs vorsichtigen und zärtlichen Wendungen schließen, daß er die Zuneigung Metas nicht so völlig zu erwidern vermochte, wie sie es wünschte?

Metas Hinweis auf Forsters häuslichen Zirkel (in ihrem Brief an Voß) deutete an, daß der Alltag in der Universitäts-Gasse nicht nur von Krisen und Krankheiten beherrscht war. Die Teestunden zwischen sechs und neun Uhr am Abend galten in Mainz als eine Institution, zu der die engsten Freunde, durchreisende Gäste von intellektuellem Rang und oft auch unternehmende junge Leute eingeladen waren, die – nach der Üblichkeit der Epoche – ein Empfehlungsbriefchen aus irgendeinem Winkel der Welt vorweisen konnten. So klopfte im Herbst 1791 ein junger Medizin-Student aus dem Hannoverschen an, der sich auf dem Weg nach Paris befand: Justus Erich Bollmann, Sohn eines begüterten Bürgerhauses, intelligent, neugierig, unerschrocken, gelegentlich frech und von heiterem Temperament. Er war einer der vielen deutschen Revolutionstouristen, die in die französische Hauptstadt pilgerten, um den ersten Akt eines neuen Zeitalters aus der Nähe zu besichtigen. Überdies hoffte Bollmann, seine Studien unter den Fittichen eines reichen Onkels weiterführen zu können. Sein Herz schlug, wie es sich für einen jungen Menschen offenen Gemütes auch in Deutschland gehörte, für die Sache des Volkes. Seinem Vater schrieb er aus Mainz: «Uebrigens bin ich Demokrat mit ganzer Seele und freue mich in diesen Tagen, wo die Menschheit so thätig sich rührt und regt, zu leben. Ich freue mich der französischen Konstitution, wäre sie auch nur ein glänzendes Meteor am politischen Himmel, und hoffe, dass das französische Volk Energie genug haben wird, um sie zu behaupten.»

Georg nahm Bollmann mit der Unbefangenheit auf, die alle Welt an ihm rühmte: «Mein bester Umgang ist im Forsterschen Hause... Fast jeden Abend bringe ich in dieser Familie zu, wo mehrere gescheute und interessante Menschen freien Zutritt haben. Die Mainzer selbst gefallen mir nicht...» Von seinem Gastgeber wußte Bollmann zu berichten, dass er «einen ungeheuren Umfang historischer und politischer Kunstkenntniss mit dem zartesten Gefühl und der äussersten Rechtschaffenheit des Charakters» verbinde. Dann sang er das hohe Lied von Therese: «Seine Frau ist... das erste aller Weiber... und nicht nach meinem Urtheil allein, nach dem Urtheil jedes Mannes von Kopf und Herz, der sie kennt. – Eine unbegrenzte Fülle von

Witz und niemals versagender guter Laune mit immer durchscheinender Güte des Herzens, eine Menge von Kenntnissen, eine unglaubliche Fertigkeit, durchaus jeden Gegenstand gleich von einer angenehmen und interessanten Seite zu fassen, eine liebenswürdige Naivität in Allem, was sie thut und spricht, die vollkommenste Abwesenheit von Prätension und Eitelkeit, die zärtlichste Anhänglichkeit an ihren Mann und an ihre Kinder – dies sind die Eigenschaften, die sie, und ohne Uebertreibung, charakterisieren.» Es wohne im Hause auch noch «ein gewisser Legationssekretair Huber von Dresden, ein Busenfreund von Schiller, der Verfasser eines Trauerspiels ‹das heimliche Gericht›, ein rechtschaffener Mann, auch Mann von vielem und originellem Witz, und von durchaus männlichem Charakter». Der junge Mann warf auch ein genaues Auge auf Madame Forkel, die in Göttingen «einige schlechte Menschen zu unerbittlichen Feinden» habe und darum schief beurteilt werde. Man müsse aber ihre Geschichte ganz genau kennen.

In der Gesellschaft dieser vier Menschen habe er seine Abende zugebracht: «Man versammelte sich um sieben Uhr, nach geschehener Arbeit, um eine Theemaschine, nach englischer Sitte, und blieb nun bis gegen neun Uhr beisammen. – Nehmen Sie noch hinzu, dass fast täglich durchreisende Gelehrte diesen Zirkel noch brillanter machten – und Sie werden mir die Versicherung glauben, dass man nicht leicht in interessanterer Gesellschaft sein kann. Aber auch nie in einer besseren Schule bin ich gewesen. Huber war im näheren Sinne mein Freund...» Frohen Mutes und womöglich gleich zweifach verliebt zog Bollmann weiter, um das Glück und die Demokratie zu lernen.

Die tägliche Existenz der Forsters – wie gut und wie schlecht die beiden auch ihre Rollen spielten – wirkte auf ihre Freunde nicht, als würde von früh bis spät ein bürgerliches Trauerspiel aufgeführt. Friedrich Münter aus Gotha, der sich als Theologieprofessor in Kopenhagen etabliert hatte, ging bei seinem Mainzer Aufenthalt im Jahre 1791 völlig unbefangen und heiter bei den Forsters aus und ein. Für Reisende, die einige intellektuelle Neugier durch die Welt trugen, war es gleichsam Routine, sich in Frankfurt bei den Bankhäusern Willemer oder Bethmann mit Geld zu versorgen, um schon am Abend den Tee in der Mainzer

Universitäts-Gasse zu nehmen. Münter fand die Stadt überschwemmt von Emigranten aus dem französischen Adel, von denen er sagte, sie kosteten den Kurfürsten unendlich viel Geld. Man traf die Herren für gewöhnlich im Gasthaus ‹Zu den drei Reichskronen›, wo Huber täglich zu essen pflegte.

Forster und der Legationsrat machten sich die Mühe, dem Fremden die Sehenswürdigkeiten von Mainz zu zeigen. Abends las man bei Forster die neueste Ausgabe des *‹Moniteur›* mit den Nachrichten aus Paris. In heller Frühe ein Bad im Rhein, das Forster und Huber bei gutem Wetter nie versäumten. Danach Frühstück in der «Allee», wo sich Madame Forkel einfand und «der ganze beau monde von Maynz... im Negligé versammelt» war. Am Nachmittag lustwandelte man ein wenig auf der Rheininsel, wo der Kurfürst einen englischen Park hatte anlegen lassen. An schönen Abenden mieteten die Forsters manchmal einen Nachen und ließen sich, wie Caroline erzählte, «den Rhein hinunterwiegen».

Der Wahldäne und Erzprotestant Münter, obwohl er das vermeintlichte Mainzer Idyll genoß, beurteilte das Regime des Erzbischofs mit einiger Galle. Seit Friedrich Carl von Mosers polemischer Schrift gegen die *‹Regierung der geistlichen Staaten in Deutschland›* wurde das Kurfürstentum selten mit Sympathie betrachtet. In seinen Tagebüchern sprach Münter sogar von einer Streckmaschine in der Folterkammer, die jedoch selten gebraucht werde – und nur in Gegenwart eines Arztes und zweier Chirurgen. (Forster erwähnte das Marter-Instrument nicht.) Über die Korruption – zumal der Gräfin Coudenhoven – notierte Münter die wildesten Gerüchte. Dem Erzbischof, der kein Jüngling, sondern ein würdiger Herr von 72 Jahren war, warf er vor, daß er die Weiber allzusehr liebe. Rasch fand der Fremde Kontakt zu dem Mediziner Wedekind (durch seine Schwester) und zu dem aufgeklärten Theologen Professor Blau. Sein Kollege Anton Joseph Dorsch, der eine verdächtige Dissertation über Kant abgesegnet hatte, war unterdessen aus dem Amt gejagt worden. Er fand im französischen Straßburg Zuflucht.

Münters Tagebuch deutete an, daß Forster schon in jenen Tagen Verbindung mit dem Kreis der Professoren unterhielt, die seine engsten Partner in den Stürmen der Republik werden sollten. Gegenüber der Obrigkeit aber legte er sich strenge Zurückhaltung auf. Gern zog er sich vor zudringlichen Blicken hinter den Schirm seiner Übersetzungs-Arbeit zurück. Vorsicht war geboten: der Kurfürst hatte seinem Flirt mit der Aufklärung längst abgesagt, und seit der Rebellion der Handwerker, die man eine Erhebung der Rüpel – den «Knotenaufstand» – nannte, waren durch Regierungsdekret alle öffentlichen Debatten über politische und religiöse Fragen untersagt.

Mit den eigenen Texten kam Georg nur mühsam voran. Der zweite Band der *‹Ansichten›* erschien erst im folgenden Jahr 1792, denn die genauen Erkundigungen der brabantischen Krise kosteten lange und intensive Studien. Die Kritiken waren dürftig, doch das Lob der kompetentesten und geistreichsten Köpfe Deutschlands hätte geeignet sein müssen, Georgs verletzliches Selbstvertrauen für alle seine literarischen Pläne zu stärken. Goethe bestätigte, über den Graben der politischen Differenzen hinweg, die Sachlichkeit seines Urteils. Er fügte hinzu, was ein Schriftsteller am liebsten liest: daß man mit der Lektüre des Buches gern wieder von vorn anfangen würde, wenn man sie beendet habe – und man wünschte sich, mit einem «so guten, so unterrichteten Beobachter zu reisen». Lichtenberg rühmte seine Gabe, «jeder Bemerkung durch ein einziges Wort Individualität zu geben». In einem zweiten Brief erkannte er Forster den Rang «eines unserer ersten Schriftsteller, ja in vieler Rücksicht des ersten» zu. Dohm, der die belgischen Probleme aufs intimste kannte, lobte sein klares Urteil. Nicht weniger wichtig: der Zuruf des Koadjutors von Dalberg aus Erfurt, den jedermann als den designierten Nachfolger des Kurfürsten betrachtete: «... In denen Ansichten sind diejenige Zartheit der Empfindung, Reinheit des Geschmacks und tiefes Eindringen der Vernunft vereinigt, die den Geist Georg Forsters unter allen teutschen Schriftstellern auszeichnen. Ihr würdiger Freund, der H. von Humboldt und ich sprechen öfters von Ew. Wohlgeboren, manche meiner frommen Wünsche sind ihm bekannt...»

Über Mangel an Anerkennung durfte er wahrhaftig nicht klagen. Daß seine Feder oft stockte, war nicht nur die Schuld alltäglicher Ablenkungen und Routinearbeiten, oft nicht einmal der Konflikte, an denen er sich aufrieb: er schrieb langsam. Seine genaue Prosa erlaubte keine Übereilung. Wie lang quälte er sich mit dem Bilderbogen zeitgenössischer Ereignisse, die er *‹Erinnerungen aus dem Jahr 1790›* nannte. Die Idee war das Kind einer hübschen Laune: ein Geschichtskalender, wie es so viele gab, müßte ihm leicht von der Hand gehen, legte er dem Verleger nahe... Stiche des populären Chodowiecki würden für den Erfolg sorgen. Voß war Feuer und Flamme. Indessen forderte die Auswahl der Sujets eine umständliche Korrespondenz. Der Themenkatalog verlangte in jenen heiklen Zeiten eine sorgsame «Ausgewogenheit», um vor den Augen der Zensur zu bestehen. So stand Georgs enthusiastischer Schilderung des Föderationsfestes auf dem Pariser Marsfeld eine liebenswürdig-anekdotische Erzählung von dem volkstümlichen Auftritt Friedrich Wilhelm II. von Preußen beim Brand von Breslau gegenüber. Ein kluges Portrait des Grafen Mirabeau wurde durch den Bericht vom Ritterschlag für den Freiherrn von Dalberg bei der Krönung Kaiser Leopold II. in Frankfurt ausgeglichen. Daß Szenen und Figuren der Französischen Revolution mehr Farbe, mehr Elan und Pathos gewannen, mußten die konservativen Leser in Kauf nehmen: es lag am Gegenstand. Überdies konnte auch aus den sperrigen Stücken jeder das seine lernen. Mit großem Ernst zitierte Georg das Wort Mirabeaus: «‹Noch kann die Revolution› – hört seinen prophetischen Geist! – ‹in wilde Anarchie ausarten; doch nimmermehr misst sie in Frankreich ihren Weg zurück zum Vortheile der Alleingewalt.›»

Kein wohlmeinender Deutscher konnte sich an der harmlosen Einleitung zu der kleinen Geschichte über einen deutschen Fürsten stoßen: «Es wäre ein schlimmes Jahr, das sich nicht mit einer guten That eines deutschen Fürsten bezeichnen ließe. Ihre Anzahl, ihre Würde, selbst ihre Politik, die es ihnen schon zur Pflicht macht, um des ihnen stets gegenwärtigen gemeinen Besten willen, ihre Herrschaft auch über unsere Herzen zu erstrekken...» Entdeckte ein allzu kritischer Geist das Salz der Ironie in diesen unschuldigen Sätzen? Wer solch schlichte Beweise einer guten Gesinnung vorlegte, der durfte vielleicht auf die Nachsicht der Zensoren bei dem schwierigen Stück über den Bauernaufstand in Sachsen rechnen. «Ewige Minderjährigkeit ist das

Los der Völker!» hieß es am Anfang jener Betrachtung ... Um so höher mußte das leuchtende Beispiel aufgeklärter und wahrhaft humaner Staatskunst geachtet werden, das der Graf Hertzberg im Dienst der preußischen Krone den Völkern Europas demonstrierte. Forster war dem Architekten des Hubertusburger Friedensvertrages bei seinen Besuchen in Berlin begegnet, hatte bei ihm gespeist, sich freundlich mit ihm unterhalten. Die Verbindung riß niemals ab, auch als sich der Minister 1790 nicht ganz freiwillig aus der Führung der Geschäfte zurückzog. Dohm diente als Mittler. Durch ihn gewann Georg Hertzbergs Interesse für den Kalender, von dem er wissen ließ, er wäre wohl ein geeigneter Kanal, «wodurch man eine gewisse klügere und conciliierende Ansicht der Sachen befördern könnte. In dieser Rücksicht wäre es mir sehr lieb, wenn der Graf von Herzberg die Sache unterstützte. Ich bin mir bewußt, daß ich nichts indiscrettes wünsche, und das etwa zu Erhaltende mit der vollkommensten Discretion behandeln würde.» Georg schien zu fürchten, daß er sich nicht deutlich genug ausgedrückt habe. Er wiederholte: «Ich weiss auch, dass Hr. von Herzberg, wenn er dem Unternehmen hold wäre, von dem Schriftsteller nicht mehr fordern würde, als er leisten kann, ohne das einzige wodurch er nützen kann, das Vertrauen des Publikums, einzubüssen.» Das war ein klares Angebot zur Kooperation, das sich nicht auf die «Erinnerung» und andere Schriften beschränken mußte. Der Minister außer Diensten wußte es zu schätzen.

An die *‹Erinnerungen›* anknüpfend, plante Forster einen anspruchsvolleren Kalender, für den er den Titel *‹Historisches Jahrgemälde von 1790›* vorsah. Ohne Zweifel sollte das Buch eine gründlichere Würdigung der Verdienste Hertzbergs enthalten. Der Graf teilte Georg Ende August 1792 mit, er habe Voß eine «vermehrte Biographie» übergeben, die bis an die jetzige Zeit reiche, freilich nur Winke enthalte. Leider, schrieb er, habe ihm der König verboten, den dritten Teil seiner öffentlichen Schriften zu publizieren, aus denen sich vieles erklärte ... Indessen hoffe er, daß Forsters Werk in Berlin gedruckt werde. Wenn man ihm jeden Bogen des Manuskriptes einen oder zwei Tage vor dem Druck vorlege, so wollte er schon dafür sorgen, daß es «interessant und völlig wahr und unparteiisch» sein werde.

Georg zeigte keine Skrupel, sich auf diesen Vorschlag einzulassen. Die Publizistik seiner Epoche war nicht auf den ängstlichen Abstand zu den Mächtigen bedacht, den die politische Hygiene in späteren Tagen verlangte. Dennoch: Hertzberg teilte gewiß nicht Forsters republikanische Gesinnung, und die Preußen waren im Begriff, nach Frankreich zu marschieren, um die Revolutionäre wie ein Rudel räudiger Hunde aus Paris zu verjagen. Aber ging es Hertzberg nur um den Nachruhm, den er durch eine gerechte Würdigung aus so glänzender Feder gewinnen würde? Und Georg? Der Graf verfügte als Kurator der Preußischen Akademie über eine Belohnung, die Forster nicht verachtete. Außerdem warb er für einen Ausgleich mit dem revolutionären Frankreich. Das Material, das Forster für die verabredete Arbeit zusammentrug, fand Einlaß in sein Fragment *‹Revolution und Gegenrevolution im Jahre 1790›*, das in Hubers Zeitschrift *‹Friedens-Präliminarien›* gedruckt wurde.

Die Mainzer Jahre bezeichnete Gervinus als die «eigentliche Schreibepoche» Georg Forsters. Nie zuvor hatte er, trotz der Spannungen in seiner Ehe, trotz der finanziellen Sorgen, trotz der politischen Krisen eine vergleichbare Produktivität bewiesen. Die Bearbeitungen naturwissenschaftlicher und geographischer Werke verstand er nicht als Fron. Sein Hunger nach botanischen, zoologischen und anthropologischen Büchern war unersättlich. Er bestellte jedes wichtige oder auch nur amüsante Werk der Reiseliteratur, wohl wissend, wie tief sich die Deutschen im Pferch der Kleinfürstentümer nach Welt und Weite, Mobilität und Freiheit sehnten: sie empfanden die Erfahrung fremder Kulturen als ein Element der Emanzipation.

Georg war es ein leidenschaftliches Bedürfnis, der Erziehung der Deutschen durch Weltbildung aufzuhelfen. Er hielt es nicht für sinnvoll, Geographie und Politik, Naturkunde und Literatur, Philosophie und Kunst bedachtsam und eifersüchtig voneinander zu trennen. Er war (wie Gordon Craig schrieb) in der Tat der «am wenigsten provinzielle der deutschen Denker». Die Übersetzungsarbeit, die ein so großes Werk wie die *‹Geschichte der Reisen an der Nordwest- und Nordost-Küste von Amerika›* einschloß, war nicht nur eine wichtige Quelle des Einkommens – sie entsprach ganz seinem Bedürfnis, zwischen den Völkern zu vermitteln. Mit womöglich größerer Lust übertrug er Captain William Blighs ‹*Reise in das Südmeer mit der Bounty*›. Er revidierte Meta Forkels Übertragung der religionskritischen Betrachtung ‹*Ruinen*› des Comte de Volney, der Mitglied der Nationalversammlung war, und schrieb eine couragierte Vorrede dazu (die in Sachsen prompt verboten wurde). Sein Einblick in das Werden der Geschichte und die Vielfalt der natürlichen Prozesse verbot ihm jede dogmatische Verkrampfung. Er billigte – Glaubensdinge eingeschlossen – niemandem zu, im Besitz der einen Wahrheit zu sein. Geschichte und Natur lehrten tolerantes Beobachten der Wahrheiten. Es war darum wiederum nicht die schiere Not, die ihn dazu trieb, vom Sommer 1792 an ein naturhistorisches Kolleg zu übernehmen (das überdies sein Gehalt um 400 Gulden aufbesserte): er wollte sich nicht von den Feldern seiner ursprünglichen Interessen entfernen.

Seine Bibliothekarsarbeit brachte er zugleich durch ein Memorandum an Son Altesse l'Electeur in Erinnerung. Er schlug darin vor, die Jesuitenkirche, die seit mehr als zwei Jahrzehnten verwaist war, nach den Plänen des Architekten Schmuttermayer umzubauen. Mit 15000 Gulden komme man aus, dazu veranschlagte er 12000 Gulden für das Aufbinden der alten Bestände und 20000 Gulden für Neuanschaffungen: die Gesamtsumme von 47000 könne leicht aus dem Verkauf des reichen Klaren-Klosters gewonnen werden. In einem Brief an Müller gab er mit allzu durchschaubarem Spott den Rat, an der Stelle des Altars eine Piedestal mit einer schönen Büste des Kurfürsten aufzustellen. Zugleich rechtfertigte er – wiederum allzu durchsichtig, denn Müller war kein Tor – seine politische Schriftstellerei mit den Wünschen der Verleger, denen er genügen müsse. Noch einmal wies er den Geheimen Staatsrat in jenem Schreiben beruhigend darauf hin: «Ich halte dafür, daß Deutschland noch lange nicht reif zu einer Aenderung seiner Verfassung ist und das jeder unvorsichtige Versuch, sie zu Wege zu bringen, Ahndung verdient...» In dieser Einsicht wankte er nicht. Heyne rief er nach dem Fluchtversuch des französischen Königs zu: «Wir hätten noch ein Jahrhundert ohne Revolution ausgehalten... Allein der deutsche Adel ist ganz blind vor Wuth, und statt den Zeitpunkt wahrzunehmen, um durch vernünftige Entsagung alles zum Vergleich zu ebenen, hetzt er die Fürsten an zum Kriege gegen Frankreich, zu Ausübung willkürlicher Gewalt gegen die Unterthanen und beschleunigte also die Gährung.»

Der Hofrat in Göttingen hatte mehr als jeder andere unter Georgs Zorn zu leiden, der gelegentlich alle Barrieren der Vorsicht und Disziplin durchbrach. Dem Schwiegervater war eingeblasen worden, Georg übersetze das Werk des Girondisten Brissot de Warwille über eine Reise in die Vereinigten Staaten von Amerika. Eine kurze Rezension des Buches durch Georg hatte ihn aufgeschreckt: Aus ihr zog er den Schluß, daß jenes Buch den Umsturz der etablierten Regierungen predige. «Eben darum bitte und beschwöre ich Sie», rief Heyne, «daß Sie Ihren eignen Freyheitseifer so sehr mäsigen und zurückhalten, als es nur immer die Klugheit erfordert, damit Sie nicht einmal Opfer davon werden: ... Lassen Sie sich nicht hinreißen, von dem Ihrigen etwas einzumischen, oder etwas beyzufügen! Verzeihen Sie mir diesen Ausbruch meiner zärtlichsten Liebe für Sie.» Er fügte hinzu: «Ich kenne ihren schönen, edlen, Enthusiasmus, der in Ihrem Hausse ja zuweilen mehr angefacht wird, als gut ist...»

Der Arme erntete keinen Dank. Postwendend antwortete Georg: er übersetze den Brissot nicht. Überdies gehöre er «in keinem Fall zu den enragés weder der einen noch der anderen Seite... Wie sollte mir es einfallen, einen Umsturz predigen zu wollen, den ich selbst nicht wünsche, sondern vielmehr für ein großes Unglück in Deutschland halte, daß ich alles aufbiete, um es abzuwenden...» Sein schnaubender Zorn ließ sich durch die liebevolle Sorge des alten Heyne nicht aufhalten. Ob man glaube, einem aufgeklärten Publikum «Staub in die Augen werfen und eine Nase drehen zu können...»? «O da muß man doch erst schreiben lernen und nicht bloß etwas daher salbadern, was allenfalls in einer hannöverischen Teegesellschaft bewundert werden kann.» Schließlich sein donnerndes Credo: «Schweigen kann ich, aber nicht gegen meine Ueberzeugung und Einsicht schreiben.»

Der Ausbruch kam nicht von ungefähr. Er mag, wie üblich, durch seinen Kummer mit Therese ausgelöst worden sein. Doch Georg fürchtete in der Tat – trotz seiner Beteuerung –, daß Deutschland nicht reif für die Revolution sei . Von einer dramatischen Veränderung der Lage erwartete er für Deutschland nichts Gutes. Der ‹*Moniteur*› setzte ihn täglich über die Pariser Ereignisse ins Bild. Er täuschte sich nicht: Die Flucht des Königs im Sommer 1791 hatte jede Hoffnung auf eine friedliche und evolutionäre Entwicklung der neuen Gesellschaft vernichtet. La Fayette trat mit seinen Nationalgarden einer wilden Manifestation auf dem Marsfeld entgegen. Ein Jahr und drei Tage nach dem rauschenden Föderationsfest der Verbrüderung und der Harmonie zerbrach die Einheit der Nation. Mirabeau, wäre er noch am Leben gewesen, hätte vielleicht das Blutbad verhindern können. Die Liberalen zogen aus dem Klub der Jakobiner aus. Die Girondisten stärkten ihre Macht, einstweilen von der radikalen Fraktion um Robespierre, Danton und Marat gestärkt. Der König war, obschon in seine Verfassungsrechte wieder eingesetzt, ein Gefangener in seinem Palast. Der Eid, der den Priestern aufgezwungen werden sollte, stachelte nur Ressentiments an. Außerdem verletzte er das konstitutionelle Recht der freien Religionsausübung. Auf dem Land gärten Unruhen. In der Stadt begannen die Massen, gegen die schlechte Versorgung und die hohen Preise zu murren. Der flackernde Zorn zeigte an, daß sich die soziale Revolution so rasch nicht eindämmen lasse. In einem Brief an den armen Heyne – der sich vergebens bemühte, eine Welt zu verstehen, in der das Unterste zuoberst gekehrt wurde – bemühte sich der Schwiegersohn, die wirtschaftliche Dynamik der Entwicklung zu beschreiben. Die Geldentwertung durch das «Spiel mit den Assignaten» könne zum Bankrott führen. Ihn störe das nicht, «wenn nur die Masse des Volks ihre Hände und ihr Erdreich behält, so wird sie sich schon einen reellen Reichtum schaffen». Der gemeine Mann – das hieß aber: zwanzig von vierundzwanzig Millionen Franzosen – werde durch die Entwertung des Papiergeldes und den Zustand der Zahlungsunfähigkeit nicht leiden, sondern eher gewinnen. Nur wenige Menschen würden ganz ruiniert. Der Adel und die Geistlichkeit seien geopfert – die Kapitalisten könnten folgen. Ihn störe auch nicht die vorübergehende Schwächung Frankreichs. Sein Gewicht werde es «vermöge seiner Lage, Industrie und Freiheit doch bald wieder erlangen ...»

Was er von jenem Glück erträumte, hatte Georg in einem heiteren Augenblick bei der Reise rheinabwärts im April 1790 auf bieder-poetische Weise notiert. Er wünschte sich, «ein Land zu sehen, wo die Dörfer ein lachendes Ansehen haben, wo der gemeinste Mann die Vortheile einer gesunden, bequemen Wohnung genießt, und in derselben des Lebens froh wird, auf dem beneidenswerthen Mittelpunkt, zwischen Noth und Ueberfluß!» ... Mitte zwischen Not und Überfluß: Georg focht es nicht an, daß er damit die bescheidenste und schwierigste, freilich auch die schönste Utopie beschrieb, von der die Menschheit so weit entfernt blieb, wie sie es in seiner Epoche war, da sie nach der Beschaffenheit ihrer Natur das Fehlen des Überflusses stets als erste Stufe zu Mangel und Not empfindet.

Das Volk von Paris kannte seine Not und sah den Überfluß, der für den gemeinen Mann nicht erreichbar war. Die Kluft zwischen den Klassen wurde durch die Aufhebung der Privilegien des Adels nicht beseitigt. Der Luxus blieb das Vorrecht der Wenigen. Die wirtschaftliche Bestrafung der Emigration durch die Konfiszierung des Eigentums, das die neue Nationalversammlung beschloß, konnte nicht zuviel ändern. Überdies verweigerte der König jenen Gesetzen seine Zustimmung. Die inneren Spannungen, die sich täglich zu steigern schienen, forderten eine Entlastung durch Konflikte, die nach außen getragen wurden. Am 20. April 1792 erklärte Frankreich dem «König von Ungarn und Böhmen» den Krieg. Das war eine schlaue Formel, die einstweilen den Konflikt mit den Staaten des Reiches vermied. Ludwig XVI., der nicht nur ein gutartiger Tölpel war, hatte zum Krieg getrieben, da er gewiß war, daß die österreichische Armee die revolutionären Truppen, die weder Erfahrung und Disziplin, noch auch genügend Waffen besaßen, in wenigen Wochen zum Teufel jagen würde. Prompt erlitten die Truppen Frankreichs beim ersten Zusammenstoß nicht weit von Lille eine schwere Niederlage. In Paris liefen Gerüchte um, die den König beschuldigten, mit dem Feind gegen die Nation zu konspirieren. Am 20. Juni versuchten die zornigen Massen zum erstenmal, die Tuilerien zu stürmen. Sie zwangen Ludwig, sich eine rote Jakobiner-Mütze aufs Haupt zu stülpen und einen Becher Rotwein auf die Revolution zu leeren. Georg wollte «keinen Groschen» mehr für das Leben des Königs geben.

Am 10. August der nächste Angriff auf den königlichen Palast. Ludwig und seine Familie suchten Schutz in der National-Versammlung. Nach einer heftigen Debatte beschloß eine Mehrheit die Verhaftung des Monarchen. Die geistlichen Fürstentümer im Deutschen Reich hatten sich zunächst hinter der Fassade einer Neutralität verschanzt, die in Wahrheit eine Farce war. Der Kurfürst hatte im März 1791 dem Prinzen Condé, der 1789 mit seinem eindrucksvollen Hofstaat zunächst in die Niederlande, dann nach Turin geflüchtet war, einen wahrhaft triumphalen Empfang bereitet. Den Grafen Artois richtete er ein glänzendes Fest aus. Bei der Nachricht von der Flucht des Königs brachten die französischen Gäste Trinksprüche aus, bei denen sie schworen, Paris in einen Steinhaufen zu verwandeln. ‹*Der Papagoy*›, eine Komödie von Kotzebue, der für jenen Tag auf dem Theater-Zettel stand, wurde abgesetzt und statt dessen die Oper ‹*Richard Löwenherz*› von Grétry gespielt. Der alte Erzbischof, gleichermaßen von Furcht und Ehrgeiz getrieben, versuchte sich (laut Franz Dumont) ins Zentrum einer gegenrevolutionären Koalition zu spielen. Damit überschätzte er sich und sein Ländchen.

Der Fremdenhaß, der unter den Bürgern schwelte, war Georg nicht geheuer, obschon auch er seine Ressentiments nicht immer zu zähmen vermochte (so reichte er Heyne ohne ein Zeichen des Protestes die Anregung des preußischen Gesandten von Stein weiter, die Juden aus Göttingen zu vertreiben, weil sie die Moral der Studenten durch ihre Kreditgeschäfte gefährdeten). Die Überschwemmung von Mainz und Koblenz durch adlige und geistliche Emigranten aus Frankreich war ihm unbehaglich. «Der ganze Rheingau ist gepropft voll», schrieb er; «alle Wirtshäuser sind angefüllt und folglich den Mainzern jede Lustbarkeit... unmöglich gemacht... Möchte doch nur bald etwas Entscheidendes geschehen», rief er, «damit wir dieses Heuschreckenheer los würden!»

Auch dem alten Erzbischof war die Lage ungemütlich geworden. Indes, er hatte sie selbst durch eine mehr als fahrlässige Diplomatie geschaffen. Die preußische Partei am Hofe, die sich vor allem auf Johannes Müller, den Gesandten von Stein und Madame de Coudenhoven stützte – wie die Berliner Regierung noch immer auf einen Ausgleich mit Frankreich bedacht –, hatte einen guten Teil ihres Einflusses an den Freiherrn von Albini verloren, einem Anhänger der Österreicher, der 1790 zum Staatskanzler des geistlichen Staates ernannt worden war. Müller sah sich veranlaßt, um seinen Abschied einzukommen. Der Kurfürst nötigte ihn zum Bleiben. Aber das hielt die Verschiebung der Gewichte nicht auf. Mainz konnte sich aus dem Sog der österreichischen Politik nicht mehr befreien.

Nach dem Tod Leopolds II., der kaum ein Jahr regiert hatte, entschied sich sein Bruder Franz II., der letzte Kaiser des Heiligen Römischen Reiches Deutscher Nation, für eine harte Politik. Der Mainzer Regent hielt es für angebracht, dem Strom der Mehrheit zu folgen. Nach den Krönungsfeierlichkeiten in Frankfurt richtete Freiherr von Erthal einen «Fürstentag» in Mainz aus, der zu einer letzten glanzvollen Selbstdarstellung des ancien régime im Rheinland wurde. In der *‹Darstellung der Revolution in Mainz›* zitierte Georg die Schatten noch einmal herbei: «Es schmeichelte uns, den Kaiser und die Kaiserin, den König von Preußen und seine Prinzen, den Landgrafen von Hessen, den Herzog von Braunschweig, einen Sohn Georgs III. von England und ein ganzes Pantheon von kleineren Erdengöttern auf einem Haufen in unserm Mainz versammelt zu sehen.» Wien und Berlin seien gleichsam in Mainz zusammengeflossen. Wahrhaftig: solchen Glanz hatte die heitere Stadt am Rhein selten gesehen – und fast schien es, als hätte sich eine Spur von Wehmut in Georgs Erinnerungen gedrängt: «Man zählte gegen zehntausend Fremde in unseren Mauern. Alle Gasthöfe waren mit Prinzen besetzt, die in den kurfürstlichen Palästen nicht mehr Platz gefunden hatten, und alle Privathäuser beherbergten Gäste oder Freunde aus irgendeinem entfernten Winkel von Deutschland. Selbst der mainzische Adel, dessen Ungeselligkeit unter seinen Zunftgenossen in allen zehn Kreisen berüchtigt ist, sah sich durch den Drang der Umstände zu einigen Schritten veranlaßt, die beinah für Höflichkeit gelten konnten, und mitten unter den stolzen Wappenschilden böhmischer, ungarischer, österreichischer, hannöverischer, sächsischer, schlesischer und ich weiß nicht welcher uralten Geschlechter doch auch wenigstens einen Augenblick an sein kapitalfähiges Dasein zu erinnern. Vom frühen Morgen an wimmelten die Straßen von wohlgekleideten Personen, und gegen Mittag ward das Gewühl der Kutschen rauschend genug, um einer Hauptstadt den Rang streitig zu machen. Bei Hofe folgten Feste, Schmäuse, Konzerte, Bälle, Erleuchtungen, Feuerwerke, verherrlicht durch den unnachahmlichen Zauber unserer Gegend und die majestätische Pracht des Rheins, mehre Tage hindurch in ununterbrochener Reihe aufeinander...»

«Vor allem trugen die Erleuchtungen den Beifall der Kenner davon. Die Gärten der Favoriten, die Schiffbrükke, die Jachten auf dem Flusse, die Kirchtürme von Kostheim, Kastel und Hochheim in der Ferne zauberten im Dunkel der Nacht einen künstlichen Tag hervor und gewährten einen Anblick, den man weder in London noch in Paris je so schön gesehen hatte. Im unermeßlichen Spiegel des Rheins verdoppelten sich die brennenden Türme und die vom Ufer in die Lüfte steigenden Feuergarben. Auch die anbefohlene Erleuchtung der Stadt war ungeachtet der kurzen Vorbereitungsfrist den Einwohnern außerordentlich wohl gelungen. Ueberall brannten im bunten Lampenschein schwergereimte Glückwünsche an das neue Reichsoberhaupt und seine Gemahlin und geistreiche Anspielungen auf das gute Vernehmen der beiden Adler... Man versäumte die nächtlichen Stunden zu zählen, indem man sich den Eindrücken des Ungewöhnlichen und der allgemeinen Fröhlichkeit in diesem Feenreich überließ...» Unterdessen berieten in einem Wirtshaus des Vorortdörfchens Weisenau die preußischen und österreichischen Beamten der größeren Reichsfürsten über die Koordination ihrer Kriegsanstrengungen gegen Frankreich.

Die französischen Aristokraten, die sich in freiwilligen Verbänden zu sammeln begannen, sahen die Stunde der Rache gekommen. Die Deutschen in Koblenz, Trier und Mainz wünschten, daß sie lieber heute als morgen ins Feld zögen, denn die Grafen und Barone, die zu Haus nichts mehr zu bestellen hatten, führten sich in ihrem Gastland oft genug auf, als seien die braven Bürger ihre Untertanen, die sich jedem ihrer Wünsche zu fügen hätten. In seinen Erinnerungen erzählte Varnhagen von Ense, daß sein Vater auf einem Rheinschiff mit Emigranten in einen Streit geraten sei, weil er als Knabe ein unscheinbares Bändchen mit den Farben der Revolution getragen habe. Die Aristokraten hätten den Schiffsleuten befohlen, den alten Varnhagen und seinen Sohn unverzüglich an Land zu setzen. «Die übrigen Reisegefährten, welche bisher ruhig und schweigsam geblieben, deutsche Landleute aus der Pfalz, aus Worms und Mainz, erhoben sich gleichzeitig in demselben Antriebe, traten auf die Seite meines Vaters und erklärten den Welschen, wenn sie nicht auf der Stelle das Maul hielten, so würden sie in den Rhein geworfen, wozu die Schiffsleute herzhaft einstimmten... Die Franzosen mußten wohl schweigen, denn sie sahen, daß hier vom Drohen zum Thun nur ein Schritt war, und die Wasserwirbel des Rheins plätscherten mahnend an die Planken.» Varnhagen berichtete weiter, alle bürgerliche Ordnung habe sich damals aufgelöst, «die Hausrechte wurden verletzt, junge Edelleute quartirten sich willkürlich ein, wo eine artige Frau, ein hübsches Mädchen ihnen in die Augen fiel, die Galanterie schlug nicht selten in die roheste Dreistigkeit um, und die frechste Sittenlosigkeit wurde öffentlich zur Schau getragen». Am meisten empörte die Deutschen «der Hohn, der gegen das Schwarzbrot verübt wurde; von ganzen Broten wurde die Krume zu großen Kugeln geknetet, und mit diesen entweder Vorübergehende angeworfen oder Fenster beschädigt, die ausgehöhlte Kruste wurde zu Ueberschuhen gebraucht und darin herumgetanzt...» Solche Versündigung gegen das Brot konnten die Deutschen – so oft vom Hunger heimgesucht – den hochmütigen Gästen am wenigsten verzeihen.

Magister Laukhard, ein Pfarrerssohn aus dem Pfälzischen und selber ein entlaufener Theologe, berichtete in seinen Aufzeichnungen mit einiger Naivität, ein trierischer Unteroffizier habe ihm gesagt, in Koblenz gebe es «‹vom zwölften Jahr an keine Jungfer mehr; die verfluchten Franzosen haben hier weit und breit alles so zusammengekirrt, daß es Sünde und Schande ist.› Das befand sich auch in der Tat so; alle Mädchen und alle noch brauchbaren Weiber, selbst viele alte Betschwestern nicht ausgenommen, waren vor lauter Liebelei unausstehlich.»

Unterdessen war Preußen in den Krieg eingetreten (und viele der deutschen Kleinstaaten folgten ihm). Laukhard befand sich auf dem Weg nach Frankreich: nach einer durchzechten Nacht in Halle war er in die Fänge der preußischen Werber geraten, in eine Uniform gesteckt und zum Grenadier ausgebildet worden.

Da er ohnedies vor Schulden nicht mehr ein und aus wußte, hatte er sich seinem Geschick ergeben. Seine drastischen Erzählungen vom Feldzug gegen die Revolution ergänzten die Aufzeichnungen eines distanzierteren Beobachters, der in den späten Augusttagen des Jahres 1792 auf dem Weg zur Armee für einige Tage Aufenthalt in Mainz machte: Johann Wolfgang Goethe. Der Minister aus Weimar kehrte an den Abenden – wie es ihm ganz selbstverständlich schien – im Hause Forster ein. Huber schrieb den Körners nach Dresden, Goethe sei heiter gewesen, doch zunächst eher zurückhaltend. «Indessen freute mich, nachdem der erste Anfall von zurückstoßender Steifigkeit vorbei war, die milde Leichtigkeit und der Schein von Anspruchslosigkeit in seinem gesellschaftlichen Ton. Den ersten Abend wurden wir alle durch guten Wein gestimmt, er hatte Einfälle mit Raisonnement vermischt, und war würklich lebhaft; in Augenblicken machte es mir vielen Spaß, seine Mutter ganz in ihm wieder zu finden, und das war dann, wenn er launig-kräftig etwas auseinander setzte, worin eben ihre Originalität vorzüglich liegt. Den zweiten Abend tranken wir Bier, wobey denn für die allgemeine Conversation viel verloren gieng, aber er erzählte sehr niedlich und launig manches von Italien, und war durchaus leicht und gutmüthig...» Ein wenig kleinlaut fügte Huber an, er habe keine Gelegenheit gefunden, sich tête-à-tête mit Goethe zu unterhalten, doch – er betonte es mit Stolz – viel zum allgemeinen Gespräch beigetragen. Begeisterung für ein höheres Ziel glaubte er Goethe nicht mehr. Er erkannte eher «das Studium einer gewissen weisen Sinnlichkeit, deren Ideal er vorzüglich in Italien zusammen gebaut haben mag...» Dem entspreche die Physiognomie, die er als «sinnlich und ein wenig erschlafft» beschrieb.

Soemmerring und seine junge Frau, Huber, Caroline Böhmer, Meta Forkel, Therese und Georg begegneten dem bewunderten Mann an jenen letzten Abenden eines schon zerbrochenen Friedens mit dem Takt und jener Vergnügtheit, die er sich so herzlich wünschte. Georg hütete sich, seine Enttäuschung über den ‹*Grosscophta*› anzudeuten. Er verschwieg seine Gedanken zum Krieg und zur Revolution. Goethe entging es nicht, daß in dem Professorenhaus drei der reizvollsten, gescheitesten und kapriziösesten Frauen des späten Jahrhunderts beisammen waren – Forsters Leben auf die eine oder andere Weise teilend. In der *‹Campagne in Frankreich›* zeichnete er seine Eindrücke Jahrzehnte später nach: «Zwei muntere Abende: hier fühlt ich mich ... in vaterländischer Luft. Meist schon frühere Bekannte, Studiengenossen, in dem benachbarten Frankfurt wie zu Hause [Soemmerrings Gattin war eine Frankfurterin], sämmtlich mit meiner Mutter vertraut, ihre genialen Eigenheiten schätzend, manches ihrer glücklichen Worte wiederholend, meine große Aehnlichkeit mit ihr in heiterem Betragen und lebhaften Reden mehr als Einmal betheuernd. Was gab es da nicht für Anlässe, Anklänge in einem natürlichen, angeborenen und angewöhnten Vertrauen! Die Freiheit eines wohlwollenden Scherzes auf dem Boden der Wissenschaft und Einsicht verlieh die heiterste Stimmung.» Er fuhr fort: «Von politischen Dingen war die Rede nicht, man fühlte, daß man sich wechselseitig zu schonen habe: denn wenn sie republikanische Gesinnung nicht ganz verleugneten, so eilte ich offenbar, mit einer Armee zu ziehen, die ebendiesen Gesinnungen und ihrer Wirkung ein entschiedenes Ende machen sollte.» Indessen nahm Goethe tiefere Beobachtungen auf, die hernach durch die Lektüre von Thereses Erinnerungen an Forster und Huber ein neues und ganz gegenwärtiges Leben gewannen. Das Netz der Liebe und der Spannung, das jene Menschen im Zauber der sommerlichen Abende miteinander verband und so schmerzlich trennte, zeichnete er in den *‹Wahlverwandtschaften›* behutsam und respektvoll nach.

Von Forster blieb kein Zeugnis über diese letzte Begegnung mit dem fernen Partner, der sein Geschick mit steter Freundlichkeit begleitete. Auf dem Rückweg wollte Goethe wiederkommen. Doch es gab keinen Rückweg. Der heitere Charme der beiden Abende im späten Sommer verbarg die melancholische Wahrheit des Abschieds.

XXII
Die verordnete Republik

Als der Magister Laukhard, fast immer fröhlichen Gemüts, im Preußenrock nach Frankreich marschierte, verstand er bald, daß die Lothringer Bauern einer Befreiung durch die Deutschen nicht gerade entgegenjubelten. Vielmehr klärten sie den studierten Grenadier darüber auf, daß sie dank der Revolution die schrecklichen Abgaben losgeworden seien, die sie seit Generationen quälten: jetzt könnten sie endlich an sich selber denken, «bauen, anderen aushelfen, ihres Lebens wie ihrer Arbeit froh werden, einen Notpfennig ersparen...» Von sich und seinen Mitarbeitern verlangte der entsprungene Theologe einen genaueren Blick in die Wirklichkeit, als es unter den Deutschen auf jenem Kriegszug üblich war: «Man frage den Landmann, den Handwerker, der nötige Sachen macht, kurz, die erwerbende Klasse, nicht die verzehrende, nicht den Höfling, den Priester, den Friseur oder das Modemädchen, und man wird von der Revolution richtiger urteilen lernen.»

Große Schlachten blieben den Preußen, den Österreichern und dem bunten Heerhaufen aus den kleindeutschen Staaten bei ihrem Vormarsch durch Nord-Frankreich erspart, denn auch die französische Armee befand sich nicht in bestem Zustand. La Fayette, der strahlende Held der ersten Jahre, hatte sich, um sein Leben fürchtend, in die Gefangenschaft der Preußen geflüchtet (die ihn miserabel behandelten). Der einstige Kriegsminister Narbonne, damals Madame de Staëls innigster Freund, hatte sich mit Hilfe des kecken Hannoveraners Justus Erich Bollmann nach London gerettet. Dumouriez war von den mißtrauischen Deputierten aus dem Amt gedrängt und an die Front befohlen worden. Die Generale und Offiziere dachten mehr an Paris als an den Feind: in den ersten Septembertagen waren die Sansculotten, mit energischer Hilfe der Pariser Kommune, in die Gefängnisse eingebrochen, um abzuschlachten, wer immer ihnen in die Hände geriet: Aristokraten, Priester, Frauen, Kriminelle und unschuldige Bürger. Georg schrieb, «ein schauderhafter Auftritt» habe «die schöne Geburtsstunde der republikanischen Freiheit getrübt». Er nahm wahr, daß hier eine «neue Art Fanatiker» am Werk war. Seinem einstigen Helden La Fayette aber billigte er nicht zu, daß er das Recht hatte, seinen Kopf vor dem Fanatismus zu retten. Seine Torheiten durchschaute er nicht. Vielmehr warf er ihm vor, er habe als «Royalist und Verräter ... den Geist seiner Mitbürger und die Reife des Jahrhunderts» verkannt.

General Kellermann verlegte den Alliierten am 20. September 1792 durch ein heftiges Bombardement bei der Mühle von Valmy den Weg nach Paris. Die Verluste blieben mäßig. Doch Preußen und Österreicher hatten den heftigen Widerstand nicht erwartet: jede große Bewegung erstarrte. Die sogenannte Moral der Truppe war durch unablässigen Regen und Mangel an Nachschub geschwächt. Die Mannschaften hungerten. Die Ruhr ging um. Pferde und Wagen und Männer wateten verdrossen durch den knietiefen Schlamm: wie der Heerzug Moses durchs Rote Meer, schrieb ein genauer Beobachter auf. Die Zelte waren durchnäßt. Am Abend nach der Kanonade notierte der Zeuge: «Nun ... gieng Jeder vor sich hin, man sah sich nicht an, oder wenn es geschah, so war es, um zu fluchen oder zu verwünschen. Wir hatten, eben als es Nacht werden wollte, zufällig einen Kreis geschlossen, in dessen Mitte nicht einmal wie gewöhnlich ein Feuer konnte angezündet werden; die Meisten schwiegen. Einige sprachen, und es fehlte doch eigentlich einem Jeden Besinnung und Urtheil. Endlich rief man mich auf, was ich dazu denke, denn ich hatte die Schaar gewöhnlich mit kurzen Sprüchen erheitert und erquickt; dieß Mal sagte ich: ‹Von hier und heute geht eine neue Epoche der Weltgeschichte aus, und ihr könnte sagen, ihr seid dabei gewesen›.»

Danach grub sich die Gesellschaft der Offiziere, den Herzog von Weimar nicht ausgenommen, für die Nacht in Erdlöcher ein. Anderntags ein Bild des Jammers: «Die Menschen lagen unbegraben, und die schwer verwundeten Thiere konnten nicht ersterben. Ich sah ein Pferd, das sich in seinen eigenen, aus dem verwundeten Leibe herausgefallenen Eingeweiden mit den Vorderfüßen verfangen hatte und so unselig dahin hinkte.» Die Kommandeure der Revolutionsarmee verstanden rasch, daß sich das Glück des Krieges gewendet hatte. Sie druckten Flugblätter in zwei Sprachen, durch die «den guten Deutschen das Heil der Freiheit und Gleichheit in zwei Sprachen verkündigt war; die Franzosen ahmten das Manifest des Herzogs von Braunschweig in umgekehrtem Sinne nach, entboten guten Willen und Gastfreundschaft...»

Die freundliche Propaganda wurde rüde gelohnt. Verhungerte und verzweifelte Soldaten hausten in Frankreich wie die Vandalen. Magister Laukhard schrieb in seiner Chronik: «In den Dörfern... wurde Feuer in die Bauernhöfe getragen, und man zündete mit Strohfackeln in den Scheunen und Ställen herum. Was von Vieh noch übrig war, wurde mitgeschleppt und im Lager in Töpfen und Kesseln, die man gleichfalls in den Dörfern gelangt hatte, gekocht und verzehrt... Einer unserer Offiziere, Major von Massow, wollte dem greulichen Plündern und Anzünden steuern, aber seine Bemühungen waren fruchtlos.»

Der Rückzug hätte die Armee über Nacht ins Chaos reißen können, doch der Herzog von Braunschweig bewies durch ruhige Planung, taktische Raffinesse und einen eisernen Willen seine Qualitäten als Feldherr. Der französische General Adam Philippe Custine aber nutzte die Chance des Rückzugs der Alliierten an der Nordfront, um im Süden mit ausgreifenden Märschen von Landau her in die ungeschützte Pfalz einzudringen. Am 30. September schlug seine Armee ein Kontingent der Österreicher und der Mainzer «Pfaffen-Soldaten» mit leichten Hieben aus dem Feld. Wenige Tage später zogen die Franzosen durch Worms. Verdreckt und in abgerissenen Uniformen jagten sie den braven Bürgern der Reichsstadt die schlimmsten Ängste ein. Wären die Wormser nicht (in der Mehrzahl) Lutheraner gewesen – sie hätten beim Anblick der revolutionären Teufel das Kreuz geschlagen. Indessen sorgte der gewaltige General mit harter Faust für Manneszucht: einige Offiziere, die er für die

Plünderungen ihrer Mannschaften verantwortlich machte, ließ er kurzerhand erschießen. Äußerungen des Respekts begannen, die Schreckensmeldungen zu überholen. Die Franzosen freilich räumten Worms so eilig, wie sie es besetzt hatten: Opfer einer falschen Meldung vom Anmarsch österreichischer Übermacht. In Mainz schöpften die Mitglieder der Regierung des Kurfürsten ein wenig Hoffnung. Sie nutzten die Atempause, um die Instandsetzung der mächtigen Festungswerke zu befehlen, deren «Gräben der Kommandant seit langen Jahren mit Rebstökken und Küchenkräutern» bepflanzt und auf deren «Schanzen und Glacis der Kurfürst und die Stadtbewohner ihre Gärten und Lusthäuser angelegt hatten...», wie Georg aufschrieb. Bürger und Gesinde wurden zu Schanzarbeiten befohlen. Ein eitles Unterfangen. Die Festung konnte höchstens fünftausend Verteidiger aufbieten – ein knappes Tausend reguläre österreichische Soldaten, die Reste der glorreichen Mainzer Operetten-Bataillone, dazu etliche Kompanien von Nassau-Weilburgischen, Nassau-Usingschen, Fuldaer und Wormser Stadtsoldaten, schließlich ein Detachement von Freiwilligen, die ihrer Feuertaufe nicht entgegenjauchzten. Die Beschützer der Stadt hausten einstweilen vor der Stadt. «Ganz Mainz strömte hinaus», schrieb Forster in seiner ‹*Darstellung der Revolution in Mainz*›, «um ein Lager von etwa 1000 Mann zu sehen und seinen Helden das Bier ausleeren zu helfen, welches der Kurfürst ihnen zur Begeisterung reichen ließ.»

Mit diesem Haufen war in der Tat kein Krieg zu veranstalten. Die Aristokraten demonstrierten drastischer als ihre Feinde, daß die Sache des ancien régime verloren sei: in hellen Scharen flohen sie aus der Stadt, die Wagen hochbepackt, vom Spott der Bürger begleitet. Der alte Kurfürst freilich zeigte sich seinem Volk am 3. Oktober für einige Stunden, um zu Mut und Widerstand zu mahnen. In Wirklichkeit überwachte er die letzten Maßnahmen der Evakuierung des Schlosses. Er vergaß nicht, die Witwen- und Waisenkasse mitzunehmen, von der die Versorgung von einigen hundert seiner geliebten Untertanen abhing. Anderntags fuhren Son Altesse l'Electeur wieder davon. Das goldfunkelnde Wappen an der schweren Karosse war abgekratzt. Die Untertanen schauten ihrem Fürsten eher erstaunt als grimmig nach. Die Deutschen schienen es damals (wie später) als gottgegeben hinzunehmen, daß sie in Krise und Notstand von ihren Herrschern allein gelassen wurden. Eine Mehrzahl der Bürger wäre nach Forsters Beobachtung zufrieden gewesen, wenn sich der Erzbischof den Händeln der Großen ferngehalten hätte. Die Franzosen bewiesen gegenüber den benachbarten Fürsten, daß sie Neutralität respektierten.

Georg beschloß nach sorgsamer Beratung mit Therese und Huber, in Mainz auszuharren. Wo sollte er auch hin? Seine Frau zeigte nicht die geringste Neigung, im Göttinger Haus der Eltern Schutz zu suchen. Und sonst? Von fern deuteten sich Möglichkeiten in Berlin an. Georg schien auf eine Nachricht zu warten. Doch einstweilen blieb alles in einem merkwürdig schwebenden Zustand.

Der blutjunge Mr. Thomas Brand – Sohn einer reichen Adels-Familie, den die Forsters seit März beherbergten – äußerte den Wunsch, nach Italien zu reisen. Ob Forster ihn begleite? Das wäre die Erfüllung eines alten Traumes. Aber jetzt? Die Familie allein lassen? Auch Caroline Böhmer – die seit Frühjahr im Reidt'schen Haus in der Welschen Nonnengasse an der St. Emerans-Kirche, fünf Minuten Fußweg vom Haus der Forsters entfernt, eine gemütliche Unterkunft gefunden hatte – dachte nicht daran, das Feld zu räumen. Nach Marburg wollte sie, nach der Heirat des geliebten Bruders, nicht zurück: sie war eifersüchtig. Den herannahenden Krieg schien sie einstweilen noch als ein Abenteuer zu betrachten. Ihr Herz schlug für die Revolution. Überdies zog Meta Forkel bei ihr ein, auch sie heimliche Republikanerin.

Huber freilich wurde durch einen Befehl des sächsischen Ministeriums nach Frankfurt beordert. Die Vernunft der Anordnung verstand er nicht, doch er gehorchte. Weinte Therese beim Abschied? Sie vermerkte es nicht. Georg jedoch arbeitete kaltblütig an der Übersetzung des Buches über die Südsee-Reise von Jean Francois de Surville. Am 9. Oktober gab er den Rest des Manuskriptes zur Post. Die Franzosen ließen noch immer auf sich warten. Fast täglich berichtete Georg dem Schwiegervater in Göttingen über die Lage. Regelmäßig meldete er sich bei Voß. Er schrieb von Freiheitsbäumen, die in den

Dörfern um Speyer und Worms aufgerichtet worden seien, vom Umschlag der Stimmung zugunsten der Revolution, von den Händlern in der Schustergasse, die anfingen, dreifarbige Kokarden zu verkaufen, vom Wachdienst, dem er sich entzog (lieber zahlte er einem armen Teufel, der für ihn auf den Wall zog, die üblichen vierzig Kreuzer). Am 19. Oktober erschienen die «fränkischen Krieger» vor der Stadt. «Noch schliefen die guten Bürger von Mainz, als ... bei Tagesanbruch ein Alarmschuß die Ankunft des Feindes verkündigte. Man stürzte eilends auf die Straßen und lief auf die Wälle, um des ungewohnten Anblicks zu genießen. Ich bestieg mit mehren andern den Stephansturm und sah die fränkischen Vorposten auf dem Felde zwischen Hechtsheim und Weißenau. Bald hernach stieg eine Kolonne aus den Gründen bei Brezenheim und Thalheim herauf und zog unter dem Hauptstein in weniger als halber Schußweite nach Gonzenheim und Mombach vorbei. Niemand wußte sich zu erklären, warum man weder von dieser, noch von den benachbarten Schanzen und Basteien den sorglosen Feind auf seinem Zuge beunruhigte...» Der Aufmarsch der Belagerungsarmee bot von dort oben ein fast heiteres Bild: als habe der liebe Gott in die große Spielzeugschachtel gegriffen... Die beruhigende Entfernung ließ nichts von dem Elend des Ernstfalles ahnen: vom Blut und Schweiß der Sterbenden, den zerfetzten Gliedern, dem Brüllen der Verwundeten...

Endlich fand Georg es angebracht, einige Vorkehrungen zu treffen. Therese packte die wichtigste Wäsche und seine Manuskripte ein, um sie im Keller sicher zu verwahren. Betten waren parat, damit die Familie – vor Bomben geschützt – im Souterrain nächtigen könnte. Lang, das war sicher, würde sich Mainz nicht halten, obschon die Franzosen keine Eile zeigten, die Festung zu überrennen: sie setzten sich ruhig im Norden bei Mombach und im Süden bei Weißenau fest. Der Ingenieur-Offizier Oberstleutnant Eickemeyer – der einzige, so wollte es eine ironische Fügung, der im Kriegsrat für die Verteidigung plädiert hatte – wurde zu Custine entsandt, um über die Kapitulation zu verhandeln. Seine Bedingung: freier Abzug der fremden Truppen. Sie wurde gewährt. Jedoch verlangte der General das ehrenwörtliche Versprechen, daß sie ein Jahr lang nicht mit der Waffe gegen Frankreich kämpfen würden.

Therese, vom eigenen «Jugendmut» begeistert, trieb die Neugier mit Forster und einigen Freunden vors Tor. Französische Soldaten schoben mit den Kanonenkugeln Kegel. Georg wich den Stahlbällen aus und rief leutselig: «Vive la république!» «Ein schwarzbärtiger Nationalgarde antwortete mit einem derben Fluch: elle vivra bien sans vous...» Das war kein liebenswürdiges Echo. Forster, in seinem Kopf und seinem Herzen längst ein glühender Republikaner, mag für einen Augenblick verstört den Atem angehalten haben. Ein böses Omen? Er ließ sich nichts anmerken. Man wollte ihm zwanzig Mann ins Haus legen, doch der Quartiermeister überlegte es sich anders: er zog lieber selber bei den Forsters ein. Das Nachbarhaus der Soemmerrings erfuhr, da es leerstand, nicht die gleiche Schonung. Georg hatte, auf Geheiß der Schwiegereltern, die wichtigsten Wertsachen seines Freundes nach Frankfurt verfrachtet. Indessen gelang es ihm nicht immer, die Soldateska zu zähmen. Die Krieger ließen, bei einem ihrer Besäufnisse, einen Brand entstehen, der rasch wieder gelöscht wurde. Soemmerring beschwerte sich, von seiner Hochzeitsreise nach Wien zurückgekehrt, bitter über die mangelnde Aufsicht. Georg antwortete ihm schneidend, er hätte eben nicht wegfahren dürfen, sondern unter den Kollegen und Freunden ausharren müssen. Dies war das Ende der Freundschaft.

Am Tag der Kapitulation meldete er sich bei seinem Verleger Voß. Nüchtern schilderte er seine Lage. Mit einer Fortzahlung des Universitätsgehaltes sei nicht zu rechnen. In der Tat bestritt die Hochschule den größten Teil ihrer Ausgaben aus dem Zehnten, den die Bauern noch immer an die aufgelassenen Klöster zahlten; es ließ sich ausrechnen, daß die Franzosen jene historische Auflage streichen würden. Außerdem machten sich Bauern und Stadtvolk ans Werk, die Weinberge der Universität zugunsten der eigenen Fässer abzuernten. Weiter an Voß: seine Krankheit im vergangenen Winter und «einige unangenehme Familienauftritte» hätten ihn gezwungen, 1500 Taler Schulden zu machen. All seine Bemühungen, diese Summe mit billigen Zinsen zu leihen, seien gescheitert. Kurz: er bitte nicht um einen Vorschuß, doch um die Vermittlung eines Kredites.

Zuvor, bei der Schilderung der Kriegslage, hatte er bemerkt,

Mainz werde nun ein wichtiges politisches Zentrum sein: «Ich gestehe Ihnen gern, daß ich nur von Politikern wie Hertzberg und Dohm Maßregeln von der Größe, Kühnheit und Weisheit erwarte...» War dies ein Wink? Sollte Voß ermutigt werden, den Brief weiterzugeben? Hertzberg hatte gewiß Forsters langes Schreiben vom 27. Juli nicht vergessen, in dem er argumentierte, als befinde sich der Graf nach wie vor, als Minister, im königlichen Dienst und wirke aus dem Zentrum der preußischen Politik: «Sie... übersehen also ganz, wie die Fäden des geheimen politischen Gewerbes zusammenhängen. Was wir erraten, wissen Sie mit apodiktischer Gewißheit; wo wir im Dunkeln fehlgreifen, lächeln Sie über unsern Irrtum...»

Dachte Georg nur an die geplante Studie über das Jahr 1790? Oder hoffte er, der alte Herr, der Friedrichs des Großen Außenpolitik mitgeformt hatte, werde in sein angestammtes Ministerium zurückkehren, aus dem ihn die pietistische Camerilla der Bischofswerder und Wöllner so brüsk vertrieben hatte? Die Revolution schien Hertzberg von dem Plan einer behutsamen Erneuerung der preußisch-französischen Allianz nicht abzuhalten. Drohte nicht Österreich, durch den Krieg gegen die Türkei gestärkt, in der Mitte Europas von neuem übermächtig zu werden? Schickte es sich nicht an, die polnische Beute mit Rußland zu teilen, Preußen womöglich um seinen Anteil prellend? Erst mit der Pillnitzer Erklärung vom August 1791 hatte sich Preußen der gemeinsamen Abwehrfront der deutschen Fürsten unter Österreich angeschlossen – und damit seine differenziertere Haltung gegenüber dem revolutionären Frankreich preisgegeben. Forster kannte Hertzbergs erstaunliche Akademie-Vorträge aus dem Herbst 1791, in denen der Graf mit einer so eindrucksvollen Courage festgestellt hatte, die französische Nation wolle «aufgeklärt und angetrieben von den neuern Philosophen, die bestmögliche Konstitution gründen und sogar die englische übertreffen...» Sie wünsche Monarchie und Republik zu vereinigen, die gesetzgebende Macht der Nation und dem König die ausübende Macht zuzuordnen. Für die anderen Staaten Europas sah Hertzberg in der Französischen Revolution keine Gefahr, da sie sich allesamt «gemässigt», das heißt: einigen Reformen unterzogen hätten: «Sie zeichnen sich durch Ordnung und durch innere Kraft aus und nähern sich allmählich der Sanftmut der republikanischen Regierung, die in manchen Ländern weit härter ist als die monarchische.» Für Hertzberg mag (nach der Beobachtung Horst Möllers) die Revolution eine Möglichkeit gewesen sein, «sowohl den österreichischen Einfluß auszuschalten, als auch Frankreichs außenpolitisches Gewicht zu vermindern».

Am 27. Oktober schrieb Georg wieder an Voß – die Post funktionierte trotz des Kriegszustandes reibungslos und schnell –, um ihm zu berichten, daß die Franzosen entschlossen seien, an Mainz festzuhalten. Die Rheingrenze könne Deutschland jetzt zum Glück gereichen, da sie die Republikaner von den Staaten des alten Regimes scheide. Er fragte, was in einer solchen Lage zu tun sei, ob er sein Haus und seine Möbel verlassen, mit Frau und Kindern in der Welt umherirren solle – oder zu bleiben habe, um «die Universität aufrechtzuerhalten..., sich der Bürgerschaft anzunehmen, sie auf vernünftigem gemässigtem Wege so zu führen, dass ihnen bei dem Frieden die Wiedervereinigung mit dem deutschen Reiche, wenn sie notwendig sein sollte, nicht nachteilig wird...» Er müsse wagen, daß man ihn «verkenne, verschreie, für den Hauptdemagogen halte...» «Zeigen Sie meinen Brief», setzte er hinzu, «mit der gehörigen Diskretion, wo Sie glauben, dass er Nutzen stiften kann, oder vielmehr zeigen sie ihn niemand, sondern referieren Sie nur einigen Menschen daraus.» Zum Schluß rief er: «Nur Antwort! Antwort!» Er wartete...

Forster setzte zu jenem Zeitpunkt noch immer einige Hoffnung auf die Möglichkeit eines preußisch-französischen Kompromisses – und Hertzberg mag von dem talentierten Autor nicht nur eine Verklärung seiner Biographie, sondern publizistisches Engagement für sein außenpolitisches Konzept erhofft haben: zumal, wenn er ihn nach Berlin holen könnte. War es schierer Zufall, daß Georg am Schluß seines Briefes den Wunsch andeutete, es wäre besser, wenn sich Verleger und Autor an einem Ort aufhielten? Ende Januar 1793 erwähnte Georg gegenüber Therese – sie war nun in Straßburg – einen Brief ihres Vaters vom 18. Januar (der nicht erhalten blieb), in dem der Hofrat schrieb, Forster habe ein ihm «bestimmtes Glück in Berlin verloren». Georg fügte die grimmigen Fragen an: «Hab' ich nicht vier Wochen hier ruhig auf einen Wink gewartet? Wär es länger möglich, rätlich, nur gegen uns alle menschlich zu warten? Hätte ich nicht alles riskiert? Die ganze Sache scheint aus der Luft gegriffen, denn Voß hätte doch etwas davon geschrieben...»

Hertzberg war Präsident der Preußischen Akademie der Wissenschaften. Kraft dieses hohen Amtes schlug er in der Tat seinen Mainzer Schützling als Mitglied in jenem respektierten Institut vor, das unter dem Alten Fritz eine Domäne der Franzosen war. Forster sollte die Nachfolge von Professor Jean Alexis Borelli zufallen, den man – dies gab der Affaire einen pikanten Akzent – wegen seiner jakobinischen Neigungen aus Berlin verjagt hatte. Aus der Wahl in die Akademie würde sich – so hofften die Beteiligten – die Übernahme einer Professur fast von selber ergeben. Noch am 13. November schrieb Hertzberg einen ausführlichen Brief an Forster, in dem er ein anderes Mal seine Strategie eines europäischen Gleichgewichtes darlegte. Er beklagte den Verfall dieses Systems, das für Europa und Deutschland so wohltätig gewesen sei. Dem Verleger Voß, deutete Hertzberg an, habe er «zu zwei Actien beigetragen. Ein Mehreres kann und mag ich nicht schreiben.» Da Forster Mitglied der Akademie sei – schon neugewähltes Hauptmitglied, wie es der Graf beim Monarchen beantragt hatte, oder noch korrespondierendes Mitglied? –, wolle er ihm gern «einige Jetons» und die große silberne Medaille mit dem Bild des Königs schicken, doch er wisse nicht, ob dies sicher geschehen könne. Zuvor äußerte er den Wunsch: «Ich hoffe, daß Ew. Wohlgeboren immer ein ächter Deutscher und auch ein guter Preuße bleiben werden.»

Zwei Tage später, am 15. November, hielt Georg Forster seine große Rede *‹Über das Verhältnis der Mainzer gegen die Franken›* im Jakobiner-Club, dem er sich erst wenige Tage vorher, nach umständlichen Bedenken, zugesellt hatte. Seine Freunde wunderten sich lang über das Zögern, da sie Georg als einen der feurigsten Advokaten der Revolution und der Republik zu kennen glaubten. War der Anschluß an den Club nicht die unvermeidliche und natürliche Konsequenz der Einsichten, die Georg niemals so sorgsam verborgen hatte? Schon im Sommer hatte er den braven Heyne mit der Feststellung aufgeschreckt, er sei «mehr für als gegen die Jakobiner». «Nur machen Sie uns den

Streich nicht», rief ihm der Schwiegervater erschrocken zu, «daß Sie nach Straßburg und Paris gehen und Jakobiner werden.» Seine Familie sei dagegen die sicherste Verwahrung, beruhigte Georg. Überdies: so schnell komme man nicht nach Paris...

Vier Wochen wartete er, nach eigenen Worten, auf einen Wink aus Berlin. Noch eine Woche, noch zehn Tage Geduld... Nun war es zu spät. Er wollte und konnte sich dem Drängen in Mainz nicht länger versagen, wenn ihm nicht die Chance entgleiten sollte, auf die Begründung des ersten demokratischen Gemeinwesens in Deutschland Einfluß zu nehmen. Die Irritation, die sich in seinen Formulierungen andeutete, läßt kaum einen Zweifel, wie seine Entscheidung ausgefallen wäre, hätte er noch über die Freiheit der Wahl verfügt.

Als dem preußischen König Hertzbergs Gesuch vorlag, war Forster zum Vizepräsidenten der Administration in Mainz ernannt worden. Friedrich Wilhelm II. sprach dem Präsidenten der Akademie durch Kabinettsorder seine Mißbilligung aus: in seinen Augen war Forster ein Verräter. Auch Voß hatte in einem Brief gleichen Datums wie jener des Grafen Hertzberg Georg beschworen, er möge ein «guter Preuße» bleiben. Er fügte hinzu: «Das müssen Sie auch, werter Freund, weil ich sonst offenbar in Gefahr käme, durch die so angenehme Geschäftsverbindung mit Ihnen Verdruß zu erfahren.» Der Rest jenes Schreibens, das später von Huber oder Therese beseitigt wurde, bestätigte dem Autor, daß 1600 Reichstaler für ihn in Frankfurt parat lägen, von Friedländer (der mit Moses Mendelssohn und den Humboldts befreundet war) und Wlömer, wohl auch von Voß selber kreditiert.

Die Erinnerung an sein «Preußentum», das er zu Recht bestritt, brachte Forster in Rage. Das Geld war wichtig. Die Übersiedlung nach Berlin aber hätte die «Wende» sein können, auf die er so lang gewartet hatte. Womöglich wurde seine Erregung durch die bittere Einsicht gesteigert, daß er die mögliche Veränderung seines Geschickes nur um Tage verfehlte. Wäre er sich durch ein Engagement in Berlin denn selber untreu geworden? Aber warum? Hatte er nicht seit Jahr und Tag landauf, landab gepredigt, Deutschland tauge für die Revolution nicht? Noch wenige Tage vor dem Weihnachtsfest 1792 plädierte er gegenüber seinem Verleger noch einmal mit starken Worten gegen eine Revolution in Deutschland: «Unser rohes, armes, ungebildetes Volk» könne «nur wüten, aber nicht sich konstituieren...» Er warb vielmehr für eine «Revolution von oben»: durch die Regierungen «ließe sich jetzt in Deutschland so schön eine Verbesserung friedlich und sanft vorbereiten und ausführen, man könnte so schön, so glücklich von den Vorgängen in Frankreich Vorteile ziehen, ohne das Gute so teuer erkaufen zu müssen». Wäre es ihm also zur Schande geworden, in der preußischen Hauptstadt für Hertzbergs Kompromisse zu wirken? In der Tat ließ er sich auch im Jahr darauf nicht davon abhalten, öffentlich die Klugheit des alten Staatsmannes zu rühmen.

Aber nun, da alles zu spät war, wollte ihn Voß in die Pflicht nehmen? Mit schnaubender Stimme verkündigte er dem Verleger, er werde auf die edle Unterstützung verzichten. Er ein Preuße? Er habe seinen Geburtsort in Polnisch-Preußen verlassen, ehe er unter königlich-preußische Botmäßigkeit geraten sei. Er habe in England gelehrt, in Kassel, in Wilna, in Mainz. «Wo ich jedesmal war, bemühte ich mich, ein guter Bürger zu sein; wo ich war, arbeitete ich für das Brot, welches ich erhielt. Ubi bene ibi patria, muß der Wahlspruch des Gelehrten bleiben; er bleibt es auch des freien Mannes, der in Ländern, die keine freie Verfassung haben, einstweilen isoliert leben muß.» Er fuhr fort: «Heißt: ‹ein guter Preuße sein›, wenn man in Mainz unter fränkischer Herrschaft steht, soviel als, allen Preußen gutes, einen baldigen Frieden, eine Erholung von allen Uebeln des Krieges wünschen, so bin ich ein guter Preuße, wie ich ein guter Türke, Russe, Chineser, Marokkaner, pp. bin.» Heiße aber ein guter Preuße sein, seinen Grundsätzen abzusagen, dann verlange man etwas, «wofür ich verdiente, an den nächsten Laternenpfahl geknüpft zu werden».

Er wiederholte seinen Glaubenssatz von Deutschlands mangelnder Reife für die Revolution. Doch kein Damm werde auf die Dauer gegen die «Freiheitsüberschwemmung» halten. Er holte weit aus: «Seit der Erscheinung des Christentums hat die Geschichte nichts Aehnliches aufzuweisen. Dem Enthusiasmus, dem Freiheitseifer kann nichts wiederstehen...»

Sitzung des Mainzer Jakobiner-Clubs, November 1792

Hertzberg (den er nicht mit Namen nannte, denn er rechnete mit ungebetenen Lesern) könne er unter den gegebenen Umständen nicht antworten, doch er wünsche, gerade durch den Verzicht auf die Unterstützung, «bei einem Manne, den ich so hochschätze und dessen Verdienste um Europa ich so unbedingt anerkenne, in geneigtem und guten Andenken zu bleiben». Man möge ihm und den anderen Freunden den Inhalt dieses Briefes mitteilen und ihnen sagen: «Wenn ich so glücklich sein könnte, zum Frieden mit Preußen mitzuwirken und die natürliche Allianz zwischen Preußen und Frankreich wiederherzustellen, so würde ich mich außerordentlich freuen; das wäre meines Erachtens die einzige Hinsicht, in welcher ich ein guter Preuße sein und dieses Interesse mit jenem des freien Volks, dem ich angehöre, vereinbaren könnte...» In einer Nachschrift wies er darauf hin, er habe vierzehn Tage «zurückgestanden» und an nichts Anteil genommen – bis «endlich die entschiedene Macht der Republik in dem ganzen Kampfe keine Hoffnung mehr übrig ließ, daß diese Gegend zurückgegeben werden könnte... Ich trug also keine Bedenken mehr, zur Volksgesellschaft zu treten.» Als Autor stehe er weiterhin zur Verfügung, wenngleich er gezwungen sei (was niemand weiter angehe) «als Republikaner zu leben und zu sterben».

Georg hoffte, trotz allem, daß nicht alle Brücken abgebrochen seien. Darin täuschte er sich. Überdies bedauerte er schon wenige Tage später, daß er auf den angebotenen Kredit verzichtet hatte. Zwar bezog er unterdessen als der zweithöchste Beamte der provisorischen Administration ein gutes Gehalt, doch seine Frau wünschte mit den Kindern nach Straßburg zu reisen. So schrieb er an Huber in Frankfurt: «Es gereut mich, daß ich auf das von Berlin wirklich schon in Frankfurt für mich zahlbar gemachte Geld nicht vor acht Tagen die Hand gelegt habe. Alle Bedenklichkeiten wegen der Wünsche, die man in B[erlin] über meine politische Laufbahn äußerte (waren's doch nur Wünsche!), fallen jetzt weg; die Notwendigkeit gebietet herrisch. In sechs Jahren zahle ich, oder ich liege unter der Erde verscharrt, und da können die Leute, die zu dem Vorschuß beigetragen haben, eben nicht viel an mir verlieren...»

Tatsächlich lag die Summe noch immer bei einem Frankfurter

Bankier parat. Indessen kostete es einige Umstände, für einen sicheren Transfer nach Mainz zu sorgen. Voß sagte er davon in einem Brief vom 7. Dezember zunächst nichts. Am 20. Dezember konnte er Huber – mit dem er unter einer Deckadresse korrespondierte – den Empfang der Summe melden. Er berief sich später auf die Versicherung von Voß, man habe nie die Absicht gehabt, ihm eine Einschränkung aufzuerlegen, was seine politischen Grundsätze angehe, ja, man habe ihm Vorwürfe wegen seiner übertriebenen Delikatesse gemacht und ihn flehend gebeten, das Geld anzunehmen (auch dieser Brief blieb nicht erhalten). Am 21. Dezember meldete er dem Verleger, er habe die kreditierte Summe abgehoben. Die Schuldscheine würden ihm zugehen, sobald ein sicherer Weg ermittelt sei. Bis dahin müßten die Quittungen der Bankiers gelten. Nun fühle er sich «leicht und unabhängig»: «Denn auch als Republikaner ist es gut, in Absicht der Bedürfnisse des Lebens von niemand abhängen zu dürfen.» Um seine «Unabhängigkeit noch vollkommener zu behaupten», habe er Frau und Kind nach Straßburg geschickt. Er schloß mit dem Jubelruf: «Die Revolution hat mich gesund gemacht.» Der Elan der Veränderung, dem er sich so mühsam verwehrt hatte, riß ihn endlich mit.

Die Franzosen waren noch keine 48 Stunden in der Stadt, als das erste Revolutionsblatt erschien: die *‹Mainzer Nationalzeitung›*, redigiert von Georg Wilhelm Böhmer, einem Schwager Carolines, zuvor Professor am evangelischen Gymnasium in Worms. Im Gefolge von Custine war er nach Mainz gekommen. Der General, dem er rasch unentbehrlich wurde, engagierte ihn als Sekretär. Am 23. Oktober hielt der Eroberer eine Rede auf dem Rathaus, mit der er den Bürgern energisch, doch nicht ohne Liebenswürdigkeit bedeutete, sie seien nun frei, über ihr eigenes Schicksal zu entscheiden. Wollten sie den Despotismus nicht abschütteln, so könne er sie nur bedauern – am besten, sie konstituierten sich unter Frankreichs Schutz zu einer eigenen Republik.

Dies entsprach der feierlichen Erklärung der Nationalversammlung vom 22. Mai 1790, in der beschworen wurde, daß Frankreich keine Eroberungen machen wolle und niemals gegen die Freiheit der Völker kämpfen werde. Böhmer bat nach des Generals Rede auf den Nachmittag einige der unabhängigen Köpfe von Mainz zu sich, um anzuregen, am Abend im großen Saal des Schlosses einen Club der Freiheits- und Verfassungsfreunde zu stiften, den Custine selber eröffnen werde. Der Lehrer, ein munterer junger Herr von knapp 32 Jahren, ließ sich vom Widerspruch Forsters und aller anderen Anwesenden nicht beirren. Caroline betrachtete ihn, wie sie Georg gewiß nicht verbarg, eher als einen Luftikus: er gehöre so wenig wie Meta Forkels Bruder Wedekind zu den «Propheten», auf die sie höre, schrieb sie an Meyer. Er möge nicht glauben, sie seien toll geworden in Mainz. Indessen schien Böhmer mit seiner spitzen und leicht gesattelten Nase, dem frechen kleinen Mund, dem mädchenhaft runden Kinn und der leicht fliehenden Stirn eine Art von eiligem Charme auszustrahlen, dem sich die Schwägerin freilich verschloß.

Entsprach er mit der Einberufung einer Versammlung dem Wunsch Custines? Oder gab der General dem Eifer seines Gehilfen nach? Am Abend strömten tatsächlich im hellerleuchteten Akademie-Saal des kurfürstlichen Schlosses eine gute Anzahl Bürger zusammen. Custine indes ordnete eine Vertagung um 24 Stunden an. Georg blieb der Veranstaltung fern, doch er wurde vier Tage nach der Besetzung gebeten, eine Deputation der Universität zu Custine zu führen, um ihm die Sorgen der hohen Schule und ihrer Lehrer vorzutragen. Die Bauern hatten begonnen, die Magazine zu plündern, in denen der Zehnte gelagert wurde. Woher sollten die Mittel für den Unterhalt des Institutes genommen werden? Der General ließ die Professoren zwei Stunden warten, wie das bei hohen Herren üblich war (und blieb). Ruhig hörte er sich, als er sie endlich empfing, den Vortrag an, den Georg ablas. Danach bat er, ihm die Studie zu schikken. Der fünfzigjährige Militär mit der langen Aristokraten-Nase gefiel Georg recht gut. Seines mächtigen Schnurrbartes wegen, der ihm ein pandurenhaft-verwegenes Aussehen gab, nannten ihn seine Soldaten «Général moustache». Die dicken schwarzen Brauen, die starken dunklen Augen, die Tränensäcke akzentuierten das Bild eines Haudegens, der die Genüsse des Lebens liebte. In Wirklichkeit war dieser Sohn eines gräflichen Geschlechtes in Lothringen ein wackerer Routinier, der in der

Armee des Königs beharrlich Stufe um Stufe emporgeklettert war. Er hatte sich bei Yorktown in der Entscheidungsschlacht des Amerikanischen Unabhängigkeitskrieges ausgezeichnet und ohne Schwierigkeit den Übergang zur revolutionären Armee gefunden. Nun hauste er, der Höhepunkt seiner Laufbahn, in den Prunkgemächern des Kurfürsten (aus denen er freilich bald in eine etwas bescheidenere Unterkunft umzog). Nicht lang nach dem Einmarsch in Mainz lief ihm auch eine Mätresse zu: Eva Daniels, die Frau eines Arztes, der nicht zögerte, sich dem jakobinischen Club anzuschließen. Um die Probleme der Universität versprach der General sich zu kümmern.

Georg wartete noch immer. Vom Club, das machte er deutlich, hielt er nicht viel. Er zog es vor, bei sich zu Haus mit besseren Köpfen wie dem sanften Theologen Felix Anton Blau, dem Mathematiker Matthias Metternich und dem Obersten Eickemeyer über die Aufgaben für die Entwicklung eines freien Gemeinwesens nachzudenken. Seine Autorität war, auch ohne die Ausübung eines Amtes, groß genug, die Wiedereröffnung des Theaters zu veranlassen, das zu den besseren in Deutschland zählte. Er drängte Huber, wieder nach Mainz zurückzukehren. Frankfurt war wenige Tage nach der Kapitulation von Mainz in einem Handstreich besetzt worden. Allerdings reizte Custine die Bürgerschaft durch die hohe Kontribution, und er weckte den Unmut der Hessen, als er sie aufrief, den Landgrafen in Kassel zu stürzen. Das war unklug. Die gedrückten Bauern hatten gewiß Anlaß genug, unter der Fürsten- und Adelsherrschaft zu stöhnen. Doch niemand wollte sich gern von Fremden vorschreiben lassen, wann und wie er das Joch der Obrigkeit abschütteln müsse. «Das hiesige laue Volk hängt die Köpfe», berichtete Georg an Huber, «die Pfaffen krähen Unglück und drohen Mord und Tod.»

Am 5. November gab Georg dem Zureden der Freunde nach und trat dem Club bei, der unterdessen an die 150 Mitglieder gewonnen hatte. Bis Anfang Dezember stieg die Zahl der Angehörigen auf 500 – ein hoher Anteil an der Bevölkerung von 25000 bis 27000 Seelen. Unter ihnen folgten viele den heimlichen oder offenen Weisungen des Opportunen. Dennoch war es eine erstaunliche Zahl von Bürgern, die es für angebracht hielt, sich der Kerngemeinschaft der Republikaner anzuschließen. Die Mehrzahl der Mitglieder rekrutierte sich aus dem Handwerk und den Zünften. Die Liste der Angehörigen verzeichnete Goldspinner und Bürstenbinder, Lebkuchenbäcker und Perückenmacher, Barbiere und Kaminfeger, einige Tanzmeister und Sprachlehrer, nicht allzu viele Kaufleute, doch zahlreiche Studenten – und eine Handvoll Professoren, die das Wort führten und unangefochten den Vorstand besetzten: 45 Prozent der Mitglieder zählten zu den Handwerkern, 21 Prozent zu den Intellektuellen, 11 Prozent waren Beamte und Franzosen – die Intellektuellen aber bestritten (nach den Studien von Franz Dumont) an die 80 Prozent der Wortmeldungen.

Müller erschien – wahrhaftig eine Überraschung – in der besetzten Stadt. Er hatte vom Kurfürsten den Abschied erhalten. Nun kam er, um seinen Hausrat zusammenzupacken, denn er wollte in die heimatliche Schweiz zurückkehren. Niemand stieß sich an seiner Anwesenheit. Keine deutsche, keine französische Behörde machte ihm Schwierigkeiten. Professoren und Bürger konnten Custine und seinen Gehilfen jederzeit die Vernunft und Fairness des Geheimen Staatsrates bezeugen, doch das brauchte er nicht. Von früh bis spät war Müller von Ratsuchenden belagert. Georg berichtete dem Hofrat Heyne, der alte Freund habe jedem Gesprächspartner versichert – es seien mehr als vierhundert gewesen! –, Mainz wäre am besten gedient, wenn es fürs erste französisch würde. Könne Frankreich die Rheingrenze nicht behaupten, verfüge es wenigstens über die Möglichkeit, für die Stadt eine bessere Verfassung auszuhandeln. Er selbst wäre hiergeblieben, wenn er nicht als «Geheimer Referendar» das Vertrauen des Kurfürsten besessen hätte und darum fürchten müsse, allen Beteiligten zu schaden.

Zehn Tage danach hielt Georg im Club seine große Rede *‹Über das Verhältnis der Mainzer gegen die Franken›*. Das war der Schritt über die Brücke, der alles entschied. An eine Umkehr war jetzt kaum mehr zu denken. Georgs Rhetorik war dem Anlaß angemessen. Sein professorales Pathos entsprach dem Stil des Jahrhunderts, und der hohe moralische Elan dem Vorbild der französischen Künder republikanischer Tugend, deren Vorträge er täglich im *‹Moniteur›* studierte. Mitunter litten die Perioden an Übersteigerungen polemischen Eifers. Die Reichskonstitution nannte er, nicht ohne Witz, eine zusammengeflickte Polterkammer, in die jeder ein Loch machen könne, der sie mit einem Finger berühre. Er haderte bitter mit der liberalen Partei der «Feuillants» (deren Name sich vom Kloster der Feuillanten herleitete, in dem die «Rechten» nach der Spaltung der Jacobiner im Sommer 1791 eine Unterkunft fanden). Er warf ihnen vor, mit einer etwas zu bildhaften Phrase, daß sie «mit dem Dolch in der Hand die Eingeweide ihrer eigenen Mutter, ihres Frankreichs, zu zerfleischen suchten». Das, rief Forster, sei das Ziel und Ende des «Moderantismus, der immer nur mit einschläfernden Worten, mit sanfter Stimme, mit Engelsblicken euch einzuwiegen sucht, um euch hernach desto bequemer mit Haut und Haaren zu verschlingen.»

Zum anderen verwies er auf das anti-französische Ressentiment, das seit den Tagen des Sturm und Drang die Gesinnung der «rechten Teutschen» tränkte – in einer seltsamen Korrespondenz mit der Frankreichhörigkeit der Aristokraten, die ihre Muttersprache verleugneten, um «schlechtes Französisch noch schlechter auszusprechen». Sie müßten künftig Russisch lernen, sagte Georg, wenn sie «die Rede freier Männer nicht hören und nicht sprechen» wollten, und am Ende müßten sie «zum Bellen ihre Zuflucht» nehmen.

In dieser Rede bezeichnete Forster (nach der Feststellung von Marita Gilli) zum erstenmal in aller Öffentlichkeit den Rhein als die «natürliche Grenze» Frankreichs. Im Dezember nahm die Nationalversammlung das Stichwort auf. In einer Erklärung sprach sie von Frankreichs «natürlichen Grenzen am Rhein, den Alpen und Pyrenäen».

Der politische Kern von Forsters Rede war noch immer eine Mahnung zum Ausgleich zwischen Frankreich und Preußen, wie ihn «Friedrichs kluger Diener» Hertzberg empfahl, der von «Geistersehern und windigen Hofschranzen verdrängt» sei. Wörtlich wiederholte er Müllers Argumentation für den Kompromiß mit der Besetzung, den der einstige Staatsrat den Mainzern nahegelegt hatte. Georg verzichtete nicht darauf, den Namen des Freundes zu nennen. Hernach beklagte sich Müller, Georg habe einen wesentlichen Teil des Zitates unterdrückt: Er habe den Mainzern nur geraten, so zu handeln, wie von Forster geschildert, wenn sie dazu genötigt würden. Wie schwer oder gering jener Vorbehalt am Ende wiegen mochte: Georg war nicht autorisiert, sich auf Müller zu berufen. Er mußte wissen, daß er dem Gefährten, der ihm niemals anderes als zuverlässige Loyalität bewiesen hatte, böse Ungelegenheiten bereiten würde. Das war ein schlimmer Makel, der an seiner Rede haften blieb. Und dies der andere: «So eilt», rief Georg am Schluß, «so strömt hinzu, so drängt euch heran und zeichnet euren Namen in das Buch, das die Wünsche freier Männer enthält; so laßt die Franken endlich sehen, wie die Freiheit auch deutsche Männer begeistern kann...»

Das «rote Buch» – nicht lange danach verwarf er die Propaganda-Aktion der zwei Farben-Bücher als schiere Torheit. Der idiotische Einfall stammte von Böhmer: Wer die Freiheit, die Menschenrechte, die Republik und die Verfassung für Mainz und das rheinische Land wünschte, war nach dem Willen des übereifrigen Schulmeisters aufgefordert, sich in ein rotes «Buch des Lebens» einzutragen. Wer die Despotie und das Regime des Kurfürsten vorzog, konnte seinen Namen ins «schwarze Buch der Sklaverei» schreiben, das zur kindlichen Abschreckung mit Ketten behängt war.

Immerhin setzten an die tausend Bürger, wenngleich nicht völlig freiwillig, ihren Namen in Böhmers rotes Buch, ehe die französischen Kommissare dem Unsinn ein Ende machten. Georg bemerkte in seiner Studie über die Mainzer Revolution mit einiger Verspätung, der größte Teil des Publikums habe jene Maßregel als den «härtesten Zwang» betrachtet. Via Böhmer machte er Custine für die infantile Schikane verantwortlich – wie er ein dreiviertel Jahr danach überhaupt eher kritisch mit dem General verfuhr, von dem er bei seinem Einzug gesagt hatte, er werde von seinen Soldaten vergöttert. Er kreidete Custine das plumpe und unsinnige Manifest an die Adresse der Hessen an und rügte, daß er sich nicht auf den Abschluß und die Konsolidierung der linksrheinischen Eroberungen konzentriert hatte. Dies entsprach in mancher Hinsicht den Anschuldigungen, die auf Custine nach dem Verlust von Mainz in der National-Versammlung niederprasselten. (Er wurde des Kommandos über die Nordarmee enthoben, verhaftet und guillotiniert.)

Am 15. November – jenem Tag, an dem Georg zum erstenmal im Club auftrat – rückte die Revolutionsarmee in Brüssel ein. Dumouriez verzichtete fürs erste darauf, Belgien zu annektieren. Er wollte, daß ein Sicherheitsgürtel freundlicher Staaten die Republik umschließe. Den Jakobinern schmeckte dieses Konzept nicht allzugut. Sie zogen den Anschluß der besetzten Gebiete vor. Dies entsprach auch Georgs Intentionen. Eine deutsche Republik am Rhein konnte für ihn nur die Vorstufe der unmittelbaren Integration in die «fränkische Nation» sein.

Drei Tage nach Georgs großer Rede im Club ernannte Custine eine zivile Administration. Die Präsidentschaft fiel dem 34jährigen Anton Joseph Dorsch zu, der aus Straßburg zurückgekehrt war. Die Mainzer entsannen sich des freundlichen Philosophieprofessors, der aus Heppenheim stammte, gut genug: er hatte, ehe er das Lehramt übernahm, als Kaplan in dem Dörfchen Finthen gedient. Unter den Kollegen der Universität sprach man mit Achtung von der Tapferkeit, mit der Dorsch die Philosophie Kants verteidigte. Da er, unerschrocken genug, mit seiner Haushälterin zusammenlebte, zog er freilich die Ressentiments der Frommen und der Mainzer Spießer auf sich, die einem Mann Gottes gern die heimliche Sünde, doch kaum die offene Rebellion verziehen. Ein «défroqué» – auch wenn er sich selber aus dem geistlichen Stand entlassen hatte – besaß geringe Chancen, den Respekt seiner Mitbürger zu gewinnen, zumal wenn er sich gleichzeitig gegen den offenen oder heimlichen Vorwurf der «Collaboration» mit den Siegern zur Wehr setzen müßte, die nicht jeder Bürger als Befreier zu betrachten bereit war. Überdies fehlte ihm jede Erfahrung in der Führung weltlicher Geschäfte.

Das konnte auch Forster nachgesagt werden, den General Custine zu Dorschs Vertreter ernannte. Doch Georg kam seine praktische Kenntnis so vieler Länder und Lebenslagen zugute. Die dreijährige Weltreise und ein wechselreiches Leben, das ihn gezwungen hatte, sich so vielen grundverschiedenen Formen der menschlichen Gesellschaft anzupassen, schärften den Sinn für das Praktische und Mögliche. Überdies nützte Georg die souveräne Beherrschung des Französischen. Custine und die Offiziere seines Stabes fanden die Unterhaltung mit dem weitgereisten Mann amüsanter als die schwerblütigen Gespräche mit dem Philosophen Dorsch. Forster hatte überdies eine geistreiche und kapriziöse Frau, die mit ihrem Mann oft an die Tafel des Kommandeurs im kurfürstlichen Schloß geladen wurde. Der alte Heyne mahnte seine Tochter nicht nur scherzend, sie möge darüber nicht hochmütig werden.

Es gab keinen Zweifel: Georg war der führende Kopf der Administration, die nach dem Muster eines französischen Departements organisiert wurde. Seinem Vater in Halle berichtete er, seine Zeit sei nun ganz mit Geschäften ausgefüllt, die ihm zuvor fremd waren. Mit einer etwas zu kräftig aufgetragenen Wichtigkeit betonte Georg, er werde die Korrespondenz mit dem Vater «unschuldig» halten, «denn ich werde weder Staatsgeheimnisse aufdecken, noch von Ihnen irgend etwas Aehnliches verlangen». Er sei nun «Untertan – nein, das Wort ist hier verbannt –, Bürger der französischen Republik und eine von den neun Personen, welchen die Administration der neuen, eroberten Departements, von Speyer bis Bingen, anvertraut ist...» Der Vater könne stets erklären, daß er nicht für Meinungen und Handlungen seines Sohnes verantwortlich sei. Therese wiederum versicherte dem besorgten Hofrat in Göttingen – der übrigens seine vierzigjährige Frau gerade zur Mutter eines späten Söhnchens gemacht hatte –, sie sei «nicht fanatisch», doch sie beobachte in der Stadt ein «Erwachen der edelsten Kräfte». Die «Erlaubnis zu sprechen» – das heißt: das Recht auf freie Rede – entwickle «den Geist dieser verklommenen Mainzer». Zum erstenmal fühlten sie «die göttliche Wärme eigenen Werts und Wollens». Noch sei das Volk gelähmt. Die Dinge gingen einen langsamen Gang...

Es war nicht einfach, frei zu sein. Dorsch mahnte die Bürger des Gemeinwesens, sich künftig aller «erniedrigenden Ausdrücke» im Umgang mit den Behörden zu enthalten. Sklavische Formeln wie «gnädigst», «in Submission», «unterthänigst» seien für einen freien Menschen unanständig. Indes, über Nacht ließen sich Devotion und Servilität nicht austreiben. Sie bestimmten noch lang Wort und Tat der Mainzer, auch im Umgang mit den französischen Soldaten, die von der Mehrzahl der Intellektuellen und von vielen Bauern wohl als Befreier willkommen geheißen wurden, zugleich aber – das ließ sich nicht aus der Welt reden – Repräsentanten einer Besatzungsmacht waren.

Custine und seine Offiziere versuchten, den Widerspruch mit Pathos, Charme und gutem Willen zu überspielen. Wenn ein Konflikt drohte, ließen sie keinen Zweifel, daß Befehl und Gewalt das letzte und entscheidende Wort sprechen müßten, wo Einsicht und freier Wille versagten. (Wie sollte es anders sein?)

Die bereitwilligste Aufnahme fanden die Boten der Republik draußen auf den Dörfern: den Bauern wurden die drückenden Lasten der Herren des Adels und der Klöster erlassen – Grund genug, um zu jubeln. Sie feierten gern ein Fest, und sie waren vergnügt, wenn der Freiheitsbaum, mit dreifarbigen Bändern und der roten Mütze der Revolution geschmückt, auf dem Dorfplatz aufgerichtet wurde. Man tanzte, man sang nach altem Brauch. Die Boten der Republik versuchten, neue Lieder unter die Leute zu bringen, die es nicht immer verdienten, in einem Album der Volkspoesie festgehalten zu werden. Gedruckte Zettel mit einem «Freiheitsgesang für den Landmann» wurden verteilt:

«Freut euch alle liebe Kinder!
Holla! holla! wir sind frei!
Kauf sich jeder Haus und Rinder,
Nehm ein Weibchen noch dabei.»

Die französischen Soldaten lehrten ihre befreiten Brüder und Schwestern am Rhein, das «Ça Ira» zu singen, die «Carmagnole» zu tanzen... «Schulzens feine Katherine / Stimmt ça ira dazu an.»

«Arme Narrn, die für'n Fürsten
sich so plagen, wüsten sie,
wie wir's haben; hungern, dürsten
Thun wir nicht mehr, wir sind frei.»

Freilich, die Stimmung auf dem Lande schlug unversehens um, als die französischen Militärs gezwungen wurden, Futter und Getreidevorräte zu requirieren. Jede Fourage ohne Bezahlung war strikt untersagt. Die Soldaten der Revolution hielten es nicht wie die Preußen beim Einmarsch in die nordfranzösischen

Provinzen, die – nach Goethes Bericht – ihre Schuldscheine auf Ludwig XVI. ausstellten, der nach seiner Befreiung bezahlen sollte. Dennoch, Übergriffe und Durchstechereien waren unvermeidlich. In den Städten, zumal in Mainz, neigten die Bürger ohnedies dazu, den Fortgang der Dinge mit dumpfem Mißtrauen abzuwarten. Die Geschäfte gingen nur schleppend. Das Besatzungscorps konnte die Gesellschaft des Hofes und des reichen Adels nicht ersetzen. Von den Bedürfnissen der Privilegierten aber, die der Stadt in panischer Angst den Rücken gekehrt hatten, bestritten die Handwerker einen guten Teil ihrer Einkünfte. Sie muckten gegen die Herrschaft nicht auf. Das wäre nicht nach Art der Mainzer gewesen. Sie sagten: «Wer uns gewinnt, der hat uns.» Aber war es so sicher, wer am Ende wen gewinnen würde?

Am zweiten Dezember gelang es den Preußen, Frankfurt durch eine Kriegslist im Handstreich zu nehmen. Zornige Kleinbürger, die Schlächtergesellen den anderen voran, durch die Auflagen und Taktlosigkeiten der Franzosen mobilisiert, richteten unter den Mitgliedern der allzu schwachen Besatzung ein schreckliches Blutbad an. Forster wetterte, wie alle «Patrioten», gegen den «Verrat». Hätte er sich die Zeit für eine genauere Prüfung der Ereignisse nehmen können – er wäre auf schlimmeren Anlaß für sein Entsetzen gestoßen: die Vermengung der demokratischen Mission des revolutionären Frankreichs mit der Demonstration militärischer Macht schürte einen harten, ja rabiaten deutschen Gegen-Nationalismus auf, der sich aus Trotz, gekränktem Idealismus und Haß zu nähren schien. Eine positive Botschaft vermittelte er nicht. Sollten sich seine Trommler auf die Verteidigung der feudalen Ordnung berufen? Auf den Mythos eines morschen Reiches? Sie verteidigten keine altverwurzelte Freiheit, keine Tradition der Gerechtigkeit, kein Konzept der Hoffnung. Das Ressentiment schöpfte seine dunklen Energien aus der Abwehr des Fremden und dem Widerstand gegen das Neue – auch, das durfte nicht verschwiegen werden, aus bitteren Erfahrungen, die sich durch die Eroberungskriege Ludwig XIV., die Plünderungen, Brandschatzungen und Mordzüge seiner Armeen in die Gemüter der Deutschen eingefressen hatten. Davon ahnte Georg wenig. Er war im Südwesten

Deutschlands nicht zu Haus. Er registrierte nur die Resistenz der Mainzer, von denen er Anfang Dezember sagte, daß sie «ohne den gnädigsten Befehl des Herrn Generals nicht frei sein wollen und keinen Schritt dazu tun können und werden». Er täuschte sich nicht.

XXIII
Der Volksfreund

Die glänzenden Hoffnungen, die Georg im Pathos seiner ersten Reden und im kämpferischen Elan seiner Briefe zu erkennen gab, zerstoben binnen weniger Wochen. Im Club und im Publikum, schrieb er Anfang Dezember an Huber nach Frankfurt, werde man sagen, «wir sind verloren, denn Forster schickt seine Frau und Kinder schon fort; und er hat auch nur das Maul aufgerissen, wie die andern, um uns im Stich zu lassen, jetzt, da es gilt...» Er fügte die deprimierte Feststellung hinzu: «Daß ich von Therese das Opfer, mit mir zu leben und zu sterben, nicht fordern kann, fühle ich; desto schmerzlicher ist meine Lage.» Die Trennung, fuhr er fort, sei notwendig, und er sei zu ihr entschlossen. Einen Tag später schickte er die Nachricht nach Frankfurt, Therese werde am Sonntag, den 9. Dezember, nach Straßburg reisen. Huber riet er, im (unbesetzten) Mannheim oder in Sachsen Zuflucht zu suchen.

Der Adressat dieser Briefe war von den Mitteilungen Georgs kaum überrascht. Eher nahm er sie als die Bestätigung der Pläne, die zwischen ihm und Therese längst verabredet waren. Im September und Oktober, als die Preußen, die Österreicher und die Reichstruppen durch Krankheit, Hunger, Dreck und Kanonaden zum Rückzug aus Frankreich gezwungen wurden, Mainz und das Rheinland ins Zentrum der kriegerischen Gewitter gerieten, als das Feuer der Revolution zum erstenmal nach Deutschland übersprang und die Konflikte sich unaufhaltsam und gefährlich verdichteten – in dieser Krise Europas begann auch der schwebende Zustand der Spannungen in Forsters Haus der Aufsicht durch Vernunft und Großmut zu entgleiten. Das Signal, das der freundlich-feindlichen Existenz dieser drei Menschen ein Ende machte, kam von außen. Dem redlichen Körner, Hubers Freund aus Dresden, war schon häufig dieses und jenes Gerücht über eine zarte Verbindung seines künftigen Schwagers zu Therese Forster zugetragen worden. Überdies erschien im frühen Herbst in Bürgers *‹Göttinger Musenalmanach›* eine Satire von mäßiger Komik, die schon im Titel annoncierte, wer die Zielscheibe des Spottes war: *‹Huberulus Murzuphlus oder der poetische Kuß›* hieß das recht primitive Stück, in dem es anzüglich hieß: «Nie seh ich eine Stirn, so greif' ich unverdrossen / Nach meiner; denn ich weiß, daß da die Hörner sprossen.» Hubers literarische wie sexuelle Potenz wurde mit vulgärem Spott in Zweifel gezogen:

> Was fehlt ihm denn? Er bat mit heißem Munde
> Die Muse jüngst um ein Schäferstunde
> Und fand, er war – o Jammer! – ein Eunuch.

An Forsters Teetisch und anderswo wurde lang gerätselt, wer der Autor dieses plumpen Scherzes sein könnte. Der erste Verdacht traf Meyer, der in seinen Briefen an Caroline seine gekränkten Empfindungen gegenüber Therese niemals verbarg.

«Wo war Ihr Stolz?» fragte ihn Caroline voller Zorn. Anfang Oktober mußte sie ihm Abbitte leisten. Es hatte sich nach Mainz herumgesprochen, daß der Urheber dieses Bierzeitungsulks der Göttinger Philosoph Friedrich Bouterweck war, ein mediokrer Autor, den Huber durch eine unfreundliche Rezension verärgert hatte. Körner aber war im Begriff, die Geduld zu verlieren. In einem seltsam höflichen und eher vorsichtigen Brief bat er um Auskunft, wie es um Huber und seine Liebe zu Dora Stock stehe. Der junge Legationsrat schreckte auf. Therese machte ihm deutlich, es gehe nicht an, Dora noch länger hinzuhalten. Vermutlich verlangte auch sie selber Klarheit über seine Gefühle. Lang schien sich Huber zu winden. Nichts deutete darauf hin, daß es ihm schwer werden könnte, sich von der liebenswürdigen Malerin zu lösen, die er lange Jahre nicht gesehen hatte. Doch er haßte es, Entschlüsse fassen zu müssen. Hatte sich nicht jener «schwebende Zustand», in dem nichts entschieden und alles möglich war, als bequem, reizvoll und erstaunlich haltbar erwiesen? Der Mangel an Eindeutigkeit störte ihn nicht. Gern ließ er – zu nichts verpflichtet und für nichts verantwortlich – alles in der Schwebe. Doch nun gab es keinen Ausweg mehr. Mit großer Vorsicht (die er gern als Zartgefühl umschrieb) deutete er Körner und Dora an, die Zeit habe seine Gefühle verändert. Körner tobte. Vielleicht war es nicht die Absage an die arme Dora, die seinen Zorn erregte, sondern der Mangel an Wahrhaftigkeit. Er schickte Huber einen rabiaten Brief, und voller Wut schilderte er Schiller, was geschehen sei: «Daß ein Mensch zwei Freunde auf einmal betrügt, mit der Frau des einen liebelt und der Schwester des andern das Leben vergiftet, ist selten...» Der Dichter kommentierte die Nachricht mit dem Verdikt, das Thereses Hausfreund anhing, solang man sich seines Namens erinnerte: «Huber hat sich benommen, wie zu erwarten war, ohne Character, ohne alle Männlichkeit... Er bleibt, was er ist, ein räsonnierender Weichling und ein gutmütiger Egoist.»

Der Bruch mit Dora bedeutete, daß Huber endlich frei war. Diesen Zustand hatte er mehr gefürchtet als erhofft. Sein Verlöbnis schützte ihn davor, eine Konsequenz seiner Liebe zu Therese bedenken zu müssen. Indes, die Erregung von Krieg und Revolution fing die Erschütterungen der drei gequälten Seelen im Professorenhaus gnädig auf. Alle drei verließen sich auf ihre Weise darauf, daß der Tumult politischer Wirren und gesellschaftlicher Umwälzungen die Lebensentscheidungen erzwänge, die so schwer zu treffen waren. War es nicht leichter, sich der Geschichte auszuliefern, statt das eigene Geschick in die Hand zu nehmen? Galt dies nicht für Huber ebenso wie für Forster (am wenigsten noch für Therese)?

Immer war eine höhere Macht auf den Plan getreten, wenn Georg und die Seinen nicht länger aus noch ein wußten. So war es in London, in Kassel, in Wilna. Nun hatte er auf ein Signal aus Berlin gewartet. Doch die Revolution übernahm die Rolle der dea ex machina. Therese erhoffte von einer gewaltsamen gesellschaftlichen Veränderung die Chance, ein persönliches Glück ohne Schuld zu finden. Huber schickte sich – wie immer willig und nicht völlig lustlos – in die Fügung, die ihm von Stärkeren zugewiesen wurde. Georg war ohnedies bereit, auch öffentlich an der Gestaltung einer radikal veränderten Welt mitzuwirken. Alle drei – Geschöpfe einer zweifelnden Vernunft und des Verlangens nach einem neuen Glauben – wandten ihre Sympathien fast selbstverständlich der Revolution und der Republik zu.

Huber war durch sein Amt, so unwichtig es sein mochte, zu einiger Zurückhaltung verpflichtet. Dennoch ließ er sich überreden, nach Mainz zurückzukehren. Er folgte freilich nicht so sehr seiner Liebe zur Revolution als jener zu Therese, die darauf bestand, ihn bei sich zu wissen. Ein strikter Befehl seiner Regierung scheuchte ihn rasch wieder nach Frankfurt zurück. Später rechtfertigte er sich vor dem Minister mit dem (nicht ganz unzutreffenden) Argument, Mainz habe einem Diplomaten den besseren Beobachtungsstand geboten. Seine republikanische Überzeugung bestritt er mit einer wenig imponierenden, doch verständlichen Ausrede: als Forsters Mieter sei er, gegen seinen Willen, in Gespräche seines Hausherrn gezogen worden, die ihn zu Unrecht verdächtig gemacht hätten.

Therese aber hatte ihren unabhängigen und kritischen Geist von Kind auf bewiesen. Durch den Glanz des Adels und seiner Feste war sie mitunter verführbar – um so besser, wenn ein General der Revolution, überdies von nobler Herkunft, nun den Fürsten in der Pfaffenstadt verdrängte und im Schloß die Lichter der Freiheit aufstrahlen ließ. Manche Bürger bemerkten höhnisch, die Citoyenne Forster hätte ihrem republikanischen Eifer Zügel anlegen sollen. Den Reizen einer verbalen Radikalität gab sie manchmal allzu gedankenlos nach. Für Georg jedoch schien sich, nachdem er nicht länger mit einem Zeichen der Preußen rechnen durfte, der heimliche Traum so vieler gelehrter und poetischer Geister zu erfüllen: daß er sich endlich als ein Mann der Tat bewähren könne. Niemals war er später als um fünf Uhr in der Früh aus den Federn. Selten kam er vor Mitternacht ins Bett. Selbst seine Feinde bestätigten, daß er sich redlich und nicht ohne Erfolg für seine Mitbürger abrackerte. Krankheiten und Kränkeleien, die ihn fast stetig quälten, schien er fürs erste abgeschüttelt zu haben.

Gegen Ende November ließ sich ein Rendezvous mit Huber in Hoechst arrangieren. Auch Thomas Brand, der kleine Engländer, begleitete Georg und Therese. Der junge Mann beurteilte die Lage mit kühlem Kopf. Noch einmal schlug er Forster vor, ihn nach Italien zu begleiten. Geld hatte er genug. Aber der Plan wurde verworfen. Forster wollte sich nicht aus Mainz davonschleichen. Er brachte es auch nicht übers Herz, sich in jenen Zeiten der Unsicherheit allzu weit von der Familie zu entfernen. Über eine Abreise Thereses wurde, die späteren Briefe deuten es an, nur in allgemeinen Wendungen gesprochen.

Der Fall von Frankfurt veränderte alles. Custine beschleunigte den Ausbau der Verteidigungsanlagen von Castell, dem Brückenkopf am anderen Ufer des Rheins. Die Franzosen ließen keinen Zweifel an ihrer Entschlossenheit, Mainz zu verteidigen. Dennoch machte sich Georg mit dem Gedanken vertraut, daß die Festung am Ende nicht zu halten sein werde. Er betrachtet sich – auch in seinen Briefen an Voß – als «fränkischen Beamten», und es gab keinen Zweifel: er würde sein Glück in Frankreich suchen... Therese widersprach ihm nicht.

Am 9. Dezember stieg sie mit der fünfjährigen Therese, der zweijährigen Klara und einer treuen Dienstmagd in Forsters hochbeladenen Wagen. Thomas Brand hatte sich entschlossen, die Familie bis Straßburg zu begleiten. Den jungen Mann graute es – wie Therese drei Jahrzehnte später mit allzu tugendhaften Wendungen schrieb – mit «seinen strengen, altenglischen Begriffen von weiblichem Anstand... vor den Unziemlichkeiten, denen die Frau seines Freundes ausgesetzt seyn sollte». Die Motive für ihre Abreise wechselten in ihren künftigen Erzählungen des öfteren. Einmal schob sie den Entschluß dem englischen Gefährten zu, der es nicht ertragen konnte, sie den Gefahren einer Okkupation auszusetzen. Ein anderes Mal waren es Huber und Brand gemeinsam, die Georg beredeten, seine Frau und die Kinder aus der Gefahr zu entfernen. In manchen Briefen bestand sie darauf, Forster allein habe sie bedrängt, sich in Sicherheit zu bringen. Stets versuchte sie den Eindruck zu verwischen, sie habe ihren Mann im Stich gelassen, um ihr Zusammenleben mit Huber vorzubereiten. Caroline aber schrieb an Meyer ein hartes Verdikt: «Therese ist nicht mehr hier. Sie ist mit den zwei Kindern nach Strasburg gegangen – warum – das fragen sie mich nicht. Menschlichem Ansehen nach, ist es der falscheste Schritt, den sie je gethan hat, und der erste Schritt, den ich ohne Rückhalt misbillige. Sie, die über jeden Flüchtling mit Heftigkeit geschimpft hat, die sich für die Sache mit Feuereifer interressirte, geht in einem Augenblick, wo jede Sicherheitsmaasregel Eindruck macht, und die jämmerliche Unentschiedenheit der Menge vermehrt – wo sie ihn mit Geschäften überhäuft zurücklässt – obendrein beladen mit der Sorge für die Wirtschaft – zwey Haushaltungen ihn bestreiten läßt, zu der Zeit, wo alle Besoldungen zurückgehalten werden. Das fällt in die Augen.»

Es war Carolines klarer Eindruck (wie Eckart Kleßmann schilderte), daß sich Georg gegen die Abreise seiner Frau lang und heftig gesträubt hatte. Sie dachte nicht an Scheidungspläne. Vielmehr nahm sie an, Therese habe nach dem Fall von Frankfurt die kriegerische Heimsuchung gefürchtet, die auch Mainz überkommen würde. Forster tat Caroline leid. «Er ist der wunderbarste Mann – ich hab nie jemand so geliebt, so bewundert und dann wieder so gering geschätzt. Er ging seinen politischen Weg durchaus allein und that wohl daran... Er geht mit einem Adel – einer Intelligenz – einer Bescheidenheit – einer Uneigennützigkeit – wär es nur das! aber im Hinterhalt lauscht Schwäche, Bedürfniß ihres Beyfalls, elende Unterdrückung gerechter Forderungen – auffahrendes Durchsezen geringeres. Er lebt von Attentionen und schmachtet nach Liebe...»

Für sich selber bemerkte sie zum Schluß: «Ich bleibe hier – man gewöhnt sich an alles, auch an die tägliche Aussicht einer Belagerung.» Ende Dezember aber schrieb Therese an Caroline: «Lieb und pfleg [ihn], und denke vor dem Frühling nicht an Aenderung des Aufenthalts, bis dahin läßt sich viel hübsches thun.» Nun wollte Caroline die Verschleierungsmanöver nicht länger dulden. Sie drängte Huber in einem Brief nach Frankfurt, Georg endlich mit der ganzen Wahrheit zu konfrontieren. Der Legationsrat beugte sich dem Appell an seine Ehre. Über Caroline schickte er einen Brief an Georg, den Therese wie fast alle anderen Zeugnisse aus jenen schwierigen Tagen vernichtet hat. Zwischen Forster, Huber und Therese wurde – laut Caroline – verabredet, daß bei der endgültigen Trennung die ältere Tochter

Therese zu Georg komme, die kleine Klara aber bei der Mutter bleiben sollte. Forsters Stimmung, fügte Caroline hinzu, sei in jenen Tagen «so schwankend» gewesen, daß es alle Geduld schwesterlicher Freundschaft gebraucht habe, ihn zu ertragen.

Caroline und ihre Hausgenossin Meta Forkel kümmerten sich wohl um Georgs Haushalt, berieten mit ihm seine alltäglichen und seine politischen Sorgen, begleiteten ihn auch in Gesellschaft. Vermutlich hielt Meta Verbindung zu ihrem Bruder, dem Professor und Arzt Georg Christian Wedekind, der dem Club vom 24. November bis zum Ende des Jahres präsidierte: ein eigenwilliger Kopf, die Züge eher verschlossen, doch die Augen voller Leben. Auch er gab, wie Böhmer (und später Forster) eine Zeitung heraus, die voll feurigen Geistes war: die Wochenschrift *‹Der Patriot›*. Man lobte das hohe Niveau des Blattes, in dem dann und wann auch kritische Meinungen Platz fanden: ein erstes Beispiel demokratischer Publizistik, die den Namen verdiente. War es undenkbar, daß Wedekinds belesene Schwester, die Thomas Paines Schriften mit solchem Enthusiasmus ins Deutsche übertragen hatte, auf des Bruders publizistische und politische Arbeit einen wohltätigen Einfluß gewann?

Von der Natur ihrer Freundschaft zu Forster war später selten die Rede. Zwar wurde in der bösen Komödie *‹Die Mainzer Klubbisten zu Königstein›* auch ihr unterstellt, sie sei (wie Caroline) Georgs Maitresse gewesen. Munter ging es zu in dem miserablen Stückchen, das von Vulgarität und Schadenfreude diktiert war. «Bürgerin Böhmer: Wenn das Canapé sprechen könnte, was meinst Du wohl? – Bürgerin Forkel: Daß es von Dir nicht viel weniger, als von der Forsterinn, erzählen würde. – Bürgerin Böhmer: Noch lange nicht so viel, als Forsters Schreibzimmer von Dir, wenn Du ganze Stunden da zubrachtest, um Deine englischen Uebersetzungen von ihm durchgehen zu lassen. Du hattest es hierinn noch besser, als ich, denn dies Handwerk triebst Du, wie die Forsterinn noch da war, und zwar ohne je im mindesten von ihr gestört zu werden, weil sie indess mit Hubern desto ungestörter das ihrige treiben konnte...» Am ärgsten verfuhr die Satire mit Therese: sie nannte ihre Beziehung zu Huber eine «unwürdige Leidenschaft» für einen elenden Menschen, der sich «wie ein Hausdieb» bei Forster eingeschlichen habe. Der anonyme Autor, das ließ sich nicht bestreiten, kannte den Mainzer Stadtklatsch bis ins intimste Detail.

Indes beschäftigte sich die öffentliche Phantasie nicht allzu intensiv mit Meta Forkel, obwohl sie ihre Sympathie für Georg niemals verleugnete, auch nicht nach ihrer zweiten Heirat, in der sie sich mit dem bayerischen Beamten Johann Heinrich Liebeskind verband. Mit Caroline war es anders. Therese selber nährte den Eindruck, die Freund-Feindin sei Georgs Geliebte gewesen. In einem französischen Brief an ihre und Georgs siebzehnjährige Tochter äußerte sie sich über die lebenslange Rivalin mit einem Haß von seltener Qualität. Sie schonte auch den Vater des Kindes nicht. Als junges Mädchen sei sie selber in Forster verliebt gewesen, schrieb sie der zweiten Therese, doch nicht lange, denn bald sei sie von «brillanteren Bewunderern» umgeben worden. Vom ersten Aufenthalt Forsters in Göttingen an aber habe Caroline versucht, seine Aufmerksamkeit auf sich zu ziehen – mit Erfolg wie alle Frauen, denn sie seien Georgs Schwäche gewesen. In Mainz sei kein Tag vergangen, an dem sie sich nicht in ihrem Haus aufgehalten habe. Sie, die Mutter, habe ihre Intimität mit Forster bald begriffen, freilich, die Vergnügen, die Caroline ihm gewährt habe, seien nicht in ihrer Macht gewesen – aber das habe ihr nicht eine böse Viertelstunde lang zu schaffen gemacht.

Jener indiskreten und taktlosen Klage an die Adresse von Forsters blutjunger Tochter ging eine literarische Auseinandersetzung zwischen Huber und den Schlegels voraus. Caroline hatte in einem Brief an Therese keinen Zweifel an der herben Einsicht gelassen, daß Huber kaum die Qualitäten besäße, sich an August Wilhelm Schlegel zu messen. Therese, die sich über die Grenzen von Hubers Talent in Wahrheit nicht täuschte, kämpfte wie eine Furie für den verkannten Gefährten, den sie der Tochter gegenüber «den besten, den wahrhaftigsten, den kindlichsten Menschen» nannte. In ihrem gekränkten Zorn scheute sie nicht davor zurück, den toten Vater in den Augen seines Kindes herabzusetzen (übrigens ohne Erfolg). Ihr Haß gegen Caroline, der sie sich nach Forsters Ende auf eine fast schamlose (und dennoch nicht ganz wahrhaftige Weise) eröffnet hatte, war nun unversöhnlich. In einem zweiten Brief an die junge Therese erzählte sie von einer Begegnung mit Meta Forkel-Liebeskind, die sich daran erinnert habe, mit welcher Leidenschaft Caroline bei einer «Orgie» in Mainz die Carmagnole mit dem kleinen französischen Leutnant Jean Baptiste Cubois-Crancé tanzte. Dem neunzehnjährigen Offizier – Sohn eines Generals und Abgeordneten der Bergpartei (der es zum Kriegsminister im Directoire brachte) – wurde in jenen bewegten Wochen das Glück zuteil, die Liebe der fast dreißigjährigen Frau mit den klugen, so lebhaften Augen und den dunklen Locken wenigstens für eine Nacht zu gewinnen. Sie büßte bitter für die Umarmung. Den Knaben, den sie neun Monate später in der Abgeschiedenheit eines thüringischen Dörfchens zur Welt brachte, von Friedrich Schlegel beschützt, hielt alle Welt für einen Sohn Georg Forsters. Das war Anlaß genug, Caroline zu ächten. Erst die Ehe mit dem ritterlichen August Wilhelm Schlegel erlöste sie aus der öffentlichen Verdammung. Therese versäumte damals wenig, das Gerücht von einer Liaison zwischen Caroline und Georg zu schüren. Es lenkte – so das Kalkül – von ihrer Flucht aus Mainz und aus ihrer Ehe ab.

Die Reise nach Straßburg bestand sie gefahrlos. Die Kinder und sich selber hüllte sie in einen dicken, großen Pelz, den sie aus Polen mitgebracht hatte. Die Zöllner waren höflich. Sie nahmen ihr lediglich einige Rollen Garn ab, deren Einfuhr nach Frankreich nicht erlaubt war (und schickten es brav nach Mainz). Durch die Vermittlung des Buchhändlers Treuttel fand sie Unterkunft im Haus des Tabakhändlers Cœur, dessen Tochter bei republikanischen Feiern in gewagter Gewandung als Göttin der Freiheit aufzutreten pflegte, obwohl sie, wie Therese spitz bemerkte, ein «schon verblühtes Mädchen» war. Ihre Wirtsleute schienen enthusiastische Jakobiner zu sein. Der Bürgermeister aber und sämtliche Männer von Einfluß zählten zu den «Feuillants», mit denen sie sich (so ihre Behauptung) mit Rücksicht auf Georg jeden Umgang verbot. Sie war einsam. Sie fühlte sich in Straßburg nicht sicher. Überdies fürchtete sie, daß sie Forster bald nach Paris folgen müsse. Und dort? «... Ohne Gespielen, sich ohne weibliche Gefährten zu sehen, Forster'n bei unsicherm Erwerb, arbeitsunlustig, unfähig, vielleicht bei zunehmender Kinderzahl von zunehmenden Obliegenheiten gedrückt – diese Aussicht machte sie schaudern.» Ihre heftige Phantasie ließ sie später ausmalen, daß nicht nur Forster, sondern – dank ihrer unerschrockenen Rede – auch sie selber mit Gewißheit Opfer des Terrors hätte werden müssen, die beiden Mädchen einem ungewissen Schicksal preisgebend, von fremden Menschen aus Mitleid adoptiert oder, noch schlimmer, in der Gosse ihren Unterhalt suchend.

Sie wurde – so ihre Erzählung – durch einen Brief ihres Freundes Georges de Rougemont gerettet, der ihr in Neuchâtel ein Refugium anbot. Indes erwähnte sie auch, daß der Jugendfreund, der ihrer Stiefmutter womöglich näherstand als ihr selber, sich wenige Wochen vor dem Einmarsch der Franzosen in Mainz aufgehalten hatte. So war es nicht völlig ausgeschlossen, daß sie mit dem Vertrauten schon damals die Möglichkeit einer Flucht besprach. Als sie Georg ihren Entschluß zur Weiterreise in die Schweiz mitteilte, berief sie sich auf den Vater. Forster war entsetzt. Er wies sofort darauf hin, daß Neuchâtel der Krone Preußens zugehörte – das sich mit Frankreich im Krieg befand. In seinem Schreck übersah er, daß Neuchâtel, obwohl preußisches Fürstentum, Mitglied der Eidgenossenschaft und darum neutral war. Seine Sorge: die Aussicht, daß er sich seinen «Kindern wieder nähern und froh für sie arbeiten» könne, würde sich durch diesen Schritt Thereses weit entfernen. Überdies nahm er Anstoß, daß sie sich in Straßburg mit dem Bürgermeister Türckheim in Verbindung gesetzt hatte, der ein geschworener «Feuillant» war.

Therese hatte einmal, närrisch genug, mit der verblühten Freiheitsgöttin im Rathaus vorgesprochen, um ein Ausreisevisum in die Schweiz zu erlangen – und war brüsk abgewiesen worden. Danach faßte sie sich ein Herz und nahm Verbindung zu Professor Schweighäuser auf, der ein Freund ihres Vaters war und zur Partei der Liberalen zählte. Sofort wurde ihr Wunsch ohne Umstand erfüllt. Forster hatte ihr einen Teil des preußischen Geldes geschickt. Seine Bitte, auf die Reise zu verzichten, kam zu spät. Therese war längst über den Bergen. In den ersten Januartagen traf sie in Neuchâtel ein und wurde in dem reizenden Rokokopalais der Rougemonts aufs liebenswürdigste empfangen. Voll ohnmächtiger Traurigkeit und mit verhaltenem Zorn schrieb ihr Georg Anfang Februar, er bemerke, daß sie durch ihren Schweizer Umgang schon durch und durch «feuillantisiert» sei: er hätte es vorgezogen, wenn sie geradezu Royalistin geworden wäre. Mit Heftigkeit beschwor er sie, jeden Umgang mit Emigranten zu meiden. «Es tut mir unbeschreiblich weh, Dich darum bitten zu müssen; es hat mir so etwas geahndet, als Du nach Neuchâtel gingest und mir dieser Schritt so mißlich dünkte. Wenn mein Bitten etwas bei Dir gilt, so gib diesen Verkehr augenblicklich auf. Gott, wie konntest Du auch den Leichtsinn so weit treiben?»

Unterdessen war in Paris der Kopf des Königs gefallen. Nach zähen und bitteren Debatten hatte die Nationalversammlung – mit einer Mehrheit von fünf Stimmen – die Todesstrafe über den Bürger Louis Capet verhängt. Kaum ein Abgeordneter wagte es, sich auf die – noch immer gültige – Verfassung des Jahres 1791 zu berufen, die präzis erklärte, die Person des Königs sei unantastbar. Der König, im düsteren Gefängnisturm des ‹Temple› seit Wochen von seiner Familie getrennt, bewies auf der Fahrt zur Richtstätte ruhige Würde. Am 21. Januar 1793 stieg der einstige Herrscher gegen 10.15 Uhr gefaßt aufs Schafott, das an der (späteren) Place de la Concorde auf ihn wartete, beteuerte (wenn die Legende zutraf) seine Unschuld, vergab den Richtern und Henkern. Er bat Gott, daß sein Blut nicht über Frankreich komme. Das Wirbeln der Trommeln übertönte seine Stimme. Niemand konnte verläßlich bezeugen, was er exakt zu sagen versuchte. Um 10.20 Uhr fiel das Messer. Das Bauernvolk in der Vendée protestierte – von der Priesterschaft angefeuert – gegen den «Königsmord» mit offener Rebellion. Der mächtige Danton rief den Monarchen Europas zu: «Wir werfen Euch den Kopf des französischen Königs zu Füßen.» Der Konvent erklärte England, Holland und Spanien den Krieg. Der Kontinent stand in Flammen.

Europa erschrak. In der Geschichte des Abendlandes war oft genug das Blut von Königen geflossen. Zum erstenmal aber richteten die Repräsentanten des Volkes über einen Monarchen. Den Abgeordneten der Nationalversammlung, die über das

Schicksal des Bürgers Capet befanden, ging es nicht um Schuld oder Unschuld, sondern um die Zerstörung eines Mythos. Die Mehrheit der Deutschen, die der Revolution in der schönen Begeisterung des Anfangs zugejubelt hatten, ob offen oder heimlich, wandte sich voller Entsetzen ab: mit dem Prozeß gegen den König wurde ein Tabu beiseitegefegt, das sie für unverletzlich gehalten hatten. Ohne Übertreibung ließ sich feststellen, daß die Revolution das Herz der Deutschen verloren hatte, als der Scharfrichter das abgeschlagene Haupt Ludwig XVI. emporhob, um es triumphierend der Menge zu zeigen.

Danton, Robespierre, St. Just, die Führer der Bergpartei, wußten sehr wohl, daß durch die Hinrichtung des Königs die Brücken zu einer Versöhnung mit den liberalen Gruppierungen des Bürgertums abgebrochen waren. Es blieb keine Wahl, als der Demokratie entschlossener entgegenzueilen. Die Isolation der Republik in Europa trieb die Radikalisierung voran. Verstand Forster die Logik dieser Entwicklung? Therese hatte aus Straßburg die Bedenken ihrer Freunde mitgeteilt. Er antwortete streng: «Ludwigs Tod war eine Sicherheitsmaßregel, Ludwigs Verurteilung mußte nicht nach Gesetzbüchern, sondern nach dem Naturrecht geschehen. Ein Tyrann, ein König beleidigt die ersten Grundbegriffe des bürgerlichen Vertrags.» Mit anderen Worten: auch in Forsters Augen mußte Ludwig schuldig sein, weil er König war. Die Konsequenz, so hart sie sein mochte, hieß er gut: «Die Republik ist eins und unzertrennlich, so auch ihre Souveränetät. Wenn also der Gemeingeist der einzelnen Munizipalität pp. verdorben ist, so fährt der Souverän, die ganze Republik, durch seine Stellvertreter dazwischen und übt sein Strafrecht aus, bis dieses einzelne Glied zur Besinnung gekommen ist und im echten Geiste der Republik wirkt. Das trifft oft manchen ganz guten Mann...» Mit anderen Worten: es wurde gehobelt – und Späne mußten fallen.

Der Fortgang der Ereignisse in Paris ließ Lage und Stimmung in Mainz nicht unberührt: mit der Verzögerung weniger Tage drangen die Stürme von der Hauptstadt bis ans Ufer des Rheins vor. Der französische Wille, die eroberten Gebiete in die Nation zu integrieren, gab sich nun klar zu erkennen. Am 15. Dezember beschloß der Konvent, in den besetzten Gebieten Wahlen auszuschreiben, damit der Anschluß an die Republik vollzogen werden konnte. Zuvor freilich sollten die Bürger den Eid auf die Prinzipien der Volksherrschaft und der Gesellschaft von Freien und Gleichen leisten. Der Schwur, der allen Adligen, Geistlichen, Staats- und Kirchenbeamten und den Mitgliedern der Universität abgefordert wurde, hatte laut Custines Erlaß diesen Wortlaut: «Ich, ..., schwöre treu zu sein dem Volke und den Grundsätzen der Freiheit und Gleichheit und entsage hierdurch feierlichst sowohl dem Kurfürsten... und seinem Anhang als auch allen meinen bisher genossenen Privilegien und Vorrechten.» Die Frist für die Leistung des Eides lief am 23. Februar ab.

Moralisch bereitete das Gesetz den Abgeordneten in Paris und ihrem Anhang im Rheinland nicht die geringste Schwierigkeit, da es dem Ziel diente, der Bevölkerung in den eroberten Regionen den Weg zum Glück zu bahnen. Überdies hatte es den Vorteil, Frankreich am Rhein zu etablieren, der von nun an, nach Forsters Formulierung, als die «natürliche Grenze» galt. Um die Durchführung der Beschlüsse zu sichern, entsandte der Konvent drei Kommissare nach Mainz, die Anfang Januar ihre Arbeit begannen: Antoine Christophe Merlin de Thionville, ein attraktiver junger Mann von kühnen Zügen, kühnen Reden und kühnen Gesten, voller Charme, nicht ohne Hochmut (und mit einem hübschen Kopf voller Locken). Er stammte, der Name sagte es, aus dem lothringischen Diedenhofen, war einer Klosterschule entlaufen, hatte Jura studiert, sich am 10. August am Sturm auf die Tuilerien beteiligt und gehörte der Bergpartei an. Mit ihm kam der 45jährige Jean Baptiste Francois Rewbell (oder Reubell) aus Colmar, ein Jakobiner, der eine knappe Frist Präsident der Nationalversammlung war, Montagnard wie sein Kollege Merlin. Als dritter erschien Nicolas Haussmann, auch er ursprünglich in Colmar zu Haus, Tuchhändler, gemäßigtes Mitglied der Bergpartei. Die Wächter des Volkswillens – das begriff Georg klar genug – hatten nicht nur den Auftrag, für einen reibungslosen Vollzug der Demokratisierung zu sorgen: sie sollten zugleich den französischen Militärs auf die Finger schauen, denen die Deputierten niemals zu weit über den Weg trauten.

Die Annäherung ans Ziel der Wahl war stockend, von Widrigkeiten, Pannen und Krisen aufgehalten. Es war nicht hilfreich, daß Custine und seine Vertreter drohend darauf hinwiesen, wer sich dem Segen der Verfassung (und der Zusammenarbeit mit der Besatzung) verweigere, werde aus Stadt und Land verjagt. Der Kaiser wiederum verhängte am 19. Dezember die Reichsacht über alle Deutschen, die sich in den Dienst der französischen Republik gestellt hatten. Der Aufmarsch der Preußen nahm sich von Tag zu Tag gefährlicher aus. Unablässig wurden Gerüchte über einen Abzug der «Franken» ausgestreut. Gleichzeitig schürte eine wütende Gegenpropaganda den Haß auf das Fremde und Neue, das am Rhein seine Herrschaft aufrichtete. Deutsche Jakobiner wurden als «ausgeartet» geschmäht. So nistete sich in jenen Tagen in Deutschland die Sprache des Ressentiments ein, die erst eineinhalb Jahrhunderte später die ganze Schrecklichkeit ihrer Gewalt demonstrierte. In der anti-republikanischen Gesinnung begannen (wie Dumont nachwies) die Elemente «konservativ» und «deutsch» miteinander zu verschmelzen. Das Ziel der heftigsten Anwürfe aber war Georg Forster: angeblich wurde auf ihn ein Kopfgeld von hundert Dukaten ausgesetzt. Ihn selbst schien nur die geringe Summe zu kränken. Den Vorwurf des «Verrats» ertrug er ohne zu große Erregung. Verrat an wem?

Er nahm es hin, daß sich fast alle Freunde von ihm abwandten, Soemmerring und Dohm, Jacobi, Schlosser, Lichtenberg, die beiden Humboldts... Wilhelm schrieb in jenen Tagen an Schiller: «Ungeachtet dieser meiner Anhänglichkeit an die französische Revolution kann ich es dennoch Forster nicht verzeihen, daß er in dem jetzigen Zeitpunkt auf einmal ganz öffentlich zur französischen Partei übergegangen ist... Ich sage nicht, daß es unpolitisch ist, denn Forsters zerrüttete Finanzumstände mochten vielleicht einen verzweifelten Schritt notwendig machen; aber unmoralisch und unedel scheint es mir doch in hohem Grade, dem Kurfürsten, dem er wahrlich mehr als Wohltaten zu danken hat, in einer Periode untreu zu werden, wo er offenbar der schärfere Teil ist...» Also «Verrat» am Kurfürsten, der es in der Tat nicht schlecht mit Georg meinte? Der Bibliothekar betrachtete den alten Erzbischof stets nur als seinen Brotherrn. Die fürstliche Autorität bedeutete ihm nichts.

Man sagte später zu Forsters Verteidigung: ein Mann, der unter der polnischen Krone geboren, in England aufgewachsen sei, dann unter dem Landgrafen von Hessen-Kassel, dem König von Polen und dem Kurfürsten von Mainz gelebt habe – wie, fragte man, sollte ein Mensch dieses Schicksals Deutschland als sein Vaterland anerkennen? So einfach indessen stellte sich das Problem nicht dar. Georg fühlte sich seit den Jünglingsjahren in London durchaus als Deutscher (allerdings war dieses Gefühl widerrufbar). Hinter der Zerrissenheit des Landes in so viele Staaten und Städtchen existierte sehr wohl eine Art nationaler Zusammengehörigkeit (die sich freilich nicht immer mit der geforderten Treue zum Landesherrn vertrug). Auch das Reich war nicht bloß ein Popanz, sondern – trotz Verfall und Lächerlichkeit – noch immer eine Realität, die respektiert wurde. Auch Georg sprach, wenn er an einen möglichen Abzug der Franzosen dachte, niemals davon, daß Mainz von neuem kurfürstlich werden solle. Er sagte vielmehr, es werde «wieder deutsch». Dennoch hatte er keinen Anlaß, sich als «Verräter» zu betrachten. Lang vor dem Einmarsch der Franzosen hatte er das schöne Wort geprägt, nur freie Menschen könnten ein Vaterland haben. Sein Patriotismus gehörte dem einzigen Staat der Freien, der in die Wirklichkeit Europas getreten war: der Republik der Franken, die nun ihre deutschen Brüder einluden, das Haus von Liberté und Egalité mit ihnen zu teilen.

Den Bürgern von Mainz wurde es nicht leicht, solchen Überlegungen zu folgen. Den französischen Offizieren und Soldaten fiel es zum anderen schwer, ihrer doppelten Aufgabe zu genügen: Hausgenossen in einem freien Gemeinwesen und Repräsentanten der Besatzung zu sein. Dennoch entschieden sich bei den vorläufigen Abstimmungen 29 von 40 Gemeinden für Konstitution und Republik. Nicht alle Mehrheiten wurden mit lauteren Mitteln erzielt. Doch man vergaß nur zu leicht: dies war für das Volk der Deutschen das erste Experiment demokratischer Wahlen. Man mochte sie nur bedingt «frei» nennen. Dennoch war das Ergebnis erstaunlich.

Georg wagte nicht, aus jenen Stichproben des Volkswillens allzu optimistische Schlüsse zu ziehen. Sein administratives Amt erlaubte ihm nicht, die Schwierigkeiten einer «Besatzungsdemokratie» zu unterschätzen. Er stritt, nach allen Zeugnissen, redlich und oft mutig für die Rechte seiner Landsleute. Als Andreas Joseph Hoffmann am 10. Januar 1793 die republikanische Elite einer Generalabrechnung unterzog, hatte Forster den geringsten Anlaß, sich gegen seine Anschuldigungen aufzulehnen.

Georg quälte es, daß er mit seinen Entscheidungen immer allein war. Er konnte sich mit Caroline beraten, mit Meta Forkel, vielleicht mit ihrem Bruder Wedekind, der vor Energie sprühte und einen klaren Geist bewies, dem redlichen Eickemeyer, der sich in den Dienst der Franzosen stellte, mit dem liebenswürdigen Blau – aber für das Gespräch mit Therese gab es keinen Ersatz. Er stehe in seiner Tätigkeit isoliert, schrieb er ihr: «Ich müßte heucheln, wenn ich nicht bekennen wollte, daß ich diese Vereinzelung jetzt sehr drückend empfinde... Der Briefwechsel mit Dir ist darum meine einzige Ressource, allein kaum bleibt mir noch die Zeit dazu...» Auch die Korrespondenz mit Huber war abgebrochen. Hoffmann warf der Administration Willkür und zu große Willfährigkeit vor, zumal bei Requirierungen. Der Legationsrat hatte Angst, sich verdächtig zu machen. In seinem vorletzten Brief schrieb ihm Georg noch voller Trotz, er sei überzeugt, «die Pforten der Hölle überwältigen die neue Freiheit nicht». Er möge das Weite suchen, wenn die Armeen der Republik nach Frankfurt zurückkehrten. «Denn das wird schrecklich sein und ist nicht zu vermeiden; die Menschen sind einmal nicht Engel, auch wenn sie ça ira und den Marseiller Marsch spielen. Rache ist ein furchtbares Wort.»

Von einer französischen Offensive nach Westen wagte in Wirklichkeit in diesem Augenblick keine Seele zu träumen. Vor wenigen Wochen noch hatte Georg verkündet, Custine könne nach Belieben marschieren, wohin der Ehrgeiz ihn treibe. Davon war keine Rede mehr. Die Veränderung der Kriegslage dämpfte bei so vielen Mitbürgern die Lust an der Freiheit: Der Mensch blieb ein elendes Wesen, Revolution hin oder her. Heyne, den Georg jetzt allzuoft geringschätzig und undankbar «den Alten» nannte, schrieb dem Schwiegersohn in einem der letzten Briefe, er habe doch nun einsehen müssen, daß «alle Vorstellungen von Vollkommenheit des Menschen und der menschlichen Gesellschaft törichte Träume sind...» Wenn man sie auf einen Schlag erreichen wolle, vergrößere man nur das menschliche Elend.

Stolz und mürrisch lehnte sich Georg in seiner Antwort an Therese gegen den Vorwurf auf: «Hätten Träume von menschlicher Vollkommenheit mich geleitet, als ich wählte, was ich hier zu tun hatte, wahrlich, dann wäre ich der Narr gewesen, für den man mich hält.» Er brauchte gewiß nicht die Vorhaltungen Hoffmanns, der – vielleicht nach einer Verabredung mit den drei Pariser Kommissaren – auf den Plan getreten war, um dem Präsidium des Clubs: vor allem Dorsch, Wedekind, Böhmer und am Rande auch Forster einen Marsch zu blasen, der nicht der Marseiller war. Der temperamentvolle Philosoph warf den Herren vor, sie hätten ihre Ämter erschlichen, ihre Macht mißbraucht, Zwang gegenüber den Bürgern ausgeübt. Er griff auch die französischen Kriegskommissare Blanchard und Villemanzy an, die das Bauernvolk auf den Dörfern durch Zwangsarbeit und Requisitionen verstört hatten. Das Publikum, das eine Sensation witterte, belohnte den Mut des Professors mit prasselndem Beifall. Als Merlin und Reubell zu verstehen glaubten, daß Hoffmann Zweifel an der Bündnistreue Frankreichs äußerte, sprangen sie empört auf und protestierten. Anderntags erschien Custine, um den Redner abzukanzeln, obschon er versicherte, er spreche im Club als Jakobiner und Bürger, nicht als General. Angeblich sagte er, als eine Deputation bei ihm vorstellig wurde, mit dem Blick auf Hoffmann: ein Mensch, der das Volk auf seiner Seite habe, sei gefährlich.

Hoffmann – ob durch heimliche Absprachen gedeckt oder nicht – wich keinen Schritt zurück. Dorsch, der sich zu rechtfertigen suchte, wurde vom Publikum niedergebrüllt. Forster sah sich dem Verdacht ausgesetzt, er wolle Hoffmann daran hindern, am folgenden Sonntag bei der Errichtung eines Freiheitsbaumes zu sprechen. Indessen bewies Georg sein diplomatisches Geschick, wie es so oft von ihm verlangt wurde, zumal als sich die deutschen und französischen Sektionen zu einem Club zusammenschlossen. Böhmer brachte, gegen alle Absicht, die Mainzer zum Lachen, als er behauptete, er opfere seine Gesundheit für die Interessen der Bürger. Von der Galerie wurden ihm höhnische Dankesrufe zugeworfen. Dennoch, man ging halbwegs versöhnt auseinander. Später gewöhnten es sich die rheinischen Jakobiner an, ihre Sitzungen mit dem Gesang der Marseillaise zu beenden. Niemand störte sich an dem unsäglichen Pathos des deutschen Textes:

«Tyrannen zittert! ihr Hyänen,
der ganzen Menschheit schwarzer Greul!
Zittert! euren Mörder-Plänen
graut der Tag des Lohns heran...»

Außerdem wurden Kollekte für die Armen veranstaltet: diesen Brauch hatte Forster eingeführt, sich an die frommen Versammlungen der Rosenkreuzer erinnernd.

Die Pariser Kommissare bemühten sich nun, das Volk von Mainz durch eine zweite Ouvertüre der Demokratie zu gewinnen. Am 13. Januar wurde ein neuer Freiheitsbaum aufgerichtet (der erste war umgestürzt worden, und man hatte die phrygische Mütze gestohlen!). Der Festzug begann am Komödienhaus, das dem Club als Tagungsort zugewiesen worden war. Hinter Pfeifen und Trommeln ritt Custine in großer Gala, gefolgt von Jakobinern und Kommissaren. Militärkapellen spielten unentwegt die «Marseillaise» und «Ça Ira». Schiffsleute schleppten den 23 Meter langen Freiheitsbaum. In der Prozession trug man aber auch Attrappen der Reichsinsignien samt Kurhut und Kreuz durch die Straßen. Sie wurden später unter etwas angestrengten Jubelrufen ins Feuer geworfen. Nationalgarden schritten mit gezücktem Säbel einher. Hoffmann hielt – wie beabsichtigt – die Festrede. Zum Schluß stimmte man ein «Te deum der Franken» an, das nicht zu den großen Leistungen der religiösen Dichtung zählte:

«Verstummt ist unsrer Feinde Spott,
Sie fühlen deinen Arm, o Gott;
die Völker segnen unser Los
Und werfen sich in Frankreichs Schoß.»

Die Hochstimmung – die sich dem Volk nur in geringem Maße mitteilte – hielt Forster nicht davon ab, der Administration seinen Rücktritt vom Amt des Vizepräsidenten anzubieten. Vielleicht kränkten ihn Hoffmanns herbe Rügen mehr, als er einräumen wollte. Vielleicht war es auch Erschöpfung, die ihm den Rückzug nahelegte. Vielleicht ein Zusammenstoß mit dem General, über den nichts bekannt wurde. Seine Bitte wurde aufs höflichste zurückgewiesen. Man wünschte ihm rasche Genesung von seiner Unpäßlichkeit.

Ein Element des Ärgers aber machte die Antwort der Kollegen deutlich: Forster drängte mit Ungeduld darauf, daß endlich die Urversammlungen zur Wahl des deutschen Nationalkonvents stattfinden sollten. Die Begründung der ersten deutschen Republik konnte (für Forster) freilich nur ein vorläufiges Ziel dieses Prozesses sein: Georg wollte den Anschluß an das revolutionäre Frankreich so rasch wie möglich vollzogen wissen. Der Aufmarsch der Alliierten gebot, vollendete Tatsachen zu schaffen. Das Verfahren aber verlangte nach der Vorschrift des Pariser Konvents die Anwesenheit von zwei Vertretern der Exekutive. Ohne sie durfte nichts geschehen, doch ließen die Herren seit Wochen auf sich warten.

Ende Januar meldeten sie sich endlich in Mainz: Johann Friedrich Simon, ein Lehrer aus Straßburg, der für geraume Zeit im Dessauer Philanthropin des Fürsten von Anhalt unterrichtet hatte; ihm stand Gabriel Grégoire zur Seite, sein Schwager, der wie Merlin aus Thionville in Lothringen stammte. Die beiden versicherten sich unverzüglich der Mitarbeit Georg Forsters, in dem sie den führenden Kopf der deutschen Republikaner erkannten. In einem Gesuch an die Regierung beantragten sie, daß ihm ein Gehalt von 500 Livres (gleich 220 Gulden) pro Monat gewährt werde.

Seit Jahresanfang gab Georg *‹Die neue Mainzer Zeitung›* heraus, die den schönen Untertitel *‹Der Volksfreund›* trug. Damit verfügte das Gemeinwesen – neben einigen Zeitschriften – über ein drittes Blatt von Niveau. In einem Brief an Therese behauptete Georg, er teile sich die Arbeit mit zwölf Redakteuren. In Wahrheit schrieb er, wie der Stil der Artikel offenbarte, sein Blatt, das zwei- bis dreimal pro Woche erschien, allein.

Abbruch des Freiheitsbaums in Worms 1793

Alle seine Anstrengungen galten nun der Vorbereitung der Wahlen. Das Recht, sich an der Abstimmung zu beteiligen, hing von dem Eid auf die republikanischen Prinzipien ab. Trotz der Werbung landauf, landab, trotz des beträchtlichen Aufwandes an Schmeicheleien und Pressionen, trotz der idealistischen Parolen, der versteckten und offenen Drohungen beteiligten sich die Bürger nur zögernd an der Kundgebung demokratischen Willens. Es half nicht viel, daß wiederum einige Eidverweigerer aus der Stadt gejagt wurden. Weder guter Wille noch vernünftige Einsicht konnten den «esprit public» ersetzen, den Georg Forster in die Gesinnung der Deutschen einzupflanzen versuchte: den Gemeingeist, für den er nicht nur das Wort unter seinen Landsleuten heimisch zu machen bemüht war. Nirgendwo sprang das revolutionäre Feuer über. Die Reden der Professoren im Club hörten sich eher wie moralisierende Predigten eines weltlichen Tugendbundes an. Überdies begann das Gebetsmühlenpathos die Leute zu langweilen. Dies war nicht die «öffentliche Meinung», die Forster vorausdachte, als er (laut Jürgen Habermas) diesen Begriff in die deutsche Sprache einbürgerte.

Französische Kommissare und die führenden Köpfe der Administration schwärmten ins Land, um die Menschen in den Dörfern und Kleinstädten zur Beteiligung an der sogenannten Municipalisierung zu überreden. Für die handfeste Agitation, die es draußen brauchte, besaß Georg nur geringes Talent. War er geduldig genug, dem Volk aufs Maul zu schauen? Verstanden ihn die Bauern? Später schwärmte er, die Leute vom Land hätten ihn «freßlieb» – aber mit der Zuneigung der ‹einfachen Leute› schmeicheln sich die Intellektuellen seit eh und je. Nichts behagt ihnen mehr als die liebenswürdige und sentimentale Vorstellung, Bauern, Handwerker und Arbeiter hätten sie ins Herz geschlossen. Die schlau getarnte Verehrung, mit der ihnen das ‹Volk› des öfteren begegnete, bemerken sie nicht. Als Georg die Demokratisierung in Grünstadt vorbereiten sollte, schien er die Stimmung der Ackerbürger zunächst nicht wahrzunehmen. Das freundliche und ein wenig graue Nest in der Pfalz zeigte sich entschlossen, die Mitglieder der gräflichen Familie von Leiningen-Westerburg zu schützen, die sich im Schloß verschanzten. Sie lehnten die Eidesleistung hartnäckig ab. Forster und sein Kollege Bleßmann stellten ein Ultimatum. Es wurde zurückgewiesen. Zum anderen richtete eine Petition der Bürger bei den französischen Kommissaren nicht das geringste aus. Soldaten entwaffneten schließlich die Schloßwache. Georg und sein Gehilfe erzwangen eine dramatische Konfrontation. Später sagte man ihnen nach, sie hätten die Aristokraten mit physischer Gewalt attackiert. Daran waren Zweifel erlaubt. Der zarte Forster, der jede Form von Violenz mit Ekel betrachtete – ließ er sich auf ein Handgemenge ein? Eher konnte man annehmen, daß er befahl, die Herren zu arretieren. Sie wurden, wenn die Berichte nicht täuschten, über die Grenze nach Frankreich deportiert. Die Menschen der kleinen Stadt rotteten sich darauf zu tumultuösen Protesten zusammen. Merlin eilte herbei: die Grafen würden, sagte er drohend, als Geiseln betrachtet. Diesem Argument schienen sich die Grünstädter zu beugen. Zögernd kamen sie zur Wahl.

Es gab keinen Zweifel, daß Georg im Umgang mit den bescheidenen Mitteln der Macht, die ihm anvertraut waren, auf fast beschämende Weise versagt hatte. Auch damit erfüllte er ein klassisches Geschick der Intellektuellen, denen ihre verletzliche Sensibilität nur selten den maßvollen und kühlen Umgang mit Autorität und Gewalt zu erlauben schien: ein Eingeständnis der Schwäche, die Caroline mit ihrem realistischen Blick an Forster erkannt hatte. Zu rasch wurde er immer wieder zum Sklaven der eigenen Reizbarkeit. Zu willig ließ er sich von erlittenen Kränkungen überwältigen. Zu hochmütig gab er der Versuchung nach, sich für sein mangelndes Selbstbewußtsein zu rächen.

Es gelang ihm nicht, die Bauern von Grünstadt – und hernach die Bürger des Nassau-Weilburgischen Residenzstädtchens Kirchheim-Bolanden – zu einer Demonstration revolutionärer Begeisterung mitzureißen. Nichts dergleichen. Sie ließen sich nicht von seinem Versprechen beeindrucken, daß sie künftig von allen Abgaben befreit sein sollten. Für sie galt, was er von den flämischen Bürgern in Brabant geschrieben hatte: sie wollten nicht frei sein. Also mußten sie zu ihrem Glück gezwungen werden.

Überdies hätten sie Georg fragen können, wie frei sie in der französischen Freiheit leben könnten. Forsters deprimierende Erfahrung in der Pfalz bewies, wie recht er mit der Feststellung hatte, daß für die Deutschen die Zeit für die Revolution noch nicht gekommen sei. Die Ackerbürger der Region waren nicht dumm. Mit der Witterung für das Opportune begriffen sie wohl, daß der Augenblick nicht günstig sei: das Kriegsglück wendete sich; sie fürchteten die Revanche der Preußen und Österreicher; sie scheuten sich vor den Risiken der Kollaboration, denn Besatzung blieb Besatzung, auch wenn sich die Franzosen um die Freundschaft der Deutschen bemühten; und in Paris radikalisierte sich die Republik: sie stürzte dunklen Zielen entgegen.

Die erste deutsche Demokratie hätte sich, so oder so, im Grundwiderspruch aller Revolutionen verfangen: fast immer das Werk von Minoritäten, verletzen sie fast immer die Prinzipien, unter denen sie angetreten sind, gelangen fast niemals ohne Gewalt und Unrecht ans Ziel. Also mußten sie scheitern – und scheiterten doch niemals ganz. Auch die rheinische Republik war mehr als eine Geschichte des Versagens.

An den Wahlen beteiligten sich in Mainz nur 372 Bürger: etwa 8 Prozent der 4600 Stimmberechtigten (doch auch in Paris ging nur eine geringe Minderheit zu den Urnen). Die Zünfte hielten sich zurück. Sie blieben (wie auch die Juden) in Worms und Speyer der Wahl zunächst fern. Dennoch gelangten die beiden Städte schließlich zu einer Wahlbeteiligung von 28 bis 30 Prozent. In den Kleinstädten und Dörfern war der Anteil der Wählenden zum Teil noch höher. Georg wurde ohne nennenswerte Opposition in dem Flecken Wöllstein und in einem Stimmbezirk von Mainz gewählt.

Am 17. März versammelte sich – um eine Woche verspätet – der rheinisch-deutsche Nationalkonvent im Deutschherrenhaus in Mainz. Die erste Sitzung wurde mit dreißig Kanonenschüssen und dem Glockengeläut aller Kirchen gefeiert. Merlin begrüßte die Deputierten mit einer stolzen Rede. Ihm folgten die Kommissare Haussmann und Simon. Schließlich sprach Custine. Sie alle verkündeten das Ideal einer universellen Republik und sicherten den Deutschen Frankreichs Schutz zu.

Mit hohem Pathos hatte Forster am Vorabend die verfassungsgebende Versammlung der demokratischen Republik in seinem ‹*Volksfreund*› begrüßt. «Mitbürger», schrieb er, «dieser Tag ist der heiligste, den wir erlebten; denn ganze Nationen harrten sein, und sahen ihn nicht; vierzig Generationen starben hin... ehe der große Tag der Befreiung erschien...» Für die erste Sitzung hatten sich nur 65 Deputierte eingefunden. Zwölf Tage später zählte man 110 Abgeordnete (von insgesamt 130), unter denen den Bauern eine Mehrheit von 55 Prozent zufiel. (Die Diäten boten einen gewissen Anreiz. Der schlaue Böhmer ließ sich die Sitzungsgelder bis zum Juli vorausbezahlen.) Den Vertretern der Dörfer folgten als zweitstärkste Gruppe die Beamten mit 17 Prozent, danach die Intellektuellen mit 11 Prozent. Der Anteil der Handwerker und Pfarrer machte jeweils 7 Prozent aus. Die Kaufleute stellten 3 Prozent. Indessen ergab eine Aufschlüsselung der Wortmeldungen, daß die Intellektuellen 80 Prozent der Redezeit in Anspruch nahmen. Für die Bauern blieb nur ein Prozent. Die Professoren – vier von ihnen kamen aus Göttingen – beherrschten das Präsidium.

In der zweiten Sitzung wurde Hoffmann zum Präsidenten, Forster zu seinem Vertreter gewählt. Zur Führungsgruppe zählten ferner Dorsch und Böhmer, der Mathematiker Metternich und der Mediziner Wedekind. Am zweiten Tag wurde der Antrag der rheinisch-deutschen Republik auf die Vereinigung mit Frankreich gestellt. Die Vorlage verlangte nach dem Beschluß der Versammlung eine dreitägige Beratung. Über den Ausgang indes gab es von Beginn an keinen Zweifel. Georg Forster forderte, sie sollten das große, entscheidende Wort sprechen: «Die freien Deutschen und die freien Franken sind hinfüro ein unzertrennliches Volk.» Er hielt zur Begründung des Vereinigungswunsches ein nüchternes Argument parat: «Frankreich hat auch ein Recht von uns zu fordern, daß wir unsern Staat seiner Republik einverleiben. Seine Sicherheit fordert den Besitz unserer Festung und noch mehr die unzerstörbaren natürlichen Festungen des Rheins.»

Vernunft und Ideal verschmolzen in einer religiösen Überhöhung der Revolution, die Georg als das bedeutendste Ereignis in der Geschichte der Menschheit seit Christus bezeichnet hatte.

So fand sein Verlangen nach schwärmerischer Verklärung der Geschichte ein letztes Ziel. In ihm hob sich seine Liebe zu Therese, seine Liebe zur Welt nicht auf – noch nicht. Als Mitvollstrecker der Revolution, als Bürger einer freien Republik und der Welt hoffte er, für sich und die Seinen in Frankreich eine neue Heimat zu finden. Für eine kurze Frist kehrte Fröhlichkeit in sein Herz ein.

Die erste deutsche Republik, die sich selbst in die Gemeinschaft der Franzosen einzubringen gedachte, zählte kaum eine Viertelmillion Menschen und umfaßte nicht einmal die ganze Gegend «von Landau nach Bingen» – ein Kleinstaat wie so viele: doch sie war der erste Staat der Deutschen, in dem die Menschenrechte gelten sollten, denen sich Amerika und Frankreich unterstellt hatten.

Am 21. März 1793 «wurde die brüderliche und unzertrennliche Vereinigung» mit Frankreich beschlossen. Eine Delegation von drei Abgeordneten sollte den Beschluß der Nationalversammlung in Paris überbringen. Der Kaufmann André Patocki, der aus dem Elsaß stammte, der promovierte Philosoph und Landwirt Adam Lux von der Donnersmühle (im Tal hinter Kostheim) und Georg Forster wurden mit der Mission beauftragt. Sie reisten am 25. März. Georg schrieb an Therese, in drei Wochen werde er wieder in Mainz sein. Vielleicht könne er auf dem Rückweg versuchen, sie und die Kinder zu sehen, doch er glaube es kaum... Einstweilen sei er in Mainz unentbehrlich. Nach der Vereinigung wolle er sich zum Deputierten in die französische Nationalversammlung wählen lassen. Das könne in drei, vielleicht auch erst in sechs Monaten geschehen.

XXIV
Kein Reich der Liebe

Nur vier Tage war die kleine Delegation von Mainz nach Paris unterwegs: Forster und der Kaufmann Patocki, der gelegentlich im Club aufgetreten war, der junge Lux mit seinem offenen, stupsnäsigen Gesicht, der immer ein wenig verträumt und erstaunt in die Welt schaute, ein Idealist, voll brennender Liebe zu den Klassikern der Antike, die er den Kindern des Patrizierhauses Dumont als Hofmeister und Hauslehrer zu vermitteln versucht hatte. Ihr offizieller Begleiter: der Kommissar Nicolas Haussmann. Er eskortierte die Abgeordneten von Mainz am Tage nach der Ankunft in die Nationalversammlung, die noch in der Manege tagte. Bis Georg aufgerufen wurde, um die Deklaration des rheinisch-deutschen Konvents zu verlesen, hatte er Zeit, sich in der weitläufigen Reithalle umzusehen, in der so viele dramatische Debatten ausgetragen und so viele Entscheidungen getroffen wurden, die auf bittere und gloriose Weise Geschichte machten. Hier war die Geburt der Republik verkündet, hier der König zum Tode verurteilt, hier erst knapp drei Wochen zuvor die Errichtung eines Revolutionstribunals beschlossen worden.

In dem langgestreckten Raum standen der Mitte zu zwei Reihen rotgepolsterter Bänke, von denen sich die Sitzreihen nach Art eines Amphitheaters erhoben – bis hinauf zur Galerie, deren Brüstung mit grünem Stoff verkleidet war. Die öffentlichen Tribünen mit den Plätzen für das «Volk» befanden sich an den beiden schmalen Seiten des Raumes. Gegenüber der Rednertribüne der Sitz des Präsidenten. Vor ihm ein großer Tisch für die Sekretäre und Schreiber. Zwei riesenhafte Kachelöfen genügten kaum, die Halle zu heizen. Die Abgeordneten froren im Winter wie die Schneider und waren im Sommer stets in Schweiß gebadet. Während der langen Abende in der dunklen Jahreszeit warfen vier Lüster ein nur unsicheres Kerzenlicht in den Saal.

Man unterschied übrigens die Parteien nicht – wie später üblich – nach der Sitzordnung von links nach rechts. Die Radikalen hatten sich ihre Plätze auf dem «Berg» der höhergelegenen Ränge gesucht. Die Gemäßigten plazierten sich in der «Ebene», die man oft genug den «Sumpf» nannte. Natürlich fanden, auch damals, nur die prominentesten und gewaltigsten Redner Gehör. Was die anderen zu sagen hatten, ging im Gewirr der privaten Konversationen unter, die mit der größten Ungeniertheit geführt wurden. Obendrein war die Akustik so miserabel, daß man selten von einem zum anderen Ende des Saales verstand, was auf der Rednertribüne gesprochen wurde.

Als Georg, nach einer Einführung durch Haussmann, vom Präsidenten endlich aufgerufen wurde, hatte er Mühe, mit seiner nicht allzu kräftigen Stimme bis zum «Berg» oder gar zu den Galerien durchzudringen. Seine Rede war kurz und von dem festlich-kämpferischen Pathos bestimmt, das die Gelegenheit zu fordern schien. Unter dem Lärm der preußischen Kanonen habe das deutsche Volk am linken Ufer des Rheins die Entscheidung getroffen, frei zu leben oder zu sterben. Mainz, durch einen Brückenkopf geschützt, verfüge über Vorräte für 18 Monate und werde durch eine vielköpfige Armee geschützt. Von den Ufern des Rheins würden die Garanten der Unabhängigkeit zu neuen Siegen eilen. Den Tausendschaften der Despoten sei der Zugang zur freien Erde für immer verschlossen. Die freien Deutschen aber bäten den Konvent um die Vereinigung, begierig, den Ruhm zu teilen, der sich an den Namen Frankreichs hefte. Danach verlas er das offizielle Gesuch der rheinisch-deutschen Nationalversammlung, den Anschluß des Landes zwischen Bingen und Landau an die Republik zu billigen. Die Adresse wurde mit lebhaftem Beifall aufgenommen. Der Präsident Jean de Bry umarmte die drei Abgeordneten vom Rhein, und die Versammlung beschloß durch Akklamation, daß 84 Städte und Gemeinden in Rheinhessen und der Pfalz von nun an integrale Bestandteile der französischen Republik sein sollten.

Für den Abend waren die deutschen Deputierten in den Jakobiner-Club geladen. Forster hielt eine zweite Rede, in der er daran erinnerte, daß der Rhein die natürliche Grenze Frankreichs sei. Der Charakter der Deutschen, fügte er hinzu, sei von jenem der Franzosen unendlich verschieden: «Wir besitzen nicht jene Lebhaftigkeit des Geistes und jenen Schwung, der sie charakterisiert; wir sind langsamer, aber wenn wir uns für eine Sache entschieden haben, bleiben wir dabei bis zum Tod.» Adam Lux und Patocki schworen, sie wollten als französische Republikaner leben oder sterben.

Am folgenden Morgen wurde die Delegation – das gehörte zum Ritual – in ihrem Hotel von einer Abordnung der Fischweiber von den Hallen aufgesucht und abgeküßt. Georg spendete, um sich und seine Kameraden vor weiteren Liebesattacken zu schützen, 25 Francs in Papiergeld (das damals freilich nur noch 40 Prozent seines Nominalwertes besaß). In seinem ersten Brief an Therese schilderte Georg die Visite der Poissardes voller Genugtuung als ein «Pröbchen vom Pariser Geist». Doch ihm entging nicht, daß die Menschen in den Straßen, die Abgeordneten in der Manege und die Mitglieder des Clubs Wichtigeres im Kopf hatten als die Vereinigung mit den Deutschen des linken Rheinufers. Neue Unruhe schien durch die Hauptstadt zu geistern. Brot war noch billig in Paris, da der Preis durch Zuschüsse der Regierung auf drei Sou gehalten wurde. Fleisch und andere Nahrungsmittel aber hatten sich in den vergangenen Wochen um ein Vielfaches verteuert. Ressentiments gegen die Nationalversammlung wurden von neuem aufgestachelt. Populäre Abgeordnete wie der junge St. Just mußten sich vorwerfen lassen, sie machten nur schöne Worte. Robespierre trug den Kopf in den Wolken und erklärte mit erstaunlicher Naivität: «Ich sage nicht, daß sich das Volk schuldig gemacht hat, ich sage nicht, daß seine Taten eine Verfehlung waren. Aber wenn das Volk schon aufsteht, sollte es dann nicht ein seiner Bemühung würdigeres Ziel haben, als sich nur nach jämmerlichen Nahrungsmitteln gelüsten zu lassen?»

Die Zufuhren aus den Provinzen stockten. Weite Landstriche befanden sich in hellem Aufruhr, zumal die Regionen an der Loire. Die Bauern – durch die Hinrichtung des Königs schokkiert und von den Priestern aufgestachelt – schienen plötzlich zu entdecken, daß sie durch die Revolution nicht allzuviel gewonnen hatten. Zwar waren sie von den Abgaben an die Grundherren befreit, doch der Hunger der Städter und der Armeen fraß die Scheunen genauso leer. Die Kriege der Republik bedrohten das Leben ihrer Söhne. Scharenweise liefen die Soldaten ihren Regimentern davon. Man schätzte, daß die Streitmacht von 400000 Soldaten durch Fahnenflucht nahezu halbiert worden war. Die Republik aber hatte Anfang Februar England und Holland den Krieg erklärt. Außer den nordischen Staaten, der Schweiz, Venedig und Toscana (so konstatierten François Furet und Denis Richet) hatten sich im Frühjahr 1793 sämtliche Staaten Europas gegen die französische Nation zusammengerottet.

Zu allem Unglück schlugen die Österreicher bei Neerwinden Dumouriez aufs Haupt. Wie üblich gaben die Deputierten der Versuchung nach, für die Niederlage einen Sündenbock zu suchen. Mit anklagendem Finger zeigten sie rasch auf den einstigen Minister. Dumouriez war unklug genug, dem Konvent halb offen, halb unterderhand zu drohen, er werde mit seinen Soldaten auf Paris marschieren und die Nationalversammlung auseinanderjagen. Indes ließ sich die Truppe zu keinem Staatsstreich verführen. So manövrierte Dumouriez sich in eine Lage, in der ihm nur die übliche Alternative blieb, den Kopf unters Fallbeil zu legen oder zum Feind überzulaufen. Er wählte wie La Fayette die Desertion.

Georg verstand, daß die Revolution von der gefährlichsten Krise seit dem jubelnden Anfang im Sommer 1789 heimgesucht wurde. Er registrierte genau genug, daß die Bedrängnisse, die sich an den Grenzen und im Innern der Republik häuften, eine härtere Politik verlangten – mit anderen Worten: daß die wachsenden Pressionen für eine zunehmende Radikalisierung sorgten. Der gewaltige Danton – ohne Zweifel der bedeutendste Kopf unter den Montaignards – versuchte, eine Koalition der Linken zusammenzuschmieden, die kraftvoll genug sein müßte, einen neuen Sturm der Kommune auf die Institutionen abzuwehren oder, noch besser, im Keim zu ersticken. In allen Winkeln der Stadt wurde von Verrat und Konspiration geflüstert. Noch vor der Ankunft der Mainzer hatte der Konvent die Etablierung von Comités de Surveillance beschlossen, die vor allem den Ausländern auf die Finger schauen sollten. Seit dem 10. März waren die Revolutionstribunale am Werk, die mit den Verrätern und Feinden der Republik im allzu genauen Sinn des Wortes kurzen Prozeß zu machen hatten. Am 6. April wurde der Wohlfahrtsausschuß gegründet: als das exekutive Instrument der Nationalversammlung, die sich mit der Weisheit der angelsächsischen Gewaltenteilung nicht aufhielt. Im Comité de Salut Public regierten unumschränkt die Vertreter der Bergpartei und einige Abgeordnete der «Ebene». Die Männer der Gironde hatten in jenem Gremium, das zunächst von Danton beherrscht wurde, nichts zu bestellen. Sie waren durch den «Verrat» von Dumouriez aufs peinlichste kompromittiert.

Georg fragte entsetzt, wie es wohl zugehe, daß nach La Fayette ein anderer seiner Helden zu den Gegnern der Revolution übergelaufen sei. In seinem Brief an Therese vom 5. April stellte er nüchtern fest, daß drei Tage nach seiner Abreise Custine aus Bingen und Kreuznach vertrieben worden sei: «Wir sind von Mainz abgeschnitten.» Das werde wohl nicht so bleiben, doch wer konnte es wissen: vielleicht würde die Stadt «durch die zahllosen Verrätereien den Feinden in die Hände gespielt...» Außer den sechs Hemden, die er mitgenommen habe, und dem Rock, den er auf dem Leib trage, bleibe ihm dann nichts mehr. Doch nur der Verlust seiner Schriften, seiner Zeichnungen, seiner Bücher wäre schwer zu verschmerzen. Er hoffe freilich, durch den Außenminister eine diplomatische Karriere beginnen zu können. Allerdings sei le Brun im Begriff, das Ressort zu wechseln und Kriegsminister zu werden. (Er wurde einige Monate später mit der Gironde in den Abgrund gerissen.)

Aus dem Schock der Isolation rettete sich Georg in einen Fatalismus, der nicht völlig den Idealen einer Gesellschaft der Glückseligkeit und Tugend entsprach. Die Revolution, schrieb er, dürfte man nicht in Beziehung auf Menschenglück und Unglück betrachten... sondern als eins der großen Mittel des Schicksals, Veränderungen im Menschengeschlecht hervorzubringen. Die Franzosen, von deren Charakter er nicht erbaut sei, müßten – wie die Deutschen in der Epoche von Luthers Reformation – das Martyrium der Revolution für das künftige Wohl der Menschheit auf sich nehmen.

Was für ein Segen, schrieb er seufzend, daß er ein wenig Geld eingesteckt habe, als er von Mainz aufgebrochen sei. Mit anderen Worten: er hatte den Rest des preußischen Kredits nach Paris mitgebracht. Überdies war es ihm gelungen, Therese auf heimlichen Wegen 25 Louisdor zu überweisen. Den drei Deputierten aus Mainz wurde zugesichert, daß man sie fürs erste – nach den Sätzen der Nationalversammlung – mit Diäten von sechs Livres pro Tag versehen werde. So war Georg von Sorgen fürs tägliche Brot nicht bedrängt. Im ‹Haus der holländischen Patrioten› in der kleinen Rue des Moulins – kaum eine Viertelstunde zu Fuß von der Manege entfernt – hatten die drei eine saubere und nicht unfreundliche Unterkunft gefunden.

Trotz der Teuerung aß man in den Gasthäusern nicht schlecht. Die Pariser Restaurants, notierte Lenotre, verdankten ihren Ruhm nicht zuletzt der Revolution: «Als die großen Stadthäuser des Adels geschlossen wurden, waren die Küchenchefs ohne Beschäftigung und hatten keine andere Lebensmöglichkeit, als sich auf eigene Rechnung niederzulassen.» Die Deputierten, die Beamten, die Offiziere, die nach Paris beordert waren, hausten oft in möblierten Zimmern, und sie hatten sich daran gewöhnt, ihre Mahlzeiten draußen einzunehmen. «Die Köche und Wirte gaben sich große Mühe, diese aus allen Gegenden Frankreichs herbeigeströmte Kundschaft zufriedenzustellen. Für jeden Geschmack und für jede Börse mußte gesorgt werden; es war die gute Zeit der Spezialitäten.» Aber nicht nur das Geschäft der Wirte blühte dank des Heeres von Junggesellen, auch das Laster hatte Konjunktur – zumal im Garten des Palais Royal, der nun ‹Jardin d'Egalité› hieß. Wie Restif de Bretonne bei seinen unablässigen Wanderungen beobachtete, wurden die Bürger durch Nymphen jeden Alters und jeder Preislage verlockt, das Wohl der Republik für einen Augenblick zu vergessen. Aufmerksam verfolgte der schreibende Kauz, der in Wahrheit ein Polizeispitzel war, die Gespräche seiner Mitbürger nach dem Fall von Frankfurt, von Aachen und dem Verrat des «unmoralischen Dumouriez... O Lüttich, ich weinte für dich wie für mein eigenes Land.» Schon im April, wenige Tage nach der Ankunft Forsters in Paris, verzeichnete der aufmerksame Chronist den Groll der Passanten über die Gironde. Befriedigt konstatierte er den Freispruch für den häßlichen Marat, l'ami du peuple, den seine Feinde von der Rechten vergebens vor das Revolutionstribunal geschleppt hatten.

Georg hatte Zeit genug, die immer bewegte und immer von Lärm erfüllte Szenerie der Pariser Straßen zu betrachten. Er übereilte sich nicht mit den Visiten bei alten Freunden. Es galt, Vorsicht zu üben. Doch schon in den ersten Tagen suchte er Fanny Lecouteulx auf, die Frau eines Bankiers, die er bei seinem letzten Aufenthalt in der Stadt durch die Vermittlung des jungen Humboldt kennengelernt haben mochte. Ihr erklärter Liebhaber war André de Chenier, der Dichter von halb griechischer Herkunft, empfindsam und melancholisch, gelegentlich zu Ironie und Satire aufgelegt, später unerschrocken genug, in seinen Versen den Terror herauszufordern. Im Salon der Dame begegnete Forster Miss Mary Wollstonecraft, einer rothaarigen Schönheit von hoher Intelligenz, damals 33 Jahre alt, Autorin eines couragierten Buches über die Rechte der Frau, das der Zeit um ein Jahrhundert voraus war. Forster machte es glücklich, englisch plaudern zu können. In einem Brief an Therese sagte er, die Autorin habe «viel Liantes».

Es mag sein, daß ihm Mary Wollstonecraft einige Wahrheiten über den Haß, die Rachsucht, den brutalen Ehrgeiz vermittelte, die im Begriff waren, den Geist der Republik zu vergiften. Zu Haus war sie Edmund Burke mit einem eindrucksvollen Plädoyer für die Revolution entgegengetreten. Wie Forster hätte sie sagen können, daß sie ihr Vaterland dort suche, wo die Freiheit herrsche. Aber ihre Liebe zur Republik schützte sie nicht vor dem Mißtrauen, das die Fremden immer enger einzukreisen schien, zumal nach der Kriegserklärung an Großbritannien. Nicht lange nach der Begegnung mit Georg flüchtete sie sich in den Schutz des Captain Gilbert Imlay, der einen Paß der neutralen und befreundeten Vereinigten Staaten von Amerika führte.

Georg schien die Konfrontation mit der Realität der Revolution nur noch tiefer in seine Abhängigkeit von Therese zu treiben. Er hänge nach wie vor an seinen Grundsätzen, schrieb er ihr am 8. April, aber die wenigsten Menschen seien ihnen getreu: «Alles ist blinde, leidenschaftliche Wut, rasender Parteigeist und schnelles Aufbrausen, das nie zu vernünftigen, ruhigen Resultaten gelangt.» Alles stehe auf der Spitze, doch es gebe in Paris nur wenige ruhige Köpfe, «oder sie verstecken sich. Die Nation ist, was sie immer war, leichtsinnig und unbeständig, ohne Festigkeit, ohne Wärme, ohne Liebe, ohne Wahrheit, lauter Kopf und Phantasie, kein Herz und keine Empfindung. Mit dem allen richtet sie große Dinge aus; denn gerade dieses kalte Fieber gibt den Menschen ewige Unruhe und den Schein von allen edeln Bewegungen, wo doch nur Enthusiasmus der Idee, nicht Gefühl der Sache vorhanden ist...»

Unter den Franzosen schien er nicht zu viele der Gesprächspartner zu finden, nach denen sein Herz verlangte. Dem Sohn des Generals Custine, der sich als Schriftsteller einen Namen machen sollte, schloß er sich ein wenig enger an. Über den jungen Mann öffnete sich ihm ein Kreis polnischer Emigranten. Dem einen oder anderen war er einst in Warschau oder Grodno begegnet. Nun hatte sie die zweite Teilung ihres gedemütigten Landes verjagt, in der sie nur die Vorstufe für die Liquidation des kläglichen Restes sahen, der von ihrem Staat geblieben war. Die französische Republik bot ihnen eine letzte, wahrhaftig geringe Hoffnung, die polnische Freiheit eines Tages wieder gegen die Allianz der drei Großmächte zu gewinnen, die im Begriff waren, den Rest der Beute zu verschlingen.

Georg aber war nicht immer sicher, ob Frankreich über die Kraft zum Widerstand verfügte, die es brauchte, um sich gegen ganz Europa zu behaupten. Wie im Irrgarten der religiösen Schwärmerei bei den Rosenkreuzern fühlte er sich ein andermal in ein Labyrinth verbannt, in dem sich alles wand und drehte. Die Intrigen, die er rasch zu durchschauen lernte, ekelten ihn an. Die äußeren und inneren Feinde hätten es mit ihren Bestechungen zuwege gebracht, schrieb er Therese, daß die Nation in den heftigsten Revolutionskrampf versetzt sei. Kannte er das Wort von Pierre Victurnien Vergniaud, der im Januar dem Konvent präsidiert hatte: daß dem Land eine Inquisition drohe, die tausendmal schrecklicher sei als die spanische? Er hätte sich gehütet, den alarmierenden Satz zu zitieren, denn der Autor zählte zu den Girondisten, die durch ihren Hochmut, ihr Ungeschick und den Haß ihrer feindlichen Brüder vom «Berg» mehr und mehr in die Defensive gerieten.

Therese machte er nichts vor: «Es fehlte noch, daß mir die Ueberzeugung in die Hand käme, einem Undinge meine letzten Kräfte geopfert und mit redlichem Eifer für eine Sache gearbeitet zu haben, womit es sonst niemand aufrichtig meint, sondern die ein bloßer Deckmantel der rasendsten Leidenschaften ist! Es ist also wahr, daß heutigen Tages die Uneigennützigkeit und die unbefangene Freiheitsliebe bloße Kinderklappern sind, bloße nichts bedeutende Töne, bloße geheuchelte Empfindungen im Munde derer, die jetzt die Schicksale der Nation lenken? Es ist also wahr, daß der Egoismus ganz allein sein Spiel treibt, wo man reine Aufopferung zu finden hofft? Wahr, daß zwischen Betrügern und Betrogenen nirgends ein Drittes zu finden ist, woran man sich halten, sich anschließen könnte? Gewiß, es gehört Mut dazu, diese so fürchterlich sich aufdringenden Betrachtungen zu ertragen und dann, in eigenes Bewußtsein verhüllt, noch an Menschheit und Wahrheit zu glauben.»

Aber wurde er nicht selber immer wieder ein allzu williges Opfer des Geschwätzes von Konspiration und Verrat? Dem sogenannten Berg traute er zu, daß seine Mitglieder kraftvoll genug seien, einen Bürgerkrieg unmöglich zu machen, auch wenn er nicht leugnete, daß sich «die Bergbewohner... oft von einer unvorteilhaften und unpolitischen Seite zeigen». Die Girondisten waren in seinen Augen durch ihre Bestechlichkeit diskreditiert. Wie sollte er ahnen, daß der großartige Danton in seiner prallen Lebensgier alle Kassen plünderte, die sich seinem Zugriff öffneten! Therese hatte ihm vorgeschlagen, er möge die Gelegenheit seines Aufenthaltes in Paris, von Arbeit und Verantwortung unbelastet, guten Mutes dazu nutzen, eine Geschichte der Revolution zu schreiben. Voller Verzweiflung antwortete er: «Ich die Geschichte dieser greuelvollen Zeit schreiben? Ich kann es nicht. Oh, seitdem ich weiß, daß keine Tugend in der Revolution ist, ekelt mich's an. Ich konnte, fern von aller idealistischen Träumerei, mit unvollkommnen Menschen zum Ziele gehen, unterwegs fallen und wieder aufstehen und wieder gehen. Aber mit Teufeln, und herzlosen Teufeln, wie sie hier alle sind, ist es mir eine Sünde an der Menschheit, an der heiligen Mutter Erde und an dem Lichte der Sonne. Die schmutzigen unterirdischen Kanäle nachzugraben, in denen diese Molche wühlen, lohnt keines Geschichtsschreibers Mühe. Immer nur Eigennutz und Leidenschaft zu finden, wo man Größe erwartet und verlangt, immer nur Worte für Gefühl, immer nur Prahlerei und Schimmer für wahres Sein und Wirken – wer kann das aushalten!»

Der Brief vom 16. April geriet ihm, wohl gegen seine Absicht, zu einer Generalabrechnung mit allen Illusionen. «Freiheit und Gleichheit? Mein ganzes Leben ist mir selbst der Beweis, das Bewußtsein meines ganzen Körpers sagt mir, daß diese Grundsätze mit mir, mit meiner Empfindungsart innig verwebt sind und es von jeher waren. Ich kann und werde sie nie verleugnen.» Unversehens stieg aus den Qualen seiner Erfahrung eine Vision, die er lang in den dunkelsten Winkeln seiner Seele verborgen hatte: die Hoffnung auf eine Welt, die nicht «das Werk des Ungefährs oder das Spiel eines Teufels» ist, eine Welt «von einfachen Sitten, reiner Empfindung und Mäßigung in der Vernunft» – die «bessere Welt», die «endlich einmal aus allen diesen Revolutionen hervorkeimt und ein Reich der Liebe beginnt, wie es sich gute Schwärmer von den Kindern Gottes träumten». Es sei nicht Bitterkeit, die ihn so sprechen lasse, sondern Resultat der Beobachtung: «Nimm nun noch hinzu, was meine individuelle Lage mit sich bringt, so wird es Dich nicht wundernehmen, daß ich mich zum Geschichtsschreiber der Revolution nicht aufgelegt fühle.»

Immerhin deutete jener Brief auch an, daß er beginne, über einen Beruf nachzudenken, da die Aussicht auf eine diplomatische Laufbahn in den Diensten der Republik gering war. Er ging ins Theater, hörte die ‹*Iphigenie*› von Gluck, deren Musik ihn betörte, begeisterte sich mehr noch an dem Ballett ‹*Das Urteil des Paris*› mit dem jungen Vestris, von dem er schrieb, er «mag ein so schlechter Kerl und aufgeblasener Narr sein, wie man's ihm nachsagt, die Grazie und Eleganz seiner Bewegungen hat ihresgleichen nicht. Alles Gefühl, seine Seele ist konzentriert in seiner Kunst; der Ausdruck seines Wesens ist Tanzsinn...»

Oper und Ballett sah er mit Mary Wollstonecraft und ihren

Freunden, zu denen der Schotte Thomas Christie zählte, ein Repräsentant des Bankhauses Turnball and Forbes, der trotz (oder dank) der Revolution ganz hübsche Geschäfte zu machen schien. Dann und wann griff der Geldmann auch zur Feder, um die Sache der Republik zu verteidigen. Seine Frau wurde als liebenswürdig geschildert, und Forster selber nannte die Schwester Jane Christie «recht artig». Er entwarf Therese ein freundliches Bild von der jungen Dame: «Das Mädchen hat viel Leichtigkeit und Richtigkeit in ihrem Fassungsvermögen, und ihre Ideen reihen sich angenehm und ohne Zwang in der Konversation. Ich muß sie zuweilen im Französischen üben und habe dabei den Vorteil, mich wieder ganz in das Englische zu gewöhnen. Ueberhaupt wird mein Sprachtalent hier in Bewegung gesetzt; denn mit drei sehr wackern Polen, die ich hier fand: Sulowsky, Maiszewsky und Nagorsky, die mich sehr liebhaben, komme ich öfters zusammen und suche dann mein bißchen Polnisch hervor.»

Im Fortgang des Jahres erwog man in jenem angelsächsischen Zirkel, ob Georg nicht geholfen sei, wenn er die Leitung einer Druckerei, die den Christies gehörte, übernehmen würde. Er zögerte, daran zweifelnd, daß er für jenes Metier geeignet sei. Auch schien er zu fürchten, daß sich an die professionelle Verbindung die Erwartung knüpfe, er werde eine zartere Allianz mit Jane, der Schwester, nicht scheuen. Danach stand ihm nicht der Sinn, sosehr er die junge Dame schätzte: er war nicht geschieden, und er liebte seine Frau. Doch es berührte ihn sympathisch, daß die Christies zur Verwandtschaft des Dr. Priestley gehörten, des Aufklärers und Wahl-Amerikaners, der seinen Lehrstuhl an der Dissidenten-Akademie von Warrington einst Georgs Vater überlassen hatte. Auch eine Poetin englischer Herkunft schmückte den Kreis: Helen Mary Williams.

In der Gesellschaft seiner schottischen Freunde begegnete er vor allem Thomas Paine, dem großen Polemiker und intellektuellen Vordenker der Amerikanischen Revolution, der zunächst nach England zurückgekommen war, um seine eisernen Brükkenkonstruktionen zu verkaufen. Natürlich hatte er sich sofort mit der heftigsten Entschiedenheit für die Revolution der Franzosen erklärt. Die Bürger von Calais entsandten ihn 1792 als ihren Deputierten in den Konvent, obwohl er nur gebrochen Französisch sprach und seine Reden Satz für Satz übersetzt werden mußten. Georgs Zuneigung fand der kauzige Aufklärer nicht: «Er ist besser in seinen Schriften zu genießen», berichtete er Therese. «Das Launige und Egoistische mancher Engländer hat er im höchsten Grade. Sein Gesicht ist feuerrot und voll purpurner Knöpfe, die ihn häßlich machen; sonst hat er eine spirituelle Physiognomie und ein feuriges Auge.» Der rote Kopf verriet den beträchtlichen Konsum von geistigen Getränken, für den Paine berüchtigt war. Wein mochte mitunter seinen Mut angefeuert haben, wenn er es auf sich nahm, die Protagonisten der Montagnards und der Girondins zur Mäßigung zu mahnen. Hitzköpfe auf der Linken verdächtigten freilich auch diesen schwierigen und verdienstvollen Mann der verräterischen Machenschaften – weil er englischer Herkunft war und neben dem Ultra-Radikalen Anacharsis Cloots (einem Baron von Schloß Gnadenthal im preußischen Cleve) der einzige Ausländer im Konvent.

Diesen seltsamen Revolutionsgenossen lernte Georg nicht kennen – oder er wich ihm aus. Cloots verfügte über ein beträchtliches Vermögen, das er gern nutzte, um Notleidenden zu helfen oder einer gerechten Sache zu dienen. Für sich selber lebte er bescheiden, obwohl mit dandyhafter Eleganz gekleidet und in seiner Aufführung gewiß nicht ganz frei von Eitelkeit, die intellektuellen Talente, über die er verfügte, zu seinem Unglück überschätzend. Gern hörte er sich reden, und er gab sich selber den Titel «orateur du genre humain». Der Baron mit seiner spitzen Nase und der fliehenden Stirn, noch nicht vierzig Jahre alt, neigte in der Tat zur Sektiererei. An den Schlachten gegen die Religion, die Hébert in seinem Kampfblatt *‹Père Duchêne›* ausfocht, beteiligte er sich mit solchem Fanatismus, daß er den Verdacht auf sich zog, er sei der «persönliche Feind Jesu Christi». Sein Atheismus erregte den Unwillen des gottgläubigen Robespierre, den man einen Pietisten der Tugendreligion nennen könnte. Cloots wurde ein Opfer der Säuberung der Hébertistes, die Robespierre gemeinsam mit Danton inszenierte.

Paine, der die Mitte zu stärken versuchte, hatte mehr Glück. Zwar zerrten ihn die Häscher nach einem versumpften Abend zwischen drei und vier am Morgen aus einem Bett von ‹White's Hotel› und schleppten ihn in die Conciergerie. Der amerikanische Gesandte Morris – ein konservativer Gegner der Revolution – hätte seinen vermeintlichen Widersacher am liebsten unter dem Fallbeil gesehen, doch das amerikanische Bürgerrecht bewahrte den Autor der *‹Menschenrechte›* vor dem Schlimmsten. Danton rief Paine mit dem Hochmut des konsequenten Veränderers der Gesellschaft zu, Revolutionen würden nicht mit Rosenwasser getauft. Nicht lange danach hatte er selber Anlaß, über das Bonmot des Girondisten Vergniaud nachzudenken, der bemerkte, die Revolution fange an, wie Saturn ihre Kinder zu fressen. Im Gefängnis entwarf Paine lange Passagen seines letzten großen Essays über das *‹Zeitalter der Vernunft›*. Erst nach der Ankunft von Jeffersons Freund James Monroe, der 1794 die Mission in Paris übernahm, wurde er schließlich befreit.

In der farbigen Gesellschaft um Thomas Christie begegnete Georg dem jungen Schlesier Konrad Engelbert Oelsner, der ein unbefangener und couragierter Kopf war, nicht nur ein kleiner Philosoph der Vernunft, der eine elegante Feder führte, sondern zudem mit dem herzhaften Sinn fürs Praktische begabt. An ihm lobte er, er wisse alles mit dem rechten Ausdruck und Kunstwort zu nennen, kenne den ton de conversation, sei joli cœur bei den Damen und mache artige Bemerkungen mit einer Leichtigkeit, die ans Französische grenze. Die besten Aufsätze über die Revolution in Archenholtzens *‹Minerva›* seien alle von ihm. Oelsner versuchte, ganz gewiß arglos, Georg in die Kreise der Girondisten zu ziehen, doch der Deputierte aus Mainz war auf der Hut: er lehnte es ab, sich in den Dienst einer der revolutionären Fraktionen nehmen zu lassen. Seine Gewandtheit hatte Oelsner Zugang zu vielen Kreisen verschafft. Sein Ansehen in Paris aber verdankte er – wie so viele seiner deutschen Landsleute – vor allem der Protektion durch den Abbé Sieyès, neben dem Grafen Mirabeau der bedeutendste und gefeiertste Sprecher des Dritten Standes in der Versammlung der Generalstände von 1789. Mit gutem Recht nannte man diesen klugen und sensiblen Mann einen der Väter der Revolution. Sieyès hielt, solange es ging, seine Hand auch über den Grafen Schlabrendorf, den

Therese bei ihrer ersten Schweizer Reise in Zürich kennengelernt hatte: eine kleine Welt in der Tat, denn Georg war dem reichen Wandersmann, den seine intellektuelle Neugier unentwegt durch Europa trieb, in London über den Weg gelaufen. Nun hockten sie oft in der kleinen Wohnung zusammen, die der erzliberale und wunderliche Aristokrat im ‹Hotel de Roi des deux Siciles› in der Rue de Richelieu bewohnte, nur einige hundert Schritt von Georgs Unterkunft entfernt. Schlabrendorf, übrigens ein enger Freund Wilhelm von Humboldts, ging selten aus, doch alle Welt fand sich in seiner Stube ein, in der sich die Bücher und Zeitungen zu wahren Mauern aus Papier häuften. Er hatte Geld genug, um ohne Sorgen auf dem Beobachterstand auszuharren, den er gewählt hatte, um Zeuge der schmerzhaften und triumphalen Geburt eines neuen Zeitalters zu sein. Langsam wuchs ihm ein gewaltiger Bart, und man sagte, er throne wie Kyffhäuser in seinem Gelaß.

Zum Kreis der deutschen Freunde zählte auch der «kleine Schwabe» Georg Kerner, von dem Forster an Therese schrieb, er sprühe «Freiheit wie ein Vulkan» und sei «gutherzig, wie ein junger Schwabe sein muß, er hat Kopf und Energie. Dazu ist er Dr. der Medizin.» Den bedeutenderen Namen in der Literatur erwarb sich Georgs Bruder Justinus Kerner, der Dichter, Arzt, Psychotherapeut und Okkultist in Weinsberg, der dem älteren in seinen Erinnerungen ein schönes Denkmal setzte. In jener Aufzeichnung zitierte er Georg Kerners Freundin Ludovike Reichenbach, die erzählte, der passionierte junge Mann sei einst zu Fuß von Straßburg nach Paris gewandert, Empfehlungen der elsässischen Jakobiner in der Tasche. In der Hauptstadt habe sich jedermann über den schwäbischen Akzent des Freiheitsfreundes lustig gemacht. Kerner ließ sich davon nicht beirren. Sein Charme gewann ihm viele Herzen, und seine Unerschrockenheit rettete ihn aus den prekärsten Situationen. Bei der Belagerung der Tuilerien am 10. August 1792 befreite er unerschrokken einen Deputierten aus den Fängen des rasenden Mobs. Ihn selber bewahrte nur ein Papier der Straßburger Jakobiner vor der Wut der Kommunarden. Er scheute sich nicht, zu seinen verhafteten Freunden ins Gefängnis vorzudringen. Sein naiver Mut schien ihn unangreifbar zu machen. Freilich verzog er sich, als die Lage gar zu ungemütlich wurde, für einige Monate in die Schweiz und nach Schwaben. Georg Forster freute sich an der Unbefangenheit des jungen Menschen. Er vertraute sich gern, als es not tat, seiner ärztlichen Fürsorge an.

Schlabrendorf, kein Zweifel, war Georg der liebste Umgang. «Sein Charakter ist durchaus edel, sein Herz rein und gut, sein Kopf nicht brillant, aber reich und richtig und hell denkend; er ist der praktischste Philosoph, den ich noch gekannt habe. Seine große Erfahrung und seine Kenntnis neben unendlicher Bescheidenheit, Sanfmut und Festigkeit erfreuen mich...»

Die beiden waren sich ganz darin einig, daß keine Nation weniger für eine Revolution tauge als die deutsche. Schlabrendorf sagte von seinen Landsleuten, sie seien auch in unfreien Formen des Daseins noch immer freisinnig, und beim Verlust aller äußeren Freiheit bliebe die innere unangetastet. Ein echt deutsches Sprichwort bezeichne die Verhältnisse scharf: «Gedanken sind zollfrei! ... Alles ist belastet, besteuert, gesperrt; nur der Gedanke hat zum Glück keine Abgaben zu entrichten.» Das Wort gereiche den deutschen Staatsverwaltern nicht zum Ruhm.

Des Grafen kritischer Geist kapitulierte auch in der Republik nicht. Die Revolution, bemerkte Schlabrendorf, habe er verehrt, doch die Revolutionäre verabscheut. Er sprach vom Kannibalengeist, der Paris am 10. August 1792, als die Tuilerien gestürmt wurden, gewürgt habe. Bis zu diesem Datum «hatte man von Freiheit gesprochen. Von da an kam die Gleichheit an die Tagesordnung.» War dies noch seine Revolution? Die Veränderungen mochten ihm zuwider sein, doch er scheute sich nicht, sie mit ruhiger Unbefangenheit zu prüfen. Furchtlos begab er sich zum Wohlfahrtsausschuß, um den Präsidenten des Komitees zu fragen, ob er dem Professor Wedekind, der vor der völligen Umschließung der Stadt aus Mainz geflohen war, ein Amt und Auskommen beschaffen könne. Er beobachtete auch den Prozeß gegen den General Custine. Nichts, sagte er danach, habe dem Militär so sehr geschadet wie die Geistesgegenwart und Überlegenheit, mit der er die Anklage Punkt für Punkt zu widerlegen vermochte. Die Zuschauer hätten gerufen: «Voyez, comme il a de l'esprit.» Aber dann: «Ah, dieser Kerl, wir kriegten ihn doch...»

Georg und den Grafen verband die Zuneigung zu Mary Wollstonecraft, die Schlabrendorf «das edelste, sittlichste, sinnvollste weibliche Wesen» nannte, das er kennengelernt habe. In ihrem Blick, ihrer Stimme und ihrer Bewegung sei ein großer Zauber gewesen. Sie besuchte ihn oft, als er in der Conciergerie auf den Tod wartete, vor dem er durch eine absurde Fügung bewahrt wurde: als er den Henkerskarren besteigen sollte, fand er seine Stiefel nicht. Dem Schergen, der bereitstand, um ihn abzuführen, sagte er ruhig, er könne sich unmöglich auf Strümpfen aufs Schafott begeben – warum er sich nicht bis morgen gedulde? Auf einen Tag komme es gewiß nicht an ... Da er anderntags nicht mehr auf der Liste der Delinquenten stand, wurde er nicht aufgerufen. Man vergaß ihn.

Brachte Wedekind Nachrichten von seiner Schwester Meta Forkel und von Caroline Böhmer aus Mainz? Ende März versuchte eine französische Kolonne aus der Festung auszubrechen, Merlin de Thionville und Reubell an der Spitze. Bei dem Vorstoß war der König von Preußen in höchste Gefahr geraten, doch schließlich wurden die Franzosen und ihre deutschen Verbündeten nach Mainz zurückgedrängt. Nur Wedekind und einigen Offizieren glückte die Flucht. Wenige Tage später machten sich Meta und Caroline, mit ihnen Wedekinds Frau und Mutter auf den Weg, um im letzten Augenblick über Mannheim nach Gotha zu entkommen. Bei Oppenheim wurden sie aufgehalten. Also versuchten sie es auf der Straße nach Frankfurt. Im Dörfchen Hattersheim arretierte sie eine preußische Wache. Das erste Verhör in Frankfurt wurde sachlich geführt. Was sollte man den Frauen vorwerfen? Indessen rügte Soemmerring, den Caroline, vielleicht auch Meta alarmiert hatte, den selbstbewußten Ton, mit dem «die Böhmerin» die Fragen des Offiziers beantwortete. Man ließ die Frauen mit der Auflage frei, einige Tage in der Stadt zu bleiben. Meta indes war bei der nächsten Vernehmung töricht genug, den General-Auditeur zu fragen, was er zu sagen gehabt hätte, wenn sie abgereist wären. Darauf stellte man ihnen drei Soldaten vor die Tür.

Soemmerring hatte den «superklugen Göttingerinnen» geraten, sich stillschweigend davonzumachen. Diese Chance war vertan. Man brachte sie, die alte Mutter Wedekinds nicht ausgenommen, auf die Festung Königstein. Die Einweisung in die feuchtkalten Kasematten war für Caroline besonders hart. Ihre kleine und zarte Tochter Auguste war bei ihr. Überdies war sie schwanger, und sie hatte Anlaß, diesen Zustand zu verbergen. An den Mann ihrer Freundin Luise Gotter in Gotha schrieb sie am ersten Mai: «Ich theile den ausgezeichnet bittern Haß, den man auf Forster geworfen hat. Man irrt sich in dem, was man über meine Verbindung mit ihm glaubt – um seinetwillen allein will man mich als Geißel betrachten...» Rechtens war es gewiß nicht, sie festzuhalten, weil ihr der öffentliche Klatsch ein amouröses Verhältnis mit Forster nachsagte. In einem Brief an Meyer drückte sie sich deutlicher aus: «Einer Gemeinschaft mit meinem tollen Schwager [Prof. Böhmer], der nie meine Wohnung betreten hat, macht ich mich nicht schuldig. Allein meine Verbindung mit Forster in Abwesenheit seiner Frau, die eigentlich nur das Amt einer moralischen Krankenwärterin zum Grunde hatte, konte von der sittlichen und politischen Seite allerdings ein verdächtiges Licht auf mich werfen...»

Die Begriffe Recht und Anstand aber galten in jenen Tagen wenig. Man hatte auch den republikanischen Professor Blau und den Polizeikommissar Scheuer, dazu den Kaplan von Castell bei einem Fluchtversuch eingefangen. Sie wurden, mit Stricken zusammengebunden, nach Frankfurt geführt. Soemmerring, dem niemand einen Hauch von Sympathie für die Revolution nachsagen konnte, bezeugte in einem Brief an Heyne, die Gefangenen hätten beim Empfang jeweils fünfzig Stockschläge erhalten, und für den folgenden Tag sei ihnen die gleiche Portion Prügel bestimmt. Pape, auch er ein ehemaliger Geistlicher, der eine Schmähschrift auf den König von Preußen verfaßt hatte, sei nach seiner Arretierung vom König dem Herrn vom Stein übergeben worden. Der Gesandte in Mainz – ein Bruder des preußischen Reformers – habe den Delinquenten auf eine Bank strecken lassen und ihm eigenhändig hundert Schläge verpaßt. Die Büttel der ‹Ordnungsmacht› gingen später noch härter zu Werk. Deutschland erlebte den Anfang des «weißen Terrors», der allemal auf den Plan trat, wenn die Gesellschaft durch den Willen zur Veränderung aufgescheucht wurde. Der französischen Besatzung in Mainz und ihren deutschen Gehilfen, die gewiß nicht immer die Grenzen des Rechts und die Gesetze der Humanität respektierten, sagte niemand nach, sie hätten ihre Opfer so erbarmungslos geschlagen, daß kein weißer Fleck mehr auf der Haut geblieben sei.

Georg registrierte das Geschick der Gefährten und seiner Freundinnen mit merkwürdiger Kühle. «Gottlob», schrieb er an Therese, «daß bei dem schweren Unglück, das uns betroffen hat, nicht noch Gefangenschaft auf dem Königstein hinzugekommen ist.» In seinem nächsten Brief fügte er hinzu: «Es ist mir allerdings einigermaßen beruhigend, daß man sich die Mühe gibt, die armen Weiber zu befreien. Wenn es auch ihre, oder eigentlich der unvorsichtigen [Böhmer] Schuld ist, daß sie sitzen, so ist es und bleibt es doch hart, Weiber, die mit der Revolution nichts zu tun haben, die nur Mainz nicht verlassen konnten, weil sie kein Geld hatten, auf einer Festung einzusperren. Das Schicksal der Männer, die Du mir nennst, dauert mich sehr! – Aber warum blieben sie nicht in der sicheren Festung, wo man ihnen im ärgsten Fall bei der Kapitulation den Abzug sichern mußte.»

Diese Hoffnung sollte täuschen. Georg starrte – wie so oft – zu gebannt auf die eigenen Sorgen, um das Geschick anderer mit der Aufmerksamkeit wahrzunehmen, die seiner verletzlichen Natur entsprochen hätte. Er klagte, daß seine Reputation als Gelehrter und Schriftsteller in Deutschland nun nichts mehr gelte. Alles, was er unternommen habe, schrieb er Therese, sei fehlgeschlagen. Er fange die Welt gleichsam von neuem an. Er würde alles annehmen, was ihm die Franzosen anböten, auch eine Mission in Santo Domingo oder Ost-Indien. Im «ungeheuren Strudel» des revolutionären Paris werde jeder verschlungen, der keinen Rückhalt, vor allem «nicht genügend Unverschämtheit und Zudringlichkeit» besitze: «Wer obenauf schwimmt, sitzt am Ruder, bis ihn der nächste, der für den Augenblick am stärksten ist, verdrängt.» Dann der erschreckende Satz: «Wenn man nicht verfolgen, denunzieren und guillotinieren lassen kann, ist man nichts. Kurz, zum ersten Mal in meinem Leben helfen mir alle meine Hülfsmittel nichts, und ich stehe so verlassen da wie ein Kind, das keine Kräfte hat, sich selbst zu ernähren...»

Georgs nervöser Instinkt sagte ihm, daß neue Konflikte heraufzögen. Die Pression an den äußeren und inneren Fronten nahm ein andermal zu. Man werde «wirklich auf Tod und Leben für die Freiheit kämpfen müssen. Sollte der Ausgang zweifelhaft sein? Sollte die Vorsehung diesmal die schlechte Sache siegen lassen? Sollte bloß darum, weil die Franzosen nicht wert sind, Freiheit zu besitzen, der Despotismus seinen Thron auf den Trümmern dieser Revolution nur desto fester und unerschütterlicher gründen? Ich verstehe diesen Gang nicht...» Frankreich, sagte er voll düsterer Prophetie, müsse in Blut und Tränen schwimmen. Zuletzt würden sich die Freiheit und die Menschheit rächen. Im Land sei nur noch eine große Macht sichtbar: «Le pouvoir révolutionnaire; und diese kann am Ende doch niemand berechnen.»

Wenige Tage später korrigierte er alle Erwartungen, die er selber mit solcher Passion genährt hatte. Er lache nun «der Träume der gutmütigen Schwärmer, die sich ein Utopien denken, wo es lauter gute, lauter weise und glückliche Leute geben wird, vermöge einer freien Verfassung». Für Frankreich erhoffe er noch lang keine Ruhe und kein sogenanntes Glück der Bürger. In acht Tagen habe man eine neue Konstitution, die ganz Frankreich, der Ungewißheit überdrüssig, annehmen werde. Die nächsten Nationalversammlungen aber würden an ihr wieder flicken, bis sie unter ihren Händen zerreiße. Im folgenden Satz stöhnte er: «Hätte ich meine Sachen aus Mainz hier, ich wäre froh! Ich würde mir eine Reisebibliothek nach Indien und meinen Malerkasten und mein schönes Zeichenpapier mitnehmen. Nach Indien!...»

Niemand machte Anstalten, den berühmten Forster mit diesem oder jenem Auftrag in die Welt zu schicken. Über den Bibliothekar Oufroy und Nicolas de Chamfort, mit dem er sich befreundet hatte, erkundete er die Möglichkeit einer Anstellung in der Bibliothèque Nationale. Im Augenblick schien keine Stelle vakant zu sein. Man vertröstete ihn. (Im Jahr darauf nahm sich Chamfort, nach mehrfacher Arretierung, das Leben.) Indessen trug man sich im Außenministerium mit dem Plan, Georg die Redaktion einer Zeitung in deutscher Sprache anzuvertrauen. Schon erwog er, ob ihm nicht der Vertrieb über die

Buchhändler der Schweiz eine Reise nach Lausanne oder Genf erlaube. Der Zeitpunkt aber war dem Unternehmen nicht günstig. Die deutschsprechenden Departements der Republik wurden durch die alliierten Armeen bedroht. Forsters Protektor le Brun, der den Girondisten nahestand, hatte Anlaß, für sein Amt, wenn nicht für seinen Kopf zu fürchten. So schleppten sich die Verhandlungen von Woche zu Woche fort. Dann und wann wurde Georg für ein paar Tage auf den Landsitz seiner Freunde le Couteulx in Luciennes geladen, damit er ein wenig Atem schöpfen könne. Mit der schönen Frau des Bankiers, die «sanft und gut und nicht ohne Bildung» war, und den englischen Freunden unternahm er einen Ausflug nach Versailles, «wo wegen des Pfingsttages alle Wasser sprangen. Es war ein überraschend schöner Anblick, viele tausend Menschen, alle wohl gekleidet, und gleichwohl alle aus der Klasse, die man sonst le peuple zu nennen pflegte, um die prächtigen Bassins spazieren zu sehen...» Die meisten Menschen seien zu Fuß aus Paris gekommen, berichtete er Therese. Sie verhielten sich im einstigen Park des Königs erstaunlich ruhig und gesittet. Oder waren sie eingeschüchtert? «Man spazierte stillschweigend und geniessend in dem großen Garten umher. Es ist aber auch nicht das erstemal, daß ich bemerkte, wie der Geschmack für lärmende Freude sich bei diesem Volke verloren hat; es ist, in Paris wenigstens und der umliegenden Gegend, nicht mehr un peuple qui danse et qui chante...»

Noch nicht zwei Wochen später hielt er sich von neuem in Luciennes auf, denn es schien ihm ratsam, Paris für einige Tage zu meiden. Am 10. Mai hatte der Nationalkonvent die Manege geräumt und ein neues, angemesseneres Quartier im Theater des Tuilerien-Schlosses bezogen. Unterdessen war Lyon den Rebellen anheimgefallen. Im Land tobte der Bürgerkrieg. Mit neuer Anstrengung wurden in allen Provinzen, nach Forsters einprägsamer Formel, Pflugscharen in Schwerter umgeschmiedet. Die Kommune setzte – wie gewohnt – den Konvent unter Druck, um radikale Maßnahmen zu erzwingen. Die Abgeordneten der Gironde fürchteten, nicht zu Unrecht, daß ihre Macht gefährdet sei. Da die Bergpartei die eigenen Reihen durch die Entsendung ganzer Scharen von Deputierten in die Departements geschwächt hatte, gaben sie sich der Illusion hin, die Stunde sei günstig, um eine Entscheidung zu erzwingen. Ein Ausschuß von zwölf Abgeordneten wurde eingesetzt, um die Kommune ins Gebet zu nehmen. Das Comité beschloß die Verhaftung der radikalen Einpeitscher Hébert und Varlet. Schon anderntags verlangte eine Delegation der Kommune, die beiden müßten sofort freigelassen werden. Der Präsident der Nationalversammlung, mit dem Georg noch wenige Tage zuvor über die permanente Unordnung im Konvent gescherzt hatte, drohte den Sansculottes, Paris werde vom Erdboden getilgt, wenn die Vertretung der Nation Schaden erleide.

Die Anführer des Volkes waren nicht beeindruckt. Die Unruhen in den Sektionen wurden weiter geschürt. Das Comité forderte, Dantons Beschwichtigungsversuchen zum Trotz, in der Nacht vom 30. zum 31. Mai die Auflösung der Kommunen. Am Morgen läuteten die Sturmglocken. Nachmittags um fünf war die Nationalversammlung umstellt. Die Sprecher der Kommune forderten die Verhaftung der führenden Girondisten. Ihr Verlangen wurde von der Mehrheit zurückgewiesen. Dennoch warf ein Kommando der Sansculottes Madame Roland, die schöne und geistreiche Frau des einstigen Innenministers, in den Kerker. Am Sonntag, dem 2. Juni, marschierten die Bataillone der Kommune samt Kanonen erneut vor dem Konvent auf. Als die Deputierten ins Freie strebten, befahl Hanriot, der neue Kommandant der Nationalgarden, die Kanoniere an ihre Geschütze. Die Abgeordneten wichen zurück. Drinnen verlas Marat langsam und mit grausamem Genuß die Namen von 22 Mitgliedern der Gironde, die unter Arrest gestellt werden sollten (zwanzig von ihnen gelang zunächst die Flucht). Danton verstand genauer als andere, daß der 2. Juni (nach den Worten von Furet und Richet) eine «Niederlage der Revolution» war.

Georg hielt es für angebracht, sich aus dem Sturm der letzten Maitage mit den Christies nach Luciennes zurückzuziehen. Er genoß den ländlichen Frieden. «Seit zwei Stunden», berichtete er nach Neuchâtel, «laufe ich schon allein im Garten umher, indes alles noch schläft, und lasse mir von den hundert Nachtigallen vorsingen, wie schön die Natur sei, wenn man nicht denkt, sich nicht erinnert, sondern bloß im Augenblick der Gegenwart lebt.» Die Lage in Paris sah er klar: die Kommune beherrsche den Nationalkonvent ohne Einschränkung und schreibe ihm Gesetze vor. «Die dazu erforderliche Grimasse nennt man hier eine Insurrektion. Man weiß wirklich nicht, soll man weinen oder lachen bei diesen Auftritten? Die klügsten Köpfe, und ich glaube zugleich die tugendhaftesten Herzen unterliegen den Ruhestörern und Intriganten, die unter der Larve der Volksfreundschaft sich bereichern und sich zu Herren von Frankreich machen wollen. Hätte man alles das aus der Ferne wissen können!» Es war nicht ratsam, Briefe dieser Art in die Hände der Polizei geraten zu lassen. Doch schon zwei Tage später befand sich Georg wieder in Paris und dachte darüber nach, wie er sich aus den revolutionären Wirren befreien könne. Nein, nicht die englische Druckerei, aber wenn der junge Thomas Brand 300 Pfund auftreiben könnte, dann lernte er Persisch und Arabisch, ginge über Land nach Indien, um neue Erfahrungen heimzubringen und nebenher sein Glück als Arzt zu machen.

In Paris sei nun alles ruhig. «Was man hier in diesen Tagen einen Aufstand nannte, war keiner, sondern eine Maschine, die der Gemeinderat in Verbindung mit denen vom Berge und den Jakobinern spielen ließ, um endlich ihren großen Anschlag gegen die zweiundzwanzig Mitglieder, die ihnen so verhaßt sind, durchzusetzen. Die Feigheit des Nationalkonvents war schuld, daß es ihnen gelang.» Zum erstenmal ahnte er nun die Herrschaft eines Diktators voraus. Auch sie werde das Grundereignis der Revolution nicht korrigieren. Condorcet, der große Aufklärer – «furchtsam wie alle» –, arbeite an einem neuen abgekürzten Verfassungsplan, der in acht Tagen fertig sein und gewiß genehmigt werde.

Danton, der die bedrängte Lage der Republik ohne Illusion betrachtete, war vor den Mai-Unruhen zu der Einsicht gelangt, daß Frankreich eine Atempause, mit anderen Worten: Frieden brauche. Nicht lang nach dem halb geglückten Staatsstreich der Kommune Anfang Juni schrieb Forster an Therese, es sei geplant, daß er «dieser Tage mit einem kleinen Auftrag» verreisen solle. Er wisse aber nicht, «ob es zustandekommen wird, auch nicht wenn, wohin, wie lange; aber gewiß nur auf sehr kurze

Zeit. Während der Zeit muß ich Verzicht auf Nachrichten von Dir tun...» Das war nicht die große Mission, von der er träumte, doch er knüpfte an die Exkursion neue Hoffnung. Vielleicht, schrieb er, werde er durch sie «denen bekannt, die jetzt hier alles vermögen. Kann ich Gutes wirken, so gilt's mir gleich, durch wen und mit wem. Ich werde meine Grundsätze nicht verleugnen.»

Die Entscheidung über die Reise ließ auf sich warten. Sie konnte nicht länger von Georgs Gönner, dem Außenminister le Brun, getroffen werden, der in den Sturz der Gironde gerissen wurde – falls sie jemals in seiner Macht gelegen hatte, was nicht ausgemacht war. Vielmehr schien Danton selber auf den Einfall geraten zu sein, Forster und den Kommissar Pétry an die Nordfront zu entsenden, um Verhandlungen mit den britischen Generalen aufzunehmen. Das offizielle Ziel der Gespräche sollte der Austausch von Kriegsgefangenen sein. In Wirklichkeit hatte Danton im Sinn, die Bereitschaft der Engländer für einen Waffenstillstand oder gar einen Friedensabschluß zu sondieren. Doch im Juli 1793 zog sich der bewunderte und gefürchtete Tribun aus dem Wohlfahrtsausschuß zurück. Der Abgang war nicht freiwillig. Von Dantons Bestechlichkeit redeten die Feinde nicht mehr hinter vorgehaltener Hand. Marat, dieses häßliche Gefäß so hoher Gefühle, erging sich in bedrohlichen Andeutungen über eine Verschwörung. Nicht lange zuvor war – von ihm tief betrauert – Dantons erste Frau gestorben. Er war ihr nicht treu gewesen und hatte sie dennoch von ganzer Seele geliebt. Nun stürzte er sich mit verzweifelter Leidenschaft in die neue Gemeinschaft mit einem blutjungen Mädchen. Die beiden kehrten der Welt den Rücken und verbargen sich im Idyll von Dantons ländlicher Heimat. Hatte er der Politik ein für allemal adieu gesagt?

Die Macht im Wohlfahrtsausschuß fiel Robespierre zu, über den Danton so hochmütig gespottet hatte, er sei nicht fähig, ein Ei zu kochen. Mit ihm stieg Carnot auf, der Organisator der nationalen Mobilisierung. Der fleißige Administrator des Regimes der Tugend lehnte die englische Mission nicht ab, doch er ließ sich Zeit, zu einem Entschluß zu gelangen. Georg übte sich in Geduld. Wie sollte er anders? In den vielen freien Stunden schrieb er am Tisch seiner Kammer im Haus der holländischen Patrioten an einer Darstellung der Revolution in Mainz. Die Arbeit ging stockend voran, da ihm keine Unterlagen zur Verfügung standen. Daneben schenkte ihm der Alltag Muße genug, seiner Frau in Neuchâtel in langen Briefen zu erzählen, wie es um ihn stehe. «Es ist sonderbar, meine geliebteste Therese, daß unsere eigentümlichsten Verhältnisse so mit den wichtigsten Angelegenheiten des ganzen Menschengeschlechts zusammenhängen! Wenn ich bloß erwäge, wie wenig alles, was ich seit dem November getan habe, jetzt zweckmäßig erscheint, so möchte ich manchmal wünschen, ich wäre ruhig aus Mainz gezogen und hätte mich in Hamburg oder Altona niedergelassen, ohne etwas mit den Händeln der Völker zu tun zu haben...» Hamburg war neutraler Boden, und Altona hatte den Vorzug, dänisch zu sein.

Am 24. Juni akzeptierte der Konvent Condorcets neue Verfassung, die freilich durch Notstandsdekrete und durch die kollektive Diktatur des Wohlfahrtsausschusses unverzüglich wieder außer Kraft gesetzt wurde. Indessen trat Georg Forster noch einmal am 19. Juli vor den Konvent, um im Namen der «freien Deutschen von Mainz und den Ufern des Rheins» zu bezeugen, daß sie die neue Konstitution akzeptierten. Seine Landsleute, rief Georg in dieser gespenstischen Rede, geben ihr brüderliches Vertrauen, ihre Rechte, ihr Glück und ihr Leben der Wachsamkeit des Patriotismus, der Integrität und der Erleuchtung der Volksvertreter anheim. Sie richteten ihre Blicke auf den neuen Sinai, wo die Vernunft der Völker ihren Donner hören lasse... Er kenne das Volk und glaube, für sein Gefühl und seine Prinzipien bürgen zu können: so erkläre er, daß die französische Verfassung jene des rheinischen Deutschlands sein werde. Der Beifall war herzlich. Doch vom republikanischen Deutschland existierte nur noch das belagerte Mainz.

Pathetisch pries Forster die heroische Verteidigung der Stadt durch 22000 unerschrockene Franzosen, die seit drei Monaten das Geschick der Mainzer teilten. Voller Optimismus rief er, die Befreiungsarmeen am Rhein und an der Mosel seien auf dem Marsch... Er ahnte nicht, daß am Tag zuvor der Kriegsrat der belagerten Stadt die Aufnahme von Kapitulationsverhandlungen beschlossen hatte. Aber war es denkbar, daß ihm der desolate Zustand der Armeen und die verzweifelte Lage der Festung ganz verborgen geblieben war? In einem Brief gleichen Datums sagte er Therese, er mache sich Sorgen, daß für Mainz jede Hilfe zu spät komme. «Die Abscheulichkeiten der Deutschen», schrieb er, «sind traurig.» Und fügte den prophetischen Satz hinzu: «Es ist noch in Jahrhunderten kein Gutes zu erwarten, wo solch viehisches Treiben stattfindet.» An diese Einsicht fügte er eine törichte Phrase, die um so schlimmer war, da Georg an sie glaubte: «Ich habe in diesen Tagen gleichwohl an der Menschheit große Freude. Der Heldenmut der Mainzer hat Anteil daran.» Die «öffentliche Meinung», die Georg so rasch gerühmt hatte, begann – kaum war sie geboren – mit der Propaganda zu verschmelzen.

In Paris hatte man ganz gewiß zur Kenntnis genommen, daß der französische Kommandant schon am 24. Juni gezwungen war, Greise und Kranke, Frauen und Kinder aus der Festung zu treiben, weil er nicht mehr über genug Lebensmittel verfügte, um sie auch nur dürftig zu nähren. Die Anklageschrift gegen Custine wies später dramatisierend darauf hin, daß sich die Besatzung von Ratten und Mäusen zu ernähren versucht habe. Goethe – nun doch zu den Heeren vor Mainz zurückgekehrt, um an der Seite seines Herzogs an der Belagerung teilzunehmen – vermerkte in seinem Bericht, jene armselige Schar der Zivilisten sei «grausam wieder zurückgewiesen worden. Die Noth wehr- und hülfloser zwischen innere und äußere Feinde gequetschter Menschen gieng über alle Begriffe.» Im nächsten Satz notierte dieser gleichmütige Reporter, man habe nicht versäumt, «den Oesterreichischen Zapfenstreich zu hören, welcher alle anderen der ganzen alliierten Armee übertraf».

Vier Tage später verzeichnete er, daß der Dom, viele Häuser in seiner Umgebung, nach Mitternacht auch die Jesuitenkirche in Brand geschossen worden seien. Es wurden Gräben vorgetrieben, Schanzen gestürmt, letzte Ausfälle gewagt. Am 19. Juli – dem Tag, an dem Forster vor dem Konvent erschien – verzeichnete die Chronik einen Versuch, die Festung durch allzu schwache Kräfte zu entsetzen. Sie wurden in der Südpfalz zurückgeschlagen. Am 22. waren die Bedingungen der Übergabe verabredet. Der französische Kommandant d'Oyre erschien zur Unterzeichnung.

Goethe hielt unter dem gleichen Datum fest, daß er und einige Freunde sich nicht länger davon abhalten ließen, aufzusitzen und Richtung Mainz zu reiten: «Unterwegs holten wir Sömmering ein, der gleichfalls mit einem Gesellen nach Mainz eilte, freilich auf stärkere Veranlassung als wir, aber doch auch die Gefahr einer solchen Unternehmung nicht achtend.» Anderntags nahm der Minister in seinem Wagen einen Mainzer Bürger mit seinem Söhnchen mit, der «den zurückgelassenen Klubbisten Tod und Verderben zu bringen schwor. Ich redete ihm begütigende Worte zu und stellte ihm vor, daß die Rückkehr in einen friedlichen und häuslichen Zustand nicht mit neuem bürgerlichen Krieg, Haß und Rache müsse verunreinigt werden, weil sich das Unglück ja sonst verewige...» Die Mahnung richtete wenig aus.

Voller Spannung beobachtete Goethe den Auszug der französischen Garnison, gedeckt durch preußische Reiterei. Eine «Colonne Marseiller, klein, schwarz, buntschäckig, lumpig gekleidet, trappelten heran, als habe der König Edwin seinen Berg aufgethan und das muntere Zwergenheer ausgesendet. Hierauf folgten regelmäßigere Truppen, ernst und verdrießlich, nicht aber etwa niedergeschlagen oder beschämt.» Dann die Jäger zu Pferd: «Sie waren ganz still bis gegen uns herangezogen, als ihre Musik den Marseillermarsch anstimmte. Dieses revolutionäre Te Deum hat ohnehin etwas Trauriges, Ahndungsvolles, wenn es auch noch so muthig vorgetragen wird; dieß Mal aber nahmen sie das Tempo ganz langsam, dem schleichenden Schritt gemäß, den sie ritten. Es war ergreifend und furchtbar, und ein ernster Anblick, als die Reitenden, lange hagere Männer, von gewissen Jahren, die Miene gleichfalls jenen Tönen gemäß, heranrückten; einzeln hätte man sie dem Don Quixote vergleichen können, in Masse erschienen sie höchst ehrwürdig.»

Schließlich erschien «Merlin von Thionville in Husarentracht, durch wilden Bart und Blick sich auszeichnend ...» Der Kommissar «hatte eine andere Figur in gleichem Costüm links neben sich, das Volk rief mit Wuth den Namen eines Klubbisten und bewegte sich zum Anfall. Merlin hielt an, berief sich auf seine

Würde eines Französischen Repräsentanten, auf die Rache, die jeder Beleidigung folgen sollte, er wolle rathen, sich zu mäßigen, denn es sei das letzte Mal nicht, daß man ihn hier sehe...» Einen Tag danach aber wurde Goethe Zeuge der brutalen Lynchjustiz, zu der sich die Menge ermutigt fühlte: aufgeputschte Schergen prügelten einen Clubisten, «bis alle Glieder seines Leibes zerschlagen und sein Gesicht unkenntlich war». Vor dem Quartier seines Herzogs gelang es dem Dichter, die Mißhandlung eines Republikaners zu verhindern: ihr Unglück und ihr Haß, rief er den aufgebrachten Bürgern zu, gebe ihnen hier kein Recht, und er leide an dieser Stelle keine Gewalttätigkeit. Einem englischen Beobachter gegenüber äußerte er den soviel zitierten, seltsamen und mißverständlichen Satz, daß er lieber eine Ungerechtigkeit begehe, als eine Unordnung ertrage. Den Anspruch des Rechtes betrachtete er, eine andere Auslegung war kaum möglich, als Abstraktion, die Ordnung aber als eine Zuflucht für Menschlichkeit und ziviles Betragen.

Die Mainzer Tragödie schien sich Georg nicht zu tief in die Seele zu graben. Empfand er nicht die Bitterkeit der Nachricht, daß es den französischen Militärs nicht gelungen war, eine zuverlässige Garantie für den Schutz der deutschen Republikaner auszuhandeln? Der preußische General von Kalkreuth wollte auf diesem Ohr nicht hören. Mündlich wurde eine Absprache über den Austausch von Demokraten gegen deportierte Mainzer getroffen. Indessen verschleppte man die Clubisten auf die Festung Ehrenbreitstein. Andere, die mit den Franzosen oder gar in französischen Uniformen zu entkommen versuchten, wurden massakriert. Es herrschte, wie Franz Dumont bemerkte, «eine Art Pogromstimmung». Natürlich schonte der Mob der Kleinbürger auch die Wohnungen und das Eigentum der besiegten Republikaner nicht. Die «Clubisten-Jagd» wurde als öffentlicher Sport betrieben. Schließlich begann die kurfürstliche Regierung unter Albini eine «Säuberung» aller öffentlichen Institutionen, von den Vertretern der Kirche eher angespornt als zur Mäßigung angehalten. Das ancien régime hatte in der Tat auch in Deutschland nichts gelernt und nichts vergessen. Die Brutalitäten waren eine schreckliche Einübung auf Epochen, die noch weit jenseits des Horizontes lagen...

Mainz aber schien Paris auf merkwürdige Weise ferngerückt zu sein. In seinem Bericht vom 19. Juli an Therese stand Georg völlig im Bann eines Dramas, das sich zwei Tage früher vor seinen Augen vollzogen hatte: der Hinrichtung von Charlotte Corday d'Armans. Kurz nach der Belagerung der Nationalversammlung und der Entmachtung der Gironde war das schöne junge Mädchen, das aus einem Geschlecht kleinen Adels stammte, mit der Eilpost von Caën nach Paris gereist. Sie hatte den festen Vorsatz, Marat zu töten, in dem sie den Verderber der Republik erkannte.

In dem kleinen, manierlichen ‹Hotel de la Providence› in der Rue de Vieux-Augustins mietete sie sich ein. Danach suchte sie den Konvent auf. Marat fand sie nicht. Er war krank. Anderntags erstand sie in einem Laden unter den Arkaden des Palais-Egalité ein Messer und begab sich zu seiner Wohnung in der Rue de l'École-de-Médicine am linken Ufer der Seine. Da sie bei dem «Freund des Volkes», wie er sich nach dem Titel seiner polemischen Zeitung nennen ließ, nicht vorgelassen wurde, gab sie einen Brief ab, in dem sie Marat mitteilte, sie müsse ihn sehen, denn sie habe ihm Wichtiges zu sagen: es sei an ihm, Frankreich einen großen Dienst zu erweisen. Schließlich empfing er die junge Frau, in einer bedeckten Badewanne liegend, da er im heißen Wasser Linderung für eine quälende Hautkrankheit suchte. Die beiden führten zunächst eine ruhige Unterhaltung über die politischen Verhältnisse in Caën. Charlotte nannte einige girondistische Rebellen, die sich in der Normandie aufhielten. Marat notierte die Namen und versicherte ihr, die Dissidenten würden binnen weniger Tage auf das Schafott befördert. Unterdessen holte Charlotte das Messer aus ihrem Kleid und stieß es Marat ins Herz. Als die Wachen von der Straße heraufstürzten, ließ sich die junge Frau ohne Widerstand festnehmen. Sie leugnete nichts.

Vier Tage später begründete sie ihre Tat vor dem Revolutionstribunal mit ruhigen Argumenten und klarer Stimme. Der Maler Hauer besuchte sie in der Conciergerie (Forster verwechselte ihn mit dem großen David), um ihr Gesicht zu zeichnen. Er war über die Heiterkeit ihres Gemüts erstaunt und fragte: «Werden Sie immer diese Miene behalten?» «Sorgen Sie nicht», antwortete sie nach Georgs Bericht mit einem Lächeln und mit sanfter Stimme, «ich bin nie anders, als Sie mich jetzt sehen.» Nach der Verurteilung wurde sie zur Exekution gekarrt. Georg folgte dem Wagen mit vielen anderen, und er beobachtete die Hinrichtung mit höchster Aufmerksamkeit: «Sie war blühend vor Gesundheit, reizend schön, am meisten durch den Reiz der Unverdorbenheit, die sie umschwebte. Ihr schwarzbraunes, kurzgeschnittenes Haar machte einen antiken Kopf auf der schönsten Büste.» Es entging ihm nicht, daß der Henker ihren Busen entblößte, was der jungen Frau eine leichte Röte ins Gesicht trieb. «Ihre Heiterkeit blieb bis auf den letzten Augenblick auf dem Blutgerüst, wo ich sie hinrichten sah. Ihr Tod tat mir wohl für sie. Du hast schnell gelitten, dachte ich. Man fragte sie, ob sie einen Priester wolle. ‹Nein!› Vielleicht weil Du keinen unbeeideten bekommen kannst? ‹Ich verachte sie alle beide.›»

Gleichviel, ob der fanatischen Überzeugung der Mörderin «Irrtum oder Wahrheit zum Grunde» gelegen hatte – Georg konnte und wollte sich der «Reinheit ihrer Seele» und ihrer «schönen Heldenstärke» nicht entziehen. «Sie liebte die Republik und die Freiheit mit Enthusiasmus», schrieb er, und sie «fühlte tief ihre innere Zerrüttung. Ihr Andenken lebt bei Hunderttausenden, die noch Sinn für einfache Größe haben, selbst unter denen, die Marats Rechtschaffenheit behaupten...»

Dies war ein Brief von seltenem Mut. Ahnte der Verfasser, daß die Tat der Corday zum eigentlichen Signal für den Hexensabbat des Terrors werden sollte? Vielleicht ließ er sich für einige Stunden von der glühenden Begeisterung seines Kameraden und Hausgenossen Adam Lux überwältigen, der wie Georg durch die Rue St. Honoré hinter oder neben dem Todeskarren hergelaufen war und wie er zum Schafott hinaufgestarrt hatte. Verzückt schrieb Adam Lux in einer französischen Schrift, die Wedekind 1795 ins Deutsche übersetzte: «Diesen so milden und durchdringenden Blick, der ihren schönen Augen entstrahlte und aus dem eine ebenso zärtliche als unerschrockene Seele sprach... ihren entzückenden Augen, welche Felsen hätten rühren müssen! Eine Erinnerung, die einzig in ihrer Art und unauslöschlich ist!... Der bloße Gedanke an diesen Engel, der zum Tode ging, wird mir Verachtung gegen die Macht ihrer Henkers-

Knechte einflößen... Dein Andenken reizt und feuert mich an zu allen republikanischen Tugenden und daher zu unversöhnlichem Haß gegen die Feinde der Freiheit, gegen die Schurken, die Anarchisten und die Henkersknechte, welche sich des 31. Mai bemeistert haben...»

Vergebens beschwor Georg den empfindsamen jungen Mann, auf die Veröffentlichung seiner Schrift zu verzichten: sie werde ihn Kopf und Kragen kosten. Ihm war nicht deutlich, daß Lux das Martyrium erzwingen wollte. Charlotte Corday bot dem schwärmenden Republikaner nur einen neuen Anlaß, den Opfergang zu beginnen, freilich einen schönen, der nicht nur sein Herz, sondern auch seine Sinne berührte. In einem Aufsatz, der zu seiner Verteidigung in das ‹*Journal de la Montagne*› eingerückt wurde, versuchte ein anonymer Verfasser diese Narrheit mit der strengen Keuschheit zu entschuldigen, die sich Lux seit der Trennung von seiner geliebten Frau auferlegt hatte. Charlotte Corday habe bei ihm einen «außerordentlich starken physischen Eindruck» hinterlassen. Der Schreiber plädierte dafür, den Herold der Mörderin in ein Hospital einzuweisen oder nach Amerika reisen zu lassen, statt ihn auf die Guillotine zu schikken. Der Autor des Vorschlags – vermutlich war es der Mainzer Landsmann Wedekind – hatte mit seiner Aktion kein Glück. Adam Lux wehrte sich voller Empörung gegen den gutgemeinten Vorschlag, ihn für unzurechnungsfähig zu erklären.

Forster schützte er mit einem Brief, der nicht nur seine Fairness, sondern auch die Fähigkeit zu kühler und ruhiger Überlegung bewies: «Mein threuer Freund und Mitbürger!» schrieb er dem Gefährten: «Da eine Schrift, die ich ohne Ihr Wissen verfaßt und dem Druck übergab, im Publikum erscheinen wird; da mich die Verfolgungen, welche dieselbe mir zuziehen wird, in Ungewißheit über den Augenblick meiner Verhaftung lassen, so komme ich jedem Ereigniß zuvor, um Ihnen ein Lebewohl in diesen Zeilen zu sagen. Ich erkläre Ihnen hierin förmlich, daß ich meine Betrachtungen ohne Ihr Wissen niedergeschrieben habe...» Er beurteile die politische Lage anders, vor allem aber kenne er die Erbitterung der Inquisitoren. Er wolle niemand anders als sich selbst der Gefahr aussetzen. «Glauben Sie ja nicht, daß ich Thor genug sei, um nicht das Schicksal vorauszusehen, das mir eine Schrift bereiten muß, die die Machthaber um so mehr verwundern muß, da sie mich nicht persönlich beleidigt haben. Allein mein Grundsatz ist, daß man, was es auch kosten möge, laut der gerechten Partei folgen müsse... Ich bin sehr vergnügt darüber, mit Ihnen während unserer Verbannung gelebt zu haben – ich danke Ihnen für alle mir erwiesenen Freundschaftsdienste und umarme Sie von Herzen. Leben Sie wohl. Adam Lux.» Georg mag das Schreiben aufatmend in Empfang genommen haben. Ihn drängte es nicht nach einem Martyrium.

Anders als Georg hatte Lux den Fortgang der politischen Ereignisse in der Nationalversammlung nahezu täglich aus der Nähe beobachtet. Zwar erging er sich an heiteren Tagen gern im Bois de Bologne oder las seine lateinischen Klassiker, doch oft fand man ihn im Konvent, von dem sich Georg lieber fernhielt. Der Konflikt der Parteien, der Haß und die Leidenschaft beunruhigten den jungen Mann, der sich als einen treuen Schüler von Jean Jacques Rousseau betrachtete, in dessen Lehren er sein Idealbild der Gesellschaft gefunden hatte. Bald nach seiner Ankunft in Paris war er hinaus zum Grab seines Lehrers in Ermenonville gepilgert. Dort wäre er am liebsten aus dem Leben geschieden, von der revolutionären Realität schockiert, für die er zu Haus mit so hohem Elan gekämpft hatte. Die Bauern des Dorfes Kostheim am rechten Rheinufer, zu dem seine Donnersmühle zählte, achteten den Philosophen hoch, der wie sie selber seinen Acker bestellte. Willig hatten sie ihm geholfen, als er – als einer der ersten – einen Freiheitsbaum aufrichtete und mit ihm fast geschlossen für die rheinisch-deutsche Republik gestimmt.

Die Kapitulation der Pariser Nationalversammlung vor der Kommune war für Lux das entscheidende Signal. Zuvor war er auf den bizarren Einfall geraten, sich auf der Rednerbühne des Konvents eine Kugel durch den Kopf zu jagen, dem Beispiel der großen Römer Curtius, Decius und Brutus gehorsam, die ihr Leben dem Wohl der Republik geopfert hatten. Seine girondistischen Freunde redeten ihm die selbstmörderische Demonstration aus. Die wiesen mit Recht darauf hin, daß sie an den deprimierenden Verhältnissen nichts zu ändern vermöge.

Nach dem zweiten Juni setzte Lux eine Denkschrift auf, der er den Titel ‹*Avis aux Français*› gab. Sie war ein offenes Plädoyer für die Girondisten und gegen die Jakobiner der Bergpartei, die er strafbare Schurken nannte. Es gelang ihm, einen Drucker für das Pamphlet zu finden, dessen Namen er auch bei strenger Befragung nicht preisgab. Am Morgen des 24. Juli erschienen die Häscher, um ihn abzuholen. Lux, der beim Frühstück saß, beendete die Mahlzeit, ohne sich den Appetit verderben zu lassen. Er wurde ins Gefängnis La Force eingeliefert, wo man ihn zu vergessen schien. Drei Briefe schrieb er ans Revolutionstribunal, um zu mahnen, daß man ihn nicht länger warten lassen dürfe. Kein Zweifel: er wollte sterben. In seinem Traktat über Charlotte Corday hatte er geschrieben: «Wenn sie mir auch die Ehre ihrer Guillotine anthun wollen, die künftig in meinen Augen nichts mehr als ein Altar ist, worauf man unschuldige Opfer schlachtet, und womit – seit dem reinen Blute, das am 17. Juli darauf vergossen worden – keine Schande mehr verbunden sein kann: wenn sie dieses wollen ... so bitte ich sie, diese Henkersknechte, meinem abgeschlagenen Kopf eben so viele Maulschellen geben zu lassen, als sie dem der Charlotte geben ließen. Ich bitte sie, diesem Tygerschauspiel durch ihren kannibalischen Pöbel ebenfalls Beifall zuklatschen zu lassen ...»

An jenem 24. Juli, an dem Lux verhaftet wurde, reiste Georg Forster zur Nordarmee. Der Wohlfahrtsausschuß hatte den geplanten Kontakt zur englischen Generalität endlich gutgeheißen. Im letzten Brief, den er vor dem Aufbruch an Therese schrieb, deutete er den Wunsch an, daß er eines Tages «unangetastet irgendwo im Waadtlande eine Hütte» beziehen könne, um ihr und seinen Kindern nahe zu sein. Seit Anfang des Monats hielt sich auch Huber, aus sächsischen Diensten entlassen, in Neuchâtel auf.

XXV

Abschied

Die grauen Städtchen der Picardie und die Ruhe der weiten Landschaft mit ihren fetten Wiesen und schweren Äckern erinnerten Georg an seine Reise durch Brabant und die Niederlande, als alles noch Vorspiel, als die Revolution jung und voller Hoffnung, voll heiterer Erwartung war. Georg und sein Gefährte Petry nahmen Quartier in Cambrai, das nun einem Heerlager glich. Die Engländer standen kaum dreißig Kilometer entfernt in Valenciennes. Nur zehn Kilometer vor Paris, schrieb Georg nach Neuchâtel, sei alles so still, als ob tiefer Frieden herrsche. Diese Ruhe inmitten der Greuel des Krieges habe er immer als wunderbar empfunden... Er las römische Geschichte, um seine Seele zu stärken, und er stellte fest, daß die Zeiten von Marius, Sylla, Cattilina, Pompejus und Cäsar manche Ähnlichkeit mit seiner Epoche zeigten.

Die Aufnahme von Kontakten zu den Briten, die den beiden Kommissaren Forster und Petry aufgetragen war, ließ sich schwierig an. Georgs Berichte über seine Arbeit gingen in den Archiven verloren. Es lag nahe, daß er und sein Gefährte – nach den Vorschriften der Revolutionsregierung konnten sie nur gemeinsam handeln – den einen oder anderen Gefangenen zu den Engländern zurückschickten, um ihnen auf informelle Weise zu sagen, daß die französischen Kommandeure an einem Austausch interessiert seien. Vielleicht sandten sie auch einen Offizier als Parlamentär über die Linien. Was immer sie versuchten: die Briten blieben spröde.

Nach einer guten Woche schon, am 8. August, verlegten Petry und Georg ihr Quartier nach Arras im Artois, der Heimat von Robespierre. Sie langweilten sich auch dort fast zu Tode. Das satte Bürgerstädtchen mit seinen pathetischen Plätzen, der brandneuen Kathedrale und dem halb verfallenen gotischen Rathaus bot den Fremden wenig Anregung. Die Leute verkrochen sich in ihre Häuser und zogen die Köpfe ein. Krieg und Unruhen geboten Vorsicht. Die Kommissare ließen sich ihr Essen meist aufs Zimmer bringen, weil sie mit der Gesellschaft in den Gasthäusern nichts zu schaffen haben mochten. Der Compagnon Petry freilich erwies sich als ein seltsamer Schicksalsgenosse: an manchen Tagen holte er zu mächtigen Reden aus, eigensinnig und rechthaberisch, an anderen schwieg er beharrlich und las. Im ganzen war er nicht unerträglich. Georg unternahm allein oder mit dem Gefährten lange Spaziergänge an der Scarpe, deren Wasser träge nach Douai hinüberfloß. Bei einer der melancholischen Wanderungen pflückte er ein Sträußchen Vergißmeinnicht für seine Kinder, an die er so oft und voller Sehnsucht dachte.

Seufzend nahm er die begonnene Arbeit an der *‹Darstellung der Revolution in Mainz›* wieder auf. Bei der Niederschrift war er ganz auf sein Gedächtnis angewiesen, doch durch die Freiheit von allen Vorlagen gewann die Erzählung womöglich nur Lebhaftigkeit, Farbe und Schwung. Er brachte das Stück nicht zu Ende. Über den Rückzug der Franzosen aus Frankfurt gelangte er kaum hinaus. Es war, als hörte man ein Räuspern in seiner Stimme, als er in seinem Text voll leidender Bescheidung um Verständnis für den befreiten Bürger bat, «der jetzt eben den Fesseln der Sklaverei entrinnt und für sich allein seinen Weg durchs Leben zu wandeln anfängt...» Dennoch, seine tölpelhaften und unbeholfenen Schritte gäben Anlaß zu einer Hoffnung, die keine Verzweiflung an der «weisen Lenkung» des Schicksals erlaube. Aber schließlich brach er die Aufzeichnungen mit einem mürrischen Geständnis ab: «Das Los des Geschichtsschreibers wäre bedauernswert, wenn es nicht in seiner Willkür stünde, von einer Untersuchung abzustehen, die nicht blos unfruchtbar ist, sondern ihn mit Ekel und Abscheu erfüllt. Wer wollte ihm wehren, taube Herzen, wie taube Nüsse, von sich zu – – –» Weiter kam er nicht – wollte er nicht kommen. Zugleich notierte er für Therese den schrecklichen Satz: «Ich schreibe, was ich nicht mehr glaube.»

Dies ist das bitterste Bekenntnis, das ein Schriftsteller seinem

Herzen abzuringen hat. Georg nahm es niemals zurück. Es behielt, bis zum Ende, seine deprimierende Wahrheit. Es war nicht die einzige, nicht die ganze. Seine Resignation hinderte ihn nicht, Verstand und Gefühl immer wieder nach vorn zu werfen, um gegen jede Vernunft trotzdem zu hoffen. Credo quia absurdum est – wie Tertullian hätte er von der Revolution sagen können, daß er zuletzt und trotz allem an sie glaube, auch wenn die Realität aller Vernunft aufs Absurdeste zu widersprechen schien. Zynismus war seine Sache nicht. Er rettete sich lieber in Träume. Wenn er log, belog er sich selber zuerst: aus Angst, oft aus Opportunismus und immer wieder unter dem Diktat der störrischen Weigerung, den großen Aufbruch vergebens und vertan zu nennen. Er war es ja nicht... Wohl traute er den Heilsplänen der Tagesphilosophen nicht länger über den Weg, und immer klarer erkannte er in der Revolution den Vollzug eines schicksalhaften Prozesses, von dem nicht ausgemacht war, daß er der Menschheit Glück bringen würde: die Veränderung aber entsprach zuletzt vielleicht doch den «ewig gerechten Gesetzen», die er «im Plane des Ganzen», der «Intelligenz des Universums» und im «Frieden des Weltalls» aufgehoben wissen wollte.

In der Öde des grau heraufdämmernden Herbstes holte er, am Tisch seiner Gaststube, noch einmal weit aus, um die Erfahrungen der Mainzer Revolution durch einen philosophischen Essay zu überhöhen: der großen Betrachtung *‹Ueber die Beziehung der Staatskunst auf das Glück der Menschheit›*. Georg bot, virtuos wie selten, alle Kunstfertigkeiten deutscher Grammatik auf, um die Widersacher in Köln, Berlin und anderswo zu Boden zu schreiben. Er argumentierte mit Rousseau und mit Kant, scheute vor keiner artifiziellen Kapriole zurück – und entschloß sich gelegentlich zu einer erfrischenden Direktheit. Das Stück verdiente es, als ein klassisches Beispiel von Glanz und Elend der deutschen Professorensprache in Erinnerung gehalten zu werden: in der logischen Präzision, dem Reichtum der Einsichten, aber auch den abstrakten Verstiegenheiten und dem pathetischen Gestus. Taugte es als revolutionäre Prosa? Selten eine Formel, an der sich die gebildeten Bürger festhalten konnten. «Das Glück des zahmen Sklaven», sagte er, sei ebenso erdichtet wie «das Glück des freien Wilden». Das prägte sich ein. Selten ein Zuruf von jener schönen Herzhaftigkeit, mit der Georg die Gelehrten darauf hinwies, auch der müde Arbeiter sei nicht immer zum Denken zu stumpf: «Man hebe doch nur die Last, die eine ungerechte Regierung der arbeitenden Klasse aufgebürdet hat, von ihren müden Schultern; man zwinge sie nicht länger, die Früchte ihres Fleißes dem privilegierten Räuber und Müßiggänger hinzugeben: und bald wird der kahle Vorwand verschwinden, der nur von jenen Mißbräuchen seine ganze Stärke entlehnt.» So sah er klar genug, daß die materiellen Voraussetzungen für eine Kultur der Unterdrückten geschaffen werden müßten, ohne die jede «Regsamkeit des Geistes» ersticke und «starre Gleichgültigkeit an die Stelle des Ringens nach Vollkommenheit» trete.

Auf den Begriff des Glücks, der den Vätern der englischen, amerikanischen und französischen Aufklärung so wichtig war, ließ er sich nur noch widerstrebend ein. In der Natur vermochte er kein sittliches Prinzip zu erkennen. Es gebe, schrieb er an Therese, «lediglich eine Moralität einzelner Menschen..., welche zwar das schönste Ziel unsers Daseins ist, aber den allgemeinen Schicksalen der ganzen Gattung immer untergeordnet bleibt». Doch auf die Frage nach dem «Sinn» wollte und konnte der Verzweifelte nicht verzichten. Seine Wiege stand, es ließ sich nicht leugnen, in einer protestantischen Pfarrkate, in einem entlegenen Winkel des philosophischen Deutschlands. Am Ende waren Glück und Sinn aufgesogen von quasi religiösen Begriffen, die ihm selber nur wenig Trost und Halt bieten konnten.

Im Norden Frankreichs schien Georg eine Möglichkeit ausgespäht zu haben, einige seiner Briefe an der Zensur vorbei in die Schweiz zu expedieren. Oder war er nur leichtfertig? Er legte sich keine Hemmung auf, ohne alle Rücksicht aufzuschreiben, was ihn quälte: weder bei der Schilderung seiner privaten Verhältnisse, noch bei seinen Kommentaren zu den öffentlichen Zuständen. Schon ein paar seiner Sätze hätten genügt, ihn einen Kopf kürzer zu machen. Indes, jeder Tag und jede Stunde überzeugten ihn mehr davon, daß seine «politische Laufbahn beendet» sei. Er habe einst recht gehabt (oder glaube es doch), daß er «aus der Privatwelt des Schriftstellers herausgetreten» und sich in die Führung öffentlicher Geschäfte begeben habe – doch nun wäre es falsch, darin zu beharren, wenn nicht die ganze Staatsmaschine eine andere Richtung gewinne, was er für unmöglich halte. Den Freunden rief er zu: «Keine Maßregel sollte mir zu streng sein, die man gegen innere und äußere Feinde nähme; ich würde die unnötigen und überflüssigen sogar gutheißen, wenn sie den Freiheitsgeist einflößten, bestärkten und zur höchsten Höhe spannten.»

Das alles seien süße Träume: «Hätte ich vor zehn Monaten – vor acht Monaten – gewußt, was ich jetzt weiß, ich wäre ohne allen Zweifel nach Hamburg oder Altona gegangen und nicht in den Klub.» Das war ein riskantes Wort. Gut zehn Monate zuvor hatte er seine erste politische Rede gehalten, und exakt vor acht Monaten auf den Tag seines Briefes hatte man den König zum Schafott geführt. In Paris war die Säuberungsaktion gegen die Girondisten nun erst in Gang gekommen. Man jagte ihre Führer, die sich im Land verborgen hielten. War nicht jeder verdächtig, der sich mit ihnen eingelassen hatte, und sei es nur für einen flüchtigen Augenblick? Reichte der faire Brief des braven Lux, um Georg zu schützen? Erinnerte man sich höheren Ortes, daß er ein Buch des «Verräters» Brissot in deutschen Zeitschriften gerühmt hatte? Die Köpfmaschine fing erst so recht zu arbeiten an. Barère, Mitglied des Sicherheitsausschusses, rief den Mitgliedern des Konvents zu: «Der Schrecken wird auf die Tagesordnung gesetzt! Sie verlangen Blut – wir geben ihnen das der Verschwörer und Verräter, Brissots und Marie Antoinettes!»

Im September fielen 110 Köpfe, im Oktober 180, im November 500, im Dezember mehr als 3000. Man rechnete aus, daß in Paris 2800, in der Provinz 14000 Menschen als Opfer des Terrors starben.

Carnot mobilisierte die Massen. Innerhalb weniger Wochen brachte er 14 Armeen von 750000 Soldaten auf die Beine. Der junge St. Just feuerte die Truppen im Feld an und schickte die Generale aufs Schafott. Die Fronten stabilisierten sich. Doch die Inflation raste weiter. Die Assignaten sanken auf 25 Prozent ihres Nennwertes. Hunger ging um. Die Geister wurden radikaler. Die Periode der absoluten Freiheit in Europa sei seit acht Monaten vorüber, schrieb Georg.

Er selber schien sich um die Widersprüchlichkeit seiner Äußerungen nicht länger zu kümmern. Er folgte keiner Lebenslogik mehr, wenn sie denn jemals in seinem Dasein zu finden war. Seine Überzeugungen ließen sich – auch von den Lesern in Neuchâtel – nur noch selten auf einen Nenner bringen. Ihn kümmerte es nicht. Die Wahrheiten wechselten. Sie ergänzten einander, löschten sich manchmal gegenseitig aus, hielten einander in der Schwebe: nach der einen Wahrheit durfte man nicht länger suchen. Es war kein Zufall, daß sich sein Blick plötzlich nach Amerika richtete, dessen Lebens- und Staatsformen zu weit gespannt und zu unterschiedlich in ihrer Beschaffenheit zu sein schienen, um sich einer europäischen oder gar französischen Logik zu beugen. Seine Hauptanführer seien besonnener, weiser und edler zu Werk gegangen, schrieb er an Therese – und dennoch habe es nur ein paar Jahre nach dem Frieden seine Verfassung in eine beinahe aristokratische verwandelt. Der Präsident George Washington sei mächtiger als der König von England. Die «Verderbtheit unter den Politikern» dulde auf die Dauer «keinen echt demokratischen Staat»: «Die Leidenschaften müssen entweder einen Zügel bekommen, oder die Anarchie verewigt sich.» Die Franzosen seien im Vergleich mit den kaltblütigen Amerikanern wahre Tollköpfe. Therese und Huber sollten sich durch das Geschrei über «den Feind des Menschengeschlechtes» in Paris nicht täuschen lassen. Es sei nichts als Zungendrescherei. Also verweigerte er dem Terror die moralische Weihe (wenigstens in der Stunde, in der er schrieb): «Wenn Ihr wüßtet, wie verhaßt mir das Wort Verrat und das Wort Komplott geworden sind! – Gott bewahre uns vor dem Mißbrauch der Worte...» Er verdammte auch die Finanzpolitik von Cambon, die mit der Bestrafung der Reichen alle liberalen Prinzipien außer Kraft setzte.

Was sollte aus ihm werden? Als Ausländer habe er kaum eine Chance, ein Amt zu finden, das es ihm erlaube, ein Gehalt von dreitausend Livres mit Hilfe von Bestechungen in Einkünfte von fünfzehn- oder zwanzigtausend Livres zu verwandeln. Was bleibe anderes als der freiwillige Rückzug in die Schriftstellerei, Arbeit für Voß in Berlin, mit der er seine Schulden tilgen könne, Arbeit für Treuttel in Straßburg, um das Notwendigste für seinen Unterhalt zu verdienen. Vielleicht könne er sich in der Nähe von Lyon niederlassen, nicht zu weit von der lockenden Schweiz. Er suchte Distanz von Paris, Distanz auch von der Regierung. Er besann sich auf den fragwürdigen Satz, mit dem er einst die Grenzen seiner Loyalität gegenüber den Fürsten umschrieben hatte: «Der Staat, der dem Menschen die Freiheit nimmt, zum allgemeinen Glück mitzuwirken..., hat keinen Anspruch auf ihn, sondern gibt ihn seinem natürlichen ersten Wirkungskreise, sich selbst und seiner Familie zurück.»

Zugleich bestritt er, um Therese zu beruhigen, daß er in Paris in Gefahr geraten wäre, hätte ihn der Konvent nicht an die Nordfront geschickt: er sei französischer Bürger und obendrein Deputierter von Mainz... Er wußte gut genug, wie wenig diese Titel wert waren. Die Furcht ließ sich durch lautes Pfeifen nicht immer beschwichtigen. Auch fühlte er sich nicht in jedem seiner Briefe vor der Zensur sicher. Darum entsann er sich seines Rosenkreuzer-Namens Amadeus, wenn er von seinen persönlichsten Problemen sprach. Nur darum? Oder wurde die Erinnerung an die Kasseler Nächte wieder wach, an die inbrünstigen Gebete, die religiöse Passion, die fromme Hoffnung? Jener Freund Amadeus, schrieb er nach Neuchâtel, mißbillige die Grundsätze der Menschen, unter denen er arbeiten müsse, ebensosehr wie er ihre Handlungen verabscheue. Seine Scheu, zu etwas Bösem die Hände zu bieten, gebe ihm einen Anschein von Wankelmut. Er habe Gutes wirken wollen, habe es auch bewirkt: man könne es ihm nicht zur Schuld rechnen, daß es anders gekommen sei...

Trostlose Überlegungen. Aber in seinem nächsten Brief schüttelte er die Tarnung schon wieder ab. Vielleicht ging jenes Schreiben auch andere Wege. Georg nahm, leichtfertig oder nicht, kein Blatt vor den Mund. Dies sei in dürren Worten die Realität: ein paar Dutzend Leute draußen wollten die Köpfe von etlichen Dutzend drinnen. Den übrigen, ob drinnen oder draußen, sei es gleichgültig, wer seinen Kopf behalte. Die Menge wage lieber ihren Kopf auf der Schanze, als daß sie ihn auf dem Schafott verliere... Darum der Mut der Soldaten.

Damit geriet er nun doch verdächtig nahe an den Zynismus der Verzweifelten, denn er fügte hinzu, daß sich alle Unglücklichen unschuldig glaubten und in ihren Gegnern nur blutgierige Henker sähen. Obwohl er in den vergangenen Jahren gelernt hatte, den Segen privaten Eigentums mit philosophischer Skepsis zu betrachten, wandte er sich mit erstaunlicher Entschiedenheit gegen alle Angriffe auf den Reichtum: «Ja, wenn es möglich wäre, durch Vernichtung des Handels und Zerstückelung des Eigentums das Glück des Volks zu sichern, dann möchte man noch heute alle Warengewölbe aufbrechen und alle Landgüter in Bauernhöfe von 20 Morgen verteilen...» Aber er fürchtete nur, daß «Millionen durch Stockung des Handels, der Gewerbe und des Luxus außer Nahrung gesetzt würden». In der großen «Umverteilung», von der die radikalen Köpfe in Paris zu schwärmen begannen, sah er «nur eine Szene des unermeßlichen Elends und das Grab einer Freiheit, die auf Europa so vielversprechend herabzulächeln» schien. Die Maxime: laßt uns Böses tun, auf daß Gutes daraus folge, sei abscheulich. Darum überraschte es ihn, anders als Therese, nicht im geringsten, «daß sich die Mainzer Klubisten schändlich aufgeführt haben. Woher sollten rohe Knaben, denn das waren die meisten, Studenten und Leute ohne Erziehung und Grundsätze auf einmal tugendhaft geworden sein?»

Vermutlich beurteilte er die Wirren im belagerten Mainz realistisch genug. Doch mit welcher Kälte korrigierte er zugleich das ekstatische Pathos, mit dem er selber die Bürger zu Freiheit und Selbstverantwortung gerufen hatte! Die Kritik an dem fahrlässigen Grundsatz, daß der Zweck die Mittel heilige, nahm er wieder halb zurück: «Um Gutes stiften zu können, muß man ... auch das Schlimme geschehen lassen, was die Partei oft will und vollbringt; zuweilen sogar kann man nicht umhin, selber das ausübende Werkzeug dieser Vollbringung zu sein. Aber wer entscheidet hier, wie weit man gehen dürfe? Wer freilich schon halb durch den Fluß ist, der schwimme vollends hinüber. Wer aber, noch eben unweit vom Rande, gewahr würde, daß er zu tief und gefährlich sei? Wer nun innegeworden wäre, daß er das Gute nur zufällig, das Böse aber in der Regel immer zu tun haben würde? Darf der noch stehen und rechnen, ob jenes Zufällige dieses Gewisse überwiegt?...»

Dem jungen Menschen, der seine Laufbahn beginne, sei manches zu verzeihen. Doch die Vierzigjährigen – zu denen er fast schon gehörte – durften sich nicht auf die «Täuschung des Gehorsams» berufen. In seiner Verwirrung und Ratlosigkeit prägte er mit diesen Worten eine prophetische Formel, die sich seine deutschen und seine französischen Landsleute besser zu Herzen genommen hätten. Indes hielt jene Einsicht – sie sprach sich nicht weit herum – keinen der Henker von seiner Arbeit ab. Georg selber behielt oft nicht genau genug im Gedächtnis, was er von einem zum anderen Brief schrieb. Mitte September schien er plötzlich wahrzunehmen, daß auch Amadeus – als Bürger ausländischer Herkunft – prinzipiell verdächtig war. Den Fremden sei es, berichtete er wenig später, nahezu unmöglich geworden, eine Anstellung zu finden. Die «unaufhörlichen Verrätereien» – er wollte das Wort nicht mehr hören und sehen und nahm es nun dennoch hin – hätten das Mißtrauen aufs höchste gesteigert. Als die Liquidationsmaschine in Straßburg ihre blutige Arbeit begann – der einstige deutsche Franziskanerpater und Theologieprofessor Eulogius Schneider machte sich als Ankläger einen düsteren Namen –, schrieb Georg trocken: «Es hat hart gehalten, alle die Machinationen im Innern zu vereiteln. Es wird vieler Menschen Leben kosten – freilich haben sie es sich selbst zuzuschreiben; für den Krebs ist nur das Messer – aber Gott sei Dank, daß ich nicht der Wundarzt bin...»

Tarnung oder nicht? Manchmal sprach er in den Briefen aus jenen Tagen davon, daß sich das Geschick des einzelnen in seinen frühesten Tagen entscheide. Glückliche Kinder, sagte er, machten glückliche Menschen. Georg war, weiß Gott, keine glückliche Kindheit beschert. In der völligen Abhängigkeit von seinem tyrannischen Vater wurde ihm die Mechanik der Anpassung zu einer zweiten Natur, die er sein Lebtag lang nicht abschüttelte. Eine Art von Mimikry, mit der er jeder Macht und jeder Obrigkeit begegnete, veränderte nicht nur die Oberfläche seines Verhaltens: es ging unter die Haut.

Das Geschick Europas schien ihm nicht mehr von Vernunft und Eigennutz diktiert, sondern von «regelloser Willkür» und «rasender Leidenschaft». Die mittelmäßigen und kleinen Köpfe, die nun regierten, befänden sich im Strudel – sie lenkten ihn nicht. «Wo ist der Feldherr, der diese Ueberlegenheit hätte?» Es gab ihn nicht, noch nicht. Mit einem Salto mortale versuchte er, sich aus der völligen Konfusion herauszukatapultieren – um eine «höhere Ordnung der Dinge» zu behaupten. Er fragte: «Ist diese Ordnung das Ungefähr? oder ist sie räsoniert? Diese Frage entscheidet alles.» Das erstere schien ihm widersinnig zu sein, das zweite aber, die Vernunft der Menschen, nur eine «unendlich kleine Modifikation ... der Intelligenz des Alls». Für das moralische Verhalten im Alltag der Revolution ließ sich aus dieser überhöhten Einsicht wenig ableiten. Sie gab auch keine zuverlässige Antwort auf die Frage, ob die Scharfrichter Gehilfen des Fortschritts und der Sittlichkeit oder gewissenlose Mordschergen seien. Vermutlich wußte es Georg nicht länger. Schlimmer: es könnte sein, daß es ihm gleichgültig war. Da er nun wieder und wieder betonte, es sei eine unendliche Torheit zu glauben, das Glück sei die Bestimmung des Menschen und könne durch eine «moralische Diät» erzwungen werden – war in solch fataler Resignation eine sittliche Wahl denn noch möglich? War sie überhaupt nötig? Kam es darauf an? Des eigenen Unglücks war er sich gewiß. Er betrachtete es – weiter ließ sich die Verzweiflung nicht treiben – als die letzte Zuflucht seiner Individualität. Es erlaubte ihm, sich aus der Verantwortung für die Geschicke des Ganzen zu lösen. Ihn drängte es nicht wie Lux, sich die «Kehle kitzeln zu lassen». Vielleicht war für ihn, Therese und Huber ein Freiraum ausgespart, den der Strom der Geschichte nicht überfluten und zermahlen würde? Warum sollten sie drei, rief er Therese und Huber zu, jene «tolle Zeit» nicht überleben.

Seit er verstanden hatte, daß Huber entschlossen war, sich bei Therese in Neuchâtel niederzulassen, war er von dem Gedanken besessen, sein Schicksal mit dem dieser beiden Menschen zu verketten. Sie hatten sich in dem Städtchen am See auf reputierliche Weise arrangiert, wie es dem Geist von Neuchâtel in seiner Mischung aus calvinistischer Strenge, preußischer Zucht und französischem Behagen an irdischen Dingen entsprach. Unter dem Dach des Herrn de Rougemont konnte, das war deutlich, Huber keine Unterkunft finden. Therese bezog mit den beiden Kindern und ihrer Magd eine kleine Wohnung. Huber ließ sich am anderen Ende der Stadt nieder.

Man hatte es dem Legationsrat nicht leichtgemacht, sich halbwegs ehrenvoll aus sächsischen Diensten zu lösen. Zwar schob er die Verantwortung für alle politischen Verwicklungen auf seinen Mainzer Hausherrn Forster, doch die Dresdener Minister kannten ihn gut genug, um seine republikanischen Neigungen zu durchschauen. Immerhin hatte er noch am 12. November 1792 voller Jubel an seine Eltern in Leipzig geschrieben, er betrachte sich glücklich, daß er Zeuge des ersten Erscheinens der Freiheit in Deutschland sein könne. Seine unautorisierte Rückkehr nach Mainz, vielleicht sogar die Verabredung mit Forster, Therese und Thomas Brand in Hoechst machten ihn des «Hochverrats» verdächtig. Unterdessen hatte Körner, der enttäuschte Freund, in der sächsischen Hauptstadt und in Leipzig dafür gesorgt, daß der Skandal seiner Liaison mit Therese nicht verborgen blieb. Schiller schien dem Jugendfreund die moralische Feigheit, die er so bitter gerügt hatte, nicht lange nachzutragen, doch der Ton zwischen ihnen gewann niemals wieder die alte Herzlichkeit. Immerhin war es möglich, miteinander zu sprechen und zu korrespondieren. Körner blieb unversöhnlich. Als sich Huber endlich entschloß, einem vertrauten Beamten im Dresdener Kabinett zu gestehen, daß Therese in der Schweiz auf ihn warte, um die Scheidung von ihrem Mann einzuleiten, beugten sich die Vorgesetzten dem Gebot der Menschlichkeit: sie ließen ihn ziehen.

In Neuchâtel machte er sich, von Thereses Energie vorangetrieben, unverzüglich ans Werk, die schon lange geplante Zeitschrift *‹Friedenspräliminarien›* in die Welt zu schicken. Das Blatt sollte sich vor allem mit den Problemen Frankreichs befassen und damit einem möglichen Brückenschlag zu den anderen Mächten Europas dienen. Voß in Berlin hatte den Verlag übernommen. Das Desaster seiner Verbindung mit Forster hielt ihn nicht davon ab, dieses Projekt unbeirrt zu fördern. Aufmerksame Beobachter konnten vermuten, daß die Gründung des Journals den politischen Absichten entsprach, die Graf Hertzberg in seinem Briefwechsel mit Forster und in den Verständigungen über Dohm verfolgt hatte. Womöglich machte dies die Finanzierung der Publikation ein wenig leichter. Im übrigen schien es weder für Huber, noch für Forster oder Voß den geringsten Zweifel zu geben, daß Georg auch von Paris aus bei den *‹Friedenspräliminarien›* mitarbeiten sollte.

Vom Augenblick seiner Abreise aus Mainz an hatte Georg sich den Kopf zerbrochen, wie er es zuwege bringen könne, Therese und die Kinder wiederzusehen. Anfang Juni schrieb er ihr von dem Plan, sie in Neuchâtel zu besuchen, um die Scheidungsprozedur zu besprechen. Sie schien von dem Einfall nicht entzückt zu sein. Rasch lenkte Georg ein, wenngleich mit einem Unterton der Verstimmung: nein, sie müsse nicht besorgt sein, daß er sie kompromittiere. Er wolle ihre «Freistätte» in Neuchâtel nicht stören. Man könne sich genausogut in Lausanne, Genf oder Pontarlier treffen. Die Zurückweisung hielt ihn nicht davon ab, ihr von seiner tiefen und unstillbaren Liebe zu schreiben: «Ich kann nicht mit Dir leben und kann Dich auch nicht entbehren; es ist unmöglich, daß ich je durch (eine andere) Liebe beglückt werde, denn nie kann ein anderer Gegenstand mich rühren und mein Herz so erfüllen – und ich liebte so ganz unbedingt und hingegeben! ich liebe noch ebenso mit dem zerfleischenden Bewußtsein, nie! nie! glücklich gewesen zu sein, nie Gegenempfindungen erregt zu haben, folglich nie erwecken zu können. Wünsche nicht diese Hölle zu fassen, sondern wünsche, daß ich einsehen lerne, womit ich sie verdient habe, damit ich ruhiger und mit dem Schicksal versöhnter sterbe. Ich war gewiß für häusliches Glück geschaffen, ich war nützlich als Mensch und wär' es als Mensch, als Vater und Freund, als Gatte immer mehr geworden. Alles ist zerrüttet, alles hin; ich kann nicht mehr die Ruhe der Seele finden, die zur Arbeit unentbehrlich ist; ich kann mich mit der toten Einsamkeit nicht aussöhnen und hasse sie doch noch weniger als die traurige Gesellschaft der Menschen...»

Huber begegnete er mit einem erstaunlichen Großmut. Seine Nachsicht ließ sich nur begreifen, wenn man bedachte, daß sich Georg durch niemanden, am wenigsten durch Huber den Weg zu Therese und den Kindern verstellen lassen wollte. Er sagte ihm freilich klar genug, was von den düsteren Ereignissen in Mainz zu halten war: Huber habe ihm das «größte Unrecht» getan und in Verhältnisse eingegriffen, die ihm «nach allen Gesetzen der Gesellschaft hätten heilig bleiben müssen». Er habe einen Mann, «der nur ein Glück kannte, um jede Hoffnung für die Zukunft» gebracht. «Daß ich weder glücklich war noch glücklich machte, ändert hier nichts; ... der Verlust bleibt mir ewig unheilbar und unvergeßlich. Wozu ich Ihnen das vorhalte? Gewiß nicht, um Ihnen Vorwürfe zu machen. Können Sie, nach allem, was geschehen ist, von mir welche erwarten? Sie haben recht, entweder Haß oder Opfer mußte ich aus der fürchterlichen Urne des Schicksals ziehen, und mein Herz kann nur lieben...»

Also hatte ihn Huber in einem vorausgehenden Brief (den Therese beseitigte) darum gebeten, das Opfer der Scheidung zu bringen? So mag es gewesen sein. Als Gegenleistung forderte Georg «heilende Freundschaft»... «Und nun, lieber Freund, kann ich Ihnen die Versicherung geben, daß ich bereit bin, aus der Fülle Ihres Herzens alles zu nehmen, was es für mich enthält; ich habe Stärkung nötig auf dem schrecklichen Pfad, den ich glimme, und nur Ihre und Theresens Liebe können sie mir geben. Das Wort, das Sie mir über meine Kinder sagen, ist mir teuer, ich vertraue sie Ihnen gern, bis uns endlich irgendwie und -wo das Schicksal wieder vereinigt; wo nicht, so erben Sie auch diesen meinen letzten und einzigen Reichtum...»

Therese drängte weiter darauf, die Scheidung zu beschleunigen. Sie wollte sich nun unmittelbar an die Behörden in Paris wenden. Georg beschwor sie, sich zu gedulden, bis er von der Nordarmee zurückgekehrt sei. Hubers Antwort auf das Angebot versöhnter Freundschaft aber schien reserviert geraten zu sein. Oder schrieb er erst gar nicht? Bei Therese beschwerte sich Georg über Hubers Benehmen. Sein erster Brief sei kalt, gespannt, unnatürlich, anmaßend und verstellt gewesen: «Wenn er nicht weiß, nicht schätzt, was ich für ihn tue, so ist er nicht wert des Glücks, das er durch meine Aufopferung erhält. Nur auf diese Art empfängt er seine Ehre wieder... jene, welche man haben muß, um von Menschen unserer Art anerkannt zu werden.» Ohne den Namen zu nennen, erinnerte Georg an das schnöde Verhalten Meyers. Wenn Huber seine «ungeheuchelte Freundschaft» zurückstoße, dann bleibe es unmöglich, «daß wir uns je an einem Ort aufhalten können; denn dies geht nur an, wenn vollkommene Harmonie, Offenheit, Aufrichtigkeit, Achtung und Liebe unter uns herrschten.»

Therese bat er, die schwierige Lage nüchtern zu beurteilen,

doch er selber verkannte, daß ihr und Hubers Interesse an einer neuen und allzu engen Nachbarschaft gering war. Zum anderen wagte sie es nicht, den Träumen des einsamen Mannes in der Trostlosigkeit des nordfranzösischen Herbstes offen zu widersprechen: die Scheidung setzte sein Einverständnis voraus, also durfte er nicht brüskiert werden. Es war auch nicht ausgeschlossen, daß man in Berlin – trotz der öffentlichen Verdammnis – Forster noch immer als den interessantesten Autor der Zeitschrift ‹*Friedenspräliminarien*›, vielleicht sogar als möglichen Vermittler zum neuen Frankreich betrachtete.

Therese wollte sich nun durch einen Anwalt Rougemonts mit den Pariser Zivilinstanzen verständigen. Dagegen sperrte sich Georg nicht. Die Trennung von den Kindern aber beschwerte ihn tief. Er machte sich Vorwürfe, daß er nicht wie ein Vater für sie sorge, obschon er im Juli noch einmal Geld über einen polnischen Freund nach Genf expediert hatte (was die Gesetze strikt verboten). Seine Reise an die Schweizer Grenze betrieb er in aller Stille weiter. Den beiden in Neuchâtel winkte er mit der Aussicht, sie könnten die Scheidung miteinander in Pontarlier betreiben. Jede andere Prozedur würde sich zu sehr in die Länge ziehen. Überdies schien Huber eine Reise nach Tübingen zu planen – zweifellos, um dort mit dem Verleger Cotta zu reden, der ihn hernach als Redakteur seiner Zeitschrift ‹*Neueste Weltkunde*› in die Universitätsstadt berief. Therese schien den Bürgermeister von Pontarlier in Neuchâtel zu kennen (vielleicht war sie ihm bei den Rougemonts begegnet). So schrieb ihr Georg am 3. Oktober, sie möge sich bei Barthélemy, dem französischen Gesandten in Bern, um einen Paß bemühen. Er wolle freilich von ihr nicht verlangen, daß sie mit ihm in dem Jura-Städtchen bis zum Termin der offiziellen Separierung ausharre. Einige Tage später bat er Huber, ihm aufrichtig zu sagen, was er von der Idee halte, daß sie beide, «einer durch des andern Umgang aufgemuntert», miteinander für Therese und die Kinder arbeiteten. «Sollte dieser Gedanke nicht in ihre Reihe passen, so wäre es traurig, daß Sie einander auch nur einen Augenblick täuschten. Wenn Trennung allein die Schale füllen kann, so muß sie noch hinein, und dann bleibt Ihrem Freunde allerdings ein anderer Weg.»

Drohte Georg mit Selbstmord? Was immer der letzte Satz bedeuten mochte: Therese und Huber hüteten sich, eine bindende Antwort zu geben. Therese schien auch zu zögern, die Reise nach Pontarlier zu wagen, obwohl ihr Georg deutlich zu machen versuchte, daß es leichter sei, nach Frankreich hereinzugelangen als aus Frankreich herauszukommen, wie es – darauf hatte er hingewiesen – geringere Schwierigkeiten bereite, Franzose zu werden, als das Bürgerrecht der Republik loszuwerden. Er versuchte immer wieder, den beiden den Gedanken an eine Übersiedlung nach Paris nahezulegen.

Am 24. Oktober meldete er sich aus der Hauptstadt und annoncierte seine Abreise. Es habe lange gedauert, den Paß zu erneuern und Geld für die Reise aufzutreiben. In Besançon müsse er ein offizielles Gespräch führen, doch er hoffe, am 30. Oktober in Pontarlier einzutreffen. Der Brief schien übrigens für Mitleser bestimmt zu sein, denn er verkündete dröhnend: «Wir haben die Vendée nun ausgerottet, und so werden wir ausrotten, was sich uns widersetzt. Es ist eher an keine Ausgleichung zu denken, als bis man bittend zu uns kommt. Die Lava der Revolution fließt majestätisch und schont nichts mehr...» Unvermittelt folgte das Geständnis: «Ich sehne mich herzlich nach Euch; meine Kinder zu umarmen, ist die einzige Kühlung für den Brand, der mich verzehrt.»

Am 1. November schrieb er aus Pontarlier (wo ihm der Postmeister die unkontrollierte Beförderung seiner Nachrichten garantierte): er dürfe es nicht wagen, Therese, Huber und die Kinder herüberkommen zu lassen. Der Bürgermeister, mit dem er sich rasch angefreundet hatte, schien ihn eindringlich gewarnt zu haben: Therese könnte, da sie noch immer nach Recht und Gesetz Forsters Frau war, als «wieder eingeschlichene Emigrantin» verhaftet und bestraft werden. Für Huber verbot sich die Einreise ohnedies, da er den Paß eines Staates führte, mit dem sich Frankreich im Krieg befand. «Ich bitte Dich daher, frage Rougemont, ob ich in aller Sicherheit auf einige Tage nach Mottiers und, wenn's nötig wäre, nach Neuenburg kommen kann. Mein Paß lautet, daß ich ‹Agent des Conceil executif› bin und den Auftrag habe, wegen Auswechselung der Kriegsgefangenen zu unterhandeln.» Diese Angabe traf nur für die Papiere zu, die Georgs Mission bei der Nordarmee bestätigten. In den Dokumenten, die für die Reise nach Pontarlier ausgestellt wurden, stand der ominöse Satz, er sei damit beauftragt, die politischen Absichten der Schweiz zu erkunden. In der eiligen Mitteilung für Therese fügte er hinzu, Rougemont möge dafür sorgen, daß man auf der Bürgermeisterei in Môtiers keine Schwierigkeiten mache.

In jenem entlegenen Dörfchen, in dem Jean Jacques Rousseau – aus Genf vertrieben – zwischen 1762 und 1765 Zuflucht gefunden hatte, schien sich keine geeignete Unterkunft zu bieten. So sanken Georg, Therese, die beiden Kinder und Huber einander am 3. November nach fast einjähriger Trennung im Nachbarort Travers in die Arme: ein armer, einsamer Fleck ein paar Kilometer weiter dem See zu, mit einer kleinen, wuchtigen Kirche, die dem Stil der herben Landschaft entsprach, unscheinbar geduckten Häusern und einem Gasthof mit dicken Mauern und niedrigen Gewölben.

Regen. Erster Schnee, der bald schmutziggrau war. Er hüllte das karge Jura-Tal und das Dorf in kalte Nebel. Forster begriff wohl, daß man jenen Winkel das Sibirien der Schweiz nannte. Keine fröhliche Landschaft. Im Dörfchen keine arkadische Heiterkeit... Wie groß die kleine Therese, sein Röschen geworden war: sieben Jahre! Die beiden Mädchen begriffen nichts. Oder doch? Die Verlegenheit: wer schlief wo? Er bei Therese, da sie einander immer noch rechtmäßig angetraut waren? Alle drei in einem Zimmer, wie es in ländlichen Gasthöfen nicht unüblich war? Huber winkte ab: die schweizerisch-preußischen Behörden ließen die Emigranten nicht aus dem Auge, obwohl sie unter dem Schutz des Patriziers Rougemont standen. Er verwies vermutlich auf die getrennten Wohnungen in Neuchâtel. Die Klugheit forderte, auch in Travers Vorsicht zu üben. So gebot es der Takt. So sein Kleinmut.

In Thereses romantisch entzündbarem Gemüt stellten sich die Szenen des Wiedersehens später als ein Idyll voll melancholischem Zauber dar: man könne sich, schrieb sie, «den Verein dieser verwandten, ausgewanderten Heimatlosen in dem schneebedeckten Gebirg des Jura» nur «mit Wehmuth vorstellen». Übrigens gewann sie – zu ihrer Erleichterung – den Eindruck, Forster sei gesünder als in den Jahren zuvor, «denn er war rascher in seinen Bewegungen, unermüdet von seiner Reise, sein Auge war klar und seine Farbe zwar blaß, aber ohne Mißfarbe und Flecken, die sein scorbutisches Uebel so oft verursachte». Sie erzählten einander bis tief in die Nächte, schliefen wenig, standen früh auf. Vielleicht las Therese einige Stücke aus ihrem ersten Roman vor (der unter Hubers Namen erschien): *‹Abenteuer auf einer Reise nach Neuholland›* – ein Stück aus der Lebensgeschichte Georgs, die sie in ihrer immer zu üppigen und oft erregten Sprache nachzuerzählen versuchte. Gewiß nutzte Georg die Gelegenheit, dem Redakteur der *‹Friedenspräliminarien›* sein Fragment über die Revolution in Mainz und den Aufsatz über *‹Die Staatskunst und das Glück›* zu übergeben. Sie sprachen, wie anders, von der Zukunft. Georg warb beharrlich für die Übersiedlung der beiden nach Paris, nach Südfrankreich. Sie prüften, ob er sich in der Schweiz niederlassen könne. Zu einer Entscheidung gelangten sie nicht. Kein Wunder: Therese und Huber wollten die Ménage à trois nicht erneuern, und Georg wußte wohl, daß die Scheidung seine einzige Waffe war, mit der er eine Gemeinschaft, vor allem aber ein Leben mit seinen Kindern vielleicht zu erzwingen vermochte: Er werde sich bemühen, das Verfahren in der Mairie von Pontarlier zu betreiben.

In einem Beutel trug Georg den Rest des Berliner Kredits bei sich, den ihm Voß ein Jahr zuvor beschafft hatte: Gold- und Silbermünzen. In ihrer biographischen Skizze über Forster wies Therese darauf hin, Georg habe beim Grenzübertritt, den strengen Devisenvorschriften gehorchend, für sich selber nur soviel Geld mitgenommen, wie er während des kurzen Aufenthaltes brauchen würde, die Ausfuhr der größeren Summe aber mit geheimen Aufträgen als «agent du pouvoir exécutif» gerechtfertigt. Das mochte so gewesen sein oder auch nicht (sie räumte ein, Forster habe von diesen Arrangements nicht gesprochen).

Die heikle Geldfrage bot Therese eine willkommene Chance, vernünftig und beschwichtigend von einer Affaire zu reden, die einen düsteren Schatten über das Rendezvous in Travers warf. Huber hatte aus Neuchâtel ein brisantes Papier mitgebracht: ein Memorandum aus der Feder des prominenten Emigranten Thophime Gérard Marquis de Lally-Tollendal, eines geistreichen

Herrn von liberaler Gesinnung, der in London engste Verbindungen zu Talleyrand, dem einstigen Kriegsminister Graf Narbonne und seiner Freundin Madame de Staël unterhielt. Lally-Tollendal war in aufgeklärten Kreisen geschätzt, denn der alte Voltaire hatte sich gemeinsam mit ihm ins Zeug gelegt, um seinen Vater, einen General irischer Herkunft, nach der dramatischen Niederlage von Madras (im britisch-französischen Kolonialkrieg) von der Anschuldigung des Verrats reinzuwaschen, für den er mit der Todesstrafe gebüßt hatte.

Nun versuchte der Graf in einer Denkschrift für König Friedrich Wilhelm II. von Preußen, die Haltung seines Freundes La Fayette in den ersten Jahren der Revolution zu rechtfertigen, um seine Freilassung aus dem preußischen Kerker zu erreichen, in den der Freiheitsheld des Amerikanischen Unabhängigkeitskrieges seit seinem Frontwechsel verbannt war. Das Geschick La Fayettes, den er selber einst so glühend bewundert hatte, ließ Georg nicht gleichgültig. Doch wichtiger waren für ihn zwei Dokumente, die der Aufzeichnung beigefügt waren: vor allem die Abschrift eines Briefes, den Lally-Tollendal selber am 9. Juli 1792 an Ludwig XVI. geschrieben hatte. In jenem Schreiben wurde peinlich detailliert ein Fluchtplan für den König und seine Familie geschildert, den La Fayette ausgearbeitet hatte. La Fayette, hieß es in dem Brief, werde «den alten General Luckner mitbringen. Beide haben sich gesehen, beide haben sich verabredet, beide haben nur Eine Gesinnung und nur Einen Plan.»

Der Baron Nicolas von Luckner, nun ein Greis von fast 72 Jahren, war während des Siebenjährigen Krieges in französische Dienste getreten. Der Bayer (er stammte aus Cham, dem Waldstädtchen nahe der böhmischen Grenze) schien bei der Armee populär und bei Hofe gern gesehen zu sein. Er galt als eine aufrechte Natur. Wenn keine Kriege geführt wurden, zog er sich auf seine ausgedehnten Güter in Schleswig-Holstein zurück, doch er war zur Stelle, wann immer der König rief, und schlug sich wacker: ein glänzender Troupier und mittelmäßiger Stratege. Seine Anciennität brachte ihm 1791 auf fast selbstverständliche Weise den Titel eines «Marschalls von Frankreich» ein. Nach der Absetzung und Verurteilung Ludwig XVI. harrte er, obschon zähneknirschend, im Dienst der Republik aus. Dem Mißtrauen der radikalen Fraktionen im Konvent entging er dennoch nicht lange. Im Herbst 1793 wurde der alte Herr, der die Flucht verweigerte, unter der Anklage des Verrats verhaftet. Die Dokumente Lally-Tollendals schienen nun alle Anschuldigungen seiner Gegner zu bestätigen. Der zweite Annex des Memorandums war ein Brief La Fayettes, in dem sich die vernichtenden Sätze fanden: «Ich hatte Lucknern so sehr auf meine Seite gebracht, daß er mir versprach, mit mir gegen die Hauptstadt anzurücken, wofern die Sicherheit des Königs dies erfordre, und daß er dazu die Befehle geben wolle...» Ludwig lehnte den riskanten Befreiungsplan ab und büßte für sein Zögern beim Sturm der Kommune am 10. August 1792, der ihn seine Würde, seine Macht, seine Freiheit und schließlich sein Leben kostete.

Huber mochte jene Papiere als ein Kuriosum betrachten. Sein Freund Justus Erich Bollmann hatte sie ihm geschickt, der Mediziner aus dem Hannoverschen, der nach der glücklichen Flucht Narbonnes von den Emigranten in London beauftragt worden war, am preußischen Hof für die Freilassung La Fayettes zu werben. Bollmanns Argumente wurden beim alten Prinzen Heinrich in Rheinsberg und auch in Kreisen des Berliner Hofes freundlich aufgenommen, doch er hatte keine Gelegenheit, Friedrich Wilhelm II. die Papiere Lally-Tollendals zu übergeben. Die Preußen zogen es vor, La Fayette den Österreichern auszuliefern, die den General prompt in die Festung Olmütz sperrten (aus der ihn Bollmann zu entführen versuchte). Die Hinterlegung des Memorandums bei Huber mochte eine Art von Rückversicherung sein: die Schweiz galt, schon in jenen Tagen, als ein sicherer Ort. Jedoch beschwor Bollmann den Freund aus Mainzer Tagen – er war Huber in Forsters Haus begegnet –, er dürfe die Schriftstücke keine Seele sehen lassen. War es Naivität, war es Wichtigtuerei, war es ein unbekanntes Kalkül, die Huber dazu verführten, das Memorandum nach Travers zu bringen und Georg zu zeigen? Dies stand fest: er brach das Vertrauen Bollmanns.

Forster verkannte die Brisanz der Papiere nicht einen Augenblick. Er wußte, daß der alte Luckner im Kerker saß und auf seinen Prozeß wartete. Bat Georg um die Erlaubnis, wie Therese später erzählte, die drei Dokumente kopieren zu dürfen, damit er sich bei einer Kontrolle der französischen Behörden mit dem Hinweis rechtfertigen könne, er habe die Schriftstücke mit jenem Geld gekauft, das er – legal oder nicht – aus der Republik ausgeführt hatte? Wollte er den greisen Marschall für seine Kinder und sich selber über die Klinge springen lassen, wenn nichts mehr anderes half? Boten ihm Memorandum und Briefe nicht nachträglich die einleuchtendste Begründung für die riskante Reise, für die er nur unter Mühen einen Paß erlangt hatte? Oder war zwischen ihm und Huber schon im voraus verabredet, daß er Einblick in aufschlußreiche Dokumente nehmen durfte? Löschten Therese und Huber jeden Hinweis auf eine Verständigung dieser Art, als sie Forsters und die eigene Korrespondenz so sorgsam säuberten?

Was immer die Wahrheit sein mochte: Georg fertigte eine genaue Kopie der Schriftstücke. Huber, vielleicht auch Therese, half bei der Abschrift. Georg habe versprochen – so erzählte die Frau –, er werde von den Dokumenten nur Gebrauch machen, um sein eigenes Leben zu retten. Überdies würde Luckner längst verurteilt und womöglich guillotiniert sein, wenn er nach Paris zurückgelange. Mit anderen Worten: er wäre zur Denunziation des Marschalls nur in der äußersten Not bereit, wenn ihm selber – wegen eines klaren Vergehens gegen die Devisengesetze und unerlaubter Grenzüberschreitung, mit anderen Worten: versuchter Emigration – die Todesstrafe drohe.

Es kam anders. Luckner wurde erst am 4. Januar 1794, sechs Tage vor Georgs Tod, verurteilt und aufs Schafott geschickt. Die Anklage legte als belastendes Zeugnis einen Brief vor, der den alten Soldaten der Komplicenschaft mit La Fayette und Narbonne beschuldigte. Das Schreiben war mit dem Namen «Charles Hesse» gezeichnet. Als Autor galt ein entlaufener Prinz aus einem regierenden Haus in Hessen, der sich der Französischen Revolution angeschlossen hatte. Als Beruf wurde lediglich «Militär» angegeben. Ferner warf man dem Marschall einen «schändlichen Rückzug» aus Belgien vor. Anklage und Urteil enthielten keinen Hinweis auf Forster.

Georg hatte, seinem Auftrag gehorsam, am 3. November einen ersten Bericht an den Minister Deforgues aufgesetzt, in dem er knapp von der wirtschaftlichen Lage in Pontarlier und einige Eindrücke von seiner Reise notierte. Am 27. Brumaire des Jahres zwei – das war der 17. November – schickte er ein zweites Schreiben an den Minister, in dem er zunächst auf Gerüchte über einen politischen Konflikt zwischen Preußen und den Alliierten hinwies, die angeblich fürchteten, in Berlin erwäge man eine Annäherung an Frankreich. Das mag ein Versuchsballon gewesen sein (zur gleichen Zeit bemühte er sich, die Verbindung zu Voß zu erneuern). Danach schrieb er wörtlich: «Lally-Tollendal schickte einen Agenten nach Berlin, um dort für die Freilassung La Fayettes zu plädieren. Man hat mich sein Memorandum und einige Zusätze lesen lassen, die klar beweisen, daß La Fayette, zusammen mit Luckner, Ludwig XVI. im Juli 1792 entführen wollte, daß alles zu diesem Zweck abgestimmt war, daß sich aber Ludwig XVI. selber diesem Projekt verweigerte. Das Konzept des Memorandums, das ich gelesen habe, war mit der eigenen Hand Lally-Tollendals geschrieben.»

Die beiden Schreiben fanden sich in den Papieren von Barthélemy, des französischen Gesandten in Bern. Der Inhalt des zweiten Berichtes hätte genügt, Luckner einen Kopf kürzer zu machen. Georg – falls er sich dafür interessierte – konnte dankbar sein, daß der Weg vom Schreibtisch des Ministers zu den Akten des Revolutionstribunals zu lang war: vielleicht bedurfte es seiner Denunziation nicht. Aber er war vor ihr nicht zurückgeschreckt. Nirgendwo gab er einen Hinweis, daß er unter Druck, unter Drohungen und dem Gesetz der Not handeln mußte. Seufzend und pathetisch zitierte in ihrem Bericht Therese das Vaterunser: «Und führe uns nicht in Versuchung...»

Huber, bemerkte sie ein wenig zu harmlos, sei für seine Indiskretion bestraft worden, denn im Jahre 1795 erschien der Text des Memorandums zu Hubers böser Überraschung in der historischen Zeitschrift ‹*Klio*›, die der schweizerische Arzt und Journalist Paul Usteri herausgab: Therese vermutete, wohl zu Recht, der Nachlaßverwalter Graf Joguet habe die Papiere in Forsters Hinterlassenschaft gefunden und auf verschwiegene Weise dem Redakteur des Magazins zugespielt. Huber beichtete nun, von Therese bedrängt, seinem Freund Bollmann den Hergang des Skandals, sich der Version bedienend, die sie hernach in ihren Erinnerungen an Forster präsentierte. Der liebenswürdige Abenteurer, obschon für einen Augenblick zornig, interessierte sich nur noch halb für die Affaire: er war im Begriff, nach Amerika zu reisen.

Während der letzten Stunden in Travers lenkte sich Georg mit der fiebernden Hast der Abschrift von der Qual der Trennung ab. Die Zusammenkunft mit seinen Geliebten, diesen «sonderbaren edel schwärmenden Menschen», schrieb Therese, die mit großen Worten niemals sparsam umging, sei Forsters «Verklärung» gewesen – und «das hohe Thal des Jura sein Tabor». Forsters Briefe hätten seitdem «Seelenruhe, ja Heiterkeit bei innigster Liebe» ausgedrückt.

Das war eine kühne Behauptung. Sie vertrug sich nicht mit dem Aufschrei, der sich Georgs Seele bei der Rückkehr nach Pontarlier entrang: «Meine einzige Therese, – – Alles habe ich aufgeboten, um mich zu halten; aber jetzt bricht's los. O meine Kinder! wie blutet mein Herz bei diesem Abschied! Ich habe, und Ihr werdet mir's angemerkt haben, sehr glückliche Stunden mit Euch gelebt. Der Blick auf die nächsten Wochen und Monate vielleicht – ist für mich Vereinzelten traurig. Die Erinnerung an mein verlorenes Glück und das Gefühl meiner jetzigen Ohnmacht, uns allen zu helfen, die Tränen, die Ihr alle vergossen habt, und der Schmerz, der uns alle preßte, werfen mich nieder. Ich will und werde mich aufraffen; seid unbesorgt...»

Der Novemberhimmel hing schwer über dem düsteren Bergstädtchen Pontarlier, das so weit hinter der Welt lag. Georg lief durch Wind und Wetter, um seine Ruhe wiederzufinden, stampfte durch die Straßen mit den verschwiegenen Häusern, über den Platz mit dem Triumphbogen für Ludwig XVI., dessen barocke Pracht in der grämlichen Dürftigkeit des Nestes absurd wirkte. Er versuchte, sich auf die Arbeit zu konzentrieren, die er sich selber aufgetragen hatte. Seine Phantasie tastete ein anderes Mal alle Möglichkeiten ab, die eine Vereinigung mit der Familie erlauben würden. Er schrieb an Voß (der Postmeister garantierte die sichere Beförderung), entschuldigte sich mit einigem Umstand für die Säumigkeit bei der Rückzahlung des Kredits, sprach von seinem Unglück und riskierte die schwierigen Sätze, es schmerze ihn für Voß und andere, aus seiner «Bahn geworfen zu sein, und das um so eher, weil die wenigsten Menschen das nicht von einem sehr dunklen, sehr unbegründeten Begriff von eigener Schuld trennen können...» Dann bat er darum, ungenannten Freunden zu bestellen, daß er «Ihrer wert sei und als Mensch, als Weltbürger, als Europäer, als Deutscher, als Franke... nichts so sehnlich wünsche, als daß es in den Ratschlüssen der Vorsehung liegen möge, die gräßliche Verblendung zu heben, welche, wenn sie noch ein Jahr dauert, die fürchterlichste Zerrüttung von ganz Europa unfehlbar nach sich ziehen muß».

War dies ein neues, vorsichtig-ungenaues Angebot an die Adresse Hertzbergs, zwischen Preußen und Frankreich vermittelnd zu wirken? Versuchte er in Paris durch seinen Hinweis auf das Memorandum Lally-Tollendals, die Möglichkeit seines politischen Einflusses beim Ministerium zu akzentuieren? Dies konnte man für die menschlichste Auslegung seiner Treulosigkeit halten. Er hielt es für möglich, daß Voß – trotz allem – sein Buch mit der französischen Skizze drucken würde, die er unter dem Titel ‹*Parisische Umrisse*› für Hubers Zeitschrift zu Papier zu bringen begann. Er wählte die Form von Briefen. Sie ging ihm am leichtesten von der Hand.

In der Ouvertüre, die er auf den ersten Brumaire datierte, feierte er Paris als das neue Rom, dessen Macht nicht auf die Zahl seiner Menschen, nicht nur auf die Armee, sondern auf die «öffentliche Meinung» gestützt sei. In ihr erkannte Georg mehr und mehr die eigentliche Dynamik der Revolution. Wie durch ein Schwungrad übersetzte sie sich in den Willen des Volkes, die volonté générale, die nun ihre höchste Beweglichkeit erlangt habe. «...und die große Lichtmasse der Vernunft, die immer noch vorhanden ist, wirft ihre Strahlen in der von ihm verstatteten Richtung.» Mit dem Blick auf Deutschland rief er seinem unbekannten Adressaten zu: «Bei Ihnen gibt es noch keine öffentliche Meinung, und es kann keine geben, wenn das Volk nicht zugleich losgelassen wird. Es dort loslassen, diese ungemessene, unberechnete Kraft auch in Deutschland in Bewegung setzen: das könnte jetzt nur der Feind des Menschengeschlechtes wünschen.» Der alte Tenor blieb: er konnte, er wollte den Deutschen die Revolution (noch) nicht wünschen. Das war, das blieb die Voraussetzung der Verständigung Frankreichs mit Preußen. Er wollte keine «Theodizee» ausarbeiten, fuhr er an anderer Stelle fort, doch er sei überzeugt, «daß unsre Revolution, als Werk der Vorsehung, in dem erhabenen Plan ihrer Erziehung des Menschengeschlechtes gerade am rechten Orte steht»: nämlich in Frankreich. Die Reihe sei «jetzt nicht an Deutschland, durch eine Revolution erschüttert zu werden; es hat die Unkosten der lutherischen Reformation getragen... Ich wünschte so herzlich, Ihr möchtet Euch an unserm Feuer wärmen und nicht verbrennen!»

Die Stücke waren glänzend geschrieben, voller Witz und voller Feuer. Oft funkelte die deutsche Sprache in einer Brillanz, die sie in der Tat erst wieder bei seinem literarischen Nachfahren Heinrich Heine erreichte. Oft aber geriet ihm der Stil auch zu markig, zu wortreich, zu aufwendig und steil. Es sei «beinahe buchstäblich wahr», schrieb er, «daß Brot und Eisen noch unsre einzigen Bedürfnisse sind; und daraus folgt, wenn nicht die Weisheit aller Jahrhunderte trügt, daß wir so gut als unüberwindlich sein müssen». Zu «Blut und Eisen» war es von dort nicht mehr weit. Dem «echten Bürger» gestand Forster zu, bei der traurigen Erfahrung zu leiden, daß der Welt «ohne ganze Ströme Bluts die Vorteile der Revolution» nicht zugute gekommen wären. Er sprach von «einem Kampf auf Tod und Leben», und er fragte: «Führen Könige und Republikaner nur Krieg miteinander, oder schlägt ein Gott die Menschengattung in Scherben, um sie im Tiegel neu umzugießen?» Fast höhnisch registrierte er die Herausforderung, der das revolutionäre Frankreich in Europa begegnete – der Überwindung aller Widrigkeiten sicher. Er deutete, in einem der anderen Briefe, auf das «Phänomen der ununterbrochenen Gärung in Paris»: «Alles, was nur durch Ränke, Verschlagenheit, Verleumdung, Bestechung und Verführung, durch Bubenstücke und Abscheulichkeiten aller Art, verübt werden konnte, um den Fortschritt des Freiheits- und Revolutionsgeistes zu hemmen» – alles habe man versucht, und alles habe die Überlegenheit des republikanischen Geistes vereitelt. Die Macht der Geschichte, die Intelligenz des Universums, die Vorsehung, das höchste Wesen (um mit Robespierre zu reden) sprachen durch die Revolution. Was wog dagegen der Terror? Die Übereinstimmung mit der Vernunft des Alls war die schönste, die einzige Versicherung von Sittlichkeit und Tugend.

Unter dem Datum des 13. Frimaire berichtete Georg von einem Skandal beim zweiten Bataillon des neuen Pariser Aufgebots, das sich aus den Sektionen der Tuilerien und der Elysäischen Felder formierte. Die für jene Einheit rekrutierten Bürgersöhne, Bürokraten und Schreiber, einige ehemalige Priester dazu, hätten im Rausch die dreifarbige Kokarde der Republik beschimpft und das royalistische Lied «O Richard, o mon Roi» gesungen. Der Vorfall wurde in einer Versammlung der betroffenen Sektion erörtert. Einmütig faßten die Bürger den Entschluß, «den Konvent um die Bestrafung dieser Aufrührer zu bitten; vorläufig hätte sie auch schon die Eltern derer, die man als Rädelsführer angäbe, verhaften lassen». Damit war es nicht getan. In der Nationalversammlung trat ein Bürger mit dem Namen Baudouin hervor, der verkündete, die Väter und Mütter selber forderten die Bestrafung ihrer schuldigen Söhne: «Ein schnelles, furchtbares Gericht vertilge von der Erde der Freiheit jene feigen Ungeheuer, die ihrem oft wiederholten und selbst in Eurer Gegenwart abgelegten Schwur, zu siegen oder frei zu sterben, ungetreu werden konnten ...» Wenn es nötig sei, würden sich die Eltern selber an den Platz der schuldigen Söhne stellen. Ein Deputierter, Thuriot hieß er, rief voller Begeisterung: «Nun urteilt selbst ..., auf welche Höhe sich der Revolutionsgeist mit der Freiheitsliebe geschwungen hat!» Die würdigen Väter und die patriotischen Mütter vergössen «ganze Ströme von Tränen» und stünden dennoch nicht an, den Vertretern des Volkes «zuzurufen: unsere Kinder sind schuldig; wir liefern sie dem Schwerte der Gerechtigkeit!» Georg schloß seinen Bericht mit den Sätzen: «Vaterland und die Gerechtigkeit forderten ihre Opfer. Unter lautem Weinen und Schluchzen schrien die unglücklichen Väter und Mütter, mit einer sie selbst betäubenden leidenschaftlichen Heftigkeit: ‹Fort zum Tode mit ihnen! Auf den Richtplatz! Sie haben's verdient!› – Es blieb kein trocknes Auge weder im Konvent noch unter den Tausenden von Zuschauern.»

War es der blanke Hohn, der Georg diese schreckliche Anekdote diktierte? War sein Bericht nur parodistische Ironie, die dazu dienen sollte, unschuldige Zeitgenossen vor der Geißel des Wahnsinns zu warnen? War es eine grimmig-prophetische Art von Humor, die den Verfasser veranlaßte, einen Blick voraus aufs übernächste Jahrhundert zu werfen, in dem es üblich wurde, daß Kinder ihre Eltern, Eltern ihre Kinder denunzierten? Oder hatte sich Georg wahrhaftig von der patriotischen Hysterie anstecken lassen – durch eigene Schuldgefühle für die Infektion präpariert, am Ende sogar nach einer Rechtfertigung durch die «öffentliche Meinung» suchend? Schrieb er ein anderes Mal, was er nicht mehr glaubte? Oder glaubte er's – wenigstens in der Stunde, in der er schrieb?

In seinen Briefen an Therese aus Pontarlier verbarg er seine Verwirrung nicht: Noch könne er «Tugend und Wahrheit nicht für Hirngespinste ansehen... Ist aber etwas Reelles an diesen Begriffen, so ist's auch nicht verlorne Mühe, für ihr Reich zu kämpfen, und darum willkommen, Revolution mit allen Deinen Uebeln und Greueln!» Aber zwei Tage später schien ihm alle Moralität nur eine Posse zu sein: «Wenn ich täglich frühstücke, zu Mittag esse, Tee trinke, zu Bett gehe und auf hunderterlei Weise meine Abhängigkeit von der Natur anerkennen muß, erschrecke ich vor mir selbst, wenn ich das Wort Tugend oder Sittlichkeit ausspreche.» Die «geschwätzigen Moralprediger des Zeitalters» waren ihm nun «unbeschreiblich klein und verächtlich». Er fragte Huber, ob man dem Guten, das durch die Revolution für die Bildung der Menschheit bewirkt werde, jederzeit das individuelle Gefühl unterwerfen könne. Für die Staatsmaschine sah er einen neuen, heftigen Kampf voraus. Freiheit aber sei während der Revolutionsregierung nicht möglich. Die «Größe der Zeit», sagte er, sei «Riesengröße» – «aber eben darum fordert sie die ungewöhnlichsten Opfer. Ich glaube endlich, daß ich alles opfern kann, was sie nur fordert, wenn meine Humanität dabei gerettet wird.» In Revolutionszeiten sei «das Unwahrscheinlichste... das Wahrscheinlichste. Das heißt am Rande des Unsinns tanzen; nicht wahr? – Oh, und dennoch ist der Mensch frei! Meinen Sie nicht?» In seiner Frage verbarg sich eine tiefe Angst, und er fürchtete nicht nur für sein Leben.

Aber schon einen Tag später an Therese: «Siehst Du die Revolution nur für das an, was einst zum Bessern Veranlassung und Vorbereitung gewesen sein wird, so wird Dich auch nicht irren, was sie Greuliches hat.» Wollte er ihr, wollte er sich selber Mut machen? Noch einmal raffte er sein Pathos zusammen: «Unsere Sache siegt, oder wo nicht, ist es schön, mit ihr zu fallen.» Am nächsten Tag, dem 17. November, schickte er seinen Bericht mit dem schrecklichen Verweis auf Luckner ans Ministerium. In einem letzten Brief aus Pontarlier bemerkte er noch, es sei besser, sich gleich von Beginn an so zu stellen, «daß eine Handvoll Mücken mehr oder weniger in dem Schwarm nicht einmal entbehrt oder bemerkt werden». Wenige seien so voll von ihrer Idee, fügte er hinzu, «daß sie wie Lux das Leben darum lassen; wer das nicht kann, dem verzeihe ich ungern das Pinseln».

In Wirklichkeit glaubte er alles, was er schrieb – und glaubte nichts. Er prägte den Begriff von der «öffentlichen Meinung» und tanzte am Ende wie ein Kork auf ihren Wellen. Seine Liebe zur Welt war zerbrochen. Er hatte alle Utopien geträumt, und sie waren ihm alle unter den Händen zerronnen, am Ende auch die der Liebe. Die Zeit war für ihn zu groß, wie sie es für die verletzlichen Seelen immer ist. Die Aufgaben, denen er dienen wollte, hätten einen Helden verlangt. Er war es nicht, sondern ein Mensch mit genialen Gaben und einem furchtsamen Herzen, ein verzagter Prophet, ein armseliger Engel, aus dem Reich der Liebe verstoßen, das er von Kind an herbeigesehnt hatte.

Am 22. November 1793 brach er von Pontarlier auf. Die Wege waren morastig, der Himmel war dunkel, die Nächte waren kalt. Er war der einsamste Mensch der Welt. Er hing am Leben. Aber es blieb ihm nichts anderes mehr als zu sterben.

Nachwort

Die Erinnerung an Georg Forster war den Deutschen lange Jahrzehnte versagt. Das Gedächtnis der Nation hatte keinen Platz für einen großen und schwierigen Mann, der von den Obrigkeiten seiner Epoche als Revolutionär und Verräter mit der Reichsacht belegt war. Schiller schickte ihm in den ‹*Zahmen Xenien*› schlechte Distichen und billigen Spott nach: «O, ich Tor, ich rasender Tor! Und rasend ein jeder, / Der auf des Weibes Rat horchend, den Freiheitsbaum pflanzt... Ach wie sie Freiheit schrien und Gleichheit, geschwind wollt' ich folgen, / Und weil die Trepp' mir zu lang deuchte, so sprang ich vom Dach.» Goethe, dem anders als Schiller niemals Sympathien für den revolutionären Aufbruch nachgesagt werden konnten, sprach ruhiger und menschlicher über Forster, in dem er einen fernen und spröden Gefährten erkannte: «So hat der arme Forster denn doch seine Irrtümer mit dem Leben büßen müssen, wenn er schon einem gewaltsamen Tode entging. Ich habe ihn herzlich bedauert.» Drei Jahrzehnte später formulierte Goethe im Gespräch mit Eckermann ein wahrhaftiges Urteil über die Revolution: ihre Greuel hätten ihn täglich und stündlich empört, doch ihre «wohltätigen Folgen» seien damals noch nicht zu ersehen gewesen. Diese Einsicht hätte ihm Georg früher zu vermitteln vermocht. Die Stiftszöglinge Hölderlin, Hegel und Schelling in Tübingen verstanden die Botschaft des Jakobiners Forster rascher. Aber sie waren blutjung.

Friedrich Schlegel setzte Georg mit seinem Aufsatz im ‹*Lyzeum der schönen Künste*› das schönste Denkmal: Fesseln, Mauern und Dämme seien nicht für diesen freien Geist gewesen. Er habe in seiner Sprache französische Eleganz, Popularität des Vortrages und englische Gemeinnützigkeit mit deutscher Tiefe des Gefühls und des Geistes vereint. Ohne Zögern reihte ihn dieser generöse Autor, der sich Forsters Freundin Caroline Böhmer nach ihrer Festungshaft mit so viel Ritterlichkeit angenommen hatte, unter die deutschen Klassiker ein. Lichtenberg freilich weigerte sich, mit dem Hinweis auf seine Familie, die Rücksichten fordere, für den Freund einen Nachruf zu schreiben.

Das Bild des Revolutionärs verdunkelte die Erinnerung an den Weltumsegler Georg Forster. Doch er hatte mit seinen Erzählungen von Tahiti einen Traum in die Herzen der Deutschen gesenkt. Nach der Veröffentlichung seines Reisebuches wollte Heinrich Wilhelm von Gerstenberg eine Kolonie deutscher Schriftsteller unter Forsters Führung auf einer der Südsee-Inseln gründen, und noch im Jahre 1808 wurde eine Geheimgesellschaft junger Schwärmer in Tübingen ausgehoben, die eine Republik freier Bürger an einem pazifischen Gestade anzusiedeln gedachten. Mörikes Lied von dem märchenhaften «Orplid» war ein später Nachklang der Sehnsucht nach den tropischen Paradiesen.

Niemand hat Georg Forster tiefer und aufrichtiger betrauert als sein Schwiegervater Christian Gottlob Heyne. Am 31. Januar 1794 schrieb der gelehrte alte Herr an Samuel Thomas Soemmerring: «... Die traurige Nachricht von Forsters Tod ... rührt mich schmerzlicher als ich Ihnen sagen kann. Ich kann mich gar nicht fassen; nicht sammeln. Ich liebte den Mann ganz unaussprechlich; er war mir mehr als Kind ...» Er war Forster mehr ein Vater geworden als der grimmige Professor Reinhold Forster in Halle, der nach Heynes Zeugnis den Sohn schließlich an den Galgen wünschte. Der Göttinger Hofrat fügte wenige Tage später hinzu: «Mein Forster ist mir unablässig vor den Augen und im Sinn! er war mir der Gegenstand des Kummers seit so vielen Jahren, da ich sah was er durch seine unglücklichen Verhältnisse mit Therese litt; die Liebe gegen ihn erhält dadurch etwas weit theilnehmenderes, weicheres und rührenderes. Noch schmilzt mir das Herz, wenn ich an ihn denke. Er war hier nicht zum Glück bestimmt ...»

Der redliche Gelehrte sagte von dem Brief seiner Tochter, der ihm Georgs Tod mitteilte, er sei «schimpflich» gewesen. Vermutlich kündigte Therese darin an, daß nun der Weg für ihre Heirat mit Forsters Freund Ludwig Ferdinand Huber endlich frei sei. Ihr zweiter Mann starb nach einer zehnjährigen, im ganzen glücklichen Ehe. Mit tapferer Entschlossenheit zog diese schwierige und talentierte Frau ihre Kinder auf. Das Brot der Familie verdiente sie fleißig, zäh und niemals mutlos als Redakteurin und Populärschriftstellerin. Der Prager Literaturhistoriker Paul Zincke allerdings nannte es, mit eifernder Übertreibung, Forsters größtes Unglück, daß ihn seine Frau überlebt habe. Therese Huber verfälschte durch die Verstümmelung und Veränderung von Georgs Briefen, die Vernichtung ihrer eigenen und die Säuberung der Huberschen Korrespondenz Georg Forsters Bild in der Tat – an manchen Stellen bis zur Unkenntlichkeit. Sie folgte dem Bedürfnis, ihr eigenes Versagen in der Ehe und an dem Partner zu tarnen. Auch schien es ihr ratsam, ihre Sympathien für die Französische Revolution nicht mehr allzu sichtbar werden zu lassen. Zincke stellte, soweit es anging, die originalen Fassungen von Forsters Briefen mit akribischem Fleiß wieder her. Er und Albert Leitzmann schufen die Basis für die Erforschung von Forsters Leben und Werk.

Im zwanzigsten Jahrhundert war es still um Forster geworden. Es schien, als habe der Bann im Zeitalter des Nationalismus erst seine ganze schreckliche Wirksamkeit gewonnen. Nur Ina Seidel durchbrach – in ihrem ersten Roman ‹*Das Labyrinth*› und mit einem Aufsatz für ‹*Westermanns Monatshefte*› – das Schweigen mit einer redlich-konservativen Deutung der Gestalt des «Verräters». Das Thema der Mainzer Revolution blieb ihr nahe. In dem zweiten Roman ‹*Das Wunschkind*› rückte sie Caroline Böhmer (die später Schlegel und Schelling hieß) in den Umkreis ihrer Aufmerksamkeit.

Nach 1945, als die nazistische Raserei ihr Ende fand, begann die Wiederentdeckung Forsters. Die zaghafte Renaissance ist vor allem das Verdienst Gerhard Steiners, der Leitzmanns und Zinckes literarhistorische Arbeit weiterführte. Steiner nahm, soweit es die Verhältnisse erlaubten, den Geist der progressiven Liberalität wieder auf, der den großen Aufsatz prägte, mit dem

Gervinus – einer der «Göttinger Sieben» – die erste Gesamtausgabe von Forsters Werken im Jahre 1843 eingeleitet hatte (die Herausgabe besorgte Georgs ältere Tochter Therese). Steiners Initiative ist, zu einem guten Teil, die historisch-kritische Gesamtausgabe der Werke und Korrespondenzen im Akademie-Verlag der Deutschen Demokratischen Republik zu danken. Freilich konnte dieses große und schöne Unternehmen nicht abgeschlossen werden. Der letzte Band der Briefe aus den Revolutionsjahren, für das Jahr 1975 angekündigt, durfte bis zum Ende des Jahres 1987 nicht erscheinen. Die Hinderungsgründe sind wohl kaum nur technischer Natur.

Vielleicht verbirgt sich hier ein Hinweis auf die bedrückende Einsicht, daß es die Deutschen in Ost und West mit Georg Forster und dem Geist der Revolution noch immer nicht leicht haben. In der Bundesrepublik scheute man sich lang, dem leidenschaftlichen Republikaner zu begegnen, der die Barrieren der Traditionen, der Klassen, der überkommenen Doktrinen, am Ende sogar die Schranken zwischen Franzosen und Deutschen niederzureißen versuchte, um der Freiheit auch am Rhein eine Heimat zu schaffen. In der DDR aber schien man nicht willens oder nicht fähig zu sein, sich dem freien Geist zu öffnen, der auch in der Französischen Revolution wehte, woher und wohin er wollte. Forsters melancholischer Abschied von allen Illusionen, seine angstvolle Rechtfertigung des Terrors, die freiwilligen und unfreiwilligen Geständnisse seiner Schwächen und Inkonsequenzen – auch sie waren zuletzt eine Konfession der menschlichen Freiheit, die sich keiner Orthodoxie unterwirft. Wie anders sollte er seine Liebe zur Welt beweisen als in dem tapferen Willen, den er erst im Sterben preisgab: frei zu sein, auch in der Erniedrigung, auch im Elend, auch in der Furcht.

Dank

Keine Biographie Georg Forsters wäre ohne die Arbeit Professor Gerhard Steiners und die historisch-kritische Ausgabe der Werke des Forschers und Revolutionärs im Akademie-Verlag der Deutschen Demokratischen Republik möglich. (Um so mehr wünscht man dem Unternehmen – dessen einzelne Bände freilich eine unterschiedliche Qualität in der Kommentierung aufweisen – eine möglichst rasche und unbefangene Vollendung.) Darüber hinaus fand der Autor Marita Gillis Arbeit *‹Georg Forster. L'œuvre d'un penseur allemand réaliste et révolutionnaire›* besonders anregend. Dies gilt in gleichem Maße von der einzigen größeren Studie über Ludwig Ferdinand Huber: der amerikanischen Dissertation von Sabine Dorothea Jordan. Über die Mainzer Revolution leistete Dr. Franz Dumont die entscheidende Forschungsarbeit. Er half dem Verfasser darüber hinaus durch viele generöse Ratschläge. Die wirtschaftlichen Verhältnisse erhellten sich ihm durch Hinweise von Dr. Volkmar Braunbehrens, der in seinem Buch *‹Mozart in Wien›* Forsters Spuren gefolgt ist. Ebenso gaben Herr Lindenlaub und Herr Pohl von der Deutschen Bundesbank nützliche Informationen zur finanziellen Situation der Gelehrten und Schriftsteller im 18. Jahrhundert. Nana und Bernd Nielsen-Stokkeby übersetzten und interpretierten russische Dokumente, die für das Leben Forsters wichtig waren. Wichtige Aufschlüsse (und Zitate) dankt der Verfasser den Arbeiten von Hanno Beck, Klaus Börner, Gordon A. Craig, Michael E. Hoare, Eckart Kleßmann, Wolf Lepenies, Horst Moeller und Sir James Watt.

Bei seiner Recherchenarbeit empfing der Autor eine Fülle von originellen Anregungen durch Frau Gesa Dane in Göttingen und Frau Andrea Platten in Tübingen. In Paris unterstützte ihn M. Pierre Favori. Dank schuldet er Dr. Werner Volke und seinen Mitarbeitern im Deutschen Literaturarchiv Marbach, Frau Lore Franck von der Württembergischen Landesbibliothek, Herrn Friedrich Schütze vom Mainzer

Stadtarchiv, den Beratern in der Göttinger Universitätsbibliothek, in der Stadtbücherei von Warrington bei Manchester, im Manchester-College in Oxford, vor allem in der Bibliothèque Nationale in Paris und der Library of Congress in Washington D. C. Frau Marta Feuchtwanger in Pacific Palisades in Kalifornien stellte aus der Bibliothek ihres Mannes einen aufschlußreichen Brief Georg Forsters zur Verfügung. Kopien der Korrespondenz aus Forsters Wilnaer Zeit und von Dokumenten über die geplante Südsee-Expedition im Auftrag der Zarin Katharina wurden von Archiven in der Sowjetunion geschickt.

Bei der Niederschrift war Frau Erika Petersen eine unermüdliche Hilfe, die Arbeit durch ihre kritische Aufmerksamkeit unterstützend. Rainer Heumann sorgte durch seine Ermutigungen dafür, daß der Verfasser an dem Buch nicht verzagte. Dies gilt in gleichem Maße für Renate Harpprecht, die auch diese Arbeit mit ihrer fröhlichen Geduld, ihrer Kritik und ihrer Liebe begleitet hat.

Croix-Valmer, am 30. April 1987

Bibliographie

Adel, Martin: Georg Forster und die deutsche Aufklärung. Ein Beitrag zur zeitgenössischen Rezeption J. G. A. Forsters. Diss. Wien. 1979.

Andreä, Johann Valentin: Die chymische Hochzeit, Christiani Rosenkreutz anno 1459. München-Planegg. 1957.

Andreasen, O. / Mathy, H. (Hrsg.): Friedrich Münters Reise nach Mainz (1791). In: Mainzer Zeitschrift. Mittelrheinisches Jahrbuch für Archäologie, Kunst und Geschichte. Mainz. 1967.

Bacharach, Hilde Guth: Fortschrittsideen und Zukunftserwartungen im Werk Georg Forsters. Diss. University of Wisconsin-Madison. 1976.

Bamberger, Louis: Adam Lux. In: Revue Moderne. Paris. 1866 Octobre-Décembre.

Becker, Johann Nikolaus: Fragmente aus dem Tagebuche eines reisenden Neu-Franken. Nach der Erstausgabe von 1798 neu hrsg. v. Wolfgang Griep. Bremen. 1985.

Bernier, Olivier: La Fayette. Hero of two Worlds. Toronto. 1983.

Bertaux, Pierre: Hölderlin und die Französische Revolution. Frankfurt / M. 1969.

Bignami, Marta: Georg Forster viaggiatore tra scienza e utopia sociale. Rom. 1982.

Böhmer, J. G. W.: Mainzer Nationalzeitung. Jg. 1793. Mainz. 1793.

Börckel, Alfred: Adam Lux. Ein Opfer der Schreckenszeit. Nach seinen Schriften und den Berichten seiner Zeitgenossen. Mainz. 1892.

Börner, Klaus H.: Auf der Suche nach dem irdischen Paradies. Zur Ikonographie der geographischen Utopie. Frankfurt / M. 1983.

Boswell, James: The Life of Samuel Johnson. 2 Vol. London. 1960. (dt.: Das Leben Samuel Johnsons und Das Tagebuch einer Reise nach den Hebriden. München. 1985.)

Boswell, James: J. Boswell's Journal: The ominous years 1774–76. Hrsg. v. Ryskamp, Charles u. Pottle, Frederick A. London. 1963.

Bott, Elizabeth. Tongan Society at the time of Captain Cook's visits. Auckland. 1983.

Bougainville, Louis-Antoine de: Reise um die Welt. Berlin. 1972.

Braunbehrens, Volkmar: Mozart in Wien. München. 1986.

Bretonne, Nicolas Restif de: Les Nuits de Paris. Paris. 1960.

Bürger, Gottfried August: Briefe von und an G. A. Bürger. Hrsg. v. Adolf Strodtmann. 4 Bde. Berlin. 1874.

Campe, Elise: Zur Erinnerung an Friedrich Ludwig Wilhelm Meyer, den Biographen Schröder's. Braunschweig. 1847.

Chuquet, Artur: Les guerres de la Révolution. L'expédition de Custine. Mayence. 1892.

Chuquet, Artur: Le révolutionnaire G. Forster. In: Etudes d'histoire, 1903. S. 147–288.
Conrady, Karl Otto: Goethe. Leben und Werk. 2 Bde. Königstein/Ts. 1985.
Cooper, Alfred Duff: Talleyrand. Wiesbaden. 1950.
Cotta, Friedrich: Wie gut es die Leute am Rhein und an der Mosel jetzt haben könnten. Mainz. 1793. Flugschrift.
Craig, Gordon A.: Engagement and Neutrality in Germany. The Case of Georg Forster 1754–1794. Manuskript. Unveröffentl.
Damm, Sigrid (Hrsg.): «Lieber Freund, ich komme weit her schon an diesem frühen Morgen». Caroline Schlegel-Schelling in ihren Briefen. Darmstadt. 1981.
Daniel, Jean (Hrsg.): Chansons de la Canaille. Frankfurt/M. 1967.
Darnton, Robert: Literaten im Untergrund. Lesen, Schreiben und Publizieren im vorrevolutionären Frankreich. Hrsg. v. Wolf Lepenies. München. 1985.
Dischner, Gisela: Caroline und der Jenaer Kreis: ein Leben zwischen bürgerlicher Vereinzelung und romantischer Geselligkeit. Berlin. 1979.
Döring, Heinrich: August von Kotzebue's Leben. Weimar. 1830.
Dreyfus, François George: Sociétés et Mentalités à Mayence dans la seconde moitié du XVIII sieèle. Paris. 1968.
Dumont, Franz: Die Mainzer Republik von 1792–1793. Studien zur Revolutionierung in Rheinhessen und der Pfalz. Alzey. 1982.
Dumont, Franz: Gelehrten-Alltag in der Goethezeit. In: Samuel Thomas Soemmerring und die Gelehrten der Goethezeit. Beiträge eines Symposiums in Mainz vom 19.–21. Mai 1983. Hrsg. v. G. Mann/F. Dumont/G. Wenzel-Nass. Mainz. 1985.
Eickemeyer, Rud.: Denkwürdigkeiten. Frankfurt. 1845.
Enzensberger, Ulrich: Georg Forster. Weltumsegler und Revolutionär. Ansichten von der Welt und vom Glück der Menschheit. Berlin. 1979.
Fisher, Robin/Johston, Hugh: Captain James Cook and his Time. Some new Perspectives. Seattle. 1979.
Flake, Otto: Die Französische Revolution 1789–1799. Gütersloh o. J.
Forster, Georg: Sämtliche Schriften, Tagebücher, Briefe. Hrsg. v. der Akademie der Wissenschaften der DDR. Berlin/DDR. 1958–1985.
Forster, Georg: Werke in vier Bänden. Hrsg. von Gerhard Steiner. Frankfurt/M. 1970.
Forster, Georg: Neue Mainzer Zeitung oder der Volksfreund. Mainz. 1793.
Forster, Georg: Briefwechsel Johann Georg Forsters. Hrsg. von Therese Huber. Leipzig. 1829.
Forster, Georg: Sämtliche Schriften. Hrsg. von dessen Tochter Therese Forster. Eingeleitet von Georg Gottfried Gervenius. 9 Bde. Leipzig. 1843.

Forster, Johann Reinhold: Beobachtungen während der Cookschen Weltumseglung 1772–1775. Gedanken eines deutschen Teilnehmers. Hrsg. von Hanno Beck. Stuttgart. 1981.

Friedenthal, Richard: Goethe – Sein Leben und seine Zeit. München. 1963.

Furet, Francois / Richet, Denis / Müller, Ulrich F.: Die Französische Revolution. Frankfurt/M. 1968.

Gall, Lothar: Benjamin Constant. Wiesbaden. 1963.

Geiger, Ludwig: Dichter und Frauen. Berlin. 1899.

Geiger, Ludwig: Therese Huber 1764–1829. Leben und Briefe einer deutschen Frau. Stuttgart. 1901.

Gill, William Wyatt: From Darkness to Light in Polynesia. Apice. Western Samoa. 1984.

Gilli, Marita: Georg Forster. L'œuvre d'un penseur allemand réaliste et révolutionnaire 1754–1794. Diss. Université de Paris X. 1974.

Goethe, Johann Wolfgang v.: Werke. Hrsg. im Auftrag der Großherzogin Sophie von Sachsen. Weimar. 1887–1919.

Goethe, Johann Wolfgang v. und Reinhard, Karl Friedrich Graf: Briefwechsel in den Jahren 1807–1832. Mit einer Vorrede des Kanzlers Friedrich v. Müller. Wiesbaden. 1957.

Gooch, George Peabody: Germany and the French Revolution. London. 1920.

Grab, Walter: Ein Volk muß seine Freiheit selbst erobern. Zur Geschichte der deutschen Jakobiner. Frankfurt/M. 1984.

Gregor-Dellin, Martin: Schlabrendorf oder Die Republik. München. 1982.

Grimm, Melchior: Paris zündet die Lichter an: Literarische Korrespondenz. München. 1977.

Günther, Horst (Hrsg.): Die Französische Revolution. Frankfurt/M. 1985.

Harich, Wolfgang: Jean Pauls Revolutionsdichtung. Versuch einer neuen Deutung seiner heroischen Romane. Reinbek b. Hamburg. 1974.

Heinse, Wilhelm: Ardinghello und die glückseeligen Inseln. Stuttgart. 1985.

Hettner, Hermann (Hrsg.): Georg Forsters Briefwechsel mit S. Th. Soemmerring. Braunschweig. 1877.

Hibbert, Christopher: Days of the French Revolution. New York. 1980.

Hillairet, Jacques: Dictionnaire historique des rues de Paris. 2 Bde. Paris. 1963.

Howarth, David: Tahiti: A Paradise Lost. New York. 1984.

Huber, Ludwig Ferdinand: Sämtliche Werke. Hrsg. u. eingeleitet von Therese Huber. Tübingen. 1806ff.

Huber, Therese: Abenteuer auf einer Reise nach Neuholland. In: Ludwig Ferdinand Huber. Erzählungen. Sammlung 1. Braunschweig. 1801–1802.

Huizinga, Jakob Herman: Rousseau. The self-made Saint. New York. 1976.
Humboldt, Alexander v.: Kosmos. Entwurf einer phys. Weltbeschreibung. 5 Bde. Stuttgart u. Tübingen. 1845–1862.
Humboldt, Alexander v.: Ansichten der Natur. Nördlingen 1986.
Humboldt, Wilhelm v.: Gesammelte Werke. Berlin. 1841–1852.
Humboldt, Wilhelm v.: Briefe an eine Freundin. Leipzig. 1847.
Jacobi, Friedrich Heinrich: Auserlesener Briefwechsel. In 2 Bden. Leipzig. 1825–1827.
Jakobiner, deutsche – Mainzer Republik und Cisrhenanen 1792–1798. 3 Bde. Bundesarchiv und Stadt Mainz. 1981/82.
Jordan, Sabine Dorothea: Ludwig Ferdinand Huber (1764–1804). His Life and Works. Stuttgarter Arbeiten zur Germanistik 57. Stuttgart. 1978.
Kapp, Friedrich (Hrsg.): Justus E. Bollmann. Ein Lebensbild aus zwei Welttheilen. Berlin. 1880.
Kaulek, Jean: Papiérs de Barthélemy, ambassadeur de France en Suisse. Paris. 1887–1894.
Kerner, Justinus: Briefwechsel mit seinen Freunden. Hrsg. von seinem Sohn Theobald Kerner. Stuttgart und Leipzig. 1897.
Kerner, Justinus / (Niethammer), Marie: Das Leben des Justinus Kerner. Erzählt von ihm und seiner Tochter Marie. Hrsg. v. Karl Pörnbacher. München. 1967.
Kersten, Kurt: Johann Georg Adam Forster. Der Weltumsegler. 1754–1794. Frankfurt/M. 1957.
Klein, Karl: Georg Forster in Mainz 1788–1793. Nebst Nachträgen zu seinen Werken. Gotha. 1863.
Klein, Karl: Georg Forsters letzte Handlungen in Mainz oder die Beschlüsse des in Mainz tagenden Nationalkonvents März 1793. Mainz. 1863.
Kleßmann, Eckart: Caroline. Das Leben der Caroline Michaelis-Böhmer-Schlegel-Schelling 1763–1809. München. 1975.
Klio. Eine Monatsschrift für die französische Zeitgeschichte. (Mémoire von Clermont-Tonnerre). Marbach. 1795.
Kopp, Hermann: Die Alchemie in älterer und neuerer Zeit. Ein Beitrag zur Culturgeschichte. Heidelberg. 1886.
Krüger, Christa: Georg Forsters und Friedrich Schlegels Beurteilung der Französischen Revolution als Ausdruck des Problems einer Einheit von Theorie und Praxis. Göppinger Arbeiten zur Germanistik 117. Göppingen. 1974.
Lack, Eva: Die Abenteuer des Sir Joseph Banks 1743–1820. Wien. 1985.
Lamartine, Alphonse de: Girondisten und Jakobiner. Hrsg. und übertragen von Alfred Neumann. München. 1947.
Laukhardt, Fr. Christian: Leben und Schicksale von ihm selbst beschrieben. Halle. 1792.

Leitzmann, Albert: Georg und Therese Forster und die Brüder Humboldt. Bonn. 1936.

Leitzmann, Albert (Hrsg.): Wilhelm Humboldts Tagebücher (1788–1798). Bd. 14 der gesammelten Schriften. Hrsg. v. der königlich preußischen Akademie der Wissenschaften. Berlin. 1916.

Leitzmann, Albert / Schüddekopf, Carl (Hrsg.): Georg Christoph Lichtenbergs Briefe 1766–1781. Leipzig. 1901.

Lenotre, G. (d. i. Louis Léon Théodore Gosselin): Wenn Steine reden. Wahre Geschichten aus Alt-Paris. Heidelberg. 1952.

Lepenies, Wolf: Georg Forster als Anthropologe und als Schriftsteller. In: Akzente. Zeitschrift für Literatur. Heft 6/84. München. 1984.

Lichtenberg, Georg Christoph: Schriften und Briefe. Hrsg. von Wolfgang Promies. 4 Bde. München. 1967.

Liebeskind, Johann Heinrich: Rückerinnerungen von einer Reise durch einen Theil von Deutschland, Preußen, Kurland und Liefland, während des Aufenthalts der Franzosen in Mainz und den Unruhen in Polen. Straßburg. 1795.

Lux, Adam: Deux Mémoires pour servir à l'histoire de la révolution française. Straßburg. 1754.

Lux, Adam: Republikanischer Nachlas, Strasburg, im dritten Jahr der fränkischen Republik. Straßburg. 1795.

Marcuse, Ludwig: Heinrich Heine. Melancholiker, Streiter in Marx, Epikureer. Rothenburg o. d. T. 1970.

Mathiez, Albert: Danton et la Paix. Paris. 1979.

Mathy, Helmut: Anton Joseph Dorsch (1758–1819): Leben und Werk eines rheinischen Jakobiners. In: Mainzer Zeitschrift. Mittelrheinisches Jahrbuch für Archäologie, Kunst und Geschichte. Mainz. 1967.

Maurois, André: Die Geschichte Frankreichs. Wiesbaden. 1972.

Metternich, Matthias: Der Bürgerfreund. Mainz. 1792.

Möller, Horst: Vernunft und Kritik. Deutsche Aufklärung im 17. und 18. Jahrhundert. Frankfurt/M. 1986.

Moleschott, Jakob: Georg Forster, der Naturforscher des Volkes. Frankfurt/M. 1854.

Nau, Bernhard Sebastian v.: Geschichte der Deutschen in Frankreich und der Franzosen in Deutschland und angrenzenden Ländern. 5 Bde. Frankfurt/M. 1794–1796.

O. V.: Die Mainzer Klubbisten zu Königstein oder Die Weiber decken einander die Schanden auf. Ein trag.-kom. Schauspiel in 1 Aufzug. Mainz. 1793.

O. V.: Die Patrioten in Deutschland oder: Der Teufel ist los. Eine komitragische Farce. Mainz. 1793.

O. V.: Le Glaive Vengeur de la Republique Française. Pamphlet. Paris. 1793.

O. V.: Emigrés français en Allemagne. Emigrés allemands en France 1685–1945. Institut Goethe, Paris, et Ministère des Relations Extérieures. Paris. 1983.
Orieux, Jean: Talleyrand. Die unverstandene Sphinx. Frankfurt/M. 1972.
Pape, Georg Friedrich: Briefe an Friedrich Wilhelm von Hohenzollern. Mainz. 1793.
Perthes, Clemens Theodor: Politische Zustände in Deutschland zur Zeit der französischen Herrschaft. Gotha. 1862–1866.
Plat, Wolfgang: Deutsche Träume oder Der Schrecken der Freiheit. Düsseldorf. 1981.
Protokoll des Mainzer Nationalkonvents. Handschriftl. Manuskript. Mainzer Staatsbibliothek. 1793.
Rasmussen, Detlef (Hrsg.): Goethe und Forster. Bonn. 1985.
Reichard, Heinrich August Ottokar: Seine Selbstbiographie (1751–1828). Hrsg. und überarbeitet von Hermann Uhde. Stuttgart. 1877.
Rödel, Wolfgang: Forster und Lichtenberg. Ein Beitrag zum Problem deutscher Intelligenz und Französischer Revolution. Berlin/DDR. 1960.
Ryser, Heinz: Johannes von Müller im Urteil seiner schweizerischen und deutschen Zeitgenossen. Basel. 1964.
Scheel, Heinrich (Hrsg.): Die Mainzer Republik I. Protokolle des Jakobinerklubs. Berlin/DDR. 1984.
Schiller, Friedrich v.: Sämtliche Werke in 15 Bden. Hrsg. v. Karl Gödeke. Stuttgart, 1871.
Schiller, Friedrich v.: Friedrich von Schillers Briefwechsel mit Christian Gottfried Körner. Von 1784 bis zum Tode Schillers. Berlin. 1847.
Schiller, Friedrich v.: Der lachende Tragiker. Hrsg. zum 150. Todestag von Friedrich Schiller. Stuttgart. 1986.
Schirok, Edith: Georg Forster und die Französische Revolution. Eine Untersuchung zum Verhältnis von theoretischer Beurteilung und politischer Aktivität. Diss. Freiburg. 1972.
Schlabrendorf, Graf Gustav v.: In Paris über Ereignisse und Personen seiner Zeit. In: Prometheus. Für Licht und Recht. Hrsg. von Heinrich Zschokke. Aarau. 1832.
Schlegel, Caroline: Briefe aus der Frühromantik. Nach Georg Waitz hrsg. v. Erich Schmidt. 2 Bde. Leipzig. 1913.
Schlegel, Friedrich: Kritische Schriften. Hrsg. v. Wolfdietrich Rasch. München. 1964².
Schleucher, Kurt: Alexander von Humboldt. Bd. 11 einer Biographiensammlung der Martin-Behaim-Gesellschaft. Darmstadt. O. J.
Schumacher, Karl v.: Mirabeau. Aristokrat und Volkstribun. Stuttgart. 1954.
Seidel, Ina: Das Labyrinth. Ein Lebensroman aus dem 18. Jahrhundert. Jena. 1924.

Seidel, Ina: Revolution in Mainz. In: Westermanns Monatshefte. 64. Jahr. 1920.

Stein, Gerd (Hrsg.): Die edlen Wilden. Frankfurt/M. 1984.

Steiner, Gerhard: Freimaurer und Rosenkreuzer – Georg Forsters Weg durch Geheimbünde. Berlin/DDR. 1985.

Steiner, Gerhard: Der junge Forster in England. Zu einem bisher unbekannten Briefwechsel. In: Zeitschrift für deutsche Literaturgeschichte (Weimarer Beiträge) 5. Weimar. 1959.

Steiner, Gerhard: Theater und Schauspiel im Zeichen der Mainzer Revolution. In: Studien zur neueren deutschen Literatur. Hrsg. von Hans Werner Seiffert. Berlin/DDR. 1964.

Steiner, Gerhard: Johann Reinhold Forsters und Georg Forsters Beziehungen zu Rußland. In: Studien zur Geschichte der russischen Literatur des 18. Jahrhunderts. Bd. II. Hrsg. von Helmut Grasshoff und Ulf Lehmann. Berlin/DDR. 1968.

Strehlke, Friedrich: Aus der Umgegend von Danzig. 2 Stücke. Danzig. 1862/63.

Strehlke, Friedrich: Georg Forster's Geburtsort. In: Neue Preußische Provinzialblätter Folge 3. Königsberg. 1861.

Strodtmann, Adolf (Hrsg.): Briefe von und an Gottfried August Bürger. Berlin. 1874.

Sweet, Paul R.: Wilhelm von Humboldt. A Biography. 2 Vol. 1808–1835. Ohio 1978/1980.

Uhlig, Ludwig: Georg Forster. Einheit und Mannigfaltigkeit in seiner geistigen Welt. Tübingen. 1965.

Varnhagen von Ense, Karl August: Ausgewählte Schriften. 19 Bde. Leipzig. 1871–1876[3].

Voss, Jürgen (Hrsg.): Deutschland und die Französische Revolution. München. 1983.

Wagner, Rudolph: Samuel Thomas v. Soemmerrings Leben und Verkehr mit seinen Zeitgenossen. Hrsg. von Franz Dumont im Auftrag der Akademie der Wissenschaften und der Literatur Mainz. Nachdruck der Ausgabe von 1844. Stuttgart. 1986.

Waitz, Georg: Caroline und ihre Freunde. Mittheilungen aus Briefen. Leipzig. 1882.

Waitz, Georg: Aus Jugendbriefen Carolines. In: Preußische Jahrbücher Bd. 33. Heft 3. Berlin. 1874.

Wallon, H.: Histoire du Tribunal Révolutionnaire de Paris. Avec le journal de ses actes. Paris. 1880–1882.

Wedekind, G. Chr. G.: Der Patriot. Zeitschrift. Mainz. 1793.

Wieland, Christoph Martin: Meine Antworten. Aufsätze über die Französische Revolution 1789–1793. Hrsg. von Fritz Martini. Marbach. 1983.

Williamson, Audrey: Thomas Paine. His Life, Work and Times. London. 1973.
Wurzbach, Wolfgang v.: Gottfried August Bürger. Sein Leben und seine Werke. Leipzig. 1900.
Wuthenow, Ralph-Rainer: Vernunft und Republik. Studien zu Georg Forsters Schriften. Wiesbaden. 1970.
Wuthenow, Ralph-Rainer: Die erfahrene Welt. Europäische Reiseliteratur im Zeitalter der Aufklärung. Frankfurt/M. 1980.
Zimmermann, Heinrich: Reise um die Welt mit Captain Cook. Hrsg. von Hans Bender. Stuttgart. 1978.
Zimmermann, Ritter von: Über Friedrich den Großen und meine Unterredungen mit Ihm kurz vor seinem Tode. Leipzig. 1788.
Zincke, Paul: Georg Forster nach seinen Originalbriefen. Dortmund. 1915.
Zincke, Paul: Georg Forsters Bildnis im Wandel der Zeiten. Prager Deutsche Studien Bd. 38. Hildesheim. 1974.

Namenregister

Quellennachweis der Abbildungen

Seite 2:
Georg Forster
Nach einem Gemälde von J. H. W. Tischbein
Bildarchiv Preußischer Kulturbesitz, Berlin

Seite 62:
Reinhold und Georg Forster
Doppelporträt von Daniel Berger, 1782

Bildarchiv Preußischer Kulturbesitz, Berlin

Seite 115:
Reinhold und Georg Forster in der Südsee
Sammlung Rheinberger, Vaduz / Liechtenstein

Seite 139:
Tahiti
William Hodges, ‹Tahiti Revisited›
National Maritime Museum, London

Seite 281:
Therese Heyne
Niedersächsische Staats- und Universitätsbibliothek Göttingen

Seite 509:
Sitzung des Mainzer Jakobiner-Clubs, November 1792
Stadtarchiv Mainz

Seite 541:
Abbruch des Freiheitsbaums in Worms 1793
Stadtarchiv Mainz

Karte auf dem Vorsatzpapier:
Die Route der Weltumseglung von James Cook und Georg Forster 1772–1775. Karte von 1789
Bildarchiv Preußischer Kulturbesitz

Inhalt

John Fowles

Die Grille

Deutsch von Hans Wolf
512 Seiten. Gebunden

«Eine Grille ist ein geflügeltes Wesen, und gleiches gilt für den vorliegenden Text», schreibt John Fowles im Vorwort. Was als spannender historischer Kriminalfall beginnt, stellt sich bald heraus als phantastische Suche nach den geistigen und sozialen Verhältnissen des 18. Jahrhunderts, einer Epoche im Vorfeld großer Umwälzungen. «Am besten kommen wir der bitteren Andersartigkeit dieser Zeit auf die Spur, wenn wir uns in den engen juristischen Geist des Henry Ayscough versetzen, dessen Nachforschungen in gewisse merkwürdige Ereignisse des Jahres 1736 Hauptthema des Buches sind. Es ist (...) eine brillante Persiflage ganz verschiedener Stilebenen – hohe Gerichtsbarkeit, niederste ländliche Schicht, Drury-Lane-Drama, Puffmutter, ungebildete religiöse Eiferer – und muß den Autor eine gehörige Menge Arbeit gekostet haben», schreibt Anthony Burgess zu diesem Buch. Es zitiert die «krankmachende, unterwürfige Diktion jener Zeit», die auch ihre weitsichtigen Philosophen hatte, doch «es waren die Lebemänner und die Künstler und die reformierten Huren, die versuchten, das Zeitalter in die Zukunft zu führen» (Burgess). – Ein kühnes Experiment des Autors von «Die Geliebte des französischen Leutnants» und eine Hommage an eine abweichende Haltung.

Rowohlt

Lennart Hagerfors

Die Wale im Tanganjikasee

Roman
Deutsch von Verena Reichel.
192 Seiten. Gebunden

Dieser Roman folgt – mit allen erzählerischen Freiheiten und Finessen – Henry Morton Stanleys «Wie ich Livingstone fand», jenem berühmten Bericht über die New York Herald-Expedition, die 1871 aufgebrochen war, um den im Inneren Afrikas verschollenen Missionar und Entdecker David Livingstone wiederzufinden. John Shaw ist einer der beiden Europäer dieser Expeditionsmannschaft, ein trinkfreudiger Bursche, der sich fast schon davonstehlen möchte, als ihm die Tragweite des Unternehmens bewußt wird. Der unbeugsamen Willenskraft Stanleys aber hat er nichts entgegenzusetzen, er läßt sich von ihm demütigen und unterwerfen. Und doch ist ausgerechnet Stanley, dieser Prototyp eines machthungrigen Eroberers, selbst auf der Suche nach einer Vaterfigur. Je mehr er diese mit den Zügen des Gesuchten ausstattet, um so weniger ist er am Ende bereit, Livingstone so zu sehen, wie er geworden ist: ein verlotterter Alter.

Hagerfors setzt sich über alle hemmenden Prinzipien dokumentierender Berichterstattung hinweg, breitet eine immer surrealistischer anmutende Abenteuergeschichte aus, die ebenso als psychologischer wie politischer Roman zu lesen ist.

José Saramago

Das Memorial

Roman
Deutsch von Andreas Klotsch
464 Seiten. Gebunden

An der Spitze des mächtigen Kolonialreiches Portugal steht der pompös lebende König João V. Er verspricht 1711 die Erbauung eines Klosters in Mafra. Arbeiter werden aus dem ganzen Land herbeigepreßt, unter ihnen der einhändige Soldat Baltasar, der mit der Seherin Blimunda zusammenlebt. Sie träumen davon, dem Elend zu entfliehen. Gemeinsam mit dem ketzerischen Pater Lourenço bauen sie einen phantastischen Flugapparat. Auf der Flucht vor der Inquisition landen sie auf einem Berg nicht weit von Mafra. Der Pater entkommt nach Spanien. Baltasar aber, zurückgekehrt zum Klosterbau, bleibt der Magie des wundersamen Luftschiffes verfallen. Eines Tages trägt es ihn davon. Zurück bleibt Blimunda. Während das Kloster im grandiosen Festrausch geweiht wird, beginnt sie die jahrelange Suche nach ihrem geliebten Mann, bis sie wieder einmal vor einem brennenden Scheiterhaufen steht ...
Überschwang und Bilderreichtum des magisch-historischen Romans finden ihr Widerspiel in der kühlen Ironie des Autors: Ein Lob Gottes, geschrieben von einem Atheisten, zur Musik von Scarlatti. Das Buch zeigt Europa an der Schwelle zur Aufklärung – geschrieben von einem, der weiß, was aus ihr wurde.

Die Sitzung des
MAINZER
JAKOBINER-CLUBS
vom November 1792